DER VULCAN IN STETTIN UND HAMBURG
BAND II

Längsschnitt

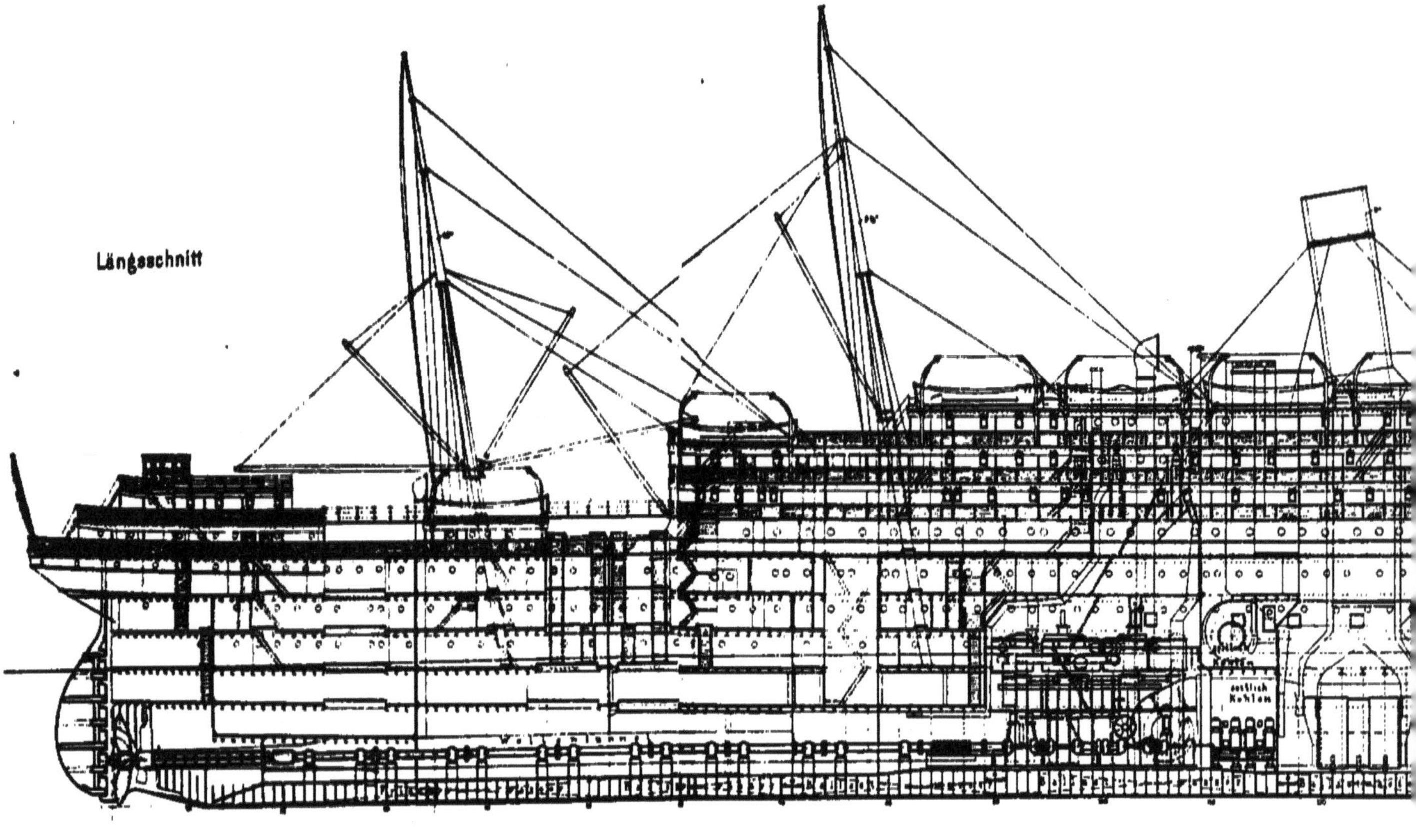

Oberes Promenadendeck.

Doppelschraubendampfer „Kaiserin Auguste Victoria,"
erbaut von der Stettiner Maschinenbau-A: G. Vulcan in Stettin-Bredow.

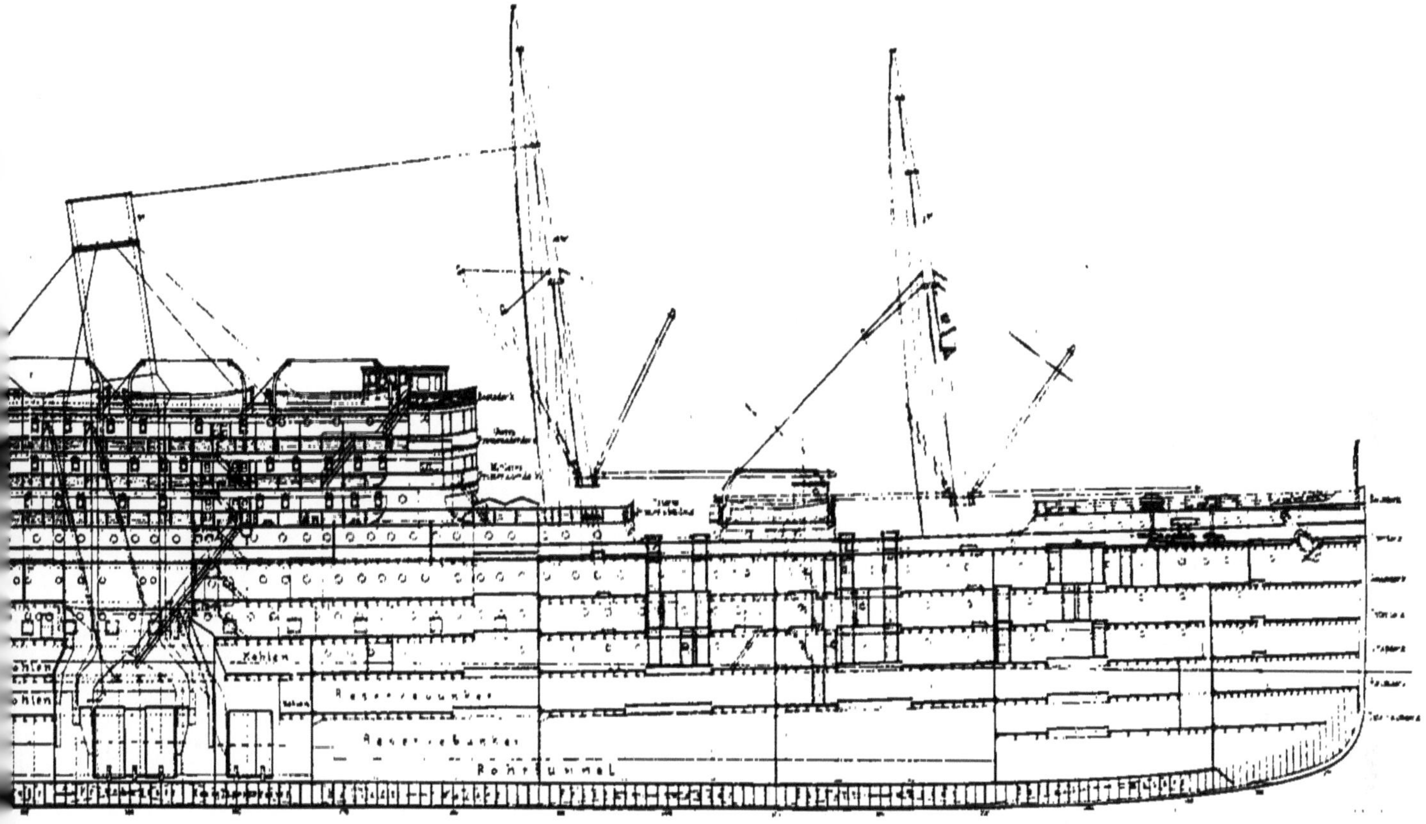

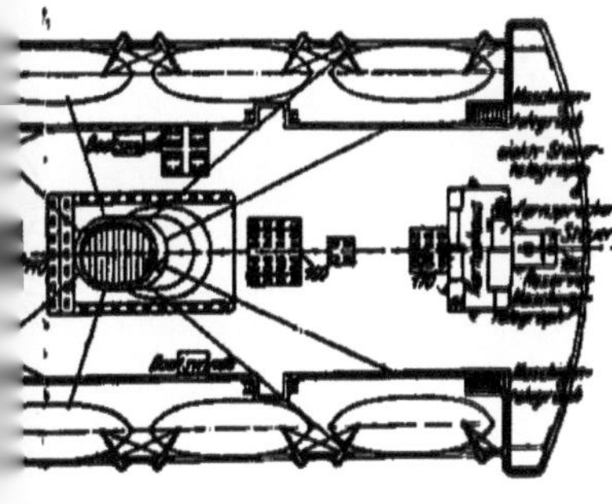

Mittleres Promenadendeck.

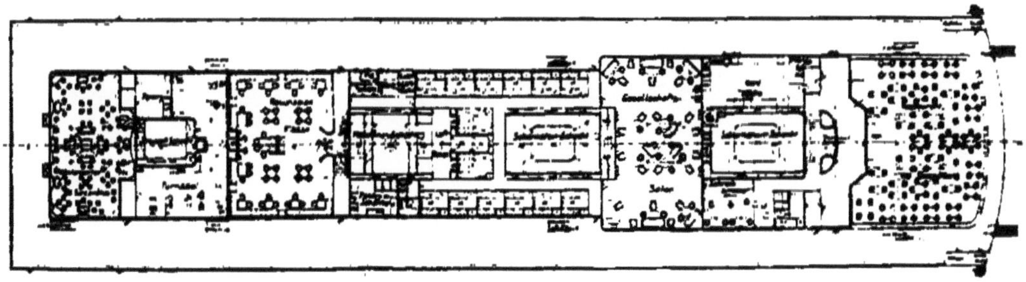

Stettin - Vulcan, Stapellauf eines Riesendampfers

Manfred Höft

Der Vulcan in Stettin und Hamburg

Schiffswerft – Lokomotivfabrik – Maschinenfabrik
1851 – 1929
in drei Bänden

Band II: 1905 – 1929
Der Handelsschiff- und Maschinenbau

Mit 171 Abbildungen

Edition Falkenberg

Inhalt

Vorwort 8
Einleitung 11

Der Vulcan geht nach Hamburg 14

Hier bin ich selbst Richter 25
Der moderne Dampfhammer neben dem einfachen Amboss 27
Das erste deutsche Handelsschiff mit Turbinen 31
Das größte Handelsschiff der Welt 33
Turnhallen an Bord 43
Der Volksbote greift Missstände im Vulcan auf 46

1907, der Vulcan wurde 50 48

Eine Betriebsbeschreibung im Jubiläumsjahr 48
Ein weiterer Schnelldampfer für den NDL 56
Kampf der Werftarbeiter um bessere Lohn- und Arbeitsbedingungen 61
Ein Nieterstreik legt das Werk still 67
Die Namensänderungen des Vulcan und die Hamburger Niederlassung 74
Ein kleines Versuchsschiff und der größte Handelsdampfer 77
Zwei Fährschiffe für die Linie Sassnitz – Trelleborg 85
Lohnforderungen führen zur Arbeitseinstellung 90
Unfälle im Jahre 1911 im Werk Hamburg 96
Ein Obmann wird entlassen, die Belegschaft antwortet mit Arbeitseinstellung 101
Unfälle im Jahre 1912 in den Werken Stettin und Hamburg 104
Die Unsinkbarkeit moderner Seeschiffe 107
Zwei Dampfer für eine neue Südamerika-Linie des NDL 108
Zwei Missisippi-Dampfer für den Hamburger Hafen 110
Das erste Vierschrauben-Turbinenschiff 114
Trotz großer Verluste 6 % Dividende 123
Forderungen nach Arbeitszeitverkürzung und besserem Akkordlohn 127
Der Vulcan auf dem ersten Platz und schöpferisch für neue Schiffstypen 130
Unfälle im Jahre 1913 in den Werken Stettin und Hamburg 132
Ein zweites Transformatorschiff 134
Ein Dampfer mit zwei wesentlichen Neuheiten, dessen Kapitän Kommodore wird 136
TIRPITZ, ein Turbinendampfer mit Föttinger Transformator 140
Zu den Geschäftsverlusten trugen auch Streiks bei 141
Unfälle im Jahre 1914 im Werk Hamburg 144
Der Handelsschiffbau und das Reparaturgeschäft sind seit Kriegsausbruch stillgelegt 145
Kriegsfürsorge der Vulcanwerke 146
Der Krieg bewahrte das Unternehmen vor weiteren finanziellen Rückschlägen 148
Lohnbewegungen der Vulcan-Angestellten in Stettin und Hamburg 149
Die Revolution begann in Stettin am 8. November 1918 151
Ohne Friedensvertrag kein Schiffbau, auch die Arbeiterschaft protestiert gegen den Versailler Vertrag 154
Die wirtschaftlichen Sanktionen des Diktatfriedens und ihre Auswirkungen 155

Inhalt

Die Angestellten fordern Gehaltsaufbesserungen 159
Bis 1921 zehn Schiffe abgeliefert 162
Das Schiff 666 und der verhinderte Stapellauf 171
Die Preise steigen, Löhne und Gehälter nicht 176
Eine Betriebsbeschreibung 1923 178
Die Ölfeuerung System »Vulcan« 181
Das erste Frachtschiff mit Dieselantrieb 182
Ein blutiger Zusammenstoß in Bredow, ein Toter, mehrere Verletzte 186
Betriebsrätewahlen und kommunistische Einflussnahme 1924 189
Das neue Vulcan-Getriebe für Motorschiffe 191
Die Steigerung der Schiffbauaufträge geht am Vulcan vorbei 195
Schweres Schiffsunglück auf der Oder 199
Der »Seedienst Ostpreußen«, bei Bedarf ein täglicher Verkehr mit zwei Schiffen 200
Das Hamburger Werk für 4,8 Millionen RM nach Bremen verkauft 204
Die Bauer-Wach Abdampfturbine 211
Lohnforderungen wegen fortschreitender Preissteigerung 212
Der Stettiner Vulcan gibt seine Selbstständigkeit auf 215
Das letzte Schiff läuft vom Stapel, das Deschimag-Werk Vulcan Stettin wird stillgelegt 219
Auch den Hamburger Vulcan trifft das Schicksal der Stilllegung 226

Anhang 231

Anlagen
1. Die Arbeitsordnung 232
2. Das Statut der Betriebs-(Fabrik-)Krankenkasse 233
3. Die erste Seite des »Journals« mit Konstruktionsdaten für gebaute und projectierte Handelsschiffe 234
4. Die Entwicklung des Aktienkapitals und die gezahlten Dividenden 1907 bis 1926 235
5. Die Verwaltungsratsmitglieder, gesetzlich ab 1884 Aufsichtsrat 236
6. Die Mitglieder des Vorstandes bzw. der Direktion 238
7. Die Ingenieure und Kaufleute in Führungspositionen 240
8. Die Ingenieure, Meister, Beamten, Angestellten und Werksärzte 242
9. Die Neubautenliste der Handelsschiffe mit den Bau-Nrn. 263–689 bzw. 210–218 244

Personenregister 247
Sachregister 252
Abkürzungsverzeichnis 254
Anmerkungen 256
Quellenverzeichnis 263
Literaturverzeichnis 264
Bildnachweis 265
Der Autor 265
Spenderliste 266
Impressum 266

Vorwort

Seit jeher wurden die Regionen im Nordosten Deutschlands vorwiegend als landwirtschaftlich geprägt wahrgenommen. Das galt insbesondere für Pommern, der einst preußischen Provinz zu beiden Seiten der Odermündung. Diese Wahrnehmung wurde gestützt durch die Überschüsse an landwirtschaftlichen Produkten, die mindestens seit der Industrialisierung Mittel- und vor allem Westdeutschlands erheblich zu deren Versorgung beitrugen. Es waren im Wesentlichen Getreide und Hackfrüchte, die den Ruf der ehemals ostdeutschen Provinzen als die Kornkammern Deutschlands begründeten. Auf diesen Gebieten gab es wirtschaftliche Entwicklungen, die zu den Spitzenleistungen zählten. So ist beispielsweise wenig bekannt, dass allein aus Pommern etwa ein Drittel aller erfolgreichen Züchtungen von Saatkartoffeln stammten, deren international anerkannte Qualität bis heute eine unverzichtbare Voraussetzung für eine nachhaltig erfolgreiche Kartoffelproduktion ist.

Um so überraschender mag es erscheinen, dass ausgerechnet in einer so stark landwirtschaftlich bestimmten Region wie Pommern sich auch ein technisch-industrielles Unternehmen entwickeln konnte, das für acht Jahrzehnte die Entwicklung einer ganzen Wirtschaftsbranche mitbestimmen und vorantreiben sollte: der Schiffbau. Zwar boten die geografische Lage der pommerschen Hauptstadt an der Mündung des Oderstromes, deren großräumiges Einzugsgebiet mit dem oberschlesischen Industrieraum und der Hauptstadt Berlin sowie ein in Stettin schon immer ansässiger, ausgeprägter Handels- und Kaufmannsgeist gute Voraussetzungen für Schiffs- und Hafenwirtschaft. Doch es gehört eben auch das glückliche Zusammentreffen mit Erfindergeist und Unternehmertum dazu, die Epoche der Dampf- und Eisenschifffahrt durch die Schaffung einer in ihrer Zeit modernen, fortschrittlichen Großwerft auf sehr deutliche Weise mitzubestimmen.

Die Unternehmensmonografie »Der Vulcan in Stettin und Hamburg« ermöglicht auf instruktive Weise, Risiken und Erfolge der Gründung und Entwicklung des Unternehmens aus kleinsten Anfängen nachzuverfolgen. Sie führt zu den Höhepunkten bahnbrechender technischer Erfindungen und zum Bau von Schnelldampfern für die Transatlantik-Route zwischen Europa und den USA bis in eine Zeit, in der der Vulcan an seinen beiden Werftstandorten bis 22.000 Mitarbeiter beschäftigen konnte. Es ist mehr als eine Unternehmensgeschichte, wenn Geschäftspolitik und deren Umsetzung aus der Sicht zeitgenössischer Quellen und Pressedarstellungen beleuchtet und kommentiert werden. Erst wenn die Geschäftspolitik und daraus folgenden Geschäftentwicklungen in die politisch-wirtschaftlichen Verhältnisse eingebettet werden und auch der Konfliktbereich der gesellschaftlich-sozialen Kräfte einbezogen wird, ergibt sich daraus ein Gesamtbild, aus dem sich beispielhaft erkennen lässt, dass Unternehmensschicksale eben nicht nur von Marktkräften und den Fähigkeiten von Unternehmern allein, sondern auch von der auf sie einwirkenden Politik und Gesellschaft abhängen und in erheblichem Maße mitbestimmt werden.

Als weitere Komponente im Fall Vulcan kam hinzu, dass als Folge des Ersten Weltkrieges dem Deutschen Reich von den Siegermächten in Versailles auferlegten Beschränkungen einen wesentlichen Teil des Schiffbaugeschäftes – den Bau von Kriegsschiffen – nahezu unmöglich machten. Auch China und Russland waren zuvor bedeutsame Auftraggeber im Militärbereich, in dem der Vulcan – auf die Schiffstechnik bezogen – einen international für damalige Zeiten hohen Standard erfüllte. Es wird deutlich, dass Unternehmen, die sich an diesem hochriskanten, nahezu ausschließlich von der Politik abhängigen Markt militärischer Ausrüstung beteiligen, mit hohen finanziellen Sicherheitsmargen operieren müssten, wenn sie ihren wirtschaftlichen Fortbestand nicht über Gebühr gefährden wollten.

Die vorliegende Geschichte des Vulcan dokumentiert das Schicksal eines deutschen Großunternehmens, dessen lange Zeit erfolgreiche Entwicklung nach über einem halben Jahrhundert in eine von Politik, Gesellschaft und Wettbewerb verursachte Krise geriet, um schließlich in einem anderen Unternehmen aufzugehen und damit aus dem Markt auszuscheiden. Die umfassende, stark quellengestützte Darstellung kann nahezu lexikalische Ansprüche erfüllen. Es ist dem Autor zu danken, dass er eine Unternehmensgeschichte, die nicht zuletzt wegen ihres ostdeutschen Ursprungs und dadurch bedingter Quellenverluste in Kriegs- und Nachkriegszeit in Vergessenheit zu geraten drohte, aufbereitet und für die Nachwelt erhalten hat. Der Vulcan war ein Unternehmen, dessen bis in unsere Gegenwart hinein bekannter Name noch heute – nicht nur unter Mitbürgern Stettiner und pommerscher Herkunft – einen guten Klang behalten hat.

Hamburg, im Januar 2010
Klaus Moerler

Doppelschrauben-Passagier- u. Frachtdampfer
„Kaiserin Auguste Victoria"
der Hamburg-Amerika Linie
erbaut von der Stettiner Maschinenbau-Aktien-Gesellschaft „Vulcan" in Stettin

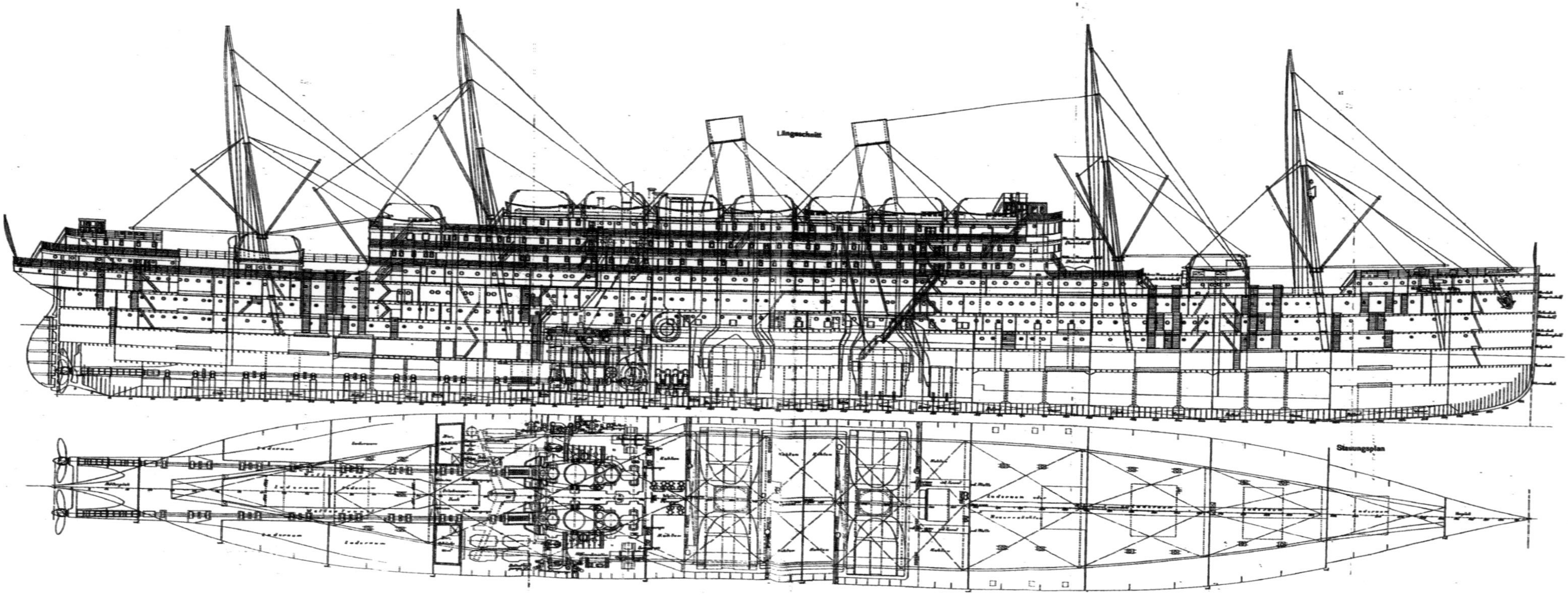

Einleitung

Der Stettiner Vulcan am Ufer der Oder und in unmittelbarer Nachbarschaft des größten deutschen Ostseehafens Stettin gelegen, war bis zum Ersten Weltkrieg nicht nur die größte der deutschen Werften, er war auch eines von fünf weltweit führenden Schiffbauunternehmen. Hervorgegangen aus der ersten in Deutschland 1851 gegründeten Maschinen- und Schiffbauwerkstätte für den Bau eiserner Dampfschiffe, welche 1857 in eine Aktiengesellschaft umgewandelt wurde, entwickelte sich das Werk nach neun schwierigen Anfangsjahren zu einem hervorragenden Leistungsträger der deutschen Industrie. Hier entstanden nicht nur das erste in Deutschland gebaute eiserne Panzerschiff für die deutsche Marine, sondern auch die größten und leistungsfähigsten Schiffe der deutschen Handelsmarine, von denen einige sogar für längere Zeit das »Blaue Band« von England nach Deutschland holen konnten. Ausgangspunkt dieser Erfolge war das Jahr 1888 mit dem Eintritt in den Bau der ersten großen transatlantischen Schnelldampfer in Deutschland. Das 1901 fertiggestellte Krangerüst für vier neue Hellinge war das erste seiner Art im Deutschen Reich. Die Bedeutung dieser Anlage lag in einer erheblichen Vereinfachung, Kostenreduzierung und Beschleunigung des Zusammenbaues des Schiffskörpers. Bereits vorher hatte der Vulcan als erste deutsche Werft den Maschinenbetrieb eingeführt. Ebenso schritt das Unternehmen im Maschinenbau voran. Durch die Einführung des Turbinenantriebs im Schiffbau konnte ein erheblicher Fortschritt gegenüber der bisher allein herrschenden Kolbenmaschine erzielt werden.

Der 1858 eingeführte Lokomotivbau war neben dem Schiffbau und dem allgemeinen Maschinenbau die zweite Entwicklungsstufe des Unternehmens. Dieser Betriebszweig kam zeitweise in die Lage, infolge ungünstiger Verhältnisse in der Handelsschifffahrt, die ihre Rückwirkungen naturgemäß auf den Schiffbau ausübte, eine Hauptstütze des Vulcan zu werden.

Neben der technischen Entwicklung ist besonders hervorzuheben die volkswirtschaftliche Bedeutung der Aktiengesellschaft in Bezug auf die Stadt Stettin, die preußische Provinz Pommern und darüber hinaus. Durch die ungeheuren Mengen der verarbeiteten Materialien sind sehr viele andere Industriezweige günstig beeinflusst worden. Während im Jahre 1857 lediglich Schiffsbauten im Wert von 441.535 Mark fertiggestellt worden sind, betrug der Wert der abgelieferten Schiffe zehn Jahre später bereits 3 Millionen Mark und stieg dann weiter 1877 auf nahezu 6 Millionen, 1887 auf 13,2 Millionen, 1897 auf 19,8 Millionen und 1906 auf 29 Millionen Mark. 1857 sind im Jahresdurchschnitt 641 Arbeiter und Angestellte beschäftigt worden, 1867 waren es bereits 1.100, 1877: 2300, 1887: 3.200, 1897: 5.090, 1906: 6.300 und einige Jahre später über 16.000. Die Gesamtsumme der gezahlten Löhne und Gehälter betrug 1857 nur 200.000 Mark, dagegen 1867: 600.000, 1877: 1,9 Millionen, 1887: 5,1 Millionen und 1906: 7,5 Millionen. Vor dem Ersten Weltkrieg hatte das Stettiner Werk den größten Umfang im Jahre 1900, in dem Schiffsbauten im Wert von 40 Millionen Mark zur Ablieferung kamen, die Zahl der Beschäftigten sich auf 7.250 Belief und die Höhe der gezahlten Löhne und Gehälter 8,4 Millionen Mark betrug.

Bei den zur Verarbeitung gekommenen Materialien war in erster Linie die Stahl- und Eisenindustrie beteiligt. Aber auch andere Industrien, namentlich im Maschinen- und Holzbereich und der deutsche Bergbau, standen mit dem Vulcan in reger Geschäftsverbindung. Hinzu kamen Erzeugnisse, welche bevorzugt im Innenausbau und hier besonders bei den Passagierschiffen Verwendung fanden.

Der Bau von Kriegsschiffen begann mit den Jahren 1866 und 1869, als die Königlich Preußische Kriegsmarine einige kleinere Aufträge erteilte. Der Durchbruch in diesem Geschäftsbereich erfolgte allerdings erst 1871 mit der Inbaugabe eines Panzerschiffes für die Kaiserlich Deutsche Kriegsmarine, dem in den nächsten zehn Jahren weitere Aufträge für gepanzerte Ausfallkorvetten und Kreuzerfregatten folgten. Diese erfolgreiche Tätigkeit für die deutsche Kriegsmarine führte direkt zu Auftragserteilungen erst aus China und dann aus Russland, denen später solche aus weiteren Staaten folgten.

Von den an der Verwaltungsspitze des Unternehmens stehenden Männern sind zunächst die beiden Gründer des Vorgängerbetriebes zu nennen, Franz Friedrich Dietrich Früchtenicht und Franz Wilhelm Brock, denn ohne deren Firma hätte es vermutlich keine Aktiengesellschaft Vulcan gegeben. Sie müssen wir als besonders wagemutig einstufen, denn es gehörte schon eine gehörige Portion Mut dazu, in der Mitte des 19. Jahrhunderts auf der grünen Wiese eine Schiffbaustätte für den Bau eiserner Dampfschiffe entstehen zu lassen, schließlich waren Schiffe aus dem Werkstoff Eisen in deutschen Landen zu dieser Zeit keineswegs eine Selbstverständlichkeit. Als die beiden aus Berlin gekommenen Maschinenbauer dann finanziell nicht mehr weiter konnten und es als Rettung zur Gründung der Aktiengesellschaft kam, bildeten sie den ersten Vorstand, Früchtenicht für den technischen, Brock für den kaufmännischen Bereich.

Die Gründer der AG, es waren sechs bisher bereits recht erfolgreiche Kaufleute aus Stettin und ein Techniker und Unternehmer aus Berlin, schafften es in verhältnismäßig kurzer Zeit das benötigte Kapital über Aktienemissionen zu beschaffen. Was den Aufsichtsratsmitgliedern in den folgenden Jahren allerdings nicht gelang, war, den Aktionären eine entsprechende Verzinsung ihres Kapitals zu gewähren. Während die Erzeugnisse des Unternehmens technisch gesehen kaum Anlass zur Kritik boten, waren die Gewinne derart gering bzw. blieben gänzlich aus, dass es für eine ganze Reihe von Jahren nicht für eine Dividende reichte. Verantwortlich für diesen Missstand war allerdings nicht die Unternehmensleitung sondern u.a. eine aus verschiedenen Gründen geringe Inlandsnachfrage, aber auch internationale politische Verhältnisse, unter denen der Export litt. Beispielsweise hatte England zeitweise die Ausfuhr von Schiffbaumaterialien eingestellt, in Russland waren es »schwierige Geldverhältnisse« und auf Polen bezogen, werden 1860 die dortigen »politischen Bewegungen« genannt. Während für das erste Geschäftsjahr noch eine Dividende von 4 1/16 % gezahlt werden konnte, waren es im zweiten Jahr nur noch 2%. In den folgenden drei Jahren gingen die Aktionäre leer aus, dann gab es 1 1/2 und 4 1/2 % und 1864 erneut eine Nullrunde. Erst ab 1868 konnten die Kapitaleigner mit 8% eine zufriedenstellende Summe einstreichen, die im Jahre 1874 auf später nicht mehr erreichte 16% kletterte.

Unter den im Laufe der Jahre im Stettiner und ab 1909/10 im Hamburger Werk tätigen leitenden Männern ragten besonders heraus: Schiffbaudirektor Rudolph Haack, der bereits bei der Vorgängerfirma in leitender Position tätig war und als seine größte Einzeltat das Panzerschiff *PREUSSEN* (1) schuf; die kaufmännischen Direktoren Franz Eduard Hermsdorf, vorher Prokurist der Chemnitzer Maschinenfabrik Richard Hartmann, in der auch Lokomotiven gebaut wurden; Hermann Joseph Stahl, Vorsitzender des Direktoriums, unter dessen bestimmenden Einfluss das Unternehmen aus sehr schwierigen finanziellen Verhältnissen zu einer glänzenden Entwicklung empor geführt worden ist; der Leiter der Entwicklungsabteilung Dr. Hermann Föttinger, Erfinder des »Föttinger Transformators«; der Maschinenbauer Dr. Gustav Bauer; verantwortlich beim Vulcan und später der Deschimag u.a. für den Entwurf und den Bau der Maschinenanlagen von nicht weniger als 400 Kriegsschiffen aller Klassen, darunter auch die Turbinenanlage für den russischen Torpedokreuzer NOWIK, mit 36 Knoten das zu damaliger Zeit schnellste Schiff der Welt.

Dass das Ende dieses einstigen deutschen Vorzeigeunternehmens 1928/29 ausgerechnet von Bremen aus diktiert worden ist, muss man schon als Ironie des Schicksals bezeichnen. In der Stadt an der Weser war schließlich mit dem Norddeutschen Lloyd jene Reederei beheimatet, welche den Aufstieg der Schiffbauschmiede an der Oder mit den Aufträgen für die ersten in Deutschland gebauten Reichspostdampfer auf den Weg gebracht hatte. Da das Archiv des Vulcan seit dem Zweiten Weltkrieg als verschollen anzusehen ist, und auch von den übrigen beteiligten Unternehmen keine zusammenhängen Unterlagen mehr vorhanden sind, wird es eine endgültige Klärung der Schuldfrage nicht geben. Es ist aber mit an Sicherheit grenzender Wahrscheinlichkeit davon auszugehen, dass die Bremer Schröderbank, die A.G. »Weser« und vermutlich auch politische Kreise in Bremen, ein großes Interesse daran hatten, die damals nach den Arbeitsmöglichkeiten größte und modernste Werft Deutschlands als Konkurrenzbetrieb im Interesse eigener Arbeitsplätze auszuschalten.

Trotz des fehlenden Firmenarchivs gelang es in mehrjähriger Arbeit soviel Material zusammenzutragen, dass daraus drei Bände werden mussten. Während der erste und zweite Band den Handelsschiff- und Maschinenbau zum Inhalt haben, enthält der dritte Band die Kapitel Kriegsschiff- und Lokomotiv- bzw. Eisenbahnbau. Ebenfalls eingefügt ist eine kurze Abhandlung über das 1938 gegründete neue Unternehmen Vulkan. Dieses hatte, um deutlich zu machen, dass es sich nicht um eine Wiederbelebung der alten Firma handelt, kein »c« sondern ein »k« im Namen.

Das sehr weit gestreute Material zusammenfassend, kam es mir im Wesentlichen darauf an, auf der Grundlage zeitgenössischer Informationen das vorliegende Thema zu bearbeiten. Hierzu habe ich einige Zeitungen aus damaliger Zeit ausgewertet. Während vor allem die *Ostsee-Zeitung* zahlreiche Auftragserteilungen, Berichte über Stapelläufe und Geschäftsberichte mit ihren Detailinformationen zum jährlichen Geschäftsablauf einschließlich Personalien lieferte, waren der sozialdemokratische *Stettiner Volksbote* und die Arbeiterzeitung *Hamburger Echo* die sehr informativen Quellen für den sozialen Teil, ebenfalls zahlreiche Personalangaben enthaltend.

Ein besonderer Glücksfall war ein Zufallsfund im Altbestand der Bibliothek der Hochschule für Nautik in Bremen. In diesem »Journal« sind für den Zeitraum von 1852 bis 1912 sämtliche gebauten Handelsschiffe mit den entsprechenden Angaben verzeichnet. Es kann mit ziemlicher Sicherheit davon ausgegangen werden, dass es sich hierbei entweder um ein Stück aus dem Firmenarchiv handelt, oder die enthaltenen Angaben mindestens nach Archivunterlagen gemacht worden sind.

Eine Schiffsliste, die nötigen Register und weitere Angaben zur besseren Nutzung des Textes sind in diesem Buch selbstverständlich ebenso enthalten wie zahlreiche Schiffsabbildungen und sonstige bildliche Darstellungen. Dort, wo es mir nötig erschien, sind Textergänzungen in Klammern gesetzt, zitierten Passagen hinzugefügt.

Die Schiffsnamen sind im allgemeinen in Großbuchstaben geschrieben, ebenso die Vulcanbauten, diese zum besseren unterscheiden kursiv.

Das in 80 Ordnern abgelegte Material ist beginnend 1998, im Wesentlichen innerhalb von acht Jahren gesammelt worden. In dieser Zeit wurden das Landesarchiv Greifswald und, weil ich schon mal in der Gegend war, auch das Stadtarchiv Stralsund durchaus mit Erfolg aufgesucht. Zu einem späteren Zeitpunkt erfolgte dann nochmals eine Recherche in der Bibliothek des Pommerschen Landesmuseums in Greifswald. Auch die Bibliothek und das Archiv der Handelskammer Bremen waren ergiebige Quellen, ebenso die Staatsarchive in Hamburg und in Stade. Ein Teil der entsprechenden Unterlagen vor allem bezüglich des Kriegsschiffsbaues fand sich im Militärarchiv Freiburg. Sehr viel Zeit beanspruchte auch die Auswertung der genannten Zeitungen im Mikrofilmarchiv der Staats- und Universitätsbibliothek Bremen. Selbstverständlich war auch das Deutsche Schiffahrtsmuseum in Bremerhaven in die Quellensuche einbezogen. Den Damen und Herren dieser Institutionen gilt mein herzlichster Dank für die gewährte Unterstützung. Ein Wort des Dankes sei an dieser Stelle auch dem Leitenden Redakteur der *Pommerschen Zeitung* gewidmet, Herrn Michael Hammermeister, Greifswald, der es mir durch die Veröffentlichung einer ganzen Reihe von Beiträgen mit ermöglicht hat, in weit entfernten Orten zu recherchieren. Ebenso gilt mein Dank den Herren Eckhard Wendt, Remagen, und Reinhold Thiel, Bremen, die mich mit Material aus ihren Sammlungen und manchem guten Rat tatkräftig unterstützt haben. Herrn Professor Kurd Bergunde, Lilienthal, möchte ich ein besonderes Dankeschön für das Überlassen eines mehrbändigen technischen Werkes zur zeitlich unbegrenzten Auswertung aussprechen. Da kaum eine Recherche kostenfrei ist, bin ich den Mitgliedern der Pommerschen Landsmannschaft in Bremen und Bremerhaven für die gewährte finanzielle Unterstützung ebenfalls sehr dankbar und habe sie namentlich in der Spenderliste aufgeführt.

Mein ganz besonderer Dank aber gilt Herrn und Frau Falkenberg, haben sie es doch übernommen, nach dem der Hauschild-Verlag seine Geschäftstätigkeit eingestellt hatte, den zweiten und dritten Band in ihrem Hause herauszubringen.

Bremen, im Oktober 2015
Manfred Höft

Der Vulcan geht nach Hamburg

Wie bereits seit einiger Zeit bekannt, bestand bei Aufsichtsrat und Verwaltung schon seit längerem die Absicht einen Zweigbetrieb zu errichten. Ein Vorhaben, welches in der Presse zu zahlreichen Spekulationen führte. So schrieb das *Cuxhavener Tageblatt* im Sept. 1904: »Die Vulcanfrage dürfte, wie wir von wohlunterrichteter Seite erfahren, in kürzester Zeit ihre Beantwortung finden. Es wird sich dann entscheiden, ob die Nordseefiliale des Stettiner Vulcan in Cuxhaven oder in Brunsbüttel ihren Platz finden soll. Die Vulcandirektion würde Cuxhaven vorziehen, wenn der Hamburger Staat ihr Entgegenkommen zeigt und einige notwendige Änderungen und Verbesserungen des Neuen Hafens in die Wege leitet, die einen Kostenaufwand von etwa 3–4 Mill. Mark beanspruchen würden. Sollten die Wünsche des Vulcan keine geeignete Förderung finden, so wird er seine Niederlassung nach Brunsbüttel legen.«[1] Die Nachricht des *Oldenburger General-Anzeigers* vom Oktober 1904, dass nach »wohl unterrichteter« Quelle die Zweigniederlassung bei Blexen errichtet wird, war von der *Weser-Zeitung* laut »maßgebender Stelle als fette Ente bezeichnet worden«.[2]

Den Zweigbetrieb in Bremerhaven zu realisieren, war aus Kostengründen gescheitert, auch Cuxhaven und die Alternative Brunsbüttel stellten sich als nicht machbar heraus. Nun blieb nur noch Hamburg. Die beabsichtigte Gründung der Filiale auf Hamburger Gebiet liest sich in einer der ersten veröffentlichten Begründungen der Direktion wie folgt: »In eingehenden Studien haben wir den Plan einer Nordsee-Werft vorbereitet, den wir der nächsten Generalversammlung vorzulegen beabsichtigen. Unsere kommerziellen Erwägungen beruhen auf der Entwicklung des Nordseeverkehrs und der Konkurrenz der Nordsee-Werften, dem Wunsch eines näheren Anschlusses an die Hansestädte und die Notwendigkeit, an dem Geschäft der Schiffsreparaturen in höherem Maße als bisher teilzunehmen. Von technischen Momenten heben wir hervor, daß die Wasserverhältnisse der Oder und Ostsee unzulänglich sind für den Bau der großen Kriegsschiffe, welche von fremdem Marinen zur Zeit gebraucht werden; sie sind ebenso unzulänglich für moderne Ozeandampfer, deren Abmessungen sich von Jahr zu Jahr gewaltig steigern.«[3]

Neben der Planung eines neu aufzubauenden Zweigbetriebes gab es zumindest in Bremen ernsthafte Überlegungen, sich mit der Frage einer Fusion zwischen dem Vulkan in Vegesack und dem Stettiner Vulcan zu befassen. Entsprechende Verhandlungen zwischen beiden Gesellschaften waren allerdings gescheitert. Aus einem Schriftwechsel im Mai 1905 zwischen dem Generaldirektor des NDL, Dr. Wiegand, und Franz Ernst Schütte, dem Mitbegründer des Vulkan in Vegesack, geht hervor, dass Dr. Wiegand diesen Gedanken erneut aufgegriffen hatte. Er schreibt u. a: »Als Gewinn bleibt doch die Tatsache, daß eine neue schwere Konkurrenz, deren Entstehen in Hamburg droht, vermieden wird, und daß ferner der gesamte Schiffsbau an der Weser eine neue Grundlage für seine Weiterentwicklung erhält. [...] Für den Norddeutschen Lloyd, und besonders für mich, der die Beziehungen zum Stettiner Vulcan stets besonders gepflegt hat, würde die Verschmelzung [...] ein Vorgang sein, den wir mit besonderer Genugtuung begrüßen würden; denn während die Etablierung einer zweiten Werft des Vulcan in Hamburg ohne Zweifel die zwischen dem Stettiner Vulcan und dem Lloyd bestehenden Beziehungen lockern wird, würde, wenn der von mir neu angeregte Gedanke durchgeführt wird, ohne Zweifel eine neue Befestigung dieser Beziehungen die Folge sein. [...]«[4]

In diesem Zusammenhang dürfte von Interesse sein, dass von den im Zeitraum 1892 bis 1905 erteilten Schiffbauaufträgen des NDL, der nach den Kosten berechnete Hauptanteil, nämlich 43 %, dem Vulcan zufiel, der auch sämtliche großen Schnelldampfer gebaut hat. Der Direktor des Vegesacker Vulkan, V. Nawatzki, stand einer Verschmelzung mit dem Stettiner Unternehmen zwar nicht ablehnend gegenüber, glaubte aber nicht daran, dass die Stettiner an einem solchen Vorhaben ernstlich interessiert waren. Dies teilt er F. E. Schütte in einem Brief, datiert Vegesack, den 25.5.1905, mit, der mit der Feststellung beginnt: »Unangenehm berührt es mich, daß die Herren in Stettin immer wieder meine Person als Hindernis ins Feld führen.«[5]

Auch der Bericht der Vorsteher der Korporation der Kaufmannschaft Stettins befasste sich mit der Gründung einer Niederlassung in ihrem Wirtschaftsbericht über 1904: »Die Beschäftigung unserer größten Schiffbauanstalt [...] war keine genügende, da umfangreiche Neuaufträge fehlten, und die laufenden Reparaturen der Ostseereedereien dem Vulcan keine ausreichende Beschäftigung bieten können. Dieses Arbeitsfeld fehlt dem Werke im Vergleich mit den Werften an der Nordsee sehr. [...] Für den Schiffbau an der Oder wirkt für die Heranziehung von Reparaturen von Hamburg und Bremen noch ungünstig mit, daß durch die Überführung der Schiffe nach hier stets bedeutende Kosten entstehen, welche durch die großen Vertiefungs- und anderen Hafenabgaben, die hier erhoben werden, noch vermehrt werden. Außerdem aber richten sich die Nordsee-Werften immer mehr auf die weitgehenden Anforderungen der Bremer und Hamburger Reedereien ein, und dadurch werden sie schließlich auch noch die Arbeitsmengen an sich ziehen, welche bisher den Stettiner Werften zugefallen sind.«

Und aus einer Veröffentlichung des *Volksboten* entnehmen wir zu diesem Thema am 5.5.1905: »In dem Bestreben, den von der Direktion des Vulcan beabsichtigten Schlag zu vereiteln, dürfte die gesamte Bevölkerung Stettins durchaus einer Meinung sein und wir freuen uns, daß die hiesige Kaufmannschaft energisch bestrebt ist, sich zur Wehr zu setzen. Es ist Stettiner Kapital, Intelligenz und Wagemut, das den Vulcan gegründet und groß gemacht hat und man kann es unserem Bürgertum nachempfinden, daß es über die Verlegung des stolzen Werkes empört ist. Denn das ist sicher, ist erst eine zweite Werft errichtet, so werden die großen Schiffe nicht mehr in Stettin gebaut.« Sie schreibt dann weiter: »Die [...] *Ostsee-Ztg.* hat in drei instruktiven Artikeln auseinandergesetzt, daß die Verlegung nicht nur vom Standpunkt des Stettiners zu verwerfen ist, sondern auch gar nicht im Interesse der Aktionäre liegt. Die Mehrheit des Aktienkapitals [...] ist in Händen von Kapitalisten außerhalb Stettins, und diese Herren werden gewiß auf Stettin keine Rücksicht nehmen, wenn sie Aussicht auf vermehrten Gewinn haben. Aber das Gegenteil wird bei der Verlegung eintreten!«

Nachstehend folgt die Arbeiterzeitung den Darlegungen der Wirtschaftszeitung, deren wesentliche Ausführungen lauten: »Es ist uns bei früheren Erörterungen der Sache wiederholt von beteiligter Seite versichert worden, daß die Befürchtungen Stettins [...] unbegründet oder zum Mindesten übertrieben seien; überzeugend aber war das, was zu diesem Zwecke vorgebracht wurde, nicht.« Es wird dann erwähnt, dass zunächst nur von der Gründung einer Reparaturwerft die Rede war, um das, was wegen der Lage jetzt dem Unternehmen entgeht, für die Folge sich zugänglich zu machen. Wobei es für die Zeitung auf der Hand lag »daß diese [...] sich notgedrungen zu einer großen Werft mit allen dazu gehörigen kostspieligen Einrichtungen auswachsen müsse und in der Tat scheint [...] die Verwaltung [...] heute an gar nichts anderes mehr zu denken. Man will [...] eine Werft errichten, für die man die großen Aufträge der Nordsee-Reedereien gewinnen will, man muß zu diesem Zwecke gewaltige Mittel aufwenden – unter 20 bis 25 Mill. Mark wird die Sache kaum zu leisten sein, und man muß später, um diese gewaltigen Anlagekosten zu verzinsen danach trachten, die durch sie geschaffenen Einrichtungen möglichst voll auszunutzen.«

Es folgt der Hinweis auf die dem Vulcan benachbarten Ortschaften, welche von dem »großen Arbeiterheere des Vulcan leben und ohne dieses verkümmern müssen«. Für die damaligen Leser und hier insbesondere den Aktionären, wird von besonderem Interesse die Schilderung der jetzigen finanziellen Lage gewesen sein, und die sich aus einer zweiten Produktionsstätte ergebenden Konsequenzen. »Zu letzteren hat man die räumliche Entfernung ebenso zu rechnen, wie die Verteuerung der Verwaltung durch ihre Verdoppelung.« An Hand der Bilanz von 1903 und unter Berücksichtigung der neuesten Bilanz wird vorgerechnet, »daß der Buchwert nur noch mit 2 Mill. Mark zu beziffern ist. Man geht dabei wohl nicht fehl, daß in der vorsichtigen Bewertung der Materialbestände und der in Arbeit befindlichen Objekte, neben der sichtbaren noch eine stille Reserve vorhanden ist, so daß in Wirklichkeit sich der Buchwert der ganzen gewaltigen Anlage ungefähr auf Null reduzieren dürfte. Eine derart günstige Vermögenslage gibt dem Vulcan einen sehr erheblichen Vorsprung vor seinen Mitbewerbern; sie gestattet ihm, Arbeiten noch mit Gewinn auszuführen, wo jene bereits mit einem Verlust zu rechnen haben; sie setzt ihn in den Stand, seinen Aktionären auch in den Zeiten des Niederganges, wie sie der Schiffbau in den letzten Jahren durchzumachen hatte, eine ansehnliche Dividende zu zahlen. Erwägt man weiter, daß der Vulcan allein aus Zinsen, in den letzten Jahren eine Einnahme von durchschnittlich einer halben Mill. Mark jährlich gezogen hat, daß ihm aus dem Betriebe der Lokomotivbauanstalt regelmäßig ein beträchtlicher Überschuß zuwächst, so wird man seine nach jeder Richtung hin gesicherten Stellung voll zu würdigen in der Lage sein.«

Dem Argument der mangelnden Wassertiefe wird entgegengehalten, dass dieses nicht mehr stichhaltig sei. »Inzwischen ist das Stettin–Swinemünder Fahrwasser auf 7 m vertieft worden und die Wasserbauverwaltung arbeitet daran, aus laufenden Mitteln allmählich eine Tiefe von 8 m her-

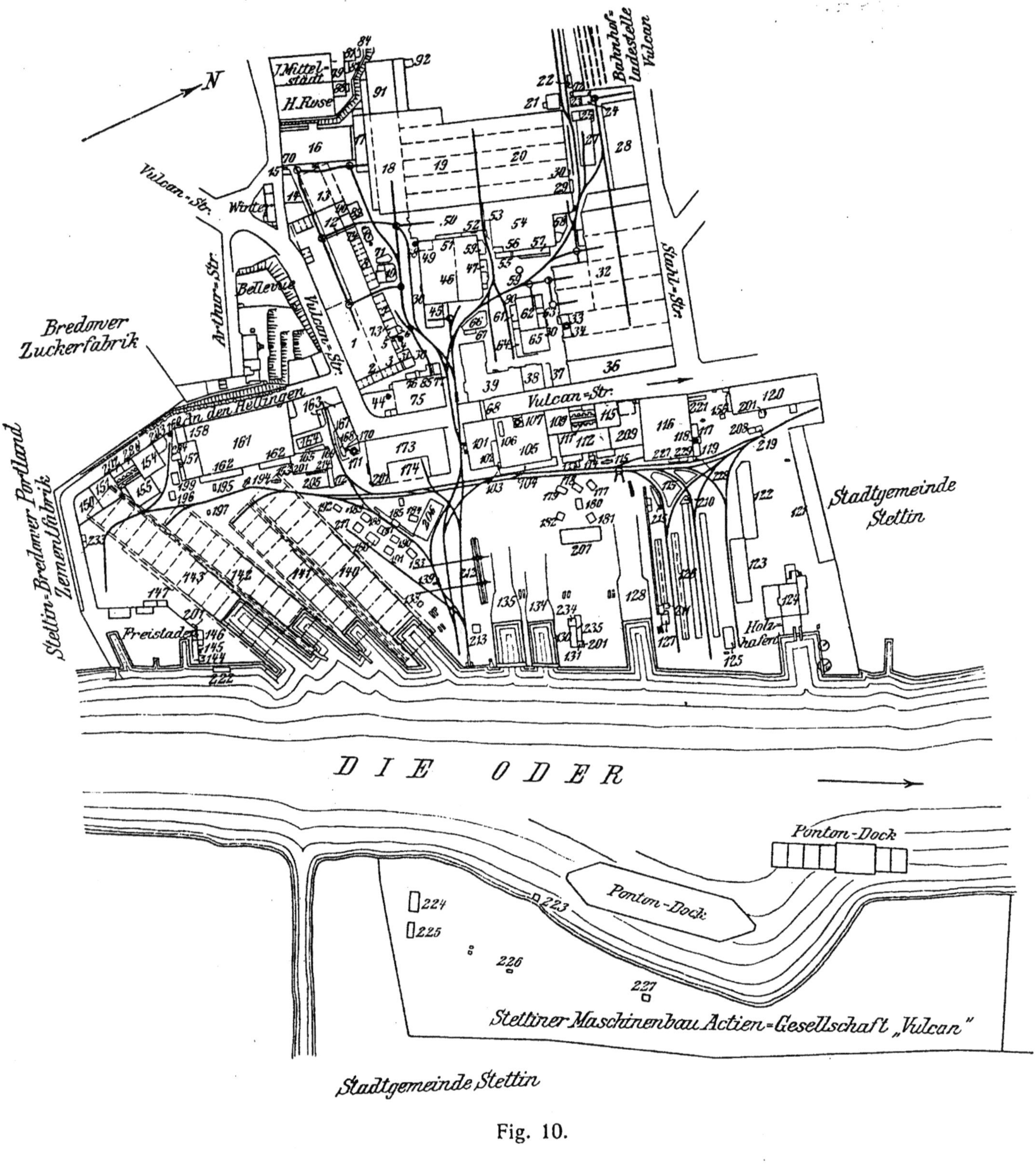

Fig. 10.

A. Maschinenfabrik.

1. Eisengießerei
2. Schmelzöfen mit Schornstein
3. Trockenkammern
4. Flammofen mit Schornstein
5. Trockenkammern
6. Schutzdach
7. Trockenkammern
8. Trockenkammern
9. Wasserturm und Spritzenhaus
10. Bureaugebäude
12. Putzerei
13. Formkastenlager
14. Sand- und Lehmaufbereitung
15. Isolator
16. Modelltischlerei
17. Werkzeugschmiede
18. Montage
19. Dreherei
20. do.
21. Fallwerk
22. Wiegehaus
24. Versuchskesselhaus
25. Schuppen
27. Tenderwasserkastenbau
28. Schornstein- und Rauchfangbau

29. Schuppen für Federn
31. Kohlenbunker
32. Kesselschmiede
33. Schlosserei
34. Schornstein
35. Kohlenbunker
36. Kupferschmiede
38. Pferdestall und Wagenremise
39. Verwaltungsgebäude
44. Metallgießerei
45. Koksschuppen
46. Schmiede
47. Schutzdach
48. Schornstein
49 Kesselhaus
50. Werkstatt für große Arbeiten
51. Schlosserei
53. Meisterstube
54. Lokomotivbau
55 Werkstatt für Elektriker
57. Überdachung
58. Lackierwerkstatt
59. Schutzdach für eine Scheere
60. Fahrstuhl
61. Härteöfen
62. Plattenmagazin
63. do.
64. Schuppen für Eisenabfälle
65. Klempnerwerkstatt
66. Kohlenbunker
68. Brücke
69. Schmiedeanbau
71. Schlackenbunker
72. Gasolinkeller
73 Lagerraum für Formsand
74. Stahlgießerei
75 Magazingebäude
76. Raum für Feuerwehrleute
77. Speditions-Raum und Lagerkeller
78. Wohnhaus- und Beamtenbad
79. Arbeiterbad
80. Kesselhaus
81. Waschhaus
82. Abort
83. Grenzzaun
84. Keller für die Sauggasanlage
85. Glasdach des Magazingebäudes
86. Stahlputzerei
87. Werkzeugschmiede-Erweiterung
88. Medizinische Badeanstalt
89. Glühofen der Stahlgießerei
90. Erweiterung der Stahlputzerei
91. Erweiterung der Montage
92. Kesselhaus

B. Schiffswerft.

101. Bureaugebäude
102. Überdach. f. Vorratsraum
103. Anbau für den Luftkompressor
104. Überdachung der Bohrmaschinen und Scheeren
105. Schiffsschmiede
106. Plattenglühofen
107. Schornstein
109. Spantenplan- und Richtplattenhalle
110. Spantenglühofen
111. do.
112. Spantenplan- und Richtplattenhalle
113. Blechrichthalle
114. Wiegemesserstuhl
115 Spantenplan- und Richtplattenhalle
116. Panzerwerkstatt
118 Schornstein
120. Tischlerei
121. Schuppen
122. Holzschuppen
123. Zimmerwerkstatt
124. Sägerei
125. Schlosserwerkstatt
126. Plattenlager
127. Haus für Umformermaschinen
128. Helling
130. Wellblechschuppen für die Maschinenmontage
131. Spritzenhaus
132. Brücke
133. do.
134. Helling
135. do.
138. Haus für Steuerbeamte
139. Brückenwage
140. Helling
141. do.
142. do.
143. do.
144. Spritzenhaus
145. Wächterbude
146. Schuppen für Tauwerk
147. Schutzdach für verschiedene Gegenstände
150. Wellblechschutzdach für Spantenplan-Richtplatte
151. Wellblechschutzdach für Spantenplan-Richtplatte
152. Glühofen
153. do.
154. Wellblechschutzdach für Richtplatte-Spantenplan
155. Wellblechschutzdach für Richtplatte-Spantenplan
156. Wellblechschutzdach für Winkeleisenhobelmaschinen
157. Verzinkerei
158. Maschinen- und Kesselhaus
160. Schornstein
161. Schiffsschmiede
162. Wellblechschutzdach für Eisenbearbeitungsmaschinen
163. Elektrische Zentrale Maschinenhaus
163. do. Kesselhaus
164. Kühlwerk
165. Schuppen für Elektromotore
167. Holzbunker
168. Kohlenbunker
170. Wiegehaus
171. Schornstein
172. Wellblechschutzdach für Blechrichtwalze
173. Magazin
174. Glasdach des Magazinhofes
175. Kohlenbunker
176. Wiegehaus
177. Wellblechschutzdach für Lochmaschine und Schere
178. do.
179. do.
180. Wellblechschutzdach für 2 Balkenbiegemaschinen
181. Wellblechschutzdach für 1 Lochmaschine
182. do.
183. Wellblechschutzdach für Lochmaschine und Schere
184. do.
185. Wellblechschutzdach für 1 Balkenbiegemaschine
186. Schutzdach für Lochmaschine und Schere
187. do.
188. do.
189. Mannlochpresse
190. Schutzdach für Lochmaschine und Schere
191. do.
192. do.
193. Horizontale Lochmaschine
194. do.
195. Lochmaschine mit Schere
196. do.
197. Wiegemeisterstube
198. Lochmaschine mit Schere
199. do.
202. Blechbude für Schrauben
203. Kohlenbunker
204. do.
205. Werkstatt für Blechkantenhobelmaschine P
206. Wellblechschutzdach für Anreissplan
207. do.
208. Blechbüchsen zum Lagern von Cement
209. Wellblech-Überdachung für Anreissplan
210. Bunker
211. Haus für Wiegemeister
212. Fahrbarer Bockkran für Panzerplattenlager
213. Kohlenbunker
214. Blechbude für Motor zu Walze Nr. 172
215. Horizontale Lochmaschine
216. Bunker für Eisenabfälle
217. Wellblechschutzdach für 1 Schere
218. Wellblechschutzdach für 1 Blechrichtmaschine
219. Wellblechschutzdach für Nietmaschinen
220. Schutzdach
221. Modellschlosserei
222. Versuchsbootshaus
223. Badehäuschen
224. Bootshaus
225. Schuppen
226. Schuppen für elektrische Bohrmaschinen
227. Spritzenhaus
228. Wächterbude
229. Bude für Schrauben
230. „ „ 1 Schleifmaschine
231. Wiegehaus-Erweiterung
232. Werkzeug-Ausgabe
233. Bude für Zimmerleute
234. Werkstatt für Zimmerleute
235. Schlosserwerkstatt

Lageplan der Werke in Stettin-Bredow um 1906
[aus: Jb. d. STG, 8. Bd. 1907]

zustellen. Schon die 7 m haben ausgereicht, daß seit mehr als drei Jahren kein vom Vulcan nach Swinemünde gebrachtes Schiff mehr fest kam, weder der Riesendampfer *KAISER WILHELM II.* [2] noch neuerdings das Linienschiff *PREUSSEN* (3), das größte, welches die deutsche Marine bisher gebaut hat. Der Wasserstand war in beiden Fällen mit erheblich unter Mittel sehr niedrig.« Des Weiteren wird auf das neueste, in Arbeit befindliche Schiff verwiesen, auf die *KAISERIN AUGUSTE VICTORIA,* »gewaltiger als bisher je eines den Ozean durchkreuzte. Ein solcher Auftrag wäre sicher nicht übernommen worden, wenn befürchtet werden muß, daß das Fahrwasser einem einen Strich durch die Rechnung macht.« Bezüglich der Wassertiefe der Elbe wird festgestellt, »daß diese auf der in Betracht kommenden Strecke 8 m beträgt. Dieselbe also, welche in absehbarer Zeit auch das Stettin–Swinemünder Revier aufweisen wird. Allerdings mit dem Unterschied, daß im Gegensatz zur Oder die Tiefenverhältnisse der Elbe den bedeutenden Schwankungen von Ebbe und Flut unterliegen.«

Als *KAISER WILHELM DER GROSSE* und *DEUTSCHLAND* [3] wegen ungünstiger Wasserverhältnisse festsaßen, wurde vermutet, »daß dieses der Verwaltung nicht ungelegen kam, weil die Schiffe zur festgesetzten Lieferzeit noch nicht fertig waren. Tatsächlich herrschte, welch ein Zufall, gerade der niedrigste Wasserstand. Hunderte von Arbeitern haben auf den Schiffen, während sie im Haff festsaßen, noch Tag und Nacht gearbeitet. Sobald die Schiffe fertig waren, wurden sie auch flott.« Auch das angebliche Interesse der Marineverwaltung an einer Übersiedelung des Vulcan an die Elbe wird sehr überzeugend wiederlegt. Der Beitrag endet mit dem Satz: »Die Aktionäre sollten es sich jedenfalls zehnmal überlegen, bevor sie zu einem solchen Experiment Ja und Amen sagen.« Abschließend bemerkt der *Volksbote,* »daß die Einladung zur Generalversammlung nur wenige Zeilen über das Projekt enthält. Entweder ist die Direktion sich selbst nicht klar über die Tragweite ihres Schrittes oder die Aktionäre sollen absichtlich im Unklaren bleiben und den ersten Schritt beschließen, dem notwendig die weiteren folgen müssen. Dem gegenüber rüstet sich die hiesige Kaufmannschaft zu entschlossener Gegenwehr.«

Auf die sachliche Kritik dieses Artikels, verfasst von einem »ungenannten Kenner der Materie«, antwortete die Verwaltung des Vulcan mit einem Rundschreiben des Direktor Stahl an die Aktionäre, datiert vom 6.5.1905. Hierin werden die bereits bekannten Punkte nochmals wiederholt, das Marineargument allerdings weggelassen. »Wir richten an unsere verehrten Aktionäre die Bitte unsere Bestrebungen zu unterstützen und die Anträge die wir der Generalversammlung unterbreiten werden, wohlwollend zu unterstützen.«[6]

Der Redakteur der *Ostsee-Zeitung*, der schon einmal das Projekt einer vernichtenden Kritik unterzogen hatte, ergriff in der Zeitung abermals das Wort. Auch dieser Beitrag war vom *Volksboten* in voller Länge übernommen worden. Er endet mit der Feststellung: »Wir meinen die kurzen Sätze des Rundschreibens sind nicht geeignet die Bedenken gegen den Plan, den es empfiehlt zu entkräften, sondern weit eher, sie zu verschärfen!«

An der Berliner Börse erfuhren die Aktien des Vulcan eine Kurssteigerung von etwa 8%, die, wie vermutet wurde, auf die Nachfrage nach Aktien zurückzuführen sei. Infolge der bevorstehenden Generalversammlung hofften die Anhänger der Verlegung und ihre Gegner, sich durch einen möglichst großen Aktienbesitz auch einen großen Einfluss auf die Beschlussfassung zu sichern.[7] Im April 1905 hatte eine große Aktionärsgruppe lebhaften Protest gegen das Projekt der Verwaltung erhoben. Von diesen Aktionären ist ein Rundschreiben verfasst worden, in dem der Widerstand ausführlich dargelegt wird. Es heißt darin u.a.: »Da es keinem Zweifel unterliege, daß es sich bei der Errichtung einer Zweigniederlassung um die Schaffung einer großen Werftanlage mit allen Einrichtungen handle, also um eine der Stettiner ebenbürtige Anlage mit alleiniger Ausnahme der Lokomotivbauanstalt, so sei für eine solche Anlage mindestens ein Kapital von 20 Mill. nötig; damit würde aber die ganze

An die Aktionäre der Stettiner Maschinenbau-Aktien-Gesellschaft „Vulcan“.

In der Generalversammlung des „**Vulcan**“ am 20. Mai soll auf Antrag der Verwaltung die Errichtung einer Niederlassung des „Vulcan“ in Hamburg beschlossen werden.

Die Unterzeichneten sind der festen Überzeugung, daß ein solcher Beschluß, der weder durch die Geschäftslage, noch durch die örtlichen Verhältnisse der jetzigen Fabrikanlage ausreichend begründet werden kann, **die Interessen der Aktionäre des „Vulcan“ auf das Schwerste schädigen müsste,** und werden daher **gegen** den Antrag der Verwaltung stimmen.

Jeder der Unterzeichneten erklärt sich bereit, Aktionäre des „Vulcan“ in der Generalversammlung am 20. Mai zu vertreten. Da die Aktien behufs Teilnahme an der Generalversammlung bis zum 16. Mai in Stettin deponiert sein müssen, bitten wir diejenigen Aktionäre des „Vulcan“, welche uns ihre Aktien zur Vertretung überlassen wollen, die Stücke ohne Kupons spätestens bis zum 15. Mai an einen der Unterzeichneten einzusenden.

Eine ausführliche Denkschrift stellen wir auf Wunsch gern zur Verfügung.

Stettin, den 3. Mai 1905.

Landschaftliche Bank der Provinz Pommern.
Norddeutsche Creditanstalt.
Dr. Delbrück und **Dr. Markgraff,** Rechtsanwälte.
Georg Manasse. Casper G. Nordahl. Paul Hemptenmacher.
G. A. Karow. Tetzlaff & Wenzel.

Inserat der Niederlassungsgegner [Weser-Zeitung, 5.5.1905]

Lage der bisherigen Rentabilitätsberechnung des Vulcan über den Haufen geworfen.«[8] Diese Gruppe, deren Wortführer der spätere Ehrenbürger Stettins, Kommerzienrat Georg Manasse sowie der Stettiner Rechtsanwalt Dr. Victor Delbrück waren, veröffentlichte am 5.5.1905 in der *Weser-Zeitung*, dem *Berliner Börsen-Courier* und weiteren Blättern folgende Anzeige:

Dagegen stützte ein längerer Beitrag im *Berliner Börsen-Courier* vom 17.5.1905, die Position der Verwaltung des Vulcan. Es wurde über den bevorstehenden Stapellauf eines englischen Schlachtschiffes berichtet, dessen Größe andere Marinen dazu veranlassen wird, nachzuziehen. »Was die deutsche Marine zweifellos zu einem Vorgehen in gleicher Richtung hindrängen wird. Mit der starken Größenzunahme der Schiffe wachsen die Ansprüche, welche an die deutschen Werften gestellt werden müssen, und für den Stettiner Vulcan wird es geradezu eine Lebensfrage, sich neben der Werft an der Oder eine neue Schiffbauanstalt am tiefen Wasser zu schaffen. [...]«

Die Generalversammlung am 20.5.1905 ist wohl zu den wichtigsten zu zählen, welche die Geschichte des Unternehmens aufzuweisen hat. »Das Interesse an dem Ausgang war denn auch in allen Bevölkerungskreisen außerordentlich rege«, wie der *Volksbote* schreibt. Die 120 teilnehmenden Aktionäre, die meisten waren Stettiner, vertraten 6.962.600 Mark Aktien. Zu dem Jahresabschluss bemerkt ein Aktionär: »Wenn nicht Dinge unterbleiben sollten, zu denen er und seine Freunde die Zustimmung nicht geben können, würden sie in Zukunft erzwingen, daß die angesammelten Kapitalien ausgeschüttet würden.« Vor Eintritt in die Tagesordnung widmete Geheimrat Albert Schlutow ehrende Worte des Gedenkens dem plötzlich an einem Schlaganfall am 21. April d. Js. verstorbenen Oberingenieurs Steck.

Punkt 1 der Tagesordnung, Bericht der Direktion und des Aufsichtsrats, wurde ohne Diskussion abgehandelt. Bei Punkt 2, Genehmigung der Bilanz und Erteilung der Entlastung, wies Georg Manasse auf die außerordentlich günstige Bilanz und die ganz ungewöhnliche Höhe der Abschreibungen hin, die mit 2 Mill. Mark über das gewöhnliche Maß weit hinausgingen. Außerdem würden sie auf Objekte vorgenommen, auf die schon über 5 Mill. Mark abgeschrieben sind, sodass sie nur noch mit 7 Mill. Mk zu Buche ständen. Hierunter befinden sich u.a. sehr wertvolle Maschinen, die einen Wert von mehreren Mill. repräsentieren, und nur mit 1 Mark zu Buche stehen. Außerdem wurden von dem diesjährigen Gewinn noch über 500.000 Mark den einzelnen Reservefonds zugeführt. Wenn zu Abschreibungen 821.000 Mk. verwendet und den Fonds derselbe Betrag überwiesen würde, könnte von dem verbleibenden Reingewinn von 3,359 Mill. Mk. eine Dividende von 28% vorgeschlagen werden und die Bilanz wäre immer noch äußerst vorsichtig aufgestellt. Indes wolle die Opposition von einem solchen Antrag absehen, sie behalte ihn sich aber für spätere Jahre vor, falls die Verwaltung mit Vorschlägen hervortreten sollte, durch die dem Unternehmen Kapitalien entzogen würden, die den Aktionären im Interesse einer soliden Wirtschaft bisher vorenthalten waren.

Geheimrat Schlutow betonte nachdrücklich, dass es das aufrichtige Bestreben auch der Verwaltung sei, den Vulcan groß und mächtig zu erhalten und zwar in Stettin. Die Bilanz wurde genehmigt und Entlastung erteilt. Da die beiden Aufsichtsrats-

Geh. Kommerzienrat Dr. h.c. Albert Heinrich Wilh. Schlutow [aus: Historisch-biographische Blätter, 1907]

Rechts:
Die Bilanz wurde im Berliner Börsen-Courier am 22.5.1905 veröffentlicht

Generalkonsul Georg Manasse [Foto nach einem Gemälde von Max Liebermann, Slg. Eckhard Wendt]

mitglieder Geheimrat Schlutow und Julius Tresselt turnusmäßig ausschieden, musste entsprechend gewählt werden. »Herr Manasse schlägt vor, Herrn Geheimrat Schlutow durch Zuruf wiederzuwählen, was einstimmig geschieht.« Der Gewählte nahm die Wahl dankend an. Er gehörte seit 37 Jahren zum Aufsichtsrat, seit 20 Jahren als Vorsitzender. Für den Kaufmann J. Tresselt schlug Manasse Dr. Victor Delbrück vor. »Es sei ein berechtigter Wunsch seiner Freunde, einen Vertreter ihrer Anschauungen im Aufsichtsrat zu haben.« Gewählt wurde durch Zettelwahl. Es fielen auf Dr. Delbrück 3.661.400, auf Tresselt 3.273.200 Mk. Aktien. Ersterer war somit gewählt und nahm die Wahl an.« Gustav Meister, Schiering und Stahlberg sind als Revisoren durch Zuruf wiedergewählt worden. Nunmehr zog Herr Geheimrat Schlutow namens der Verwaltung in einer eigens formulierten Erklärung den Antrag zu der Tagesordnung, die Hamburger Zweigniederlassung betreffend, zurück. [...] Diese Erklärung hatte folgenden Wortlaut: »Uns wird aus dem Kreise unserer Aktionäre der Nachweis geführt, das die Aktien [...] bankseitig im Zirkularwege zur Vertretung in dieser Generalversammlung gesucht worden sind, ohne auch nur anzudeuten, daß diese Aktien der Opposition gegen unseren Antrag zu Punkt 5 der Tagesordnung dienen sollen. Die Aktionäre, welche auf Grund solcher Zirkulare der Überlassung ihrer Aktien zur Vertretung zustimmen, gehen aber erfahrungsgemäß von der Voraussetzung aus, daß diese Vertretung, sofern das Gegenteil nicht ausdrücklich ausgesprochen ist, für die Anträge der Verwaltung erfolgt. Wir erachten es angesichts der geschilderten Sachlage für unsere Pflicht, unseren Antrag [...] heute von der Tagesordnung zurückzuziehen, um über ihn von neuem zu verhandeln und den Aktionären Gelegenheit zu geben, sich bis dahin von der unabweisbaren Notwendigkeit unseres Antrages zu überzeugen.«

In der sich daraufhin entwickelnden, fast zwei Stunden währenden Debatte »die durchaus sachlich und ohne Erregung geführt wurde«, sprachen fast nur der Hauptredner der Opposition, Kaufmann Manasse, und der Vorsitzende, Geheimrat Schlutow. »Herr Manasse protestiert gegen die Zurückziehung. Der Weg der Aufklärung hätte längst beschritten werden können [lebhafte Zustimmung]. Im übrigen könne das, was die Verwaltung wolle, auf die Dauer nur durch Erhöhung des Aktienkapitals erreicht werden, erfordere also eine Statutenänderung und bedürfe daher einer Dreiviertelmehrheit. Herr Geheimrat Schlutow sucht das Verhalten der Verwaltung zu begründen und beruft sich für deren Schweigen auf Konkurrenzrücksichten. Bei einer Ablehnung würde die Verwaltung den Antrag bei der nächsten Versammlung erneut stellen. Die Mitteilungen, die sie zu machen habe, könne die Verwaltung nur vertraulich machen. Es handle sich um einen wohlüberlegten Plan, man müsse sich auf das Urteil der Techniker verlassen.« Herr Manasse: »Sie verlangen von uns Glauben, wir wollen überzeugt sein. Die Herren haben ja gewußt, wofür wir streiten, es war ja also Zeit genug gewesen, mit uns zu sprechen, warum ist es nicht geschehen? Das heute Gehörte konnte doch eine solche Überzeugung nicht bringen. Nach meiner Überzeugung kann der Vulcan hier ebensoviel erreichen, als in Hamburg.«

Manasse ging dann auf die Fahrwasserverhältnisse und auf die etwa in Aussicht stehenden Aufträge für fremde Marinen des Näheren ein. Er verlas den Brief eines Großaktionärs aus Lauf bei Nürnberg, der sich völlig auf den Boden der Opposition

Stettiner Maschinenbau-Actien-Gesellschaft „Vulcan".

Bilanz am 31. Dezember 1904.

Activa.	ℳ	₰
Gebäude, Grund und Boden, Buchwert	7047425	27
Maschinen, Buchwert	1	—
Elektrische Kraft- und Lichtanlagen, Buchwert	399492	74
Werkzeuge, Utensilien, Schwimmdocks, Schmelz- und Schweissöfen, Gasbeleuchtungsanlagen, Pferde und Wagen, Buchwert	1024775	23
Modelle, Buchwert	1	—
Fertige und in Arbeit befindliche Gegenstände	12454462	93
Materialvorräte an Stangeneisen, Eisenblechen, Gusseisen, Metallen, Hölzern, Brenn- und Baumaterial	2798882	54
Patente	2	—
Kasse	16141	06
Effekten	95280	—
Schiffsparte	8000	—
Konsortialbeteiligung	69189	34
Diverse Debitoren	14193577	99
Aval-Konto	22968566	—
	61075797	10

Passiva.	ℳ	₰	ℳ	₰
Stamm-Aktien 4000 Stück à ℳ 600.—	2400000	—		
Stamm-Aktien Lit. B 7600 Stück à ℳ 1000.—	7600000	—	10000000	—
Reserve-Fonds			2700000	—
Garantie-Fonds			1750000	—
Reserve Bau-Fonds			1600000	—
Assekuranz-Fonds			200000	—
Unterstützungs-Fonds			200000	—
Beamten-Pensions-, Witwen- und Waisenkasse des „Vulcans"			60000	—
Ausstellungs- und Versuche-Konto			27554	62
Dotations-Konto			39278	69
Tantièmen			111111	11
Diverse Kreditoren einschl. Anzahlungen			20009334	68
Dividende, rückständige	9952	—		
desgl. pro 1904: für 4000 Stück Stamm-Aktien à ℳ 600 14 % oder ℳ 84.— pro Aktie ℳ 336,000.— für 7600 Stück Stamm-Aktien Lit B à ℳ 1000 14 % oder ℳ 140.— pro Aktie „ 1,064,000.—	1400000	—	1409952	—
Aval-Konto			22968566	—
Reingewinn pro 1904	2174963	34		
			61075797	10

Gewinn- und Verlust-Konto am 31. Dezember 1904.

Debet.	ℳ	₰	ℳ	₰
An Amortisations-Konto			2006859	17
„ Reingewinn			2174963	34
Verwendung:				
Garantie-Fonds-Konto	250000	—		
Reserve-Bau-Fonds-Konto gemäss § 35 der Statuten . . ℳ 108,748.17 ausserordentlich . . „ 183,004.10	291752	27		
Beamten-Pensions-, Witwen- und Waisenkasse des „Vulcan"	60000	—		
Ausstellungs- und Versuche-Konto	25000	—		
Dotations-Konto	37099	96		
Tantième-Konto	111111	11		
Dividenden-Konto	1400000	—		
	2174963	34		
			4181822	51

Credit.	ℳ	₰
Per Zinsen-Konto	560493	94
„ Dividenden-Konto (verjährte Dividendenscheine)	700	—
„ Schiffsparte-Intraden-Konto	786	97
„ Fabrikations-Konto	3619841	60
	4181822	51

Die Bilanz und das Gewinn- und Verlust-Konto wie vorstehend wurden in der heutigen General-Versammlung genehmigt.

Stettin-Bredow, den 20. Mai 1905.

Die Direktion.

H. J. Stahl. R. Zimmermann. Flohr.

stellte, sich auch gegen die geplante Form der Verpachtung wandte. »Wo wir auch hinsehen, ist uns die Sache schleierhaft. Die in der Erklärung ausgesprochene Voraussetzung ist völlig haltlos. Wir müssen heute auf Entscheidung dringen.« Worauf Geheimrat Schlutow sich abermals auf vertrauliche Gründe berief. »Eine Verständigung werde gefunden werden.« Dr. Delbrück beantragte zu beschließen, die Verwaltung zu ersuchen, das Hamburger Projekt fallen zu lassen und auszusprechen, dass für ein solches Projekt eine Zweidrittelmehrheit erforderlich sei. Woraufhin Dr. Moßler, der Vertreter der Berliner Handelsgesellschaft, die Abstimmung über beide Anträge für unzulässig erklärte, da ein Pachtvertrag nicht vorliege. Ein Aktionär sprach sich für den Antrag der Verwaltung aus. Ein Berliner Aktionär wiederum führte aus, daß er wie seine Freunde große Bedenken gegen den Antrag der Verwaltung hätten die auch durch die bisherigen Erklärungen durchaus noch nicht zerstreut worden seien. Eine längere juristische Auseinandersetzung folgte über die beiden Fragen, ob der Vorsitzende berechtigt sei, den kritischen Punkt von der Tagesordnung abzusetzen, und ob der Antrag von Dr. Delbrück zulässig sei. Geheimrat Schlutow betonte dann nochmals die vertraulichen Gründe, die ihn hinderten, öffentlich zu sprechen. »Er begrüße es mit Freuden, daß Dr. Delbrück jetzt Mitglied des Aufsichtsrates sei. Er sei fest überzeugt, daß Dr. Delbrück in Kürze unter demselben Zwange nur das eine sagen werde: der Plan der Verwaltung bestehe zu Recht. Weitere Aufschlüsse werde dann auch Herr Delbrück nicht geben können.« Doch auch diese Versicherungen vermochten die Aktionäre nicht umzustimmen. Sie beharrten darauf, über den Antrag von Dr. Delbrück abzustimmen, was der Vorsitzende weiterhin ablehnte. Da sich der Opposition kein anderer Ausweg bot, gab sie einen entsprechenden Protest zu Protokoll und die denkwürdige Sitzung erreichte ihr Ende.

Der *Volksbote* hatte am Schluss seines Berichtes über die Generalversammlung, die Ausführungen der *Ostsee-Zeitung* wiedergegeben, »die als Organ der hiesigen Kapitalistenwelt sich sehr eingehend und sachkundig mit der Frage wiederholt beschäftigt hat.« In deren Ausführungen wird u.a. erwähnt: »In dem Augenblick, wo die Verwaltung erkannte, daß ihr in der Versammlung eine blind folgende Mehrheit nicht zur Verfügung stand, zog sie ihren Antrag zurück und zwar mit einer Begründung, die man als stichhaltig beim besten Willen nicht anzuerkennen vermag.« Weiterhin fanden Erwähnung die von der Verwaltung angeführten besseren Tiefenverhältnisse der Elbe, mit dem Hinweis, dass diese im Gegensatz zur Oder dem Wechsel von Ebbe und Flut unterliegen und damit nicht viel besser seinen als die der Oder. Die Generalversammlung hatte also die Entscheidung nicht gebracht. Durch eine zweifelhafte Handhabung der Geschäftsordnung hatten sich die Anhänger des Projekts einer Zweigniederlassung Zeit verschafft. Mehr allerdings hatte die Opposition nicht erreicht. Ihre knappe Majorität, wie sich noch zeigen sollte, wird bei der nächsten Generalversammlung nicht mehr vorhanden sein.[9]

Natürlich hatte der Kampf der Aktionäre des Vulcan um das Nordseeprojekt der Verwaltung, auch außerhalb Stettins großes Aufsehen erregt. In der Berliner Presse erörterte man die Frage, was das wohl für »vertrauliche Gründe« sein mögen, mit denen Geheimrat Schlutow in fünf Minuten die Opposition für das Nordseeprojekt glaubt gewinnen zu können. Zunächst wäre man geneigt, an vertrauliche Vereinbarungen mit dem Marineamt über den Bau gigantischer Kriegsschiffe zu denken, für welche die Wassertiefe nicht ausreicht. In Berliner Börsenkreisen glaubte man solche Vereinbarungen nicht, man nahm vielmehr an, »daß der Direktor der Hamburg-Amerika Linie, der bekannte Hofjude Ballin, seine Hand im Spiele hat.« Auch das *Berliner Tageblatt* befasste sich im Börsenteil mit dem Thema und vermutete geheime Absprachen mit der Hamburger Reederei. Mit der von Geheimrat Schlutow genannten Konkurrenz, glaubt das Blatt, sei Blohm & Voss gemeint. Das die Hamburg-Amerika Linie ein Interesse daran hatte, ein Konkurrenzunternehmen gegen diese große Hamburger Werft sozusagen vor der Tür zu haben, war für den *Volksboten* ohne weiteres einleuchtend. Schließlich sollen Verhandlungen zwischen der Reederei und Blohm & Voss nicht gerade einfach sein, da Herr Blohm einen »dicken Kopf« hat. »Eine andere Frage ist freilich, ob auch die Aktionäre des Vulcan daran interessiert sind, die ohnehin schon scharfe Konkurrenz an der Nordsee noch zu vergrößern. Die ganze Sache sieht fast so aus, als ob sich die wohllöbliche Verwaltung des Vulcan, soweit seine Mitglieder nicht persönlich an dem Nordseeprojekt interessiert sind, von dem schlauen Herrn Ballin haben einwickeln lassen. […]« Mit dem persönlichen Interesse war Direktor Stahl gemeint, dem nachgesagt wurde, dass er es gern sehen würde, wenn sein Sohn Paul gleichfalls Direktor eines großen Etablissements wird.[10]

Die Vulcanarbeiter hatten am 27.5.1905, einem Freitagabend, im Bredower Schützenhaus eine öffentliche Versammlung abgehalten, um sich über die von der Direktion und dem Verwaltungsrat geplanten Verlegung der Werft an die untere Elbe zu informieren. Der Referent Faber, Redakteur des

Schiffbaudirektor
Robert Zimmermann
[aus: Jb. d. STG, 14. Bd. 1913]

Volksboten, »erörterte die Folgen [...] für die Arbeiterschaft Stettins und insbesondere der in der Nähe des Vulcan liegenden Stadtteile und Vororte.« Auch die Konstatierung resp. Anerkennung der Tatsache von bürgerlicher Seite, dass die Vulcanarbeiter billiger arbeiten als die Arbeiter Hamburgs und der Unterelbe, wurde von dem Referenten erörtert. Das Resultat der Versammlung war, »[...] die einstimmige Annahme folgender Resolution: Die Versammlung der Vulcanarbeiter beauftragt das Bureau der heutigen Versammlung Schritte zu unternehmen, um sämtliche in Betracht kommende Gewerkschaften zu einem gemeinsamen Vorgehen zur Erlangung höherer Stunden- resp. Akkordlöhne [...] in allernächster Zeit zu veranlassen. [...]« Auslöser dieser Lohnforderung war vermutlich Manasses Schilderung der finanziellen Situation des Unternehmens und die erwähnte mögliche 28% Dividende auf der vorangegangenen Generalversammlung.

»Das große Geheimnis des Herrn Schlutow. [...] ist jetzt enthüllt«, schreibt der *Volksbote* am 23.6.1905 und fährt fort: »Nicht das ungenügend tiefe Fahrwasser der Oder, auch nicht die Reparaturen des Herrn Ballin sind es, die den Vulcan nach der Nordsee locken, sondern ein in Aussicht gestellter Riesenauftrag der deutschen Regierung, den die hiesige Werft nicht allein auszuführen imstande sein würde. Eine enorme Vergrößerung der deutschen Kriegsflotte, die dem deutschen Volke ungezählte Millionen kosten wird, versteckt sich also hinter den geheimnisvollen Andeutungen des Herrn Schlutow. Der in Aussicht stehende Riesenauftrag [...] ist der Köder, womit die Opposition in der Generalversammlung [...] für das Nordseeprojekt gewonnen werden soll. Wie wir erfahren, ist die Zahl der Kriegsschiffe, deren Bau dem Vulcan in Ausicht gestellt ist, so beträchtlich, daß nicht nur die hiesige Werft, sondern auch die an der Nordsee zu gründende wohl ein Jahrzehnt vollauf Beschäftigung haben würde. Auch der *Vorwärts* hat von dem großen Geheimnis des Onkel Schlutow, der über die Flottenpläne der Regierung immer sehr früh informiert gewesen ist, Kenntnis erlangt und knüpft daran folgende Betrachtungen: [...] Auffallenderweise hat der Aufsichtsrat des Vulcan, wie einige Handelsblätter, offenbar von dieser Seite inspiriert, zu berichten wissen, jetzt schon von neuem den Plan aufgegriffen und will ihn nochmals einer Generalversammlung zur Genehmigung unterbreiten.« Des Weiteren wurde vermutet, »daß sich hinter dem Drängen des Vulcan nichts weiter verbirgt, als die Absicht der Regierung, für neue Flottenvermehrungen Vorbereitungen zu treffen. [...] Inzwischen sollen nun, wie einige bürgerliche Blätter wissen wollen, hinter den Kulissen diese Aufklärungen gemacht worden seien.«

Was den *Vorwärts* nicht weiter verwunderte. Wie in dem sozialdemokratischen Blatt weiter geschrieben wurde, »gibt die Regierung dem Privatkapital vorher Aufschlüsse, ehe das Volk informiert wird. Ist doch, wie erinnerlich, bereits einmal Herr Tirpitz zu den Eisenwerken gereist, um ihnen im Vertrauen zu erzählen, daß eine neue Flottenvorlage in Sicht sei. Und die Industriellen haben es damals ja auch meisterhaft verstanden, ihr Vorwissen zu Börsenspekulationen auszunützen. Die Vorgänge beim [...] Vulcan haben mit jenen verdammte Ähnlichkeit und man wird jedenfalls gut daran tun, sie weiter mit Aufmerksamkeit zu verfolgen. [...] Geheimrat Rathenau, der Generaldirektor der AEG, dessen Beziehungen zum Kaiser allgemein bekannt sind, sitzt nicht umsonst im Aufsichtsrat des Vulcan. [...]« Der *Volksbote* ergänzte das Vorstehende mit folgender Meldung, die für ihn den Wert einer Bestätigung hatte: »Schlutow und Zimmermann bei Wilhelm II. Wie uns ein Telegramm aus Kiel meldet, hat der Kaiser am Sonnabend dem 24.6.1905, an Bord der *HOHENZOLLERN* [1] den Generaldirektor Ballin, den Geheimrat Schlutow. [...] und den Direktor und Baurat Zimmermann der Werft Vulcan empfangen.«

In der Aufsichtsratssitzung am 9.8.1905 war beschlossen worden, eine außerordentliche Generalversammlung zum 30. d. M. einzuberufen. Dort sollte, wie bereits von Aufsichtsrat und Verwaltung mehrfach angekündigt, erneut der Antrag auf Errichtung eines Zweigwerkes gestellt werden. »Wie verlautet, unterliegt es kaum einem Zweifel, daß die Vorschläge der Verwaltung von der Generalversammlung mit großer Majorität angenommen werden.« Ferner wurde offiziell mitgeteilt, dass Kommerzienrat Stahl auf eigenen Wunsch nach dreißigjähriger erfolgreicher Tätigkeit zum 1. Januar nächsten Jahres die Leitung des Unternehmens niederlegen wird. »Der Aufsichtsrat hat unter Anerkennung der verdienstvollen Tätigkeit des Generaldirektors das Demissionsgesuch genehmigt.«[11]

Zur Vorbereitung der entscheidenden Abstimmung in der außerordentlichen Generalversammlung hatten Aufsichtsrat und Verwaltung ihre Argumente am 12.8.1905 in der Presse als Anzeige veröffentlicht, unter Beifügung eines Briefes von Albert Ballin an Direktor Stahl. Ebenfalls dabei befand sich die Stellungnahme von Dr. Delbrück zu dem geplanten Vorhaben, »welche ich zu der mir geeignet erscheinenden Zeit, der Presse zur Veröffentlichung übergeben werde« und einem Begleitbrief, datiert vom 29.6.1905. Dieser war in einer Nebenspalte jeweils mit einem Kommentar der Direktion zu den einzelnen Argumenten versehen. Der Aufruf war unterzeichnet von den Vorstandsmitgliedern Stahl, Zimmermann und Flohr sowie den Mitgliedern des Aufsichtsrats Schlutow, Haker, Lenz, Abel, Fürstenberg und Rathenau. »Die nachgenannten Banken und Bankhäuser sind bereit, für die am 30. August d. Js. stattfindende Generalversammlung Aktien zur Vertretung im Sinne der Verwaltung entgegenzunehmen. Der letzte Hinterlegungstermin ist der 26. August d. Js.: Berliner Handelsgesellschaft, Direction der Disconto-Gesellschaft, S.(amuel) Bleichröder, alle Berlin; Norddeutsche Bank in Hamburg, Wm. Schlutow, Stettin.« Letzteres Bankhaus befand sich übrigens bereits seit längerem im Besitz des Bankhauses Bleichröder.

Als Antwort auf diese Vorgehensweise hatte eine unter Führung der Norddeutschen Creditanstalt stehende Gruppe von Stettiner Firmen eine Entgegnung verschickt. Unter anderem war man nach wie vor der festen Meinung, dass mit der Zeit der gesamte große Schiffbau von Stettin fortgenommen wird und die Werft nur noch Frachtdampfer bauen werde, wie sie jetzt aus Rostock und Flensburg kommen. »Von solchen billigen Frachtschiffen werde aber ein genügendes Arbeitsquantum, um die Stettiner Werft damit einigermaßen zu beschäftigen, nicht zu erwarten sein, geschweige denn zu lohnenden Preisen.« Diese Information hatte der *Berliner Börsen-Courier* am 16. August nicht nur mitgeteilt, sondern im Sinne von Verwaltung und Aufsichtsrat des Vulcan auch entsprechend kommentiert. Im Übrigen meldete zu dieser Zeit der Börsenbericht des *Berliner Börsen Courier* auch für den Vulcan eine bemerkenswerte Kurssteigerung.

In der außerordentlichen Generalversammlung am 30.8.1905 waren 107 Aktionäre mit einem Aktienkapital von 7.425.800 Mark vertreten. Vor Eintritt in die Tagesordnung gab Geheimrat Schlutow die ausdrückliche Versicherung ab, »daß trotz Errichtung der Hamburger Niederlassung der Stettin-Bredower Werft ausreichende Beschäftigung verbleiben werde.« Der Redner der Opposition, Manasse widerlegte in langer Rede, die von der Verwaltung zum Beweis für die Notwendigkeit der Niederlassung angeführten Gründe. Er hielt die Chancen des Vulcan in Hamburg nicht einmal für günstig, »jedenfalls müßte der Beschluß mit Dreiviertel-Majorität gefasst werden, da schließlich doch eine Kapitalerhöhung folgen würde«, womit er Recht hatte, wie sich noch herausstellen wird. Die Opposition warf der Verwaltung ferner vor, mit ihr überhaupt nicht ernsthaft verhandelt zu haben. Der Einigungsvorschlag, sie würde dem Projekt zustimmen, wenn die Verwaltung zusichern würde, in Stettin prinzipiell alle großen Schiffe zu bauen, in Hamburg wesentlich nur Reparaturen vorzunehmen, sei zurückgewiesen worden. Rechtsanwalt Leppmann bekämpfte das Projekt, weil es die Rentabilität der Stettiner Werft beeinträchtige und die sichere Rentabilität der Hamburger Anlage nicht gewährleiste. Er gab aber zu, dass die Anfechtung eines ohne 3/4-Majorität gefassten Beschlusses rechtlich wenig Aussicht auf Erfolg hätte.

Der Vorsitzende antwortete nur kurz, das Problem sei ausreichend diskutiert, zwei Anschauungen ständen sich unvereinbar gegenüber. Den Vergleichsvorschlag der Opposition könne die Verwaltung der dehnbaren Fassung wegen nicht akzeptieren. Einen Antrag zur Erhöhung des Aktienkapitals habe die Verwaltung nicht gestellt, weil sich die Gestaltung des Projekts noch nicht übersehen lasse. Die vorläufig erforderlichen Mittel können aus den vorhandenen Fonds gedeckt werden. Der Verwaltungsantrag wurde schließlich angenommen mit 5,2 Mill. Mk. Aktienkapital dafür und 2,1 Mill. dagegen, Proteste sind nicht eingelegt worden.[12] Die Stettiner Aktionäre hatten sich zwar mit allen Kräften gegen Hamburg gewehrt, gegen die Aktienmehrheit der Berliner Banken waren sie letztlich machtlos.

»Stettin, 31. August [1905]. Auf die an den Kaiser gestern Nachmittag ergangene Benachrichtigung über das Ergebnis der Generalversammlung. [...] erhielt [...] der Geh. Kommerzienrat Schlutow folgende Antwort: Herzlichen Dank für die höchst erfreuliche Nachricht. Möge die neue Niederlassung des Vulcan an der Nordsee auf Hamburger Gebiet, dieselben hervorragenden Leistungen auf dem Gebiete des Schiffsbaues zeigen, wie die altbewehrte Anstalt an der Oder. Wilhelm I. R.«[13]

Die Grundzüge des Pachtvertrages waren folgende: Die Hamburger Finanzdeputation vermietet dem Vulcan eine 23,2 ha große Fläche, gelegen im südlichen Hafengebiet auf Ross, auf die Dauer von 50 Jahren. Hamburg wird Hafenerweiterungen mit einer Wassertiefe von 9,80 m bei Hochwasser staatsseitig und für Staatsrechnung herstellen und die Ufer mit Kaimauern versehen. Als jährliche Miete sind 50 Pfg. pro qm für die ersten 25 Vertragsjahre und 70 Pfg. für weitere 25 Vertragsjahre zu zahlen und zwar in halbjährigen Postnumerando-Raten. Der Platz wird erhöht übergeben. Die Verbindung mit der Eisenbahn wird auf Hamburger Rechnung hergestellt. Für die Herstellung und den Unterhalt des Anschlussgleises hat der Vulcan selbst zu sorgen. Die staatsseitig für die erstmalige Ausbaggerung der Dockgruben, die Kaimauer, die vier Duc d'Alben vor dem Werftplatz nebst Wassertreppe und Ponton sowie die Anfahrt von der Straßenseite aufzuwendenden, auf 2.004.500 Mark veranschlagten Kosten sind mit 4 1/2 % jährlich, also mit 90.202,50 Mark zu verzinsen, die Platzmiete beträgt 116.000 Mk. Das Gelände liegt z. Zt. noch innerhalb des Zollgebietes.[14] Kurze Zeit nach Genehmigung der Niederlassung durch die Generalversammlung hatte der Hamburger Senat der Bürgerschaft eine Vorlage über das Projekt zur Genehmigung unterbreitet, welche am 4.10.1905 erfolgte.[15]

Hier bin ich selbst Richter

Über die »üble und grobe« Behandlung der Arbeiter durch ihre Vorgesetzten berichtete im April und Mai 1905 der *Volksbote* in zwei längeren Beiträgen. So im April u.a. folgendes: »Oft haben schon Versammlungen stattgefunden, die sich mit dem groben Benehmen einzelner Meister und Ingenieure [...] den Arbeitern gegenüber besonders beschäftigten. Eine kürzere Zeit nach solchen Versammlungen schien es dann auch, als ob die Behandlung der Arbeiter im Verkehr der Vorgesetzten mit den Arbeitern, eine in anständigere Bahnen sich bewegende, werden würde. War aber wieder etwas mehr Wasser die Oder hinabgelaufen, dann ging das alte Leiden wieder los, d. h. dann gab es wieder Schafsköpfe, Esels, Dussels, Kamele, Rhinozerosse, Ochsen usw. in alter Reichhaltigkeit [...]. Der Direktion, die diese Art der Behandlung ihrer Arbeiter zweifellos nicht gutheißt, wollen die Arbeiter mit derartigen Klagen nicht kommen, weil für den eventuellen Beschwerdeführer jedenfalls nicht mehr allzu lange Beschäftigung vorhanden wäre.« Einstellungen und Entlassungen wurden damals in der Regel von den Meistern bzw. Ingenieuren der einzelnen Abteilungen vorgenommen.

»Die Behandlung der Arbeiter läßt aber ganz besonders zu wünschen übrig bei den Arbeitern, die dem Herrn Ingenieur Steck unterstellt sind. Wir wollen nun folgende Tatsachen [...] selbst sprechen lassen: Dem Schiffbauer Pürrwitz wurden kürzlich aus einer ganz nichtigen Ursache von seinem Meister Retzlaff einige ganz grobe Beleidigungen in Gegenwart seiner Kollegen zugefügt. [...] Der so behandelte ging nun zum Schiedsmann. [...]« Als Retzlaff die Vorladung zum Schiedsmann erhielt, begab er sich damit zum Ingenieur Steck. Dieser ließ Pürrwitz kommen, kanzelte ihn ab, wobei er mit Stänkerer, Großmaul usw. bezeichnet wurde, um dann zu erklären: »Hier bin ich selbst Richter! Holen Sie sich sofort Ihre Entlassung.«

Auch in einer am 17.5.1905 abgehaltenen Versammlung von Arbeitern des Vulcan im Bredower Schützenhaus, an welcher »weit über tausend Personen« teilgenommen hatten, ging es um das schlechte Verhalten von Vorgesetzten den Arbeitern gegenüber. Man wolle, wie der Referent Redakteur Faber eingangs sagte, wieder einmal über das Verhalten der Herren Schröder und Sohn, Ingenieure des Vulcan, gegenüber den in der Kesselschmiede beschäftigten Arbeitern, »zu Gericht sitzen«. Zunächst wurde scharf kritisiert, dass Arbeiter, die 20 Jahre und länger beschäftigt waren, entlassen und durch billigere jüngere Kräfte ersetzt werden. Dann fand Erwähnung, dass die Werkzeuge in der Kesselschmiede sich in einem überaus dürftigen Zustand befänden. Die alten, kaum noch brauchbaren, müssen zudem noch bezahlt werden, d. h., es werden 50 Pf. abgezogen, wenn mal ein alter verbrauchter Gewindebohrer, eine Reibahle und dergleichen zerbreche. Für die Kesselschmiede werden auch noch diejenigen Werkzeugmaschinen, die von anderen Abteilungen ins alte Eisen geworfen seien, wieder hervorgesucht, ausgebessert und weiter benutzt. »Mit diesem alten Klapperkasten müßten sich dann die Arbeiter in der Kesselschmiede abmühen.« Auch ohne eigenes Verschulden abhanden gekommene Werkzeuge müssen bezahlt werden. »So sei s. Zt. einem Arbeiter in der

Kesselschmiede
[Vulcan-Werksfoto, 50 Jahre Schiffbau 1857–1907... Jubiläumsschrift des Vulcan]

Kesselschmiede, ein L-Hammer Nr. 19 abhanden gekommen, für den er 4,50 Mk. bezahlen mußte.« Als dieser sich später wiederfand und der Arbeiter den gezahlten Betrag zurückforderte, wurde dies von Herrn Schröder sen. abgelehnt. Ferner wurde bemängelt, dass in der Kesselschmiede äußerst unsaubere Trinkgefäße, die zum Teil einen schmutzigen und ekelhaften Endruck machen, vorhanden sind, und die Wasserbehälter nicht bedeckt sind. Auch über die schlechte Ventilation und die fehlende Wascheinrichtung wurde Klage geführt, ebenso darüber, dass die Esswaren und die Straßenkleider nicht ordnungsgemäß während der Arbeit aufbewahrt werden können. So können die Esswaren von Mäusen und Ratten berührt werden, die Kleider müssten an den Wänden in Staub und Schmutz herumhängen. Dann ging der Referent auf das persönliche Verhalten der Herren Schröder und Sohn näher ein. »Der alte Herr Schröder habe sich freilich das Beschimpfen der Arbeiter. [...] abgewöhnt; die frühere Versammlung der Arbeiter aus der Kesselschmiede habe augenscheinlich [...] erzieherisch gewirkt. Der alte Herr drohe dafür freilich bei jeder Gelegenheit mit Hinausschmeißen. Herr Schröder jun. sei ganz in den früheren Ton seines Vaters verfallen. [...] Sehr lehrreich seien auch die Erfahrungen, die der Meister Gründer nach dieser Richtung [...] gemacht habe. [...] Ferner wurde [...] noch die wenig lobenswerte Tätigkeit des Vorarbeiters Kant in der Kesselschmiede hervorgehoben. [...] Alle diese Dinge trügen dazu bei, daß die Arbeiter [...] mit immer größerer Unlust ihre Arbeit verrichten. Es wäre wirklich an der Zeit, daß auch dort die Direktion mal eingreife [...]«

Auch aus der Maschinenschlosserei auf der Werft waren Beschwerden erhoben worden. So fehlte es dort an Werkzeugmarken und die Arbeiter mussten oft stundenlang auf Werkzeuge warten. Im Panzerschuppen ist oft die Arbeit nach Gunst vergeben worden, während andere Arbeiter beurlaubt wurden. Ganz besonders wurde aber noch zum Schluss das Verhalten des Meisters Müller in der Schmiede kritisiert. Auch dort mangele es an Werkzeugen oft derartig, dass ganze Kolonnen erst Werkzeuge machen müssten, um überhaupt arbeiten zu können, dadurch ginge den Arbeitern aber Arbeitszeit und Lohn verloren. »Herr Müller sucht auch soviel wie möglich am unrechten Ort zu spa-

Eisengießerei [Vulcan-Werksfoto, 50 Jahre Schiffbau 1857–1907 ... Jubiläumsschrift des Vulcan]

ren. So gibt er zum Beispiel äußerst ungern die Feuerhandschuhe heraus [...] › so daß sich die Schmiede mit alten Lappen behelfen mußten.« Auch der Ingenieur Hoffert von der Formerei wurde kritisiert, »der einem Arbeiter gegenüber ausdrücklich mit der Verrufserklärung drohte, wenn er seine Entlassung nehmen und nicht auf dem Vulcan weiterarbeiten würde.« Abschließend wurde eine Resolution beschlossen, welche die genannten Kritikpunkte enthielt und der Direktion unterbreitet werden soll.

Der moderne Dampfhammer neben dem einfachen Amboss

Die Teilnehmer des in Stettin stattfindenden Binnenschifffahrtskongresses besichtigten im Juli 1905 den Vulcan, worüber der *Volksbote*[16] einen längeren Bericht brachte, welcher neben der Schilderung von Arbeitsabläufen auch einige interessante sozialistische Aussagen enthält: »Nach Besichtigung der soeben vom Stapel gelaufenen Schiffe öffneten sich den Teilnehmern [...] die Werkhallen [...] Zuerst führte uns der Weg nach den Stätten der Rohproduktion. Wir treten in die dunsterfüllte Welt der Gießerei, wo Erze in gigantischen Öfen zu Stahl verarbeitet werden. Soeben wird ein gewaltiger Kübel flammenden Rohmaterials zur weiteren Verarbeitung mittels eines Dampfkranes herbeigeschafft. Die Hebel knirschen und die flüssige Masse ergießt sich in einen größeren Behälter, dessen emporzüngelnde Flammen uns ins Gesicht strahlen. Man fühlt sich förmlich in eine andere Welt versetzt. Überall züngeln Flammen, qualmt der Rauch, rumort der Dampf, und in diesem Reiche der flammenden Elemente, von Ruß und Feuersgluten geschwärzt, müssen die Former und Gießereiarbeiter in den Zeiten flotten Geschäftsganges, wenn das fluchwürdige System der Überstunden Platz greift, zwölf und mehr Arbeitsstunden im Dienste des Kapitalismus fronen und so den besten Teil ihres Menschentums preisgeben, während der Reichtum, den sie schaffen, den sozialen Drohnen, Aktionär genannt, auf Grund ihrer Eigentumstitel am Werke zufällt. Von der Gießerei geht es in die Schmiede. Interessant ist hier die Vereinigung

Dreherei
[Vulcan-Werksfoto, 50 Jahre Schiffbau 1857–1907 ... Jubiläumsschrift des Vulcan]

der alten handwerksmäßigen Arbeitsmethoden mit der Technik der großen Industrie. Neben Dampfhämmern von ansehnlicher Größe stehen einfache Ambosse, auf denen das glühende Eisen nach alter handwerksmäßiger Art mit Hammer, Zange und Meißel bearbeitet wird. Vergleicht man die enorme Muskelarbeit, welche die Schmiede zu leisten haben, mit den minimalen Löhnen, die gerade dieser Kategorie von Arbeitern gezahlt werden, so erkennt man deutlich die Wahrheit der sozialistischen Lehre, dass in der heutigen Gesellschaft sehr oft gerade die ungesundeste und schwerste Arbeit am niedrigsten entlohnt wird.

Den interessantesten Einblick in das Wesen der Maschinenproduktion gewährte [...] die Besichtigung der Dreherei, die wohl eine der größten Maschinenbauwerkstätten der Gegenwart darstellt. Nicht nur die Maschinerie, für die auf der Werft gebauten Schiffe ist hier ein Arbeitsgegenstand, sondern auch eine größere Anzahl von Lokomotiven, von denen schon über 2.000 [...] gefertigt worden sind, werden hier Jahr für Jahr gebaut. Mehrere Stock hoch weitet sich der imposante Raum über den Köpfen der wimmelnden Arbeiterschar, die hier ein ganzes System von Maschinen bedienen. [...] Das Wesen, der sich hier vollziehenden Produktion besteht darin, daß Maschinen mittels Maschinen hergestellt werden. Schienengeleise führen aus der Gießerei das Material herein, das von Kränen, ... nach der Maschine gebracht wird, wo die weitere Verarbeitung vor sich gehen soll. Spielend heben die gewaltigen Kräne Eisenstücke, deren Gewicht vielleicht Hunderte Zentner beträgt und reichen sie den Arbeitern hinüber und herüber. [...] Bei näherer Betrachtung der langen Reihe der Maschinen erkennt übrigens der Zuschauer in ihnen all die Werkzeuge wieder, die man in jeder kleinhandwerksmäßigen Schlosserei finden kann.

Entweder ist die Maschine nur eine mehr veränderte, mechanische Ausgabe des alten Handwerksinstrument wie bei der mechanischen Eisendrehmaschine, oder die tätigen Organe der Maschine sind alte Bekannte, wie der Bohrer bei der Bohrmaschine. Die Maschine ersetzt den Handwerker, der ein einzelnes Werkzeug handhabt, durch einen Mechanismus, der vom Dampf oder Elektrizität bewegt wird. Aber noch ein wesentliches Moment darf nicht übersehen werden. An den Werkzeugmaschinen erscheint wohl das handwerksmäßige Instrument wieder, aber in cyklopischem Umfang. Der wirkende Teil der Bohrmaschine ist ein ungeheurer Bohrer, der durch eine Bohrmaschine getrieben wird; die mechanische Drechselbank ist die cyklopische Wiedergeburt der gewöhnlichen Fußdrechselbank, die Hobelmaschine, ein eiserner Zimmermann, der mit denselben Werkzeugen in Eisen arbeitet, womit ein Zimmermann in Holz, das Werkzeug der Maschine, welche Eisen schneidet, eine Monstreschere und der Dampfhammer operiert mit einem gewöhnlichen Hammerkopf, aber von solchem Gewicht, daß selbst Thor, der germanische Donnergott, ihn nicht schwingen könnte.

Und allen diesen Maschinen bläst Dampf oder Elektrizität lebendigen Odem ein, daß sie ihre Glieder in strenger Gesetzmäßigkeit regen, eiserne Sklaven die sich der Menschengeist zu seiner Bedienung geschaffen. [...] Wie kurz aber auch unsere Wanderung gewesen, so hatten wir doch den Eindruck gewonnen, daß der Vulcan nicht mehr eine Fabrikanlage alten Stils ist, sondern ein neuer Typus der kapitalistischen Unternehmung, dessen Daseinsberechtigung in der Größe seiner Produktionsaufgaben liegt. Man könnte den Vulcan eine großkapitalistische Fabrikationsanstalt nennen. An seiner Spitze steht ein ganzer Stab von kaufmännisch und technisch geschulten Beamten, die über einen imposanten Apparat mechanischer Hilfsmittel gebieten und über eine ganze Armee von Arbeitern verfügen, welche Produktionsaufgaben von einer Größe zu lösen haben, die nur von verhältnismäßig wenig Firmen Europas ausgeführt werde können.

Zwar spielt das Handwerk neben der eigentlichen Maschinenproduktion [...] noch eine gewichtige Rolle. Zur inneren Ausgestaltung der Dampfer, werden auch heute noch eine große Anzahl Tischler, Tapezierer, Lackierer usw. verwendet. Aber auch die handwerksmäßige Arbeit hat ihre Selbständigkeit verloren. Wie die Arbeiter, welche die Maschinen bedienen, den Stahl bereiten usw., sind auch die Handwerksgesellen zu unselbständigen Rädern eines großen Organismus geworden. Alle Handwerker, welche der Schiffbau in seinen letzten Stadien erfordert, sind in besonderen Betriebswerkstätten der Maschinenproduktion angegliedert. Die Handwerksmeister, die [...] die Arbeit leiten, haben natürlich aufgehört unabhängig zu sein und sind zu besoldeten Beamten der kapitalistischen Unternehmung geworden. Ob Handwerker oder Arbeiter, ob Techniker oder Meister, sie alle arbeiten und wirken nicht nur für ihren Lebensunterhalt, sondern auch für die Eigner der Produktionsmittel, denen der Mehrwert, welchen Hand- und Kopfarbeit erzeugt, mühelos in den Schoß fällt. Sie können ihn ganz nach ihrem Belieben produktiv oder unproduktiv verwenden, ihn in wüsten Orgien vergeuden, oder ihn aufspeichern, um die Ausbeutung der Arbeit in um so größerem Stile zu betreiben. Die Erzeugung des Mehrwerts durch Ausbeutung der Arbeiter ist das Ziel der kapitalistischen Produktion. Das Endziel des Sozialismus ist dagegen das Gemeineigentum an den Produktionsmitteln, die gesellschaftliche Organisierung der Arbeit, die Verteilung des Mehrwerts unter die Arbeiter. Und das dies Ziel erreicht wird, dafür ist der Vulcan ein lebendiges Zeugnis. [...]«

Nach der Gesetzgebung der Arbeiterversicherung unterlag jeder, der um 1905 in den Genuss der Altersrente mit vollendetem 70. Lebensjahr kam, noch weiter der Versicherungspflicht auf Grund des Alters- und Invaliditäts-Versicherungsgesetzes, falls er noch gegen Lohn zu arbeiten in der Lage war und tatsächlich auch beschäftigt wurde. Es stand dem Arbeitnehmer nämlich noch die Invaliditätsrente bevor, die höher als die Altersrente war und erst bei völliger Invalidität eintrat. Erst wenn die Invalidenrente gewährt war, hörte die Klebepflicht auf. Die verbreitete Annahme, dass man mit dem Kleben schon nach der Bewilligung der Altersrente aufhören könne war irrig, der Arbeitgeber, der die Verwendung von Beitragsmarken in einem solchen Falle unterließ, machte sich strafbar. Es stand allerdings dem Empfänger einer Altersrente das Recht zu, einen Antrag auf Entbindung von der Versicherungspflicht bei der Behörde zu stellen, und diese konnte, wenn besondere Umstände vorlagen, dem Antrag entsprechen, doch verlor dann der Versicherte jedes Anrecht auf die spätere Gewährung der höheren Invalidenrente.[17]

Die Novelle zum Krankenversicherungsgesetz von 1904 beseitigte eine empfindliche Härte aus der Arbeiterversicherungs-Gesetzgebung, indem die Mindestdauer des Krankengeldes von 13 auf 26 Wochen erhöht worden war. Nach dem Invalidenversicherungsgesetz wurde die Invalidenrente solchen kranken und erwerbsunfähigen Personen, für welche die Ärzte noch Besserung in Aussicht gestellt hatten, immer erst vom Beginn des zweiten halben Jahres nach Beginn der Erkrankung oder der Erwerbsunfähigkeit ab gezahlt. Solche Kranken blieben also so lange das Krankengeld nur 13 Wochen gewährt wurde, für das zweite Vierteljahr nach der Erkrankung ohne jede Unterstützung. Jetzt war die Sache anders. Der Kranke erhielt ein halbes Jahr hindurch sein Krankengeld und nach dessen Wegfall sofort seine Invalidenrente. »Wenn letztere auch zum Sterben zu viel, zum Leben zu wenig bedeutet, eine kleine Hilfe bietet sie doch«, urteilte der *Volksbote*.

Ein zweiter Vorteil ergab sich aus der Verlängerung der Zahlungsdauer des Krankengeldes im Zusammenhang mit der Unfallversicherung. Ein Unfallverletzter bzw. seine Angehörigen behielten, wenn Krankheit und Arbeitsunfähigkeit über ein Vierteljahr hinaus dauerten, ihren Anspruch auf denjenigen Teil des Krankengeldes für die zweiten 13 Wochen, um welchen das Krankengeld den Betrag von drei halben Unfallrenten überstieg. Nehmen wir an, einem jungen Zimmermann wurde als volle Unfallrente vom Beginn der 14. Woche ab 50 Mark monatlich bewilligt und das Krankengeld hatte 9 Mk. pro Woche betragen. Je nach Krankheit und Arbeitsunfähigkeit dann noch 9 oder 13 Wochen hindurch andauerten, hätte unser Zimmermann ohne den Unfall noch 81 Mk. oder 117 Mk. Krankengeld von seiner Kasse zu erhalten gehabt. Jetzt konnte sich die Krankenkasse drei halbe Monatsrenten der Unfallrente oder 75 Mk. von der Berufsgenossenschaft erstatten lassen. Der Zimmermann bekäme also noch 6 bzw. 42 Mk. von der Krankenkasse heraus. Abschließend hierzu ein Fall aus der Praxis.

Der Arbeiter Albert Spielberg hatte Mitte November 1904 einen Schädelbruch erlitten und befand sich noch im April 1905 im städtischen Stettiner Krankenhaus. Das wöchentliche Krankengeld für die Ehefrau betrug 4,50 Mk., die Unfallrente 14,80 Mk. pro Monat. Muss Spielberg bis Mitte Mai oder bis zum Ablauf der 26. Woche im Krankenhaus bleiben, so hätte die Ehefrau noch einen Anspruch von 4,50 x 13 bis 7,40 x 3 oder 36,30 Mk. Krankengeld an die Krankenkasse. Würde er schon vier Wochen früher aus dem Krankenhaus entlassen, so würde sich der Anspruch auf 18,30 Mk. verringern. Die gleichzeitige Zahlung von Krankengeld und Unfallrente während des zweiten Vierteljahres nach dem Unfall war noch neu, weshalb die Krankenkassen sich einstweilen gegen die Herausgabe des Krankengeldes wehrten. Frau Spielberg hatte gegen den ablehnenden Bescheid beim Stettiner Magistrat Beschwerde einlegen müssen. […]«[18]

Zum Vergleich von Krankengeld mit den Lebenshaltungskosten nachstehend einige Durchschnittspreise im Jahre 1905 für wichtige Lebensmittel in Preußen je kg in Pfennigen: Gelbe Kocherbsen 30, weiße Speisebohnen 35, Linsen 45, Esskartoffen 6, Rindfleisch 143, Kalbfleisch 147, Hammelfleisch 147, Schweinefleisch 154, inländischer geräucherter Speck 176, inländisches Schweineschmalz 169, Essbutter 239, Weizenmehl 31, Roggenmehl 25, 1 Schock Eier 540 Pfennige.[19]

Der Aufsichtsrat beschloss in seiner Sitzung am 11.4.1906, der Generalversammlung die Verteilung einer Dividende von 14% wie in den Vorjahren vorzuschlagen.[20] Wie der Geschäftsbericht über 1905, veröffentlicht im April 1906, mitteilt, war im verflossenen Jahr die Beschäftigung im Schiffbau gegen das Vorjahr eine etwas regere, sodass der Arbeiterstand um einige hundert Mann vergrößert werden konnte. Die Tätigkeit in der Maschinenfabrik hielt sich auf der Höhe des Vorjahres, es wurde vorübergehend mit Überschichten gearbeitet, das Gewinnergebnis war jedoch ungünstig beeinflusst worden durch die eingetretene Preissteigerung aller Rohmaterialien und Halbfabrikate sowie insbesondere durch die wiederholten Forderungen der Arbeiterschaft nach Erhöhung der Löhne und Akkordsätze. Trotzdem blieb der Abschluss hinter dem des Vorjahres nicht zurück, was die Verwaltung insbesondere der seit Jahren praktizierten soliden Finanzpolitik zuschrieb. Die erzielten Resultate ermöglichten wiederum die Verteilung einer Dividende von 14%, Abschreibungen und Reservestellungen blieben dabei im Rahmen des Vorjahres.

Der definitive Vertrag mit der Finanzdeputation des Senats der Stadt Hamburg über die Pachtung eines Geländes […] ist am 6.1.1906 unterzeichnet worden, nachdem der Bundesrat den Ausschluss dieses Geländes aus dem Zollgebiet genehmigt hatte. An diese Genehmigung war im Interesse des Schutzes der benachbarten kleinen preußischen Schiffswerften die nachstehende Bedingung geknüpft worden: »Der Platz wird der Gesellschaft Vulcan zum Betriebe einer Schiffswerft, ferner zum Betriebe einer Maschinenfabrik sowie einer Kesselschmiede, Gießerei und Dampfsägerei und zur Hinlegung zweier Schwimmdocks für den Bau, die Ausrüstung und die Reparatur von Schiffen überlassen. Außer für den eigenen Bedarf der Gesellschaft Vulcan, ist aber der Bau und die Ausbesserung hölzerner Segelschiffe, sowie eiserner und hölzerner Schuten, Kähne und Boote und ferner der Bau eiserner und hölzerner Dampfschiffe und eiserner Segelschiffe unter 1.200 BRT für die Handelsflotte ausdrücklich untersagt. Die Arbeiten zur Aufhöhung des Terrains sowie zur Herstellung der Kaimauern sind jetzt […] in Angriff genommen; Bauarbeiten können in diesem Jahr noch nicht ausgeführt werden. Die Projekte der […] zu errichtenden Hellinge und Werkstätten werden jetzt im einzelnen durchgearbeitet; […]«

An größeren Objekten sind fertiggestellt bzw. abgeliefert worden: Ein Linienschiff und ein Kl. Kreuzer für die deutsche Marine, der Turbinendampfer *KAISER* für die Hamburg-Amerika Linie. Außer den Maschinen und Kesseln der abgelieferten und noch im Bau befindlichen Schiffe und Lokomotiven: 27 Schiffskessel verschiedener Systeme, sieben Lokomotivkessel, acht Schiffsdampfmaschinen und drei Dampfpumpen. In Arbeit waren noch geblieben bzw. neu hinzugekommen: Ein Linienschiff und ein Kl. Kreuzer für die deutsche Marine, zwei Torpedojäger für die griechische Marine, *KAISERIN AUGUSTE VICTORIA*, *NAVARRA*, die Baunummer 271 für die HAL sowie *PRINZ LUDWIG* und der große transatlantische Schnelldampfer Baunummer 267 für den NDL, sowie verschiedene Schiffsmaschinen und Schiffskessel.

Zur Ablieferung kamen 1905 Erzeugnisse im Gesamtwert von 24.408.137 Mark. Die höchste Arbeiterzahl betrug 6.174, die niedrigste 5.642; an Arbeitslöhnen wurden 6,8 Mill. Mk. gezahlt. Steuern usw. und die der Gesellschaft auferlegten sozialen Lasten betrugen insgesamt 663.434 Mk., das waren fast 6 % des Kapitals. Das Fabrikationskonto wies einen Gewinn von 3.510.229 Mk. aus, hinzu kamen Einnahmen von 715.689 Mk. Zinsen, verfallene Dividenden usw., die Abschreibungen betrugen 2.098.703 Mk., somit verblieb ein Reingewinn von 2.127.215 Mk. Davon wurden beantragt für den Garantiefond 250.000 Mk., für den Reservebaufond 174.274 Mk., für die Beamtenpensions-, Witwen- und Waisenkasse 75.000 Mk., das Ausstellungs- und Versuchskonto 60.000 Mk.; ferner zu Dotationen 56.829 Mk., Tantiemen 111.111 Mk., Dividende 1,4 Mill. Mk. Fertige und in Arbeit befindliche Gegenstände hatten einen Wert von 14.816.439 Mk. Einer der fertiggestellten Schiffskessel ging an die Stettiner Werft vormals Möller & Holberg als Ersatz für den 225 BRT großen D. Swinemünde der Reederei Swinemünder Dampfschiff AG in Stettin. Der Dampfkessel hatte 9 atü und eine Heizfläche von 122 qm.[21]

Nach Erledigung der üblichen Regularien auf der am 12.5.1906 durchgeführten Generalversammlung, waren die turnusmäßig ausscheidenden Aufsichtsratsmitglieder Geh. Kommerzienrat Lenz und Direktor Carl Fürstenberg wiedergewählt worden. Bei der Ersatzwahl für den verstorbenen Carl Greffrath bemerkte der Vorsitzende, dass die Verwaltung, entgegen sonstiger Geflogenheit, aus der Versammlung Vorschläge zu erbitten, diesmal selbst einen Vorschlag mache: sie empfehle die Wahl des bisherigen Direktors Dr.-Ing. Stahl, der sich in dreißigjähriger Tätigkeit hervorragend um den Vulcan verdient gemacht habe und dessen reiche Erfahrungen man der Gesellschaft auch fernerhin erhalten möchte. Der Vorgeschlagene ist einstimmig gewählt worden, ebenso die bisherigen Mitglieder der Revisionskommission, Walter Stahlberg, Gustav Meister und Direktor Schiering.[22]

Das erste deutsche Handelsschiff mit Turbinen

Mit der Kolbenmaschine, die in den Schnelldampfermaschinen des Vulcan den Höhepunkt ihrer Entwicklungsfähigkeit erreicht hatte, war ein neuer Antrieb, die Schiffsturbine, in Wettbewerb getreten. Der Vulcan war die erste deutsche Werft, welche ebenso wie kurze Zeit zuvor für die Kriegsmarine, für die Handelsmarine ein Schiff mit Turbinenantrieb baute, den kleinen Schnelldampfer *KAISER* für den Seebäderdienst der Hamburg-Amerika Linie. Die Maschinenanlage, bestehend aus AEG-Curtis-Turbinen, war in den Werkstätten der AEG in Berlin hergestellt worden. Den Bau und die eingehenden Messungen auf dem Prüfstand und an Bord, hatte der Maschinenbauingenieur Karl Voß geleitet. Den Dampf lieferten vier beim Vulcan gebaute Wasserohrkessel mit 14 atü Überdruck. Die Turbinenanlage bestand aus zwei Maschinenanlagen, welche je eine Welle mit einer Schraube antrieben. Die Rückwärtsturbine war in das Niederdruckgehäuse der Vorwärtsturbine eingebaut, welche als Druckturbine aus fünf mehrkränzigen Druckstufen mit partieller Beaufschlagung bestand, an welche sich eine vielkränzige, voll beaufschlagte Trommel anschloss. Die fertige Turbine einschließlich aller Lager, Drucklager, Ölpumpen und sämtlicher, für Öl und Entwässerung erforderlichen Rohrleitungen, wog 57 t, bei kontraktlichen 70 t. Beide Turbinen wurden in den Werkstätten der AEG vor ihrer Ablieferung äußerst eingehenden Prüfungen und starken Überlastungen unterzogen. Zum Schluss fand mit jeder Turbine eine sechsstündige Abnahmeprüfung bei voller Belastung statt.[23]

In der Zeit vom 16.8. bis 10.9.1905 waren eine Reihe von Fahrten in der Ostsee unternommen worden, mit dem Zweck, die günstigste Schraubenkonstruktion für die gegebene Leistung von 3.000 PS und sechshundert U/min zu ermitteln. Da die Turbinen störungsfrei arbeiteten, konnten die Probefahrten mit vier verschiedenen Schrauben in noch nicht ganz vier Wochen durchgeführt werden. Mit den endgültig gewählten Schrauben lief das Schiff bei der, bei recht ungünstigem Wetter stattgefundenen, Abnahmeprobefahrt als Mittel von zwei Stunden 20,46 Knoten, bei kontraktlichen 19,5 Knoten. Während der sechsstündigen Kohlenmessfahrt wurde der Gesamtkohlenverbrauch einschließlich Hilfsmaschinen bei 20,05 Knoten mit 4,06 t pro Stunde ermittelt, das waren 0,66 kg pro PS. Garantiert waren 4,7 t Kohle pro Stunde einschließlich aller Hilfsmaschinen bei 19,5 Knoten.

Der Turbinen-Schnelldampfer *KAISER* beim Ausbooten, vermutlich vor Helgoland [Postkarte, Slg. Verfasser]

Alles Leistungen, die das Schiff mit Dreifach-Expansionsmaschinen hätte aufweisen müssen.

Die sich daraus ergebende Ökonomie dieser Erstausführung einer Schiffsturbinenanlage war eine um 20 % bessere. Hinzu kam der bedeutend vereinfachte Maschinenbetrieb, da nur noch die Hilfsmaschinen einer eigenen Wartung bedurften. Als besonders bemerkenswert wird die Einfachheit und Manövrierfähigkeit der Turbine bezeichnet. Für verschiedene Fahrgeschwindigkeiten wurde jedes Umschalten von Dampfwegen vermieden und mit einem einzigen Manövrierventil die Regulierung von Null bis zur vollen Tourenzahl durchgeführt. Durch das gleiche Ventil erfolgte nach Umlegen eines Umsteuerschiebers die Bedienung der Rückwärtsturbine. Diese war für einen so guten Wirkungsgrad konstruiert, dass sie bei guter Manövrierfähigkeit kaum mehr Dampf verbrauchte als die Vorwärtsturbine. Es zeigte sich, dass auch bei dauernder Rückwärtsfahrt die volle Kesselspannung hielt und dass die Zeiten, welche von »Volle Fahrt voraus« bis zum Eintritt der Rückwärtsfahrt dieselben waren wie für gleichartige Kolbenmaschinen.[24] Der Stapellauf[25] hatte am 8.4.1905 stattgefunden. Die Angaben im Zusammenhang mit den 1906 von der Marine durchgeführten Probefahrten s. Bd. 3.

Die technischen Angaben nach dem »Journal« sind: (Bau-)Nr.: 263 / Antrieb: 2 Schrauben mit 3 Flügeln / Anzahl durchlaufender Decks: 2 / Klasse: Germ. Lloyd +100 A4 k / Spardeck / Baujahr u. Bauzeit: 25.7.1904 –10.8.1905 / La: 96,55 m / Lp: 92 m / B. a. Spt.: 11,65 m / H: 4,80 m / H1 verteilte Aufbauten: 7,20 m Spardeck / R. T.: 6,44 m / Tfg. beladen: mittl. 2,97 m / Kielhöhe: 0,029 m / Depl. beladen: 1.920 t / L x B: 1.071,8 / L x B x H u. L x B x CT: 5.144,64 H.D. / L x B x H1: 7.716,96 Spardeck / Lp : B: 7,9 / Lp : H: 12,78 Spardeck / BRTs: 1.916,11 t / NRT: 549, 64 / Passagiere und Besatzung: 2.000 u. 77 / Gewicht des Schiffskörpers: 1.275 t.

Das Schiff hatte ein wasserdichtes Schott bis zum Hauptdeck und sechs Schotten bis zum 2. Deck, Wasserballast im Doppelboden und zwei Piecktanks, Unterwasserschallhör-Apparate, drahtlose Telegrafie und war zementiert.[26] Der D. war für die höchste Klasse der kleinen Küstenfahrt aus bestem deutschen Siemens-Martin-Schiffbaustahl gebaut und als 2-Mast-Spitzsegelschoner getakelt. Der innere Ausbau entsprach den weitgehendsten Ansprüchen der Passagiere. Der Hauptspeisesaal im Hauptdeck hatte 140 Sitzplätze, der darunter befindliche Hilfsspeisesaal wurde, ähnlich wie auf den großen transatlantischen Schiffen, von je drei elegant eingerichteten Kajüten flankiert. Der Rauchsalon überraschte auf das angenehmste durch seine Größe und Ausstattung. Dasselbe galt auch für den im unteren Promenadendeck gelegenen Damensalon. Auf dem oberen Promenadendeck befand sich dann noch ein behaglich eingerichteter kleiner Salon, geeignet für geschlossene Gesellschaften, bzw. zur ausschließlichen Benutzung seitens der 20 Kajütpassagiere, welche in zehn geschmackvoll, bequem und praktisch eingerichteten Kammern für zwei Personen reisen konnten. Zu erwähnen ist dann noch das Barbierzimmer, die gegenüber befindliche Poststelle sowie besonders eine Schänke.

Das obere Promenadendeck war im vorderen Teil als Kommandobrücke ausgebildet, im mittleren Teil sind sechs große Francis-Patentrettungsboote von 8,55 m Länge und ein Arbeitsboot von 5 m Länge aufgestellt worden; außerdem waren 2.000 Korkwesten und 25 Rettungsringe vorhanden. Die im Hinterschiff angeordneten Wirtschaftsräume hatten alle zu einem Großküchenbetrieb erforderlichen Einrichtungen sowie Nebenräume einschließlich eines Weinkellers. Sämtliche Räume wurden elektrisch beleuchtet, auch waren Vorkehrungen getroffen für eine elektrische Illumination über die Toppen und längst der Reling. Der Stromerzeugung dienten zwei direkt gekuppelte Turbodynamos von 20 kW Leistung, aufgestellt im Maschinenraum. Für den 475 cbm großen Laderaum war vorn eine Ladewinde aufgestellt. Die drei Bug- und zwei Hilfsanker hatten ein Gesamtgewicht von 5.355 kg, während die Länge aller Ketten und Trossen etwa 2,5 km betrug. Das Ablaufgewicht wird mit 1.000 t. angegeben.[27]

Die HAL äußerte sich in ihrem Geschäftsbericht sehr zufrieden über das Schiff: »Der Turbinendampfer. [...] hat, weil er erst gegen Schluß der Saison geliefert wurde, bisher nur wenige Fahrten ausführen können. Auf Grund des Ergebnisses derselben kann indessen schon jetzt ausgesprochen werden, daß das auf diesem D. zur Verwendung gelangte deutsche Turbinensystem sich in hohem Maße bewehrt hat und jedenfalls für Schiffe, welche. [...] der Küstenfahrt zu dienen bestimmt sind, mit großem Vorteil verwendet werden kann. Wir versprechen uns von der Einstellung des D. eine weitere Hebung des Verkehrs mit den Nordseebädern.« Der Einsatz in den Weltkriegen und Verbleib s. Bd. 3

Das größte Handelsschiff der Welt

Die sehr hohen Betriebskosten der Deutschlandklasse und der mit diesen Schiffen erzielte, außerordentlich teuer erkaufte Zeitgewinn, konnte mit den zu damaliger Zeit verfügbaren Mitteln nicht mehr wesentlich gesteigert werden. Daher sah sich die Hamburg-Amerika Linie veranlasst, wieder sehr große Schiffe mit mittlerer Geschwindigkeit, ähnlich den früheren P-Dampfern, in Fahrt zu setzen. Diese sollten ebenfalls all die reizvollen und zugkräftigen Einrichtungen wie die Schnelldampfer erhalten und auf diese Weise einen höchstmöglichen wirtschaftlichen Erfolg erzielen. 1.100 Kajütpassagiere, 2.300 Zwischendecker und 15.000 bis 16.000 t Ladung waren die wirtschaftliche Grundlage der beiden in Auftrag gegebenen Schiffe eines in Deutschland neuen Typs, *KAISERIN AUGUSTE VICTORIA* und AMERIKA. Bezüglich Glanz und Bequemlichkeit sind beide für damalige Verhältnisse als Gipfel der Schiffbaukunst bezeichnet worden. Luxuswohnungen, bestehend aus zwei, drei und vier Zimmern, die im Eindruck

Der Doppelschrauben-Passagier- u. Frachtdampfer *KAISERIN AUGUSTE VIKTORIA* auf der Helling 1 vor dem Stapellauf, für den 11 000 kg Schmiermittel verbraucht wurden, bestehend aus Schmierseife, Rindertalk, Paraffin und Wagenfett. Die Spundwand, der gemauerte Abschluß zur Oder, ist bereits entfernt [Vulcan-Werksfoto, aus: Wie ein Ozeandampfer entsteht, o. Jz.]

Rechts u. unten:
Die Taufe der *K.A.V.* am 25. August 1905. Kaiser Wilhelm II. beim Abschreiten der Ehrenkompanie des 2. Grenadierregiments, ihm folgend die Kaiserin, begleitet zur Linken von Geh. Kommerzienrat Albert Schlutow, neben diesem der ehemalige Schiffbaudirektor R. Haack, gegenüber das angetretene Offizierskorps des 2. Regiments
[aus: Nachrichtenblatt der 2ten Grenadiere, 12. Jg. Nr. 3. 1.1.1933, Slg. Eckhard Wendt]

auch den letzten Rest einer Kabineneinrichtung abgestreift hatten, große Salons, erstmals auf einem in Deutschland gebauten D. ein Ritz-Carlton-Restaurant, in dem nach der Karte gespeist werden konnte, als ebenfalls erstmalige Einrichtung Aufzüge zwischen den Decks, Blumen- und Bücherläden, Turnhallen, See- und Lichtbäder ließen geradezu die Vorteile einer schnelleren Seereise völlig in den Hintergrund treten.

Beachtenswert auch die relativ mäßigen Preise in den einzelnen Klassen. Ein Platz I. Kajüte für die Reise von Hamburg nach New York, konnte während der Hochsaison schon für 400 Mark gebucht werden, der Passagier der neu geschaffene III. Klasse zahlte lediglich 20 Mark mehr als für eine Zwischendeckpassage. Wie F. Meyer in der Zeitschrift *Schiffbau* zu Anfang einer Schiffsdarstellung schreibt, bildet dieses Schiff »einen Markstein in der geschichtlichen Entwicklung des deutschen Schiffbaues, gerade wie es die früher gebauten D. *FÜRST BISMARCK, PATRIA, DEUTSCHLAND* [3] [sämtl. Bd.1], *KAISER WILHELM DER GROSSE*, usw. gewesen sind.« Während AMERIKA von Harland & Wolff in Belfast gebaut wurde – mit dem weltweit ersten À-la-carte-Restaurant – die Indienststellung des Schiffes erfolgte 1905, erhielt der Vulcan die *KAISERIN AUGUSTE VICTORIA* im April 1904 in Auftrag.[28]

Für den Passagier- und Frachtdampfer mit Doppelschrauben sind bereits von der Bestellerin, die bisherige Hapag – sie firmierte seit 1905 als Hamburg-Amerika Linie / HAL – folgende Hauptabmessungen vorgeschrieben worden: Länge über Alles 213,0 m / Länge zwischen den Steven 206,0 m / größte Breite auf Spanten 23,47 m / Seitenhöhe von Oberkante Kiel bis Oberdeck auf 1/2 Schiffslänge 16,38 m / Tragfähigkeit bei einem mittleren Tiefgang von 10,058 m 13.700 t / Größter Tiefgang 11,99 m / Maschinenleistung 17.000 PSi / Geschwindigkeit pro Stunde 17 Knoten. Die Geschwindigkeit war als Durchschnittsgeschwindigkeit über den Ozean verstanden und musste auf einer der ersten sechs Einfachfahrten über den Atlantik erreicht werden; hierbei war auch zugleich der Nachweis zu liefern, dass der Kohlenverbrauch der Kessel das im Vertrag ausbedungene Maß nicht überschritt.

Die hauptsächlichsten von der Werft zu erfüllenden Forderungen waren folgende: Das Schiff war als erstklassiger Doppelschrauben-Passagier- und Frachtdampfer unter Zugrundelegung der von der Werft bereits früher ausgearbeiteten Projektpläne und nach einer von der Bestellerin gelieferten Bauvorschrift zu erbauen. In seinen Einrichtungen und in der Ausführung der Arbeiten sollte es mindestens dem Schnelldampfer *DEUTSCHLAND* (3) der HAL ebenbürtig sein. Betreffs der Konstruktion des Schiffskörpers wurde verlangt, dass das Fahrzeug einen Plattenkiel mit flach darunter liegender Schutzschiene, Schlingerkiele, einen von hinten bis vorn durchlaufenden Doppelboden, zwölf wasserdichte Querschotten und fünf durchlaufende Stahldecks haben sollte. Bei der Einrichtung des Schiffes waren die deutschen, englischen und amerikanischen Gesetze für Auswandererschiffe, die Vorschriften der Seeberufsgenossenschaft über Anordnung und Absteifung der wasserdichten Querschotten sowie deren Unfallverhütungsvorschriften zu beachten, die Mannschaftsräume mussten den Anforderungen der Seemannsordnung genügen; der Schiffskörper war aus Schiffsbaustahl für die höchste Klasse der Germ. Lloyd, nach dessen Vorschriften und unter seiner Spezialaufsicht als sogenanntes Volldeckschiff mit Eisverstärkung im Vorschiff zu bauen.

Die Taufe und der Stapellauf fanden am 28.8.1905 unter Teilnahme des deutschen Kaiserpaares statt. Die Taufe vollzog die Namenspatronin, die Taufrede hielt Hamburgs regierender Bürgermeister Dr. Burchardt. »Bei dem Stapellauf war es nicht ohne Unglücksfälle abgegangen. Als das gewaltige Schiff majestätisch in den Oderstrom glitt, war die Wasserverdrängung so stark, dass die mit vielen Zuschauern überfüllten Dampfer und Boote und sogar das große Schwimmdock stark ins Schaukeln gerieten. Verhängnisvoll wurde die große Welle für 6 Fischerkähne, die zu dicht herangerudert waren. Sie wurden von den Wassermassen

Der Taufakt der *K.A.V.* durch Ihre Majestät die Kaiserin [aus: Nachrichtenblatt der 2ten Grenadiere, 12. Jg. Nr. 3, 1.1.1933, Slg. Eckhard Wendt]

durcheinander geworfen und kenterten. Die Insassen schwebten längere Zeit in Lebensgefahr, doch gelang es, schließlich alle auf das nahe Ufer zu retten. Ein Vierer des Stettiner Ruderklubs Germania wurde von dem D. METZ überlaufen. Die Ruderer konnten sich schwimmend retten. Infolge der vielen Berliner, die nachmittags nach Swinemünde weiterfahren wollten, war die Zuschauermenge so groß wie noch niemals bei einer solchen Gelegenheit. Sämtliche Stettiner D. lagen vor der Werft. Die Schaulustigen, die befürchteten, von den eng aneinander liegenden Schiffen nicht genügend sehen zu können, stürmten einfach von einem Dampfer zum anderen hinüber und erkletterten das hohe Schwimmdock mittels herbeigeschaffter Leitern. Bei dieser wilden Jagd ereigneten sich wunderbarerweise nur wenige leichte Unfälle; in der Oder aber schwammen nachher Massen von Hüten, Schirmen und photographischen Apparaten.« Soweit die *Weser-Zeitung* am 31.8.1905.

Die technischen Angaben nach dem »Journal« sind: [Bau-]Nr.: 264 / Schiffsart: Fracht- u. Passagierdampfer mit 4 Masten und 2 Schornsteinen / Antrieb: 2 Schrauben à 3 Flügel / Anzahl durchlaufender Decks: 4 / Aufbauten: Poop 19,8 m, Br. 109 m, Back 25 m / Klasse: Germ. Lloyd / Baujahr u. Bauzeit: 1.5.1904–30.4.1906 / La: 213 m / Lp: 206 m / B. a. Spt.: 23,47 m / H: 16,38 m / H1 verteilte Aufbauten: 18,023 m / R. T.: 1.533 m / Tfg. beladen: 10,058 m mittl./ Kielhöhe CT: 0,165 m / Depl. beladen: 35.400 t / D. w. beladen all told: 13.550 t / L x B: 4.834,82 / L x B x H u. L x B x C T: 79.194,35 / L x B x H1: 87.138 / Lp : B: 8,7771 / Lp : H: 12, 577 / H : B: 0,697 / BRTs: 24.881,10 t = 69.634,9 cbm / NRT: 14.847,06 t = 42.059,7 cbm / Raumgeh. unter Deck: 20.394,90 t = 57.775,9 cbm / Passagiere: 652 I. Kl., 286 II. Kl., 216 III. Kl., 1.842 IV. Kl. / Besatzung: 593 Mann / Gewicht des Schiffskörpers: 18.210 t.

Einige weitere Angaben einer zweiten Quelle[29] sind: »Seitenhöhe bis Bootsdeck: 26,74 m /

Deplacement voll beladen: ca. 43.300 t / Tragfähigkeit voll beladen 23.200 t / Laderaum: ca. 16.000 t / Frischwassertanks: 1.021 t / Ablaufgewicht einschl. Schlitten: 15.300 t. Der Doppelboden mit 22 Abteilungen erstreckte sich fast über die ganze Schiffslänge. 12 wasserdichte Querschotten waren bis zum Oberdeck hinaufgeführt und nach den neuesten Vorschriften des Germ. Lloyd und der Seeberufsgenossenschaft so stark gebaut, dass sie einseitigem Wasserdruck widerstehen können. Die Schotteinteilung war so getroffen, dass das Schiff auch nach dem Vollaufen zweier benachbarter Abteilungen noch schwimmfähig blieb. Die Maschinenanlage bestand aus zwei Vierfach-Expansionsmaschinen, ausbalanciert nach dem System Schlick, nach Dr. G. Bauer mit 2 x 8.750 PSi, die Kesselanlage aus acht Doppelender- und ein Einender-Zylinderkessel mit zusammen 51 Feuern und einem Dampfdruck von 15 atü. Der Schraubendurchmesser wird mit 6,70 m angegeben, die Geschwindigkeit mit 17,5 Knoten, mit 18,34 Knoten bei der Messfahrt in der Ostsee.[30] In den Räumen vor, hinter, neben und zwischen den Kesselräumen, konnten bis zu 3.500 t Kohle gebunkert werden. Im Bedarfsfall war auch der vor dem vorderen Kesselraum liegende Laderaum für diesen Zweck nutzbar. Mit dann insgesamt 5.950 t Kohle erhöhte sich die Dampfdauer auf etwa 20 Tage. Die beiden ovalen Schornsteine hatten eine Höhe über dem Rost von 38,60 m, der Durchmesser des vorderen betrug 4,26 x 3,26 m, des hinteren 4,02 x 3,02 m.

Der Höhe nach hatte das Schiff neun Stockwerke. Diese Decks waren wie die Straßen einer Stadt mit besonderen Namen versehen und hießen von oben nach unten: 1. Bootsdeck, 2. Sonnendeck = Promenadendeck, 3. Kaiserdeck = mittleres Promenadendeck, 4. Auguste Victoria-Deck = unteres Promenadendeck, Poopdeck, Backdeck, 5. Kronprinzdeck = Oberdeck, 6. Uniondeck = Salondeck, 7. Unterdeck = Broadwaydeck, 8. Orlopdeck, 9. Raumdeck. Somit ergaben sich von unten nach oben im umgekehrter Reihenfolge fünf ganz durchlaufende Stahldecks, darüber in gleicher Höhe ein Poopdeck von 20 m Länge, das 4. Deck von 108 m Länge und ein Backdeck von 25 m Länge, das 3. Deck von 97 m Länge, das 2. Deck von 97 m Länge und das 1. Deck von 78 m Länge. Die Höhen der Decks betrugen 2,44 bis 3,10 m. Zum Aufenthalt im Freien standen statt wie bisher 2, erstmals 3 Promenadendecks seitlich von den Deckshäusern von 3,50 bis 4,50 m Breite und einem Flächenraum von ca. 2.800 qm zur Verfügung.

Die vier Stahlmasten hatten 22 Ladebäume, die Höhe der Masten vom Kiel bis zur Mastspitze betrug 57 m. Es gab acht Lösch- und Ladeluken, um die Masten gruppiert waren 23 Ladewinden, geliefert von der Norddeutschen Maschinenfabrik Bremen; 21 hatten eine Tragfähigkeit von 3, 2 eine solche von 5 t, von Letzteren stand je 1 vorn und achtern. Der Gepäckbeförderung diente 1 elektrische Winde. Zur Erleichterung des Verkehrs im Hafen befanden sich große Pforten auf jeder Schiffsseite. Gebunkert wurde durch eine große Anzahl der üblichen Kohlenpforten in der Außenhaut. Der Steuerapparat auf dem hinteren Teil des Kronprinzendecks war nach dem Patent Wilsons & Pirrie von Harland & Wolff in Belfast gebaut worden. Für den Tagesgebrauch waren direkte Proviantaufzüge von den Provianträumen zu den Küchen vorhanden. In einem Eiskeller konnte eine große Menge Natureis mitgeführt werden. Für eine Ausreise sind ungefähr folgende Mengen des hauptsächlich erforderlichen Proviants an Bord genommen worden: 16.000 kg Fleisch, 3.750 kg Wild u. Geflügel, 1.750 kg frische Fische, 125 kg geräucherte Fische, 3.750 kg Früchte, 80 Kisten Apfelsinen, 36.000 Stck. Eier, 6.000 kg frisches Brot, frisches Gemüse im Wert von ca. 1.800 Mark. Dazu kamen für Aus- und Heimreise: 4.500 kg Fleisch in Dosen, 1.800 kg gesalzenes Fleisch, 2.425 kg Schinken, Wurst, Rauchfleisch und Zunge, 900 kg geräucherter Speck, 2.500 kg Butter, 1.800 kg Käse, 25.000 kg Mehl, 7.500 kg Reis und Hülsenfrüchte, 4.000 Dosen Gemüsekonserven, 2.050 kg Kaffee, 150 kg Tee, 1.750 kg Raffinaden, 8.000 l Milch und Rahm, 2.000 kg Sauerkohl, 20 Tonnen Heringe, 15.000 l Fassbier, 1.200 Flaschen Bier, 960 ganze und 1.300 halbe Flaschen Champagner, 1.260 ganze und 900 halbe Flaschen Rotwein, 1.680 ganze und 1.400 halbe Flaschen Weißwein, 3.500 ganze und 6.000 halbe Flaschen Mineralwasser, 950 Flaschen Liköre und sonstige Spirituosen. Diese Mengen waren in den beiden Provianträumen von zusammen 1.650 cbm, jeweils vorn im Unterschiff und hinter dem Maschinenraum befindlich, untergebracht. Zur Kühlung des Proviants und der Kühlschränke in den Pantries, der Schlachterei und der Konditorei gab es eine Haupt- und eine Hilfskühlmaschine, geliefert von Hauboldt jun., Chemnitz.

Die außerordentlich großen Abmessungen des Schiffes ermöglichten es, die Wohnräume nach Größe und Einrichtung in gänzlich neuer und noch nicht dagewesener Weise zu gestalten. Es ist erfolgreich versucht worden, den Unterschied zwischen Land- und Seereise verschwinden zu lassen. In diesem Zusammenhang ist der erstmals auf einem in Deutschland gebauten Passagierschiff elektrisch betriebene Personenaufzug (s. *PALATIA*, Bd. I.) zu nennen, mit einer Nutzlast von 500 kg, geliefert von der Firma R. Waygood & Co. in London,

Eine Luxuskammer der *K.A.V.*
[Vulcan-Werksfoto, aus: Wie ein Ozeandampfer entsteht, o. Jz.]

Eine Kabine der III. Klasse der *K.A.V.*
[Vulcan-Werksfoto, aus: Wie ein Ozeandampfer entsteht, o. Jz.]

Der Blumenladen der *K.A.V.*, wo man mitten auf dem Ozean die schönsten Blumen frisch bekam [Vulcan-Werksfoto, aus: Wie ein Ozeandampfer entsteht, o. Jz.]

Der Speisesaal I. Klasse mit 501 Plätzen der *K.A.V.*
[Vulcan-Werksfoto, aus: Wie ein Ozeandampfer entsteht, o. Jz.]

Der Speisesaal II. Klasse mit 278 Plätzen der *K.A.V.*
[Vulcan-Werksfoto, aus: Wie ein Ozeandampfer entsteht, o. Jz.]

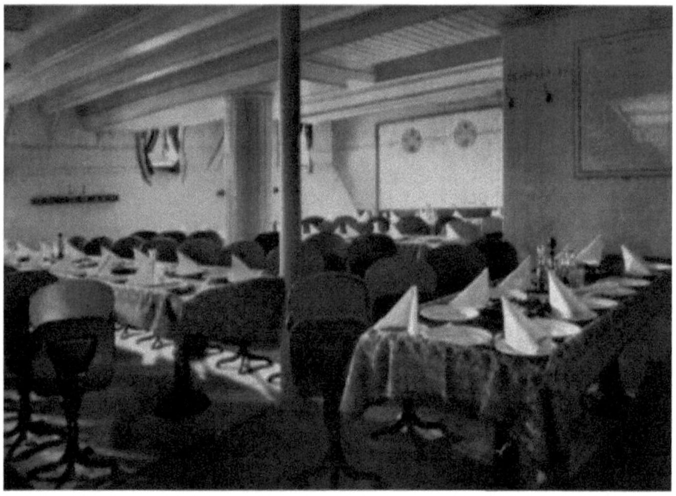

Der Speisesaal III. Klasse mit 114 Plätzen der *K.A.V.*
[Vulcan-Werksfoto, aus: Wie ein Ozeandampfer entsteht, o. Jz.]

Das Ritz-Carlton-Restaurant der *K.A.V.*
[Vulcan-Werksfoto, aus: Wie ein Ozeandampfer entsteht, o. Jz.]

Der Wintergarten der *K.A.V.*
[Vulcan-Werksfoto, aus: Wie ein Ozeandampfer entsteht, o. Jz.]

die ebenfalls erstmals auf einem Schiff eingerichtete Neuheit eines Wintergartens, eine mit Blumen, Grotten und Springbrunnen geschmückte Gartenhalle auf dem Kaiserdeck, welche für etwa 100 Personen bequeme Sitzgelegenheiten bot; an kleinen Tischen wurde hier Nachmittagskaffee und Tee serviert. Der in einem Glaspavillon untergebrachte Blumenladen und auch das elektrische Lichtbad sind ebenfalls erstmalige Einrichtungen, während der bereits seit einiger Zeit auf den Schnelldampfern eingeführte Turnsaal mit den damals üblichen Turngeräten und elektrisch betriebenen Zander-Bewegungsapparaten ausgestattet war. Ferner gab es eine Buchhandlung, ein Auskunftsbüro usw. Besonders zu erwähnen ist die Einrichtung des Ritz-Carlton-Restaurants als eine Neuerung in der deutschen Schiffsgastronomie. Hier erhielten Passagiere der I. Klasse, welche die Überfahrt ohne Schiffsverpflegung gebucht hatten, Speisen nach der Karte zu jeder Tageszeit. Der Raum für 120 Personen ist von Charles Mewes entworfen und von der Pariser Firma Paul Sormani & P. H. Rémon ausgeführt worden. Die Einrichtung und Überwachung der Restauration war vertraglich der Londoner Hotelierfirma Ritz übertragen worden.

Die Wohnräume der I. Klasse waren in sehr verschiedenen Ausführungen vorhanden. Es gab die beiden sogenannten Kaisergemächer mit 3 Wohnräumen, Bad und WC, 14 Staatszimmer mit 2 Wohnräumen und einem Bad mit WC, sowie sogenannte Luxuskammern, besonders große und für 3 Personen eingerichtete Räume mit Bad und WC. Die übrigen Kabinen dieser Klasse enthielten Räumlichkeiten für 1, 2 und 3 Personen. Am vorderen Ende des Uniondecks befand sich 1 ganzes Junggesellenviertel. Für die 652 Passagiere der I. Kl. waren 331 Kammern mit 460 Betten, 60 Pullmannbetten und 132 Sofabetten vorhanden. Den 236 Passagieren der II. Klasse in 83 Kammern standen 174 Betten und 112 Sofabetten zur Verfügung, den 216 Passagieren der neuen III. Klasse in 55 Kammern 216 Betten und die Zwischendecker der IV. Klasse waren in 9 Abteilungen auf dem Union- und Orlopdeck im Vor- und Hinterschiff untergebracht. Ebenso wie die Kabinen sind auch die sonstigen Räumlichkeiten der I. Klasse groß und bequem angelegt und in reicher und geschmackvoller Weise ausgestattet und eingerichtet worden. Das Treppenhaus als Verbindung für die 6 Stockwerke der I. Klasse, war von A. Bembé, Mainz, ausgestattet worden, die hier befindlichen 2 Gemälde schufen die Maler Professor Hofer und der Hamburger Professor Schnars-Alquist. Den von dem Architekten Charles Mewes entworfenen Speissaal schmückten an den Wänden ebenfalls kostbare Gemälde der beiden vorgenannten Künstler. Der Rauchsalon dieser Klasse wurde von der Berliner Firma J. C. Pfaff eingerichtet, die Ölgemälde kamen aus den Ateliers von Professor Luttroth und dem Berliner Tiermaler Professor Friese. Als von besonderem Wert bezeichnet wird die Delfter Malerei auf den alten, aus dem 17. Jahrhundert stammenden Kacheln des Kamins und des Fries' im Rauchsalon. Der Damensalon mit anschließendem Schreibzimmer, in dem sich auch die reichhaltige Schiffsbücherei befand, war im Stile Marie Antoinette von der Londoner Firma Warings & Sons eingerichtet worden. Die Kammern der II. Klasse waren in gleicher Weise ausgestattet wie jene der I. Klasse, nur etwas einfacher. Der zugehörige Speisesaal mit 278 Plätzen war im Stile Louis XVI. eingerichtet, weiß mit Gold, mit Satinholzmöbeln, Schnitzereien und Intarsien aus der Werkstatt von W. Kümmel. Der Damen- und der Rauchsalon, im Biedermeierstil von J. C. Pfaff gestaltet, enthielt ebenfalls eine große Bücherei.

Eine weitere Besonderheit waren die für die III. Klasse eingerichteten Kammern für 2 bis 8 Personen, nebst Waschtischen und Zubehör. »Diese Einrichtung einer besonderen III. Klasse neben dem eigentlichen Zwischendeck, der IV. Klasse, ist sozialgeschichtlich hochbedeutsam. Sie wird vermutlich hauptsächlich dem deutschen Auswanderer zugute kommen und ihn über die Auswanderer Südosteuropas hinausheben«, wie in *Schiffbau* innerhalb einer ausführlichen Schiffsbeschreibung angemerkt wird. Bezüglich der Kajüteinrichtungen ist noch erwähnenswert, dass zum ersten Mal das Waschwasser aus einer Rohrleitung mit gehörigem Druck kam. Bisher wurde es in kleinen Kästen der jeweiligen Raumwaschanlage mitgeführt.

Die Backbordmaschine der K.A.V. [Vulcan-Werksfoto, aus: Wie ein Oceandampfer entsteht, o. Jz.]

Ebenfalls geräumiger und bequemer gestaltet waren die Wohnräume der Besatzung. Diese setzte sich wie folgt zusammen: Der Kapitän, ein 1. Offizier, ein 2. Offizier, drei 3. Offiziere, ein 4. Offizier, 2 Ärzte, 2 Arztgehilfen, 8 Steuerleute, 2 Bootsleute, 42 Matrosen, 1 Schiffsjunge, 1 Ingenieur, ein 1. Maschinist, zwei 2. Maschinisten, je 4 3. u. 4. Maschinisten, 8 Maschinisten-Assistenten, 6 Oberheizer, 96 Heizer, 8 Schmierer, 2 Zimmerleute, 2 Tischler, 6 Handwerker, 2 Elektriker, 2 Telegrafisten (Funker), 1 Zahlmeister, 2 Zahlmeister-Assistenten, 1 Auskunftsbeamter, 2 Proviantkontrolleure, 2 Kontrolleur, 2 Kassierer, 2 Drucker, 2 Fahrstuhlwärter, 1 Gärtner, 2 Barbiere, 1 Oberkoch, 2 1. und 6 2. Köche, 1 3. Koch, 2 Kochvolontäre, 1 1. Pantrykoch, 2 2. Pantryköche, 1 3. Koch für die III. Klasse, 4 Pantrygehilfen, 3 Dampfköche, 3 Konditoren, 6 Bäcker, 3 Schlächter, 24 Kochsmaate, 1 Obersteward, 5 Obersteward-Assistenten, 1 Gepäckmeister, 1 Wäschesteward, 4 Badestewards, 1 Turnhallensteward, 15 Stewardessen einschließlich geprüfter Krankenpflegerinnen, 2 Messestewards, 173 sonstige Stewards, 12 Stewards und Musiker, 6 Telegrafenstewards, 1 Zwischendecks-Obersteward, 22 Zwischendeck-Stewards, 17 Aufwäscher usw. sowie 40 eigene Stewards, Köche usw. für das Ritz-Carlton-Restaurant. Für die Seepost waren je 2 Beamte und Unterbeamte an Bord. Mit dem Stand 1.1.1913 wird die Gesamtbesatzung mit 564 angegeben: Kapitän H. Ruser, 6 Offiziere und 55 Mann seemännisches Personal, 11 Offiziere und 127 Mann Maschinenpersonal, 3 Offiziere und 361 Personen sonstiges Personal.

Die beiden Hospitäler mit je 19 Betten und Operationsräumen im Unterdeck, die Apotheke, Barbiersalons, Büroräume für Zahlmeister, Maschinisten usw. waren in reichlicher und bequemer Weise angeordnet und ausgestattet. Dasselbe galt für die Bäder, Waschhäuser und Klosetts. Außer den Privatbädern und Klosetts waren noch 40 Bäder und 71 Klosetts in der I. und II. Klasse, die diversen Duschen und 55 Klosetts in der III. und IV. Klasse für den allgemeinen Gebrauch aus vernickeltem Kupfer, die übrigen Bäder der I. und II. Klasse und die des Kapitäns und der Offiziere aus glasiertem Ton, die Kaiserbäder aus Marmor hergestellt. Den vorhandenen Bedürfnissen entsprechend waren auch Wirtschaftsräume wie Küchen, Bäckereien, Schlächtereien, Pantrys, Aufwaschräume usw. von sehr großen Abmessungen. Die insgesamt 7 Küchen erhielten doppelt kochende Tafelherde, Dampfkochtöpfe, eiserne Tellerwärmer usw. Zur Bäckerei gehörten 2 große Backräume mit je 3 und 4 Backöfen. In den Pantrys und Aufwaschräumen befanden sich Wärmeschränke, Tellerwärmer, elektrische Tellerwasch- und Messerputzmaschinen, Silberputzmaschinen, elektrische Eierkocher, Kaffee- und Teemaschinen, Milch- und Schokoladenkocher, Wasserfilter usw.

Auch die sonstigen Räume wie Ruder- und Kartenhaus, Postraum, Zimmermannswerkstatt, Kabelgatt, u.s.w. sind entsprechend geräumig und bequem angeordnet worden. 1 Haus für drahtlose Telegrafie war mit mehreren Schreibpulten eingerichtet und diente somit auch als Schreibzimmer. Zur Frischwasserergänzung gab es 2 Destillierapparate mit einer 24-Stundenleistung von je 20.000 l. Die beiden Duplex-Dampfpumpen und eine weitere für Badewasser usw. lieferte Weise & Monski. Die im Maschinenraum aufgestellten 2 Speisewasserreiniger, die Evaporatoren und die zugehörigen Duplex-Pumpen kamen von der Firma August Schmidt Söhne, Hamburg. Die beiden beim Vulcan gefertigten Hilfsspeisepumpen dienten auch zum Feuerlöschen, Lenzen und zur Beschaffung des für den Ascheejektorbetrieb erforderlichen Druckwassers. Die 4 Ascheejektoren kamen von den Howaldswerken Kiel und sind auch von diesen eingebaut worden. In den Wirtschaftsräumen befanden sich folgende elektrische Hilfsmaschinen: 2.385 kg Proviantaufzüge und 1 Speiseaufzug von R. Waygood & Co., London, 2 Tellerwaschmaschinen von J. Philipp, Glasgow, 1 75 kg Teigknetmaschine Typ V Kl. B. S. von Werner & Pfleiderer, Berlin und 2 Kaffeemühlen von Reichardt & Jochims, Hamburg. In sämtlichen Schiffsräumen leuchteten insgesamt 3.500 Lampen. In den Rauchsalons der I. und II. gab es elektrische Zigarrenanzünder, in den

Einer der vier Doppelender-Zylinderkessel der *K.A.V.*, allerdings noch ohne Rosten, Feuertüren, Rauchfang und Armatur. Ein Kessel besteht aus der Feuerungsanlage, dem Wasserraum, dem Dampfraum und der Armatur, die größte Länge wird mit 6,17 m angegeben, der Durchmesser mit 4,90 m [Vulcan-Werksfoto, aus: Wie ein Ozeandampfer entsteht, o. Jz.]

Anbringen von Hebeprähmen am Hinterschiff der *K.A.V.* Durch die gesamte bereits an Bord befindliche Ausrüstung hatte der Tiefgang die allgemeine Wassertiefe der Oder von 7 m erheblich überschritten. Entsprechende Berechnungen ergaben, dass für dieses Schiff 8 Hebeprähme erforderlich waren, mit einer Gesamthebekraft von etwa 1800 t. Um diese soweit wie möglich zu nutzen, lies man die Prähme so weit voll Wasser laufen, dass sie gerade noch schwammen und zog unter dem Schiffskiel Stahltrossen durch, die auf den Decks der Pontons über Windentrommeln liefen und mit diesen straff gespannt wurden. Die Prähme waren mit dem Schiff durch Stahlseile fest verbunden und durch Holzpfähle abgestützt. Wurden die Prähme leergepumpt, bewirkte das den Auftrieb und eine entsprechende Hebung des Hinterschiffs [Vulcan-Werksfoto, aus: Wie ein Ozeandampfer entsteht, o. Jz.]

Kajüten der I. und II. Klasse Anschlüsse für elektrische Brennscherenwärmer.

Zur elektrischen Zentrale gehörten mit einer Leistung von je 800 Ampér bei 110 Volt Spannung 6 Dampfdynamos, geliefert von der Kieler Firma Daevel. Eine lautsprechende Telefonanlage verband die Kommandobrücke u.a. mit jedem der beiden Maschinenräume, dem Maschinenbureau, dem achtern befindlichen Telefonhaus, dem Krähennest am Fockmast und dem Ruderhaus; die Kammern der I. Klasse waren mit der Pantry über eine normale Leitung verbunden. Die Verbindungen stellten 5 Zentralen her. Elektrische Klingelleitungen führten von allen Salons, den Kammern der I. und II. Klasse und denen der höheren Offiziere zu den Pantrys.

Der Schiffssicherheit dienten 1 Alarmklingelanlage für das Schiff und die Maschine, 1 für Feuerlöschzwecke, welche jedes Besatzungsmitglied auf seinen durch die Sicherheitsrolle bestimmten Platz rief, und eine komplette Feuermeldeanlage mit auf allen Decks verteilten Meldeapparaten nach Art der in den Städten aufgestellten Feuermelder. Auch eine Unterwasserschall-Höranlage war vorhanden. Auf dem oberen Deck waren für Desinfektionszwecke 2 Clayton-Apparate untergebracht, die von der Norddeutschen Maschinen- und Armaturenfabrik in Bremen kamen. An Rettungsbooten führte das Schiff 20 große Boote aus Eichenholz, von denen 18 9,40 m lang und 2 8,54 m lang waren, sowie 15 Halbklappboote aus verzinktem Stahlblech von 8,40 m. Die Dampfbootswinden auf dem Bootsdeck lieferte ebenfalls die vorgenannte Bremer Firma.[31]

Die für das Schiff von der Stettiner Glockengießerei C.[arl] Voss & Sohn 1905 gelieferten Schiffsglocken sind mit den Nummern 1726–1728 und einem Gesamtgewicht von 245 kg verzeichnet, 2 weitere in diesem Jahr ohne Adressat an den Vulcan gelieferte Glocken hatten die Nummern 1722 und 41 kg, 1.732 mit 74 kg.[32] Die Werft verließ der D. fertig ausgerüstet am 23.4.1906 zur Fahrt nach Swinemünde. Die Überführung um Skagen nach Hamburg war für den 27. d. M. vorgesehen.[33] Wie dem Geschäftsbericht der Reederei für 1906 zu entnehmen ist, war auch dieses Schiff ein voller Erfolg, technisch wie wirtschaftlich. Während des Ersten Weltkrieges in Hamburg aufgelegt, musste der D. am 23.3.1919 an England abgeliefert werden.[34]

Während des Baues war es zu mehreren tödlichen Unfällen gekommen, worüber der *Volksbote* am 29.3. und 8.5.1905 Näheres zu berichten wusste: »Vom Schlachtfeld der Arbeit. Auf dem Vulcan stürzte gestern Nachmittag der Schiffbauarbeiter Franz Mandelkow aus Stettin-Bredow von dem noch namenlosen [...] Schiff Nr. 264 aus beträchtlicher, mindestens 20 Meter Höhe herab, sodaß der Tod auf der Stelle eintrat. Der Verunglückte hinterläßt Frau und mehrere Kinder. Es ist dies in kurzer Zeit der dritte Unfall auf diesem Schiffe, der mit dem Tod endete.« Des Weiteren wird darauf hingewiesen, dass wegen der zahlreichen Unfälle es notwendig sei, »daß diesem Betriebe von der Behörde mehr

Blick auf das Vorschiff der *K.A.V.*, unter den weißen Abdeckungen an Back- und Steuerbord befinden sich Halbklapp-Rettungsboote. Das Schiff läuft, aus Swinemünde kommend, seinen Ankerplatz Osternohthafen auf der Insel Wollin an [Vulcan-Werksfoto, aus: Wie ein Ozeandampfer entsteht, o. Jz.]

Aufmerksamkeit geschenkt würde und namentlich mehr auf die Dichtigkeit und Festigkeit der Stellungen im innern wie außerhalb des Schiffes Obacht gegeben würde. [...] Bemerken wollen wir, daß am Freitag vor 8 Tagen der Zimmererlehrling Warsanny aus [Stettin-]Züllchow herunterstürzte und Tages darauf an den Verletzungen verstarb. Ein paar Wochen vorher war ebenfalls schon ein Zimmererlehrling abgestürzt. [...] Möge doch der Herr Gewerbeinspektor recht bald für Abhilfe Sorge tragen. [...]«

»Vom Vulcan. Erst gestern konnten wir über einen Unfall berichten, der die Folge der mangelhaft abgedeckten Stellungen war. Jetzt ist gestern vormittag um 11 Uhr schon wieder ein Unfall passiert, der den Tod eines jungen 24jährigen Mannes, des Schlossers Lemke aus (Stettin-)Züllchow zur Folge hatte. Lemke fiel auf dem im Bau begriffenen Schiff Nr. 264 vom Unterdeck rücklings durch eine nicht umwährte Niedergangsluke in den untern Raum und verstarb im Laufe des Nachmittags infolge der durch den Sturz herbeigeführten Gehirnerschütterung.«

Turnhallen an Bord

Der moderne Ozeanliner um die Wende des 19. zum 20. Jahrhundert hatte auch diese in Rücksicht auf die gegebenen Raumverhältnisse eines Schiffes zunächst etwas extravagant erscheinende Einrichtung aufzuweisen. Allerdings waren es keine Turnhallen im landläufigen Sinne. Ausgestattet mit medizinisch-technischen Geräten, entsprachen sie eher den Fitness-Studios unserer Zeit. In den *Hamburger Beiträgen* wird in der Ausgabe vom 12.7.1905 die damalige Ausstattung beschrieben: »Sie enthalten außer Hanteln und Schwingkeulen von verschiedener Schwere eine Reihe jener sinnvoll konstruierten Zanderschen Apparate, denen die schwedische Heilgymnastik ihre Erfolge verdankt. Bei dieser Gymnastik handelt es sich im wesentlichen um aktive und passive Bewegungen des Übenden. Dementsprechend lassen sich zwei Arten von Apparaten unterscheiden, solche, die durch die Kraft des Übenden in Bewegung gesetzt werden und solche, die vermittels eines elektrischen Motors den Übenden in Bewegung setzen. Die ersteren dienen zur Stärkung der verschiedenen Muskelpartien des menschlichen Körpers, die letzteren fungieren als Massageapparat, es soll durch sie eine Beschleu-

Der Turnsaal der *K.A.V.* mit Zanderapparaten, sie hatten teilweise elektrischen Antrieb [Vulcan-Werksfoto, aus: Wie ein Ozeandampfer entsteht, o. Jz.]

Eines der 3 Promenadendecks der *K.A.V.* [Vulcan-Werksfoto, aus: Wie ein Ozeandampfer entsteht, o. Jz.]

nigung und bessere Regelung des Blutumlaufes erzielt werden. Besondere Beliebtheit erfreuen sich die zur letztgenannten Gruppe gehörenden Vibrationsapparate die eine wohltuende Erschütterung des behandelten Körperteiles hervorzurufen vermögen. Sie erteilen eine vorzügliche Kopf-, Nacken-, Gesichts-, Finger-, Arm-, Raumpf- und Beinmassage. Für die Magenmassage ist ein besonderer Apparat aufgestellt. Sehr begehrt ist der ›Schlummerstuhl‹, dessen Mechanismus vermittels zweier gepolsterter Rollen eine sanfte Rückenmassage ausübt, oder das ›Kameel‹, eine Vorrichtung für Rumpfrotierung im Reitsitz, je nachdem man die Motorkraft einstellt, erfolgen die Bewegungen langsamer oder schneller. Eine Erschütterung des ganzen Körpers wie beim Reiten wird durch das ›Pferd‹ hervorgebracht, das für langsame Gangart, Trapp oder Galopp eingestellt werden kann. Der passionierte Reiter bracht also auf seine gewohnte Leibesübung an Bord keineswegs zu verzichten. Auch für die Anhänger anderer Sportarten ist gesorgt. Eine ingeniöse Vorrichtung mit Rollsitz und 2 Riemen, an denen eine Hebelkraft zu überwinden ist, erhalten den Ruderer im Training, dem Fußgänger bietet die Marschmaschine eine willkommene Gelegenheit, seine gewohnte Kilometerzahl zurückzulegen, und der Radfahrer kann auf dem Tretapparat sein Tagespensum abtreten, ohne das Fehlen besonderer Radfahrwege an Bord als bedauerlichen Mangel zu empfinden. Für Übungen zur Ausdehnung des Brustkorbes ist ein Atmungsstuhl vorhanden. Endlich befindet sich hier eine automatische Waage, die nicht nur das Körpergewicht angibt, sonder auch sofort den gedruckten Beleg dem Passagier aushändigt. Die rege Benutzung dieser Turnhallen zeigt am besten, daß ihre Einführung einem Bedürfniß des reisenden Publikums entgegengekommen ist. [...]«

Reichspostdampfer *PRINZ LUDWIG* [Foto: Hapag-Lloyd AG, Archiv DSM]

Der zweite der sogenannten Prinzendampfer des NDL war nach dem Geschäftsbericht der Reederei noch 1904 in Auftrag gegeben worden, als Reichspostdampfer für den ostasiatischen Dienst. Die Schiffstaufe auf den Namen des bayrischen Thronerben PRINZ LUDWIG und der Stapellauf fanden am 12.5.1906 statt.[35]

Das »Journal« enthält folgende technische Angaben: »[Bau-]Nr.: 265 / Schiffsart: Fracht- u. Passagierdampfer mit 2 Schornsteinen u. 2 Masten / Antrieb: 2 Schrauben à 4 Flügel / Anzahl durch. Decks: 3 / Klasse: Germ. Lloyd / Aufbauten: Poop 41 m, Br.(ückend.[eck]) 54,40 m › Back 31,45 m / Baujahr u. Bauzeit: 17.2.1905 – 11.8.1906 / La: 155,30 m / Lp: 149,10 m / B. a. Spt.: 17,48 m / H: 11,58 m / H1 verteilte Aufbauten: 13,74 m / R. T.: 10,68 m / Tfg. beladen: mittl. 8,23 m / Kielhöhe CT: 0,045 m / Depl. beladen: 16.300 t / D. w. beladen all told: 8.005 t vorher, 7.860 t Konstr. / L x B: 2.606,27 / L x B x H u. L x B x CT: 30.180,60 / L x B x H1: 35.810,15 / Lp : B: 8,53 / Lp : H: 12,89 / H : B: 0,662 / BRTs: 9.630,3 t = 27.281,3 cbm / NRT: 5.703,7 t = 16.157,9 cbm / Passagiere: 126 I. Kl., 158 II. Kl., 220 III. Kl. / Besatzung: 239 Mann / Gewicht des Schiffskörpers: 6.745 t.

Entsprechend einer möglichen Verwendung als Hilfskreuzer wurden u.a. die Haupt- und Hilfssteuermaschine unterhalb der Wasserlinie eingebaut. Das Schiff hatte einen durchlaufenden Doppelboden, 9 wasserdichte bis zum Oberdeck reichende Querschotten, 18 Rettungsboote und eine besonders ausgedehnte Feuerlöschvorrichtung sowie Unterwasserschall-Hörapparate und eine drahtlose Telegrafiestation. Die beiden Vierfach-Expansionsmaschinen in Hammermaschinenbauart, mit Oberflächenkondensation und Massenausgleich nach Schlick, waren für eine Gesamtleistung von 7.000 PSi und einer Geschwindigkeit von 15 Knoten konstruiert. Den Dampf lieferten 2 Doppel- und 3 Einfach-Enderkessel in einem geschlossenen Kesselraum. Die einzelnen Decks hatten eine etwas größere Höhe als die des Schwesterschiffes *PRINZ EITEL FRIEDRICH* (1) (s.Bd.1). Die mittschiffs gelegenen 52 Kajüten der I. Klasse für 126 Personen bestanden aus sehr großen, mit elektrischen Ventilatoren versehenen Räumen, einige nur für Einzelreisende. Dazu gehörten ein sehr luftig gelegener, künstlerisch ausgestatteter Speisesaal, ein Rauch- und Gesellschaftszimmer, ein Kinderspeisesaal und ein Turnsaal mit mediko-mechanischen Apparaten. Außerdem 2 Promenadendecks. In der II. Klasse waren 59 Kajüten für 159 Personen im hinteren Schiffsteil gelegen, ebenso ein geräumiger Speisesaal sowie je 1 Rauch- und Damenzimmer und ebenfalls zwei übereinander gelegene Promenadendecks. Die Einrichtung der III. Klasse für 220 Personen bestand aus einzelnen Kajüten für 2 bis 4 Reisende mit gemeinschaftlichem Speiseraum für etwa 80 Personen im Vorschiff. Für alle Klassen waren entsprechende Badezimmer, Duschräume und Toiletteneinrichtungen vorhanden, »wie auch im ausgiebigsten Maße für elektrische Beleuchtung gesorgt ist.«[36] Die Überführung von Swinemünde nach Bremerhaven war die Probefahrt, auf der »mit 17 Knoten eine um mehr als 1 Sm. größere als die vertragsmäßige Geschwindigkeit erreicht wurde.«[37] Mit dem Stand 1.1.1913 wird die Gesamtbesatzung mit 245 angegeben: Kapitän F. v. Binze, Hamburg, 4 Offiziere und 35 Mann seemännisches Personal, 7 Offiziere und 76 Mann Maschinenpersonal, 2 Offiziere und 120 Personen sonstiges Personal.[38] Das Schiff musste nach Ende des Ersten Weltkrieges am 29.3.1919 an England ausgeliefert werden.[39]

Ein weiterer 1906 fertiggestellter D. war *NAVARRA*. Im Zusammenhang mit diesem Schiff lesen wir in der Ausgabe des *Berliner Börsen-Courier* vom 16.3.1905: »Die Buenos-Aires Hand.-Ztg. schreibt: Das von den Reedern viel ventilierte Problem einer raschen Dampferverbindung zwischen

Oben:
Die Kommandobrücke der *K.A.V.* mit Maschinentelegraph, und Kapitän H. Ruser in der Bildmitte [Vulcan-Werksfoto,aus: Wie ein Ozeandampfer entsteht, o. Jz.]

Unten:
Der Kapitänssalon der *K.A.V.* [Vulcan-Werksfoto, aus: Wie ein Ozeandampfer entsteht, o. Jz.]

Buenos Aires und Europa geht seiner Verwirklichung entgegen. Das Verdienst gebührt der Hamburg-Amerika Linie, welche 2 Schnelldampfer bauen läßt, die es in Zukunft ermöglichen werden, die Reise von Buenos Aires nach Paris in 14 Tagen zu machen. ... Die Dampfer werden künftig auf der Ausreise zuerst Boulogne-sur-mer anlaufen und von englischen Häfen anstatt Southampton, Dover berühren.« Der am 16.12.1905 vom Stapel gelaufene D. war am 18.4.1906 in Dienst gestellt worden.[40]

Das »Journal« enthält folgende technische Angaben: »[Bau-]Nr.: 266 / Schiffsart: Fracht- und Passagierdampfer mit 2 Masten u. 1 Schornstein / Antrieb: 1 Schraube mit 4 Flügeln / Anzahl durchl. Decks: 2 / Aufbauten: Poop 10,88 m, Br.[ückendeck] 74,12 m, Back 17,30 m / Klasse: Germ. Lloyd / Baujahr u. Bauzeit: 2.3.1905–20.4.1906 / La: 124,15 m / Lp: 119,20 m / B. a. Spt.: 15,24 m / H: 9,50 m / H1 verteilte Aufbauten: 11,61 m / R. T.: 8,05 m / Tfg. beladen: mittl.7,925 m / Kielhöhe C T: 0,04 m / Depl. beladen: 11.300 / D. w. beladen all told: 7.150 t vorher, 7.860 t nachher / L x B: 1.816,61 / L x B x H u. L x B x CT.: 17.257,78 / L x B x H1: 21.090,84 / Lp : B: 7,821 / Lp x H: 12,55 / H x B: 0,623 / BRTs: 5.778,9 t = 16.370,83 cbm / NRT: 3.675,4 t = 10.441,90 cbm / Raumgeh. unter Deck: 4.400,34 t = 12.459,90 cbm / Passagiere: 4 I. Kl., 350 III. Kl. / Besatzung: 51 Mann / Gewicht des Schiffskörpers: 3.587 t.« Es gab 9 wasserdichte Abteilungen, die Maschinenanlage bestand aus einer dreizylindrigen Dreifach-Expansionsmaschine mit 2.400 PSi, es gab 3 Kessel, die Geschwindigkeit wird mit 12 Knoten angegeben.[41] Der Einsatz und Verbleib im Ersten Weltkrieg s. Bd. 3.

Der *Volksbote* greift Missstände im Vulcan auf

Die Verhältnisse auf dem im Dezember 1906 seit einigen Wochen im Dock zur Reparatur liegenden D. NARVIK gaben der Zeitung Veranlassung, über einige Missstände zu berichten. Sie schreibt dazu am Donnerstag dem 6. d. M.: »Obwohl niemand insbesondere die Arbeiterschaft des Vulcan, gegen eine für sie lohnende Beschäftigung, wie sie namentlich Reparaturarbeit sein soll und sein muß, etwas einzuwenden hat, so ist doch die Ausführung dieser Arbeit und die mit ihr verbundenen Mißstände nicht geeignet, dieselbe für die daran beteiligten Arbeiter als einen besonderen Segen zum Weihnachtsfeste zu betrachten. Lassen wir in Nachstehendem einige berechtigte Klagen der Arbeiter folgen. Die Arbeitszeit ist von morgens 6 bis abends 10 Uhr, hinzu kommen noch einige Nachtarbeiten; die Nacht vom Sonnabend zum Sonntag kann bald als zur regelmäßigen Arbeitszeit gehörig angesehen werden. Die Arbeiten sind größeren Umfanges, sie sollen aber bis zum 24. d. M. fertiggestellt sein. Niemand würde auch hiergegen etwas einwenden, wenn nicht grade in frevelhafter Weise mit der Gesundheit der Arbeiter umgegangen würde. Die so schnelle Fertigstellung des Schiffes erfordert die größten Anstrengungen, natürlich für die Arbeiter, nicht für den Reeder oder den Aktionär des Vulcan.

In Schweiß gebadet, die Lungen von dem Qualm der Öllampen bis zum Ersticken gefüllt, die Kleider und das Gesicht vom Schlamm der im Doppelboden lagert, besudelt, müssen die Arbeiter, um frische Luft zu schöpfen oder schadhaft gewordene Werkzeuge zu wechseln, ins Freie gehen, wo sie dann von der im Dock stets herrschenden Zugluft befallen werden, hinzu kommt das in letzter Zeit herrschende Unwetter, gegen das nicht der geringste Schutz geboten wird. Für das Stückchen Brot, das zum Frühstück oder Abendbrot mitgenommen wird, ist kein Platz zum Aufbewahren vorhanden, es muß hinter die Pollklötze unterm Schiff gelegt werden. Es ist keine Annehmlichkeit, so bis auf die Haut durchnäßt, in solchem Zustande seinen Happen Brot zu verzehren, das vor Frost die Zähne klappern. Auch muß es als ein Mißstand und eine Entwürdigung der Arbeiter betrachtet werden, daß bei der Nachtarbeit, wo doch eine Stunde, von 12 bis 1 Uhr Pause ist, denselben nicht die Möglichkeit gegeben wird, während dieser Stunde einen warmen Raum aufzusuchen. Mögen sie nur ruhig auf dem Deck herumkampieren, das fühlt ja niemand anders als Sie! – Ach ja – es sind ja so wunderschöne Speisesäle da, aber diese scheinen doch eigentlich einen anderen Zweck zu haben, als auch den Nachtarbeitern während der Pause einen etwas angenehmeren Aufenthalt zu bieten, ist es doch nicht anders zu verstehen, daß von 11 bis 1 Uhr die kleinen Transportdampfer ihre Fahrten einstellen und somit den Arbeitern jede Möglichkeit, ans Land zu kommen [außer der Wiesenseite] abgeschnitten ist. [...] wir wollen hoffen, daß die Aufdeckung dieser Übelstände dazu beitragen wird, daß die Direktion denselben ihre Aufmerksamkeit schenkt und für Beseitigung derselben Sorge trägt.«

Über eine aufgehobene Vergünstigung berichtete das Arbeiterblatt am 13.12.1906: »Man schreibt uns: ›Kronprinzessin Cecilie‹ ist der Name des kürzlich [...] vom Stapel gelassenen Riesendampfers. Wohl 6–700 Personen sind zur Zeit an der Vollendung dieses [...] Schiffes tätig um einen neuen Zweig in den Ruhmeskranz der Stettiner Schiffsbaukunst, speziell des Vulcans flechten zu helfen denn ohne Zweifel wird auch dieses Schiff Bewunderung hervorrufen und Zeugnis ablegen

von der Tüchtigkeit und Leistungsfähigkeit seiner Erbauer, und hierzu gehört auch die Arbeiterschaft. Jedoch wir wollen nicht ein Loblied anstimmen, das leicht den Anschein erwecken könnte, als ob auf der Werft sonst alles in bester Ordnung wäre. Der Zweck dieser Zeilen soll vielmehr sein, einen sich eingeschlichenen Uebelstand hervorzuheben und wäre es sehr zu wünschen, daß die Direktion auch hier eine Nachprüfung vornimmt und die Beseitigung [...] veranlaßte.

Es war bisher üblich, daß die Arbeiter des Mittags fünf Minuten vor 12 Uhr vom Schiff gehen konnten, um ihre Werkzeuge ordnungsmäßig verwahren zu können. Auf dem D. [...] ist es aber anders geworden. Dreiviertel zwölf Uhr beziehen bestimmte Werkmeister ihre Posten auf der zum Schiff führenden Brücke, und kein Arbeiter darf, ehe die Dampfpfeife ertönt, die Arbeit verlassen. Wie es nicht anders zu erwarten ist, entsteht dann [...] ein Gedränge, wenn die ganze Masse Leute auf einmal das Schiff verläßt, denn viele [...] müssen, um zu Mittag nach Hause gehen zu können, sich des weiten Weges halber beeilen, wenn sie den Nachmittagsdienst rechtzeitig antreten wollen. In einzelnen Werkstätten – wir wollen nur die der Maler und Kesselschmiede nennen – war es bereits Sitte geworden, daß [...] 5 bis 10 Minuten zum Reinigen der Hände freigegeben werden. Mit der angeführten Maßregel ist aber die gewährte Vergünstigung wieder aufgehoben. Wenn man bedenkt, daß sehr viele Arbeiter vor dem Heimweg erst ihre Werkstelle oder ihr Werkzeugspind aufsuchen müssen, was fünf bis zehn Minuten dauert, ist zu verstehen, daß die Arbeiter es als eine Härte betrachten, wenn ihnen durch so strenge Maßregeln die knappe Mittagspause noch verkürzt wird.« Es wird dann darauf hingewiesen, dass es wegen des Gedränges leicht zu Unfällen kommen kann und abschließend gehofft, »daß die Direktion diese Zeilen nachprüft und den alten Zustand wieder herstellt.«

Eine Entlassung wegen ungebührlichen Betragens teilte die Zeitung am 15.12.1906 mit: »Auf dem Oberhof klagen seit längerer Zeit die Schmiede über Akkordabzüge, woran aber die Meister bis in die oberste Instanz hinein keine Schuld tragen wollen. Die Schuld soll an den neuen Dampfhämmern liegen. [...] Als die Schmiede deshalb bei dem Herrn Direktor vorstellig wurden, wurde ihnen gesagt, andere Werften zahlten noch weniger Löhne [...], sie verdienten noch immer ihr Geld. Bei den heutigen teuren Lebensverhältnissen sollten doch auch die Löhne und Akkordpreise steigen. Das ist aber nicht der Fall. Hier heißt es: arbeite ruhig weiter, und wenn du das nicht willst, dann raus mit dir. So erging es am 11. Dezember dem Schmied Paul Glanz. Als er seinen Akkordzettel erhielt, aber beim Meister erklärte, er käme mit dem Geld nicht aus, es wäre zu wenig für die Arbeit, sagte Herr Beetz er sei entlassen, er sei der einzige, der immer unzufrieden sei, so ginge es nicht länger, und deshalb müsse er fort. Das schönste bei der Entlassung ist noch der Vermerk, ungebührliches Betragen, den Herr Beetz ausstellte. Wir bemerken, daß Glanz 6 Jahre und 2 Monate auf dem Vulcan gearbeitet hat. Die Entlassung des Kollegen [...] trifft diesen um so härter als er Familienvater von 4 Kindern ist, der jetzt ausgerechnet zu Weihnachten – dem Fest der christlichen Nächstenliebe – auf das Straßenpflaster geworfen wird [...].«

Am 6.9.1906 hatte sich das Blatt in Sachen Turnvereine geäußert: »(Stettin-)Frauendorf. (Förderung der bürgerlichen Turnvereine.) Der Formermeister Herzog vom Vulcan ist Vorsitzender des bürgerlichen Turnvereins in Frauendorf. Dieser Herr bemüht sich mit allem Eifer, aus den Kreisen der Arbeiter, Lehrlinge etc. Mitglieder für seinen Verein zu gewinnen. Wir fordern, die Angebote des Herrn Herzog unbeachtet zu lassen. Ein denkender Arbeiter gehört nicht in den bürgerlichen, hurrapatriotischen Turnverein, er muß Mitglied der Freien Turnerschaft werden.«

Die *KAISERIN AUGUSTE VIKTORIA* liegt fertig zum Ablegen am Ankerplatz Osternothhafen [Vulcan-Werksfoto, aus: Wie ein Ozeandampfer entsteht, o. Jz.]

1907, der Vulcan wurde 50

Das Jubiläum des Unternehmens am 29.1.1907 veranlasste n.a. auch den *Berliner Börsen-Courier* zu einem längeren Beitrag, in welchem eingangs festgestellt wird: »Der Werdegang [...] ist mit dem Aufblühen des neuen deutschen Wirtschaftslebens und der gesamten Technik aufs innigste verflochten. Der Vulcan steht heute infolge seiner Einrichtungen wie seiner Leistungen unter den deutschen Werften obenan und unter denen der Welt mit in der ersten Reihe.« Es folgt die Erwähnung der von Lehmann-Felskowski abgefassten Jubiläumsschrift und die der einzelnen Entwicklungsstufen, beginnend »1865 als der zweiten, der ertragreichen Ära des Lokomotivbaues, während der 9.8.1871 mit der Unterzeichnung des Vertrages zum Bau des ersten deutschen Panzerschiffes ›Preußen‹ [1], die 3. Ära, den Kriegsschiffbau kennzeichnet. Die 4. Ära des Aufschwungs, der Eintritt in den Schnelldampferbau, ist mit der ›Augusta Victoria‹ und der Hapag untrennbar verbunden. Ein weiterer Fortschritt begann mit dem Jahre 1896 und der später so erfolgreichen Fahrt des Doppelschrauben-Schnelldampfers ›Kaiser Wilhelm der Grosse‹, die für den deutschen Schiffbau zu einem Triumphzug wurde. Mit diesem Erfolg trat der Vulcan in die fünfte Epoche seiner Entwicklung ein. Durch den Bau der weiteren Schnelldampfer blieb der Ozeanrekord bis heute der deutschen Flagge erhalten.«

Kaiser Wilhelm II. ließ dem Jubilar folgendes Handschreiben[42] zugehen:

Der Staatssekretär im RMA, Admiral Alfred von Tirpitz, sandte ein Telegramm, in dem zum Ausdruck gebracht wurde, dass ohne den Vulcan die Entwicklung des deutschen Schiffbaues und der damit zusammenhängenden Industrie undenkbar sei.[43]

Ein Geldgeschenk gewährte die Verwaltung jedem Beamten, der seit mindesten einem Jahr und jedem Arbeiter, der seit mindestens fünf Jahren bei der Gesellschaft beschäftigt war. Die Aufsichtsratsmitglieder bewilligten auf eigene Kosten jedem der einen Hausstand führenden Arbeiter eine Kohlengabe. Eine eigentliche Jubiläumsfeier fand nicht statt.[44] Diese Mitteilung präzisierte und kommentierte der *Volksbote* am Freitag dem 1.2.1907: »Die Arbeiter-Jubiläumsgeschenke des Vulcan. Rote[!] Jubiläums-Lohnzettel gab es gestern auf dem Vulcan. Jeder Arbeiter erhielt 3 Zentner Kohlen, nach einer 5jährigen Beschäftigungsdauer ein Geldgeschenk von 5 Mark, das sich mit jedem weiteren Jahr um 1 Mark erhöhte. Die höchste Gratifikation betrug 40 Mark. Wie man sieht, bewegen sich die Geschenke in äußerst mäßigen Grenzen; wir bezweifeln sehr, daß auch die Gratifikationen der Aufsichtsräte, Direktoren usw. ein ähnlich bescheidenes Aussehen haben.«[45]

Eine Betriebsbeschreibung im Jubiläumsjahr

»Das Betriebsgelände umfaßt gegenwärtig einen Komplex von 282.400 qm, wovon 91.913 qm für die massiven Werkstätten genutzt werden. Von den 7 Hellinge stellen 3 den alten Teil dar, während vier neueren Datums sind. Die Hellinge, die seinerzeit aus Holz errichtet und im Laufe der Jahre mehrfach ausgebaut worden sind, werden von eisernen Gerüsten überragt, die als Laufbahnen für die elektrischen Kräne von 4 bis 8 t Hebekraft dienen. Um die Hellinge sind die zur Vorbearbeitung des Materials dienenden Werkstätten angeordnet. Am oberen Ende liegt zunächst die 80 m lange und 35 m breite Schiffbauhalle, daran anschließend die Schiffsschmiede und die Verzinkerei. In der Schiffbauhalle befinden sich der Spantenplan und die Richtplatte, letztere mit 2 Glühöfen zum Biegen der Spanten, die das Gerippe des Schiffes bilden und mit einer Länge von 21,5 m, den größten Anforderungen genügen. Ebenso technisch vollkommen ist die Ausrüstung der Schiffs- und Winkelschmiede in einer Halle von 74 m Länge und 39 m Breite. Hydraulisch betriebene Kielplattenbiegemaschinen, Richtwalzen, verschiedene Lochmaschinen, Blechschneidemaschinen, Kantenhobel und andere Spezialmaschinen sind teils in der Schmiede, teils in besonderen Werkstätten, im Freien und auf einem Anreißplan von 700 qm Fläche für große Bleche aufgestellt. 10 Dampfhämmer von 100 bis 1.750 kg Bärgewicht, 29 Rundfeuer, 2 Doppel- und 10 Vierfachfeuer, von einem Hochdruckventilator angetrieben, stehen zur Verfügung der Schmiede, die von einer speziellen Krananlage mit 8 schwenk- und 4 Laufkränen bestrichen werden. Den Unterhof, den diese Anlagen einnehmen, schließt ein dreistöckiges Magazingebäude ab, welches im Erdgeschoß die Pförtnerloge, Arbeiterkontrolle, Kran-

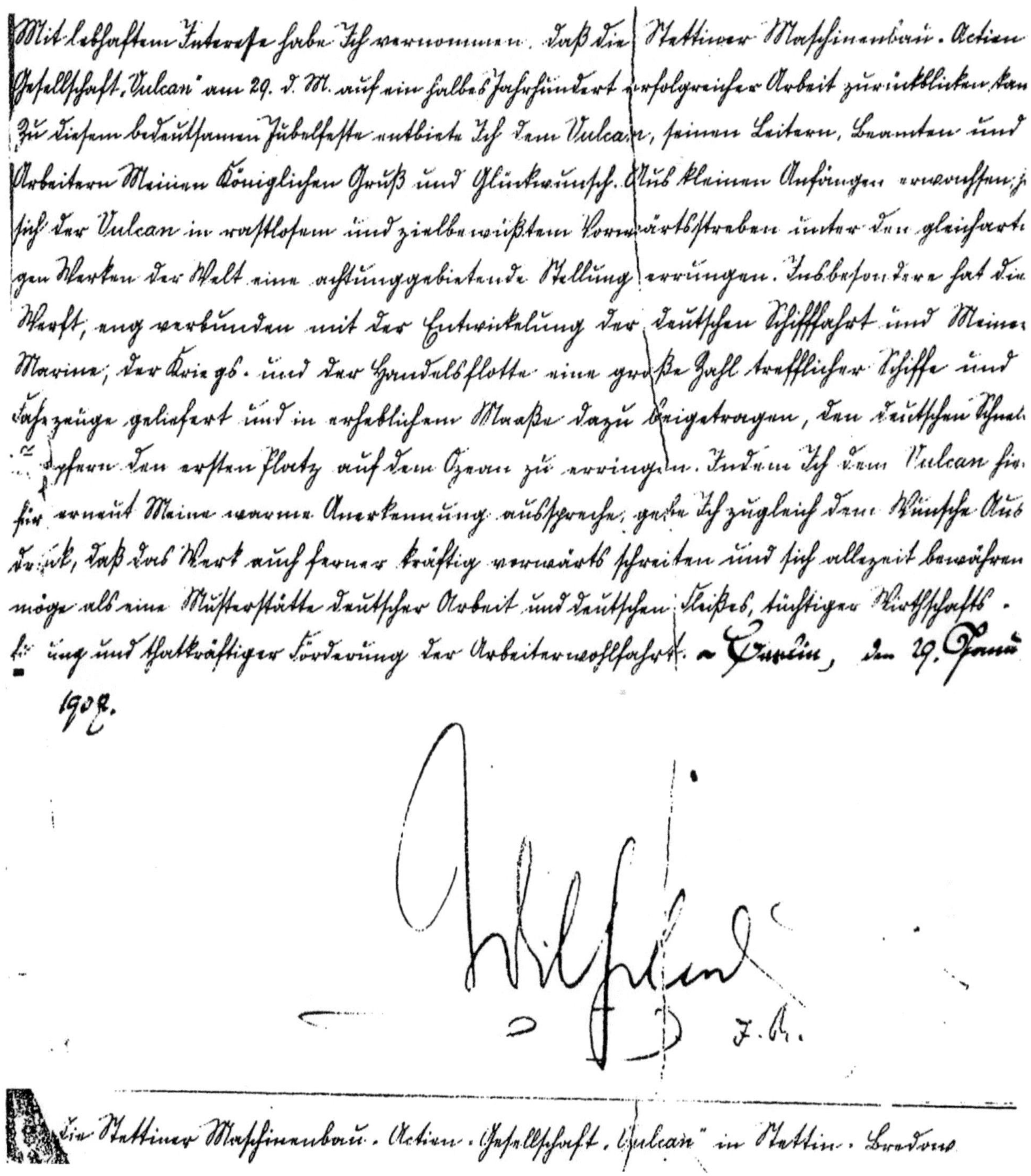

Mit lebhaftem Interesse habe Ich vernommen, daß die Stettiner Maschinenbau-Actien Gesellschaft „Vulcan" am 29. d. M. auf ein halbes Jahrhundert erfolgreicher Arbeit zurückblicken kann. Zu diesem bedeutsamen Jubelfeste entbiete Ich dem Vulcan, seinen Leitern, Beamten und Arbeitern Meinen Königlichen Gruß und Glückwunsch. Aus kleinen Anfängen erwachsen, hat sich der Vulcan in rastlosem und zielbewußtem Vorwärtsstreben unter den gleichartigen Werken der Welt eine achtunggebietende Stellung errungen. Insbesondere hat die Werft, eng verbunden mit der Entwickelung der deutschen Schiffahrt und Meiner Marine, der Kriegs- und der Handelsflotte eine große Zahl trefflicher Schiffe und Fahrzeuge geliefert und in erheblichem Maaße dazu beigetragen, den deutschen Schnelldampfern den ersten Platz auf dem Ozean zu erringen. Indem Ich dem Vulcan hierfür erneut Meine warme Anerkennung ausspreche, gebe Ich zugleich dem Wunsche Ausdruck, daß das Werk auch ferner kräftig vorwärts schreiten und sich allezeit bewähren möge als eine Musterstätte deutscher Arbeit und deutschen Fleißes, tüchtiger Wirthschaftsführung und thatkräftiger Förderung der Arbeiterwohlfahrt. – Berlin, den 29. Januar 1907.

Wilhelm I.R.

An die Stettiner Maschinenbau-Actien-Gesellschaft „Vulcan" in Stettin-Bredow

Mit lebhaftem Interesse habe ich vernommen, daß die Stettiner Maschinenbau-Actien Gesellschaft »Vulcan« am 29. d. M. auf ein halbes Jahrhundert erfolgreicher Arbeit zurückblicken kann. Zu diesem bedeutsamen Jubelfeste entbiete ich dem Vulcan, seinen Leitern, den Beamten und Arbeitern Meinen Königlichen Gruß und Glückwunsch. Aus kleinen Anfängen erwachsen, hat sich der Vulcan in rastlosem und zielbewußtem Vorwärtsstreben unter den gleichartigen Werken der Welt eine achtunggebietende Stellung errungen. Insbesondere hat die Werft, eng verbunden mit der Entwicklung der deutschen Schiffahrt und Meiner Marine, der Kriegs- und Handelsflotte eine große Zahl trefflicher Schiffe und Fahrzeuge geliefert und in erheblichem Maße dazu beigetragen, den deutschen Schnelldampfern den ersten Platz auf dem Ozean zu erringen. Indem Ich dem Vulcan hierfür erneut Meine warme Anerkennung ausspreche, gebe ich zugleich dem Wunsche Ausdruck, daß das Werk auch ferner kräftig vorwärts schreiten und sich allezeit bewähren möge als eine Musterstätte deutscher Arbeit und deutschen Fleißes, tüchtiger Wirtschaftsführung und thatkräftiger Förderung der Arbeiterwohlfahrt.

Der Kaiser gratulierte mit einem Handschreiben. [Berliner Börsen-Kurier, Archiv IHK Bremen]

Blick über den nordwestlichen Teil der Schiffswerft mit den Hellingen V, VI und VII [zusammengesetzt aus zwei Vulcan-Werksfotos, aus: »50 Jahre Schiffbau, 1857–1907 ...« Jubiläumsschrift des Vulcan]

kenstube und Unfallstation, im ersten Stock die Klempnerei und die Arbeiterspeisesäle enthält.

Im Dachgeschoß ist der Schnürboden in einer Ausdehnung von 62 m Länge und 17 m Breite untergebracht. Hier erfolgt das Aufreißen der Schiffsteile in natürlicher Größe auf Holzplatten und Leisten, nach denen die Bearbeitung der Spanten und Belagbleche erfolgt. Die Anbauten enthalten in beiden Stockwerken die Lager von Schiffsausrüstungsgegenständen, die Werkzeugmacherei und Werkzeugausgabe. Sämtliche Werkstätten gehören zu den Hellingen I–IV dem neueren Teil der Werftanlage. Über die Gleise der Werftbahn, die mit einer Länge von 8 Kilometern mit 4 Lokomotiven und 70 Transportwagen, den Verkehr zwischen der Staatsbahn und der Werft sowie zwischen den einzelnen Werkstätten aufrechterhält, erreicht man den älteren Teil der Werft.

Dieser ist ebenfalls im Laufe der Zeit wiederholt umgestaltet und modernisiert worden, sodass von den ursprünglichen Anlagen nichts mehr vorhanden ist. Der nördliche Werftteil besitzt eine eigene Schiffs- und Winkelschmiede in einer 40 m langen und 38 m breiten Halle. Diese ist mit einem großen Plattenglühofen, 11 Schmiedefeuern, den erforderlichen Blechbearbeitungsmaschinen, einem Spantenplan usw. ausgestattet. Eine Richtplattenhalle von 74 m Länge und 38 m Breite mit den nötigen Spantenglühöfen sowie ein Anreißplan schließen sich an.

Ein besonderes Gebäude von 49 m Länge und 39 m Breite bei 1.930 qm Arbeitsfläche enthält die

Panzerbearbeitungswerkstätten, deren Errichtung 1886 notwendig wurde. Das mehrfach umgebaute Haus besteht aus dem Haupthaus und 3 Seitenschiffen mit Galerien, auf denen die Schlosserei untergebracht ist, während im Hauptbau mittels besonders schwerer Maschinen, die von der Marine gelieferten Panzerplatten bearbeitet werden. Zur Werkstattausrüstung gehören ein 40 t Laufkran, eine hydraulische Panzerplatten-Biegemaschine von 1.300 t Druck, 12 Hobelmaschinen, 14 Bohrmaschinen, 15 Drehbänke, 4 Rohrgewinde-Schneidemaschinen und 4 Schrauben-Schneidemaschinen.

Die Tischlerei der Werft, die sich früher in dem vorbeschriebenen Bau befand, ist nunmehr in einem besonderen, von den übrigen Werkstätten isolierten, massiven Gebäude von 70 m Länge und 27 m Breite untergebracht. Über den im Untergeschoß eingerichteten Lagerräumen für Hölzer und einer ausgedehnten Trockenanlage, befinden sich die verschiedenen Holzbearbeitungsmaschinen, Band- und Kreissägen, Schleif-, Bohr-, Hobel- und Fräsmaschinen. Mit ihnen werden die Kajüteinrichtungen, Türen, Fenster usw. hergestellt. Sämtliche Maschinen sind mit einer Staubabsauganlage verbunden, durch welche die Späne usw. nach dem Kesselhaus der Sägerei zum Verfeuern befördert werden.

Das zweite Stockwerk enthält das Lager der fertigen Möbel. In unmittelbarer Nähe der Tischlerei liegt die Zimmerwerkstatt und die Sägerei mit den zugehörigen Holzschuppen. Bei dem zur

Verarbeitung kommenden Holz handelt es sich in der Hauptsache um ausländische, besonders feste und ausdauernde Sorten wie Oregonpine, Teak, Pischpin usw. Es wird den Werkstätten von einem am Oderufer errichteten Holzhafen aus zugeführt. Zum Ablagern dienen 2 große Schuppen von 1.840 qm Fläche zwischen der Sägerei und Tischlerei sowie ein unbedachter Platz von 8.000 qm. Die durch ihren Betrieb feuergefährlichen Holzlager und Werkstätten werden durch das Lager für eisernes Schiffsbaumaterial von den übrigen Werkstätten, speziell von den Hellingen getrennt, so daß eine große Betriebssicherheit gegeben ist.

Eine sich über die gesamte Werksanlage erstreckende Hydrantenanlage und die Werksfeuerwehr gewährleisten einen ausreichenden Feuerschutz. Der Wehr stehen außer den üblichen Geräten zwei stationäre und eine fahrbare Dampfspritze, jede für eine Leistung von 1.000 l pro Minute, 3 Handspritzen, mehrere 100 m Schlauchleitungen und eine mechanische 22 m Schiebeleiter zur Verfügung.

Außerordentlich zahlreiche Transportmittel dienen zur Verbindung der einzelnen Werkstätten untereinander sowie der Bewältigung der teilweise sehr erheblichen Lasten. Überall sind fahrbare oder stationäre Kräne aufgestellt, u.a. zwischen den beiden Hellinggruppen je 1 fahrbarer 25 t Bockkran neben mehreren fahrbaren 3 bis 7 t Dampfkrane.

Außer der Werftbahn dienen zwei Trajektdampfer, die je drei Güterwagen aufnehmen können, dem Verkehr mit der Werft. Mit ihnen wurden vor dem Bahnanschluß auch die erbauten Lokomotiven zum Versandbahnhof gebracht, während im Winter, wenn die Oder zugefroren war, etwa 30 Pferde den mühevollen Transport über die Berliner Chaussee zum nächsten Bahngleis bewerkstelligen mußten.

Zahlreiche Werkzeugmaschinen sind, soweit sie nicht in den Spezialwerkstätten Verwendung finden, über die offenen Arbeitsplätze verteilt. U.a. hydraulisch betriebene Mannlochpressen, die mit einem Hub aus den stärksten Doppelbodenplatten die erforderlichen Ausschnitte drücken, Balken- und Blechbiegemaschinen, Spannwalzen usw., die neben den Helligen auf den Werfthöfen und an anderen Stellen arbeiten.

Zum größten Teil werden alle Maschinen und Transporteinrichtungen elektrisch betrieben, nur zum kleinsten Teil noch mit Dampf. Die Werft verfügt infolgedessen über sehr ausgedehnte, leistungsfähige Kraftanlagen. Eine auf dem Unterhof eingerichtete elektrische Zentrale mit vier Dampfmaschinen von 900 HP, einer Dampfmaschine von 300 HP und den erforderlichen Dynamos liefert Licht und Kraft für den gesamten Betrieb. Betrieben werden 361 Drehstrommotoren mit 5.085 HP, 680 Bogenlampen, 4.194 Glühlampen, 51 Handbohrmaschinen, 46 transportable Motoren, 13 Ventilatoren und 38 Heizkörper. Fünf große Kessel von je 250 qm Heizfläche mit Überhitzer liefern den Dampf. Außerdem werden für Beleuchtung, Heizung und zu Kraftzwecken monatlich etwa 20.000 cbm Gas aus der Bredower Gasanstalt bezogen. Neben der Elektrizität dient Druckwasser und Druckluft zum Antrieb der Werkzeuge. Speziell wird der hydraulische Antrieb in der Kesselschmiede zum Nieten und Flanschen der großen Schiffs- und Lokomotivkessel, zum Biegen der Kielplatten und Spanten, zum Auspressen der Mannlöcher usw. benutzt. Die entsprechenden Maschinen erhalten das Wasser durch eine Pumpe und einen Akkumulator in unterirdischen Leitungen unter einem Druck von 120 atü. Für Stemm-, Bohr- und Nietarbeiten am Schiffsrumpf ist eine besondere Druckluftanlage vorhanden, bestehend aus einem Luftkompressor von 275 PS Kraft und 2.100 cbm Stundenleistung. Das über die Werft verteilte Rohrnetz führt die Preßluft, auf 7 atü komprimiert, den Arbeitsmaschinen zu.

Durch Dampf betrieben werden die auf dem Wasser befindlichen Hebezeuge. Die 3 großen schwimmenden Hebekräne mit einer Leistungsfähigkeit von 150, 100 und 80 t, werden eingesetzt bei der Montierung der schweren Schiffsmaschinen, Kessel, Schornsteine usw. Die Dampfmaschine ist jeweils in dem Ponton eingebaut, der den Kran trägt. Einen besonderen Teil des Werftbetriebes bilden die Dockanlagen für Neubauten und Reparaturen, von denen der Vulcan 2 besitzt. Das kleinere 2.500 t Pontondock ist seit 1880 im Betrieb. Es besteht aus 6 Sektionen und ist 94,4 m lang, bei einer lichten Breite von 15,8 bzw. 14,3 m. Zum Antrieb dienen 3 Verbundmaschinen à 60 PS mit 3 Kesseln, zum Lenzen auf jeder Seite 7 Kolbenpumpen; Beleuchtung und elektrische Kraft liefert die E.-Zentrale im Unterhof. Das zweite, größere 11.000 t Dock, in England erbaut, ist speziell für die modernen, riesigen Handels- und Kriegsschiffe bestimmt. Es besteht aus 2 Seitenpontons, 1 Boden, dem Mittelponton und 2 Endpontons mit 38 wasserdichten Abteilungen. Die Gesamtlänge beträgt 155,45 m bei 26 m lichter Breite, so daß Schiffe bis zu 163 m Länge gedockt werden können. Jeder Seitenponton besitzt 2 vollständige Maschinenanlagen à 120 PS, 2 Kessel von je 63 qm Heizfläche und 4 Zirkulationspumpen. 1 Dampfmaschine von 50 PS in Verbindung mit 1 Dynamomaschine von 320 Ampère und 125 Volt Spannung sorgt für die elektrische Beleuchtung.

Einen bedeutenden Teil des Betriebes nimmt die Maschinenfabrik ein, deren Werkstätten insgesamt einen Flächenraum von 43.580 qm bedecken und sämtlich im Oberhof liegen. Die Eisengießerei an der Vulcanstraße, mit der Stahlgießerei und Putzerei, befindet sich in einem Gebäude von 180 m Länge und 40 m Breite. Es ist mit allen modernen Einrichtungen für den Eisen- und Stahlguss schwerer Schiffs- und Maschinenteile ausgerüstet. Die Gießerei besitzt 5 Kupolöfen mit einer stündlichen Durchschnittsleistung von 48 t Schmelzeisen, in der Stahl- und Metallgießerei zum Gießen von Bronze, außerdem 2 Flammöfen und 3 Gießgruben von 8 m Durchmesser bei 5 m Tiefe. Vor der Gießerei liegt die Hammerschmiede, in der die im Schiffsmaschinenbau benötigten kleinen Schmiedestücke hergestellt werden. Diese verfügt über 4 Schweißöfen, 15 Doppelherde, 12 Rundfeuer, 9 Hämmer mit einen Bärgewicht von 3.000 bis 4.000 kg und über zahlreiche Krananlagen zur Bewegung der schweren Stücke.

Im westlichen Teil des Oberhofes befindet sich die Metalldreherei mit der Maschinenmontagehalle. Die Dreherei hat eine Länge von 150, eine Breite von achtzig und eine Höhe von 20 m. Die Montagehalle ist 120 m lang, 27 m breit und 30 m hoch bei einer Grundfläche von 4.500 qm, so daß in ihr gleichzeitig 9 große Schiffsmaschinen von zusammen 72.000 PS montiert werden können. In der Halle befinden sich 5 Laufkräne von je 15 bis 50 t Hebekraft mit E.-Antrieb, außerdem diverse kleine, maschinell betriebene Lauf- und Auslegekräne und 174 verschiedene Arbeitsmaschinen. In der Dreherei sind etwa 480 Werkzeugmaschinen unterschiedlichster Art zur Bearbeitung der stählernen Kurbelwellen, Dampfzylinder, Schiffsschrauben aus Stahlbronze und anderer Teile vorhanden. Ein drittes Gebäude der Maschinenfabrik enthält die Kupferschmiede und die aus sieben Abteilungen bestehende Kesselschmiede. In dieser können Schiffskessel in den größten Dimensionen hergestellt werden, sie ist mit allen nötigen hydraulischen Niet- und Preßanlagen und anderen hydraulischen Werkzeugen ausgerüstet. Die verschiedenen Abteilungen dienen der Herstellung von Schiffskesseln, Rauchfängen und Schornsteinen. Letztere werden speziell in der Abteilung V der Kesselschmiede bearbeitet. Welche Dimensionen hier zu berücksichtigen sind, machen z.B. die Schornsteine der KAISERIN AUGUSTE VICTORIA deutlich, welche bei einem Durchmesser von 4–4 1/2 m, eine Höhe von ca. 15 m hatten. Die Kessel- und Kupferschmiede enthalten zusammen etwa 180 Arbeitsmaschinen. In ersterer werden durchschnittlich etwa 900 Arbeiter beschäftigt, die jährlich ca. 5.000 t Kesselblech verarbeiten. In der Kupferschmiede sind etwa 130 Arbeiter mit der Herstellung der Kupferrohre, Kondensatormäntel usw. sowie der sonstigen Kupferarbeiten für den Schiffs- und Lokomotivbau beschäftigt. Eine Abteilung für sich bildet der Bau von Lokomotiven, der in einem besonderen Gebäude stattfindet.

Die ausgedehnte Verwaltung des Unternehmens ist in einem Gebäude untergebracht, welches den Eingang zum Oberhof bildet und mit seinem durch eine Brücke verbundenen Nebengebäude im Unterhof einen Flächenraum von 2.230 qm bedeckt. Das Verwaltungsgebäude enthält in 3 Stockwerken die verschiedenen technischen und kaufmännischen Büros, in denen etwa 500 Beamte beschäftigt sind, sowie die Direktions- und Sitzungszimmer.

Im dritten Stock befindet sich der Modellsaal, der von sämtlichen Schiffen, die auf der Werft des Vulcan gebaut worden sind, ein vorzüglich ausgeführtes Modell in einem Glaskasten enthält. Wir finden hier ferner in 5 Schränken eine interessante Zusammenstellung der im Vulcan gebauten Schiffe nach Jahresabschnitten und der historischen Entwicklung eingeteilt, die eine lebende Geschichte des deutschen Schiffbaues innerhalb der letzten 50 Jahre bilden. Weiter befand sich hier auch eine in mehreren Ordnern befindliche Sammlung von Abbildungen beim Vulcan gebauter Schiffe.« Die deutsche Schiffbauausstellung, sie fand 1908 in Berlin statt, hatte den größten Teil dieser Modellsammlung erhalten, so dass diese wertvollen Exponate somit auch einem größeren Publikum bekannt geworden sein dürften. Die komplette Schiffsmodellsammlung der Werft befand sich in Stettin bis April 1945 im städtischen Museum an der Hakenterrasse. Die Sammlung war als Leihgabe des Vulcan einige Zeit nach der Museumseröffnung übergeben worden, wie Museumsdirektor Dr. Rietzler anlässlich einer Veranstaltung des Museumsvereins am 1. Juli 1927 mitteilte. Es ist mit einiger Sicherheit davon auszugehen, dass die Modelle nach der Besetzung der Stadt im April 1945 durch die Rote Armee in die Sowjetunion gebracht wurden. Als mögliches Transportmittel könnte der wieder schwimmfähig gemachte Flugzeugträger GRAF ZEPPELIN gedient haben. Dieser war mit Beutegut beladen von Swinemünde im Schleppzug auf dem Weg nach Leningrad. Er geriet im Finnbusen im Sturm in ein Minenfeld, wurde stark beschädigt und wird vermutlich in den Zielhafen gebracht, entladen und 1948/49 abgebrochen worden sein.

»Für die Wohlfahrt der Angestellten ist in außerordentlich reichem Maße gesorgt. Die Werft besitzt 1 eigene Fortbildungsschule, in der in 6 Klassen die 300 Lehrlinge des Werkes regelmäßigen Unterricht erhalten, sowie 1 Badeanstalt für die Beamten und Arbeiter, die für 6.000 Bäder wöchentlich ausreicht, und mit einer medizinischen Abteilung für elektrische, kohlensaure Moorbäder und für Massagen in Verbindung steht. [...] Krankenstuben, in denen jederzeit ärztliche Hilfe erhältlich ist, sowie Unfallstationen sind an verschiedenen Stellen des Werkes eingerichtet. Für diejenigen Arbeiter, die in der Fabrik ihre Mahlzeiten einnehmen, bestehen mehrere heizbare, gut ventilierte Arbeiterspeisesäle. Außerdem sind ausreichende, bestens eingerichtete Toiletten-, Wasch- und Garderobenräume vorhanden.« Alles Einrichtungen, die vor wenigen Jahren bei der Arbeiterschaft noch undenkbar waren.

Nachdem im Vorstehenden die Gestaltung der Betriebsanlagen, so wie sie sich im Jahre 1906 einem Besucher darstellten, im Wesentlichen geschildert wurde, im Folgenden noch einige Anmerkungen zur wirtschaftlichen Bedeutung des Unternehmens. Beispielsweise waren 1913 im Werk Stettin durchschnittlich 7.000 Beschäftigte tätig, deren Arbeitslohn etwa 9 Millionen Mark betrug. Allein diese Summe hatte einen unmittelbaren Einfluss auf das wirtschaftliche Wohlergehen Stettins und der umliegenden Ortschaften. In gleichem Maße, wie überall in der Nähe großer Industriebetriebe Geschäfte für den allgemeinen Konsum entstehen und mit der Zunahme der Arbeiterzahl wachsen, werden diese Geschäfte auch von einer Minderbeschäftigung, also einem Minderverdienst des Arbeiters in Mitleidenschaft gezogen. Ein verringerter Arbeitsgang beim Vulcan bedeutete also nicht allein eine Herabsetzung der Arbeiterzahl oder eine Minderung der Lohnzahlungen, sondern wirkte notwendigerweise unmittelbar auf den Geschäftsgang des Einzelhandels in den von den Arbeitern bewohnten Ortschaften ein. Die Nachwirkungen eines solchen Minderumsatzes bedeuteten auch eine geringere Beschäftigung des Handwerks und der Kleingewerbetreibende, so dass also ein ständiger wirtschaftlicher Zusammenhang zwischen dem Vulcan und einem großen Teil der Bevölkerung Stettins und Orte in der Umgebung bestand.

Andererseits hatte der Vulcan in erheblichem Maße dazu beigetragen, die wirtschaftlichen Verhältnisse der Provinz Pommern zu verbessern. Hier ist zunächst der Bezug der Materialien, die zum Schiffbau benötigt wurden, zu nennen. Hinzu kam die Beschäftigung einer Anzahl kleinerer Industrien und Handwerksbetriebe, die mit dem Schiffbau in naher Berührung standen. Wenn die Werft z.B. 1906 über 30.000.000 kg an Metall, über 32.000.000 kg Kohlen neben anderen Materialien bezogen hatte, so bedeutete das einen Umsatz von Hunderttausenden für diejenigen Gewerbe der Provinz Pommern, die sich mit dem reinen Transport des Materials oder etwa mit der Vermittlung des Einkaufs befassten. Sämtliche Materialien waren entweder auf dem Wasserweg oder per Eisenbahn durch die Provinz Pommern transportiert worden, es wird also entweder der wirtschaftliche Betrieb der Bahn oder das Gewerbe der Kahnschiffer einen unmittelbaren Nutzen daraus gezogen haben. Auch diese Gewerbe bzw. die in ihnen Beschäftigten brachten dann ihrerseits das verdiente Geld zum großen Teil in der Provinz selbst in Umlauf, so dass auch nach dieser Seite eine Erhöhung oder Verbesserung der Bezüge des Vulcan einen wahrnehmbaren Einfluss hervorrufen musste.[46]

Der Geschäftbericht über 1906, im Mai 1907 veröffentlicht, führt aus, dass, obwohl die Beschäftigung im Berichtsjahr gegen das Vorjahr eine etwas angespanntere war, die Rohgewinnziffer trotz des erzielten höheren Umsatzes etwas geringer ausfiel als 1905. Die hohen Materialpreise wie insbesondere die ständig steigenden Arbeitslöhne übten einen ungünstigen Einfluss auf die Höhe der Gestehungskosten aus, sodass bei allen Lieferungen nur mit sehr bescheidenen Gewinnziffern gerechnet werden konnte. Dennoch war es der Gesellschaft dank der stets von ihr geübten vorsichtigen Bilanzierung selbst bei den damaligen Konjunkturverhältnissen möglich, eine befriedigende Rente zu gewähren. Diese sollte gemäß Beschluss des Aufsichtsrates vom 17. April d. Js. wie seit 6 Jahren, 14% betragen.

Im Berichtsjahr sind an größeren Objekten fertig gestellt bzw. inzwischen abgeliefert worden: Im Schiffbau: 2 Torpedojäger für die griechische Marine, 2 Schiffe für die Hamburg-Amerika Linie und 1 Reichspostdampfer für den NDL. Im Maschinenbau wurden außer den Maschinen und Kesseln für die abgelieferten und noch im Bau befindlichen Schiffe und Lokomotiven fertig gestellt: 18 Schiffskessel verschiedener Systeme, 2 Lokomotivkessel, 8 Schiffsdampfmaschinen, 6 Dampfpumpen und eine größere Zahl Lokomotiven.

Der Gesamtwert der abgelieferten Erzeugnisse betrug 30.075.488 Mark. Der auf Fabrikationskonto erzielte Gewinn wird mit 3.294.140 Mk. angegeben, hinzu kamen noch für Zinsen usw. 716.367 Mk., sodass sich der Bruttogewinn auf 4.010.407 Mk. belief. Nach Abzug von 2.028.531 Mk. für Abschreibungen verblieb ein Reingewinn von 1.981.876 Mk. Dieser sollte neben der Dividende mit 1,4 Mill. Mk. verwendet werden: Für den Reservebaufonds 158.081 Mk., die Beamtenpensions,- Witwen- u. Waisenkasse 75.000 Mk., das Ausstellungs- u. Versuchskonto 60.000 Mk., das Dotationskonto 177.682 Mk. und für Tantiemen 111.111 Mk. Die

Passagier- und Frachtdampfer *KÖNIG WILHELM II.* [Foto: Slg. Pittelkow, Archiv DSM]

fertigen und in Arbeit befindlichen Gegenstände waren mit 14.816.438 Mk. bewertet. 1906 betrug die höchste Arbeiterzahl 6.424, die niedrigste 6.134; an Löhnen wurden 7.710.827 Mk. gezahlt. Die gesamten offenen Reserven beliefen sich Ende 1906 auf 6,8 Mill. Mk., gleich 68% des Aktienkapitals.

Für das laufende Jahr war die Gesellschaft sowohl im Schiffbau als auch in der Lokomotivbauabteilung ausreichend beschäftigt. In Arbeit befindlich waren noch geblieben bzw. kamen neu hinzu: 2 Linienschiffe, 1 Turbinenkreuzer und 12 Hochsee-Torpedoboote für die deutsche Marine, zwei Torpedojäger für die griechische Marine, der Fracht- und Passagierdampfer *KÖNIG WILHELM II.* für die HAL, *GEORGE WASHINGTON, KRONPRINZESSIN CECILIE* für den NDL, verschiedene Schiffskessel und zahlreiche Lokomotiven.

Über die Anlage in Hamburg teilt der Bericht mit: »Die Witterungsverhältnisse des Winters 1906/07 haben die Arbeiten der hamburgischen Wasserbauverwaltung für die Herrichtung des Terrains [...] sehr aufgehalten, so daß wir unsererseits mit den eigentlichen Bauarbeiten noch nicht haben beginnen können; wir hoffen, Mitte dieses Jahres dieselben in Angriff nehmen zu können.[47] Die 1906 begonnenen Erdarbeiten waren vom Hamburger Staat einer Bremer Baugesellschaft übertragen worden und bestanden im Wesentlichen in einer Aufhöhung des Geländes auf die sturmflutsichere Höhe von + 9,20 Meter. Die Firma hatte zunächst einen Deich um das Gelände herum aufgebracht und dann mit einem eigenen Spülbagger den Baggersand aus der Elbe aufgespült. Diese Arbeiten nahmen einen so guten Fortgang, dass bereits Ende Juli 1906 etwa ein Drittel des gesamten Geländes die vorgegebene Höhe hatte.[48] »Bremen, 17. Sept. (1907). Bei der Ausführung der Neubauten für den Stettiner Vulcan in Hamburg ist in großem Umfange die hiesige Bauunternehmung Köhncke u. Co. G.m.b.H. beteiligt, durch sie wurden bereits die Hellinganlagen fertiggestellt; sie bestehen aus mehreren massiven Hellingen, von denen einer mit 250 m Länge und 18 m Breite zur Zeit der größte der Welt sein dürfte. Neuerdings wurde der Firma [...] in Verbindung mit einer Hamburger Firma der Auftrag auf Herstellung sämtlicher Hochbauten [...] erteilt.«[49]

Die Bestellung des D. *KÖNIG WILHELM II.* hatte *Hansa* am 27.1.1906 mitgeteilt. Das

Schiff war von der HAL für den Südamerika-Dienst vorgesehen, der angesichts des wirtschaftlichen Aufschwungs der La Plata-Länder und ihrer wachsenden Bedeutung für den Weltverkehr als entsprechend ausbaufähig angesehen wurde. Die Taufe auf den Namen des Königs von Württemberg und der Stapellauf fanden am 23.3.1907 statt.

Die Konstruktionsdaten nach dem »Journal« sind: [Bau-]Nr.: 271 / Schiffsart: Passagier- u. Frachtdampfer mit 2 Masten / Antrieb: 2 Schrauben à 4 Flügel / Anzahl durchl. Decks: 2 / Klasse: Germ. Lloyd / Baujahr u. Bauzeit: 15. 1.1906–10.7.1907 / La: 154,95 m / Lp: 149 m / B. a. Spt: 16,26 m / H: 10,36 m / H1 verteilte Aufbauten: 12,70 m / R. T.: 9,48 m / Tfg. beladen: mittl. 8,20 m / Kielhöhe C T: 0,100 m / Depl. beladen: 15.050 t / LxB: 2.497,24 / L x B x H u. L x B x CT: 25.871,40 / L x B x H1: 31.715 / Lp : B: 8,8902 / Lp : H: 14,382 / BRTs: 9.331,5 t / NRT: 5.824,8 t / Raumgeh. unter Deck: 6.462 t / Gewicht d. Schiffskörpers: 6.448 t / Anz. d. Passagiere: 349 I. Kl., 80 III. Kl., 586 IV. / Besatzung: 191 Mann. Auf dem Hauptdeck konnten weitere 582 Zwischendeckpassagiere untergebracht werden.

Die 2 vierzylindrigen Vierfach-Expansionsmaschinen mit Oberflächenkondensation nach Schlick, leisteten 7.200 Psi und waren für 15,5 Knoten konstruiert. Die Kesselanlage bestand aus 3 Doppelender- und 1 Einenderkessel mit zusammen 21 Feuern und einem Dampfdruck von 15 atü. Die festen Kohlenbunker fassten ca. 2.000 t, der Reservebunker etwa 1.800 t. Den Strom lieferten 3 Dynamomaschinen von je 400 Ampére bei 110 Volt. Für die Proviant- und Ladekühlräume waren 2 Kühlmaschinen des Systems Haubold vorhanden. Der Durchmesser der Bronzeschrauben wird mit 5,30 m angegeben. Das Schiff hatte einen durchlaufenden Doppelboden, 8 wasserdichte Schotten teilten es in 9 Abteilungen. Die Wasserverdrängung wird mit 15.050 t angegeben. Eine Unterwasserschall-Höranlage diente neben weiteren Einrichtungen der Schiffssicherheit.

Was den D. als eine für den Ausbau der Hamburger Passagierfahrt nach Argentinien besonders wertvolle neue Errungenschaft erscheinen ließ, war neben seiner hohen Geschwindigkeit – sämtliche damals nach Südamerika eingesetzten Schiffe waren deutlich langsamer – vor allem die prächtige Innenausstattung. An dieser waren deutsche und französische Spezialfirmen für künstlerische Inneneinrichtungen beteiligt. Der Gesellschaftssalon war im englischen Kolonialstil gehalten, der Rauchsalon und der 234 Personen fassende Speisesaal I. Kl. im Stil Louis XIV.; die geräumige Vorhalle des Salons hatte als besonderen Schmuck ein von Professor Gaukel gemaltes Porträt des hohen Taufpaten erhalten, das Kinderzimmer schmückte 1 hübsch ausgeführtes Gemälde »Rotkäppchen« und 4 niedliche Flachreliefs, die 4 Jahreszeiten darstellend. Außer den prächtigen Gesellschaftsräumen standen den Passagieren 1 Turnhalle mit den bekannten elektrischen Zanderapparaten, 1 Barbier- und Damenfrisierzimmer, die Einrichtung für drahtlose Telegrafie, System Telefunken, 1 Dunkelkammer für Amateurfotografen, 1 Apotheke usw. zur Verfügung. Die Kajüteinrichtung umfasste 4 aus Wohn-, Schlaf-, Toiletten- und Baderaum bestehende Luxuszimmer sowie 120 geräumige Kabinen.

Die Probe- und Ablieferungsfahrt von Swinemünde nach Hamburg fand am 15.7.1907 mit einem zufriedenstellenden Ergebnis statt. An der Fahrt um Skagen hatte Herzog Albrecht von Württemberg als Vertreter des Königs teilgenommen. Mit dem Stand 1.1.1913 wird die Gesamtbesatzung mit 172 angegeben: Kapitän Wiehr, 4 Offiziere und 24 Mann seemännisches Personal, 5 Offiziere und 56 Mann Maschinenpersonal, 2 Offiziere und 80 Personen sonstiges Personal. Das Recht zur Führung der Handelsflagge mit dem Eisernen Kreuz für *KÖNIG WILHELM II.* war Kapitän Wiehr als Kapitänleutnant der Reserve 1909 beigelegt worden.[50]

Ein weiterer Schnelldampfer für den NDL

Dieses zur Kaiserklasse gehörende Schiff war zur Vervollständigung der mit bisher 3 D. bedienten Linie Bremerhaven–New York gedacht und findet im Geschäftsbericht der Reederei mit folgenden Feststellungen Erwähnung: »Wir haben uns inzwischen veranlaßt gesehen, die [...] Actiengesellschaft Vulcan [...] mit dem Bau eines neuen Schnelldampfers von der Größe und Geschwindigkeit unseres Schnelldampfers ›Kaiser Wilhelm II.‹ (2) (s. Bd.1) zu beauftragen, welcher den Namen ›Kronprinzessin Cecilie‹ erhalten wird. Auch dieser Dampfer wird wieder mit Kolbenmaschinen versehen werden, da wir nach fortgesetzten eingehenden und sorgfältigen Prüfungen der Verwendung von Turbinen auf See als Ersatz für Kolbenmaschinen zu der Überzeugung gelangten, daß, wenn auch der Turbine eine Zukunft nicht abgesprochen werden kann, ihre bisherigen Leistungen keine genügende Gewähr für die regelmäßige Durchführung des Betriebes im überseeischen Verkehr bieten.«[51] In Stettin allgemein bekannt wurde dieser Auftrag am 22.2.1905.[52] Die Taufe und der Stapellauf

Eingang zu den Maschinenwerkstätten auf dem Oberhof, rechts das Hauptverwaltungsgebäude, gegenüber das Magazingebäude, im Hintergrund die Schmiede, Stand: 1906 [Vulcan-Werksfoto, aus: »50 Jahre Schiffbau, 1857–1907 ...«, Jubiläumsschrift des Vulcan]

in Gegenwart der hohen Namensgeberin, die dem Schiff nach einer eindrucksvollen Taufrede des präsidierenden Bürgermeisters von Bremen, Herrn Dr. Barkhausen, seinen Namen gab, fanden am 1.12.1906 statt.

Die technischen Daten nach dem »Journal« sind: [Bau-]Nr.: 267 / Schiffsart: Schnelldampfer mit 3 Masten u. 4 Schornsteinen / Antrieb: 2 Schrauben à 4 Flügel / Anzahl durchl. Decks: 4 / Aufbauten: Poop 33 m / Klasse: Germ. Lloyd / Baujahr u. Bauzeit: 26.8.1905– 30.7.1907 / La: 215,34 m / Lp: 206,65 m / B. a. Spt.: 21,94 m / H: 13,46 m / H1 verteilte Aufbauten: 16,17 m inkl. Back / R. T.: 12,36 m / Tfg. beladen: mittl. 8,534 m / Kielhöhe CT: 0,07 m / Depl. beladen: 24.415 t / D. w. beladen all told: 4.550 t kontr., 4.361 t vorh. / L x B: 4.533,9 / L x B x H u. L x B x CT: 61.026,3 / LxBxH1: 7.313,16 / Lp x B: 9,419 / Lp x H: 15,35 / H : B: 0,613 / BRTs: 19.503,22 t, 55.249,91 cbm / NRT: 6.584,44 t, 18.652,80 cbm / Passagiere: 729 I. Kl., 315 II. Kl., 730 III. Kl. / Besatzung: 679 Mann / Gewicht d. Schiffskörpers: 13.772 t. Im Jahre 1906, also noch während der Bauzeit, war dem bauleitenden Betriebsingenieur Friedrich Meyer der Königliche Kronenorden 4. Klasse verliehen worden: »Wegen seiner treuen, dem vaterländischen Schiffbau geleisteten Dienste.«

Das Schiff hatte einen sich fast über die ganze Schiffslänge erstreckenden Doppelboden von ca. 3.000 cbm erhalten. Dieser war in 26 Zellen eingeteilt und dort, wo er die Unterlage der Hauptmaschine bildete, nahezu 2,50 m hoch. Ferner bildeten 17 wasserdichte Querschotten, sowie 1 Längsschott im Maschinenraum 19 wasserdichte Abteilungen. An Rettungsbooten waren insgesamt 28 vorhanden sowie 1 Unterwasserschall-Höranlage, Feuerlösch- und sonstige hygienische und sanitäre Einrichtungen. Die Maschinenanlage bestand aus 4 vierzylindrigen Vierfach-Expansionsmaschinen mit Oberflächenkondensation und Massenausgleich nach Schlick, sodass die Passagiere kaum eine Erschütterung der im Schiff insgesamt 79 aufgestellten Dampfmaschinen bemerkten. Die an Backbord und Steuerbord zu je 2 hintereinander aufgestellten Maschinen, befanden sich in 2 Räumen, getrennt durch 1 wasserdichtes Schott. Die Bronzeschrauben hatten einen Durchmesser von 7,20 m. Zur Kesselanlage in 4 Räumen gehörten 12 Doppelender- und 7 Einfach-Enderkessel mit insgesamt 124 Feuerungen und einer Rostfläche von 10.000 qm. Um die in 24 Stunden etwa 720 t Kohle an und in die Kessel zu bringen, waren ständig 81 Mann jeweils 4 Stunden im Einsatz, die nach 8 Stunden Ruhe erneut ihren schweren Dienst verrichteten. Die Kohlenbunker hatten ein Fassungsvermögen von 5.400 t, die Schornsteine einen Durchmesser von 5 m und eine Höhe über Kiel von 40 m. Sämtliche Schiffsräume waren mit elektrischer Beleuchtung durch insgesamt 3.100 Lampen versehen. Den Bordstrom lieferten 5 Dampfdynamos mit je 800 Ampér bei

Eingang zur Werft auf dem Unterhof, im Hintergrund ein Bockkran, Stand: 1906 [Vulcan-Werksfoto, aus: »50 Jahre Schiffbau, 1857–1907 ...« Jubiläumsschrift des Vulcan]

100 Volt Spannung. Die beiden Schiffsglocken mit den Nummern 1724 und 1725 und einem Gesamtgewicht von 97,8 kg kamen 1906 von der Stettiner Glockengießerei C.[arl] Voss & Sohn, weitere in diesem Jahr an den Vulcan gelieferte Glocken hatten die Nummern 1732, 1749–1751 und 74 bzw. 190 kg, im folgenden Jahr waren es insgesamt 12 Glocken mit den Nummern 1786–1797.[53]

Der neue Schnelldampfer wies im Vergleich zu *KAISER WILHELM II.* [2] manche Vorzüge auf, da alle Erfahrungen, die seither im Betrieb mit dem Schwesterschiff gemacht wurden, auf den neuen D. weitgehend Berücksichtigung fanden. So waren namentlich die Kabinen der I. und II. Klasse vergrößert und auch die Ventilation dieser Räume auf Grund der neuesten Erfahrungen noch weiter verbessert worden. Es waren 2 sogenannte Kaiserzimmer mit je 4 Luxusräumen und 12 Staatszimmer mit 3 Räumen vorhanden, sowie 297 Kabinen I. und 109 Kabinen II. Klasse. Um auch in der künstlerischen Raumgestaltung neue Maßstäbe zu setzen, waren nach einer Idee des Generaldirektors des NDL, Dr. Heinrich Wiegand, die damaligen ersten Raumkünstler herangezogen worden, Bruno Paul, Berlin, Richard Riemerschied, München und Josef Olbrich, Darmstadt. Hinzu kamen 4 Bremer Architektenfirmen: Abbehusen & Blendermann, C. Eeg & E. Runge, Runge & Scotland sowie Wellermann & Fröhlich. Entsprechend der Eigenart der ausführenden Künstler sind die einzelnen Raumgruppen durchgebildet worden. Der Versuch, moderne Raumkunst auf Schiffskabinen zu übertragen, wurde von der Reederei als gelungen angesehen. Entgegen der früheren Möbelierung, waren jetzt im Speisesaal rechteckige größere Tische nur an den Wänden entlang angeordnet, in der Mitte standen 76 kleine runde Tische für zwei, fünf und sieben Personen.

An Stelle des offiziellen Diners, welches bisher zu einer bestimmten Zeit allen Passagieren serviert wurde, ist das zwanglose Diner getreten, welches in der Zeit zwischen 18 und 20 Uhr nach Belieben der Passagiere entweder nach einer vorschlagsweise aufgelegten Speisenfolge eingenommen oder aber aus einer riesengroßen Auswahl zusammengestellt werden konnte. Dieser erstmals eingeführte Restaurationsbetrieb hatte bei den Passagieren allseitig den größten Beifall gefunden und die Reederei veranlasst, dieselbe Einrichtung auch auf den übrigen 3 Schnelldampfern einzuführen. Für die Telegrafenanlage hatte man das »Long distance system« gewählt, da dieses es ermöglichte, auf der gesamten Strecke zwischen Bremerhaven und New York ständig mit den Landstationen in Verbindung zu bleiben. Der entsprechende Mast hatte eine Länge von 60 m über dem Kiel.

Unter all den zahlreichen Neuerungen ist auch eine vollständig eingerichtete Buchhandlung zu erwähnen. Während die älteren D. lediglich über eingefügte Kästen verfügten, hatte der Architekt

Der Bockkran neben der Stelling V bestand aus leichtem Eisenfachwerk, hatte eine Hebekraft von 25 t und wurde auf 2 Schienen bewegt, die Länge des Auslegers betrug 52 m. Zum Betrieb gab es 3 Elektromotore, je einer zum Lasten heben, für das Bewegen der Laufkatze sowie zur Kranbewegung. Er diente insbesondere dem Zweck, Panzerplatten, Schiffsteven, Anker und sonstige schwere Ausrüstungsgegenstände, welche per Bahn angeliefert wurden, abzuladen und in seinem Wirkungsbereich vorläufig zu lagern. [Vulcan-Werksfoto, aus: Wie ein Ozeandampfer entsteht, o. Jz.]

Johann G. Poppe schöne, praktische und geräumige Schränke entworfen. »In den englischen und französischen Häfen, vor allem aber in Bremerhaven und New York, wird diese Buchhandlung stets mit den neuesten Erscheinungen versehen, so daß das Publikum auch auf diesem Gebiete nichts zu entbehren hat. Die Verkäufer sind Angestellte der Bremer Firma Franz Leuwer, welche den gesamten Vertrieb übernommen hat.« Das Ladengeschäft der Buch- und Kunsthandlung befand sich bis zur Zerstörung im Zweiten Weltkrieg 1943 durch einen Luftangriff in der Obernstraße 14 gegenüber Karstadt und und liegt nach mehreren Umzügen seit 1962 Am Wall 171.

Zur Besatzung gehörten neben Kapitän Dietrich Högemann, der das Schiff bis 1913 führte, 24 Offiziere, Ärzte, Zahlmeister und Postbeamte, 61 Maschinisten, Elektriker, Kesselschmiede und Schmierer, 231 Oberheizer, Heizer und Kohlenzieher, 229 Stewards, Stewardessen, Zwischendeckswärter, 33 Aufwäscher und Pantryleute, 33 Köche, Bäcker, Schlachter, Konditoren, neun Barbiere, Friseure, Buchhändler, Gepäckmeister, Marconibeamte, 59 Steuer-, Boots und Zimmerleute, Segelmacher, Matrosen und Lampenwärter. In einer zeitgenössischen Schiffsbeschreibung wird besonders hervorgehoben, dass das Schiff aus deutschen Erzeugnissen geschaffen wurde und auch die künstlerische Ausgestaltung der Innenräume ausschließlich in den Händen deutscher Künstler lag.[54]

Die Überführung von der Werft nach Swinemünde fand am 20.7.1907 statt. Für den Transport waren lange vorher umfangreiche Vorbereitungen getroffen worden, da der Tiefgang des leeren Schiffes vorn 20 und achtern 26 Fuß betrug, bedingt durch die schwere Maschinen- und Kesselanlage, während der mittlere Wasserstand der Oder bei etwa 23 Fuß lag. Der D. mußte also achtern gehoben werden, um auf ebenen Kiel zu kommen. Zu diesem Zweck waren 6 Hebeprähme angebracht worden, mit einer Hebekraft von zusammen 1.800 t. Diese Pontons wurden vor der Befestigung längsseits voll Wasser gelassen, dann durch starke Stahltrosse, die unter dem Kiel des Schiffes durchgezogen wurden, miteinander verbunden. Außerdem waren die Pontons noch durch 90 schwere Holzstützen von etwa 40 Zentimeter Durchmesser nach oben gegen die Schiffswand abgestützt worden. Dann wurden sie langsam leergepumpt und konnten so das Schiff um 4 Fuß heben. Gleichzeitig waren vorn im Schiff die Zellen des Doppelbodens mit Wasser gefüllt worden, der Tiefgang achtern war damit auf 22 Fuß verringert und das Schiff lag auf ebenem Kiel. Der Schleppzug mit je 2 Schleppern vorn, an den Seiten und achtern, begann seine Fahrt um 5 1/2 Uhr morgens. Um sieben Uhr abends war ohne jede Störung das 36 Seemeilen entfernte Swinemünde erreicht und noch in der Nacht mit dem Entfernen der Pontons begonnen worden. Die Arbeiten am inneren Ausbau waren

Blick in das Maschinenhaus der E.-Zentrale mit 4 Dampfmaschinen und 2 Generatoren. Eine weitere Kraftquelle war die Druckwasseranlage mit 120 atü. Das Rohrnetz zu den Verbrauchsstellen war unterirdisch verlegt. Mit Druckluft wurden Niet- u. Bohrmaschinen, Niethämmer, Druckluftmeißel und -Stemmer betrieben, deren Leistungsfähigkeit das Drei- bis Vierfache eines Arbeiters betrug
[aus: 50 Jahre Schiffbau, 1857–1907..., Jubiläumsschrift des Vulcan]

auch während der Fahrt nicht unterbrochen worden. An Bord waren noch etwa 500–600 Handwerker und Arbeiter mit Ausstattungs-, Reinigungs- und Malerarbeiten beschäftigt.

Über Unfälle auf dem Schiff musste am 30.8. und 5.12.1906 berichtet werden: »[Stettin-]Frauendorf [Tödlicher Unfall]. Der auf dem Vulcan beschäftigte Nieter Duchow stürzte aus den Helligen des im Bau begriffenen Schnelldampfers [...] und erlitt dabei sehr schwere Kopf- und innere Verletzungen, sodaß der Tod eintrat.« Und im Dezember: »Schwerer Unfall an Bord der ›Kronprinzessin Cecilie‹. Der Arbeiter August Zieske aus [Stettin-] Stolzenhagen verunglückte gestern dadurch an Bord genannten Dampfers, daß er vom Hauptdeck etwa 18 Meter tief in den Doppelboden stürzte. Der Bedauernswerte erlitt so schwere innere Verletzungen, daß er nach dem Städtischen Krankenhause überführt werden mußte. Das Unglück trifft die Familie – Frau und 4 unerwachsene Kinder – um so härter, als die Frau im Wochenbett liegt. In Arbeiterkreisen ist man allgemein über die Langsamkeit ungehalten mit welcher die Fürsorge bei unfallverletzten Arbeitern gehandhabt wird, im vorliegenden Falle sollen fast zwei Stunden vergangen sein, ehe der Verletzte in das Krankenhaus gelangte.«[55]

Die Probe- und Überführungsfahrt von Swinemünde nach Bremerhaven begann wie geplant am 28.7.1907. Außer den Vertretern der Direktion des NDL und des Vulcan nahm im Auftrage der Kronprinzessin der Kammerherr Graf Bismarck-Bohlen daran teil.[56] Auf seiner ersten Fahrt nach New York im August 1907 hat der Schnelldampfer westwärts die schnellste deutsche Reise mit 23,21 Knoten gemacht und damit den seit 5 Jahren bestehenden Rekord der *DEUTSCHLAND* [3] [s. Bd.1] mit 23,15 Knoten überholt. Der höchste Durchschnitt innerhalb eines Etmals betrug auf dieser Reise 23,76 Knoten. Ostwärts [Sandy Hook–Eddystone] erreichte das Schiff sogar einen Durchschnitt von 23,40 Knoten.[57] Wie am 2.10.1910 mitgeteilt wurde, hatte der Lloyddampfer »auf seiner letzten Heimreise den bisherigen Rekord der deutschen Dampfer um 13 Minuten geschlagen; er legte die Distanz zwischen Sandy Hook und Plymouth in 5 Tagen 7 Stunden 25 Minuten zurück, entsprechend einer Geschwindigkeit von 23,33 Knoten.«[58] Und am 24. Oktober d. Js.: »Der Lloyddampfer [...], Kapitän Högemann, vollendete die schnellste, je von einem deutschen Dampfer gemachte Reise von Cherbourg nach New York an Zeit und Geschwindigkeit. Die Reisedauer betrug 5 Tage 10 Stunden 23 Minuten, die Geschwindigkeit 23,39 Meilen per Stunde. Die höchste Tagesleistung belief sich auf 610 Meilen.«[59]

Bei Ausbruch des Ersten Weltkrieges befand sich das Schiff auf hoher See. Da Kapitän Polack befürchten musste, von englischen Kriegsschiffen aufgebracht zu werden, kehrte er nach den USA zurück. Dort ist der Schnelldampfer am 3.2.1917

Der Modellsaal im 3. Stock des Verwaltungsgebäudes [Vulcan-Werksfoto, aus: 50 Jahre Schiffbau, 1857–1907 ..., Jubiläumsschrift des Vulcan]

in Boston beschlagnahmt worden. Kurz zuvor hatte die Mannschaft noch die Maschinen teilweise zerstört.[60] Nach Eintritt der USA in den Weltkrieg wurde das Schiff unter dem Namen *MOUNT VERNON* als Truppentransporter eingesetzt, erhielt 1921 als Handelsschiff den Namen *PRÄSIDENT JACKSON* und ist um 1940 in den USA abgewrackt worden.[61]

Auch 1907 kam es zu schweren Unfällen, worüber der *Volksbote* am 9. Juli berichtete: »Ein Totgeglaubter, der vor einigen Wochen [...] verunglückte Former Albert Hübner aus [Stettin-] Bollinken, ist nicht wie gemeldet, seinen Verletzungen erlegen, sondern befindet sich auf dem Wege der Besserung.« Am 15. November: »Auf dem Vulcan erlitt der Schiffbauarbeiter Ernst Gehrke gestern mittag einen doppelten Knöchelbruch durch eine umfallende Leiter. G. wurde mit dem Krankenwagen zum Krankenhause befördert.«

Kampf der Werftarbeiter um bessere Lohn- und Arbeitsbedingungen

In drei zahlreich besuchten Versammlungen am 2.12.1907 »waren in Stettin die Arbeitermassen der Schiffswerft Vulcan beisammen, um Kenntnis zu nehmen von dem Bericht ihres Arbeiterausschusses, der mit der Direktion noch einmal Beratungen geflogen hatte wegen einer Verbesserung der seinerzeit in Hamburg zwischen dem Verband der Werftbesitzer und den beteiligten Gewerkschaften beschlossenen Abmachungen.« Darüber hinaus waren im Einzelnen auch solche Fragen wie Stellagenbau, hygienische Verhältnisse, Betriebskrankenkasse usw. in den Beratungen angesprochen worden.

Der Vertreter der Vulcanwerft, Baurat Flohr, hatte zunächst dem Ausschuss gegenüber erklärt, »daß die Forderung, die niedrigen Löhne zu erhöhen, nicht erfolgen könne, da sonst auch die übrigen Löhne miterhöht werden müßten und dies sei zur Zeit unbedingt ausgeschlossen. Ebenso verhalte es sich mit den Überstunden-, Nacht- und Sonntagsarbeits-Entschädigungen. Wenn die norddeutschen Seewerften derartige Zugeständnisse gemacht hätten, so läge das daran, daß diese nur bei Reparaturarbeiten Überarbeit machen ließen. Der Vulcan muß aber auch bei Neuarbeiten Überschichten arbeiten lassen und würde an seiner Konkurrenzfähigkeit Einbußen erleiden, wenn er dafür die verlangte Entschädigung zahlen müßte. Für die Reparaturarbeiten würde die Direktion die Entschädigung bewilligen, für Überstunden- und Nachtarbeit 25%, für Sonntagsarbeit 50% und wenn an die Tagesarbeit sich volle Nachtarbeit anschließt, ebenfalls 50%.«

Bezüglich der geforderten Akkordaufbesserung meinte der Baurat, »es ließe sich der Sache nähertreten, wenn die Arbeiter auf das viele Stun-

Eine Marke für die Speisesäle, aus Messing und in Originalgröße [Slg. Eckhard Wendt]

denschieben verzichten würden. Dagegen sei die Verwaltung machtlos, dies [...] liege bei den Arbeitern. Die Aufrundung der 1/2 Pf. [...] wäre in Erwägung gezogen, könne aber gegenwärtig auch nicht erfolgen. [...] Die Bewilligung eines Lohnzuschlages für einzelne Branchen, die noch im Stundenlohn arbeiten, wurde unter Hinweis auf die bereits bestehenden entsprechenden Lohnverhältnisse der Reparaturarbeiter auf dem Oberhof und der Elektrizitätsarbeiter in Aussicht gestellt. Ebenso war die nochmalige Erwägung der Schiffszimmerer, die nicht mehr mit den Polieren zusammen im Akkord arbeiten wollten, zugesagt worden. Letztere erhalten 10–15 Pf. mehr Stundenlohn und damit den Löwenanteil am Akkord, während sie zumeist nur beaufsichtigen ohne selbst tätig zu sein. Zur Regelung der Arbeitszeit bezüglich der Pauseneinteilung am Vor- und Nachmittag verwies der Baurat darauf, das diese ja von den Arbeitern selbst durchbrochen werde, da sie sich an ihre eigenen Abmachungen nicht kehrten. Die Verbesserung der hygienischen Verhältnisse werde fortdauernd im Auge behalten und sollten diesbezügliche Wünsche der Direktion vorgetragen werden.«

Zum Punkt Stellungnahme der Vulcanarbeiter zu dem Bericht, führte zunächst der Kollege Hunger aus, »daß die geringfügigen Forderungen vom Vulcan wohl getragen werden könnten, ohne Schädigung der Konkurrenzfähigkeit des Unternehmens, daß man also von einem direkten Erfolg der Verhandlungen ohne weiteres nicht sprechen könne. Man müsse sich aber vergegenwärtigen, daß mit den gegenwärtigen Verhandlungen etwas erreicht wäre, was vor zehn Jahren noch unmöglich erschien. Nämlich daß die deutschen Seewerftbesitzer sich dazu verstanden haben, die Gewerkschaften der Arbeiter nicht nur anzuerkennen, sondern auch ihre Vertreter zu Unterhandlungen zuzulassen. Auf diese Weise wurden die Verhandlungen von Organisation zu Organisation geführt und können bessere Ergebnisse erzielen, als dies bisher auf dem Wege des Kampfes möglich gewesen sei!«

Des Weiteren wurde darauf hingewiesen, dass durch die günstige Entwicklung des Metallarbeiterverbandes speziell an den Seeschiffswerften in Hamburg, Bremen, Kiel und Rostock den Werftarbeitern zu schönen Erfolgen bei ihren Lohnkämpfen verholfen werden konnte. »Wenn dies hier in Stettin nicht der Fall ist, so liegt dies wohl zum großen Teil daran, weil die hiesigen Werftarbeiter noch nicht in dem Maße organisiert sind, wie in den vorgenannten Städten. [...]« Als Erfolg für Stettin wurde gewertet, dass »die verkürzte Arbeitszeit ja schon ein Jahr früher eingeführt ist, als in Hamburg beschlossen worden war, am 1. Oktober 1907 statt 1908. Ein Erfolg ist es ferner, daß die Direktion sich in Verhandlungen eingelassen, denn es ist zweifellos, sie wird sich der Erwägung nicht verschließen können, daß die Forderungen, die zwar zur Zeit abgelehnt sind, nur als vorläufig zurückgestellt betrachtet werden können, daß sie wiederkehren und doch bewilligt werden müssen. [...]«

Abschließend wurde festgestellt: »Die heutige Versammlung der Vulcanarbeiter nimmt Kenntnis von den Verhandlungen, welche auf Grund der Resolution vom 6. September 1907 zwischen Ausschuß und Direktion stattgefunden haben.« Man bedauerte, dass die Direktion nicht weiter entgegengekommen sei, sprach die Erwartung aus, »daß speziell mit Rücksicht auf die Verteuerung aller Lebensbedürfnisse« in nächster Zeit noch Lohnzulagen von der Direktion gewährt werden und beauftragte die Organisationsvertreter, dafür Sorge zu tragen, dass eine weitere Regelung der Lohn- und Arbeitsverhältnisse speziell auf den Stettiner Werften durchgeführt wird.[62]

Das diese Regelungen 1908 nicht ohne Arbeitsniederlegungen und sogar Aussperrungen abgingen, ist einem kurzen Bericht der Kaufmannschaft Stettins zu entnehmen: »Die rückläufige Konjunktur im allgemeinen und namentlich im Reedereigeschäft hat im Berichtsjahr auch den Geschäftsgang in der Schiffbauindustrie empfindlich beeinträchtigt. Zwar waren die hiesigen Werften im vergangenen Jahre noch in befriedigendem Maße beschäftigt, indessen sanken die Preise für Neubauten in solchem Maß, daß es ungeachtet der niedrigen Materialpreise für die Werften immer schwerer wurde lohnende Aufträge zu erlangen. Bei dem Überfluß an schwimmender Tonnage und der überaus ungünstige Lage des Frachtenmarktes können sich die Reeder kaum noch zu Neubauten entschließen, es sei denn, daß es sich um Ersatz verloren gegangener Schiffe handelt. Für diese wenigen Ersatzbauten sind aber, wie schon erwähnt, die Preise infolge der scharfen Konkurrenz so gedrückt, daß wenig oder gar kein Nutzen dabei verbleibt. Die Aussichten für die kommenden Zeiten werden daher im allgemeinen als wenig günstig bezeichnet.

Trotz der schlechten Konjunktur ist die hiesige Schiffbauindustrie von Arbeiterbewegungen nicht verschont geblieben. Bereits am 28. März sahen sich die hiesigen Werften in Folge eines durch einen Streik auf den Howalds-Werken in Kiel hervorgerufenen Beschluss der Gruppe deutscher Seeschiffswerften veranlasst, eine Betriebseinschränkung von 60 % der gesamten Belegschaft eintreten

zu lassen. Für Stettin kam hinzu, daß die Nieter nach Ablehnung einer übermäßigen Lohnforderung am 26. März die Arbeit niedergelegt hatten. Nach Beendigung der Aussperraktion am 9. April, wurde indessen auch hier die Arbeit bedingungslos wieder aufgenommen. Nachdem ein zweiter Streik der Nieter im Vulcan durch Entgegenkommen der Direktion Anfang Mai nach mehrtägiger Dauer beendet worden ist, war das Werk wegen der erneuten Verweigerung von Überstunden seitens der Nieter gezwungen, am 18. Juli den gesamten Betrieb zu schließen. Infolge der Unterstützung seitens der Vereinigung der Eisenindustriellen Stettins, welche am 10. August eine Aussperrung von 60 % der Arbeiterschaft aller angeschlossenen Betriebe vornahmen und infolge der beschlossenen weitergehenden Maßnahmen der Gruppe deutscher Seeschiffswerften, nahmen die Nieter die von der Direktion gestellten Bedingungen an, so daß am 17. August nach vierwöchentlicher Dauer die Aussperrung des Vulcan aufgehoben werden konnte.«

Wie diese Vorgänge sich aus der Sicht der betroffenen Arbeiterschaft des Vulcan bzw. des *Volksboten* und anderer Blätter darstellen, teilen uns einige entsprechende Beiträge mit: Die allgemeine Aussperrung an verschiedenen Werftstandorten im März 1908 wurde veranlasst, weil ein Arbeiter der Kieler Howalds-Werke sich geweigert hatte, Akkordarbeit zu verrichten. Die Berechtigung der daraufhin erfolgten Entlassung wurde später vom Metallarbeiterverband dadurch anerkannt, dass er auf dessen Wiedereinstellung verzichtet hat. Nach Beginn des Streiks in Kiel hatte die Vereinigung der deutschen Seeschiffswerften als Solidarmaßnahme beschlossen, am 28. März eine allgemeine Betriebseinschränkung vorzunehmen, wenn die Streikenden die Arbeit nicht bis zum 21. März wieder aufgenommen hätten. Betroffen von der Aussperrung sollten zunächst 30 % und eine Woche später nochmals 30 % sein.[63]

Insgesamt waren anfangs 2.000 Arbeiter betroffen, wie der Abend-Ausgabe des *Berliner Börsen-Courier* vom 28.3.1908 zu entnehmen ist, während der *Volksbote* 2.500 nennt und hinzufügt, »daß der von den Unternehmern an den Haaren herbeigezogene Vorwand für dieselben bald beseitigt sein dürfte. Gestern Nachmittag (am 27. März) haben nämlich die streikenden Schiffsbauer in Kiel beschlossen, die Arbeit wieder aufzunehmen.« Ob das am Montag geschehe, sollte allerdings von den noch laufenden Verhandlungen abhängen. Weiter wird mitgeteilt, »daß die Flensburger Schiffsbaugesellschaft am Sonnabend von den 2.400 Arbeitern 60 % aussperren wird und in Lübeck sollen es ab Montag bei Koch 100 und bei der Maschinenbaugesellschaft 150 Arbeiter sein.«

Am 30. März waren von den 3 großen Stettiner Werften 2.500 Arbeiter entlassen worden, wobei vom Vulcan berichtet wird, dass dort kein Unterschied zwischen Unorganisierten und Organisierten gemacht worden sei, mitentlassen waren besonders auch die ältesten Leute, angeblich wegen Betriebseinschränkung. »Mehrere ältere Leute, die ihr Leben lang auf dem Vulcan geschuftet haben, konnte man tränenden Auges den Hof verlassen sehen.«[64] Beendet war die Aussperrung für den Vulcan mit der Bekanntgabe vom 8. April, dass am 9. April mit der Aufhebung der Betriebseinschrän-

Schnelldampfer *KRONPRINZESSIN CECILIE*. Die Postkarte [nach einem Gemälde von Willy Stöwer, der als Schiffbau-Ing. beim Vulcan tätig war] in Bremerhaven am 15. Juli 1908 abgestempelt, ging nach Beckstedt, Post Colnrade mit folgendem Text: »Haben hier soeben den Dampfer Cäcilie besichtigt, alsdann gehen wir in See nach England. Freundl. Gruß Ludwig. [Slg. Verfasser]

Im Heizraum eines Schnelldampfers, nach einer Originalskitze von W. Stöwer. [aus: Das Buch für alle]

kung begonnen wird. »Die Reihenfolge, in welcher die Wiedereinstellung der Arbeiter, welche bei uns am 26. und 27. März die Arbeit niedergelegt haben, bzw. am 28. März von uns entlassen worden sind, erfolgen kann, wird morgen durch Anschlag bekannt gemacht.« Im Übrigen hatte die Direktion dem Arbeiterausschuss versichert, »daß an Maßregelungen nicht zu denken sei«.[65]

Mit der Überschrift »Nieteraussperrung beim Vulcan« beginnt eine Mitteilung des *Volksboten*, in welcher darüber informiert wird, dass am Dienstag Abend »20 Nieterkolonnen [ca. 80 Mann umfassend] entlassen wurden, weil sie die ihnen zugemutete Überarbeit verweigerten. Schon früher waren Bestrafungen wegen verweigerter Überstunden vorgekommen; als dies aber nicht wirkte, die Arbeiter vielmehr bei ihrem Beschluß [...] blieben, erfolgte die Aussperrung. Es ist durch Anschlag von der Vulcan-Verwaltung bekannt gegeben worden, daß evt. weitere Betriebseinschränkungen eintreten würden. Man muß das abwarten.«[66] Am Nachmittag des 1. Mai haben dann sämtliche Nieter [etwa 320 bis 330] als Antwort auf die angedrohte Aussperrung die Arbeit niedergelegt. »Der Nieterstreik beendet. Heute morgen haben die streikenden Nieter die Arbeit wieder aufgenommen, nachdem die gestrigen Verhandlungen zu einer Erhöhung des Stundenlohnes der Schirrmeister, Vorhalter und Helfer um 2 Pf. und der Nietenwärmer und Nietenlanger um 1 Pfg. führten. Ferner wurden einige sanitäre Verbesserungen erreicht. Sämtliche Streikenden werden unter Umgehung des Arbeitsnachweises wieder direkt eingestellt. Sind auch nicht alle Forderungen erfüllt worden, so kann man das Erreichte doch als einen nicht unwesentlichen Fortschritt bezeichnen.«[67]

Dass manche Verweigerung von Überstunden nichts mit Lohnforderungen zu tun hatte, ergibt sich aus dem Folgenden. Ausgang des letzten Jahres hatten Verhandlungen der Arbeiterschaft mit der Direktion stattgefunden, die im Ergebnis darauf hinausliefen, Differenzen der Belegschaft mit Vorgesetzten durch Verhandlungen des Arbeiterausschusses mit der Direktion beizulegen. Außerdem waren von der Direktion bestimmte Zugeständnisse in Form von Anordnungen gemacht worden, welche von einigen Ingenieuren und Meistern nicht respektiert worden sind. So hatte die Direktion durch einen Anschlag am Schwarzen Brett bekannt gemacht, dass Überstunden nur in ganz dringenden Fällen gearbeitet werden sollen. Und diese begannen bereits vor Weihnachten 1907. Hauptsächlich beim Bau von Torpedobooten war mit einer »leidenschaftlichen Antreiberei« gearbeitet worden. Es wird als keine Seltenheit geschildert, dass die bei der Ausrüstung und im Maschinenbau Beschäftigten 36 Stunden hintereinander arbeiten mussten. »Das schönste bei der ganzen Sache war dann, daß die Boote, die in aller Eile fertig gestellt waren, vertaut auf Winterlage lagen. Hatte die überlange Arbeitszeit nun kurz nach Weihnachten etwas nachgelassen, so war dieselbe im Schiffbau resp. im Maschinenbau immer noch von morgens 7 Uhr bis abends 8 Uhr, also 11 Stunden, wo doch die regelmäßige Arbeitszeit auf 9 1/2 Stunden angesetzt ist. Seit kurzem blüht die überlange Arbeitszeit wieder auf. Sobald der Herr Ingenieur O. Bönnig seine gewaltige Kommandostimme erschallen läßt, werden die ihm unterstellten Meister ganz wild und das Ende vom Liede ist, daß die Arbeiter wieder mal 36 Stunden hintereinander arbeiten müssen.« Es wird dann weiter berichtet, daß es Arbeitskollegen gibt, denen diese Arbeitszeit noch zu kurz ist. »So tut sich der Schiffbau-Schlosser Ramonat mit seiner Kolonne besonders hervor, in dem er sich stillschweigend eine 13stündige Arbeitszeit gesteckt hat.«[68]

Der folgende Zeitungsbericht ist eine interessante Situationsschilderung. »Die Lehren der letzten Werftarbeiteraussperrung beschäftigten am Sonntag [dem 3. Mai] eine [vermutlich nach Hamburg] einberufene Konferenz von Beamten und Vertrauensleuten der Metallarbeiter der Werftorte des Nord- und Ostseegebietes, an der vom Hauptvorstande Schlicke und Reichel und die Bezirksleiter Gotthusen, Rohrlack und Otto Schulz teilgenommen hatten. Nach einem Referat des Genossen Schulz äußerte sich der Vorsitzende des Deutschen Metallarbeiterverbandes, Genosse Schlicke. [...] zur Sache: Das bisherige Resultat der Werftarbeiterbewegung habe mit Recht nicht befriedigt es sei aber das Erreichbare gewesen und müsse hingenommen werden in der Erkenntnis, daß ein magerer Vergleich besser sei als ein fetter Prozeß. Mit dem Gefühl erringe man keine Erfolge bei den Werftmagnaten, da könne man nur kühl berechnend vorgehen. Vor allem müsse das Objekt des Kampfes auch einen Kampf wert sein. Plänkeleien, bei denen der Leitung die Leute unter den Händen wegrutschten, brächten nicht um einen Schritt vorwärts. Man könne sich leicht populär machen, indem man Leute in ihrer berechtigten Empörung ins Feuer jage; es sei aber ein schlechter Organisationsleiter, der die vernichteten Existenzen nicht bedenke und nicht den beliebten Vorwurf des Bremsens auf sich lade, wo Nichtbremsen ein Frevel an der Organisation und ihren einzelnen Mitgliedern bedeute. Wohl sei eine verlorene Schlacht nicht immer ein Unglück, aber es bedeute auch kein Unglück, eine mit Berechnung angebotene Schlacht abzulehnen.

KRONPRINZESSIN CECILIE, der 150-Tonnen-Schwimmkran bringt den letzten Schornstein an Bord. Der Scherenkran ist ebenso wie die beiden anderen von 80 und 100 t Hebekraft, ein Eigenbau des Vulcan. Das Krangerüst wird von 2 hintereinander befindlichen Pontons getragen, sie sind verschieden groß und elippsenförmig, die Kranbeine haben eine Länge von 53,5 m und eine unveränderliche Ausladung von 18 m [Vulcan-Werksfoto, aus: Wie ein Ozeandampfer entsteht, o. Jz.]

Die Werftarbeiter müßten noch erst nach größerer Geschlossenheit trachten, müßten mit ihren Kräften haushalten, nicht sich zersplittern und deshalb dürften sie sich vor allem nicht provozieren, dürften sich nicht zu Erbitterungsstreiks hinreißen lassen, in denen langverhaltener Groll wirkungslos explodiere. Vor allem gelte es, sich den Beschlüssen der Mehrheit zu fügen. Das müsse auch von den Leitern anderer Organisationen verlangt werden. Eine Körperschaft zu schaffen, welche die Sachen einheitlich regelt, sei sehr zweckmäßig. Richtige Erziehung werde es allmählich dahin bringen, die aufgeregtesten Kollegen auch in kritischen Zeiten Vernunftgründen zugänglich zu machen, sie zu veranlassen, das Gesamtinteresse dem ihrigen voranzustellen. Schließlich dürfe auch im Verkehr mit den Unternehmern die Organisation nicht das Mädchen für alles werden; auch jedes einzelne Mitglied müsse seinen Mann stehen. Wenn darauf von jeher mehr Gewicht gelegt worden wäre, würde mancher nur auf Lauheit und Flauheit der Arbeiter beruhende Missstand nicht vorhanden sein.

Noch sei große Ausbildungsarbeit zu leisten, um Truppen heranzuziehen, mit denen man große Schlachten mit Aussicht auf Erfolg schlagen könne. Aber je eher die Arbeiter und ihre Leitung sich richtig verstehen lernten, desto eher werde auch der kollektive Arbeitsvertrag durchführbar sein, den zu erstreben heute noch zwecklos sei. Zielbewußtes Vorgehen, Einigkeit und Geschlossenheit würden die Unternehmer zwingen, den Wünschen der Arbeiter Rechnung zu tragen. Die vorjährigen Abmachungen seien der erste Schritt. Jetzt gelte es verständig weiterzubauen.« Reichel setzte hinzu: »Vor allem dürfe man die eigene Stärke nicht über-, die des Gegners nicht unterschätzen und statt sachlicher, berechnender Politik, nicht eine solche mit großen Worten betreiben. Wenn man durchaus streiken wolle, müsse aber mindestens das Objekt geschickt gewählt werden, man dürfe sich nicht stützen auf die Überzeugung, daß Unrecht geschehen sei, sondern auf den Nachweis. Klug abwägen, nicht von Stimmungen und Mißstimmungen leiten lassen! Vor allem dürfe sich ein Führer nicht von den Massen hoch tragen lassen und nach ihren Empfindungen seine Reden einrichten, sondern er müsse im entscheidenden Augenblick die energischen Worte finden, sie vor Torheiten zu bewahren und schädigende Niederlagen vermeiden.« Abschließend wurden folgende Anträge beschlossen: »Bei allen zukünftigen Bewegungen auf den Werften, die zur Arbeitseinstellung führen, hat sofort eine Konferenz von Vertretern der Werftarbeiter stattzufinden, um über die Durchführbarkeit der Bewegung zu beraten und zu beschließen. Die Konferenz verpflichtet die Delegierten, den Bezirksleitungen jede Auskunft über Vorbereitungen auch von solchen Bewegungen zu geben, die nicht zu einer Arbeitseinstellung führen, damit die Bezirksleiter die Möglichkeit haben auch nach dieser Richtung hin die sämtlichen Werftorte auf dem laufenden zu halten.«[69]

Der am 27.4.1908[70] veröffentlichte Geschäftsbericht über 1907 wies ein befriedigendes Ergebnis aus. Die ungünstige Einwirkung der gestiegenen Materialpreise und der wachsenden Ausgaben für Löhne hatte sich mit dem Abflauen der Beschäftigung im Schiffbau und der dadurch herbeigeführten gedrückten Preislage für Neubauten noch weiter verschärft. Hiergegen gelang es der Gesellschaft, in besonderem Maße auf eine Reduzierung der Generalunkosten hinzuwirken, einerseits durch Erhöhung des Umsatzes, andererseits durch Verbesserungen im Betrieb. Die Arbeiterverhältnisse gestalten sich von Jahr zu Jahr schwieriger; außer laufenden Zugeständnissen in Lohnfragen hat die Gesellschaft in Übereinstimmung mit dem gleichartigen Vorgehen der anderen deutschen Werften ab 1.10.1907 eine Verkürzung der Arbeitszeit auf 56 1/2 Stunden pro Woche zur Einführung gebracht. »Die Vorarbeiten für die Hamburger Niederlassung nehmen einen geregelten Fortgang, gegenwärtig wird an den Fundamenten für die Werkstätten gearbeitet.« Auf 3.743.466 Mark bezifferte sich der Gewinn auf Fabrikationskonto, 4.452.329 Mk., betrug der Gesamtbruttogewinn einschließlich der Nebeneinnahmen aus Zinsen usw., 2.673.800 Mk. wurden abgeschrieben, 1.778.528 Mk. blieben als Reingewinn zu folgender Verwendung: 120.979 Mk. Reservebaufonds, 75.000 Mk. Unterstützungsfonds, 45.000 Mk. Ausstellungs- und Unterstützungskonto, 5.000 Mk. Kirche zu Stettin-Bredow, 21.438 Mk. sonstige wohltätige Zwecke, 111.111 Mk. Tantiemen und erneut 14% Dividende gleich 1.400.000 Mk. An größeren Objekten waren fertig gestellt bzw. inzwischen abgeliefert worden: Im Schiffbau ein Linienschiff, ein Turbinenkreuzer, zwei Hochseetorpedoboote für die deutsche Marine, zwei Torpedojäger für die griechische Marine, der Passagier- u. Frachtdampfer *KÖNIG WILHELM II.* für die HAL und für den NDL der Schnelldampfer *KRONPRINZESSIN CECILIE.*

Im Maschinenbau wurden außer den Maschinen und Kesseln für die abgelieferten und noch im Bau befindlichen Schiffe und Lokomotiven, fünf Schiffskessel verschiedener Systeme, ein Lokomotivkessel, zwei Schiffsventilationsmaschinen und acht Dampfpumpen gefertigt. Außerdem kamen zahlreiche Lokomotiven zur Ablieferung. Die an die Besteller gelangten Erzeugnisse hatten einen Gesamtwert von 39.512.448 Mark. Die höchste Arbeiterzahl betrug 6.748, die niedrigste 6.164; an Löhnen wurden insgesamt 8.568.066 Mark gezahlt. Abschließend wird bemerkt, dass sowohl im Schiff- als auch im Maschinenbau für das laufende Jahr ausreichende Beschäftigung vorliege. In Arbeit sind am Jahresschluss noch geblieben bzw. neu hinzugekommen: 1 Linienschiff, 1 Turbinenkreuzer sowie 13 Hochsee-Torpedoboote für die deutsche Marine, der Schnelldampfer *GEORGE WASHINGTON* für den NDL, 2 Dampffähren für die königl. Eisenbahn-Direktion Stettin für den Dienst Saßnitz–Trelleborg sowie verschiedene Schiffskessel und eine größere Zahl normalspuriger Lokomotiven.

Der Beschluss des Aufsichtsrats vom 7. April 1908, der Generalversammlung eine Dividende von 14% vorzuschlagen, veranlasste den *Volksboten* einen Tag später zu folgendem Kommentar: »[...] Die Höhe des aus den Arbeiterknochen herausgepreßten Gewinns wirkt angesichts der gegenwärtigen Aussperrung geradezu aufreizend.«

In der am 15.5.1908 durchgeführten Generalversammlung teilte Direktor Stahl auf die entsprechende Frage eines Aktionärs mit, dass bei einer eventuellen Kapitalerhöhung eine außerordentliche Generalversammlung einberufen würde und dass die bei dieser Gelegenheit von Seiten der Aktionäre, betreffs der neuen Emission geäußerten Wünsche Berücksichtigung finden würden. Hierauf wurde die Bilanz genehmigt. Die nach dem Turnus aus dem Aufsichtsrat ausscheidenden Mitglieder Kommerzienrat Dr.-Ing. Stahl und Geh. Baurat Dr. Rathenau wurden wieder- und an Stelle des verstorbenen Geh. Kommerzienrat Haker, der Präsident der Seeberufsgenossenschaft, Krogmann, Hamburg, neu gewählt.[71]

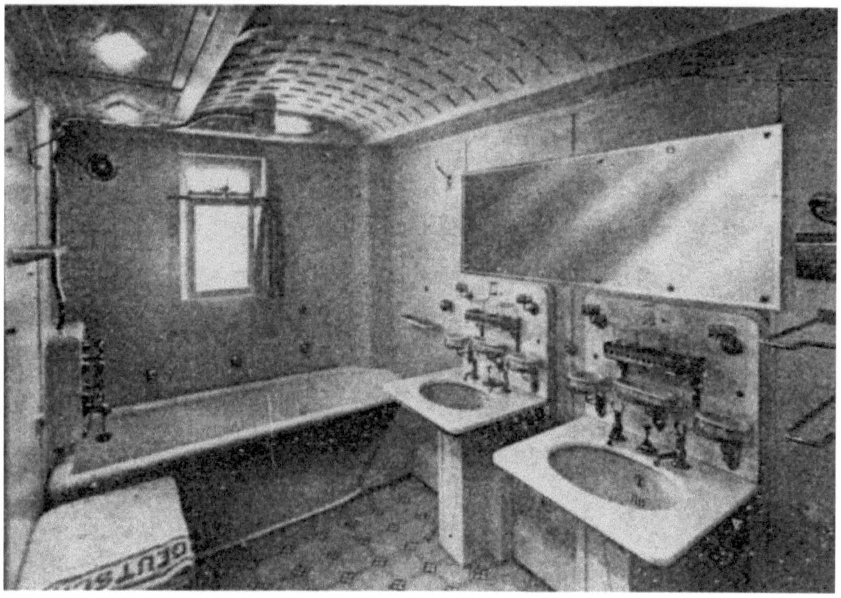

Oben:
KRONPRINZESSIN CECILIE,
Kaiserkabine
[aus: Lloyd-Zeitung, 1909]

Unten:
KRONPRINZESSIN CEZILIE,
Bad einer Kaiserkabine
[aus: Lloyd-Zeitung, 1909]

Ein Nieterstreik legt das Werk still

Die folgenden Ausführungen sind ein exemplarisches Beispiel dafür, wie zu Beginn des 20. Jahrhunderts auf den Werftbetrieben Arbeitskämpfe geführt wurden. Am Abend des 18.7.1908 sah sich die Direktion genötigt, das gesamte Werk stillzulegen. Durch das Fehlen der Nietarbeiten waren sowohl alle Arbeitsdispositionen auf der Werft gestört wie auch die nichtstreikenden Abteilungen an einem

Rechts:
Die Vulcanstraße, Oberhof und Unterhof trennend, an einem Feierabend 1906. [aus: 50 Jahre Schiffbau, 1857–1907 ..., Jubiläumsschrift des Vulcan]

rationellen Weiterarbeiten gehindert worden. Der Betrieb ruhte dann einen ganzen Monat.

Die mögliche Betriebsstilllegung war von der Direktion am 17.7.1908 im Betrieb in einer Bekanntmachung per Aushang mitgeteilt worden: »517 Nieter der Werft sind gestern Abend gemäß § 10 Absatz 1 der Arbeitsordnung bestellt worden, nach Feierabend 1 1/2 Stunden Überzeit [von 5 1/2 bis 7 Uhr] zu arbeiten, eine große Anzahl derselben ist ohne Urlaub dieser Anordnung nicht nachgekommen und hat damit gegen die Arbeitsordnung verstoßen. Wenn die zu Überzeitarbeit bestellten Nieter, heute abend wieder um 5 1/2 Uhr ohne Urlaub die Arbeitsstelle verlassen, sind wir gezwungen, nicht nur wegen Zuwiderhandlung gegen die Arbeitsordnung Nieter zu entlassen, sondern wir sind genötigt, den gesamten Betrieb der Schiffswerft wie der Maschinenfabrik am Sonnabend Abend, den 18.7.1908 einzustellen und das Werk zu schließen. Durch den Nieterstreik im März und Mai d. Js. sind sämtliche Nietarbeiten derart in Rückstand gekommen, daß es, um das Versäumte nachzuholen, unbedingt notwendig ist, daß die Nieterkolonnen in Überzeit arbeiten. Die fehlende Nietarbeit behindert das geordnete Fortarbeiten sämtlicher anderen Gewerke und macht eine erneute Störung in der Nietarbeit, das weiterarbeiten der anderen Gewerke ebenfalls unmöglich. Wir schließen aus diesem Grunde, wie oben bereits gesagt, morgen die Fabrik, wenn die Nieter den auf Grund der Arbeitsordnung getroffenen Anordnungen nicht Folge leisten.«[72]

Da die Aufforderung ignoriert wurde, kam es zur angedrohte Maßnahme, womit ab sofort etwa 8.000 Leute ohne Arbeit und damit auch ohne Einkommen waren. Am 28.7.1908 wird bekannt: »In den gestern Abend stattgehabten Verhandlungen zwischen der Direktion [...], dem Arbeiterausschuß und der Nieterkommission, erklärten sich letztere bereit, den Vorschlag der Direktion, daß alle Nieter bis inklusive Oktober, dem Ablauf des D. GEORGE WASHINGTON, an vier Abenden in der Woche je 1 1/2 Stunden nach Schluß der normalen Arbeitszeit zu arbeiten, zur Annahme zu empfehlen. Andere Wünsche der Arbeiterschaft wurden von der Direktion teils bewilligt, teils abgelehnt. Sobald die Nieter sich mit den Bedingungen der Direktion [...] einverstanden erklären, wird der Betrieb [...] wieder aufgenommen.«[73]

Dass die Nieter darauf nicht eingegangen waren, ist einem Flugblatt der Arbeitnehmerorganisation an die Ausgesperrten von Anfang August mit einigen interessanten Einzelheiten zu entnehmen: »Die Aussperrung [...] geschah, weil die Nieter in begreiflicher Erregung über die Art und Weise der Verhandlung mit der Direktion die Überstunden einen Tag verweigerten. Die Plötzlichkeit der Aussperrung machte es den Organisationsvertretern unmöglich, einzugreifen; daher hatten die Nieter die Sympathie der Öffentlichkeit und bis jetzt auch die Unterstützung der Organisation.« Während der Verhandlungen stellten die Nieter dann Forderungen, die über die Ursache der Aussperrung weit hinausgingen. Vor der Aussperrung war von den Nietern nur die Regelung der Überstunden verlangt worden, was von der Direktion erfüllt wurde, welche auch die Regelung der schlecht bezahlten Akkorde zugesichert hatte. Damit war die Ursache der Aussperrung beseitigt. In einer ganzen Reihe von Sitzungen und Versammlungen hatten die Arbeitnehmervertreter erklärt und auch entsprechende Beschlüsse gefasst, dass alles, was über die Überstundenregelung hinausgeht, als Wunsch der Direktion unterbreitet werden kann, aber in keinem Fall eine Erweiterung des Streiks wegen Nichtbewilligung nach sich ziehen darf.

Die Nieter lehnten es aber ab, ihre Forderungen zurückzuziehen, obwohl auch eine Konferenz der Vertrauensleute aller freien Gewerkschaften mit 63 gegen 10 Stimmen sie dazu aufforderten. Damit hatten die Nieter aus der Aussperrung einen Angriffsstreik gemacht, der von den Gewerkschaftsvorständen auf keinen Fall genehmigt werden konnte, denn die Nieterforderungen verstießen gegen Abmachungen mit der Gruppe Deutscher Seeschiffswerften vom 4.5.1907. Hinzu kam noch der sehr schwer wiegende Umstand, dass die Unternehmergruppe der Seeschiffswerften und der Verband der Pommerschen Eisenindustriellen aus Solidaritätsgründen ab dem 12.8.1908 bei allen Werften und Betrieben 60% ihrer Arbeiterschaft aussperren wollten. Damit wären zu den zur Zeit betroffenen 7.000 Arbeitern geschätzte 42.000 weitere hinzugekommen.

»Die unterzeichneten Organisationsleiter müssen es ablehnen, wegen eines vollkommen aussichtslosen Kampfes weitere 45.000 Menschen brotlos zu machen.« Mit dieser Begründung war der Beschluss gefasst worden, »den Nietern die Unterstützung zu entziehen und den Angriffsstreik [...] unsererseits für nicht bestehend zu erklären.« Wie die Arbeitgeberseite hierauf reagierte, macht die Stellungnahme deutlich, welche der stellvertretende Vorsitzende des Gesamtverbandes Deutscher Metallindustrieller, Kommerzienrat Joh. A. Menck, dem *Berliner Börsen-Courier* geschickt hatte, die gemeinsam mit dem Flugblatt am 10.8.1908 von der Zeitung veröffentlicht worden ist:

»Die Erklärung der Gewerkschaften gegen die streikenden Nieter [...] soll den Anschein erwe-

VULCAN

Stettin, 18. Juli. (W. T. B.) Die Direktion der Stettiner Maschinenbau-Aktiengesellschaft Vulcan sieht sich genötigt, das Werk von heute Abend an so lange zu schließen, bis die Nieter der an sie gestellten Forderung, $1^1/_2$ Stunde Überarbeit (von $5^1/_2$ bis 7 Uhr) zu leisten, entsprechen. Von der Maßregel werden die gesamten Arbeiter, beinahe 8000, betroffen.

In der Abend-Ausgabe des *Berliner Börsen-Courier*, Sonntag, 18.7.1908

cken, daß die ausgesperrten Arbeiter alles in ihren Kräften stehende getan haben, den Streik abzuwenden. Demgegenüber gestatte ich mir, den Sachverhalt wie folgt klarzustellen: Durch den Sekretär des Verbandes der Eisenindustrie Hamburg, Thielkow, mit welchem ein Beamter des Metallarbeiterverbandes Fühlung genommen hatte, ging mir bereits am 6. August vormittags die Mitteilung von der beabsichtigten Stellungnahme der Gewerkschaften zu, und ich teilte darauf Herrn Thielkow mit, daß es anzuerkennen wäre, wenn die Gewerkschaften derartig Stellung nehmen würden, daß deshalb aber die teils schon beschlossenen, teils in Vorbereitung befindlichen weiteren Aussperrungen zur Unterstützung des Vulcan nicht unterbleiben könnten, wenn den Worten nicht auch Taten folgen würden. Als notwendige erforderliche Maßnahmen bezeichnete ich die Stellung freiwilliger Ersatznieter aus den Reihen der ausgesperrten Arbeiter des Vulcan, […] da der Vulcan die Arbeit nicht aufnehmen kann ohne ausreichende Nieter.«

Als mögliche Ersatznieter hatte Kommerzienrat Menck die beim Vulcan ausgesperrten Schmiede, Kesselschmiede, Eisenschiffbauer usw. genannt und auch nicht unerwähnt gelassen, dass diese anfangs wohl nicht die Leistung der streikenden Nieter erreichen werden, aber das würde sich »mit einigem guten Willen von Tag zu Tag bessern und außerdem würden in nicht langer Zeit sich berufsmäßige Nieter einfinden, die die freiwilligen Nieter ablösen könnten.« Dieses hatte der Sekretär Thielkow am selben Tag dem Beamten der Gewerkschaft mitgeteilt und von diesem gehört, daß man hoffe, die Nieter zur Arbeitsaufnahme bewegen zu können. Abschließend stellt der Arbeitgebervertreter fest, »daß es in der Hand der Arbeiterschaft liegt, die Aussperrung beim Vulcan und die weiteren Aussperrungen dadurch aufzuheben, daß sie nicht nur in Worten, sondern auch in Taten Stellung gegen die streikenden Nieter nehmen. Will die Arbeiterschaft sich zu der Tat nicht entschließen, so ist es klar, daß sie die […] Nieter indirekt unterstützt und daß die Erklärung der Gewerkschaft gegen die Nieter keinen anderen Zweck hatte als den, die öffentliche Meinung bei den bevorstehenden großen Aussperrungen auf die Seite der Arbeiter zu ziehen.«

Die von der Vereinigung der Eisenindustriellen Stettins beschlossene Arbeiteraussperrung war am 8. August vollzogen worden, indem 11 Werke von den bei ihnen beschäftigten 4.000 Arbeitern 60%, also 2.400 nach Hause schickten. »Die […] betroffenen Arbeiter nahmen die entsprechende Mitteilung ruhig entgegen.« Die Eisenindustriellen Stettins hatten beim Gesamtverband dieser Vereinigung den Antrag gestellt, falls die bisherigen Maßnahmen wirkungslos bleiben sollten, eine Gesamtaussperrung aller angehörenden Betriebe vorzunehmen, die etwa 300.000 Arbeiter betroffen hätte.[74] Eine Versammlung der streikenden Nieter am 10. August, auf der es, wie berichtet wird, zum Teil recht stürmisch zuging, sprach sich bei einer Abstimmung mit 827 zu 65 Stimmen für eine Streikfortsetzung aus. Damit hatten sich die Friedensaussichten wieder verschlechtert, wie die Direktion des Vulcan und auch die Gewerkschaftsführer meinten. Schulz vom Metallarbeiterverband in Hamburg und Reichel aus Stuttgart, die am 11. August das Abstimmungsresultat der Vulcandirektion übermittelten, hatten darum gebeten, die angekündigten Massenaussperrungen um einige Tage zu verschieben, »da noch Hoffnung vorhanden sei«, daß die Nieter, den Vorschlägen der Gewerkschaft folgend, die Arbeit wieder aufnehmen würden. Eine entsprechende Zusage konnte die Direktion allerdings nicht machen, da diese Entscheidung allein bei der Gruppe der Seeschiffswerften liege. Diese hatte daraufhin unverzüglich eine Sitzung nach Hamburg einberufen und am 12. August einen aufschiebenden Beschluss gefasst. Entscheidend hierzu beigetragen hatte wohl die Mitteilung des Arbeiterauschusses des Vulcan an die Direktion, dass der Streik der Nieter für beendet erklärt sei und er die Arbeitsaufnahme beantrage. Um dies zu ermöglichen, hatte der Verband der Seeschiffswerften beschlossen: »Der Vulcan eröffnet versuchsweise am Freitag, dem 14. August, den Betrieb mit einem Drittel seiner Leute, schließt ihn aber wieder am Dienstag, dem 18. August, abends, falls die Nieter bis dahin die Arbeit nicht in ausreichendem Umfange wieder aufgenommen haben.«

Die Betriebseinschränkung mit Massenaussperrungen war bis Mittwoch, den 19. August verschoben worden. Den Vorschlag zu dieser Beschlussfassung hatte Kommerzienrat Menck gemacht. Die am 13. August im Stettiner Volksgarten tagende Nieterversammlung, die im Verlauf als sehr stürmisch geschildert wird, lehnte einstimmig die

Wiederaufnahme der Arbeit ab. Der 2. Vorsitzende des Metallarbeiterverbandes, Schulz, hatte sich alle erdenkliche Mühe gegeben, der Versammlung begreiflich zu machen, dass die Organisationsleitung gemäß der Statuten zur Aufhebung des Nieterstreiks verpflichtet sei und somit auf Streikunterstützung weiterhin nicht zu rechnen ist. Ebenso müsse er bestimmt erklären, dass damit die Nieter, die ihre Arbeit wieder aufnehmen, keine Streikbrecher seien. Diese Ausführungen sind ständig von Zwischenrufen unterbrochen worden, alle Diskussionsredner ergingen sich in den heftigsten Ausfällen gegen die Organisationsleitung. Die schroffe Haltung der Nieter wird damit erklärt, daß diese sich von den Gewerkschaftsführern hintergangen fühlten. Hinzu kam, dass zwischen den Metallarbeitern und den Stettiner Nietern bereits seit Jahren große Spannungen bestanden.

Unter dem auf Grund der Gewerkschaftserklärung am Freitag versuchsweise wieder zugelassenen Drittel der Arbeiterschaft, etwa 2.000 Mann, waren lediglich etwa 80 nicht organisierte Nieter. Am 15. August war dann der Direktion von der Nieterkommission mitgeteilt worden, dass die Arbeitsaufnahme für Montag, den 17. August beschlossen worden sei. Dieser Beschluss war in einer Versammlung am Morgen des 15. August mit großer Mehrheit gefasst worden. Die Direktion teilte darauf hin mit, daß der volle Betrieb am Dienstag wieder aufgenommen werde, wenn die Nieter in ausreichender Anzahl sich zur Arbeit melden. Die Verwaltung wollte gleichzeitig darauf hinzuwirken versuchen, dass die Stettiner Metallindustriellen am Dienstag ihre Betriebsbeschränkung aufheben und die Gruppe der Deutschen Seeschiffswerften, bzw. der Gesamtverband Deutscher Metallindustrieller seine Beschlüsse außer Kraft setzt.

Mitte August hatten sich die Nieter dann besonnen und sich nahezu vollzählig mit 618 Mann wieder zur Arbeit gemeldet. Damit konnte der volle Betrieb wieder aufgenommen und die Betriebseinschränkung der Stettiner Eisenindustriellen aufgehoben werden. Diese Vorgänge waren 1909 für die Gewerkschaft der direkte Anlass zur Gründung einer »Zentral-Werft-Kommission«, deren Hauptaufgabe es war, zu allen Vorgängen auf den Werften Stellung zu nehmen, die zu einem Arbeitskonflikt führen könnten. Sie setzte sich aus allen auf den Werften tätigen Arbeitergruppen zusammen. Nur wenn eine Einigung mit den Unternehmern ausgeschlossen erschien, sollte eine Konferenz der Vorstände der Einzelorganisationen einberufen werden. Ihre Beschlüsse waren endgültig und für alle Arbeiterkategorien bindend. Es sollte so künftig unmöglich sein, dass eine einzelne Arbeitergruppe Beschlüsse fasst, Streiks beginnt usw., die eine Aussperrung Nichtbeteiligter Gruppen zur Folge haben könnten.[75]

Wegen der Einführung von Tarifverträgen in der Schiffbauindustrie hatte sich der Verein deutscher Schiffswerften in einer längeren »wohlbegründeten« Eingabe an den Reichskanzler gewandt. Anlass dazu war die am 30.1.1908 angenommene Resolution der Budgetkommission des Reichstages, den Reichskanzler zu ersuchen, Arbeiten für die Marineverwaltung nur an solche Firmen zu vergeben, welche in Beziehung auf die Arbeitsbedingungen die gesetzlichen Vorschriften einhalten und, falls Tarifverträge für die betreffende Art der Arbeit am Ort des Betriebes gelten, nicht hinter deren Bestimmungen zurückbleiben. Die Auffassung des Vereins deutscher Schiffswerften kommt besonders im Schlusssatz der Eingabe deutlich zum Ausdruck. Nämlich: »Für die Tarifverträge hat man angeführt, daß sie Werkzeuge des sozialen Friedens und geeignet wären, zur Beendigung der andauernden Lohnkämpfe und zur Versöhnung der Gegensätze zwischen den Arbeitgebern und ihren Arbeitern beizutragen. Dieser Auffassung vermögen wir nicht beizupflichten. Wie nicht nur von den Arbeitgebern behauptet, sondern auch von sozialdemokratischer Seite selbst unumwunden zugegeben wird, vermögen Tarifverträge den Kampfcharakter der Gewerkschaften nicht abzuschwächen. Im Gegenteil! Die Kämpfe werden vielleicht seltener werden, aber um so heftiger sich gestalten, wie die gegenwärtigen Arbeitswirren im Schiffbau Englands beweisen.«[76] In der 92. Sitzung des Reichstages am 1.2.1908, gelegentlich der Beratung des Marineetats, war die vorgeschlagene Resolution von einer großen Mehrheit der Parteien angenommen worden.

Die von dem Verein Deutscher Schiffswerften in Berlin von April bis Oktober 1908 in den Räumen des neuen Ausstellungsgebäudes am Zoologischen Garten veranstaltete Deutsche Schiffbau-Ausstellung, bot ein umfassendes und übersichtliches Bild des damaligen Standes des deutschen Schiffbaues. In der Ausstellung, deren Leitung der Vorsitzende der Schiffbautechnischen Gesellschaft, Geheimer Regierungsrat Professor C. Busley hatte, waren neben Modellen von Schiffen, Booten, Häfen, Docks, Werften und Werkstätten, Schiffsmaschinen, Schiffskessel, Hilfsmaschinen und Schrauben, Kajüt- und Saloneinrichtungen, Schiffsausrüstungen, usw., auch Marineliteratur und Seekarten zur Schau gestellt. Kaiser Wilhelm II. hatte angeordnet, dass sämtliche silbernen Schiffsmodelle, welche ihm von einer Reihe wissenschaftlicher, wirtschaftlicher und sportlicher Vereinigungen zur

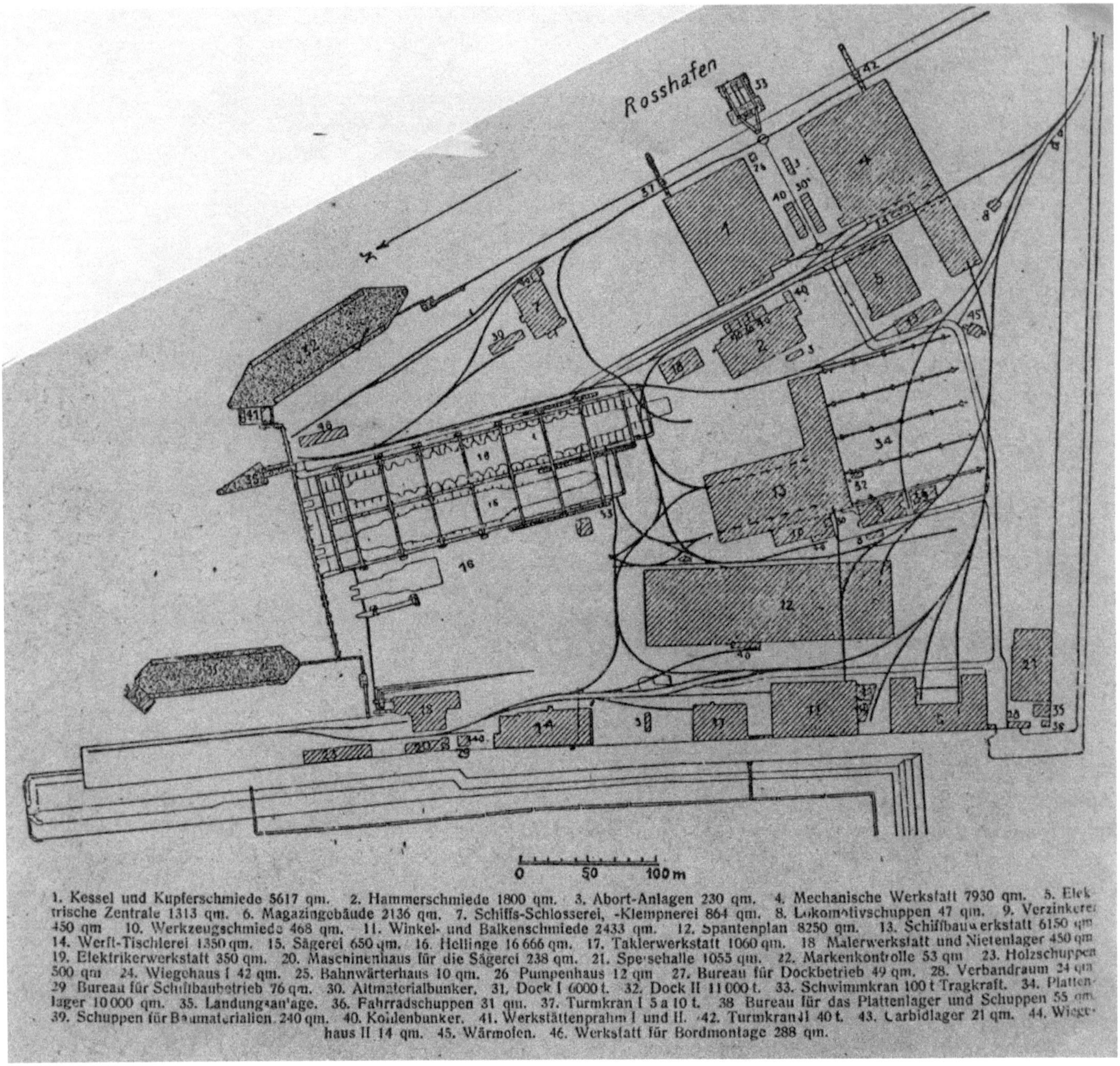

Lageplan der Werftanlage in Hamburg [aus: Schiffbau, Nr.11, 13.3.1912]

Silberhochzeit überreicht worden sind, ebenfalls ausgestellt werden. Unter den Ausstellern waren 30 Privat- und 3 Kaiserliche Werften, die großen Reedereien, das RMA, das Institut für Meereskunde, so wie alle mit dem Schiffbau und dem Seewesen zusammenhängenden Industrien. Der Vulcan war neben den oben bereits genannten Stücken auf seinem Stand u.a. mit der Kücheneinrichtung für den *D. GEORGE WASHINGTON* vertreten, hergestellt von dem Hoflieferanten A. Bertuch und der Firma Becker & Ulmann, beide Berlin, auch ein Modell des 150 t Scheerenkran war zu sehen.[77]

Zur Lage der Schiffsbauindustrie hatte man aus Fachkreisen dem *Berliner Börsen-Courier* im Januar 1909 geschrieben: »Eine maßgebende Besserung macht sich in der Schiffsbau-Industrie bereits bemerkbar. Allerdings ziehen hiervon vorläufig erst die größten Werften, insbesondere Hamburg, Nutzen. Die Zunahme der Aufträge […] darf nicht verallgemeinert werden, besonders, da an anderen Orten nicht in gleich großer Anzahl Reparaturarbeiten vorkommen. Da der Schiffsfrachtenmark sich, wenn auch erst in ganz bescheidenem Maße, zu bessern beginnt und da ferner das Zwischendeckpassagegeschäft einen, sogar überraschend kräftigen Aufschwung nimmt, so verringert sich die Zahl der aus der Fahrt gezogenen Schiffe allmählich und die vor Wiedereinstellung in den

Dienst erforderlich werdenden Aufbesserungsarbeiten tragen zur Berechtigung besserer Hoffnungen für die Werftunternehmen bei. Es darf freilich nicht erwartet werden, dass die Zahl der Aufträge auf Neubauten bald wieder beträchtlich werde. Denn es schwimmt noch zu viel Material [...] auf allen Meeren, dessen nutzbringende Beschäftigung den größten Schwierigkeiten begegnet, und die Verluste. [...] legen denn doch der Unternehmenslust in der Schiffahrt kräftige Zügel an. Außerdem versuchen zahlreiche Firmen, die das Reedereigeschäft bisher ohne eigene Schiffe betrieben, ältere Schiffe anzukaufen, da sie die hohen Kosten heutiger Neubauten scheuen. Andererseits stellen die Werften die Preise derart, daß ihnen nur ein äußerst geringer Gewinn bleiben kann; ja, einzelne [...] verzichten auf jeden Gewinn und sind froh, wenn sie bei Neubauten die Selbstkosten gerade decken. Allgemein besteht die Überzeugung, daß so billig wie jetzt, neue Schiffe in absehbarer Zeit nicht mehr zu haben sein werden.«[78]

Der Geschäftsbericht über 1908 enthält eingangs die Feststellung, »daß die ungünstigen Verhältnisse mit denen die Gesellschaft seit mehreren Jahren zu kämpfen hat, immer schwieriger sich gestaltende Arbeiterverhältnisse und das Fehlen neuer Aufträge zu lohnenden Preisen, eine Schärfe angenommen hatten, die das Gewinnergebnis von 1908 erheblich beeinflußt. [...] Die ungünstige Preistendenz für Schiffsneubauten hat sich im verflossen Jahre noch verschärft. Die Zahl der Werften welche Großschiffbau betreibt, konnte in Anbetracht des immerhin nur beschränkten Absatzkreises bereits groß genannt werden; neuerdings sind nun noch zwei weitere deutsche Werften in den Wettbewerb um große Kriegs- und Handelsschiffe eingetreten und von diesen ist in offenbarer Unkenntnis der mit solchen Bauten verbundenen Selbstkosten, für Schlachtschiffe zu Preisen submittiert worden, welche die Preisentwicklung auch dieser Objekte auf ein Niveau drücken, daß der Schiffbauindustrie die an sich schon schweren Zeiten noch fühlbarer macht. Diese gegenwärtig wenig befriedigenden Aussichten für die Übernahme von Schiffsneubauten lassen die Gesellschaft hoffen, daß ihre demnächst in Betrieb kommende Hamburger Werft durch Teilnahme an dem dort laufend vorliegenden Reparaturgeschäft sich für das gesamte Unternehmen zu einer Stütze herausbilden wird. Eine Dotierung der Beamtenpensionskasse ist auch in diesem Jahre nicht vorgesehen, da die Zuwendungen der früheren Jahre zur Schenkungssteuer herangezogen werden sollen. Die Verwaltung wird Zuwendungen dieser Art so lange aussetzen, bis durch richterliches Urteil festgestellt ist, ob der vom Stempelsteueramt Stettin erhobene Anspruch zu Recht besteht.«

An größeren Objekten waren 1908 im Schiffbau fertig gestellt bzw. inzwischen abgeliefert worden: 10 Hochsee-Torpedoboote für die deutsche Marine, 2 Torpedojäger für die griechische Marine; im Maschinenbau außer den Maschinen und Kesseln für die abgelieferten und noch im Bau befindlichen Schiffe und Lokomotiven: 8 Schiffs-

Ansicht der Werftanlage in Hamburg [aus: Werbeschrift der Deschimag, 1930]

kessel verschiedener Systeme, 8 Dampfpumpen, 1 Schlick'scher Schiffskreisel für den D. SILVANA, 2 Torsionsindikatoren System Dr. Föttinger und über 100 Lokomotiven.

In Arbeit befindlich waren noch geblieben bzw. neu hinzugekommen: 1 Linienschiff, 1 Turbinenkreuzer und 9 Hochsee-Torpedoboote mit Turbinen für die deutsche Marine, die Dampffähren *DEUTSCHLAND* (4) und *PREUSSEN* (4) für den Dienst Saßnitz–Trelleborg, der Schnelldampfer *GEORGE WASHINGTON* für den NDL, 2 Schiffsturbinenanlagen für ein Torpedoboot der schwedischen Marine sowie verschiedene Schiffskessel, außerdem zahlreiche normalspurige Lokomotiven.

Zur Ablieferung gelangten 1908 Erzeugnisse im Gesamtwert von 24.318.161 Mark. Die höchste Arbeiterzahl betrug 8.266, die niedrigste 6.811; an Löhnen sind insgesamt 9.260.085 Mk. gezahlt worden. Der Gewinn auf Fabrikationskonto betrug 2.782.823 Mk., hinzu kamen noch für Zinsen und Nebeneinnahmen 664.683 Mk. Die Abschreibungen betrugen 1.461.968 Mk. und Rückstellungen auf das Interimskonto der Hamburger Niederlassung 437.175 Mk. Für den verbleibenden Reingewinn von 1.547.622 Mk. war folgende Verteilung vorgesehen: 12% Dividende = 120.000 M., Reservebaufonds 4.268 M., Assekuranzfonds 100.000 M., Unterstützungsfonds 75.000 Mk., Ausstellungs- und Versuchskonto 55.000 Mk., Dotationen 24.464 Mk. und Tantiemen 88.888 Mk. In der Bilanz erscheinen fertige und in Arbeit befindliche Gegenstände mit 18.257.001 Mk., die Hamburger Niederlassung neu mit 8.700.003 Mk., die Stettiner Anlage wurde mit 6.140.000 Mk. bewertet.[79]

In der am 28.5.1909 stattgefundenen Generalversammlung machte Direktor Flohr [...] u.a. folgende Mitteilungen über die Hamburger Werftanlagen: »Der Bau ist derart vorgeschritten, daß er am 1. Juli seinen Abschluß erreichen wird. Zunächst werden [...] in der Hauptsache Reparaturen ausgeführt werden müssen, weil die Konjunktur nicht günstig liegt. Die Direktion ist nach allen Richtungen hin bestrebt, neue Aufträge hereinzuholen. Ob entsprechende Verhandlungen Erfolg haben werden, ist wegen der großen Konkurrenz nicht sicher. Das große Schwimmdock ist von Stettin nach Hamburg verlegt worden und in 3–4 Wochen betriebsfähig. Ferner sind in Flensburg 2 weitere Docks für mittelgroße Schiffe von etwa 6.000 t bestellt, die Anfang nächsten Monats in Hamburg eintreffen werden. Anfang Juli werde also der Vollbetrieb in Hamburg aufgenommen werden können. Es sind bisher [...] nur kleinere Reparaturen für fremde Rechnung ausgeführt worden, doch steht zu erwarten, daß in Zukunft das Geschäft sich befriedigend entwickeln wird.«

Für Stettin war ein 5.000 t Dock beschafft worden, das größer sei als die Docks der anderen Stettiner Werften und auf Grund der Erfahrungen den Bedürfnissen der Ostsee völlig genüge. Eine weitere Frage [...] wurde dahingehend beantwortet, dass sich das für die Hamburger Anlage erforderliche Kapitalbedürfnis noch nicht übersehen lasse, die bisherigen Aufwendungen seien aus liquiden Mitteln bestritten worden. Hierauf wurde die Bilanz genehmigt und Entlastung erteilt. Die nach dem Turnus ausscheidenden Aufsichtsratsmitglieder sind durch Zuruf wiedergewählt worden.[80] Das genannte 5.000 t Dock für Stettin, bestehend aus 2 unterschiedlich großen Hälften, war von der Flensburger Schiffbau-Gesellschaft gebaut und vom 12. bis 14.5.1909 in zwei Schleppzügen zur Werft gebracht worden. Nachdem am 15. Mai der Liegeplatz freigemacht und die Verkuppelung beider Hälften erfolgt war, wurde die ganze Anlage gegenüber der Werft festgemacht. »Am 17. d. M. konnte als erstes Schiff der D. ›Pommern‹ aufgenommen werden. Die Hauptdimensionen ... sind: Länge 418' 1", Breite 84' 1/2", Tiefe 8' 8 1/2". Lichte Weite zwischen den Rollfendern ca. 55', größter zulässiger Tiefgang des Schiffes 17', Hebezeit 1 1/2 Stunden. Die beiden Dockabteilungen können einzeln oder gemeinsam eingesetzt werden. Die kleinere besteht aus 3, die größere aus 4 Pontons, die Seitenkasten sind durchlaufend über diese errichtet. Jede Abteilung hat ihre eigene Kessel-, Maschinen- und Pumpenanlage, die größere außerdem 1 Dampfdynamo- sowie eine Luft-Kompressor-Anlage. Die Zentrifugalpumpen sind Fabrikate einer bewährten Dockpumpenfirma, die Maschinen Compoundmaschinen neuester liegender Konstruktion.«[81]

Die Namensänderungen des Vulcan und die Hamburger Niederlassung

Im »Adressbuch Stettin und Umgebung 1909« – Stand 1908 – wird der Vulcan im Handelsregister mit folgenden Angaben geführt: »Stettiner Maschinenbau Actien-Gesellschaft ›Vulcan‹, 22, Stammkap. 10.000.000 Mk., Vulkanstr. 25. T. Vorstandsmitglieder: Königl. Baurat Robert Zimmermann, Königl. Baurat Justus Flohr, Oberingenieur Dr. Gustav Bauer, Oberingenieur Louis Schwartz, Kaufmann Paul Stahl u. Oberingenieur Gustav Fliege. Prok. Kaufmann Julius Erler u. Kaufmann Franz Wallwitz. Es zeichnen zwei Vorstandsmitgl. oder ein Vorstandsmitgl. u. ein Prok. oder ein Stellvertr. d. Vorstandsmitgl. und ein Prok. ge-

Hellinganlage in Hamburg um 1912 [Slg. Schulz]

meinschaftlich. Nach Beendigung des Baustadiums der Hamburger Niederlassung am 1.7.1909 lautete die Eintragung in das dortige Handelsregister u.a.: »Das Grundkapital der Gesellschaft beträgt 10.000.000 Mark, eingeteilt in 4.000 Aktien zu je 600 Mk. und 7.600 Aktien zu 1.000 Mk. Die Aktien lauten auf Inhaber. Der Vorstand besteht aus: R.(obert) Zimmermann, Königl. Baurat; J.(ustus) Flohr, Königl. Baurat; Dr. Gustav Bauer, Oberingenieur; Louis Schwarz, Oberingenieur; Paul Stahl, Kaufmann; Gustav Fliege, Oberingenieur; Franz Wallwitz, Kaufmann, sämtlich zu Stettin. Prokuristen der Haupt- und Niederlassung sind: Karl Trappen und Ludwig Erler, beide zu Stettin.« Der Firmenname Stettiner Maschinenbau-Actiengesellschaft Vulcan, Stettin-Bredow, erhielt den Zusatz: »und Zweigniederlassung Hamburg«. [82]

Aus Anlass der Betriebseröffnung hatte der Zweigbetrieb als Betriebsbeschreibung einen kleinen illustrierten Prospekt in deutscher, englischer und französischer Sprache in Auftrag gegeben, als dessen Verfasser E. G. vom Hoeft genannt wird. Daraus hatte *Hansa* in der Ausgabe des 46. Jg., 4.9.1909, folgendes mitgeteilt: »Die Anlage liegt auf der Halbinsel Roß, südlich von den neuen Kuhwärder-Hafenanlagen. Am Haupteingang befindet sich das Hauptverwaltungsgebäude, ein mehrstöckiger Bau mit einer Grundfläche von 1.624 qm, in welchem sich die technischen und kaufmännischen Büros sowie der Modellsaal usw. befinden. Daran schließt sich die Panzerwerkstatt von 2.340 qm an, welche mit schweren Kranen und großen Werkzeugmaschinen zur Bearbeitung von Panzerplatten, Hintersteven und ähnlichen schweren Teilen ausgestattet ist. Als nächstes erreichen wir die Schiffbauschmiede von 2.250 qm Grundfläche, an diese stößt die Modelltischlerei, ein dreistöckiges Gebäude von 1.008 qm Fläche. An der Westgrenze des Terrains liegt das Hauptmagazin von 2.136 qm mit Büroräumen für Beamte des Werkes und Baubeaufsichtigende. Daran schließt sich die Winkel- und Balkenschmiede an in einer Größe von 4.332 qm und an diese wiederum die Taklerei und Zimmerei. Daneben befindet sich die Werfttischlerei, ein vierstöckiges Gebäude von 2.370 qm, in dem alle Möbel und sonstigen Gegenstände für den Innenausbau hergestellt werden und die angrenzende Sägerei. An der Nordgrenze sind die Hellinge errichtet, deren Basis eine große eisenarmierte Betonsohle ist, über welche sich fünfzig Meter hohe eiserne Gerüste erheben. In den Helligen Nr I, II und III befinden sich je 6 Hebezeuge von je 6 t Hebekraft, die Helling Nr IV hat 8 Hebezeuge von gleicher Stärke. Die Helling I ist vorgesehen für den Bau von Schiffen mit einer Länge von 1.000' und einer Breite von 100', die Hellinge II und III für solche von 850' und 100', die Helling IV ist eingerichtet, um die schwersten Panzerschiffe der Zukunft aufzunehmen. Sie gestattet den Bau von Schiffen mit Längen von 720' und 135' Breite.

Neben den Hellingen in der Mitte des Platzes liegt nach Westen hin der Spantenplan mit einer

Fläche von 8.250 qm. Daneben befindet sich die große Werkstatt mit den Maschinen des Schiffbaues, wie Lochwerke, Stanzen etc. in einer Größe von 10.000 qm, am Südende überdacht von dem Schnürboden, mit einer Länge von 100 und einer Breite von 23 m. Unmittelbar vor der Werkstatt liegt das Plattenlager von 10.000 qm. Mittels Kräne wird ein schneller Transport des per Eisenbahn hereinkommenden Materials in die Schiffsbauwerkstätten ermöglicht. Die Werkstätten des Maschinenbaues befinden sich auf der Ostseite. Das am weitesten nach Nordosten liegende Gebäude ist die Schiffsschlosserei. Daran schließt sich die Kessel- und Kupferschmiede in einer Größe von 12.925 qm an. Am Südostende liegt die mechanische Werkstatt mit 13.470 qm, daran anschließend die Werkstatt für den Turbinenbau mit der Prüfstation in einer Gesamtgröße von 3.730 qm. Das nächste Gebäude enthält die Malerwerkstatt und das Nietenlager und südlich davon die Hammerschmiede. Zunächst der Nordwestecke der mechanischen Werkstatt befindet sich die elektrische Zentrale mit den Maschinen zur Erzeugung elektrischer Kraft, Licht, Preßluft, Druckwasser usw.

Die unmittelbar an der Werft liegenden Schwimmdocks, ausgerüstet mit einer eigenen Kraftzentrale, können Schiffe bis zu einem Gewicht von ca. 10.000 t heben und sind mit den modernsten Einrichtungen ausgestattet. Für ein schnelles und sicheres Arbeiten stehen Schwimmkräne und auf den Kais laufende Turmkräne zur Verfügung. Als erster Neubau war ein 35.000 t Schwimmdock für eigene Rechnung auf Stapel gelegt worden. Das ganze Terrain ist von normalspurigen Schienengleisen durchzogen. Die Dockanlagen und der Reparaturbetrieb sind den Bedürfnissen der Schiffahrt entsprechend organisiert und in der Lage, weitgehendsten Anforderungen zu genügen. Wenn auch bei der Betriebseröffnung die vorerwähnten Gebäude noch nicht in vollem Umfang hergestellt waren, so ging der Ausbau so stetig fort, daß das Werk sehr bald in der Lage war, 6.000 Arbeitern Beschäftigung zu geben.« Soweit ein kleiner Rundgang über das 232.000 qm große Gelände. Nach der *Weser-Zeitung,* Ausgabe vom 18.6.1909, waren als erste in die Docks aufzunehmende Schiffe, die Dampfer HAL BARCELONE und PATAGONIA vorgesehen.

Einsetzen von Maschinen mit Kran am Werftkai in Hamburg [aus: Geschichte der Technik, 1923]

Die außerordentliche Generalversammlung am 24.11.1909 war von 42 Aktionären besucht, die ein Aktienkapital von 4.927.800 Mark vertraten. Ohne Erörterung wurde beschlossen, das Kapital um 5 Mill. auf 15 Mill. Mark zu erhöhen. »Die neuen Aktien, die vom 1.1.1910 an der Dividende teilnehmen, werden einem Konsortium unter Führung der Berliner Handels-Gesellschaft zum Kurs von 170% überlassen mit der Maßgabe, daß die neuen Aktien den Aktionären zu demselben Kurs im Verhältnis 2 : 1 zum Bezug angeboten werden. Nach Eintragung der Beschlüsse in das Handelsregister sind 25% des Nominalkapitals und das Agio von 70% zu zahlen. Die Einforderung der weiteren Einzahlung auf die Aktien bleibt dem Vorstand überlassen, doch muß dies bis zum 31.12.1912 geschehen sein. Solange die Aktien nicht vollgezahlt sind, erhalten sie nur den vierten Teil derjenigen Dividende, die auf die alten Aktien entfällt.« Dem Vorstand wurde ferner die Ermächtigung erteilt, eine 4 1/2 % Hypothekenanleihe im Betrag von 10 Mill. Mark aufzunehmen, von der zunächst 5 Mill. Mk. begeben werden. Die Emission der neuen Aktien liefert einen Teil der für die Hamburger Niederlassung gemachten Aufwendungen, der Rest soll über die Hypothekenanleihe gedeckt werden. Die letzte Kapitalerhöhung der Gesellschaft fand durch Beschluss der Generalversammlung vom 16.5.1900 statt, in der die Umwandlung der früheren Prioritäts-Stammaktien in Stammaktien beschlossen worden war. Über die voraussichtlichen Ergebnisse des laufenden Jahres berichtete der Vorstand, dass sie den vorjährigen nicht nachstehen werden, Aufträge in Höhe von 53 Mill. Mk. liegen vor. Wegen weiterer Aufträge seien Verhandlungen im Gange. In den Aufsichtsrat wurden gewählt Bankier Dr. v. Schwabach, Berlin, v. Hollmann, ferner die Herren Kunstmann und Manasse, Stettin.« Staatssekretär a.D. v. Hollmann, welcher auch den Vorsitz im Aufsichtsrat der AEG führte, ist als Nachfolger des verstorbenen Aufsichtsratsvorsitzenden Geh. Kommerzienrat Dr. h.c. Albert Heinrich Schlutow gewählt worden.[83]

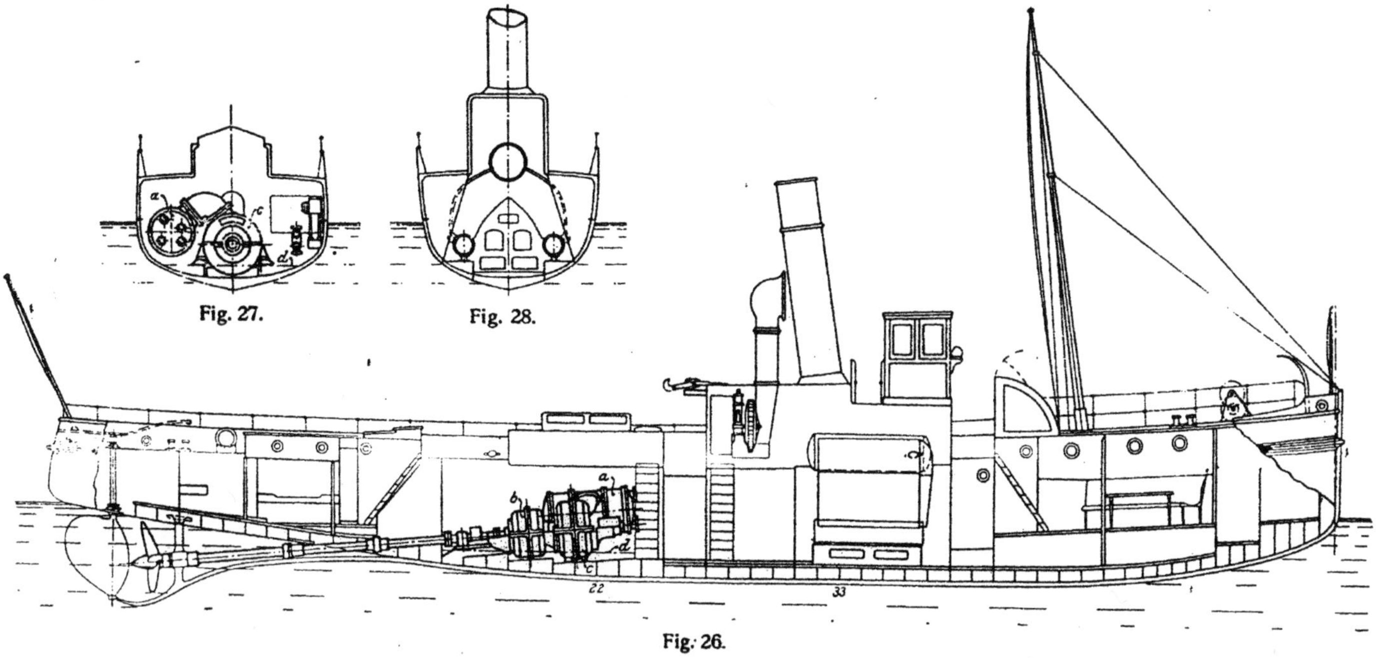
Fig. 27.
Fig. 28.
Fig. 26.

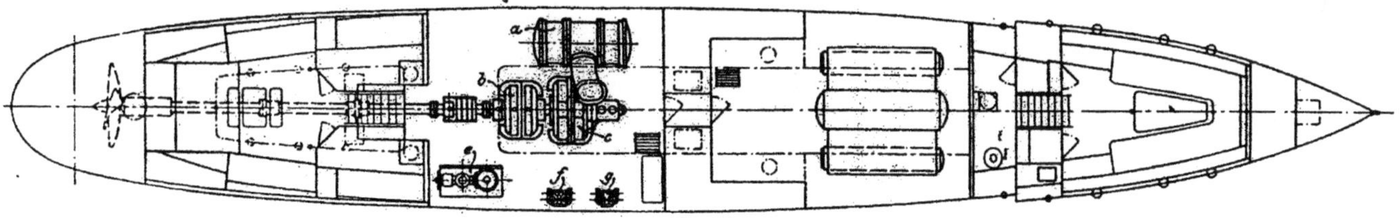
Fig. 25.

Versuchsschiff *FÖTTINGER TRANSFORMATOR*
Fig. 25 Grundriss, Fig. 26 Längsschnitt, Fig. 27 Querschnitt Maschinenraum, Fig. 28 Querschnitt Kesselraum. [aus: Jb. d. STG, 11. Bd. 1910]

Ein kleines Versuchsschiff und der größte Handelsdampfer

Unter den 1909 in Stettin abgelieferten Schiffen befanden sich neben einem kleinen Kreuzer und 3 Torpedobooten mit Turbinenantrieb für die deutsche Marine, 4 Handelsschiffe, von denen *FÖTTINGER TRANSFORMATOR* und *GEORGE WASHINGTON* erneut etwas Herausragendes darstellten. Das erstere Schiff war als Versuchsschiff mit Turbinenantrieb gebaut worden, um eine bahnbrechende Erfindung des Ingenieurs Hermann Föttinger praktisch zu erproben, das zweite zeichnete sich zum einen dadurch aus, dass es am 20.2.1907, dem Gründungstag des NDL und dem Jubiläumsjahr der Werft, dem Vulcan in Auftrag gegeben wurde, zum anderen, weil es das zu damaliger Zeit größte Schiff der deutschen Handelsmarine war und als erstes nichtamerikanisches Schiff den Namen des ersten amerikanischen Präsidenten trug.

Bei der Erfindung handelte es sich um den »Föttinger Transformator«, eine Kombination von Pumpe und Wasserturbine, deren Wirkungsweise darin bestand, auf hydraulischem Wege die Leistung einer schnelllaufenden Turbinenwelle auf die langsamlaufende Schraubenwelle zu übertragen. Die bisher ein starres Ganzes bildende Wellenleitung hatte Föttinger durchtrennt, auf diese Weise zwei Wellenleitungen geschaffen und dazwischen den Transformator gesetzt. Damit arbeiteten Turbine und Schraube voneinander unabhängig mit der jeweils günstigsten Tourenzahl. Die entsprechenden Studien hatte H. Föttinger von 1903 bis 1906 in seiner Freizeit betrieben, deren Ergebnisse in einer Denkschrift zusammengefasst und sie Ende 1906 der Direktion des Vulcan vorgelegt. Diese entschloss sich mit Beginn des Jahres 1907 zum sofortigen Bau eines umsteuerbaren Versuchsmodells, welches die Leistung eines 100 PS-Elektromotors von 1.000 Touren auf eine Welle mit 225 Touren, entsprechend einer Übersetzung von ca. 4,5:1 übertragen sollte. Die Projektierung war dem Dipl.-Ing. Wilhelm Spannhake übertragen worden, an den monatelangen Versuchen unter allen möglichen Betriebs-

Föttinger Transformator von 10 000 PS, Versuchsanlage in der Hamburger Turbinenwerkstatt [aus: Nauticus 1914]

bedingungen, war ebenfalls der Dipl.-Ing. Curt Just beteiligt. Die Versuchsresultate bestätigten in allen Punkten die Berechnungen der Denkschrift. Die Werkstattversuche reichten bis etwa 182 PS, eine höhere Steigerung ließ der Motor nicht zu. Im Versuchsschiff wurden später jedoch mit demselben Transformator durch Vergrößerung der Tourenzahl über 500 PS erreicht.

Infolge der günstigen Versuchsergebnisse bereits bei diesem ersten Versuchsmodell war beschlossen worden, sofort ein kleines, eigens zu erbauendes Versuchsschiff damit auszurüsten, um das Prinzip des neuen Antriebs in der Praxis mit Dampfturbine und Propeller demonstrieren zu können. Natürlich konnte für eine Leistung von nur 100 PS bei 1.000 Touren keine einigermaßen rationelle Dampfturbine entwickelt werden. Es wurde daher die Tourenzahl von 1.000 auf etwa 1750 und damit die Leistung von 100 auf 500 PS gesteigert und mit Rücksicht auf geringe Herstellungskosten eine reine Curtis-Turbine als Antriebsmaschine verwendet. Wegen der kleinen Anlage war statt auf Ökonomie Wert auf die praktische Verwendung des Versuchsschiffes gelegt worden. Es sollte als Transporter, Schlepper, Eisbrecher und als Fährboot zur Beförderung von Gästen usw. zunächst bei der Hamburger Werft eingesetzt werden. Die erreichbare Geschwindigkeit betrug wegen dieser zahlreichen Anforderungen nur 12 bis 13 Knoten. Den Dampf lieferte ein engrohriger Wasserohrkessel von 2,9 qm Rost- und 150 qm Heizfläche mit 17 atü Überdruck. Die Anlage hat sich in der Folgezeit in allen Teilen, zum Teil unter schwierigsten Verhältnissen, praktisch bewährt. Der Stapellauf fand am 31.10.1908 statt. Zur Ehre des Erfinders hatte der Vulcan dem kleinen Schiff den Namen FÖTTINGER TRANSFORMATOR gegeben.[84]

Die Konstruktionsangaben nach dem »Journal« sind: [Bau-]Nr.: 298 / Schiffsart: Werftbarkasse u. Versuchsboot / Antrieb: 1 Schraube mit 3 Flügeln / Anzahl durchl. Decks: 1 / Klasse: Germ. Lloyd / Baujahr u. Bauzeit: 25.6.1908– 14.6.1909 / La: 29,38 m / Lp: 27,75 m / B. a. Spt.: 4,35 m / H: 2,45 m / H1 verteilte Aufbauten: 2,576 m / R T: 2,285 m / Kielhöhe: 0,095 m / L x B: 120,71 / L x B x H u. L x B x CT: 295,74 / L x B x H1: 310,95 / Lp : H: 11,326 / BRTs: 67,29 t / Besatzung: 5 Mann / Gewicht des Schiffskörpers: 47,8 t.

8 Tage nach dem Einbau der Antriebsmaschine fand am 14.6.1909 die günstig verlaufene Probefahrt statt. Das Schiff konnte sofort in See

gehen und legte anstandslos trotz schweren Wetters die Reise durch den Kaiser-Wilhelm-Kanal nach Hamburg zurück, um dort Sr. Majestät dem Kaiser nach einem kurzen Vortrag von Direktor Dr. Bauer vorgeführt zu werden. Kurz darauf erfolgte ebenso anstandslos die Rückreise nach Stettin bei schwerstem Seegang. Später, vermutlich im August 1909, hat das Schiff u.a. den Kl. Kreuzer *MAINZ* von Stettin nach Swinemünde geschleppt.

Um 1909 waren die inzwischen vom Erfinder übernommenen Prinzipien und Details des neuen Systems vom Vulcan durch mehr als dreißig Patentanmeldungen und Patente im In- und Ausland geschützt worden. Der Transformator bewährte sich so, dass die deutsche Marine ihn vielfach einbauen ließ. Als erstes größeres Handelsschiff ist einige Jahre später der Seebäderdampfer KÖNIGIN LUISE [2] mit ihm ausgestattet worden. Am 3.7.1909 hatte der Staatssekretär des RMA, Admiral Alfred von Tirpitz, der Werft einen Besuch abgestattet[85] um dort die Pläne und Zeichnungen der neuen Erfindung des Bürochefs der Hamburger Filiale, Dr. Föttinger, einzusehen.

Über einen weiteren bedeutsamen Schritt in dieser technischen Richtung berichtet *Hansa* in der Ausgabe vom 14.12.1912: »Der ›Föttinger Transformator‹. In dem Prüffeld der Hamburger Niederlassung der Vulcan-Werke ist in den letzten Tagen ein technisches Experiment größten Stils erfolgreich zum Abschluß gelangt, daß das Interesse weitester Kreise erregt hat. Es handelt sich darum, die Verwendbarkeit des sogenannten ›Föttinger Transformators‹ für Schiffsbetrieb mit größten Leistungen nachzuweisen. Der zur Übertragung einer Normalleistung von 7.800 PS konstruierte, für den Antrieb eines großen Dampfers [›*Königin Luise*‹ 2] bestimmte und daher umsteuerbar ausgeführte Transformator, wurde einem Versuch von 14tägiger Dauer in ununterbrochenem Tag- und Nachtbetrieb unter hoher Belastung [bis 10.000 PS] unterworfen. Die während dieser Zeit angestellten, mit wissenschaftlicher Schärfe durchgeführten, eingehenden Beobachtungen und Messungen haben eine außerordentlich ökonomische Ausnutzung des Apparates [einen Wirkungsgrad bis zu 90%] ergeben. Es wurde ferner festgestellt, daß der Transformator mit absoluter Ruhe, Vibrations- und Geräuschlosigkeit arbeitet und daß sich die für den Schiffsantrieb so außerordentlich wichtigen Umsteuerungsmanöver mit erstaunlicher Raschheit und Sicherheit vollzogen. Durch den Transformator ist es möglich, Leistungen bis zu den größten Beträgen von einer Motorwelle [z.B. Dampfturbinenwelle] auf eine zweite – als Fortsetzung der Motorwelle zu denkende – Welle [z.B. Propellerwelle] stoß- und geräuschlos zu übertragen. Das Prinzip der Übertragung beruht auf einem geschickten Ineinanderbau von Pumpen- und Wasserturbinenrädern in einem mit Wasser gefüllten Gehäuse. Die Pumpenräder werden dabei von der Dampfturbine angetrieben, Wasserturbinenräder treiben die Propellerwelle an. Diese Kombination ist in den beiden Abteilungen ein und desselben Gehäuses einmal für den Vorwärtsgang und einmal für den Rückwärtsgang derselben ausgeführt. Das Umsteuern geschieht in der Weise, daß das Wasser vermittels geeigneter Steuerschieber aus der Abteilung für Vorwärtsgang in diejenige für Rückwärtsgang geleitet wird.«

Eine vorangegangene Erfindung von Hermann Föttinger war der Torsionsindikator. Während man bei Dampfmaschinen die Leistung durch Indizieren ziemlich genau messen konnte, war das bei Turbinenantrieben nicht möglich. Hermann Föttinger konstruierte daher einen Torsionsindikator zur direkten Messung der Leistung. Auf eine Laufwelle gesetzt, konnte die Leistung nunmehr kontinuierlich gemessen werden. Berühmt wurde Dr. Föttinger allerdings erst durch die Erfindung des hydraulischen Strömungsgetriebes, besser bekannt als »Föttinger Transformator« oder »Vulcan-Getriebe«, dessen Kernstück der sogenannte Drehmomentenwand-

Chefkontrukteur
Dr.-Ing. Hermann Föttinger
[aus: 100 Jahre STG]

Klasse 14 c. **Ausgegeben am 10. Oktober 1914.**

KAIS. KÖNIGL. PATENTAMT.

Österreichische

PATENTSCHRIFT Nr. 66759.

VULCAN-WERKE HAMBURG UND STETTIN AKT.-GES. IN HAMBURG.

Gas- oder Dampfturbinenanlage mit Übersetzungsgetrieben, insbesondere für Schiffe, bestehend aus einer schnell laufenden Hochdruckturbine und einer langsam laufenden Niederdruckturbine.

Angemeldet am 31. März 1909. — Priorität vom 23. Juni 1905 (D. R. P. Nr. 264255).

Beginn der Patentdauer: 1. Mai 1914.

Die Erfindung bezieht sich auf die Kraftübertragung bei Gas- oder Dampfturbinen, insbesondere auf Schiffen. Die Schwierigkeit, solche Anlagen in wirtschaftlicher Weise zu betreiben, liegt bekanntlich darin, daß die Turbinen um so günstiger arbeiten, je höher die Drehzahl gewählt wird, wogegen die Propeller umgekehrt niedrige Umdrehungsgeschwindigkeiten verlangen. Auch die geringere Wirtschaftlichkeit und die Schwierigkeit der Änderung der Umdrehungszahl und der Drehrichtung ist ein beim Turbinenantrieb schwer ins Gewicht fallender Nachteil. Endlich kommt in Betracht, daß sich die von der Theorie gestellte Forderung, möglichst lange Schaufeln zu verwenden, damit die Spaltverluste verhältnismäßig gering ausfallen, im Hochdruckteil langsam laufender Turbinen, namentlich beim jetzigen Schiffsantrieb, ganz besonders schwer erfüllen läßt. Bisher half man sich, um das unwirtschaftliche Arbeiten der Hauptdampfturbinen bei abnehmender Drehzahl und Leistung zu verbessern, dadurch, daß man vor die Hauptturbine eine besondere Hilfsturbine für verminderte Leistung, z. B. auf Schiffen die sogenannten Marschturbinen für langsame Fahrt, unmittelbar ankuppelte, die bei voller Fahrt leer mitlaufen mußte. Weiterhin war man gezwungen, für Rückwärtsfahrt eine besondere Rückwärtsturbine vorzusehen. Die Anlage wurde auf diese Weise sehr umfangreich, unübersichtlich und kostspielig, wodurch die Hauptvorteile, die der Turbinenantrieb gegenüber dem Betriebe mit Kolbendampfmaschinen an sich bietet, besonders für die Zwecke des Schiffsantriebes fast wieder aufgehoben wurden.

Die Erfindung ermöglicht, die Vorzüge des Turbinenantriebes unter Vermeidung der geschilderten Nachteile voll auszunutzen. Sie geht von der Verwendung von Übersetzungsgetrieben, insbesondere hydraulischen Getrieben aus, welche besonders leicht umgesteuert und durch Entleeren ausgeschaltet werden können. Die Einschaltung solcher Getriebe zwischen die Turbine und den Propeller ist an sich nicht neu. Der Grundgedanke der Erfindung besteht darin, die Hochdruckturbinen, seien es die für Hauptbetrieb oder die für verringerte Leistung, mit anderer, und zwar höherer Drehzahl als die Niederdruckturbinen laufen zu lassen und hiebei ein Getriebe zwischen den Hochdruckteil der Turbinenanlage und den Niederdruckteil einzuschalten, der selbst unmittelbar auf die Propellerwelle wirkt. Dies ist mit keiner Schädigung der Wirtschaftlichkeit verbunden, weil im Niederdruckteil die mit Rücksicht auf die Schraube erforderliche geringe Drehzahl bekanntlich weniger schadet und ein Kompromiß dort leichter zu finden ist. Das Getriebe überträgt die Drehung des Hochdruckteiles ins Langsame, und zwar bei einem Übersetzungsverhältnis, das den günstigsten Umdrehungsgeschwindigkeiten der beiden Turbinen entspricht, die auf diese Weise unter voller Ausnutzung des theoretisch erreichbaren Wirkungsgrades auf die gemeinsame Propellerwelle arbeiten können. Durch Regulierung, zum Beispiel Änderung des Übersetzungsverhältnisses des Zwischengetriebes, läßt sich dabei die Umdrehungszahl und -richtung des Propellers in einfachster Weise ändern.

Man erhält auf diese Weise einen Turbinenantrieb von der denkbar geringsten Raumbeanspruchung und größten Einfachheit und Wirtschaftlichkeit. Der durch die Zwischenübertragung entstehende Energieverlust wird durch das viel günstigere Arbeiten von Dampfturbine und Propeller bei den erhöhten bzw. erniedrigten Tourenzahlen und durch den Fortfall leer mitlaufender Dampfturbinen für Rückwärtsgang bei weitem ausgeglichen.

Patent, angemeldet im März 1909 [Slg. Eckhard Wendt]

Die Erfindung kann natürlich auch für Anlagen mit mehr als zwei hintereinandergeschalteten Turbinen Anwendung finden.

Auf der Zeichnung ist die Erfindung in mehreren Ausführungsformen, und zwar in Anwendung auf den Schiffsantrieb durch Dampfturbinen unter Benutzung eines hydraulischen Turbinentransformators als Zwischengetriebe in den Fig. 1 bis 3 schematisch veranschaulicht.

In Fig. 1 bezeichnet *14* den Niederdruckteil, *15* den Hochdruckteil der Dampfturbinenanlage. Die Turbine *14* sitzt unmittelbar auf der Propellerwelle und ist mit der wesentlich schneller umlaufenden Hochdruckturbine *15* durch das hydraulische Übertragungsgetriebe *Tr* gekuppelt. Wenn mit Hilfe des Getriebes *Tr* umgesteuert werden soll, so wird während des Rückwärtsfahrens der Abdampf der Hochdruckturbine, der bei gewöhnlichem Betriebe die Niederdruckturbine durchströmt, abgeschaltet.

Fig. 2 zeigt die Anwendung der Erfindung bei einer Anlage mit sogenannter Marschturbine *19*, die nur bei verringerter Fahrt der Hauptturbine *17* vorgeschaltet wird. Bei voller Fahrt strömt der Dampf durch das Ventil *16* unmittelbar in die Hauptturbine *17*, während bei Marschfahrt der Dampf durch Ventil *18* in die in diesem Falle als Hochdruckstufe wirkende Marschturbine eintritt und dann erst die Hauptturbine *17* durchströmt. Die Leistung der Marschturbine wird dabei wieder durch einen Turbinentransformator *Tr* auf die Welle der Hauptturbine übertragen, die ihrerseits entweder unmittelbar oder durch Vermittlung eines weiteren Zwischengetriebes den Propeller antreibt.

Fig. 3 zeigt endlich die gesonderte Übertragung der Marschturbinenleistung auf die Hauptwellen für den Fall der bekannten Dreiwellenanordnung mit einer Hochdruck- und zwei Niederdruckturbinen *20* bzw. *21*. *22* ist die Hochdruck-, *23* die Niederdruckmarschturbine, deren Leistungen auf die langsam laufenden Hauptwellen wieder durch Transformatoren *Tr* übertragen werden.

Diese Ausführungsbeispiele könnten für andere Turbinenschaltungen und Anordnungen noch beliebig vermehrt werden.

Was über die Vorteile der Erfindung bezüglich Verwendung zum Dampfturbinenantrieb für Schiffe gesagt wurde, gilt selbstverständlich auch sinngemäß für Verwendung bei anderen Antrieben, insbesondere für ortsfeste Zwecke und alle anderen Fahrzeuge.

PATENT-ANSPRUCH:

Gas- oder Dampfturbinenanlage mit Übersetzungsgetrieben, insbesondere für Schiffe, bestehend aus einer schnell laufenden Hochdruckturbine und einer langsam laufenden Niederdruckturbine, dadurch gekennzeichnet, daß die schnell laufende Hochdruckturbine ihre Leistung unter Vermittlung eines Reduktionsgetriebes an eine Welle überträgt, die mit der langsamer laufenden Niederdruckturbine unmittelbar gekuppelt ist, wobei die Hochdruckturbine entweder dauernd Frischdampf erhält und die Niederdruckturbine speist oder nur für reduzierte Leistung der für die Höchstleistung bemessenen Turbine vorgeschaltet wird.

Zu der Patentschrift

№ 66759.

Fig. 1

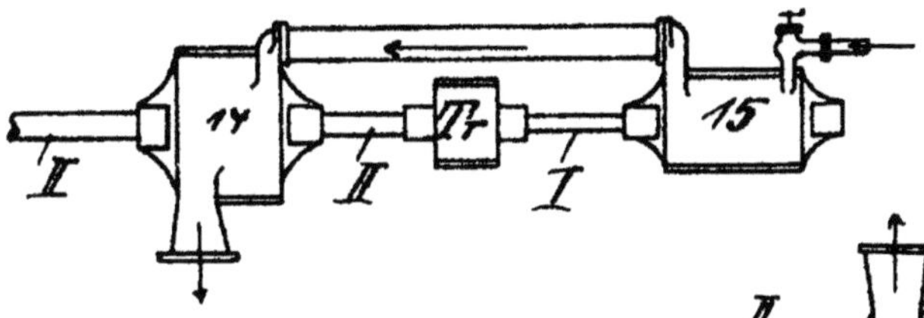

Fig. 2.

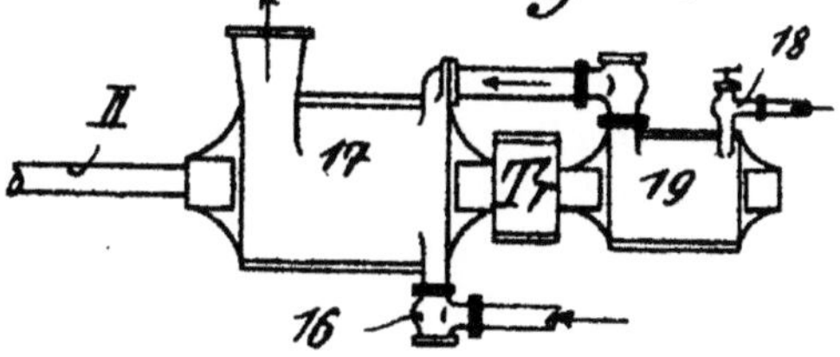

Fig. 3

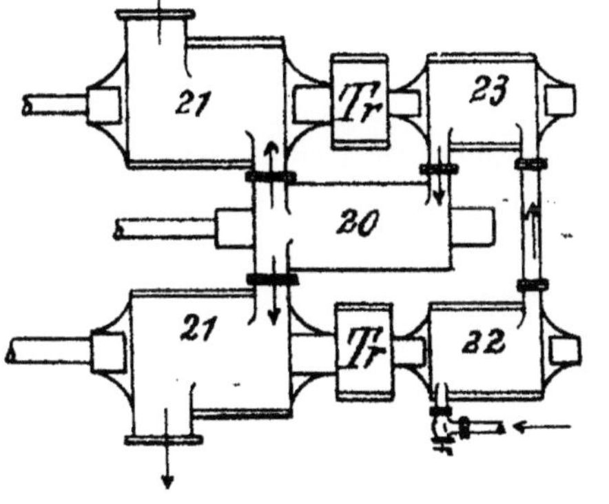

57 + 58 / S.52 + S.53

Patent, angemeldet im März 1909

[Slg. Eckhard Wendt]

ler ist. Das Automatikgetriebe unserer heutigen Autos ist auf den erfinderischen Vorarbeiten von Dr. Hermann Föttinger aufgebaut.

Dem Vulcan war erneut mit dem Passagier- und Frachtdampfer *GEORGE WASHINGTON* »ein zur Zeit größtes Handelsschiff« in Auftrag gegeben worden, welches vom NDL als Konkurrenz zur 1905 in Fahrt gesetzten AMERIKA der Hamburg-Amerika Linie gedacht war. Der Norddeutsche Lloyd hatte Wert darauf gelegt, diesen kostspieligen Neubau einer deutschen Werft zuzuweisen und es konnte kaum bei einer anderen als der Stettiner Gesellschaft bestellt werden, weil sie die größte Erfahrung in der Herstellung derartiger Riesenschiffe besaß. Bedenken hatten nur insofern vorgelegen, als es zweifelhaft schien, ob das Schiff bei seinem großen Tiefgang, bedingt durch das enorme Ablaufgewicht von 15.600 t und seiner Länge, problemlos vom Stapel laufen und die Überführung nach Swinemünde glatt würde ausführen können. Die Werft hatte der Bestellerin gegenüber garantiert, dass Ablauf und Überführung ohne Behinderung vonstatten gehen würden. Vor dem Stapellauf sollte eine entsprechend tiefe Rinne gebaggert werden und für die Fahrt durch Oder und Kaiserfahrt waren die üblichen Hebepontons vorgesehen. Die Bauleitung seitens der Werft war dem Betriebsingenieur Friedrich Meyer anvertraut worden.[86] Der Stapellauf fand am 10.11.1908 bei schönstem Herbstwetter statt, ein Ereignis von internationaler Bedeutung, da, wie Dr. David Jayne Hill, der amerikanische Botschafter in Berlin, u.a. in seiner bemerkenswerten Taufrede hervorhob, »die Einreihung dieses großen Schiffes in den Dienst der Vermittlung zwischen zwei Welten ein neues Zeichen gegenseitigen Vertrauens zwischen dem deutschen und amerikanischen Volke, ein neuerlicher Beweis dafür ist, daß der Ozean diese beiden Völker nicht trennt, sondern vereinigt.« Auf die Meldung von dem glücklich vollendeten Stapellauf ließen der Kaiser aus Donaueschingen und Präsident Roosevelt aus Washington dem NDL ihre Glückwünsche telegrafisch übermitteln.[87]

Um auch den minderbemittelten Reisenden, denen die II. Klasse noch zu teuer war, die aber nicht so gern im Zwischendeck reisen wollten, eine angenehmere Beförderung zu ermöglichen, hatte die Reederei erstmals eine III. Klasse eingerichtet. »Dadurch ist es möglich geworden, die gebildeteren Elemente der Auswanderer für eine nur geringe Erhöhung des Passagepreises von den südeuropäischen Auswanderern zu trennen.« Die 120 Kammern für 2–6 Personen befanden sich im Achterschiff und waren etwas einfacher ausgestattet als die 145 Kammern der II. Klasse. Sie waren räumlich vollständig von der IV. Klasse im Vorschiff getrennt.[88] Diese Passagiere waren in 8 großen Räumen mit beweglichen Kojen untergebracht. Für die Passagiere der I. Klasse waren 234 Kammern vorhanden. Für die Ausgestaltung der vornehm und geschmackvoll eingerichteten Kajüten und sonstigen Räumlichkeiten der Passagiere, waren wieder die namhaftesten Innenarchitekten, Künstler und Ausstattungsfirmen herangezogen worden: Professor Bruno Paul, Berlin, Rudolf Alexander Schröder, Bremen, Professor F. A. O. Krüger, München, der Bildhauer Wackerle, München, die Architekten Eeg & Runge, Bremen, die Firmen J. Groschkus Berlin und die Vereinigte Werkstätten für Kunst im Handwerk, München, die Maler Friedrich Jacobsen, Bremen, Otto Bollhagen, Bremen und der Glasmaler Rhode, Bremen. Zur Vorbereitung der bildnerischen Ausschmückung hatte Bollhagen eine Reise in die USA unternommen und in New York, Boston, Philadelphia, sowie speziell in Washington und in Mont Vernon bei Washington, dem letzten Wohnsitz George Washingtons, Material gesammelt. In Washington wurde er von Präsident Roosevelt empfangen, dem er einen Teil seiner zahlreichen Skizzen vorlegen durfte. Der Präsident überreichte ihm sein Bild mit eigenhändiger Widmung und Unterschrift.[89]

Die künstlerischen Ergebnisse der Reise fanden sich auf dem Schiff in zahlreichen Räumen wieder. Ein großes Gemälde des Präsidenten schmückte der Rauchsalon der I. Klasse, in einem Nebenraum des Gesellschaftssalons waren es Medaillon-Bilder von George Washington und seiner Gattin. Im Treppenhaus, auf den Vorplätzen und in den einzelnen Gesellschaftsräumen befanden sich ganze Reihen von Bildern, welche das Weiße Haus, die Washington-Säule, die Bibliothek, das Kapitol in Washington, die Independence Hall in Philadelphia sowie Ansichten von Mount Vernon und aus dem Zentralpark am Hudson usw. darstellten. Besondere Erinnerungen an George Washington befanden sich im Rauchsalon, wo über der Treppe zum Sonnendeck zwei Tafeln angebracht waren, von denen eine die Nachbildung der seinerzeit vom Bremer Senat gestifteten Erinnerungstafel für das Washington-Denkmal in Washington war, mit der Inschrift: »Washington dem Großen Guten. – Das befreundete Bremen.« Daneben fand nach der ersten Ankunft des D. in New York eine zweite Tafel Platz, welche von den »Töchtern der amerikanischen Revolution« im Staate New York gestiftet war. Die Tafelmitte

GEORGE WASHINGTON, Salon einer Luxuskabine
[Slg. ehemaliges Lloyd-Archiv]

GEORGE WASHINGTON, die Gesellschaftshalle
[Slg. ehemaliges Lloyd-Archiv]

nahm ein Bild des Präsidenten ein, flankiert von dem deutschen Reichsadler und dem Adler der USA als Sinnbild der engen Freundschaft beider Länder. Unten trat das Symbol der »Töchter der Revolution«, ein Spinnrad, hervor. Weiter trug die Tafel eine von einem amerikanischen Historiker verfasste Inschrift und eine Widmung, aus der hervorging, dass sie zu Ehren des ersten nichtamerikanischen Schiffes, welches den Namen George Washington trägt, angebracht wurde. Das Ganze war unterschrieben von den Vorsitzenden des Komitees, Msr. William Cumming Story und Mrs. Samuel L. Munson.[90]

Die Maschinenanlage des D. bestand aus 2 vierzylindrigen Vierfach-Expansionsmaschinen mit Oberflächenkondensation und Massenausgleich nach Patent Schlick, deren Gesamtleistung 20.000 PSi betrug, die Geschwindigkeit wird mit 18,5 Knoten angegeben. Die an Steuerbord und Backbord aufgestellten Maschinen trieben 2 dreiflügelige Bronzeschrauben von je 6,50 m Durchmesser. Den Dampf lieferten 8 Doppelender- und 4 Einfachender-Zylinderkessel mit 60 Feuerungen und 15 atü Überduck. Sie waren in 2 Gruppen angeordnet, welche an je einem Schornstein angeschlossen waren, deren Höhe über Kiel 40,50 m betrug. Die normalen Kohlenbunker fassten ca. 4.000 t, die Reservebunker weitere 1.000 t. Die Gesamtzahl der Dampfmaschinen betrug 75, von denen fast alle Hilfsmaschinen von der Norddeutschen Maschinen- und Armaturenfabrik Bremen geliefert worden sind, einem Zweigunternehmen des NDL. Als technische Besonderheit war der D. 1910 mit dem zu damaliger Zeit modernsten elektrischen Maschinentelegrafen ausgerüstet worden, dessen Verbesserung von einer in Geestemünde ansässigen Firma entwickelt worden war. Den Strom für die elektrischen Anlagen lieferten 7 Dampf-Dynamomaschinen, mit je 1.000 Ampère bei 110 Volt Spannung. Beleuchtungszwecken dienten etwa 4.100 Lampen, 2 Personenaufzüge gingen durch alle bewohnten Decks und lagen in unmittelbarer Nähe des Speisesaals I. Klasse. Die Schiffssicherheit gewährleisteten u.a. Klingelanlagen für Feuerlöchzwecke, eine Alarmanlage mit 30 Glocken, eine Feuermeldeanlage sowie ein Unterwasser-Glockensignalapparat. Eine am Heck hängende Rettungsboje konnte über einen Elektrokontakt von der Brücke ausgelöst werden. Auf dem Sonnendeck waren 36 Rettungsboote aufgestellt, deren Bootswinden elektrisch betrieben wurden.[91]

Die Konstruktionsangaben nach dem »Journal« sind: [Bau-]Nr.: 286 / Schiffsart: Fracht- u. Passagierdampfer mit 4 Masten / Klasse: Germ. Lloyd / Baujahr u. Bauzeit: 20.2.1907–22.5.1909 / La: 220,18 m / Lp: 212,60 m / B. a. Spt.: 23,77 m / H: 16,46 m / H1 verteilte Aufbauten: 18,233 m / R T: 15,334 m / Kielhöhe CT: 0,132 m / L x B: 5.053,502 / L x B x H: 83.180,64 / L x B x H1: 92.140,5 / Lp : B: 8,944 / Lp : H: 12,916 / BRTs: 25.569,25 t / NRT: 15.378,74 t / Raumgeh. unter Deck: 20.842 t / Passagiere: 565 I. Kl., 421 II. Kl., 452 III. Kl., 1.226 IV. Kl. / Besatzung: 585 Mann / Gewicht des Schiffskörpers: 19.620 t.

Mit Datum 1.1.1913 bestand die Besatzung aus: Kapitän C. Polack, Lehe, 7 Offizieren und 58 Mann seemännisches Personal, 12 Offizieren und 153 Mann Maschinenpersonal sowie 4 Offizieren und 290 Mann sonstiges Personal. Am 12.6.1909 trat der neue Riesendampfer seine erste Reise von Bremerhaven über Cherbourg nach New York an. Bei Eintritt der USA in den Ersten Weltkrieg, wurde das Schiff im April 1917 in New York beschlagnahmt und als US-Transporter eingesetzt. Der D. gehörte 1940 unter seinem deutschen Namen zur US Marine Commission und wurde 1951 in den USA abgewrackt.[92]

Im Sommer 1926 hatte die amerikanische Reederei die deutschen Schiffsschrauben gegen amerikanische Fabrikate austauschen lassen. »Ein Nachlassen der Schnelligkeit [...] war die sich sofort bemerkbar machende Folge, dazu schlug bei der ersten Reise [...] bei ruhigem Wetter noch ein Flügel [...] ab.« Die Leitung der Reederei ließ das Schiff nach Boston laufen, um dort »die alten bewährten deutschen Schrauben wieder anbringen zu lassen.«[93]

GEORGE WASHINGTON, eine der beiden Vierfach-Expansionsmaschinen [aus: Der Schiffsmaschinenbau, 1. Bd.1923]

GEORGE WASHINGTON [Slg. ehemaliges Lloyd-Archiv]

»Vermißt wird seit 30. Juni [1909], morgens 8 Uhr, der Maschinenbaulehrling Julius Babira, der auf der Vulcanwerft (Werk Hamburg) in der Lehre ist. Der junge Mann ist 1,50 Meter groß, schlank, hat dunkelblondes Haar und ist bekleidet mit blauem Arbeitsanzug, kariertem Hemd, grauen Strümpfen und Schnürschuhen.«[94]

Zwei Fährschiffe für die Linie Sassnitz – Trelleborg

Im Jahre 1903 war von Mecklenburg nach Dänemark die Dampferlinie Warnemünde–Gjedser in einen Dampffährenbetrieb umgewandelt worden, wodurch dieser Verkehrsweg gegenüber der 1897 errichteten, 107 km langen preußisch-schwedischen Post- und Personendampferlinie Saßnitz–Trelleborg einen Vorsprung gewann. Um diesen wieder aufzuholen, beschlossen die entsprechenden Stellen in Preußen in Verbindung mit Schweden, ebenfalls eine Fährschiffverbindung einzurichten. Diese wurde dann auf der bisherigen Post- und Personenlinie auf der Grundlage eines Staatsvertrages von 1907 zwischen Preußen und Schweden energisch in Angriff genommen. Die Arbeiten waren derart gefördert worden, dass diese Linie bereits am 6.7.1909 in Gegenwart des deutschen Kaisers, des Königs von Schweden, vieler Minister und hoher Würdenträger feierlich eröffnet werden konnte. Anlässlich dieses Ereignisses war die Lebensleistung des damaligen Direktors des Vulcan, Robert Zimmermann, durch die Verleihung des Titels eines Geheimen Baurats durch Kaiser Wilhelm II. gewürdigt worden.

Der Vorsprung, den Mecklenburg erreicht hatte, war mit der neuen Linie mehr als eingeholt, denn die schwedischen Dampffähren KÖNIGIN VICTORIA und KÖNIG GUSTAV V. und die deutschen *PREUSSEN* [4] und *DEUTSCHLAND* [4] überragten an Größe, Schnelligkeit, Zweckmäßigkeit, Leistungsfähigkeit und Eleganz alle Dampffähren Europas. Sie glichen nicht nur äußerlich Ozeandampfern, sondern boten auch den Fahrgästen an Bord alle Annehmlichkeiten, die auf den damaligen modernen schwimmenden Palästen zu finden waren. Vor Eröffnung der Fährlinie war bereits seit 1897 sowohl der Personen- als auch der Güter- und Postverkehr durch eine recht leistungsfähige Schiffsverbindung bedient worden. Diese wurde von der Dampfschiffs-Gesellschaft J. F. Braeunlich in Stettin und der »Rederi aktie bolaget Sverige-Kontinenten« in Stockholm mit finanzieller Unterstützung der beiden Postverwaltungen unterhalten.

Die Reisenden waren allerdings gezwungen in den Hafenorten aus der Eisenbahn in den Dampfer umzusteigen, was besonders zur Nachtzeit wenig angenehm war. Seit Inbetriebnahme der neuen Fährschiffe brauchte der Reisende zwischen Berlin und Stockholm seinen Platz im Eisenbahnwagen nicht mehr zu verlassen. Für die Dampffähren sind in Saßnitz und Trälleborg besondere Fährhäfen mit Landebrücken gebaut worden. In Saßnitz hatte man zwar bereits anlässlich der Errichtung der Postdampferlinie mit Hilfe einer 1.000 m langen Mole einen künstlichen Hafen geschaffen, der für die wesentlich größeren Fährschiffe aber nicht mehr ausreichte. Die Vergrößerung erfolgte am Südende des Hafens, indem die Mole um 260 m verlängert und vom Strand her eine neue, 125 m lange Mole gebaut wurde. Hierdurch war ein Hafenplatz von rund 18 ha Wasserfläche gewonnen worden, in dem die Fähren genügend Spielraum zum Drehen hatten, um mit dem Heck an die Landungsbrücke zu gehen. Die Einfahrt zwischen den Endpunkten der Molen war an jedem Ende mit einem Leuchtturm versehen. Die Hafenbauten in Saßnitz mit Neubauten für Beamtenwohnungen, haben Preußen rund 4,5 Millionen Mark gekostet, die beiden Fährschiffe 4,337 Millionen.[95]

Die Schwesterschiffe erhielten einen eisverstärkten Bug und zur Erhöhung der Sicherheit 9 verstärkte und bis zum Hauptdeck – dem Wagendeck – reichende Querschotten, die 10 wasserdichte Abteilungen ergaben. Außerdem gab es einen vom Sternrohrschott bis zum Kollisionsschott fast über die ganze Schiffslänge sich erstreckenden Doppelboden. Mit Rücksicht auf den im Winter recht bedeutenden Seegang hat man die Vorschiffe nicht wie sonst bei derartigen Fährschiffen üblich stumpf gestaltet, sondern zum Schutz des Wagenraumes mit einer Back versehen, die nach hinten zu in einen Wellenbrecher endete. Da die Eisenbahnwagen deshalb nur vom Heck ein- und abrollen konnten, mussten die Schiffe in die Fährbetten rückwärts einfahren. Zur Erhöhung der Sicherheit beim Rückwärtsfahren und zugleich, um den Schiffen beim Wenden einen möglichst kleinen Drehkreis zu ermöglichen, ist außer dem Heck- noch ein kleineres Bugruder angeordnet worden; beide Ruder waren mittels Dampf einzeln oder gemeinsam zu bewegen. Zur besseren Übersicht befand sich eine zweite Brücke mit einem kleinen Steuerhaus auf dem hinteren Deckaufbau des Promenadendecks. Im Wagendeck konnten auf 2 Gleisen von zusammen 160 m Länge 8 D-Zugwagen oder 16–18 Güterwagen aufgenommen werden.

Auf dem Promenadendeck hingen auf beiden Seiten je 3 Rettungsboote in Welin-Davits, sowie in gewöhnlichen Davits 2 Arbeitsboote, welche ebenfalls als Rettungsboote ausgerüstet waren. Zur Erreichung der größten Sicherheit waren die Schiffe außer mit den durch die Seeberufsgenossenschaft und den Germanischen Lloyd vorgeschriebenen Einrichtungen ausgestattet mit: Unterwasserschallanlagen, Funkentelegrafie, Funkpeilanlagen und Kreiselkompassen neben den sonst üblichen Magnetkompassen. Die beiden Dreifach-Expansionsmaschinen mit Oberflächenkondensation leisteten je 2.700 PSi und trieben Schrauben mit Bronzeflügeln und einem Durchmesser von 3,80 m. Den Dampf erzeugten 2 Doppelender- und 3 Einfachenderkessel, der Dampfüberdruck betrug 14 atü. Die Doppel- und 2 Einfachkessel bildeten je eine Gruppe, erstere im hinteren, die Einfachkessel im vorderen Kesselraum, und waren an je 1 ovalen Schornstein angeschlossen, deren Höhe über Kiel gemessen, 27 m betrug. Der 3. Einfachkessel diente zum Betrieb der Hilfsmaschinen, insbesondere während der Liegezeiten im Hafen. Die kontraktlich festgesetzte Geschwindigkeit betrug 16,5 Knoten, sodass die Überfahrt nur etwa 3 1/2 Stunden dauerte. Die Kohlenbunker fassten etwa 200 Tonnen.[96]

Die Schiffe waren in allen Teilen voll elektrifiziert. Den Strom für die etwa 500 Glühlampen lieferten 2 Gleichstrom-Nebenschluss-Dynamomaschinen von je 50 kW bei 110 Volt Spannung. Auf dem vorderen und hinteren Steuerhaus war je 1 Siemens-Schuckert Scheinwerfer von 60 Ampère mit Glasparabelspiegel von 600 Mill.meter aufgestellt. Zum kontraktlichen Lieferumfang gehörten auch 2 Signalgeschütze aus Metall und mit Lafette sowie ein Raketensignal-Apparat. Der Proviantaufzug für eine Nutzlast von ca. 200 kg wurde über 1 E.-Motor mit einer Leistung von 3 PS betrieben. Die beiden stählerne Pfahlmasten trugen je 1 Spitz- und 1 Stagsegel sowie Blitzableiter. 2 Abteilungen des Doppelbodens waren als Speisewassertanks eingerichtet, 1 Frischwassertank im Laderaum fasste 10 cbm. Weiter waren laut Kontrakt Schiffsname und Heimathafen am Heck und der Schiffsname am Bug in 300 Mill.meter hohen Messingbuchstaben anzubringen. Ein im Maßstab 1 : 50 hergestelltes Vollmodell, war mit Tisch und Glaskasten etwa 6 Wochen nach Abnahme des Schiffes zu liefern.[97]

Am 17.2.1909 erfolgte der Stapellauf der *DEUTSCHLAND* [4][98] deren technische Angaben nach dem »Journal« sind: [Bau-]Nr.: 292 / Besteller: Kgl. Preuß. Eisenbahn-Direktion Stettin / Antrieb: 2 Schrauben à 4 Flügel / Anzahl durchl. Decks: 1 / Klasse: Germ. Lloyd / Baujahr u. Bauzeit: 23.3.1908–14.6.1909 / La: 113,80 m / Lp: 108 m / B. a. Spt.: 15,50 m / H: 7,26 m / R. T.: 6,47 m

Eisenbahnfährschiff *PREUßEN* mit dem Bug Oder aufwärts, im Hintergrund Anlagen des Vulcan
[vermutlich ein Vulcan-Werksfoto, aus: VDI-Bd. 54, 1.1.1910]

/ Kielhöhe CT: 0,270 m / L x B: 1.674,0 / L x B x H u. L x B x CT: 12.153,24 / Lp: B: 6,968 / Lp: H: 14,876 / BRTs: 2.847 t / NRT: 702,73 t / Raumgeh. unter Deck: 2.415,30 t / Gewicht d. Schiffskörpers: 2.701 t / Passagiere: 67 I. u. II. Klasse, 40 III. Klasse / Besatzung: 70 Mannschaften und 24 Zoll-, Eisenbahn- und Postbeamte. Die für beide Schiffe vorgesehenen Schiffsglocken mit einem Durchmesser von 450 und 300 mm, versehen mit Schiffsnamen und Heimathafen, sind vermutlich 1909 und mit den Nummern 1850–1853 und 110 kg Gesamtgewicht von der Stettiner Glockengießerei C.[arl] Voss & Sohn geliefert worden.[99]

PREUSSEN [4] lief am 3.4.1909 vom Stapel. Die technischen Angaben nach dem »Journal« sind: [Bau-]Nr.: 293 / Bauzeit: 23.3.1908–28.6.1909 / und wich bei den weiteren Angaben ab mit: BRTs: 2.848,95 t / NRT: 706,67 t / Gewicht d. Schiffskörpers: 2.661 t. Bei Dr. G. Bauer, 1. Bd. 1923, wird die Wasserverdrängung mit 4.200 t angegeben, war der Maschinentyp eine dreizylindrige Dreifach-Expansionsmaschine mit einer Gesamtleistung von 2.020 PSi, betrug der Schraubendurchmesser 3,80 m und die Geschwindigkeit bei der Messfahrt in der Ostsee 15,5 Knoten.

Über eine Strandung im Schneesturm im Dezember 1937 vor Rügen berichtet Walter Bölk in der Zeitschrift *Pommern*: »Am 9. Dezember 1937 befand sich die ›Preußen‹ wieder einmal auf der Heimreise von Trelleborg nach Saßnitz. In der Nacht zum 10. geriet sie in einem heftigen, aber nicht langandauernden Sturm aus NO mit dichtem Schnellfall und verfehlte die für die Ansteuerung von Saßnitz wichtige Stubbenkammer-Leuchttonne. Das Schiff strandete auf dem sogenannten Teufelsgrund nördlich vom Königsstuhl und stieß auf der steinigen Untiefe rasch leck. Zwei aus Saßnitz herbeigeeilte Bergungsschlepper, die bereits eine Verbindung [...] hergestellt hatten, mußten die Trossen wieder loswerfen, weil sie bei neu aufkommendem Sturm selber schon Grundberührung hatten. Auch der staatliche Seezeichendampfer ›Walter Körte‹ aus Swinemünde war an der Unfallstelle eingetroffen, ohne helfen zu können. Am Morgen des 10. Dezember stellte die Mannschaft der Rettungsstation Lohme unter ihrem Vormann Hugo Marsand mit dem Raketenapparat eine Leinenverbindung zu dem 150 Meter [...] entfernt liegenden Havaristen her. Anschließend wurden zwei Personen mit der Hosenboje, zwanzig weitere mit Hilfe eines Rettungsfloßes geborgen. Die restliche Besatzung von fünfzehn Mann blieb an Bord, und als der Sturm am nächsten Tag abgeflaut war, holte man mit Hilfe von Leichtern sechzehn Waggons [...] von dem Fährschiff. Taucher versuchten später in schwerer wochenlanger Arbeit [...] die großen Lecks [...] provisorisch abzudichten [...].« Am 30.12.1937 ist der Havarist in den Hafen von Saßnitz geschleppt und am 6.1.1938 zur Reparatur zu den Stettiner Oderwerken gebracht worden.[100]

Am 31.1.1912 wurden die Stationen für drahtlose Telegrafie in Saßnitz und Trelleborg fertig gestellt, beide dienten dem Verkehr zwischen den beiden Eisenbahnpunkten der Trajektverbindung. Der Grund ihrer Einrichtung war hauptsächlich die Sicherung der Trajektschiffe. Um während der Überfahrt beiden Endstationen eine ständige Verbindung mit den Schiffen zu ermöglichen, waren diese ebenfalls mit Telefunkenstationen versehen worden.[101] Um 1927 fanden die drahtlosen Peilstationen in wachsendem Maße Eingang in den Schiffsverkehr. So war auch für die beiden deutschen Trajektschiffe ebenso wie für die beiden schwedischen Fähren für den Sommer 1927 die Ausrüstung mit je einem Bordpeiler der Telefunken-Gesellschaft vorgesehen. Beide Eisenbahnverwaltungen versprachen sich von dieser Einrichtung eine gesteigerte Betriebssicherheit. *DEUTSCHLAND* [4] war 1927 unter Aufwendung erheblicher Mittel den allerneuesten Forderungen entsprechend umgebaut worden, *PREUSSEN* [4] ein Jahr später. Der Einsatz in den Weltkriegen und der Verbleib beider Schiffe s. Bd. 3.

Positiv über den deutschen Schiffbau urteilte das englische Fachblatt *The Syren and Shipping illustrate* im Sommer 1909 mit folgenden Feststellungen: »Erst nach dem Inkrafttreten des deutschen Reichspostdampfer-Subventionsgesetzes hat Deutschland mit dem Bau großer Passagierdampfer auf deutschen Werften begonnen. Der Norddeutsche Lloyd war eine der ersten deutschen Gesellschaften, welche dem heimischen Schiffbau ihr Vertrauen bewiesen, und zwar tat er dies nicht etwa zaghaft, sondern seine ersten Aufträge hatten einen Wert von zehn Millionen Mark. Von da ab nahm die Abhängigkeit Deutschlands von den britischen Werften mehr und mehr ab und so sehr man am Clyde und in anderen britischen Industriezentren dies auch beklagen mochte, so verständlich war dieser Umschwung.« [102]

Allerdings sind nach wie vor in England für deutsche Rechnung Schiffe gebaut worden, wie im März 1910 einem längeren Beitrag des *Berliner Börsen-Courier* über Schiffsneubauten für Hamburger Reedereien zu entnehmen ist. Hier wird u.a. »bedauernd« mitgeteilt, »daß die deutschen Werften in Bezug auf Konkurrenzfähigkeit noch immer hinter den englischen zurückbleiben. Diese Tatsache muß hervorgehoben werden, um zu verstehen, daß wieder eine Anzahl von Aufträgen nach England vergeben werden mußte. So war z.B. die Hamburg-Amerika Linie genötigt, von den vier Neubauten [...] drei an englische Werften zu vergeben, weil nur von einer deutschen Werft, dem Bremer Vulkan [...], ein gleich annehmbares Angebot eingereicht worden ist. Der fünfte Neubau ›Imperator‹ [...] soll der neuen Hamburger Werft des Stettiner Vulcan übertragen werden.«[103]

Der Geschäftsbericht über 1909 teilt u.a. mit, dass die Gewinnziffer zwar hinter der des Vorjahres zurückstand, aber angesichts der Konjunkturverhältnisse im Schiffbau noch als befriedigend angesprochen werden konnte. Im Laufe des Geschäftsjahres hatte die Betriebseröffnung der Hamburger Niederlassung stattgefunden. [...] Außer den Maschinen und Kesseln für die abgelieferten und noch im Bau befindlichen Schiffe und Lokomotiven wurden fertiggestellt: 4 Schiffskessel verschiedener Systeme, 4 Lokomotivkessel, 4 Dampfpumpen, 13 Torsionsindikatoren System Dr. Föttinger sowie zahlreiche Lokomotiven. Der Gesamtwert aller abgelieferten Erzeugnisse stellte sich auf 36.587.160 Mark. Das Gewinn- und Verlustkonto wies neben einem Gewinn von 468.244 Mk. und verschiedenen kleinen Posten einen Bruttogewinn auf Fabrikationskonto in Höhe von 2.877.501 Mk. auf. Nach Absetzung der Abschreibungen von 1.599.114 Mk. und eines Interimskontos der Hamburger Niederlassung in Höhe von 248.191 Mk. verblieb ein Reingewinn von 1.499.158 Mk. für den folgende Verwendung vorgesehen war: Reserve-Bau-Fonds 10.052 Mk., Assekuranz-Fonds 75.000 Mk., Unterstützungs-Fonds 50.000 Mk., Talonsteuer-Konto 12.500 Mk., Ausstellungs- und Versuchs-Konto 50.000 Mk., Dotationen 7.716 Mk., Tantiemen 88.888 Mk., 12% Dividende = 1,2 Mill. Mk. »Das Unternehmen hat auch in diesem Jahr eine Dotierung seiner Beamtenpensionskasse nicht vorgesehen, da die Königlich Preußische Oberzolldirektion für die Provinz Pommern erklärt hat, daß trotz der inzwischen zu Ungunsten des Fiskus ergangenen Reichsgerichtsentscheidung in der Prozeßsache der Berliner Handels-Gesellschaft, die Steuerfreiheit derartiger Zuwendungen zunächst nicht anerkannt werden soll; es sei vielmehr beabsichtigt, den Ausgang eines gleichartigen Prozesses der Disconto-Gesellschaft zu Berlin, dessen Termin vor dem Reichsgericht auf den 20. Januar 1911 angesetzt ist, abzuwarten.«

In der Bilanz erscheint die Hamburger Niederlassung insgesamt mit 14.697.222 Mk. fertige und in Arbeit befindliche Gegenstände werden mit 12.001.78 Mk. beziffert. In Arbeit befindlich sind noch geblieben bzw. neu hinzugekommen: Außer den Lokomotiven 15 Kriegsschiffe für die deutsche und eines für die Marine der Republik Uruguay, die Flussfähre *RANDOW*, der Kohlendampfer *MECKLENBURG* [2], für eigene Rechnung ein Seetransportdampfer und ein großes Schwimmdock. Außer

Stettiner Maschinenbau-Actien-Gesellschaft Vulcan.

Bilanz am 31. Dezember 1909.

Aktiva.	ℳ	₰
Konto der Aktionäre, fehlende 75 % Einzahlung auf Neuemission	3787250	—
Kasse	42143	94
Effekten	498888	80
Schiffsparte	4500	—
Allgemeine Debitoren	6329930	77
Bankguthaben	5051147	55
Aval-Konto	23711795	60
A. Hamburg:		
Interims-Konto der Hamburger Niederlassung	14697222	22
B. Stettin-Bredow:		
Gebäude, Grund und Boden, Buchwert	4275000	—
Geleisanlagen, Hofpflasterung und Kanalisation, Buchwert	1	—
Hellinge-Anlagen, Buchwert	800000	—
Wohlfahrts-Einrichtungen, Buchwert	1	—
Maschinen, Buchwert	200000	—
Elektrische Kraft- und Lichtanlagen, Buchwert	1	—
Werkzeuge, Utensilien, Schwimmdocks, Schmelz- und Schweißöfen, Gasbeleuchtungsanlagen, Pferde und Wagen, Buchwert	1425000	—
Modelle, Buchwert	1	—
Materialvorräte an Stangeneisen, Eisenblechen, Gußeisen, Metallen, Hölzern, Brenn- und Baumaterial	2974642	52
Fertige und in Arbeit befindliche Gegenstände	12001236	19
	75748761	59

Passiva.	ℳ	₰	ℳ	₰
Stamm-Aktien 4000 Stück à ℳ 600.—	2400000	—		
Stamm-Aktien Lit. B 7600 Stück à ℳ 1000.—	7600000	—		
Stamm-Aktien Emission 1909 5000 Stück à ℳ 1000.— (bisher nur Interimsscheine ausgegeben, diese ab 1. Januar 1910 dividendenberechtigt in Höhe der Einforderung von 25 %)	5000000	—	15000000	—
Agio-Konto-Aktien Emission 1909			2777466	35
Reserve-Fonds			2700000	—
Garantie-Fonds			2000000	—
Reserve-Bau-Fonds			2000000	—
Asseekuranz-Fonds			875000	—
Unterstützungs-Fonds			400000	—
Talonsteuer-Konto			12500	—
Ausstellungs- und Versuche-Konto			57029	13
Dotations-Konto			7961	10
Allgemeine Kreditoren			5401607	43
Geleistete Anzahlungen auf in Arbeit befindliche Aufträge			20011209	10
Aval-Konto			23711795	60
Tantièmen			88888	88
Dividenden, rückständige	5304	—		
desgl. pro 1909: für 4000 Stück Stamm-Aktien à ℳ 600.— 12 % oder 72 ℳ pro Aktie . . ℳ 288,000.— für 7600 Stück Stamm-Aktien Lit. B à ℳ 1000.— 12 % oder 120 ℳ pro Aktie . . . 912,000.—	1200000	—	1205304	—
Reingewinn pro 1909	1499158	14		
			75748761	59

Gewinn- und Verlust-Konto am 31. Dezember 1909.

Debet.	ℳ	₰	ℳ	₰
An Amortisations-Konto			1599114	35
„ Effekten-Konto			682	50
„ Interims-Konto der Hamburger Niederlassung			248191	59
„ Reingewinn			1499158	14
Verwendung:				
Reserve-Bau-Fonds-Konto	10052	40		
Assekuranz-Fonds-Konto	75000	—		
Unterstützungs-Fonds-Konto	50000	—		
Ausstellungs- und Versuche-Konto	55000	—		
Talonsteuer-Konto	12500	—		
Dotations-Konto	7716	86		
Tantième-Konto	88888	88		
Dividenden-Konto	1200000	—		
	1499158	14		
			3347146	58

Kredit.	ℳ	₰
Per Zinsen-Konto	468244	85
„ Dividenden-Konto (verjährte Dividendenscheine)	560	—
„ Schiff-parte-Intraden-Konto	750	—
„ Fabrikations-Konto	2877591	78
	3347146	58

Stettiner Maschinenbau-Actien-Gesellschaft Vulcan.
Flohr. Stahl.

Bilanz am 31.12.1909, veröffentlicht im *Berliner Börsen-Courier* am 4.6.1910

den Maschinen und Kesseln für die gebauten und abgelieferten Schiffe und Maschinen, wurde je eine Schiffsturbinenanlage für das Turbinenboot HUGIN der Marine Schwedens und für den in Rußland erbauten Torpedojäger NOVIK sowie verschiedene Schiffskessel fertiggestellt.[104]

In der am 3.6.1910 in Stettin-Bredow unter dem Vorsitz des Geh. Kommerzienrats Rudolf Abel abgehaltenen Generalversammlung war ein Aktienkapital von 6.355.800 Mark durch 26 Aktionäre vertreten. Die Versammlung genehmigte die Bilanz und erteilte die Entlastung. Ein Aktionär vertrat die Ansicht, dass nach dem vorgelegten Rechnungsabschluss bei weniger reichlich bemessenen Abschreibungen eine Dividende von 14 statt 12% möglich gewesen wäre. Dem trat Bankdirektor Carl Fürstenberg entgegen, indem er erklärte sicher zu sein, dass keine einzige Schiffsbaugesellschaft in diesem für den Schiffsbau so ungünstigen Geschäftsjahr mit einem gleichen Resultat aufwarten könne. Bezüglich der Hamburger Filiale teilt Baurat Flohr mit, »daß der Betrieb Ende vorigen Jahres aufgenommen sei, es würden jetzt 2.167 Mann beschäftigt. Neben der Erledigung von Reparaturarbeiten sei, um einen Arbeiterstamm anzusammeln, der Bau eines Schwimmdocks für eigene Rechnung in Angriff genommen worden. [...] Von der Hamburg-Amerika Linie ist dem Vulcan [...] ein neuer Fracht- und Passagierdampfer [*IMPERATOR*] in Auftrag gegeben worden, der in seinen Größenverhältnissen alle bisher von der Werft gebauten Schiffe übersteige. Der Kiel [...] sei bereits auf der Hamburger Werft gelegt, die Ablieferung werde im April erfolgen. Im übrigen habe sich die Anlage bis jetzt durchaus bewährt und die Entwicklung gehe über Erwarten gut vor sich.« Die nach dem Turnus ausscheidenden Aufsichtsratsmitglieder Fürstenberg und Geheimrat Lenz waren wiedergewählt worden.[105]

Das 25-jährige Jubiläum seiner Tätigkeit im Vulcan beging am 27.9.1910 der Schiffbaumeister August Drossel. Er war am 17.9.1885 als Leiter der Arbeiten auf dem Schnürboden eingetreten und am 1.4.1889 in das neu eingerichtete Schiffbaukalkulationsbüro als Stellvertreter des Büroleiters versetzt worden. Nach dessen Ausscheiden erhielt er diese Stelle, die er bis zum Eintritt in den Ruhestand am 1.12.1912 inne hatte. Drossel verstarb am 1.2.1918.[106]

Lohnforderungen führen zur Arbeitseinstellung

Im August 1910 hatte in Hamburg ein Werftarbeiterstreik begonnen, welcher sehr bald auf alle größeren Werften an der Nord- und Ostseeküste übergriff, zu allgemeinen Aussperrungen und diese wiederum zu Solidaritätsstreiks führten. Am 11. d. M. hatte die Verwaltungsstelle Hamburg des Deutschen Metallarbeiterverbandes zunächst den Hamburger Werften und später auch den Reedereien, die eigene Reparaturwerkstätten hatten, Lohnforderungen zugestellt, »die einen derart exorbitanten Charakter tragen, daß sie nur dazu bestimmt sein können, einen Streik direkt zu provozieren schrieb *Hansa* und fügte dem entsprechenden Beitrag die wichtigsten Punkte der Forderungen hinzu: »Die tägliche Arbeitszeit soll um eine, an den Sonnabenden sogar um zwei Stunden gekürzt werden. Die sämtlichen bisher erzielten Wochenlöhne die für 60 Stunden bezahlt werden, sollen auf 53 Stunden umgerechnet und noch um 10 % erhöht werden. Außerdem sollen für die einzelnen Berufe feste Einstellungslöhne eingeführt und diese ebenfalls so berechnet werden, daß der bisherige, bei der Einstellung erzielte Wochenverdienst, von 60 auf 53 Stunden umgerechnet und dieser Stundenlohn ebenfalls um 10 % erhöht werden. Bei allen Akkordberechnungen soll ein Mindestverdienst von 33% garantiert werden. Die Aufschläge für Überstunden sollen von 25 auf 33%, die Aufschläge für Sonntagsarbeit von 50 auf 75% erhöht werden. Diese Aufschläge sollen sowohl bei Lohnwie bei Akkordarbeit gezahlt werden. Dabei sollen als Überstunden nur die beiden an die reguläre Arbeitszeit anschließende Stunden gerechnet werden, wird noch länger gearbeitet, sollen sämtliche Überstunden, auch die ersten beiden, dagegen als Nachtstunden gelten für die ein Aufschlag von 50 % gezahlt wird. Eine etwa durch die Lohnzahlung bedingte Wartezeit soll als Überstunden berechnet werden.«

Weitere Forderungen waren: »Der Arbeiter darf unter keinen Umständen länger als 18 Stunden hintereinander beschäftigt werden. Die Lohnzahlungsperiode beträgt eine Woche, die Zahlung erfolgt am Freitag. Wartezeit nach Schluß der Arbeitszeit wird als Überstundenzeit bezahlt. Als Vermittlungsinstanz zwischen Betriebsleitung und Arbeiterschaft wird ein ständiger Arbeiterausschuß nach den Bestimmungen der Gewerbeordnung gewählt.« Hansa führt dann weiter aus: »Es bedarf keiner weiteren Ausführung, daß diese geradezu übermütigen Forderungen im krassesten Widerspruch zur gegenwärtigen Lage der Schiffbauindustrie stehen [...] Daß ferner derartige Bestimmungen über die Akkordlöhne das Prinzip der Akkordarbeit einfach über den Haufen werfen, liegt auf der Hand. Der Verein deutscher Seeschiffswerften hat diese Forderungen abgelehnt [...].« Es wird dann darauf hingewiesen, dass ein

Nr. 181. Freitag, den 5. August 1910. 24. Jahrgang.

Hamburger Echo.

Filialen:

Werftarbeiterstreik in Hamburg!

Die sämtlichen auf den **Hamburger Schiffswerften** beschäftigten Arbeiter sind am 4. August in den **Streik** getreten. Die von ihnen gestellten Forderungen sind rücksichtslos zurückgewiesen, so daß zu diesem Mittel gegriffen werden mußte.

Es kommen **alle gelernten und ungelernten Arbeiterkategorien** in Betracht und sind für diese die Hamburger Werften gesperrt. Die Kollegen allerorts werden dringend ersucht, Hamburg zu meiden.

Alle arbeiterfreundlichen Blätter werden um Nachdruck gebeten.

Die Organisationsleitungen.

Aufruf im Hamburger Arbeiterblatt, 5.8.1910

von der sozialdemokratischen Presse als sicher bevorstehender Streik in eine Zeit fallen wird, in der die Seeschiffswerften wegen der fehlenden Aufträge große Probleme haben werden, ihren Arbeiterstamm zu beschäftigen. Für die wenigen in Auftrag gegebenen Neubauten sind außerdem so lange Lieferfristen ausbedungen, dass durch einen Streik erfolgte Lieferverzögerungen unerheblich wären. Von der am 12. August begonnenen Aussperrung waren auf den 3 Stettiner Werften insgesamt 3.765 Arbeiter betroffen, darunter 3.000 beim Vulcan.[107]

Die Rechnung der Arbeitgeber war allerdings nicht aufgegangen. 60% wollte man aussperren und 40% sollten weiter arbeiten. In fast allen Werftstandorten wurde aber die Aussperrung mit der Arbeitsniederlegung der übrigen beantwortet. In Bremerhaven waren auf der Werft von Frerich in Einswarden nicht nur alle Arbeiter ausgesperrt worden, man hatte ihnen auch noch die Werkswohnungen gekündigt. Aus dem Kampffonds des Metallarbeiterverbandes, der am Jahresende 1909 einen Bestand von 6,3 Mill. Mark hatte, erhielten insgesamt 25.261 Arbeiter Unterstützungsbeträge: 1.350 in Flensburg, 5.714 in Kiel, 1.700 in Lübeck, 800 in Rostock, 2.400 in Bremen, 2.100 in Bremerhaven, 1.000 in [Bremen-]Vegesack, 5.958 in Hamburg und 4.329 in Stettin. Die verheirateten Arbeiter bekamen 14, die ledigen 12 und die Jugendlichen 7 Mk. pro Woche. Außerdem wurde an verheiratete Ausständige für jedes Kind 1 Mk. bis zum Höchstbetrag von 5 Mk. pro Woche gezahlt.

Beendet waren die Auseinandersetzungen mit dem Ergebnis von Verhandlungen, welche zwischen einer Kommission, bestehend aus Gewerkschaftsvertretern der verschiedenen Richtungen und den 3 Vertretern des Gesamtverbandes der Metallindustriellen, Fabrikbesitzer Garvens, Hannover, v. Borsig, Berlin und Direktor Lippert, Nürnberg geführt worden waren. Eine allgemeine Werftarbeiterkonferenz hatte dem Ergebnis am 26.9.1910 zugestimmt. Die wichtigsten Verhandlungsergebnisse waren im Einzelnen: Die tägliche Arbeitszeit wird ab 1.1.1911 in Hamburg von 56 auf 55 Stunden, in den übrigen Orten von 57 auf 56 Stunden pro Woche verkürzt; der Lohnausgleich erfolgt durch 1 Pfennig pro Stundenlohn; an den Tagen vor Weihnachten, Ostern, Pfingsten und Neujahr ist 2 Stunden früher Feierabend. Die Einstellungslöhne in Hamburg werden um 2 Pf. pro Stunde erhöht, bei einem niedrigsten Einstellungslohn von 40 Pf. eines volljährigen Arbeiters, außerdem wird der Stundenlohn für alle Arbeiter um 2 Pf. erhöht. Letzteres gilt auch für alle anderen Werftorte, jedoch mit der Einschränkung, dass der niedrigste Einstellungslohn den örtlichen Vereinbarungen vorbehalten bleibt. Die wöchentliche Lohnzahlung erfolgt ab 1.1.1910 überall, in Stettin war sie bisher vierzehntägig, der Zahltag wird vom Sonnabend auf den Freitag verlegt. Für Überstunden wird ein Aufschlag von 25%, für Nacht-, Sonn- und Feiertagsarbeit werden 50% Zuschlag zum Stundenlohn bei Lohn- und Akkordarbeit gezahlt; als Überstunden gelten die ersten beiden sich an die reguläre Arbeitszeit anschließenden Stunden, sowie das Arbeiten in den Pausen, wird über diese Stunden hinaus gearbeitet, so ist diese Zeit einschließlich der beiden ersten Stunden als Nachtarbeit zu vergüten.

Am 8.10.1910 stimmten die Werftarbeiter für die Wiederaufnahme der Arbeit am Montag, dem 10. Oktober, die dann allerdings nicht ohne allerlei Schwierigkeiten blieb. Die Verwaltung des Hamburger Vulcan erkannte dieses Abkommen an, änderte im Laufe des Tages aber die Meinung

Stellv. Schiffbaudirektor Regierungsrat Carl Paulus [aus: 100 Jahre STG]

und wollte den zugesicherten Akkordüberschuss nicht gewähren. Bei der Wiedereinstellung machten die Meister Schwierigkeiten, und begannen auszusortieren. Ähnliches konnte in Stettin durch das Eingreifen einer Kommission durch Verhandlungen mit den betreffenden Direktionen der Werften ausgeräumt werden. Nach einem 2 1/2 Monate dauernden Streik hatten die Arbeiter den größten Teil ihrer Forderungen durchsetzen können. Dazu hatte ein angesehener Hamburger Unternehmer dem Korrespondenten der *Kölnischen Zeitung* gesagt: »Man kann hier nicht anders als deklamieren: Welch großer Aufwand schmählich ward vertan! Erst erklären die Werften unter Hinweis auf die noch immer gedrückte wirtschaftliche Lage, sie könnten keine Lohnerhöhung und keine gleichzeitige Einschränkung der Arbeitszeit bewilligen, und nachher bewilligen sie das angeblich Unmögliche doch!«[108]

Bezüglich der Lohnzahlung am Freitag, ein sehr berechtigter Wunsch der Arbeiterfamilien, teilte der Jahresbericht der Hamburger Gewerbe-Inspektion über 1911 mit, dass sich diese Änderung in manchen Betrieben bewährt hat. »In den großen Werften haben sich aber leider [...] erhebliche Missstände ergeben. Am Sonnabend und Montag fehlten nun so viele Arbeiter, dass nicht nur der Betrieb empfindlich gestört wurde, sondern daß auch die pünktlich zur Arbeit kommenden Kolonnenarbeiter stark geschädigt wurden. Auf einer großen Werft, wo an den beiden Tagen bis zu 8 % der Arbeiter gefehlt haben, wurde deshalb während mehrerer Monate der Versuch gemacht, den Mittwoch als Zahltag festzusetzen; aber auch diese Maßnahme hatte nur das Ergebnis, daß zahlreiche Arbeiter [...] von Donnerstag bis Sonnabend fehlten. Die Werften beabsichtigen unter diesen Umständen allgemein, die Lohnzahlung wieder auf Sonnabend zu legen.«[109]

Zum Vergleich mit den Löhnen nachstehend einige Preise des Hamburger Konsum-, Bau- u. Sparvereins aus einer Zeitungsanzeige vom 11.12.1910[110], in welcher die Bäckereispalte u.a. überschrieben ist mit: »Achtstündige Arbeitszeit und vollständige Sonntagsruhe«, die Schlachterei mit: »Neunstündige Arbeitszeit und vollständige Sonntagsruhe«. Schwarzbrot, 10 Pfund = 100 Pf., Roggenbrot 4 Pf. = 50 Pf., Weizenbrot, = 40 Pf., Pfeffernüsse, 1 Pfd. = 40, 50 Pf., Zwieback Stck. = 1 Pf., Weizenmehl 1 Pfd. = 16 Pf., Zucker, gemahlen 1 Pfd. = 22 Pf., Zitronen Stck. = 4 Pf., Margarine, 1 Pfd. = 84, 74, 64, 58 Pf., Schmalz 1 Pfd. = 80, 76 Pf., Schokolade Tafel 5 u. 10 Pf., Datteln 1 Pfd. = 32 Pf., Wallnüsse 1 Pfd. = 40 Pf., Apfelsinen Stck. = 5 Pf., Äpfel 1 Pfd. = 20 Pf., Grobe Wurst II 1 Pfd. = 120 Pf., Wiener Würste 1 Paar = 10 Pf., Leberwurst 1 Pfd. = 96 Pf., Rotwurst 1 Pfd. = 64 Pf., Knackwürste 1 Dtzd. = 1 Mark, Stck. 9 Pf., Weihnachtsgänse das Pfd. = 66 Pf.

Bei dem geschilderten Streik war der größte Widerstand gegen die Wiederaufnahme der Arbeit geleistet worden, weil die Einstellungslöhne nicht vorher festgelegt wurden. In der Annahme, dass solches wie vereinbart auf der zugesagten Grundlage von 40 Pf. Einstellungslohn örtlich geregelt wird, hatten die Streikenden den Kampf beendet. Die späteren Verhandlungen zeigten dann jedoch, dass die Arbeiter sich getäuscht hatten. Die Werftbesitzer legten, von einigen wenigen Ausnahmen bei Akkordarbeitern, gerade bei den schlechtest bezahlten Arbeitern den allerniedrigsten Lohn von 1907 zugrunde und schufen so einen Einstellungslohn, der für ungelernte Arbeiter 30 Pf. je Stunde bei 56-stündiger Arbeitszeit betrug. Damit waren die von den ungelernten Lohnarbeitern erzielten Verdienste bei weitem nicht ausreichend, um eine Familie anständig ernähren zu können.

Einen Einblick in die Verhältnisse einer Arbeiterfamilie gibt uns eine Aufstellung eines Familienvaters mit 2 Kindern, der mit einem Stundenlohn von 33 Pf. auf dem Stettiner Vulcan beschäftigt war. Der Mann hatte folgende Aufzeichnungen gemacht: Bei 3 Überstunden hat er 59 Stunden in der Woche gearbeitet und 19,47 Mark erhalten. Die Ausgaben pro Woche betrugen: Invaliden- u. Krankenkassenbeiträge 0,54 Mk., Miete 3,50 Mk., Steuern 0,18 Mk., Versicherung 1,50 Mk., Schuhzeug,

Stiefel f. 4 Personen 1,10 Mk., Kleider 1,10 Mk., Feuerung 0,75 Mk., Licht 0,35 Mk., Bücher f. Kinder 0,65 Mk., Feuerversicherung 0,08 Mk., Zeitungsgeld 0,16 Mk., Beiträge f. Verband und Wahlverein 0,95 Mk. = 10,86 Mk., für Lebensmittel blieben 8,61 Mk. Zum Vergleich betrug die Normalration bei der deutschen Marine nach Detailpreisen berechnet 8 Mark wöchentlich pro Mann. Rechnet man noch die Kosten der Zubereitung, also Feuerung, Zutaten usw. hinzu, müsste unser Arbeiter mit seiner Familie – zwei Kinder als ein Erwachsener gerechnet – mindestens 24 Mk. pro Woche nur für den Lebensunterhalt zur Verfügung haben. Noch trauriger erging es den Arbeitern mit nur 30 Pf. Stundenlohn. Die Folge dieser Lohndifferenzen waren, besonders in Hamburg, wiederholte Arbeitseinstellungen.

Auch die nicht besonders gute Behandlung der Nieter und Bohrer der Filiale des Vulcan in Hamburg wirkte nicht beruhigend auf die Werftarbeiter. In Stettin fand am 11.8.1911 eine »Riesen-Werftarbeiter-Versammlung statt, die von mehreren Tausend Personen besucht war.« Die beschlossene Resolution enthält u.a. die Forderung an die Zentralvorstände, Schritte zu unternehmen, »damit die Einstellungslöhne sinngemäß, unter besonderer Berücksichtigung der unteren Lohnklassen, so geregelt werden, wie es den […] 1910 geflogenen Verhandlungen entspricht und weiter die Entschädigung der Überzeitarbeit, Nacht- und Sonntagsarbeit sowie Nachtschichtarbeit den anderen Werften angepaßt wird.« Bei Nichterfolg war ein allgemeiner Streik angedroht worden .[111]

Ein Personalwechsel im Bereich der Führungsebene war Ende Januar, Anfang Februar 1911 von der Direktion beschlossen worden, weil im Oktober d. Js. ein Teil des Werftbetriebes nach Hamburg verlegt werden soll. Nur der Bau von Schiffsmaschinen, Lokomotiven, Torpedobooten und kleineren Schiffen, bei denen ein großer Tiefgang nicht in Frage kam, war nach wie vor in Stettin vorgesehen. »Es werden die Herren Geh. Baurat Flohr, Paul Stahl; Louis Schwartz und [Dr. Gustav] Bauer nach Hamburg übersiedeln und die zur Zeit dort tätigen stellvertretenden Direktoren. […][Gustav] Fliege und [Franz] Wallwitz, nach Stettin verziehen; gleichzeitig wird der Vertreter des Direktors Schwartz in Stettin, Regierungsrat [Carl] Paulus, als stellvertretender Direktor die Leitung des Schiffbauressorts in Stettin übernehmen. Im Zusammenhang mit dieser Maßnahme stehen auch Verschiebungen innerhalb des Beamtenkörpers […] bevor.«[112] Begründet wurde dieser Personalwechsel damit, dass der zur Zeit in Hamburg im Bau befindliche Riesendampfer für die Hamburg-

Schiffbaudirektor
Dr.-Ing. h.c. Louis Schwartz
[aus: 100 Jahre STG]

Amerika Linie, der *IMPERATOR* und das Linienschiff *FRIEDRICH DER GROSSE* es erfordern, »die mit solch hochwertigen Bauten seit Jahren besonders vertrauten Persönlichkeiten des Vulcan an Ort und Stelle zu haben.«[113]

Am 30.9.1911 bittet das Unternehmen in der *Hansa* davon Kenntnis zu nehmen, »daß die Zentralverwaltung […] zum 1. Oktober von Stettin nach Hamburg übersiedelt.« Mit diesen Veränderungen hatten sich die geäußerten Befürchtungen der Oppositionsgruppe gegen einen Zweigbetrieb im Nachhinein bestätigt.

Zum Geschäftsbericht über 1910 schreibt die Zeitschrift *Hansa* in der Ausgabe vom 22.4.1911: »Der Dividendenrückgang von 12 % auf 11 % wird von der Verwaltung als eine Folge des allgemeinen Werftarbeiter-Ausstandes bezeichnet, der während 10 Wochen die Betriebe in Hamburg und Stettin lahm legte. Es hätte ohne besondere Schwierigkeit wieder der vorjährige Dividendensatz von 12% herausgerechnet werden können, zumal der Auftragsbestand sehr befriedigend genannt werden müsse; er betrage rund 25 Mill. Mk. Indessen entschied die Verwaltung sich dafür, die immerhin erhebliche Betriebsunterbrechung auch in der Dividende zum Ausdruck zu bringen.«

Dem am 3.5.1911 veröffentlichten Geschäftsbericht ist Folgendes zu entnehmen: 3.815.658 Mk. Bruttogewinn, 1.814.183 Mk. Abschreibungen, 1.246.182 Mk. Dividende, 31.381 Mk. Reservebaufonds, 50.000 Mk. Assekuransfonds, 250.000 Mk. Pensionskasse, 39.956 Mk. Versuchskonto,

87.500 Mk. Tantiemen. Nach der Bilanz betrug das Bankguthaben 7.724.837 Mk. Für Hamburg waren ausgewiesen: Gebäude 7,2 Mill. Mk., Maschinen 2,8 Mill. Mk., E.-Kraft- und Lichtanlagen 1,575 Mill. Mk.; für Stettin-Bredow: Gebäude 4,2 Mill. Mk., Werkzeuge 1,375 Mill. Mk., Materialvorräte 3.760.865 Mk. Fertige und in Arbeit befindliche Gegenstände beider Werke: 22.030.745 M., die geleisteten Anzahlungen auf in Arbeit befindliche Aufträge bezifferten sich auf 29,51 Mill. Mk. Die höchste Arbeiterzahl betrug in Stettin 6.486, in Hamburg 3.095; an Arbeitslöhnen wurden insgesamt 8.978.016 Mk. gezahlt. Zur Bilanz wird im Bericht angemerkt, dass unter den Aktiven in diesem Jahr das bisher geführte Interimskonto der Hamburger Niederlassung aufgelöst ist und erstmalig die Hamburger Anlage-Konten als solche getrennt in Erscheinung treten.

In Stettin sind an größeren Objekten im verflossenen Jahr bzw. inzwischen fertiggestellt und abgeliefert: 1 Linienschiff und 8 Hochseetorpedoboote für die deutsche Marine, 1 Torpedokreuzer für Uruguay, 1 Kohlendampfer für die Hedwigshütte Stettin, eine Flussfähre für den Kreisausschuss des Kreises Randow, die Werftbarkasse *BOX* und 1 Transportdampfer für eigene Rechnung. Außer den Maschinen und Kesseln für die abgelieferten und noch in Arbeit befindlichen Schiffe und Lokomotiven wurden fertiggestellt: 2 Turbinenanlagen für schwedische Rechnung, 15 Schiffskessel verschiedener Systeme, 1 Lokomotivkessel, 6 Dampfpumpen, 16 Torsionsindikatoren System Dr. Föttinger, 4 Schubmesser System Dr. Föttinger, 1 Föttinger–Transformator und zahlreiche Lokomotiven. In Arbeit waren noch geblieben bzw. sind neu hinzu gekommen: 1 Linienschiff, 1 kleiner Kreuzer sowie 13 Hochsee-Torpedoboote für die deutsche Marine, 1 Flußkanonenboot für China, 1 Schiffsturbinenanlage für ein Torpedoboot der russischen Marine sowie verschiedene Schiffskessel, 1 großer Passagierdampfer und 1 Frachtdampfer für die Hamburg Amerika-Linie sowie 1 großes Schwimmdock [*Dock III*] für eigene Rechnung und bestimmt für die Hamburger Filiale, außerdem zahlreiche Lokomotiven. Zur Ablieferung gelangten 1910 Erzeugnisse im Gesamtwert von 22.598.011 Mark.

In der Generalversammlung am 24.5.1911, die unter dem Vorsitz des Geh. Kommerzienrat Abel stattfand, waren 17 Aktionäre anwesend, die ein Kapital von 6.519.600 Mark vertraten. Die Bilanz wurde genehmigt und dem Vorstand und Aufsichtsrat Entlastung erteilt. Die nach dem Turnus ausscheidenden Aufsichtsratsmitglieder, Geh. Kommerzienrat Abel, Staatssekretär a.D. F. v. Hollmann und der Präsident der Seeberufsgenossenschaf, Richard C. Krogmann, waren durch Zuruf wiedergewählt worden. An Stelle des eine Wiederwahl ablehnenden Generalkonsuls Meister beabsichtigte der Aufsichtsrat, entsprechend der von der Versammlung erteilten Ermächtigung, eine Neuwahl vorzunehmen. Auf eine private Anfrage nach Schluss der Versammlung, wurde seitens der Direktion über das Geschäft im laufenden Jahr noch mitgeteilt, dass es sich normal entwickle. Vor allem sei die Hamburger Niederlassung für die Gesellschaft vorteilhaft im Hinblick auf die umfangreichen Beteiligungen der Gesellschaft am Reparaturgeschäft. Die Arbeiterverhältnisse seien in Stettin günstig, in Hamburg gestalten sie sich dagegen etwas schwierig.[114]

Letztere Anmerkung bezog sich auch auf die Vorgänge im Zusammenhang mit dem 1.5.1911. Am 27. April d. Js. hatte eine Versammlung von Delegierten aller auf der Hamburger Werft vertretenen Verbände im »Englischen Garten« mit großer Majorität beschlossen, den 1. Mai durch Arbeitsruhe zu feiern. Die Werft reagierte mit der Bekanntmachung, dass sie alle Arbeiter, die am 1. Mai feiern, 10 Tage aussperren wird. Einige der Arbeiter, die sich am 1. Mai zur Arbeit meldeten, wurden nun nicht an den gewohnten Arbeitsplätzen eingesetzt, sondern sollten Arbeiten der Ausgesperrten ausführen, was sie ablehnten und ebenfalls feierten. Diese sind am 2. Mai wieder eingestellt worden, einige andere Ausgesperrte einen Tag später. Eine große Zahl von Ausgesperrten begab sich am 2. Mai zur Werft, um sich ihr Geld und die Papiere abzuholen, da sie andere Beschäftigung in Aussicht hatten und abreisen wollten. Sie wurden allerdings, wie es hieß unter Beschimpfungen, fortgeschickt. Einer soll sogar vom Portier einen »kräftigen Fußtritt« bekommen haben. Anschließend wurde per Aushang bekannt gemacht, dass am 3. Mai Papiere und Geld ausgehändigt werden. An dem Tag standen am Werkseingang die Meister, und baten die Arbeiter, doch ja am 11. Mai wiederzukommen. Die auf der Werft verbliebenen jugendlichen Arbeiter sollten bis dahin wenigstens einen Teil der Arbeit der Ausgesperrten verrichten, was sie verweigerten und nun ebenfalls die Papiere bekamen. Am 11. d. M. ist der größte Teil der Ausgesperrten wieder eingestellt worden. Die sich in den folgenden Tagen noch meldenden Arbeiter wurden ebenfalls wieder eingestellt. Die Einstellungen erfolgten durch die Werft und nicht über den Arbeitsnachweis.[115]

Über die für eigene Rechnung gebaute Werftbarkasse *BOX* macht das »Journal« folgende Angaben: [Bau-] Nr.: 301 / Schiffsart: Werftbar-

Fährdampfer *RANDOW* [aus: Randow, ein Heimatbuch des Kreises, 1933]

kasse / Antrieb: 1 Schraube / Baujahr u. Bauzeit: 23.6.1909–26.1.1910 / La: 16 m / Lp: 14,90 m / B. a. Spt.: 5 m / H: 2,30 m / Tfg., beladen: mittl. 1,60 m / Freibord, beladen: 0,70 m / Depl., beladen: 44 t / Gewicht d. Schiffskörpers: 30 t / Gewicht d. Walzstahls: 20 t / Gewicht d. Maschinenanlage: 14,15 t. Diese arbeitete mit zweifacher Expansion und leistete 90 Psi, die BRT werden mit 36 angegeben, enthalten in einer Auflistung der Stettiner Kaufmannschaft betreffend 1909 fertig gestellter Neubauten.[116]

Der für die Firma James Stevenson AG in Stettin erbaute D. *MECKLENBURG* [2] lief am 15.3.1910 vom Stapel. Die Tragfähigkeit wird mit 3.250 Tons bei 5,56 m Tiefgang angegeben. Den Dampf für die 3-fach Exp.-Maschine lieferten 2 Zylinder-Röhrenkessel von zusammen 374 qm Heizfläche.[117]

Die Angaben nach dem »Journal« sind: [Bau-]Nr.: 303 / Besteller: Kohlenwerk Hedwigshütte Stettin / Schiffsart: Kohlentransportdampfer mit zwei Pfahlmasten / Antrieb: 1 Schraube mit 4 Flügeln / Anzahl durchl. Decks: 1 / Aufbauten: Poop, Brücke, Back / Doppelboden: durchlaufend / Klasse: Germ. Lloyd / Baujahr u. Bauzeit: 20.11.1909 –11.6.1910 / La.: 90,20 m / Lp: 86 m / B. a. Spt.: 12,50 m / H: 6,55 m / H1 verteilte Aufbauten: 7,635 m / R. T.: 5,76 m / Tfg., beladen: mittl. 5,56 m / Freibord beladen: 0,97 m / Kielhöhe CT: 0,034 m / Depl. beladen: 4.928 t / D. w. beladen all told: 3.250 t / L x B: 1.025 / L x B x H u. L x B x CT: 7.041,3 / L x B x H1: 8.060 / Lp : B: 6,88 / Lp : H: 13,13 / H : B: 0,524 / BRTs: 2.228,118 t / NRT: 1.202,118 t / Raumgeh. unter Deck: 5.362,879 cbm / Besatzung: 22 Mann / Gewicht d. Schiffskörpers: 1.320 t / Gewicht d. Walzstahls: 1.060 t / Gewicht d. Maschinenanlage: 275 t / Schiffskörper L x B x H x: 0,1875 / Walzstahl L x B x H : 150,5 / Maschine pro PSi: 0,228 / V beladen: 10,5 Knoten / PSi: 1.208. Mit dem Stand 1. Januar 1913 wird die Gesamtbesatzung mit 21 angegeben: Kapitän C. Jordan, 2 Offiziere und 7 Mann seemännisches Personal, 2 Offiziere und 7 Mann Maschinenpersonal, 2 Personen sonstiges Personal.[118] Gebunkert werden konnten 349 t Kohle.[119] Der Einsatz im Ersten Weltkrieg und Verbleib s. Bd. 3.

Über die ebenfalls in Stettin gebaute Fähre *RANDOW* enthält das »Journal« folgende Angaben: [Bau-]Nr.: 311 / Besteller: Kreis-Auschuß des Kreises Randow / Schiffsart: Fährdampfer für die

Strecke Pölitz–Langenberg / Antrieb: 1 Schraube / Anzahl durchl Decks: 1 / Baujahr u. Bauzeit: 25.11.1909–7.5.1910 / La: 22 m / Lp: 20,80 m / B. a. Sp.: 7,70 m / H: 2,60 m / Tfg., beladen: mittl.1,70 m, hint. 1,95 m / Freibord beladen: 0,90 m / Depl., beladen: 101 t / L x B x H u. L x B x CT: 416 / Gewicht d. Schiffskörpers: 71 t / Gewicht d. Walzstahls: 46,25 t / Gewicht d. Maschinenanlage: 14,55 t / PSi: 90. Klasse: Germ. Lloyd / BRT: 63 t, Maschine: Compound, ein Kessel mit 12 atü und 28,5 qm Heizfläche.[120]

Ein mit eisverstärktem Bug in Stettin für eigene Rechung gebauter kleiner Seetransportdampfer lief im November 1910 vom Stapel und wird im »Journal« mit diesen Angaben geführt: [Bau-]Nr.: 315 / Name: *Vulcan* [8] / Schiffsart: Transportdampfer mit 2 Masten / Antrieb: 1 Schraube / Aufbauten: Poop 19,57 m, Back 8 m / Doppelboden: von Spant 8–78 / Klasse: Germ. Lloyd / Baujahr u. Bauzeit: 16.3.1909–31.12.1910 / La: 53,39 m / Lp: 50,35 m / B. a. Spt.: 9,70 m / H: 4,90 m / H1 verteilte Aufbauten: 4,90 m + 1,20 m/ R. T.: 4,275 m / Tfg., beladen: 3;684 m / Freibord beladen: vollbeladen b. 4,44 m Tiefg. 0,477 m / Kielhöhe CT: 0,024 m / Depl., beladen: bei 3,684 m Tg. 1.240 t, bei 4,44 m Tg. 1.555 t / D. w. beladen all told: bei 3,684 m Tg. = 700 t / L x B: 488,39 / L x B x H u. L x B x CT: 2.393,11 / L x B x H1: 3.028,02 / Lp : B: 5,19 / Lp : H: 10,266 / H : B: 0,5005 / BRTs: 676,5 t / NRT: 320,39 7/ Raumgeh. unter Deck: 559,3 RT = 1.584,3 cbm / Besatzung: 17 Mann / Gewicht d. Schiffskörpers: 439 t / Gewicht d. Walzstahls: 335 t inkl. Nieten / Gewicht d. Maschinenanlage: 93 t / Maschine pro PSi: 197,5 kg / V beladen: 10 Knoten / PSi: 472.

Dieser Transportdampfer war, wie der im Jahre 1896 verlorengegangene, mit extra großen Ladeluken versehen, um auch die größten Kessel transportieren zu können. Das Schiff war später von der Stettiner Reederei Wilhelm Kunstmann erworben worden und hatte im Februar 1914 den Namen *GERDA KUNSTMANN* erhalten. Für 1926 wird u.a. die Gesamtbesatzung mit 14 angegeben: Kapitän, 1 Offizier und 5 Mann seemännisches Personal, 2 Offiziere und 3 Mann Maschinenpersonal, 2 Personen sonstiges Personal. Die 2-zyl. Gleichstrom-Maschine leistete 400 PSi, den Dampf lieferte 1 Kessel. Der Frachtdampfer hatte 3 wasserdichte Schotten bis zum Hauptdeck, Wasserballast im Doppelboden, 2 Piektanks, war zementiert und hatte die Maschine im Hinterschiff, die im April 1919 umgebaut wurde. Im Februar 1924 war die Schraubenwelle erneuert worden, es gab eine E.-Anlage, der Kessel hatte eine Feuerfläche von 120 qm und einen Arbeitsdruck von 12 atü.[121] Der Einsatz im Ersten Weltkrieg und Verbleib s. Bd. 3

Unfälle im Jahre 1911 im Werk Hamburg

Auch 1911 war es zu zahlreichen Unfällen im Hamburger Werk gekommen, über welche insbesondere das Arbeiterblatt *Hamburger Echo* informierte. Diese Berichte sind schon deshalb von einigem Wert, weil neben dem Vorfall selbst in den meisten Fällen auch der Name des Betroffenen nebst Anschrift und Beruf genannt wird, manchmal auch verbunden mit einer Arbeitsplatzbeschreibung. Am 27. Januar: »Ein Mißstand auf der Vulcanwerft. Wir werden von mehreren Arbeitern auf einen Mißstand [...] hingewiesen, der dringend der Abhilfe bedarf. Es handelt sich hier um den Stellagenbau bei den Nieterkolonnen. Am Sonnabend, 20. Januar, nachmittags 2 Uhr, stürzte der Nietenvorhalter Johs. Kolewsky von einer Stellage im Dockanbau 3 etwa 8 Meter tief ins Dock. Der Mann hatte außer Kopfverletzungen auch schwere Rückenverletzungen erlitten, so dass er besinnungslos nach dem Hafenkrankenhause gebracht werden mußte. Es ist bereits der fünfte Fall in 2 Monaten, wo ein Nieter mit selbstgebauter Stellage abgestürzt ist.« Es wird dann erwähnt, dass die Stellagen nicht wie bei anderen großen Hamburger Werften von Fachleuten, sondern von den Nietern selbst und im Nietakkord, mit ungenügendem und unvorschriftsmäßigem Material gebaut werden müssen. »Eine solche Stellage wird mit 4 Mann und dem dazu gehörigen Material belastet welches etwa 1.000 Pfund ausmacht. [...] Wenn hier keine Änderung eintritt, werden noch mehr Nieter zu Krüppeln werden und die Vulcanwerft trägt die Verantwortung.«

Am Freitag, 10. Februar: »Am Donnerstag morgen [...] ereignete sich ein Unglücksfall der leicht die furchtbarsten Folgen hätte nach sich ziehen können.« Bei dem im Dock befindlichen D. SANCTA LUCIA, waren auf 3 übereinanderhängenden Stellagen am Vorderschiff mehrere Nieterkolonnen mit dem Nieten von Platten beschäftigt, als sich plötzlich der Backbordanker löste, die Stellagen durchschlug und 12 der 25 Nieter in die Tiefe riß. Von den 4 Verletzten mussten 2 ins Krankenhaus gebracht werden. Als die Leute, »noch ganz betäubt von dem Fall, umherstanden, schnauzte der Ingenieur Kopp sie an und wies sie schließlich, als ihm erklärt wurde, daß sie noch nicht fähig seien, sofort wieder zu arbeiten, aus dem Dock.« Am Nachmittag wurde die unterste Stellage durch eine hakende Platte erneut heruntergerissen. Und wieder reagierte der Ingenieur wie am Vormittag. Jetzt allerdings ist er durch einen Kollegen zurechtgewiesen worden.

Am Dienstag, 21. Februar: Bei Entladungsarbeiten von 5 m langen und 600 Pfund schweren

Raumstützen aus dem Laderaum eines D. rutschte ein Hiev aus der Schlinge »und traf den Anschläger Wilhelm Dittmer am Kopf und am Bein. Der Verunglückte wurde in hoffnungslosem Zustande dem Krankenhause zugeführt.« Am Donnerstag, 2. März: »Der 16 Jahre alte Nietenwärmer Alfred Kaitaiski, Breitenweg 13, II. wohnhaft, der mit seinem Bruder die Mutter ernährt, war gegen 23 1/2 Uhr bei der Nachtarbeit auf der Stellage über einen elektrischen Leitungsdraht gestolpert, 14 Meter tief abgestürzt und schwerverletzt ins Hafenkrankenhaus gebracht worden, wo er verstarb.«

Am Sonntag, 12. März: »Heute nachmittag erlitt der Bohrer Franz Köchsel, Eimsbüttelerstraße 73 in Altona wohnhaft, an der Bohrmaschine eine Verletzung des rechten Fußes. Der Verunglückte fand im Hafenkrankenhause Aufnahme.« Am Sonntag, 19. März: »Am Sonnabendmorgen kletterte der erst kurz vorher ... in Arbeit getretene jugendliche Arbeiter Oskar Schwenson durch ein Mannloch des Tankdecks, um von unten Nieten einzustecken, dabei stürzte er etwa 3 Meter ab. Mit einer schweren Kopfverletzung wurde er zu seiner in Altona, Langestraße, wohnende Mutter gebracht.«

Am Freitag, 21. März: »Wegen mangelhafter Beleuchtung stürzte in der Nacht zu Donnerstag der Bohrer Otto Steinke, Hopfenstraße 5, durch ein nicht abgedecktes Mannloch etwa 3 Meter tief in den Raum. Er erlitt schwere Bein- und Unterleibsverletzungen.« Am Donnerstag, 23. März: »In der mechanischen Werkstatt ereignete sich am Dienstagnachmittag um 5 1/2 Uhr am großen Vertikal- und Horizontalhobelwerk ein Unfall, bei welchem der Hobler A. Flasche, Lucienstraße 12 in Altona wohnhaft, eine schwere Kopfverletzung erlitt. Der durch Unachtsamkeit ausgelöste Umsteuerhebel hatte den Kopf getroffen und das Nasenbein eingedrückt.«

Am Sonntag, 4. Juni: »Dem Platzarbeiter Vogel, Trampgang 14, fiel ein Eisenträger auf die Füße. Der Bedauernswerte wurde mit gebrochenem Fuß ins Hafenkrankenhaus gebracht.« Am Sonnabend Vormittag verunglückte auf dem Zimmerplatz »[...] der Zimmerer Otto Ernst aus Moorburg, indem ihm ein Meißel ins Bein drang [...], so daß er nach seiner Wohnung gebracht werden mußte. Insgesamt sind in dieser Woche 8 Arbeiter verunglückt, und zwar 7 davon so schwer, daß sie ins Krankenhaus gebracht werden mußten.«

Am Sonntag, 25. Juni: »Der am 22. Juni [...] von einem Schraubenflügel erschlagene Arbeiter heißt Karl Reimers und wohnte Sartoriusstraße 9, 3. Etage. Seine Frau und seine 4 Kinder sind des Ernährers beraubt. Sie stehen vor dem Nichts. Die Beerdigung [...] findet heute, am Sonntag, nachmittags 3 Uhr vom Hafenkrankenhause aus statt.« Dieser Unfall wurde am 6. Dezember d. Js. vor der III. Strafkammer des Hamburger Landgerichts verhandelt. Angeklagt wegen Fahrlässigkeit war der Anschläger Kracht. Auf Grund von Aussagen der Sachverständigen wurde K. zu einem Monat Gefängnis verurteilt.

Am Freitag, 4. August: »Die Vulcanwerft hat infolge der vielen Unfälle, die sich dort in kürzester Zeit ereignet haben, eine traurige Berühmtheit erhalten. [...] Auch im Laufe der vorigen Woche haben sich auf der Werft wieder verschiedene Unfälle ereignet. So wurde der Nieter E. Kramer von einem Winkel, der verpackt wurde und dabei überschlug, schwer verletzt. In der Verzinkerei brach ein Arbeiter ein Bein. Ein weiterer schwerer Unfall ereignete sich in der Schmiede. Der Nieter Niels Larson, der Nieten holte, rutschte auf der Treppe aus, fiel zwischen Bodenstücke und blieb dort mit den Schultern hängen, bis man den Ärmsten, schwer verletzt, befreite. Viele Unfälle werden aber gar nicht erst bekannt.«

Am Dienstag, 15. August: »Der mangelhafte Stellagenbau auf der Vulcanwerft, hat wieder einige Opfer gefordert. Am Donnerstag stürzten der Nietenprobierer Fr. Bink, Seilerstraße wohnhaft, und der in der Hafenstraße 122, 3 Etage, wohnende Nieter Karl Werner von der Stellage, [...] aus einer Höhe von 10 Metern in die Tiefe. Und am Freitag ist der Nieter Max Klemm, Langenfelderdamm 18, 1. Etage, 5 Meter tief abgestürzt.« Sie kamen ins Hafenkrankenhaus. Am Sontag, 20. August: Auf dem auf der Werft in Reparatur liegenden D. TYR fiel der Schiffbauer Koll am Mittwoch von der Raumleiter auf einen unten im Raum stehenden Arbeiter, beide wurden schwer verletzt. Die Leitersprossen waren sämtlich verbogen. Kaum glaublich [...] daß Koll [...] noch am selben Tag entlassen wurde, weil er seine Arbeit nicht hat fertig machen können. [...]«

Am Dienstag, 22. August: »[...] Am Montag morgen verunglückte in der Schiffbauhalle der Arbeiter Oskar Weiß, Bartelstraße 25 wohnhaft. Beim Lochen einer Decksplatte riß eine der Schrauben, mit der die Platte am Winkel befestigt war und die Platte stürzte Weiß auf den linken Unterschenkel, so daß das Fleisch teilweise abgeschält wurde und der Fuß brach; er wurde ins Hafenkrankenhaus gebracht.« Am Sonnabend, 30. September: »Am Donnerstag Mittag verunglückte im Betriebe [...] der in der Balduinstraße 2 wohnende Schmied Wilhelm Dietz tödlich [...]«

Am Donnerstag, 19. Oktober: »Am Dienstag ist der Schiffbauer August Friedel, wohnhaft Altona, Kleine Fischerstraße 38, der auf dem Dockneubau beschäftigt war, beim Hochhieven eines Saugkastens auf unaufgeklärte Weise zu Fall gekommen. Der 20 Zentner schwere Kasten fiel ihm aufs Bein. Nachmittags gegen 5 Uhr war der Maschinenbauer Franz Korn mit dem Kanten eines 700 kg schweren Lauflagers beschäftigt, als plötzlich der 1 1/2 Zoll starke Stropp riß und das Lager dem Korn auf Fuß und Hand fiel, die schwer verletzt wurden.«

Am Sonntag, 29. Oktober: »Am Sonnabend morgen stürzte der Rammer Hartleben, Bullenhusendamm wohnhaft, von einer [...] Ramme ab und blieb mit zerbrochenen Gliedmaßen liegen, der Schwerverletzte ist nach dem Krankenhause gebracht worden.« Am Sonntag, 18. November: »Von den Hellingen [...] stürzte gestern Nachmittag um 4 1/2 Uhr der 17jährige Nietenlanger Karl Lobel, Metzstraße 30 wohnhaft, von etwa 6 Meter Höhe ab.« Er wurde schwerverletzt und bewußtlos mit dem städtischen Krankenwagen ins Krankenhaus gebracht.

Am Mittwoch, 29. November: Am Dienstagvormittag wurde per Kran Alteisen in eine Schute verladen. Mit dem weit ausgefahrenen Ausleger konnte eine Last von 3 1/2 t bewegt werden. Bei 5 t sollte der Ausleger eingezogen werden, was der Kranführer nicht tat, sondern direkt über die Schute schwenkte. Als der Kran nach vorn kippte, kletterte der Kranführer auf den Ausleger und sprang in die Schute. Der Kran fiel auf die Schute und riss diese mit dem Kranführer Wohlgehagen, Vereinstraße 4 wohnhaft, in die Tiefe.

Ebenfalls am Dienstag sollte mit einer Barkasse ein bei der Werft bei Ebbe auf Grund geratener Ponton abgeschleppt werden als die Trosse riss und auf der Barkasse der Arbeiter Willi Mathiessen, Kurze Straße 28 wohnhaft, über Bord ging, Rettungsversuche blieben erfolglos. Die versandete Leiche wurde erst am 17.3.1912 durch einen bei der Werft tätiger Dampfbagger zufällig mit hochgebracht.

Am Dienstag, 5. Dezember: »In der Hammerschmiede flog am Montag [...] dem Schirrmeister Fritz Beier ein Stück vom Setzhammer ins rechte Auge, welches ausgenommen werden mußte.« Am Mittwoch, 6. Dezember: »Bei dem Neubau des D. *IMPERATOR* stürzte am Dienstag ein eiserner Winkel herab und schlug dem unten arbeitenden Jakob Patula die Zehen ab, er ist am Donnerstag seinen Verletzungen erlegen.« Am 7. Dezember: Bei Arbeiten am D. VIKTORIA LUISE, es wurde ein Schwimmbad eingebaut, hatte der Arbeiter Karl Feddermann, wohnhaft Altona, Amalienstraße 2, den Auftrag, bei der Dampfwinde darauf zu achten, dass die Hieve frei bleiben. Dabei ist er 25 Meter tief in den Schiffsraum gestürzt. »Der Ärmste wurde mit schweren Kopfverletzungen und sehr schweren inneren Verletzungen nach dem Krankenhause gebracht.« Die Dampfwinde auf dem Schornsteindeck soll für die Arbeiten ungeeignet gewesen sein.

Am Sonntag, 10. Dezember: Am Sonnabend sollte mit einem Kran ein Waggon mit Koks versetzt werden, wobei der Kran gegen den Waggon fuhr. Dabei geriet der Platzarbeiter Johannes Nagel, in Ottensen, Hörmannstraße wohnhaft, zwischen Puffer und Kran, »er kam ins Hafenkrankenhaus. Hoffentlich gelingt es, ihm das Leben zu erhalten.«

Über einen weiteren schweren Unfall wurde am Sonnabend, dem 18. November berichtet, allerdings ohne Namensnennung, dafür aber über die damalige Schmiedetechnik. »In der Hammerschmiede ... befindet sich ein sogenannter Schmelzofen, in dem Blocks bis zu einem halben Meter zum Verarbeiten heiß gemacht werden. Diese Blocks werden nicht ganz in den Ofen geschoben, sondern nur soweit wie nötig.« Da das Blockende in der Tür liegt, kann diese nicht geschlossen werden, sondern um den Block herum wird die Öffnung zugemauert. Diese Wand wird beim Herausnehmen des Eisens mit herausgerissen. Über diesem Ofen befinden sich 2 Dampfkessel, die mit einem Druck von 15 atü arbeiten. Der Dampf wird in Siederohren, von denen 12 durch den Ofen laufen, erzeugt. Da diese sich direkt über der Feuerung befinden, dehnen sie sich aus und dabei ist ein Rohr geplatzt. Durch den Druck wurde die Steinmauer 20 m in den Raum geschleudert. Feuer und Dampf sprühten heraus auf die an dem Ofen arbeitenden Schmiede, wodurch sie verbrüht und verbrannt wurden. [...] Als ein Glück ist es zu bezeichnen, daß der Rohrbruch nach 4 Uhr [Feierabend am Sonnabend] passiert ist, wo nur wenige Leute Überstunden machten [...].«[122]

Sein 25-jähriges Betriebsjubiläum konnte 1911 der Betriebsingenieur und Leiter des Büros für maschinelle Einrichtungen in Stettin, Christian Schlüter, begehen. Der gebürtige Elsflether hatte nach beendeter Schulzeit und praktischer Ausbildung, die Maschinenbauabteilung des Technikums Mittweida besucht, die er mit ausgezeichnetem Erfolg absolvierte. Zur weiteren Ausbildung im Schiffsmaschinenfach fuhr er längere Zeit als Maschinistenassistent zur See. In die Dienste des Vulcan trat er als junger Ingenieur mit 26 Jahren. Von allerhöchster Stelle hatte er für treu geleistete Dienste eine Auszeichnung erhalten.[123]

Über Reparaturarbeiten im Hamburger Dock wurde im November und Dezember 1911 berichtet. Am 18. November war im Maschinenraum des im Dock liegenden Tankdampfers MANNHEIM Feuer ausgebrochen. Den dort arbeitenden 5 Männern war der Weg ins Freie durch die Flammen abgeschnitten. Sie flüchteten sich in einen Nebenraum und konnten von hier, nachdem ein Loch in das Deck geschlagen war, in letzter Minute gerettet werden. »Sie hatten schon soviel Rauch geschluckt, daß sie mittels Krankenkorbes sofort nach dem Krankenhause getragen werden mußten.«

Der Hamburger D. RUDOLF BLUMBERG hatte bei einer Kollision bei Brunsbüttel den Vordersteven verbogen und ging mit an beiden Seiten eingedrückten Bugplatten ins Dock I. Mit Bodenschaden nach Grundberührung bei Nicolajews, kam der Hamburger D. MAGDALENE RICKMERS am 6. Dezember in das Dock II. »Der englische D. CAIRNOPAN, der mit dem norwegischen D. LOKI in Kollision war und schwere Schäden erlitt, hat seine ganze Ladung in die Leichter von A. Reinecke gelöscht und ist jetzt [am 6. Dez.] zur Reparatur nach der Vulcanwerft verholt worden.« Mit Maschinenschaden war der in Ballast nach England bestimmte Hamburger Kohlendampfer HELEN HEIDMANN am 11. d. M. von der Unterelbe bei Schulau zur Vulcanwerft geschleppt worden.[124]

Nach Verlegung der Zentralverwaltung des Unternehmens am 1.10.1911 von Stettin nach Hamburg lagen der am 11.5.1912 stattfindenden ordentlichen Generalversammlung folgende Anträge auf Statutenänderungen vor: Änderung der Firma und Verlegung des Sitzes sowie Einfügung der Bestimmung, dass die Generalversammlungen auch nach Hamburg berufen werden können.[125] Die entsprechende Eintragung in das Handelsregister B des Amtsgerichts zu Stettin lautet: »Vulcan-Werke Hamburg und Stettiner Actiengesellschaft Stettiner Niederlassung in Stettin [Hauptsitz Hamburg]. Gegenstand des Unternehmens der Aktiengesellschaft ist der Schiff- und Maschinenbau und jeder dazu dienliche Hilfsbetrieb. Die Gesellschaft kann Unternehmungen, die zu ihren Geschäftszweigen in Beziehung stehen, betreiben und sich daran in jeder Form beteiligen. Grundstücke, Gebäude, Schiffe, Maschinen und deren Teile sowie Rohstoffe und sonstige Gegenstände erwerben, veräußern, pachten, verpachten, Zweigniederlassungen und Agenturen im In- und Auslande errichten und aufgeben. Das Grundkapital beträgt 15 Mill. Mark. Der Gesellschaftsvertrag vom 29.1.1857 ist neu festgestellt am 19.12.1899 und geändert am 16.5.1900, 24.11.1909, 3.6.1910 und 11.5.1912. Vorstandsmitglieder sind: Geh. Baurat Justus Flohr, Paul Stahl, Louis Schwartz, Dr. Gustav Bauer, Direktoren, sämtlich in Hamburg; die Direktoren Franz Wallwitz, Carl Paulus, Ernst Linder und Gustav Fliege, sämtlich in Stettin. Dem Dr. Rudolf Wagner und dem Karl Trappen, beide Stettin, ist derart Prokura erteilt, daß jeder von ihnen mit einem Vorstandmitgliede die Zweigniederlassung vertreten kann. Die Gesellschaft wird vertreten, wenn der Vorstand nur aus einem Mitgliede besteht, von diesem allein, wenn der Vorstand aus mehreren Mitgliedern besteht, von zwei Vorstandsmitgliedern oder von einem Vorstandsmitgliede und einem Prokuristen. [...]«[126]

Der im April 1912 veröffentlichte Geschäftsbericht über 1911 präsentierte folgenden Abschluss: 3.960.537 Mark Bruttogewinn, 2.121.399 Mk. Abschreibungen, 1.609.539 M. Reingewinn, 11 % = 1.251.665 Mk. Dividende, 161.852 Mk. Dotierung Reservebaufonds und 50.000 Mk. Pensionskasse sowie 87.500 M. Tantiemen. Ferner erhielt das Dotationskonte 28.521 Mk., das Obligationskonto 10.000 Mk. und das Talonsteuerkonto wie im Vorjahr 20.000 Mk. An größeren Objekten sind 1911 fertiggestellt und abgeliefert worden: 15 Hochseetorpedoboote für die deutsche Marine, der Frachtdampfer *STEIERMARK* für die HAL und für eigene Rechnung der Seetransportdampfer *VULCAN* [8]. Außer den Maschinen und Kesseln für die abgelieferten und noch im Bau befindlichen Schiffe und Lokomotiven, wurden zahlreiche Lokomotiven und einige Tender abgeliefert. In Arbeit befindlich waren noch geblieben: 1 Fracht- und Passagierdampfer und 1 Passagierdampfer für die Hamburg-Amerika Linie, 2 Fracht- und Passagierdampfer für den NDL, 1 Fracht- und Passagierdampfer für die Hamburg-Süd, 1 Fracht- und Passagierdampfer für »Det Forenede Dampskibs-Selskab Aktieskab, Kopenhagen«, 1 Fracht- und Passagierdampfer für die NDC Stettin, sowie 1 großes Schwimmdock (*Dock III* Werk Hamburg) für eigene Rechnung und verschiedene Schiffskessel. Weitere Angaben zum Kriegsschiff- und Lokomotivbau s. Bd. 3. Der Gesamtwert der 1911 abgelieferten Erzeugnisse wird mit 29.548.030 Mark beziffert. Die Arbeiterzahl in Hamburg und Stettin betrug insgesamt 11.549, an Arbeitslöhnen waren 14.263.585 Mk. gezahlt worden.

Weiter heißt es im Bericht über die gegenwärtige Lage der Gesellschaft: »In dem Geschäftsbericht für 1908 hatten wir bereits auf die sehr ungünstige Preisgestaltung im Bau von Schiffen [...] hingewiesen. Man verhehlte damals nicht, daß unter den Nachwirkungen einer wirtschaftlichen Depression des Jahres 1907 Aufträge zunächst nur in spärlichem Umfange einlaufen würden, aber man hielt sich zu der Hoffnung berechtigt, daß mit dem Wiedererwachen von Handel und Gewerbe auch der deutsche Schiffbau zu neuer Blüte sich erschließen würde. Leider hat der Verlauf des letzten Jahres diese Hoffnung nur insoweit erfüllt, als den Schiffswerften reichliche Aufträge zugeflossen sind, aber diese Aufträge wurden – besonders bei ganz großen Schiffen – zu Preisen vergeben, die in der Regel nur die Selbstkosten der Werften deckten, meist sogar dieses für ihren Fortbestand unerlässliche Niveau nicht erreichten. Nicht dem Resultat des Berichtsjahres ist es zu danken, wenn wir im Gegensatz zu den anderen Schiffsbaugesellschaften für die verflossene Geschäftsperiode eine befriedigende Dividende gewähren können, sondern den Überschüssen aus unserer Maschinenfabrik und der Vorsorge aus einer vergangenen Zeit, in welcher es noch möglich war, unter normalen Bedingungen Aufträge hereinzunehmen. Diese Grundlagen sollen uns auch helfen, über die noch in voller Entwicklung stehende ungesunde Periode im Schiffbaugewerbe einigermaßen hinwegzukommen. Der Bau der neuen sehr großen und gegen früher wesentlich veränderten Schiffstypen verlangt in jedem einzelnen Falle erhebliche Kapitalaufwendungen durch notwendig werdende Ergänzungen und Umbauten der Werften. Es ist nicht abzusehen, wo es hinführen soll, wenn diesen Aufwendungen, für welche Verzinsung und Amortisation aufzubringen sind, schadenbringende Geschäfte, wie es gegenwärtig der Fall ist, gegenübergestellt werden müssen. Eine Fortsetzung der bestehenden Verhältnisse, welche für Kriegs- und Handelsschiffsbau als ruinös bezeichnet werden müssen, würde in absehbarer Zeit die schlimmsten Konsequenzen herbeiführen.«[127] Der Wert der 1912 abgelieferten und Mitte April d. Js. in Arbeit befindlichen Aufträge, wird mit etwa 90 Mill. Mk. angegeben.[128]

Nach einer Aufstellung in *Hansa* vom 4.1.1913, hatte der Vulcan 1912 an Schiffen abgeliefert: 2 Schleppdampfer, 2 Eisenbahnfährdampfer, 2 Passagier- und Frachtdampfer mit zusammen 11.590 BRT und 6.950 PSi und 2 Kriegsschiffe. Am Jahresende waren noch im Bau: 1 Passagierdampfer, 1 Eisbrecher, 1 Passagier- und Frachtdampfer mit zusammen 45.870 BRT und 39.700 PSi sowie 9 Kriegsschiffe.

Die Bestellung des Frachtdampfers *STEIERMARK* war am 19.9.1910 veröffentlicht worden. 4 weitere D. dieses Typs hatte die HAL bei 4 anderen Werften in Auftrag gegeben.[129] Der Frachtdampfer lief in Stettin am 19.9.1911 ohne Feierlichkeiten vom Stapel und wird am 28. November d. Js. als fertiggestellt gemeldet. Das Schiff, als Einschraubendampfer mit Schlingerkielen konstruiert, ist als Shelterdecker nach dem Isherwood-Längstspantensystem aus Stahl mit Eisverstärkung im Vorschiff gebaut worden. Es hatte außer einem sich über die ganze Schiffslänge erstreckenden wasserdichten Doppelboden 2 durchlaufende Stahldecks und 6 bis zum Hauptdeck reichende wasserdichte Querschotten. Es waren 6 Ladeluken, 1 Proviantluke sowie mittschiffs 1 Vermessungsöffnung im Shelterdeck vorhanden. Die beiden stählernen Pfahlmasten mit 12 Ladebäumen dienten nur Ladezwecken. Außerdem gab es noch 3 Ladebaumpfosten mit je einem Ladebaum. Sämtliche Ladebäume bestanden aus Mannesmannrohr, sie wurden durch 15 Dampfladewinden bedient. Als Maschine war 1 vertikale Vierfach-Expansionsmaschine in Hammerbauweise eingebaut worden, mit einer Leistung von 2.500 PSi und für eine Geschwindigkeit von 11 1/2 Knoten. Die Kohlenbunker für 3 Kessel waren ausreichend für ca. 900 t.[130]

Das »Journal« enthält folgende technische Angaben: [Bau-]Nr.: 316 / Besteller: Hamburg-Amerika Linie / Anzahl durchl. Decks: 2 / Klasse: Germ. Lloyd / Baujahr u. Bauzeit: 1910–1911 / La: 126,45 m / Lp: 121,41 m / B. a. Spt.: 16 m / H: 8,23 m / H1 verteilte Aufbauten: 10,67 m / R.T.: 7,458 m / Tiefgang beladen: 7,01 m / Freibord beladen: 0,94 m Sommer, 1,06 m Winter / Kielhöhe CT: 0,023 m / Depl., beladen: 10.847 t / D. w. all told: 7.823 Tonnen = 7.700 Tons / L x B: 1.940,95 / L x B x H u. L x B x CT.: 15.974,10 / L x B x H1: 20.710,04 / Lp : B: 7,581 / BRTs: 4.569,7 t / NRT: 2.844,7 t / Raumgeh. unter Deck: 12.137 cbm / Besatzung: 61 Mann / Gewicht d. Schiffskörpers: 2.600 t / Gewicht d. Walzstahls: 2.016 t / Gewicht d. Maschinenanlage: 524 t / Maschine pro PSi: 209,5 kg.

Die Überführungsfahrt von Stettin nach Hamburg war als Probefahrt durchgeführt worden. Im Hamburger Hafen traf das Schiff am Morgen des 25.11.1911 ein, wo die sofortige Abnahme erfolgte.[131] 1911 war der D. auf der Strecke Hamburg–Philadelphia eingesetzt, als Kapitän wird F. Meyer genannt.[132] Der Einsatz im Ersten Weltkrieg und Verbleib s. Bd. 3.

Während 1911 5 Schiffsglocken mit den Nummern 1958–1962 von der Stettiner Glockengießerfirma C.(arl) Voss & Sohn geliefert wurden, kamen im folgenden Jahr insgesamt 8 Glocken an den Vulcan zur Auslieferung, mit den Nummern 1971 u. 1972, 1983 u.1984 und ohne Gewichtsangabe, die Glocken 2005–2008 mit insgesamt 180 kg.[133]

Im Februar 1912 war es in Stettin bei den Nietern im Handelsschiffbau nur deshalb zu keiner Arbeitseinstellung gekommen, weil die Direktion den Einspruch der Nieter bezüglich der Akkordpreise gelten ließ und bei der Anfertigung der Nietarbeit auch verschiedene Erleichterungen zugesagt hatte. So sollten bei schlechtpassenden Nietlöchern die Nieter nicht mehr aufdornen, wie es bisher unter Einrechnung der Zeit in ihren Akkord geschehen musste, sondern für diese Arbeit waren hierzu bestellte Arbeiter vorgesehen. Weiter sollte das Material passender geliefert werden, das heißt, die Nieten sollten die jeweils notwendigen Längen haben. Bereits in den wegen dieser Differenzen abgehaltenen Versammlungen wurden Stimmen laut, die voraussagten, dass die Zusagen nur auf dem Papier stünden, »dafür würde besonders der Herr Baumeister Flach sorgen. Und leider haben diese Nieter Recht behalten. Es sind heute [Ende März] bezüglich der schlecht passenden Löcher und Nietenlängen noch gröbere Mißstände vorhanden, als dies vor den Verhandlungen der Fall war.«

Die Schuld daran wird Sparmaßnahmen gegeben, für die der Schiffbaumeister Flach verantwortlich gemacht wird, »in dem er das Schiff auslegen resp. abwickeln läßt. Früher wurde Gewicht darauf gelegt, dem Schiff gleich von Anfang an die richtige Form zu geben, indem am Bodenstück 2 Straaklatten und außerdem an der Außenhaut je nach der Größe des Schiffes eine bis drei Latten angebracht wurden, was heute alles in Wegfall kommt. Heute werden die Löcher von den Bodentücken und Spanten auf Decks- resp. Außenhaut durch Stöcke übertragen. Hierdurch nur allein entstehen die schlecht passenden Löcher, deren Dimension manchmal so groß ist, daß das eine Nietloch von dem Eisen der Platte beinahe verdeckt wird. Abschließend wird in dem Beitrag des *Volksboten* darauf hingewiesen, »dass es nicht ausreicht, wenn der Baumeister Flach die Arbeiter mit dem Spruch abspeist: ›Kinderchens, Kinderchens, arbeitet man‹, er solle lieber dafür sorgen, dass Abmachungen eingehalten werden damit das Vertrauen der Werftarbeiter nicht noch mehr erschüttert wird. Auch ist dringend zu raten, mit Drohungen gegen Verbandswerftarbeiter recht vorsichtig zu sein. Der Metallarbeiterverband wird seine Mitglieder schon zu schützen wissen.« [134]

Über die Zustände bei der Arbeiterbeförderung der Vulcanwerft, war im *Hamburger Echo* geschrieben worden: »Man sollte es nicht für möglich halten, daß in der Hafenstadt Hamburg bei der Personenbeförderung Mißstände obwalten, die den vielbelachten Kleinbahn-Idyllen nichts nachgeben.« Eine Änderung trat erst im Juni ein, nachdem die »Schutz- und Verkehrskommission« mit der Direktion der Hafendampfschiffahrts-Aktien-Gesellschaft mehrmals verhandelt hatte, unter Einschaltung der Hafenpolizei und des Hafenkapitäns Möller. Bereits im März hatte man in Arbeiterkreisen sich mit der Absicht getragen, die Fähren für längere Zeit durch Benutzung des Tunnels vollständig auszuschalten. Vermutlich war auch hilfreich, als auf Beschluss einer Betriebsversammlung, die Vulcanarbeiter den Fährdampfer CLAUDIUS als Verkehrsmittel ablehnten. Diese Fähre gehörte zu den älteren Schiffen und nahm, wenn sie stark besetzt war, soviel Wasser über, dass die Arbeiter regelmäßig durchnässt wurden. Das war besonders dann sehr unangenehm, wenn es zur Arbeit ging, da es keine Umkleidemöglichkeiten gab, die Arbeiter also in der nassen Kleidung ihr Tagewerk verrichten mussten. Auch die schlechten An- und Abfahrtszeiten boten Grund zur Klage. Besonders für die in der Sonnabendnachtschicht Beschäftigten war eine ungewöhnlich lange Wartezeit an der Tagesordnung. Deren Schicht begann nach Schluss der Tagesarbeit um 4 Uhr nachmittags und dauerte bis 12 Uhr nachts. Diese Arbeiter trafen erst gegen 1 Uhr nachts an den Stationen St. Pauli-Markt und Landungsplatz-Anlage ein, also fast 1 Stunde nach Arbeitsende. Die Arbeiter der normalen Nachtschicht hatten um 4 Uhr morgens Feierabend. Der Weg zur Pontonstelle dauerte etwa 20 Minuten. War die Fähre früher dort, wurde nur selten mit der Abfahrt bis 4 Uhr 20 gewartet.[135]

Ein Obmann wird entlassen, die Belegschaft antwortet mit Arbeitseinstellung

»Alle Räder stehen still, wenn Dein starker Arm es will«, titelte das *Hamburger Echo* eine Mitteilung am Mittwoch, dem 1. Mai 1912, in der über die Arbeitseinstellung der gesamten Arbeiterschaft beim Hamburger Vulcan am 30. April berichtet wird. Danach hatten die Arbeiter dieses Dichterwort in die Tat umgesetzt, weil der zweite Obmann des Arbeiterausschusses, Behrs, »der sich der allergrößten Beliebtheit erfreut«, entlassen wurde. »Als Obmann hatte er das Recht, auch andere Abteilungen der Werft zu betreten, als die, in der er beschäftigt war. Er hatte das Recht, sich über alles zu informieren, was den Arbeiterausschuß angeht. Am Montag ist er von dem Werkführer in einer anderen Abteilung gesehen worden, als er mit einem dort arbeitenden Kollegen sprach. Daraufhin wurde er am Dienstagmorgen um 7 Uhr, als er mit der Arbeit beginnen wollte, entlassen, ohne befragt worden zu sein. War die Erbitterung schon ins maßlose gewachsen durch die Drohung der Direktion, die Maifeiernden zehn Tage auszusperren, so weckte die rigorose Entlassung [...], helle Empörung. [...] Und im Augenblick standen die Räder still. In dichtem schwarzen Zuge verließen die tief erbitterten etwa 4.500 Arbeiter um 7 1/2 Uhr die

Werft. Vorbei an dem erstaunt aus seinem Auto blickenden Direktor, der gerade zur Werft wollte, ging es nach dem Elbtunnel. [...] und von da [...] in die Wohnungen.« Wie berichtet wird, sind sämtliche organisierten Arbeiter beteiligt, auch die der Hirsch-Dunker'schen und der christlichen Organisation angehörenden.

Diesem Totalausstand war Folgendes vorangegangen: Am Morgen des 29.3.1912 hatte der Arbeiterausschuss der Werft die Erklärung abgegeben, dass die Arbeiter beschlossen hätten, am 1. Mai zu feiern. Der Arbeitgeberverband von Hamburg-Altona, welchem auch die Vulcanwerft angehörte, hatte am 25. April wie in früheren Jahren beschlossen, alle Arbeiter, welche am 1. Mai feiern, auf 10 Tage auszusperren. Die entsprechenden Bekanntmachungen für die Arbeiterschaft, sind der Vulcanwerft wie allen anderen Firmen von der Geschäftstelle des Verbandes zugegangen und von der Direktion am Abend des 29. April angeschlagen worden.

Am 7. Mai fand im Englischen Garten eine Versammlung mit etwa 4.000 Streikenden statt. Der Versammlungsleiter teilte u.a. mit, dass die Person des Gemaßregelten vollkommen ausscheide. Bei der ersten Verhandlung mit der Direktion habe man den Verkauf von Beitragsmarken als Entlassungsgrund durch Gegenbeweise als vorgeschoben erklären können. Darauf meinte ein Direktionsmitglied ganz offen, dass eventuell auch ein anderer Paragraf der Arbeitsordnung für die Entlassung herangezogen werden könne. Der Gemaßregelte solle den Vorarbeiter, den Kronzeugen der Direktion, verklagen. Wenn sich die Behauptungen des Vorarbeiters als unwahr erwiesen, dann würde der Vertrauensmann wieder eingestellt werden.

Der Bevollmächtigte der Hamburger Metallarbeiter, Kürbis, riet, die Arbeit wieder aufzunehmen. Er begründete das u.a. damit, dass es sich zwar zweifellos um eine Maßregelung handelt. »Man müsse sich aber doch fragen, ob die Angelegenheit die großen Opfer wert sei, die die Fortführung des Kampfes bringe. [...] Der Verband der Metallindustriellen habe die Angelegenheit zu der seinen gemacht. Es sei das Zugeständnis gemacht, dem Gemaßregelten ohne wirtschaftliche Schädigung in einem anderen Betriebe einzustellen. Damit solle man sich zufrieden geben. Im gleichen Sinne sprach Gauleiter Schultz und der zweite Bevollmächtigte Koch.«

Die Redner aus den Reihen der Arbeiter traten durchweg für die Fortführung des Kampfes ein. In geheimer Abstimmung wurde die Wiederaufnahme der Arbeit mit 2.298 gegen 532 Stimmen abgelehnt, 46 Stimmen waren ungültig. Auf die Beseitigung des Obmannes, der der Direktion schon lange im Wege war, ist seit langem systematisch hingearbeitet worden, wie berichtet wurde. Der Arbeiterausschuss war auf Veranlassung der Direktion gewählt und seine Rechte von dieser festgesetzt worden. Der Arbeitgeber hatte allerdings das Recht, im Rahmen seiner Kündigungsfreiheit unbequemen Mitgliedern zu kündigen. »Wer diesen Zustand nicht als erwünscht ansieht, wird dafür einzutreten haben, daß das Arbeitsverhältnis immer mehr aus einem Herrschaftsverhältnis zu einem Rechtsverhältnis wird.« Mit dieser Feststellung endet der Artikel des Dr. W., der sich auch mit den Arbeiterausschüssen befasste, veröffentlicht in der *Neuen Hamburger Zeitung*.

Am 10. Mai kamen die Streikenden nochmals im Englischen Garten zusammen. Der Bevollmächtigte Kürbis berichtete, dass erneute Verhandlungen ohne Ergebnis verlaufen wären. Die Direktion halte ein unparteiisches Schiedsgericht für überflüssig. Der Gemaßregelte soll ohne wirtschaftliche Schädigung bei einem anderen Betrieb eingestellt werden. Sollten sich in Zukunft Differenzen mit Arbeiterausschussmitgliedern ergeben dann soll vor weiteren Schritten wie Entlassungen usw. eine genaue Prüfung der Sachlage stattfinden. Die Streikenden sollen sämtlich wieder eingestellt werden. Im Namen der Vertrauensleute und Delegierten empfahl Heilmann die Annahme der Vorschläge. Er appellierte an die Disziplin seiner Kollegen, geschlossen, wie man herausgegangen sei, auch wieder in den Betrieb hineinzugehen. Für eine Fortführung des Kampfes könne der Vertrauensmännerkörper die Verantwortung nicht übernehmen. Im gleichen Sinne sprach der Gemaßregelte. Nach einer längeren Debatte über das Für und Wider kam eine Resolution zur Abstimmung, in welcher festgestellt wird, dass man, durch die augenblicklich geschaffene Situation gezwungen, geschlossen die Arbeit wieder aufnehme, jedoch erkläre, »stets bei rigorosem Vorgehen der Direktion, für die von ihr gewählten Kollegen mit Nachdruck einzutreten. Die Arbeiterschaft [...] ist nach wie vor fest der Meinung, dass sie ihr gutes Recht verteidigt hat und die Entlassung des Obmannes des Arbeiterausschusses zu Unrecht erfolgt ist.« Diese Resolution war mit großer Mehrheit gegen etwa 200 Stimmen angenommen worden.[136]

Die sogenannten »Gelben«, eine kleine Arbeitergruppe von etwa 100–150 Mann und außerhalb der SPD organisiert, hatte sich zur Entlassung des Kollegen mit einem eigenen Schreiben geäußert, in dem diese als berechtigt und die Arbeitsniederlegung eine politische Machtfrage genannt wird. Sie stützte damit die Position der Direktion, stand also auf Seiten der Arbeitgeber. Die Hauptunterstützung erhielt die Gruppe, deren Vorstand aus 3 Leuten bestand, von dem Bürochef des Vulcan, Offinsky.[137] Zu dieser Arbeitsniederlegung abschließend eine Mitteilung in der *Hansa*, welche in etwa die Sichtweise der Arbeitgeberseite wiedergibt: »Am 30. April stellten die Arbeiter [etwa 6.000] der Hamburger Vulcanwerft plötzlich die Arbeit ein, weil die Werft einen Mann entlassen hatte, der trotz Verbotes und mehrfacher Verwarnung agitatorisch bei den Leuten während der Arbeitszeit tätig gewesen war. Da die Leute am 1. Mai nicht zur Arbeit erschienen sind, um sich an der Maifeier zu beteiligen, werden sie gewiß bis zum 11. Mai ausgesperrt werden, sofern ihr provokatorisches Vorgehen nicht noch andere Konsequenzen nach sich ziehen wird.«[138]

Die in der Schlosserei des Vulcan in Hamburg beschäftigten Arbeiter hatten sich am 26.8.1912 versammelt, um Stellung zu den dort herrschenden Missständen zu nehmen. Im Vordergrund stand das Verhalten des Meisters Moje, »der sich gegen Kollegen Übergriffe erlaubt und bei der Festsetzung der Akkordlöhne rücksichtslos verfahren ist. Einem Schlosser sagte er u.a.: er solle nur zu arbeiten, es wäre Lohnakkord und auf das Geld komme es nicht an. Jetzt, wo die Arbeit fertig ist, gibt es nichts.« Einzelne haben vierhundert Stunden gearbeitet und nur den Stundenlohn von 44 Pfennige erhalten, also weder Akkordlohn noch Überstundenzuschläge, sie hatten daraufhin gekündigt. Einem anderen Schlosser war zwar Arbeit im Akkord übertragen worden, aber kein Akkordzettel. Diesen erhielt er erst, als die Arbeit fertig war. Eingetragen war ein Betrag von 35 Mark, davon 34,95 Mark als Stundenlohn und nur der Rest als Akkordüberschuss. Als der Schlosser den Meister darauf hinwies, dass das zu wenig sei und er mehr haben wolle, antwortete dieser, »gibt es nicht.« Die Antwort auf weitere Einwendungen des Schlossers war dessen Entlassung. Eine Beschwerde beim Ingenieur war erfolglos. Auch über die ungenügenden Wasch- und Garderobenmöglichkeiten wurde geklagt. Die Wascheinrichtung war nur so groß, dass diese gleichzeitig lediglich von 10 Mann benutzt werden konnte. Eine große Zahl der Kollegen musste die Garderobe an die Wand hängen. Darauf angesprochen, verwies der Vorarbeiter Wachari auf den Arbeiterausschuss.[139]

Mit der Lohnbewegung der Werftarbeiter hatte sich eine Mitgliederversammlung der im Deutschen Metallarbeiterverband organisierten Werftarbeiter am 8.7.1912 im großen Saal des Hamburger Gewerkschaftshauses befasst. »Kürbis gab einen Bericht über die Verhandlungen, die mit den Vertretern der Werften stattgefunden haben. Eine Verkürzung der Arbeitszeit von 55 auf 54 Stunden pro Woche haben die Werften abgelehnt und als Grund mit angegeben, daß jetzt schon [...] keine 50 Stunden [...] gearbeitet wird, da die Arbeiter durch willkürliche Verlängerung der Pausen und sonstiges Umherstehen die bestehende Arbeitszeit nicht einhalten.«

Von dieser Einstellung waren die Arbeitgeber auch dann nicht abgerückt, als man nachgewiesen hatte, dass Wartezeiten in der Eigenart dieser großen Betriebe liegen. Dagegen erklärten sich die Werften bereit, allen Arbeitern eine Lohnerhöhung von 2 Pf. auf die jetzt gezahlten Stundenlöhne zu bewilligen. Zu der viel umstrittenen Frage der Einstellungslöhne wird berichtet, dass die Werften zugestanden haben, die von ihnen 1907 festgesetzt und 1910 um 2 Pf. erhöht wurden, nochmals um 2 Pf. erhöht werden sollen. Bezüglich der Akkordarbeit konnte nichts erreicht werden. Ein Mindestüberschuss wurde abgelehnt. Es war lediglich erklärt worden, dass, wenn bei der Kalkulation neuer Akkorde kein entsprechender Überverdienst erreicht wird, die Arbeiter bei den zuständigen Stellen dagegen angehen sollen und dass dann eine Preiserhöhung erfolgen werde.

Der Vorschlag, die Satzungen der Arbeiterausschüsse so zu ändern, dass diese als eine wirkliche Vertretung der Arbeiter betrachtet werden können, wurde nicht direkt abgelehnt. Die Werftvertreter erklärten, dass sie das nicht könnten, da diese Satzungen auf einem Beschluss der Gesamtgruppe der Seeschiffswerften beruhen und Änderungen nicht von einer einzelnen Gruppe vorgenommen werden können. Wenn Änderungen gewünscht werden, so muss ein Antrag an die Gesamtgruppe gestellt werden. Nach weiteren Erörterungen, empfahl der Referent der Versammlung dem vorliegenden Ergebnis zuzustimmen, das dann am 15. Juli in Kraft treten würde. Diese Zustimmung erfolgte in der Erwartung, dass die Organisationen nachdrücklichst eine weitere Aufbesserung der Arbeitsverhältnisse anstreben. In diesem Zusammenhang wurde besonders auf die Arbeitszeit von 54 Stunden hingewiesen und darauf, dass diese bereits seit dem 1. Juni d. Js. für die dem Verband der Eisenindustrie Hamburgs angeschlossenen Maschinenfabriken, Eisengießereien und Eisenkonstruktionswerkstätten eingeführt ist.[140]

Dass die Arbeiter auf jeden Pfennig mehr Lohn angewiesen waren, machen die damaligen Preisstatistiken für Lebensmittel sehr deutlich. Danach betrug nach den Erhebungen der Stettiner Preisnotierungskommission die Preissteigerung für Fleisch von Februar bis August 1912 im allgemeinen etwa

10 bis 25 %. So kostete ein Pfund mageres Schweinefleisch im Februar 80, im Mai 90 und im August 100 Pfennige; fetter Speck 85, 90 und 100 Pf.; Rückenfett vom Schwein 75, 85 und 95 Pf.[141] Die Jahresdurchschnittspreise betrugen im genannten Jahr in Preußen für je 1 kg in Pfennigen: gelbe Kocherbsen 41, Esskartoffeln 10, Essbutter 285, Weizenmehl 37, Roggenmehl 31, 1 Schock Eier 499.[142] Die Bewegung der Lebensmittelpreise, die sich für einen ziemlich großen Kreis deutscher Städte bis 1896 zurückverfolgen lässt, spricht deutlich dafür, dass man es in Deutschland mit einer chronischen Teuerung zu tun hatte.

Die Kosten des wöchentlichen Nahrungsmittelaufwands einer vierköpfigen Familie berechneten sich 1896 auf 15,99 Mark. Sie stiegen bis 1900 um 1,18 Mk., oder 6,2%. Von da ab bis 1912 sind sie um 5,11 Mk. oder um 25,3% gestiegen. In der Zeit von 1896 bis 1912 erhöhten sich also die Haushaltskosten durchschnittlich von 18,99 Mk. auf 25,28 Mk. oder um 31,1%. In Pommern, und damit auch in Stettin, berechneten sich die Kosten des wöchentlichen Nahrungsmittelaufwands in Mk. auf: 19,26 = 1896, 20,35 = 1900, 21,11 = 1905, 23,21 = 1911, 24,52 = 1912; in Hamburg im laufenden Jahr 1912 auf 24,70 Mk., das bedeutet gegenüber 1896 eine Steigerung um 7,27 Mk. oder 41,7%.[143]

Unfälle im Jahre 1912 in den Werken Stettin und Hamburg

Von den auch 1912 nicht gerade wenigen Betriebsunfällen auf den Werken in Stettin und Hamburg berichteten erneut die beiden Zeitungen *Stettiner Volksbote* und *Hamburger Echo.* Zunächst aus Stettin: Am Freitag, 26. Januar: »Ein schweres Unglück ereignete sich heute Morgen auf der Montage Oberhof [...] Bei dem Probieren einer neu erfundenen Ölmaschine platzte eine Riemenscheibe [...] Dabei wurde der Elektriker Heise getötet und sein Kollege Lehmann schwer verletzt. [...] Nach einer anderen Meldung soll Lehmann seinen Verletzungen auch erlegen sein.« Am Mittwoch, 14. Februar: »Auf dem Vulcan verunglückte gestern der Dreher Krohnenwald, indem er mit der rechten Hand in die Drehbank geriet. Der Ringfinger wurde von der Schelle erfaßt und gequetscht, derart, daß der Ringfinger als verloren gilt. Der Verunglückte mußte sich nach dem Krankenhaus begeben.« Am Sonnabend, 17. August: »Bei der Schere rutschte eine ca. 6 Zentner schwere Eisenplatte aus der Krankette und fiel auf den Schiffbauer Friedrich Krause, dem Fuß und Unterschenkel so schwer verletzt wurden, daß er vom Platz getragen und mit dem Sanitätswagen nach dem Krankenhaus überführt werden mußte.»

Und aus Hamburg: Am Freitag, 26. Januar: »Der Arbeiter Brockhaus, Gustavstraße 27, der auf dem großen Schiffsneubau [*IMPERATOR*] beschäftigt war, fiel durch eine nicht abgedeckte Luke etwa 6 m tief in den Raum und brach ein Bein.« Am Sonntag, 4. Februar: »Am Freitag wurde der am Lochwerk beschäftigte Arbeiter J. Denker, Martastraße 14 wohnhaft, schwer am Arm verletzt, weil der Abstellhebel zurückschlug. Am Sonnabend fiel der Nietenwärmer Ernst Scharf, Alte Schleuse 21, Wilhelmsburg, »durch eine unbeleuchtete und nicht abgedeckte Luke 5 m in den Raum. Er erlitt schwere Rückenverletzungen und mußte in das Krankenhaus gebracht werden.« Am Dienstag, 27. Februar: »[...] Gegen 8 1/2 Uhr am Montag morgen fanden die auf dem Boden des Schiffes [*IMPERATOR*] arbeitenden Nieter unter der Schachtöffnung den Schiffbauarbeiter Peter Steenevelt, Unzerstraße 4, Altona, [...] Bei näherer Untersuchung stellte sich heraus, daß der Ärmste schon tot war. [...] Sofort nach dem Unfall hat man schleunigst nicht nur den Schacht abgedeckt, sondern auch ein Schutzgitter angebracht.«

Am Donnerstag, 14. März: »Am Mittwochmorgen erlitt der Anschläger Wenzel Kojek einen Schädelbruch. Es wird die Vermutung geäußert, daß er bei Kranarbeiten am Kopf getroffen wurde.« Am Sonntag, 14. April: »Am Sonnabendnachmittag, kurz vor 4 Uhr, die Arbeiter wollten ihr Werkzeug abliefern, traten der Nietenvorhalter Richard Joecks und der Bohrer Sennert aus der Seitenpforte des Schiffes [*IMPERATOR*] [...] Sie traten auf eine nicht befestigte Bohle und stürzten etwa 25 m ab, ersterer war sofort tot, der Kollege wurde schwerverletzt in das Krankenhaus gebracht.« Dieser Meldung war u.a. abschließend hinzugefügt worden, dass Direktor Stahl auf der Krankenkassenversammlung im März 1912 mitgeteilt hat, dass sich im »November 34 und im Dezember nur (!) 29 Unglücksfälle ereignet hätten.« Am Dienstag, 23. April: »Der Nieter Wulf wurde am Montagmorgen schwerverletzt und bewustlos gegen 8 1/2 Uhr im Schiffsinnern des *IMPERATOR* gefunden und in das Hafenkrankenhaus gebracht.«

Am Dienstag, 23. Juli: »Am Sonnabend ist auch einmal ein höherer Werftangestellter das Opfer der oft gerügten lebensgefährlichen Zustände [...] geworden. Auf Dock 3 kam der Dockkonstrukteur, Ingenieur Heinemann, beim Heruntergehen vom Dock zu Fall. Er glitt von einer Leiter, an der 3 m über dem Boden eine Sprosse fehlte, ab und fiel auf den Hinterkopf. Der Verunglückte wurde mit dem Automobil vom Platze geschafft.« Abends halb 6

Stellagen im Dock bei Arbeiten am Turbinenschiff *IMPERATOR* [aus: Jb. d. VDI, Bd. 57, 1913]

Uhr fiel dem Schlosser Asmuß ein Lukendeckel auf den rechten Fuß, der unterhalb des Knöchels zerschmettert wurde. »Dieser Verunglückte wurde mit der Räderbahre weggebracht. [...] Da in der Feuerwache kein Verbandskasten vorhanden war, hat der Mann viel Blut verloren, ehe er vom Heildiener verbunden wurde.«

Ein weiterer Unfall ist auf die ständige Überarbeit zurückzuführen. »In der dritten Überstunde, die er am Sonnabend leisten mußte, fiel dem Schlosser Gebauer in der Werkstatt ein zirka 20 Kilo schwerer Eisenklotz beim Aufheben auf die Füße. Der rechte Fuß wurde dabei stark gequetscht. Der Verletzte konnte sich mit Hilfe eines Kameraden nach seiner Wohnung begeben.« Am Freitag, 26. Juli: »Am Mittwoch, nachmittags 3 1/2 Uhr, stürzte der Schiffbauarbeiter Fritz Allmich, Zeughausstraße 42, in ein unbedecktes Loch. Er erlitt schwere innere Verletzungen und kam in das Hafenkrankenhaus. Am Dienstag, 30. Juli: »Am Sonntagmittag verunglückte beim neuen Dock infolge mangelhaften Stellagenbaues und ungebührlicher Antreiberei der Arbeiter Franz Ehrlich. Er erlitt einen Armbruch und schwere innere Verletzungen. Und als [...] eine Anzahl Kollegen herbeieilte, um ihm zu helfen, sagte ein Betriebsingenieur: 4 Mann sind genug, die anderen scheren sich an die Arbeit!« Am Montag verunglückte, gleichfalls infolge mangelhaften Stellagenbaues, der Schlosser Heinrich Ludwig. »Er hatte sich eine Kopfwunde zugezogen, die genäht werden mußte.« Am Sonnabend, 7. September: »Der 15jährige Nietenwärmer Johann Posaabe ist [...] von einem umfallenden 15 Zentner schweren Ventilator getroffen worden, so daß ihm der Kopf zerquetscht wurde und der Tod sofort eintrat. [...]« Am Sonntag, 8. September: »Beim Transport einer schweren Eisenplatte am Sonnabendmorgen gegen 7 1/2 Uhr, fiel diese dem Arbeiter Karl Demuth, Eimsbütteler Chaussee, auf den rechten Unterschenkel und brach ihm das Schienbein. Vorher hatten die Leute den Vorarbeiter darauf hingewiesen, daß diese zu schwer sei und besser mit einem Kran transportiert wird. Seine Antwort: ›Ach, dat Blech‹, und sie mußte getragen werden.« Durch die Zeitungsnotiz fühlte der Vorarbeiter sich indirekt beschuldigt, weil er die Platte nicht mit einem Kran transportieren ließ und schickt uns laut § 11 des Pressegesetzes nachstehende Berichtigung: »Hamburg, d. 13.9.12. Zu dem Transport der Platte habe ich 9 Mann beordert. Es würden cirka 90 Pfund Gewicht pro Mann kommen. Wenn ihrem Gewährsmann das Gewicht zu hoch ist, möchte ich Ihnen raten die Arbeitsstellen am und im Hafen zu meiden denn er könnte sonst leicht die Erfahrung machen, noch schwerere Gegenstände auf dem Nacken nehmen zu müssen. Hochachtungsvoll, M. Selahn, Wilhelms-Platz Nr. 8 b. Swenson.«

Am Dienstag, 10. September: »Am Montag hantierte der Nietenwärmer Tonies aus Eppendorf unvorsichtig mit einem Luftdruckhammer, dabei flog ihm der Schlagbolzen gegen die Stirn und verursachte eine stark blutende klaffende Wunde. Am Donnerstag, 19. September: »Am Mittwoch verunglückte der Nietenwärmer Föhring, Gr. Westerstraße 19, Altona. Beim Transport von schweren Holzstützen lösten diese sich in 30 m Höhe vom Stropp und fielen auf die unten arbeitenden Nieter, dem Föhring fiel ein Balken auf den Fuß und er kam ins Krankenhaus. Die anderen Arbeiter kamen mit dem Schrecken davon.« Am Sonntag, 22. September: »Wie wir heute Abend erfuhren, wurde heute Morgen um 11 Uhr dem Lehrling Max Abraham der linke Arm abgedreht.« Er sollte eine 50 mm starke Eisenstange, die 1 m aus der Drehbank frei herausstand, mit einem Bock stützen. Dabei kam er der Stange zu nahe, diese erfasste den Rockärmel, zog den Arm mit herum und drehte ihn förmlich ab. »Fast wahnsinnig vor Schmerzen wurde der arme Junge ins Krankenhaus gebracht.« Am Mittwoch, den 25. September: Am Dienstag fiel der Werftarbeiter Betrow auf dem Dock III 15 m tief in einen dunklen Schacht, »schlug auf einen Docktank und erlitt schwere innere Verletzungen.«

Mit Klagen von Vulcanarbeitern hatte sich ein Hamburger Gericht unter dem Vorsitz des Amtsrichters Dr. Böe zu befassen. Da die Entlassungen am 17. und 18.9.1912 sich bis gegen 4 Uhr nachmittags verzögert hatten, wollten die Betroffenen diese Zeit vergütet haben. 4 der Entlassenen, die zuerst klagten, drangen mit ihrer Klage durch, während 27 andere Arbeiter, die wegen der gleichen Sache später klagten, abgewiesen wurden. In der Zeit zwischen diesen beiden Klagen klagten drei ebenso in der vorgenannten Zeit entlassenen Malergehilfen, die ebenfalls erst nach längerem Warten abgefertigt worden waren. Auch wenn das Gericht nun nicht die ganze Forderung anerkannte, so rechnete es doch 2 der Kläger die Wartezeit im Lohnbüro an, während es sonderbarerweise den dritten Kläger ganz abwies.

Über die Gründe, die das Gericht veranlassten, den Klägern die Wartezeit anzurechnen, heißt es im Urteil: »Anders liegt die Sache aber auch nach der neuen Beweisaufnahme, mit der Abfertigung der Entlassenen im Lohnbureau. Hier hat die Abwicklung der Entlohnung [...] eine erhebliche Verzögerung erfahren, für die die Beklagte haften muß, soweit die normale Zeit überschritten ist. Die Zeugen Krug und Johansen haben bekundet, daß beide in der Zeit zwischen 8 1/2 und 9 Uhr im Lohnbüro eingetroffen sind und ihre Entlassungsscheine abgegeben haben. Von ihnen hat aber Johansen erst um 11¼ Uhr, Krug erst gegen 11 1/2 Uhr seinen Lohn erhalten. Diese Verspätung ist nur dadurch zu erklären, daß erst, wie der Zeuge Schröder, der am Auszahlungsschalter tätig gewesen ist, selbst bekundet hat, gegen 10 Uhr mit der Auszahlung der Löhne begonnen wurde. Da einer der beiden Zeugen in das Kassabuch als Nr. 9 aufgeführt wird, muß etwa eine Zeit von 1 1/2 Stunden von dem Moment, wo die ersten Entlassenen am Lohnbüro sich meldeten, bis zum Beginn der Auszahlung verstrichen sein, während der die Entlassenen zwecklos warten mußten. Hierfür muß die Beklagte aber einstehen.« Dem Kläger Johansen hat das Gericht eine zu vergütende Wartezeit von 1 1/2 Stunden, dem Kläger Krug eine solche von 2 1/2 Stunden zugesprochen. Was den dritten Kläger angeht, so war dessen Anspruch für unbegründet erklärt worden. Am Vormittag des 18. September waren insgesamt 68 Arbeiter entlohnt worden. Eine Anzahl, die nach Ansicht des Gerichts hätte höher sein können, wenn der Vulcan mehr Personal eingesetzt hätte, was man erwarten kann. Die Gesamtzahl der nach Fertigstellung des Linienschiffes *FRIEDRICH DER GROSSE* entlassenen Arbeiter wird mit 300–400 angegeben. Mitgeteilt wird auch, dass die meisten der Entlassungsscheine bereits am Tag zuvor ausgestellt waren. Als einer der Zeugen der Beklagten wird der Meister Zülsdorf genannt.[144]

Die Unsinkbarkeit moderner Seeschiffe

Anlässlich der 1912 stattgefundenen Hauptversammlung der Schiffbautechnischen Gesellschaft hatte der Geh. Regierungsrat Professor Dr. Oswald Flamm, Charlottenburg, einen interessanten Vortrag über die Unsinkbarkeit moderner Seeschiffe gehalten. Dessen Ausführungen riefen sofort die Vertreter der großen deutschen Reedereien und Werften auf den Plan, denen das Gesagte nicht sehr angenehm sein konnte, denn Professor Flamm sprach ohne Rücksichtnahme aus was ist, um die Schäden aufzudecken. Doch hören wir den Vortragenden selbst: Einleitend gab er einen Überblick über die Unsinkbarkeitsfrage in der Vergangenheit, besonders für England. Er schilderte, wie die Bemühungen der technischen Kreise und der Admiralität Englands auf eine Unterteilung der Seeschiffe durch wasserdichte Schotten an dem Widerstand der Reeder gescheitert seien. Um den Reedern eine vernünftige Schottanordnung nahezubringen, habe 1888 das englische Handelsministerium die unheilvolle Bestimmung getroffen, dass derartig gebaute Schiffe nur die Hälfte der sonst vorschriftsmäßigen Zahl an Rettungsbooten mit sich zu führen brauchten, eine Bestimmung, die sich beim Untergang der TITANIC schwer gerächt habe. Auf Drängen der technischen Kreise Englands habe 1890 eine Kommmission erster englischer Fachleute Schottvorschriften herausgegeben, die für Passagier- und Frachtschiffe die Anzahl und Stellung der Schotten mit Hilfe sogenannter Schottkurven festlegten. Diese Vorschriften aber seien wegen des Widerstandes der interessierten Kreise niemals Gesetz geworden.

Der Redner ging dann zu einer Betrachtung der Verhältnisse in Deutschland über. Hier lagen die Verhältnisse so, dass bis zum Untergang der ELBE 1895 so gut wie keine Fürsorge des Staates für die Sicherheit der Seeschiffe, insbesondere der Passagierdampfer, bestand. Die BREMEN des NDL, 1856 gebaut, hatte zwar die beträchtliche Zahl von 8 Schotten, die aber fast alle im Vorschiff angeordnet waren, während das ganze Hinterschiff vom Maschinenschott bis zum Hinterpiekschott einen einzigen Raum darstellte. Es ist ohne weiteres ersichtlich, dass beim Vollaufen dieses Raumes das Schiff nicht mehr schwimmfähig bleiben konnte. Der große Menschenverlust beim Untergang der ELBE hatte nun im Reichstag sehr erregte Erörterungen über die Sicherheitsvorschriften auf deutschen Passagierdampfern zur Folge.

Es folgten 1896 generelle Vorschriften über wasserdichte Schotten, die heute noch bestehen. Diese 16 Jahre alten Vorschriften passen aber nicht mehr auf die heutigen Schiffe, so Flamm in seiner Rede. Auf die individuellen Eigenschaften der Schiffe nehmen sie keine Rücksicht, sie berücksichtigen auch nicht die Stabilität beim Leck und beziehen sich nur auf Passagierdampfer, nicht aber auf Frachtdampfer, deren Mannschaft doch auch Beachtung verdiene. An Hand einer großen Zahl von Untersuchungen wies Professor Flamm nach, dass die bestehenden Schottvorschriften zu sehr generalisieren. Er verlangte für jedes Schiff den rechnerischen Nachweis der Unsinkbarkeit unter Berücksichtigung der Stabilität, ferner eine Prüfung dieses Nachweises durch eine unabhängige auf der Höhe der modernen Wissenschaft stehenden Behörde, eine Bemessung des Bootsraumes nicht nach dem Tonnengehalt des Schiffes, sondern nach der an Bord befindlichen Personenzahl und schließlich Anpassung aller derartigen Vorschriften nicht an das Niveau eines ungebildeten Zeichners, sondern an das des modernen gebildeten Ingenieurs.

Als nächstes sprach er die Rettungsboote an: Es ist einleuchtend, dass es nicht richtig ist, ihre Zahl

Passagier- u. Frachtdampfer *SIERRA CORDOBA* [Postkarte, Slg. Verfasser]

und ihren Raum nach der Zahl der Registertonnen zu bemessen, die das Schiff besitzt. Man beabsichtigt im Falle eines Schiffsverlustes, nicht Registertonnen, sondern Menschen zu retten. Im Übrigen, haben im Zeitalter der drahtlosen Telegrafie die Rettungsboote nicht mehr die Aufgabe, die nächste Küste zu erreichen, sondern sich nur einige Stunden auf der Unglücksstelle zu halten, weil dann meistens Hilfe da sein wird. Natürlich ziehen auch die Boote den Systemschwerpunkt des Schiffes hinaus. Solange man aber noch imstande ist, auf dem Schiffsdeck große Schwimmbassins aufzustellen, ist es erst recht möglich, eine erhöhte Bootszahl dort unterzubringen. Es ist erfreulich, dass dieser Gedanke bei den meisten großen Reedereien zur Ausführung gelangt ist. Nichtsdestoweniger bleibt es die erste Aufgabe des Schiffsbauers, in möglichst weiten Grenzen möglichst unsinkbare Schiffe zu bauen, und das ist in erster Linie nur durch geeignete und genau geprüfte Unterteilung des Schiffskörpers zu erreichen. Der Vortragende schloss mit der Aufforderung, den von ihm vorgeschlagenen Weg, den die Kaiserliche Admiralität stets beschritten habe, auch in der Handelsmarine zu gehen. Damit sei dem Fortschritt gedient und die Sicherheit des Betriebes auf See werde gefördert. Offensichtlich gingen die Forderungen des Professors den Reedern und Werften aber viel zu weit. Ein Direktor des NDL äußerte: »Die Forderung einer unabhängigen Behörde würde von uns zurückgewiesen werden, wenn unter dieser Behörde nicht der Germanische Lloyd oder die Seeberufsgenossenschaft verstanden werden sollte.« [145]

Zwei Dampfer für eine neue Südamerika-Linie des NDL

Zu dieser Linie von Bremen nach Brasilien und Argentinien über Antwerpen, Vigo und Lissabon gehörten insgesamt 4 Fracht- und Passagierschiffe der sogenannten Sierra–Klasse, die in ihrer Gestaltung aus der Coburg–Klasse hervorgingen und im Laufe des Jahres 1911 in Auftrag gegeben wurden. Die Indienststellung der Schiffe erfolgte im Januar und Februar 1913. Das Typschiff *SIERRA NEVADA* (1) und auch *SIERRA CORDOBA* hatte der Vulcan in Stettin in Auftrag erhalten.

Beim Bau dieser Dampfer ist in jeder Beziehung auf die besonderen Anforderungen der Südamerikafahrt Rücksicht genommen worden. Sie verfügten neben einem sogenannten Luxuszimmer, über entsprechende Unterbringungsmöglichkeiten und sonstige Einrichtungen für Passagiere der I., II., III. Klasse und Zwischendeckreisende. Weitgehend

Passagier- u. Frachtdampfer *PRINZ EITEL FRIEDRICH* [Foto: Sammlung Arnold Kludas, Archiv DSM]

beteiligt an der Innenausstattung waren die Deutschen Holzkunstwerkstätten Johannes Andresen A. G., Bremen, wie eine Werbeseite in der Hansa mit Datum 2.3.1929 mitteilt. Die D. hatten einen durchlaufenden Doppelboden und waren durch 7 Schotten in 8 wasserdichte Abteilungen geteilt. Mittels hydraulischer Schließvorrichtungen konnten die Schott-Türen von der Brücke aus sofort geschlossen werden. »Ferner, ist eine für alle an Bord befindlichen Passagiere hinreichende Anzahl von Rettungsbooten und Rettungsgürteln vorhanden. Die Boote sind so plaziert, daß sie sofort von der in Bootsmanövern stets geübten Mannschaft zu Wasser gelassen werden können.« Auch Unterwasserschall-Hörapparate und Einrichtungen für drahtlose Telegrafie waren an Bord.[146] Die Maschinenanlage bestand aus 2 Dreifach-Expansionsmaschinen für Heißdampfbetrieb mit einer Leistung von je 2.100 PSi. Den Dampf erzeugten 4 Einender-Zylinderkessel mit einem Überdruck von 14,5 atü.[147]

Im »Journal« ist *SIERRA NEVADA* [1] mit der [Bau-]Nr.: 328 und *SIERRA CORDOBA* mit der [Bau-]No.: 329 verzeichnet. Die weiteren Konstruktionsangaben der beiden Schwesterschiffe in einer Spalte sind: Anzahl durchl. Decks: 3 / Aufbauten: Boots- u. Promenadendeck, Poop- u. Back / Klasse: Germ. Lloyd / Baujahr u. Bauzeit: 1911–1912 / Lp: 133,5 m / B. a. Spt.: 17 m / H: 11,54 m / H1 verteilte Aufbauten: 14,24 m / Tfg., beladen: 8,08 m / Kielhöhe: 0,026 m / Depl., beladen: 14.130 t à 1.000 kg / D. w. beladen all told: 8.300 t / L x B: 2.269,5 / L x B x H: 26.190 / L x B x H1: 29.935 / Lp : B: 7,852 / Lp : H: 11,57 / H : B: 0,679 / BRTs: 22.500 cbm = 7.950 BRT / Passagiere: 135 I. Kl., 108 II. Kl., 1.300 Zwischendeck / Gewicht d. Schiffskörpers: 4.488.900 kg / Gewicht d. Walzstahls: 3.204 t einschl. Niete u. Stützen / Gewicht d. Masch.-Anlage: 1.010 t / Schiffskörper L x B x H: 183,2 kg / V beladen: 13 Knoten / PSi: 4.200. Die Maschinenanlagen beider Schiffe bestanden aus je einer zweizylindrigen Dreifach-Expansionsmaschine, die Kesselanlage aus 4 Einender-Zylinderkessel.

SIERRA NEVADA [1] war im Ersten Weltkrieg in den ersten Kriegstagen in Pernambuco interniert und 1917 von der brasilianischen Regierung beschlagnahmt worden. Sie sank 1943 als BAGE im Mittelatlantik nach Torpedierung durch das deutsche U-Boot U 185.[148] Der Verbleib des Schwesterschiffes s. Bd. 3

Ein weiteres von der Stettiner Werft gebautes Schiff war *PRINZ EITEL FRIEDRICH* [2], dessen Konstruktionsangaben nach dem »Journal« sind: [Bau-]Nr.: 324 / Besteller: Neue Dampfer-

Compagnie / Schiffsart: Passagier- und Frachtdampfer mit 2 Masten, 1 Schornstein / Antrieb: 1 Schraube / Aufbauten: Poop, Brücke u. Back / Doppelboden: von Sp. bis Sp. / Klasse: Germ. Lloyd / Baujahr u. Bauzeit: 1911–1912 / La: 79,2 m / Lp: 75 m / B. a. Spt.: 10,5 m / H: 5,45 m / H1 verteilt Aufbauten: 7,25 m / R. T.: 4,587 m / Tfg., beladen: 4,978 m / Freibord, beladen: 0,345 m / Kielhöhe: 0,028 m / Depl., beladen: 2.775 t für T = 4,978 / D. w. beladen all told: 1.595 t für T = 4,978 / L x B: 768,07 / L x B x H: 4.185,98 / L x B x H1: 5.570 / Lp : B: 6,97 / Lp : H: 13,422 / H :B: 0,519 / BRTs: 1.525,4 t / NRT: 860,49 t / Raumgehalt unter Deck: 1.977 cbm Laderaum / Passagiere: 54 I. Kl., 12 III. Kl. / Besatzung: 205 Mann / Gewicht d. Schiffskörpers: 931,6 t / Gewicht d. Walzstahls: ca. 700 t - 6,4% = 655 t / Gewicht d. Masch.-Anlage: 238,2 t + 9,6 t Res.-Teile / Schiffskörper L x B x H: 222 / Walzstahl L x B x H: 156 / Maschine pro PSi: 217 kg / V beladen: 11 Knoten / PSi: 1.247. Die Maschine arbeitete mit dreifacher Expansion. Mit dem Stand 1913[149] ist das Schiff mit dem Kapitän P. Kolbe für die Reederei Neue Dampfer-Compagnie Stettin eingesetzt auf der Route Stettin–St. Petersburg.

Zwei Missisippi-Dampfer für den Hamburger Hafen

Die beiden *DAMPFFÄHRSCHIFFE I* und *II* waren als Eisenbahntrajekte für Hamburger Rechnung ebenfalls in Stettin gebaut worden. Die Konstruktionsdaten nach dem »Journal« sind: [Bau-] Nr.: 326 und 327 / Besteller: Dep. f. Strom- u. Hafenbau Hamburg / Antrieb: Schrauben / Anzahl durchl. Decks: 1 / Klasse: Germ. Lloyd / Baujahr u. Bauzeit: 15.8.1911–15.8.1912, resp. 15.11.1912 / La: 36,65 m / Lp: 35,50 m / B. a. Spt.: 15,50 m / H: 3,80 m / Tfg., beladen: 2,80 m / Freibord, beladen: 1 m / Kielhöhe: 0,022 m / Depl., beladen: 1.106 t / D.w. beladen all told: 202 t / L x B: 550,25 / L x B x H: 2.090,95 / Lp : B: 2,29 / Lp : H: 9,342 / H : B: 0,241 / BRTs: ca. 491 t / NRT: ca. 225 t / Besatzung: 10 Mann / Gewicht d. Schiffskörpers: 436 t excl. Gerüst u. bewegl. Brücke, 736 t incl. Gerüst u. Brücke / Gewicht d. Walzstahls: 340 t excl. Gerüst u. Brücke / Gewicht d. Masch.-Anlage: ca. 138 t / Schiffskörper L x B x H: 208,51 / Walzstahl L x B x H: 162,6 / Maschine pro PSi: 215,6 kg / V beladen: 8 Knoten / PSi: 640.

Am 14.9.1912 hatte das *DAMPFFÄHRSCHIFF I*, aus Stettin kommend, im Stralsunder Hafen angelegt. »Seine Konstruktion ist eigenartig, speziell für die Flutverhältnisse der Nordsee berechnet. Die Überführung soll in 4 Tagen vollendet sein, doch ist sie teilweise schwierig wegen des flachen Bodens und geringen Tiefganges.«[150] Geschleppt von dem Hamburger Schleppdampfer FAIRPLAY VII, war die Fähre im September in Hamburg eingetroffen, wie wir im *Hamburger Echo* am 18. d. M. lesen. Beide Fähren konnten als solche erst nach Fertigstellung die neuen Hafenanlagen jenseits des Köhlbrands in Betrieb genommen werden. Weiter informiert uns die Zeitung am 4.1.1914: »Eines dieser eigenartig geformten und mit eigenartigen Aufbauten ausgerüsteten Fahrzeuge, deren Aufgabe es sein wird, die Beförderung von Personen und Frachten über den Köhlbrand nach den Waltershofener Hafenanlagen zu vermitteln, macht seit geraumer Zeit täglich mehrere Fahrten, um lediglich Eisenbahnbau- und Hafenbaumaterial zu transportieren. Bei der Herstellung, der von Dr.-Ing. Walter Thele von der Baudeputation II. Sektion Strom- und Hafenbau entworfenen Fahrzeuge, ist unter Berücksichtigung eines ansprechenden Aussehens vor allen Dingen auf deren praktische, den hiesigen Verkehrsverhältnissen sich anpassende Einrichtungen Gewicht gelegt worden, ebenso hatte man in weitgehendem Maße die Tragfähigkeit, Stabilität und Eissicherheit ins Auge gefaßt.«

Die Betriebsmaschinen arbeiteten mit dreifacher Expansion, leisteten bei 180 Umdrehungen 320 indizierte Pferdekräfte, den Dampf lieferten 2 Zylinderkessel mit einem Druck von 12 Atmosphären. Die beiden Schornsteine befanden sich mittschiffs, ebenso waren die Kessel- und Maschinenanlagen in der Mitte der Fahrzeuge angeordnet. Der Sicherung gegen Kollisionsgefahr dienten 6 wasserdichte Querschotten und je 2 in den Schiffsenden eingebaute Längsschotten, die Enden wiesen sehr widerstandsfähige Eisverstärkungen auf. Zur Erreichung einer vollen Stabilität und zur Vermeidung einer starken Schlagseite, die sich bei der stets verschiedenen Beladung […] leicht einstellen konnte, sind an den beiden Seiten je 2 Ballasttanks eingebaut worden, die durch eine von der Maschine zu bedienende Pumpe in kurzer Zeit gefüllt oder entleert werden konnten. Für die Frachtbeförderung – die Fähren waren für 6 beladene Eisenbahnwagen ausgelegt – war über dem festen Deck […] eine unbewegliche Plattform angebracht, die von einem mächtigen Eisengerüst getragen wurde; auf der Plattform vorhandene Schienen ermöglichten ein leichtes und schnelles Herüberrollen der Bahnwagen. Der Personenbeförderung dienten auf der Plattform angeordnete Räume, welche jedoch aus Sicherheitsgründen von dem Wagendeck getrennt waren. Bei schlechtem Wetter standen den Passagieren Deckshäuser zu Gebote, die an den Seiten

DAMPFFÄHRSCHIFF, in Hamburg auch als »Missisippi-Dampfer« bekannt [aus: Die Hamburger Hafenbahn, 1991]

Platz fanden. Die Zugangstüren [...] waren so eingerichtet, dass sie in niedergelegtem Zustand zur Herstellung einer Landverbindung als Laufbrücken Verwendung fanden. Gekostet hatten die Fähren je 425.000 Mark. Bei einem Luftangriff im Januar 1945 ging die *Fähre I* an der Howaldtwerft auf Grund, wurde 1946 gehoben und im Juli 1947 wieder eingesetzt.

Bereits vor der Fertigstellung der Köhlbrandbrücke lag eine der beiden Fähren als Ponton im Hamburger Hafen. Das Aus für den Fährverkehr über den Köhlbrand kam nach 62 Jahren mit der Fertigstellung der Köhlbrandbrücke. Die offizielle Einstellung erfolgte in der Nacht zum Freitag, dem 4.10.1974. *FÄHRSCHIFF I*, dessen Verbleib sich nicht klären ließ, und zwei weitere Fähren lagen anfangs im Harburger Überwinterungshafen. Beide Trajektschiffe sind nicht nur wegen des äußeren Erscheinungsbildes – in Hamburg wurden sie auch als »Elb-Missisippi-Dampfer« bezeichnet – von einigem Interesse. Sie waren nach Größe, Konstruktion und Aussehen einmalige Erzeugnisse deutscher Schiffsbaukunst, erdacht in einem Hamburger Behördenbüro, gebaut von Deutschlands größter Werft. Nur in Glasgow fand Baurat Maasch, um 1950 Leiter der Baggereiabteilung der Hamburger Hafenverwaltung, während eines Studienaufenthalts in England eine ähnliche, aber wesentlich kleinere Fähre für Autos und Fuhrwerke. Um den Tidenunterschied von etwa 2–3 Meter auszugleichen, war das Hubdeck an Spindeln aufgehängt worden. Die beiden Schrauben vorn und achtern sorgten dafür, dass nicht gewendet werden musste. [151]

Der Schleppdampfer *WILHELM ALBERT*, für Wilhelm Petermann in Stettin gebaut, hatte nach dem »Journal« folgende Konstruktionsdaten: [Bau-]Nr.: 330 / Antrieb: 1 Schraube / Baujahr u. Bauzeit: 1911/12 / La: 22,06 m / Lp: 20,52 m / B. a. Spt.: 5,20 m / H1: 2,20 m / Tfg., beladen: 1,35 m / Freibord, beladen: 0,898 m / Depl., beladen: Konstruktions-Depl. 71 t / L x B: 106,7 / L x B x H: 234,7 / Lp : B: 3,95 / Lp : H: 0,33 / H : B: 0,423 / BRTs: 80,248 t / Gewicht d. Schiffskörpers: 33,6 t / Gewicht d. Walzstahls: 25,7 t / Schiffskörper L x B x H: 0,143 / L x B x H: 0,110 / PSi: ca. 200. Die Maschine arbeitete mit zweifacher Expansion.

Ein weiteres 1912 in Stettin gebautes Schiff war *BLEIBTREU*, dessen Konstruktionsdaten nach dem »Journal« sind: [Bau-]Nr.: 331 / Besteller: Portland Cement-Fabrik Züllchow / Schiffsart: Seeschlepper / Antrieb: 1 Schraube / Klasse: Germ. Lloyd / Baujahr u. Bauzeit: 1912 / La: 21,77 m / Lp: 20,50 m / B. a. Spt.: 5,10 m / H: 2,40 m / Tfg., beladen: 1,92 m / Freibord, beladen: 0,60 m / Kielhöhe: 0,12 m / Depl., beladen: 117 t / L x B: 104,55 / L x B x C u. L x B x CT: 250,92 / Lp : B: 4,02 / Lp : H: 8,54 / H : B: 0,471 / Gewicht d. Schiffskörpers: 47,30 t / Gewicht d. Walzstahls: 33,20 t / Gewicht d. Masch.- Anlage: 47 t / Schiffskörper L x B x H: 0,188 / Walzstahl L x B x H: 0,132 / Maschine pro PSi: 214 kg / PSi: ca. 220. Die Compoundmaschine leistete 220 PSi, der Kessel mit 85,5 qm Heizfläche arbeitete mit 10 atü, die Geschwindigkeit betrug 8

Rechts:
DAMPFFÄHRSCHIFF,
Querschnitt mit Hauptabmessungen
[Staatsarchiv Stade, Neu Nr. 1135]

Knoten, der Maschinenraum hatte eine Länge von 7,62 Meter. Das Eindeckschiff hatte 1 Mast, 4 wasserdichte Schotten, Wasserballast im teilweisen Doppelboden, je einem Vor- und Achterpiektank und war zementiert. Mit dem Stand 1.1.1913 wird die Gesamtbesatzung mit 5 angegeben: Kapitän Wilh. Gregor, [Stettin-]Stolzenhagen, 2 Mann seemännische Besatzung, 1 Offizier und 1 Mann Maschinenpersonal.[152] Der Einsatz in den beiden Weltkriegen und Verbleib s. Bd. 3.

Das von der Hamburger Werft für eigene Rechnung gebaute 35.000 t *DOCK III* war in der letzten Juliwoche 1912 fertiggestellt worden und sollte am Montag, dem 29. Juli, am Nachmittag um 17 Uhr vom Stapel gelassen werden. »Kaum hatte sich aber der Schlitten in Bewegung gesetzt, als er auch schon wieder stockte und mit seiner Riesenlast festsaß. Es war eine Senkung der Helgenlage eingetreten. Bisher war es üblich, bei Stapelläufen nur eine Docksektion zu Wasser zu lassen und nicht das ganze Dock auf einmal. Nachdem Dienstagabend ein bedeutend höherer Wasserstand eingetreten war, konnte mit hydraulischem Druck und der Hilfe dreier Schleppdampfer das Dock [...] zu Wasser gebracht werden. [...][153] Das »Journal« enthält folgende Angaben: (Bau-)Nr.: 313, Hbg. 2 / Schiffsart: Schwimmdock von 35.000 To. Tragfähigkeit / La: 220,035 m über Plattform / B. a. Spt.: 42,88 m / H: 19,319 m / Tfg., beladen: 5,85 m / Baujahr u. Bauzeit: 1910–1912.

Über Reparaturarbeiten 1912 im Hamburger Dock, wurde in den Monaten Januar bis April, Juni, August, Oktober, November und Dezember im *Hamburger Echo* berichtet. Der Hamburger D. GEESTEMÜNDE der Deutsch-Amerikanischen Petroleumgesellschaft hatte auf der Heimreise von Philadelphia eine Kollision, bei der das Heck eingedrückt worden ist. Er war nach dem Löschen der Ladung am 5.1.1905 zur Werft gebracht worden. Auf der Heimreise in der Ostsee strandete der Hamburger D. HERNÖSAND der Reederei H. G. Gerckens, als er wegen Sturm unter Land Schutz suchte. Wegen bedeutender Bodenschäden wurde er am 7. Januar zur Vulcanwerft gebracht. Wegen Kollisionsschaden verholte am 8. Januar der D. HEINRICH HUGO STINNES 7, nachdem er seine Ladung in Harburg gelöscht hatte, zur Reparatur nach der Vulcanwerft. »Mit schwerem Bodenschaden hier angekommen ist der deutsche D. ADELINE HUGO STINNES, der im englischen Kanal gestrandet war. Das Schiff ist am 2. Februar zur Besichtigung und Reparatur ins Dock [...] gesetzt worden. Ebenfalls mit Kollisionsschäden kam am 7. Februar der D. SOLINGEN der Deutsch-Australischen Dampfschiffs-Ges. zur Werft. Über einen tödlichen Unfall auf diesem Schiff wird am 1. September berichtet: »Der bei der Reparaturwerkstatt [...] beschäftigte Schmiedegeselle August Buggert, wohnhaft Altona, Jakobstraße 17, erlitt, als er an Bord des in Reparatur befindlichen D. SOLINGEN arbeitete, einen schweren Unfall, dessen Folgen er im Hafenkrankenhaus erlag. Auf welche Weise B. verunglückte, war bisher nicht zu ermitteln, da Zeugen des Unfalles nicht vorhanden sind.«

Am 9. März wird mitgeteilt: »Mit bedeutenden Havarieschäden ist der Hamburger D. KOLMAR der Reederei H. M. Gerckens hier eingetroffen. Er hat auf der Ostsee Eisschäden erlitten und ist außerdem in Kollision gewesen.« Die Besichtigung ergab, dass an der Steuerbordseite 14 Platten und an der Backbordseite 12 Platten sowie eine Anzahl Spanten erneuert werden müssen. »Die Reparatur ist auf dem Submissionswege vergeben worden.« Nach einer Meldung vom 12. April war der Kohlendampfer FRITZ HUGO STINNES V, in Ballast von Hamburg abgegangen und im Köhlbrand mit einem Leichter der Hamburg-Amerika Linie in Kollision geraten. »Der Stinnesdampfer hat derartigen Plattenschaden erlitten, daß er sofort [...] zur Reparatur gebracht werden mußte.« Im Juni waren drei Schiffe in Reparatur: »Der Petroleum-Tankdampfer ›*Deutschland*‹ [1] [...] ist auf der letzten Heimreise leck geworden. Hier eingetroffen, ist er nach dem Entlöschen ins Dock der Vulcanwerft gebracht, wo er eine Anzahl Nieten erneuert erhalten muß.«

Eine Kollision beim Verholen hatte der Hamburger D. SUSANNA, er wurde zur Reparatur zur Vulcanwerft gebracht. Auf der Heimreise und ebenfalls durch eine Kollision war der Hamburger D. NEUMÜNSTER beschädigt worden. Über der Wasserlinie mussten eine Anzahl Platten und Spanten erneuert werden. Nach einer Meldung vom 31. August war der D. SYRIUS der Vulcanwerft in Reparatur gegeben worden, weil das ursprünglich vorgesehene Dock der Reiherstiegwerft nicht frei war.

Nach einer Meldung vom 8. Oktober war der Dampfer GRACCIA der HAL auf der Unterelbe bei Krautsand auf den durch Kollision mit dem Reiherstieg-Dock gesunkenen D. VANDALIA aufgelaufen. Am 9. d. M. ergab die Besichtigung im Vulcandock, dass 46 Bodenstücke auf beiden Seiten sowie eine Anzahl Spanten und Bodenstücke ersetzt werden müssen. Der D. konnte nach Übernahme, der für die Reparatur gelöschten Ladung am 10. November die Ausreise antreten.

Eine weitere Meldung vom 24. November betraf der D. HELENE HUGO STINNIS 14, von der Ostsee kommend einlaufend Hafen Hamburg. »Er ist mit eingeschlagener Verschanzung und diversen Decksschäden nach der Vulcanwerft zur Re-

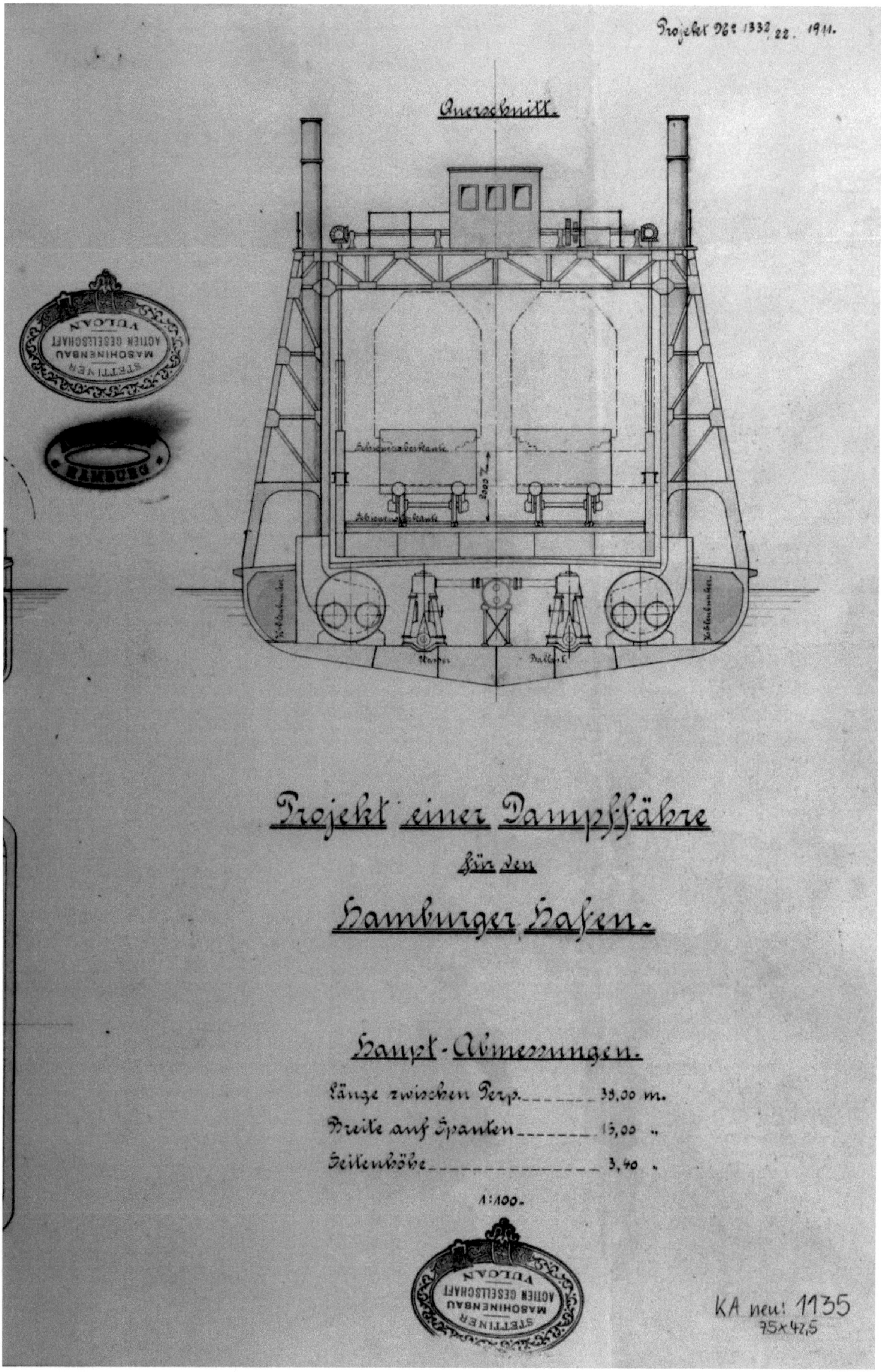
Projekt Nr. 1332, 22. 1911.
Querschnitt.
Projekt einer Dampffähre
für den
Hamburger Hafen.
Haupt-Abmessungen.
Länge zwischen Perp. 33,00 m.
Breite auf Spanten 13,00 "
Seitenhöhe 3,40 "
1:100.
KA neu: 1135
75x42,5

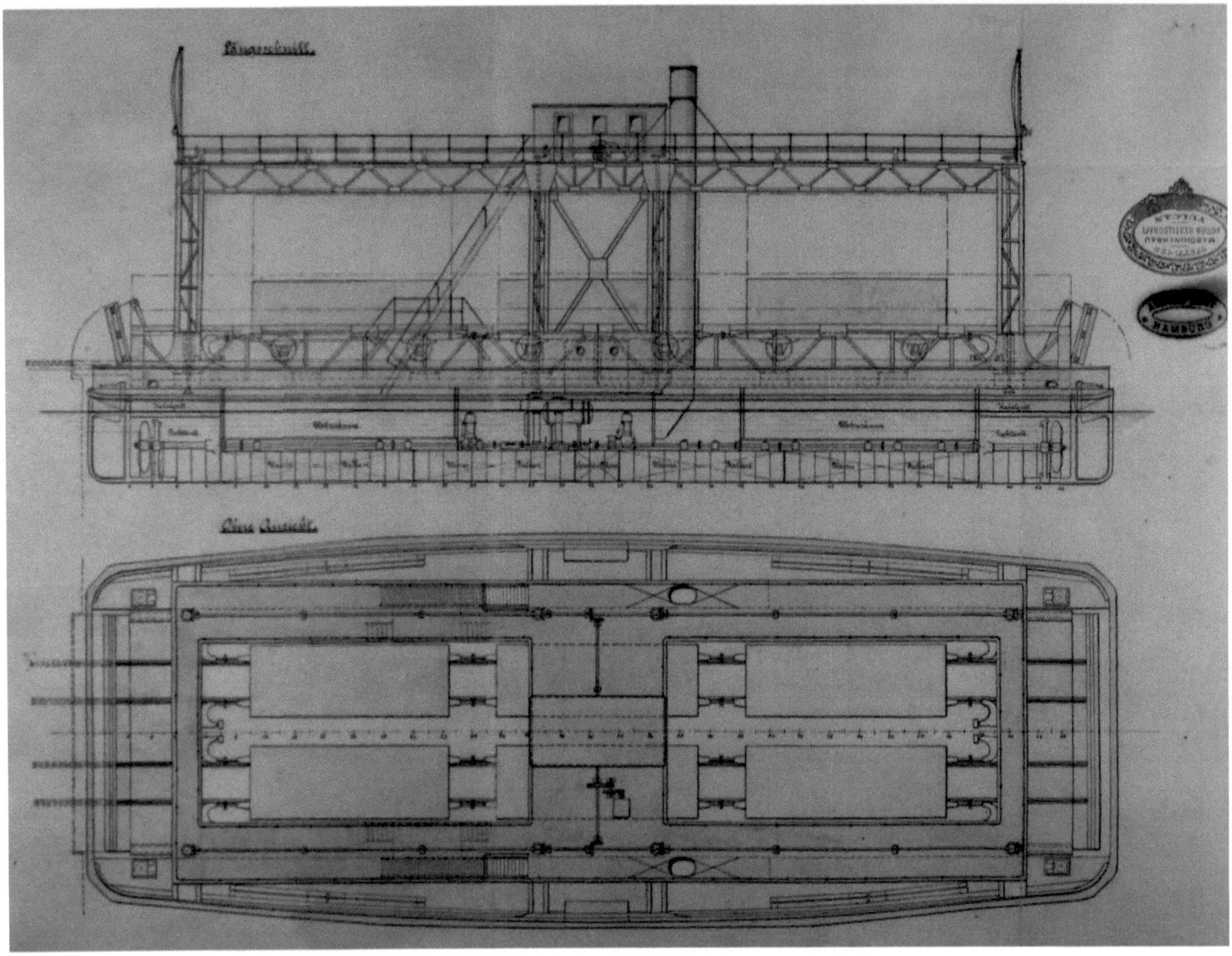

DAMPFFÄHRSCHIFF, Längsschnitt und obere Ansicht [Staatsarchiv Stade, Neu Nr. 1135]

paratur gekommen.« Nach einer Meldung vom 14. Dezember hatte der D. FLORENZ der Reederei Rob. M. Slomann jun. eine Kollision mit dem englischen D. PAIGNTON und bedeutende Schäden erlitten. Er wurde zur Besichtigung und Reparatur nach der Vulcanwerft verholt und dort ins Dock gesetzt.

Am 19. Dezember wird mitgeteilt, dass der in Hamburg ausgelaufene englische D. JUVERGYLE in der Nordsee Maschinenschaden hatte. Er lief zurück und »ist nach der Vulcanwerft zur Reparatur verholt worden.« Der Stettiner D. ISOLDE, der wegen Kohlenmangel aus See zurückkam, geriet in der Nacht zum 18. Dezember mit dem auslaufenden D. GRAF WALDERSEE der HAL in der Elbmündung in Kollision, wobei beide Schiffe beschädigt wurden. Das Hamburger Schiff hatte Schäden am Oberdeck und konnte seine Reise nach den USA fortsetzen. Der Stettiner D. musste wegen einer Beschädigung an der Steuerbordseite, die bis unter die Wasserlinie ging, die Vulcanwerft anlaufen.

»Am 30.12.1912 schied plötzlich und unerwartet im 38. Jahre, herausgerissen aus reger Tätigkeit, unser Mitglied, der Schiffbauingenieur Herr Johannes Müller aus dem Leben. [...].« Müller war nach dem Besuch der Königl. Technischen Hochschule zu Charlottenburg von 1894 bis 1901 beim Vulcan als Schiffbauingenieur eingetreten und längere Zeit in der Konstruktionsabteilung tätig. »Nach Übersiedlung der Zentralverwaltung nach Hamburg blieb er als einer der Wenigen auf der alten Stammwerft zurück.«[154]

Das erste Vierschrauben-Turbinenschiff

Die *IMPERATOR*, zu damaliger Zeit das größte Handelsschiff der Welt und der erste Vierschrauben-Turbinendampfer der deutschen Handelsflotte, war von Hansa am 26.2.1910 als Bauauftrag an das Hamburger Werk mitgeteilt worden. Im

Geschäftsbericht der HAL über 1909 findet der D. mit folgenden Worten Erwähnung: »Nachdem die wirtschaftlichen Verhältnisse wieder normale geworden sind und unsere flüssigen Mittel am 31. Dezember v. Js. einen Betrag von mehr als 30 Mill. erreichten, haben wir natürlich die Verpflichtung, in vorsichtigen Grenzen für den bei Eintritt der Krisis ganz sistierten weiteren Ausbau unserer Flotte zu sorgen [...] und einen großen Passagier- und Frachtdampfer dem Stettiner Vulcan [...] in Auftrag gegeben.« Der bevorstehende Abschluss des Neubaus hatte bereits zur Folge gehabt, dass das beim Hamburger Vulcanwerk im Bau befindliche Riesendock, das 200 m lang werden sollte, um 40 m verlängert werden musste, damit in Zukunft auch das neue Riesenschiff aufgenommen werden konnte.[155]

Der Bau des Ozeanriesen, der mit Recht als ein Triumph der deutschen Werftindustrie gelten kann, ist unter Bedingungen übernommen worden, die für den Vulcan ein ganz ungewöhnliches Risiko bedeuteten: eine fünfjährige Garantie für ein Schiff von 35 Mill. Mk. Wert[156] und die Verpflichtung, während einer möglichen Stillegung zu Umbauzwecken den Wert des D. mit 5% zu verzinsen, kennzeichnen diesen Auftrag als ein Geschäft, dessen Risiko von der Verwaltung offenbar unterschätzt wurde, wie der *Volksbote* schreibt.[157] Die Kiellegung erfolgte am 18.6.1910.[158] Der Stapellauf des Giganten mit einem Ablaufgewicht von ca. 27.000 t, fand am 23.5.1912 in Gegenwart S. M. des Kaisers statt. Das *Hamburger Echo* kommentierte dieses Ereignis am Freitag, dem 24. Mai, mit folgenden interessanten Anmerkungen: »Mit Ach und Krach und unter unerhörter Anspannung der Arbeiter ist der Koloß glücklich so weit fertiggestellt worden, daß Wilhelm II., der eigens zum Stapellauf nach Hamburg gekommen war, nicht zu warten brauchte. Unsere Befürchtung, daß die unsinnige Hetze noch mehr Opfer fordern würde, hat sich leider erfüllt. Nachdem am Sonntag der Arbeiter Greifert beim Abbrechen der Stellagen [...] von einem Balken erschlagen war, hat die Werftleitung – in weiser Voraussicht des Kommenden – eine neue Krankentransport-Räderbahre angeschafft. Damit sind seit Dienstag 5 [...] verunglückte Arbeiter transportiert. [...] unter ihnen Hans Bartelt, der einen Beinbruch erlitt. Doch was macht das, Wilhelm II. brauchte nicht zu warten, das Programm konnte abgewickelt werden. Zur festgesetzten Stunde lief das Schiff glücklich vom Stapel, nach einer schwungvollen Rede des Hamburger Bürgermeisters Burchardt, in der er natürlich derer, die das Werk geschaffen, und derer, die dabei ihr Leben lassen mußten, nicht gedachte. Wilhelm II. dagegen wurde dankerfüllt ›angehocht‹, obgleich seine ganze Tätigkeit darin bestand, mit allerdings – wie die bürgerliche Presse schreibt – ›machtvoll erschallenden Worten‹ zu rufen: ›Ich taufe Dich ›*IMPERATOR*‹, und dabei eine Flasche Schaumwein am Bug zu zerschellen.

Über Einzelheiten [...] schreibt uns unser Berichterstatter noch: Der Stapellauf ging um 10 Uhr glatt vonstatten. Die Strecke, die der Koloß durchlaufen mußte, war aus Sicherheitsgründen abgesperrt. Die mit Passagieren reichbesetzten Passagierdampfer hatten sich im Kohlenhafen und im hinteren Ellerholzhafen festgelegt. [...] Mit den Fährdampfern waren [...] die Neugierigen nach Kuhwärder und Tollerort gefahren, wo der Deich dicht [...] besetzt war. So viele Menschen sind noch nie bei einem Stapellauf auf den Beinen gewesen. [...]« Der D. lief ruhig zu Wasser. »In kurzer Zeit war der Riese festgelegt, und nun kann die fleißige Schar der Arbeiter damit beginnen, das Werk zu vollenden, das ihnen Arbeit und zerschlagene Knochen, andern aber Ehre und Orden bringt.«

Bis zum Stapellauf waren 10 Tote zu verzeichnen und etwa 100 Verletzungen, teils leichter, zum größten Teil aber schwerer Natur.[159] Folgenden Herren des Vulcan sind vom Kaiser Orden verliehen worden: dem Vorsitzenden des Aufsichtsrats Geh. Kommerzienrat Rudolph Abel der Kronenorden 2. Klasse, den Direktoren Geh. Baurat Justus Flohr und Louis Schwartz der Kronenorden 3. Kl. und den Direktoren Dr. Gustav Bauer und

Nach der Taufe des Turbinen-Schnelldampfers *IMPERATOR*, von links nach rechts: Kaiser Wilhelm II., Albert Ballin, der Hamburger Bürgermeister Burchardt. [aus: Ballin: Leben und Werk eines deutschen Reeders, 1926]

IMPERATOR aus der Vogelschau im Hamburger Hafen [aus: Die Schiffahrt im Wandel der Zeiten, 1925]

Paul Stahl der Rote Adlerorden 4. Kl. Generaldirektor Albert Ballin überreichte dem Kaiser ein silbernes Modell des Täuflings.[160] Die Werft verließ der D. am 24.4.1913. Er war nach den Vorschriften des Germ. Lloyd für dessen höchste Klasse als Volldeckschiff mit Eisverstärkung gebaut worden. Die Einrichtung und Ausrüstung entsprach den damaligen neuesten Vorschriften der deutschen, englischen und amerikanischen Gesetze für Auswandererschiffe sowie den neuesten Vorschriften der See-Berufsgenossenschaft über Schottversteifung und Unfallverhütung, ferner der neuen Seemannsordnung in bezug auf die Mannschaftsräume.[161]

Die Konstruktionsdaten nach dem »Journal« sind: [Bau-]Nr.: 314, Hbg. 3 / Schiffsart: Passagier- u. Frachtdampfer mit 2 Masten u. 3 Schornsteinen / Maschinenanlage: Turbinen mit Wasserrohrkesseln, 4 Schrauben à 4 Flügel / Anzahl durchl. Decks: 4 / Aufbauten: lange Back 248,7 m, oberes Promenadendeck 152,2 m, Brückenhaus 133,2 m, Bootsdeck 150,7 m, unteres Promenadendeck 179,5 m / Doppelboden: von Spant 30–305 / Baujahr u. Bauzeit: 1910–1913 / La: 276,14 m / Lp: 268,22 m / B. a. Spt.: 29,82 m / H: 19,20 m / H1 verteilte Aufbauten: exkl. Unteres Promenadendeck = 23,4 m / R. T.: wirkliche = 17,45 m, Germ. L. = 17,99 m / Tfg., beladen: 10,82 m / Kielhöhe CT: 0,160 m / Depl., beladen: 57.520 t in Seewasser / D. w. beladen: 15.830 t / L x B: 8.011,73 / L x B x H u. L x B x CT.: 153.825,2 / L x B x H1: 187.474,5 / Lp : B: 8.979 / Lp : H: 13.969 / H : B: 0,643 / BRTs: 51.680 t = 146.254 cbm / Passagiere: 721 I. Kl., 608 II. Kl., 974 III. Kl., 1.752 IV. Kl. / Besatzung: ca. 1.150 Mann / Gewicht d. Schiffskörpers: 34.360 t / Gewicht d. Walzstahls: 23.900 t / Gewicht d. Masch.-Anlage: 7.330 t / Maschine pro PSi: 132,2 kg / V beladen: 22,5 Knoten / PSi: 55.400 / PSe Schleppversuch: 25.750.

Die Maschinenanlage, untergebracht in 3 Räumen, bestand aus 4 direkt wirkenden Dampfturbinen, Typ Curtis-AEG-Vulcan, hierfür hatte der Vulcan eine Lizenz von der Turbinia erhalten. Die Gesamtleistung war von kontraktlichen 61.000 PSe auf eine mittlere von 75.000 PSe, mit Spitzenleistungen von 84.000 PSe, gesteigert worden. Dr. G. Bauer schreibt über diese Anlage: »Der Bau der Turbinenanlage […] bedeutete seinerzeit für die Schöpferin dieser bis dahin in jeder Beziehung in Deutschland einzigartigen Maschinenanlage ein sehr wagemutiges Unternehmen, und es dürfen sich die Vulcan-Werke […] rühmen, sozusagen ohne jede Erfahrung, nur aus eigenem Ingenieurkönnen heraus, die Aufgabe glücklich gelöst zu haben. […]«[162] Diese Erstmaligkeit der Maschinenanlage steht vermutlich mit der erwähnten Stilllegung zu Umbauzwecken und der Wertverzinsung in Zusammenhang. Die verantwortliche Bauleitung hatte der Nachfolger von Dr. Föttinger, Oberingenieur Ernst Jochmann,[163] auch der spätere Maschinenbaudirektor Fritz Kramer wird in diesem Zusammenhang genannt.[164]

Im Gegensatz zu den sonst üblichen zylindrischen Feuerrohrkesseln, bestand die Kesselanlage aus Gewichtsgründen aus 46 Einfachender-Wasserrohrkesseln der Bauart Vulcan und war in den von den wasserdichten Querschotten gebildeten 4 Kesselräumen untergebracht. Der Arbeitsdruck betrug 16 atü, der Probedruck, mit dem die Kessel auf Formveränderung, Dichtigkeit usw. geprüft wurden, 32 atü. Für die Abgase waren 3 21 m hohe Schornsteine von 5 1/2 mal 9 m ovalem Querschnitt vorhanden. Die Beförderung der Kohle von den etwa 8.200 t fassenden Bunkern, fand mittels kleiner Wagen über eine ausgedehnte Schienenanlage statt. Der Schraubendurchmesser betrug 5,08 m, die während der ersten Reise gemessene Durchschnittsgeschwindigkeit 22,5 Knoten. Die beiden stählernen Pfahlmasten waren ab Kiel 75 m hoch und innen befahrbar, am vorderen befand sich ein Scheinwerfer mit einer Leuchtkraft von 32.000 HK. Um die Rollbewegungen bei bewegter See aufzuheben oder zum mindesten stark zu mildern, waren Frahm'sche Schlingertanks von 500 t Wasserinhalt eingebaut worden, außerdem 2 Schlingerkiele. Der 1,50 m hohe Doppelboden erstreckte sich nahezu über die ganze Schiffslänge, war in 30 Zellen geteilt und enthielt Wasserballast, Frischwasser und Kesselspeisewasser. Der Schiffskörper war in 11 Decks unterteilt. Die Rudermaschinenanlage und die Ankerspillanlage lieferten die Atlas-Werke in Bremen. Zur Krafterzeugung und der Versorgung der 10.000 Lampen gab es 1 zweistöckiges Kraftwerk mit insgesamt 5 Turbo-Gleichstromdynamos von je 220 kW Leistung. Zum Be- und Entladen dienten um den Fockmast angeordnet, je 6 Ladebäume und Dampfwinden für je 3–5 t, während der Großmast 5 Ladebäume trug, mit 4 zugehörigen Dampfwinden. Zum Einbringen besonderer Lasten waren außerdem noch 4 E.–Drehkräne von je 2 t vorhanden.

Zu den zahlreichen Sicherheitseinrichtungen gehörte u.a. ein E.–Notkraftwerk auf dem Bootsdeck, mit den angeschlossenen Kommandoeinrichtungen, der Notbeleuchtung mit insgesamt 570 Lampen, alle Starkstrom-Weckeranlagen, der Auslösevorrichtung der Rettungsheckboje, den Wasserschallanlagen, der Nebelglocke, der Eisberg-Signalanlage, den Dampfsirenen und der Hauptanlage für drahtlose Telegrafie. Daneben gab es eine 2. Telegrafieanlage mit 2 Notantennen. Für beide Anlagen war eine besondere Akkumulatorenbatterie vorhanden. Schließlich war zur Abgabe von Notsignalen noch eine umfangreiche Signaleinrichtung an Bord, die aus einem Mörser-Raketenapparat mit Rettungskastenleine, Rot- und Blaulicht usw. bestand. 83 Rettungsboote boten Platz für insgesamt 5.255 Personen, 40 offene für 2.402 Personen und weitere 43 gedeckte Boote für 2.853 Personen. 2 Boote der ersteren Gruppe waren Barkassen mit Benzinmotor, erstmalig bei einem Ozeanschiff. Für jeden Passagier und jeden Mann der Besatzung waren Korkrettungswesten vorhanden, auch gab es Rettungsbojen, die sich bei Nacht selbsttätig im Wasser beleuchteten. Eine besondere Sicherung gegen Feuer, bedeuteten die Rauchschotten auf den Passagierdecks. Die 5 Anker sind in Grimsby, England, gefertigt worden, von denen der mit 13 t größte, in der ersten Januarwoche 1913 mit dem englischen D. CITY OF BRADFORD bei der Werft angeliefert wurde.[165] Die Galionsfigur, ein sitzender bronzener Adler mit einem Gewicht von 12 t, hatte der Berliner Bildhauer Professor Bruno Krause modelliert.

Die Aufbauten enthielten die vornehmsten Wohnungen für die Passagiere nebst den entsprechenden Gesellschaftsräumen. In der Nähe der sogenannten Kaiser- und Staatszimmer lagen besondere Dienerzimmer. Es gab u.a., 1 Dunkelkammer, 1 Konfitüren- und Blumenladen, 1 Bücherladen, 1 Arztzimmer mit Warteraum und Apotheke. Die Ausstattung des Haupttreppenhauses im Stile Ludwigs XVI. ist von A. Bembé, Mainz, ausgeführt worden, die des Speisesaals I. Klasse, ebenfalls in diesem Stil, von J. D. Heymann, Hamburg. Die Inneneinrichtung des 390 qm großen Fest- und Ballsaales mit 200 Sitzplätzen hatte die Schneider & Hanaun AG, Frankfurt/Main geliefert, während die Ausstattung des Wintergartens und des Ritz-Carlton-Restaurant Rémon in Paris übertragen wurde. Ein hinter dem Restaurant liegendes Privatspeisezimmer war von M. Ballin, München, ausgestattet worden.

Die 19,5 m lange Schwimmhalle hatte ein Becken von 12 x 6,5 m Breite und war bis 2¼ m tief, es gab einen Nichtschwimmerteil, Badezellen und verschiedene Räume für hygienische Bäder aller Art sowie einen großen Ruheraum. Sie war den alten römischen Badeanlagen nachgebildet und gemeinsam von den Firmen Gebr. Bauer, Berlin und Bamberger, Leroi & Co., Frankfurt/Main eingerichtet worden, künstlerisch nach Vorbildern der alten Thermen Roms. An Backbord und Steuerbord befand sich je eine Flucht von Kaiserzimmern, von

IMPERATOR, Seitenriss 1:1500
[aus: Jb. d. VDI, Bd. 56, 1912]

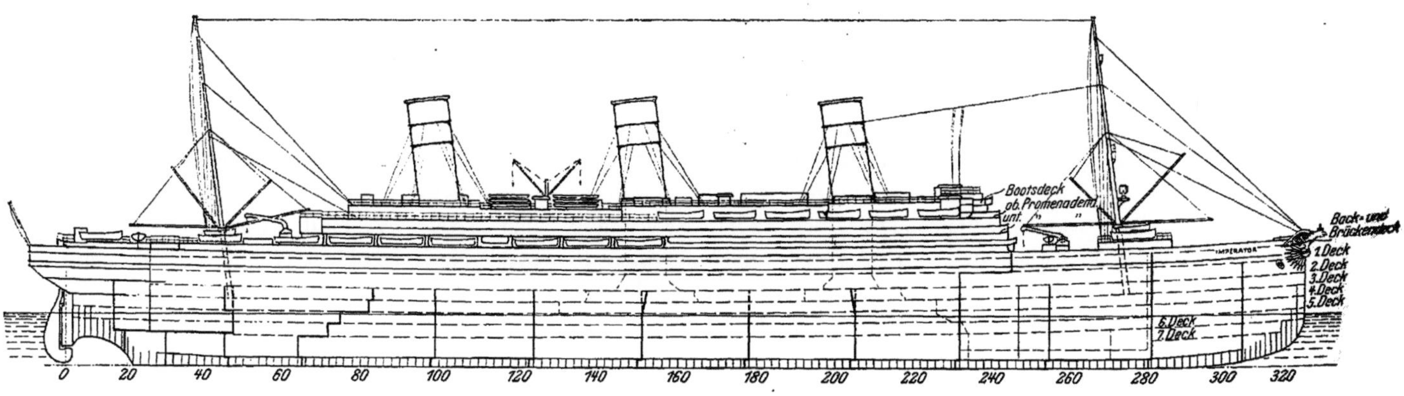

IMPERATOR, Kiellegung am 18. Juni 1910, am linken Gerüstständer eine Tafel mit der Aufschrift: Schiff 314, Com. Nr.5278, HAMB.-AMERIKA Linie
[aus: Jb. d. VDI, Bd. 58, 20.6.1914]

denen je eine von den beiden Hamburger Firmen J. D. Heymann und Fittje & Michaelles ausgestaltet wurden, beide nach Entwürfen von Ilse Dernburg. Die Gestaltung der 12 Staatszimmer war den beiden Firmen J. C. Pfaff, Fittje & Michaelles und Gerson, Wollbrandt & Bauer übertragen worden. Den Speisesaal der II. Klasse gestaltete J. C. Pfaff, den Rauchsalon Albert Koch & Co., Werkstätten für Innenausbau und Möbeldekoration in Berlin. Neben den Treppenhäusern dienten 2 Aufzüge in der I. und 1 in der II. Klasse dem Verkehr zwischen 6 Decks. Für die leibliche Versorgung waren 8 Küchen vorhanden, für alle Klassen getrennt. Neben den üblichen Gerätschaften wie Dampfkochtöpfen usw., gab es elektrisch betriebene Sondermaschinen wie Tellerwasch- und Messerputzmaschinen.

An Besonderheiten bzw. erstmaligen Einrichtungen ist zunächst der Anschütz-Kreiselkompass zu erwähnen. Dieser Kompass funktioniert nicht nach den Gesetzen des Magnetismus, sondern nach denen der Trägheit und der Erdrotation. Die umfangreiche Anlage dieses zu damaliger Zeit modernsten Kompasses bestand aus dem sogenannten Mutterkompass aufgestellt in der Schiffsmitte, zwei Motorgeneratoren nebst Anlassern, Tourenzählern und Schalttafeln. Die 4 Tochterkompasse waren so verteilt, dass sie als Azimuth- und Steuerkompaß dienten, gleichzeitig waren 2 derart aufgestellt, dass von ihnen Peilungen um den ganzen Horizont ausgeführt werden konnten; alle 4 besaßen stets die gleiche Weisung wie der Mutterkompass. Die HAL hatte sich als erste Handelsreederei zur Anwendung dieses Kompasses entschlossen, dessen Verkauf die Firma C. Plath vermittelte, die Hamburger Vertretung von Anschütz & Co.[166] Die Turnhalle der I. Klasse befand sich auf dem Bootsdeck, war mit großen Seitenfenstern sowie Oberlicht versehen und enthielt neben den üblichen schwedischen Zander-Apparaten, erstmals auch deutsche Turngeräte. Ebenfalls zum ersten Mal auf einem der neueren Schnelldampfer, stand auch für die II. Klasse eine Turnhalle zur Verfügung. Als Besonderheit können auch die für alle Klassen sehr zahlreich vorhandenen Zweibett-Kammern gelten, in der IV. Klasse waren es 58. Auch eine Reihe von modern eingerichteten Hospitälern war für die Fahrgäste der verschiedenen Klassen vorhanden.

Zur Besatzung gehörten unter dem Kommodore Hans Ruser, 4 Kapitäne, 7 Offiziere, 84 Decksleute, 1 Oberingenieur, drei 1. Ingenieure, 25 weitere Ingenieure und ca. 300 Heizer und Trimmer, sowie Elektriker, 3 Ärzte, 2 Arztgehilfen, je 1 Zahl- und Proviantmeister, 3 Zahlmeisterassistenten, 5 Proviantaufseher, 3 Gepäckbeamte, 1 Materialverwalter, 3 Telegrafisten 2 Telefonisten, 4 Barbiere, eine Friseuse, 3 Drucker, je 1 Tischler, Schneider und Gärtner, 4 Fahrstuhlwärter, etwa 500 Stewarts usw.[167] Nach einer Heuererhöhung des Maschinenpersonals im April 1913 – man wollte so die besten Leute bekommen – erhielten: je Oberheizer 110 statt 95 Mk., Heizer 98 statt 83 Mk., erfahrener Trimmer 83 statt 73 Mk.[168]

IMPERATOR, der Schiffskörper ist vollendet [aus: Jb. d. VDI, Bd. 58, 20.6.1914]

Modelle des Riesenschiffes wurden bereits lange vor der Fertigstellung des Originals ausgestellt. So 1911 anlässlich der Internationalen Hygiene-Ausstellung in Dresden ein 6 m langes Modell mit Innenbeleuchtung;[169] im August 1911 im Berliner Reisebüro der Hamburg-Amerika Linie Unter den Linden[170] und in Hamburg am 7.12.1911 in der Halle der Passagierabteilung der Reederei im Hauptkontorgebäude am Reesendamm[171]

Am Sonntag, dem 30.3.1913, war mit Hilfe von 7 großen Schleppern der Riese bei Blohm & Voss im Kuhwärderhafen ins Dock gebracht worden. Um die Dockung zu ermöglichen, musste das 45.000 t Dock der Werft durch Anfügung einer Sektion des Docks 4 verstärkt und verlängert werden.[172] Dieses interessante Schauspiel hatte nicht nur zahlreiche Zuschauer angelockt, »auch eine kinomatografische Aufnahme hat nicht gefehlt.« Hier waren bis zum 3. April die Schrauben angesetzt und der Bodenanstrich aufgebracht worden. Anschließend erfolgte die Verbringung in den Roßhafen, wo Maschinenproben ausgeführt wurden. Zu diesem Zeitpunkt war ein Teil der Mannschaft bereits angeheuert und einstweilen auf dem Werkstatt- und Kasernenschiff der HAL, ANCHORIA, untergebracht worden.[173]

Bis zur Fertigstellung des eigentlichen Liegeplatzes in Cuxhaven war in der Elbmündung bei dem sogenannten Glameyerschen Stack zwischen Otterndorf und Altenbruch unter Anwendung von 300 Pfählen eine gewaltige Dückdalbenanlage entstanden, deren Endgruppen noch besonders als Eisbrecher und Leuchtfeuerträger ausgebildet wurden.[174] Für den Winter war im Hamburger Neuen Hafen am Westkai ein Liegeplatz vorgesehen. Am Altenbrucher Liegeplatz ankerte der D. erstmals am 23.4.1913. Benutzt werden konnte der Platz allerdings nur, bis er durch Stürme Anfang Juni 1913 für einige Zeit unbrauchbar wurde. Dadurch konnten die zum Antritt der ersten Amerikafahrt noch erforderlichen technischen und Ausrüstungsarbei-

IMPERATOR, eine der Turbinen in der Montagehalle [aus: Jb. d. VDI, Bd. 56, 1.6.1912]

IMPERATOR, einsetzen der Rückwärtsturbine am Ausrüstungskai [aus: Jb. d. VDI, Bd. 58, 1914]

ten nicht rechtzeitig beendet werden und die erste Reise musste vom 7. Mai auf den 11. Juni verschoben werden. Eine erste Verzögerung hatte es bereits im Mai gegeben, als durch einen Streik bei der Firma Noske die Rohrleger- und Heizungsarbeiten liegen blieben.[175]

Mit der Beförderung der sehr großen Anzahl von Passagieren sah sich die Eisenbahnverwaltung vor eine nicht gerade leichte Aufgabe gestellt. Mussten doch bei vollbesetztem Schiff 7 Sonderzüge eingesetzt werden, zu denen für das Begleitpersonal noch ein weiterer hinzukam, wenn der D. aus Amerika kam. Eine Verkehrserhöhung, die die Altonaer Eisenbahndirektion zu umfangreichen Erweiterungsbauten veranlasste. Auch der Cuxhavener Hafenbahnhof musste bedeutend erweitert werden und erhielt einen zweiten Bahnsteig. Verschiedene Stationen der Strecke Cuxhaven–Harburg erhielten neue Überholgleise, auf dem Bahnhof Harburg-Unterelbe war Platz für die Aufstellung der neu gelieferten 24 Wagen für die Sonderzüge geschaffen worden und auch die Gepäckabfertigungsräume im Hamburger Hauptbahnhof wurden bedeutend vergrößert. Einschließlich der Tunnelvergrößerung war für die Arbeiten am Bahnhof Stade ein Kostenaufwand von 70.000 Mark vorgesehen.[176]

Zur ersten Probefahrt am 26.4.1913, verließ der D. seinen Liegeplatz bei Altenbruch am 22.4.1913. Die glänzend verlaufene Fahrt hatte bis über Borkum hinausgeführt. »Das Schiff bewies eine tadellose Manövrierfähigkeit und erzielte eine über die kontraktlichen Bedingungen hinausgehende Maschinenleistung von über 65.000 PSi. Gegen 8 Uhr früh wurde die Rückfahrt [...] angetreten, um der an Bord befindlichen Arbeiterschaft Gelegenheit zu geben, zum Pfingstfest nach Hause zurückzukehren.«[177] Die nächste Probefahrt, sie führte bis an die norwegische Küste, begann am 24.5.1913. Mit an Bord waren der deutsche Kronprinz mit Begleitung, Generaldirektor Albert Ballin und weitere Gäste. Die ebenfalls glänzend verlaufene Fahrt meldete die Station Norddeich mit folgendem Radiotelegramm: »Der Dampfer [...] absolvierte [...] die von der staatlichen Aufsichtsbehörde vorgeschriebene achtstündige Maschinenprobefahrt und erzielte dabei ohne Forcierung der Maschinen eine Geschwindigkeit von 23 Meilen. Montagmittag traf der D. wieder in Altenbruch ein, wo die Mitglieder der Reedereiverwaltung von Bord gingen. Dann ging es wieder in See zur Vornahme weiterer Maschinenmanöver.«[178]

Die im Mai 1913 aufgekommenen Gerüchte über Sabotageakte auf dem Schiff hatten englische und amerikanische Zeitungen im Interesse der Reeder ihres Landes ausgeschlachtet und so dargestellt, als habe die Manövrierfähigkeit des Schiffes gelitten. »Diesen durchsichtigen Pressemanövern tritt nun auch das offiziöse Wolffsche Telegrafenbureau mit folgender Mitteilung entgegen: Englische und amerikanische Zeitungen bringen die Nachricht, daß auf dem Dampfer [...] von den beschäftigten Arbeitern Sabotage verübt worden sei. Die Hamburg-Amerika Linie und die Vulcanwerft legen Wert darauf, im Interesse der Arbeiterschaft festgestellt zu sehen, daß nichts derartiges verübt worden ist und das alle dahingehenden Gerüchte absolut freie Erfindung sind.«[179] Ausgangspunkt dieser Gerüchte war ein Artikel von Arthur Dix, »der die Runde durch die bürgerliche Presse machte und die deutsche Arbeiterschaft der Sabotage beschuldigte.« Wie können solche Gerüchte entstehen? Ein Vulcan-Ingenieur hatte auf Befragen folgende Erklärung geliefert: »Viele der Kabinen [...] sind ganz mit Teppichen ausgelegt. Damit diese genau [...] passen, hat man natürlich an den Seiten oder Ecken Stücke herausschneiden müssen. Die Reste sind über Bord geworfen worden. Zum Ausklopfen wurden dann die Teppiche auf Deck gebracht. Vorübergehende haben gesehen, daß Stücke herausgeschnitten waren, haben es weiter erzählt, und das Gerücht war fertig. [...] Enthalten in einer Zuschrift von Pastor A. Lührs aus Wilhelmsburg an die Deutsche Volkszeitung.«[180]

Der Bau des Schiffes forderte auch nach dem Stapellauf noch seine Opfer. Am 14.1.1913 traf es gleich 5 Schiffbauer, die im Kesselraum IV auf einer Stellage arbeiteten. Als eine der Bohlen brach, stürzten 3 Schiffbauer, 1 Bohrer und 1 Brenner 8–10 m ab. Der Schiffbauhelfer Dietrich Schubert erlitt einen zweimaligen Bruch der linken Hand,

IMPERATOR, Einbau der Turbinen in den Maschinenraum [aus: Jb. d. VDI, Bd. 58, 1914]

der Schiffbauer Joh. Küsel eine Augenverletzung und Fußverstauchung, die Helfer Karl Wiesenthal und J. Gätjens Fußverletzungen, der Brenner Peter Albert einen Beckenbruch. »Alle Verletzten sind nach Anlegung von Notverbänden dem Hafenkrankenhaus zugeführt worden.[181] Der von der Firma Siemens & Schuckert auf dem D. beschäftigte Elektriker Haase fiel am 11. März im Turbinenraum in ein Loch. »Er wurde ohnmächtig von seinen Kollegen aufgefunden und ins Krankenhaus transportiert.« Der Dreher Andreas Stein trat am 12. März in eine Rinne, in der das Kabel seiner Drehbank verlief, geriet ins Straucheln und fiel in die laufende Drehbank. Kollegen konnten ihn so rechtzeitig befreien, daß er mit einer Handquetschung davonkam. Am 13. März fiel dem am Ankerspill beschäftigten Schlosser Bargelmann, Maria-Luisen-Straße 112, Winterhude, eine 2 1/2 Pfund schwere Schraubenmutter auf den Kopf und fügte ihm eine größere Verletzung zu.[182] Am Mittwoch dem 5. März, nachmittags 3 Uhr, sank beim Einsetzen der Mantel des vorderen Schornsteins durch, wobei dem Schiffbauhelfer Karl Wagner zwei Finger abgequetscht wurden. »Zirka 5 Minuten mußte der vor Schmerzen sich Windende in der qualvollen Lage ausharren.« [183] Der Maschinenbauer Louis Bartens war am 17. April mit dem Montieren einer Bremsvorrichtung der Wellenleitung beschäftigt, wobei ihm der ca. 3 Zentner schwere Maschinenteil 2 Finger der linken Hand abquetschte. Am 18. April wurden dem Arbeiter Friedrich Hamann Zeige- und Mittelfinger der linken Hand gequetscht, weil ein zu transportierender Tank wegrutschte.[184] Durch die Unvorsichtigkeit eines Maschinenbauers war es am 24.4.1913 zu einer Benzinexplosion im Maschinenraum gekommen. 5 Mann erlitten dabei schwere Brandwunden, ein Flüchtender stürzte und zog sich dabei einen Beckenbruch zu. Von den Schwerverletzten starben die Schlosser Strobel aus Lichtenburg, Walter aus Ruhla und der Heizer Denzer im Cuxhavener Krankenhaus. Weitere Schwerverletzte waren der Maschinenbauer Reimer und der Schlosser Truch. Leichter verletzt waren Gustav Mathieus und ein Heizer der Besatzung.[185] »[...] Am Sonntag [19. Mai], als man [...] mit dem Abreißen der Stellagen beschäftigt war, wurde der in der Langenstraße 38 wohnende Arbeiter Karl Greisert von einem herabstürzenden Balken so schwer getroffen, daß er bald darauf starb. [...]« Der Platzarbeiter Peter Comandika verunglückte am 27.1.1914. »Er war mit dem Transport von Bohlen beschäftigt, die auf einer Lori aufgestapelt lagen. Auf dem Vorderschiff [...] kamen die Bohlen ins Rutschen und fielen dem Arbeiter auf den Fuß, der so erheblich gequetscht wurde, daß der Mann ins Krankenhaus geschafft werden mußte.«[186]

IMPERATOR, der Hauptmanövrierstand im vorderen Maschinenraum [aus: Jb. d. VDI, Bd. 58, 1914]

Die erste Reise nach New York begann wie geplant am 11.6.1913. An diesem Dienstagmorgen waren 5 Sonderzüge mit Passagieren vom Hamburger Hauptbahnhof abgefahren. Der letzte Zug um 9.50 Uhr, beförderte neben 250 I. Klassepassagieren auch 50 Pressevertreter, die als Gäste der Reederei reisten. 1.600 Zwischendecker wurden mit Tendern und dem Salondampfer COBRA nach Altenbruch transportiert. Insgesamt waren 4.570 Passagiere an Bord. Die Anker waren nachmittags um 3 Uhr gelichtet und Cuxhaven um 3.50 Uhr passiert worden. »An der Alten Liebe und am Strand hatten sich zahlreiche Menschen angesammelt, die der Abfahrt des Dampfers beiwohnen wollten, der nun hinauszieht, den Ruhm deutscher Arbeit in ferne Lande zu tragen.«[187] In New York traf der Schnelldampfer am Mittwoch dem 17. Juni, abends um halb zwölf ein. Die Durchschnittsgeschwindigkeit hatte trotz Nebel und zeitweise sehr stürmischem Wetter 21,13 Knoten betragen.[188] Die planmäßige Rückfahrt begann am 23. Juni und war am 3. Juli beendet. Bei der Überführung der Passagiere von der Altenbrucher Reede nach Cuxhaven war die gesamte Tenderflotte der Hamburg-Amerika Linie im Einsatz. 8 Sonderzüge waren erforderlich, um die Passagiere nach Hamburg zu befördern.[189]

Nach Ende der Saison ging der D. zur Werft zurück. Während der letzten Monate war er »auf das sorgfältigste nachgesehen, gereinigt und in einzelnen wichtigen Einrichtungen noch verbessert worden.« So wurde ein Wachhaus für den Feuerschutz errichtet, in dem das Feuermeldesystem

IMPERATOR am Ausrüstungkai, nach Prüfung der Schotten wird die Dampfspritze herausgehoben
[aus: Jb. d. VDI, Bd. 57, 1913

zusammenlief und 6 in Kiel speziell ausgebildete Feuerwehrleute ständig Dienst verrichteten. Neu waren ferner 450 Feuermelder, System Schöppe und Siemens & Halske, in fast allen Schiffsräumen eingebaut und eine Springleranlage mit 800 Brausen im Schiff. In den Gängen und Decks sind Rauch- und Feuerschotten angelegt worden und das große Treppenhaus wurde durch 4 Decks hindurch mit feuerfesten Wänden und Türen versehen. Die Mannschaftsräume erhielten durch die Anlage von Tageslichtquellen, durch erweiterte Ventilation, Heizung und teilweise Vergrößerung ebenfalls bedeutende Verbesserungen. Um die Heizräume besser zu durchlüften und so die Temperatur herabzusetzen, waren oben an den Schornsteinhälsen 4 große Motoren angebracht worden, deren Ventilationsflügel die Luft aus den Räumen absaugten; auch wurden die Schornsteine besser isoliert. Insbesondere über die teilweise sehr schlechten Mannschaftsunterkünfte war bereits nach der Jungfernfahrt in zahlreichen Zeitungsbeiträgen berichtet worden. Sie wurden als sehr eng, schlecht belüftet und zu warm geschildert. Als Luxusveränderungen waren die neuen Stockwerksanzeiger mit Glühlampensignal in den Personenaufzügen bezeichnet worden »und schließlich die behaglich eleganten Lauben auf dem Promenadendeck, die, mit Palmen und blühenden Gewächsen umstellt, zur Siesta in frischer Seeluft einladen.«[190]

Während des Ersten Weltkrieges lag der D. in Hamburg am Vulcankai. Nach Kriegsende musste er an England ausgeliefert werden. Zuvor war das Schiff im großen Dock von Blohm & Voss fahrbereit gemacht worden. Es lief am 30.4.1919 nach Brest aus um dort amerikanische Truppen an Bord zu nehmen.[191] Nach der Übernahme durch die Cunard-Linie, welche den Namen in *BERENGARIA* geändert hatte, waren die Kessel für Ölfeuerung eingerichtet worden.[192]

Trotz großer Verluste 6 % Dividende

In der Aufsichtsratssitzung am 8.3.1913 musste der Aufsichtsratsvorsitzende mitteilen, dass die 1912 zur Ablieferung gekommenen Bauten für die deutsche Marine einen Verlust von etwa 2 Mill. Mk. gebracht haben. Um trotzdem eine Dividende von 6% zu zahlen, sei es erforderlich, neben dem nur geringen Gewinnüberschuss einen entsprechenden Betrag aus der von früher her bereiten Baureserve zu entnehmen. »Die 1911 und 1912 für 1913, 1914 und 1915 getätigten Abschlüsse sind zwar nicht sehr befriedigend, immerhin aber können wir annehmen, daß mit dem Geschäftsjahr 1912 die Tiefkurve überschritten ist. Schon das Jahr 1913 dürfte geringere Opfer von uns fordern und die Ablieferung sich in den folgenden Jahren fortsetzen.« Weiter ist der *Weser-Zeitung* vom 10. d. M. zu entnehmen, dass der Reservefonds am 31.12.1911 2 Mill. Mk. enthielt, sodass er durch die diesjährige Entnahme absorbiert wurde, was einem Verlust von 13% auf das Aktienkapital von 15 Mill. Mk. entsprach. In Wirklichkeit schloss das Geschäftsjahr 1912 mit einem Verlust ab. Die Gesellschaft verfügte danach noch über 7,3 Mill. Mk. Reserven = 50% des Aktienkapitals. Die schlechte Dividendenlage führte 1913 zu einem erheblichen Kursrückgang der Aktien. Diese waren in das laufende Jahr noch mit einem Kurs von 175,10% eingetreten, notierten Ende September noch mit 128,60% und fielen am 4. Oktober auf 109,50%.

Dem Geschäftsbericht über 1912 konnten die Aktionäre weitere Einzelheiten zu dieser für sie unangenehmen Überraschung entnehmen. Danach waren der Baureserve 1,75 Mill. Mark entnommen worden, die dadurch auf 250.000 Mk. sank. Weiter teilt der Bericht mit: »Wenn wir auch in dem Bericht über das vergangene Geschäftsjahr und auch schon früher auf die ruinösen Verhältnisse hingewiesen haben, denen der deutsche Schiffbau entgegengetrieben ist, und unsere Aktionäre auf ernste Zeiten vorbereitet haben, hielten wir es doch für unsere Pflicht, das zu gewärtigende Resultat des Berichtsjahres möglichst frühzeitig bekannt zu geben. Wir haben dies am 8.3.1913 getan, als wir das Jahreserträgnis ziemlich genau übersehen konnten. Wenn sich auch der Dock- und Reparaturbetrieb unserer Hamburger Werft in recht beachtlicher Weise entwickelt und befriedigende Gewinnziffern ergeben hat, konnte dieses Erträgnis lange nicht das kompensieren, was das demoralisierte Preisniveau für Schiffsbauten an Schaden verursachte. Quantitativ ist die Beschäftigung im Schiffbau eine sehr große gewesen. Verhältnisse, die infolge ähnlicher Konjunkturlage in der ganzen Großindustrie zu einem ständigen Arbeiterwechsel, verbunden mit einem Mangel an Arbeitswilligkeit trotz gesteigerter Lohn- und Akkordsätze geführt haben, wodurch allein in den beiden letzten Jahren die Ausgaben für Arbeitslohn um 25% und mehr gesteigert worden sind, was bei den getätigten Abschlüssen zu kaum auskömmlichen Preisen ein Fehlresultat herbeiführen mußte.

Wir haben im Herbst 1912 uns über die ungesunde Wirtschaftslage unserer Industrie mit den anderen deutschen Werften besprochen, um durch einen Zusammenschluß die Erzielung besserer Arbeitsbedingungen zu sichern. Es hat sich aber leider ergeben, daß, wenn auch alle unter den geschilderten Widrigkeiten, einige mehr noch als wir – zu leiden hatten, der Syndikatsgedanke einzelnen Werftgesellschaften noch zu fremd war und auch als ein Bewegungs- und Entwicklungshemmnis empfunden wurde. Nach dem Scheitern dieser Verhandlungen ist dann noch Anfang dieses Jahres bei der Submission um ein deutsches Linienschiff, von 4 Werften der Versuch gemacht worden, durch Abgabe selbständig aufgestellter Kalkulationen ermittelten einheitlichen Preises die Inbaugabe ... mit einem überaus bescheidenen Gewinn anzustreben. Der Erfolg ist negativ gewesen. Außerdem hatte die Verwaltung im Laufe des letzten Jahres Umschau gehalten in wie weit sie die Rentabilität des Unternehmens durch Aufnahme neuer Zweige des Maschinenbaues kräftigen könnte. Sie hat sich nicht nur dem Landturbinenbau, sondern auch dem Wasserturbinenbau zugewandt. Um in dieses letztere Geschäft schnell und möglichst gefahrlos hineinzukommen, wurde die Erwerbung der altrenommierten Firma Briegle, Hansen & Co. in Gotha per 1.1.1913 beschlossen. Die Verwaltung beabsichtigt, nachdem das Jahr 1913 sie mit allen Einzelheiten der Fabrikation in Gotha bekannt gemacht haben wird, ihrer Stettiner Maschinenfabrik eine Wasserturbinenabteilung für Großanlagen anzugliedern. [...]. Das Unternehmen gehört seit über 50 Jahren auf dem Spezialgebiet des Wasserturbinenbaues zu den renommiertesten Firmen auf dem Weltmarkt und steht mit Rücksicht auf die fortgesetzt steigende Ausnutzung der Wasserkräfte im In- und Ausland vor der Frage, ihre Fabrikanlagen erheblich zu erweitern.«

Der Abschluss präsentierte sich wie folgt: 1.884.839 Mk. Bruttoeinnahmen, 0 Verlust auf Fabrikationskonto, 339.375 Mk. Obl.- Zinsen, 2.252.899 Mk. Abschreibungen, Reingewinn 0, 707.435 Mk. Verlust, 1.750.000 Mk. Übertrag aus den Reserven, 0 Vortrag vom Vorjahr, 1.042.001 Mk. verfügbar. Die Verteilung ist folgendermaßen vorgesehen: 900.000 Mk. Dividende = 6%, 82.500 Mk. Rückstellungen, 30.199 Mk. Dotationskonto, 0 Tantiemen, 0 Ausstellungs- und Versuchskonto, 29.866 Mk. Vortrag. In der Bilanz erschienen u.a.: 16.672 Mk. Kassakonto, 40.500 Mk. Effektenkonto, 356.231 Mk. Beteiligungskonto, 7.953.953 Mk. Debitoren, 0 Bankguthaben, 5.053.533 Mk. Materialvorräte, fertige und in Arbeit befindliche Gegenstände 46.684.210 Mk. fertige und in Arbeit befindliche Gegenstände, 7.649.618 Mk. Kreditoren, 50.917.104 Mk. Anzahlungen.

Zur Bilanz wurde angemerkt, »daß unter den Aktiven erstmalig das Beteiligungskonto getrennt vom Effektenkonto erscheint. Auf dem ersteren sind die Aufwendungen für den Föttinger Transformator verbucht [...]. Das Versuchsstadium [...] darf als überwunden angesehen werden, die Einführung in die Praxis nimmt ihren Anfang. Die Lizenz für Frankreich ist zu günstigen Bedingungen verkauft worden und mit anderen Ländern schweben Verhandlungen. Ein großer Fracht- und Passagierdampfer der Hamburg-Amerika Linie [...], die Kaiseryacht HOHENZOLLERN (1) u.a. werden zur Zeit mit dem Föttinger Transformator ausgerüstet.« Abgeliefert wurden im Geschäftsjahr 1912: Je 2 Schleppdampfer und Eisenbahn-Fährdampfer nach Hamburg; insgesamt 13 Schiffe mit zusammen 11.590 BRT und 6.950 PSi. Im Bau waren am Jahresende: Je 1 Passagierdampfer und Eisbrecher, letzterer für Russland, 3 Passagier- und Frachtdampfer mit zusammen 45.870 BRT und 39. 700 PSi, verschiedene Schiffsmaschinen, 14 stationäre Dampfturbinen bis zu 20.000 kW Einzelleistung, 2 Kompressormaschinen und 4 Transformatoren.[193]

Von der Stettiner Glockengießerfirma Voss hatte der Vulcan 1912 insgesamt 8 Schiffsglocken erhalten, je 2 mit den Nummern 1971–72 und 1983–84 sowie 4 mit den Nummern 2005–8, letztere mit einem Gesamtgewicht von 180 kg. Für welche Schiffe diese Glocken bestimmt waren ließ sich nicht ermitteln. Von besonderem Interesse dürfte sein, das in diesem Jahr von Ernst Voss in der Stahlgießerei des Vulcan die erste Schiffsglocke aus Gussstahl gegossen wurde. Sie hatte die Nr. 1965, ein Gewicht von 66 kg und war an die Meyer Werft in Papenburg geliefert worden.[194]

Die Generalversammlung in Stettin am 22.5.1913, vertreten waren 25 Aktionäre mit einem Aktienkapital von 6,588 Mill. Mk., ging dieses Mal nicht glatt vonstatten, weil die Dividende nicht den Erwartungen entsprach. Das schlechte Geschäft wurde der Hamburger Anlage angelastet, wogegen man in Stettin mit Gewinn gearbeitet hatte. Auf die Bemerkung eines Aktionärs, »daß es bei der geringen Liquidität [...] vielleicht besser wäre. [...] keine Dividende zu zahlen, erwiderte der Vorsitzende, Bankier Carl Fürstenberg. [...], die Verwaltung habe sich bei Heranziehung der Baureserve [...] von der Hoffnung leiten lassen, daß in Zukunft bessere Resultate erzielt werden. [...]« Schließlich wurde der Gewinnabschluss genehmigt und die Dividende auf 6% festgesetzt. Dem verstorbenen Aufsichtsratsmitglied, Admiral a.D. Friedrich von Hollmann, widmete der Vorsitzende einen Nachruf mit dem Bemerken, »er sei ein guter Berater gewesen und seine weitreichenden Verbindungen hätten dem Vulcan manchen Nutzen gebracht.« Die turnusmäßig ausscheidenden Aufsichtsratsmitglieder, der nicht anwesende Direktor Albert Ballin, Konsul Wilhelm Kunstmann und Dr. Paul von Schwabach, wurden durch Zuruf wiedergewählt. Nach Versammlungsschluss erklärte ein Aufsichtsratsmitglied, »daß die im Anschluß an die mehrmalige Verschiebung der Probefahrt des IMPERATOR einsetzende Beunruhigung völlig gegenstandslos wäre. In technischer Hinsicht habe das Schiff allen

Oben:
IMPERATOR, die Kommandobrücke
[aus: Jb. d. VDI, Bd. 58, 1914]

Unten:
IMPERATOR, das Steuerhaus
[aus: Jb. d. VDI, Bd. 58, 1914]

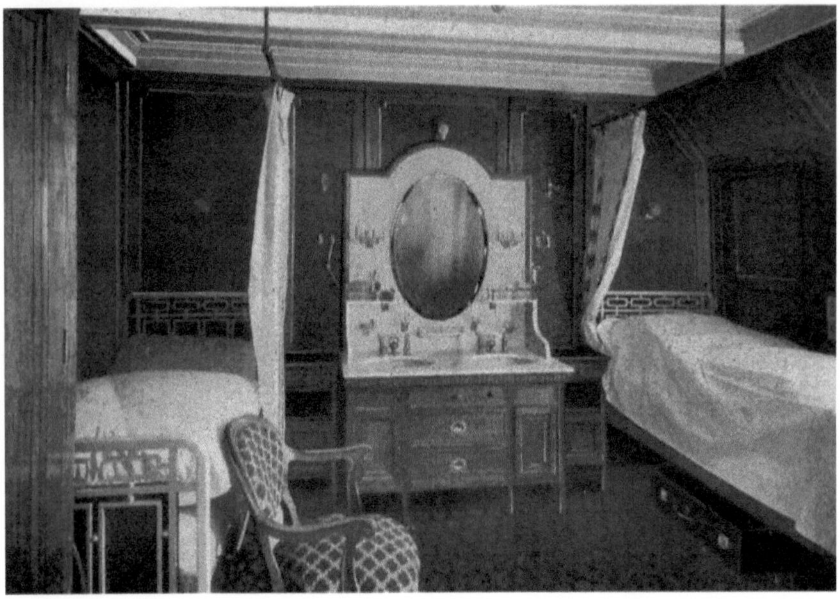

Oben:
IMPERATOR, ein Schlafzimmer I. Klasse
[aus: Jb. d. VDI, Bd. 57, 1913]

Unten:
IMPERATOR, eine Zweibettkammer II. Klasse
[aus: Jb. d. VDI, Bd. 58, 1914]

Anforderungen genügt. [...] die eigentliche Abnahme erfolgt erst nach der ersten Amerikafahrt, die am 11.Juni d. Js. angetreten wird. Es sei richtig, daß ein Teil des Verlustes in 1912 aus dem Bau des *IMPERATOR* entstanden sei, und zwar wegen der bekannten Ursachen, Arbeitslöhne etc.,[...].«[195]

Letzteres nahm die Arbeiterzeitung *Hamburger Echo* zum Anlass einer kritischen Betrachtung: »Also ständiger Arbeiterwechsel, Mangel an Arbeitswilligkeit und erhöhte Ausgaben für Arbeitslöhne werden als Ursachen [...] mit ins Feld geführt. Wer die Arbeiterverhältnisse [...] in Hamburg kennt, wer da weiß, wie die Arbeiter dort unter steter Gefahr arbeiten müssen – die Unfallstatistik des letzten Jahres redet eine furchtbare Sprache – der wird sich nicht wundern, wenn die Arbeiter auf der Werft nicht lange aushalten. Und daß die Arbeitsfreudigkeit sich unter diesen Verhältnissen besonders steigern würde, wird auch wohl niemand behaupten wollen. [...] Die Ausgaben für Arbeitslohn sind um 25 % und mehr gestiegen, die Zahl der Arbeiter stieg aber nicht so erheblich. Folglich haben die Arbeiter ihre Arbeitsleistung erhöhen müssen durch intensiveres Arbeiten und durch Nacht- und Sonntagsarbeit. Und da wagen es die Herren der Vulcanwerft, von einem Mangel an Arbeitswilligkeit zu reden! Gegen eine solche Beschimpfung der Arbeiterschaft, die gerade durch den Bau des *IMPERATOR* einen glänzenden Beweis ihres Fleißes und ihrer Tüchtigkeit gegeben hat muß entschieden protestiert werden. [...].«[196]

Auch in der *Deutschen Schiffahrt* lesen wir Anfang April 1913 nicht gerade Schmeicheleien über die Verwaltung des Vulcan, weil in diesem Jahr nur eine Dividende von 6 % ausgezahlt werden wird. Das Blatt schreibt u.a., »daß von einer Krisis im deutschen Schiffsbau nicht die Rede sein könne, wenn die Werften auch kein ›bequemes Arbeiten‹ hätten. Vielmehr fordert die Übernahme von Schiffsbauten, zumal solche größerer Dimensionen, ein außerordentliches Kapital, umfassende Erfahrungen, scharfe Kalkulation, höchste technische Leistungsfähigkeit und – last not least – gründlichen kaufmännischen Blick. Daß es an der Vereinigung dieser Erfordernisse manchmal fehlt, ist ein offenes Geheimnis. Ebenso sicher ist es aber, daß sich die Vulcanwerke von jeher in besonders günstiger Lage befunden haben und daß sie sich auch heute fast aller Eigenschaften erfreuen, deren nur eine Großwerft bedarf. Nicht die Kriegsschiffsbaubestellungen brauchen dem Unternehmen gefährlich zu werden, sondern höchstens der Ergeiz der Verwaltung. Die Gesellschaft ist nicht genötigt, zwecks Ausnützung ihrer Anlagen unlohnende Aufträge anzunehmen, im Gegenteil erfordert der Bau jedes neuen großen und gegen früher wesentlich veränderten Schiffstyps – ganz gleich, ob es sich um Kriegsschiffs- oder Handelsschiffsbauten handelt – kostspielige und zeitraubende Ergänzungen und Umbauten der Werft, die vielfach nur für einen einzigen, bestimmten Bau vollständig verwertet werden können, deren Kosten also von vornherein bei Übernahme des Auftrages mitkalkuliert werden müssen.

Das ungünstige Ergebnis, das für das letzte Geschäftsjahr ausgewiesen wird, schreibt sich – wie die Verwaltung nicht gern eingestehen mag – aus jenem unangebrachten Ehrgeiz, der sie vor Jahren veranlaßt hatte, die Einrichtung des gewaltigen Hamburger Betriebes ohne jegliche Erhöhung des Aktienkapitals vorzunehmen. Trotz der finanziellen Stärke, auf die der Vulcan verweisen durfte, hatte er sich doch zu viel zugemutet, wenn er wirklich ernsthaft glaubte, ohne neuen Kapitalzuschuß ein so großartiges Werk im teuren Hamburg aufbauen zu können. [...]. Die Höhe der Unkosten, wie sie in Stettin nie gekannt waren, und selbstverständlich auch die Ansprüche der Wettbewerbsfähigkeit auf technischem Gebiet waren unterschätzt worden. Seinerzeit galt es, den Stettiner Aktionären den Gedanken einer Verlegung des Großschiffbaues nach Hamburg, zu der selbstverständlich die gewichtigsten Gründe, insbesondere die unzureichende Wassertiefe des Oderstromes, aber auch der Mangel an lohnenden Dock- und Reparaturarbeiten an großen Schiffen eine einsichtige Verwaltung zwangen, schmackhaft zu machen. Mit Recht wurde die Verlegung der Hauptverwaltung [...] und die Degradierung Stettins zur Dependance, die ja inzwischen zur Wirklichkeit geworden ist, von den Stettinern sehr besorgt betrachtet, die damit ihr bedeutendstes Industriewerk zu verlieren fürchteten und tatsächlich verloren haben. Zur Beschwichtigung der Gemüter wurde das richtige Empfinden der Stettiner nicht nur von der Verwaltung irregeführt, sondern auch vom Aufsichtsratsvorsitzenden aufs entschiedenste bestritten, daß das gute Geld, das in jahrelanger Arbeit in Stettin verdient war, auf dem teuren Hamburger Pflaster ausgegeben werden müsse. Dem Gedanken, daß die Aufnahme neuen Geldes für die Einrichtung und den Betrieb des neuen Hamburger Werkes erforderlich sei, wodurch die Interessen der alten Aktionäre gefährdet erschienen, wurde entgegengetreten. Nunmehr zeigt sich, daß selbst ein so vorzüglich fundiertes Unternehmen [...] keine Zauberkunststücke ausführen kann, sondern eben neue Anlagen auch neue Mittel erforderlich machen.«[197]

Forderungen nach Arbeitszeitverkürzung und besserem Akkordlohn

Nachdem 1910 für die Werftarbeiter zur Verbesserung ihrer Lebenslage nicht all zuviel herausgeholt werden konnte, versuchte man 1913 bei der guten Konjunktur im Schiffbau, das damals nicht Erreichte nachzuholen. Die Forderungen waren in mehreren Konferenzen formuliert und vom Metallarbeiterverband dem Verband Deutscher Seeschiffswerften am 24.5.1913 überreicht worden: »Die tägliche Arbeitszeit soll einheitlich auf 9 Stunden festgesetzt werden. An Sonnabenden soll auf Hamburger Werften nur 7 und an anderen Orten 8 Stunden gearbeitet werden. Die Einstellungslöhne sollen um bis zu 7 Pf. je Stunde erhöht werden. Auch der Einstellungslohn soll festgesetzt werden. Die Entschädigung für Überstunden will man einheitlich geregelt wissen, desgleichen für Nachtarbeit und bei Wechselschichten. Mit dem Akkordlohn und der Auszahlung der Akkordüberschüsse ist man nicht zufrieden, wie auch mit der Einteilung langfristiger Akkorde.«[198]

Bei den folgenden Verhandlungen zeigte es sich, das bei den Arbeitgebern wenig Neigung für eine friedliche Erledigung vorhanden war. Deren Vertreter legten ein von Hermann Blohm unterzeichnetes Schreiben vor, in dem von der Norddeutschen Gruppe des Gesamtverbandes Deutscher Metallindustrieller folgende Zugeständnisse gemacht wurden: 1. Die Einstellungslöhne werden um 2 Pf. erhöht in den Betrieben, in denen seit Oktober 1910 eine Erhöhung nicht vorgenommen ist; 2. Die Stundenlöhne aller Arbeiter werden vom August 1913 ab um 1 Pf. und vom April 1914 ab um einen weiteren Pf. erhöht. Die Lohnzahlung soll, soweit es noch nicht geschehen ist, wieder auf den Sonnabend verlegt werden. Wegen aller ande-

IMPERATOR, eine Zweibett-Zwischendeckskammer [aus: Jb. d. VDI, Bd. 57, 1913]

Oben:
IMPERATOR, eine Vierbettkammer III. Klasse
[aus: Jb. d. VDI, Bd. 57, 1913]

Unten:
IMPERATOR, der Speisesaal III,. Klasse
[aus: Jb. d. VDI, Bd. 58, 1914]

ren Forderungen soll es bei den 1910 getroffenen Vereinbarungen bleiben. Lokale Verhandlungen sollen nicht mehr stattfinden. Dieses wurde als das äußerste bezeichnet, was die Werften bewilligen könnten. Und dabei blieb es. Als dann in Hamburg beim Vulcan und bei Blohm & Voss plötzlich Arbeiter, die als Vertrauensleute der Gewerkschaften tätig waren, entlassen worden sind, was von der Arbeiterschaft als Maßregelung gesehen wurde, kam es zu ersten Arbeitsniederlegungen. Die Stettiner Werften waren an den Hamburger Verhandlungen nicht beteiligt, für diese hatte am 11.7.1913 eine Verhandlung in Stettin stattgefunden, Verhandlungspartner war der Verein der Pommerschen Eisenindustriellen, dem die Werften angeschlossen waren. Die Unternehmer machten dort ein ähnliches Angebot wie in Hamburg, »es enthält aber noch etwas weniger. Es ist aber für den 17. Juli noch eine Verhandlung angesetzt worden.« Dann ist aus Stettin am 16. Juli berichtet worden, dass am Morgen etwa 500 Nieter der drei hiesigen Werften die Arbeit niedergelegt haben, deren Zahl wenig später mit 486 präzisiert wurde. »Die Erregung über die schleppenden Verhandlungen und deren bisheriges Ergebnis ist derartig, daß sich die Werftarbeiter nicht mehr an der Arbeit halten lassen [...].«[199]

Ein Werkstattdelegierter der Kesselschmiede bei Blohm & Voss hatte der Ortsverwaltung des Metallarbeiterverbandes erklärt: »Wir wollen uns nicht mehr Sand in die Augen streuen lassen!« Trotz ausdrücklicher Warnung, die Arbeit nicht während schwebenden Verhandlungen niederzulegen, trat ein Teil der Arbeiter bei Blohm & Voss und die gesamte Arbeiterschaft des Vulcan in Hamburg in den Streik. Die Hintergründe dieser Streiks waren folgende: Die bei Blohm & Voss willkürlich vorgenommenen Lohnabzüge im Akkord hatten besonders die Nieter unzufrieden gemacht. Diese wählten Anfang Juni 1913 eine Kommission, die bei der Direktion um Abstellung der Übelstände nachsuchen sollte. »Herr Blohm war jedoch den Wünschen der Nieter nicht zugängig. Die Erregung unter den Arbeitern war groß und wurde noch gesteigert, als am Montagmorgen, dem 21. Juli, der Weg zur Werft von 15 Schutzleuten besetzt war [...]. Zu dieser Erregung kam die Entlassung einiger Vertrauensleute, die sich bemüht hatten, die Leute zu beruhigen. Wahrscheinlich wollte die Werftleitung diese Beruhigung nicht, weil sie sich schon auf den Kampf vorbereitet hatte. Diese Entlassung [...] war die letzte Ursache, um den Streik perfekt werden zu lassen. Auf der Vulcanwerft strebten die Schiffsbauer bereits seit längerer Zeit nach einer Regelung der Akkordlöhne. Als der *IMPERATOR* noch nicht fertig war, versprach die Werftleitung, die Akkordlöhne zu regeln, sobald das Schiff rechtzeitig fertig gestellt würde. Das Schiff wurde auch rechtzeitig fertig, aber die Regelung der Akkordlöhne zeigte sich in einer Verschlechterung der Lohnsätze.

Inzwischen waren die Verhandlungen fortgesetzt worden, allerdings ohne ein vernünftiges Ergebnis. Es war üblich, dass während solcher Verhandlungen ein Waffenstillstand herrscht, woran sich die Werftleitung dieses Mal aber nicht hielt. Sie entließ Leute und stellte am Montag »einen Trupp Gelber ein«, der auf die verschiedenen Abteilungen verteilt worden ist. »Alles das steigerte die Erregung der Arbeiter und als [...] die Arbeitseinstellung bei Blohm & Voss bekannt wurde, schlossen sich die Arbeiter des Vulcan dem Streik an.

[...] Nach den Meldungen der Leitungen der freien Gewerkschaften streikten 8.633 Metallarbeiter, 850 Holzarbeiter, 850 Transportarbeiter, 660 Fabrikarbeiter sowie 300 Maschinisten und Heizer.« Die Gesamtzahl der Streikenden auf den 3 Werften einschließlich der Hirsch-Danckerschen Gewerkschaft wird mit etwa 6.400 angegeben.[200] In den nächsten Tagen dehnte sich die Streikwelle weiter aus, sodass allein in Hamburg 18.000 Arbeiter im Ausstand waren. Weitere bestreikte Werftstandorte waren Vegesack, Bremerhaven, Geestemünde, Einswarden, Kiel, Flensburg und Stettin, sodass insgesamt etwa 25.000 Arbeiter im Streik standen. Die erste Unterstützungszahlung von der Verwaltungsstelle des Metallarbeiterverbandes in Hamburg fand am 26. Juli statt.

Eine außerordentliche Generalversammlung der Metallarbeiter beschäftigte sich am 8. und 9.8.1913 im Berliner Gewerkschaftshaus ausschließlich mit der Werftarbeiterbewegung. Es nahmen 144 Delegierte, 5 Vorstandmitglieder und 19 Gauleiter teil. Als Gäste wohnten der Tagung zahlreiche Vertreter ausländischer Organisationen bei, die an dem Internationalen Metallarbeiter-Kongress teilgenommen hatten. Der einzige Tagesordnungspunkt lautete: »Die Lohnbewegung auf den Seeschiffswerften.« Der Verbandsvorsitzende A. Schlicke, Stuttgart, berichtete als Einleitung über frühere Vorgänge auf den Werften. Auf die derzeitige Situation eingehend, schilderte er, »wie einzelne Arbeitergruppen ohne berechtigte Veranlassung die Arbeit niederlegten«, unter Nennung der Orte Hamburg, Flensburg und Stettin. Er verteidigte die Haltung des Vorstandes, der die Arbeitsniederlegungen während der Verhandlungen als gegen die Statuten, die Geflogenheiten des Verbandes und ohne Genehmigung in Gang gesetzt, als wilde Streiks bezeichnete, die nicht zu unterstützen sind. Abschließend stellt der Vorsitzende fest: »Sie haben nun zu entscheiden. Nicht darüber, ob der Vorstand richtig gehandelt hat, sondern, ob er dazu verpflichtet war, so zu handeln. Diese Frage haben Sie zu beantworten, unbekümmert um Stimmung die man gemacht hat. Wenn Sie objektiv prüfen, müssen Sie den Kampf aufnehmen gegen diejenigen, die sich nicht an Ordnung, an die Verbandsstatuten, an unsere Vereinbarungen und Geflogenheiten halten wollen.«

Als erster Redner der Debatte sprach Dittmann, Hamburg. Er wies im Wesentlichen darauf hin, dass die Erbitterung der Kollegen daher rührt, dass das, was früher herausgeholt wurde, von den Unternehmern nicht eingehalten worden ist. Hunger, Stettin, führte u.a. aus, dass die »Akkordverhältnisse auf den Werften erbärmlich seien, die Arbeiter bekämen oft erst nach 5 Wochen Akkordzettel. Diese Mißstände seien die Quelle der Erbitterungen.« Garbe, Kiel, meinte, »[...] die Hamburger Kollegen hätten mit der Arbeitsniederlegung eine Dummheit gemacht, aber eine noch größere Eselei sei die Erklärung der Vorstände: Nichtanerkennung der Streiks und Verweigerung jeglicher Unterstützung. [...]« Am 9. August wurde nach weiteren Beiträgen mit 126 gegen 18 Stimmen beschlossen, den Streik zu beenden und in erneuten Verhandlungen bessere Zugeständnisse zu erwirken. Die Streikenden sollten für die Dauer der Arbeitsniederlegung Unterstützung erhalten.[201]

Die Einstellung der Arbeiter musste auf Betreiben der Arbeitgeber durch den Arbeitsnachweis und nicht durch die Betriebe selbst erfolgen.

Oben:
IMPERATOR, der Speisesaal II. Klasse
[aus: Jb. d. VDI, Bd. 58, 1914

Unten:
IMPERATOR, der Zwischendeck-Speisesaal
[aus: Jb. d. VDI, Bd. 57, 1913]

Dadurch war vorauszusehen, dass die Arbeitseinstellung einige Tage in Anspruch nehmen würde. Niemand konnte allerdings ahnen, dass die Werftverwaltungen alle Mittel anwenden würden, sie so lange wie möglich auszudehnen. Auch wurden alle kleinen Differenzen, die sich aus der Situation ergaben, dazu benutzt, den Arbeitsnachweis immer wieder zu schließen. Dadurch bedingt waren noch am 1. Oktober in Hamburg etwa 1.000 Werftarbeiter ohne Beschäftigung, zusätzlich zu den ca. 1.000 Arbeitslosen, sodass sich täglich etwa 2.000 Menschen vor dem Arbeitsnachweis drängten. 1910 war beispielsweise nach einem Streik die gesamte Arbeiterschaft der Reiherstiegwerft in 1 1/2 Stunden im Werk eingestellt worden. Nachteile hatten auch die Wiedereingestellten zu erwarten. Trotzdem der Syndikus des Unternehmerverbandes den Arbeitnehmervertretern gegenüber erklärt hatte, die Leute können wieder auf ihre alten Plätze und erhalten denselben Lohn wie vor dem Streik, sind Lohnabzüge vorgenommen worden. Auf der Vulcanwerft war eine ganze Anzahl Bohrer eingestellt worden, die vorher einen Lohn von 46 Pfennige erhalten hatten und denen gleich nach ihrer Neueinstellung gesagt wurde, wenn sie für 42 Pfg. arbeiten wollten, könnten sie bleiben. Diese Vorgänge erinnerten daran, was der Syndikus Thielkow einem Gewerkschaftsvertreter gegenüber geäußert hatte: »Spannen Sie den Bogen nicht zu straff, es kommt auch einmal eine freie Zeit. Dann reißen wir Ihnen wieder ein, was Sie jetzt in der guten Konjunktur aufbauen.«

Zum Vergleich mit den Löhnen einige ausgewählte Lebensmittelpreise in Pfennigen je kg in Stettin für das dritte Vierteljahr 1913: Gelbe Kocherbsen 41, Linsen 53, Esskartoffen 8, Hammelfleich vom Bug 193, Schweinefleisch Kopf u. Beine 69, vom Bug 191, Schweinespeck 225, Schweineschmalz inländisch 206, ausländisch 130, Rossfleisch 74, Weizenmehl 39, Roggenmehl 29, Weißbrot 60, Roggengraubrot 25, Essbutter 298, 1 Liter Vollmilch 22, 1 Hühnerei 10 Pf.[202]

In Stettin waren am 8. 9.1913 endlich die letzten Zimmerleute des Vulcan wieder eingestellt worden. Der erste Vertrauensmann der Zimmerleute, Mergel, allerdings nicht. Auf dem Nachweis sagte man ihm, für ihn hätte man keine Arbeit. Das allerdings erst, nachdem die Einstellungen gruppenweise für die beiden Meister Kreetz und Kielgas abgeschlossen waren, um zu verhindern, dass die Zimmerleute die Arbeit nicht aufnehmen.[203] Insgesamt gab es 1913 auf den Seeschiffswerften in den norddeutschen See- und Hafenstädten 21 Streiks mit 40.219 Streikenden und 1.185.110 verloren gegangenen Arbeitstagen. 2 Streiks brachten den Arbeitern vollen Erfolg, 2 einen teilweisen und 15 blieben erfolglos.[204]

Der Vulcan auf dem ersten Platz und schöpferisch für neue Schiffstypen

Am 30.12.1913 veröffentlichten die Vulcanwerke folgende Erklärung: »Der Geschäftsbericht für 1912 gab nicht nur das höchst unerfreuliche Ergebnis des abgelaufenen Geschäftsjahres wieder, sondern gestattet auch keine andere als eine erfreuliche Perspektive für das kommende Geschäftsjahr. Im Großschiffbau war in den letzten Jahren ein ungesunder Wettbewerb eingetreten, unter dem alle diesem Betrieb angehörenden Werften in gleicher Weise zu leiden hatten. Die Erledigung der zu schlechten Preisen hereingenommenen Aufträge reicht bis zum Schluß des Jahres 1913. Für die Vulcanwerke akzentuierte sich dieser Übelstand noch besonders durch die bei ihnen für den Großschiffbau notwendig gewordene Abwanderung von Stettin nach Hamburg, so dass man es in Hamburg mit einer erst zu organisierenden Arbeiterschaft zu tun hatte. Die im kräftigen Wettbewerb zu schlechten Preisen hereingenommenen Aufträge mussten noch obendrein für alle in Frage kommenden Werften das Opfer einer Lohnsteigerung von 25 %. tragen, wozu noch schwere Streikschäden eintraten. Die Gesellschaft wird nicht darauf verzichten und darf es nicht, schöpferisch für neue Schiffstypen zu bleiben, um den ersten Platz im deutschen Schiffbau behaupten zu können. Das hiermit zusammenhängende Risiko muss sie auf sich nehmen. In den letzten Tagen ist es […] gelungen, die vielfach erörterten Differenzen, welche zwischen den Vulcan-Werken und der HAL wegen des D. ›*Imperator*‹ bestanden, zu regeln. Es ist bedeutsam, daß hierbei irgendwelche ernsteren technischen Beanstandungen nicht zu diskutieren waren. Man darf an-

Aufruf im Stettiner Volksbote, 16.9.1913

Achtung! Achtung!

Schiffszimmerer u. verwandte Berufskollegen!

Wegen Nichtwiedereinstellung unseres **ersten Vertrauensmannes** auf den Werften Stettins sind die Werften **Vulkan, Oderwerke** und **Nüscke & Co.** für Schiffszimmerer und Hauszimmerer bis auf weiteres gesperrt.

Wir ersuchen die Kollegen, dieses zu beachten und den Zuzug fernzuhalten.

Sämtliche arbeiterfreundlichen Blätter werden ersucht, dieses abzudrucken.

Verband der Schiffszimmerer Deutschlands — Zahlstelle Stettin.

Die Ortsverwaltung.

IMPERATOR, Blick vom Wintergarten in das Ritz-Carlton-Restaurant
[aus: Jb. d. VDI, Bd. 58, 1914]

nehmen, daß der Rohgewinn des Jahres 1913 nicht voll ausreichen wird, um den beim ›Imperator‹-Bau entstandenen Schaden auszugleichen. Der fehlende Betrag wird aus den vorhandenen Reserven zu entnehmen sein, welche auch die ordnungsmäßigen Abschreibungen, auf welche nicht verzichtet werden darf, zu bestreiten haben werden. Die Vulcan-Werke sind berechtigt, sich stets auf eine getreue Berichterstattung zu berufen, sie haben nicht unterlassen, in den letzten Jahren auf die desolaten Verhältnisse im Großschiffbau und deren Konsequenzen hinzuweisen, sind aber heute in der Lage, mit derselben Aufrichtigkeit der Überzeugung Ausdruck geben zu können, daß mit dem Beginn des Jahres 1914 für die Gesellschaft der Übergang zu normalen Zuständen mit ziemlicher Sicherheit in Aussicht gestellt werden darf.

Im Maschinenbau ist die Stettiner und die Hamburger Werft zu auskömmlichen Preisen bis weit in das Jahr 1915 hinein voll besetzt, und Stettin im Schiffbau unter gleichen Bedingungen ebenso lange. Das Reparaturgeschäft in Hamburg hat sich im Jahre 1913 gegen das Vorjahr verdoppelt, für das Jahr 1914 steht ein 4. großes Schwimmdock [*Dock III*] zur Verfügung und berechtigt zur Erwartung einer weiteren Steigerung der Umsätze. […] Die Abteilung für Wasserturbinen in Gotha, Briegleb, Hansen & Co. wird die gestellten Erwartungen ganz erfüllen. Der ›Föttinger Transformator‹ findet wachsende Aufnahme und läßt annehmen, daß er eine gute und steigende Einnahmequelle […] werden wird. Mit Frankreich und England sind Lizenzverträge abgeschlossen. Auch inländische Werften bewerben sich um die Gewährung von Lizenzen, nachdem die Vulcan-Werke Schiffe mit ›Föttinger Transformatorenantrieb‹ von insgesamt 175.000 Pferdestärken bestellt erhalten haben.« In Hamburg wurde 1913 mit 2 Hellinge und 3 Schwimmdocks gearbeitet, in Stettin mit 7 Hellinge und 2 Docks, beschäftigt waren insgesamt 16.000 Beamte und Arbeiter.[205]

IMPERATOR,
das Schwimmbad
[aus: Jb. d. VDI, Bd. 58, 1914]

Unfälle im Jahre 1913 in den Werken Stettin und Hamburg

»Am 17. Januar 1913 ereignete sich auf der Stettiner Werft ein tödlicher Unfall durch die Unvorsichtigkeit eines Kranführers. Dieser hatte während der Frühstückspause den Strom, ungefähr 500 Volt, eingeschaltet, um damit für sich und seine Kollegen Kaffee zu kochen. Als die Arbeit wieder aufgenommen wurde, vergaß er, den Strom abzuschalten. Unglücklicherweise kam der Schiffsarbeiter Wilhelm Littmann, Mühlenstraße 11 in [Stettin-]Nemitz wohnhaft, der elektrischen Leitung zu nahe und wurde durch den Starkstrom sofort getötet.«[206] »Ein Opfer der Arbeit wurde gestern Vormittag der über 25 Jahre auf der Vulcanwerft beschäftigte Kutscher Bütow, als er mit einer Ladung Güter auf dem Vulcanbahnhof ankam und diese abladen wollte. Eine schwere Kiste kam dabei ins Rutschen und traf B. in den Rücken, so daß er vom Wagen fiel und so unglücklich zu liegen kam, daß ihm die Räder [...] über die Beine und den Unterleib hinweggingen. Schon auf dem Wege ins städtische Krankenhaus starb der Schwerverletzte.«[207]

Das neue Jahr forderte auch auf der Hamburger Werft Opfer. Am Montag, dem 13.1.1913, hobelte sich in der Tischlerei der Tischler Schöning die ersten Glieder der rechten Hand ab. Am 15. Januar war dem Arbeiter Eggers eine Lore über den Fuß gefahren. Er erlitt schwere Zehenquetschungen. Einen Tag später fiel dem Meister Moje ein ca. einen Zentner schweres Eisenstück auf den Fuß. »Der Verunglückte wurde so schwer verletzt, daß ärztliche Hilfe in Anspruch genommen werden mußte.« Am Freitag dem 17. Januar fiel dem Arbeiter Hermann Tietz ein 800 Pfund schweres Stück Flacheisen auf den Fuß. Er trug einen doppelten Beinbruch davon und musste ins Krankenhaus transportiert werden.« Ebenfalls am Freitag, morgens um 7 Uhr, ereignete sich ein schwerer Unfall bei der Fähre 7, von der aus die Arbeiter der Vulcanwerft befördert werden. Als die Fähre ablegen wollte, fiel der Polier Gustav Hörnke zwischen D. und Ponton in die Elbe. »Trotzdem er Quetschungen am Unterleib erlitten hatte, fuhr er noch zur Werft, um zu arbeiten. Er mußte aber später mittels Krankenkorbes ins Krankenhaus befördert werden.« Auf dem Schiff ELISABEHT RICKMERS verunglückte am Montag, dem 10. Februar der Zimmermann W. Bösch beim Losnehmen der Raumlatten. Er stürzte ca. 5 Meter tief in den Raum und erlitt schwere innere und äußere Verletzungen.

Am Dienstag wurde der Arbeiter Henry Struck beim Biegen eines Rohres schwer im Gesicht verletzt. Beim Heraushämmern der Wülste flog plötzlich der Holzpropfen und mit ihm glühender Sand aus dem Rohr und dem Unglücklichen ins Gesicht. Am 21. Februar verunglückte der Dreher W. Wümke. Beim Einpassen eines Schraubenbolzens war ein Stück vom Bleihammer abgeplatzt und hatte das Auge getroffen. »Es wird angenommen, daß das Auge verloren ist.«

Morgens um 10 Uhr wurde der Zimmermann J. Kunz durch zurückschnellen des Drehholzes, welches er beim Spantenregulieren brauchte, schwer im Gesicht verletzt. Dem Maschinenarbeiter Klesy wurden am 4. März beim Ausfräsen einer Säulenverkleidung 2 Finger abgerissen und der Handrücken schwer verletzt. Der Tischler Hasse kam am Mittag mit der Hand in die Abrichtmaschine, wobei die Hand schwer verletzt wurde.

»Auf der Vulcanwerft verunglückte der Dreher Gustav Schindler auf dem Wege nach Hellingshöft dadurch, daß er in der Hast und Eile von einem Kollegen umgerannt wurde und so unglücklich fiel, daß er sich die rechte Hand verletzte und sich in ärztliche Behandlung begeben mußte. Der Unfall ist darauf zurückzuführen, daß bei der mangelhaften Beförderung von Hellinghöft nach Hamburg jeder bestrebt ist, möglichst schnell an die Fähre zu kommen, um nicht bis 7 Uhr auf der Werft stehen zu müssen.« Der Weg zur Fähre »ist mitunter so verbaut mit Kisten, Holz, größeren Eisenstücken und Schienen, daß es ein Wunder ist, daß da nicht noch viel mehr Unfälle passieren. [...]« Am 11. März trat sich der Schlosser Otto Behtmann, wohnhaft Wandsbeckerstieg 40, eine Spitzklammer durch den rechten Fuß.

Kurz nach der Mittagspause am 17. März, verunglückte der Maschinenbauer Gustav Zug/Zog? bei Montagearbeiten in der Hammerschmiede. Er fiel aus einer Höhe von fünf Metern auf größere Eisenteile und erlitt einen komplizierten Schädelbruch. »Schuld hatten die schlechten Stellagen.« Und dem Maschinenbauer Wilh. Habermann wurde beim Kanten eines Lagerbalkens die linke Ferse gequetscht. Beide Verunglückten kamen ins Krankenhaus. Ersterer verstarb am 21. d. M. Die Beerdigung fand am 26. März statt.

Am 28. März ereignete sich auf dem in Reparatur befindlichen Segler NORG ein schwerer Unfall. »Auf dem Schiff waren Garnierungsplanken des Bodens etwa in Mannshöhe auf Planken aufgelegt, um unten arbeiten zu können. Einer dieser Stapel stürzte plötzlich auf die unter ihm Arbeitenden [...]. Der Stemmer Robert Launert konnte nur noch als Leiche geborgen werden. Der Bohrer Andreas Korth und der Nieter Max Motzigbeit haben schwere innere Verletzungen erlitten. [...].« Der Arbeiter Handke, wohnhaft Talstraße 45, sollte am 28. März ein Kammrad mit einem Durchmesser von 1¼ Meter transportieren, wobei es ins Schwanken kam und der Gegenstand dem Unglücklichen auf den Körper fiel. Er trug schwere Verletzungen an den Beinen davon.

Am Freitag dem 26. April fiel der Maschinenbauer Emil Prell, Hamburg, Friedrichstraße wohnhaft, von der Stellage und zog sich einen komplizierten Knöchelbruch zu. Die in drei Metern Höhe angebrachte Stellage bestand nur aus einem Brett. Der Schlosser Otto Pretzer, in Neuhof wohnhaft, verunglückte am 24. Juni beim Aufhieven eines Temperaturmessungsrohres. Er kam mit dem rechten Zeigefinger zwischen den Stropp und eine Schraube, die er ins Rohr schrauben wollte. Der Finger wurde halb abgequetscht. Ebenfalls an diesem Tag fiel bei Instandsetzungsarbeiten an einem Hofkran dieser um und quetschte dem Arbeiter Roman Lubzick beide Beine ab. Die Arbeiten waren von unerfahrenen Leuten ausgeführt worden, die den Kran unsachgemäß mit einem provisorischen Untergestell aufgestellt hatten.

Am 30. Oktober sollten im Pumpenraum des Dock I Ventile repariert werden. In den Rohrknien sammelt sich das Gase entwickelnde Masuth. Über diesem Raum brannte ein Brenner und die in den Raum fallenden Funken entzündeten die Gase. Der hier mit dem Ausfräsen eines Ventils beschäftigte Arbeiter Alter stand sofort, da seine Kleidung öldurchtränkt war, in Flammen. Die beiden Kollegen, die Arbeiter Büttner und Richter, warfen sofort Kleidungsstücke über den Brennenden, wobei sie selbst schwere Brandwunden im Gesicht und den Armen erlitten. »Alter litt unsägliche Schmerzen, die man durch Morphium-Einspritzungen zu lindern suchte. Er wurde sofort ins Hafenkrankenhaus gebracht. Seine Kollegen wurden auf der Werft verbunden und kamen dann auch ins Krankenhaus.«

Ein schwerer Unfall ereignete sich am 6. November auf einer Fähre, dicht besetzt mit Arbeitern des Vulcan. Bevor sie am Ponton auf Hamburger Seite anlegen konnte, versuchten der Arbeiter Ködderitsch und der Schiffbauer Walter Mertens auf den Ponton zu springen. Ersterer sprang zu kurz und wurde von der Wallschiene der Fähre gegen den Ponton gedrückt. Er wurde noch lebend ins Krankenhaus geschafft, wo er verstarb. Letzterer ertrank in der Elbe. »Seine Leiche ist bisher [9. November] noch nicht gefunden.« Noch ein dritter Unfall ereignete sich an diesem Abend. Der Schiffbauer Rabesen wollte so schnell wie möglich noch die Fähre erreichen, um nicht eine halbe Stunde auf die nächste warten zu müssen. Um den Weg abzukürzen, lief er schnell durch die Helgen, rannte gegen einen Pfeiler und

Bäderdampfer *KÖNIGIN LUISE* [2] vor der Stettiner Hellinganlage, am 7. August 1914 beim Minenlegen in der Themsemündung torpediert. [Postkarte, Slg. Verfasser]

erlitt einen Schädelbruch. Die letzte Unfallmeldung für 1913 ist vom 11. Dezember: »Der Elektriker Jungkesse war kürzlich abends um 7 Uhr mit Arbeiten an der Rückseite der Schalttafel in der Schiffbauhalle beschäftigt.« Dabei berührte er zwei Pole mit 440 Volt Spannung gleichzeitig mit dem Schraubenzieher und verbrannte sich durch Kurzschluss die rechte Hand.[208]

Die Betriebskrankenkasse des Hamburger Werkes hatte ihre Satzung entsprechend den Bestimmungen der Reichsversicherungsordnung ändern müssen und in diesem Zusammenhang Ausschuss- und Vorstandswahlen, vermutlich im März oder April 1914, durchgeführt. Von 50 Arbeitnehmervertretern zum Ausschuss erhielten die freien Gewerkschaften 41, die Beamten, die »Hirsche und die Gelben« je 3 Vertreter. Von den 6 Arbeitnehmervertretern im Vorstand hatten die freien Gewerkschaften 5 und die Gelben 1 erhalten. 1913 betrugen die Einnahmen und Ausgaben 262.165,25 Mk. An Krankengeld für die Mitglieder und deren Angehörige wurden 91.847,77 Mk. verausgabt, während die Krankenhaus-Kurkosten 37.778,17 Mk. betrugen. An Arzthonorar gelangten 67.684, an Medikamenten und Verbandsmaterial 15.868 Mk. zur Auszahlung, an Beiträgen vereinnahmte die Kasse insgesamt 247.021 Mk.[209]

Ein zweites Transformatorschiff

Nach dem Versuchsschiff *FÖTTINGER TRANSFORMATOR* baute der Vulcan ein weiteres Schiff mit dieser Anlage. Über die Auftragserteilung durch die HAL wurde erstmals am 20.8.1912 berichtet.[210] Im April 1913 war der D. auf der Stettiner Werft nahezu vollendet, sodass der Stapellauf am 8. Mai stattfinden konnte. Er wurde auf den Namen *KÖNIGIN LUISE* [2] getauft und war nicht nur für den Nordseebäderdienst bestimmt, sondern sollte während des Winters den Passagierdienst an der Riviera unterhalten und Nordlandfahrten unternehmen. Die Maschinenanlage bestand aus 2 Turbinen und 2 »Föttinger Transformatoren« mit einer Leistung von 2 x 2.700 PS. Die Geschwindigkeit nach Kontrakt wird mit 20 Knoten angegeben. Den Dampf erzeugten 3 Wasserrohrkessel mit Überhitzer, sie arbeiteten mit künstlichem Zug. Das Schiff hatte 2 Framsche Schlingertanks, 7 wasserdichte Querschotten teilten es in 8 wasserdichte Räume, es gab die entsprechende Anzahl Rettungsboote sowie einen Unterwasserschallapparat und drahtlose Telegrafie.[211] Das langgestreckte Promenadendeck hatte Schiebefenster. Außer den Salons und Speisesälen waren auch einige elegant eingerichtete Passagierkabinen vorhanden.

Passagier- u. Frachtdampfer *FREDERICK VIII.*
[Foto: Sammlung Pittelkow, Archiv DSM]

Um den 20.8.1913 hatte das Schiff die Werft verlassen und war nach Swinemünde gegangen, um von dort aus erste Probefahrten zu unternehmen.[212] Diese verliefen, was die Turbinen und Transformatoren betraf, erwartungsgemäß problemlos, was für die Kesselanlage nicht zutraf. Darüber wird folgendes berichtet: »Aber die Kesselanlage scheint nicht die richtige zu sein. Als man die erste Probefahrt unternahm, konnten die Heizer es im Heizraum nicht aushalten. Die Feuer schlugen fortwährend aus den Feuerlöchern heraus. Anfangs glaubte man, es würde sich schon geben, wenn das Schiff erst einige Probefahrten gemacht habe. Aber es ist so schlimm geworden, daß die Feuerleute bald den Heizraum verlassen mußten.«[213] Die am 28.9.1913 unternommenen Probefahrten »an der gemessenen Meile Bornholm–Christiansoe ergaben dann sehr günstige Resultate. Sowohl die kontraktliche Geschwindigkeit als auch der sehr niedrig bemessene kontraktliche Kohlenverbrauch von 0,6 kg / PSh wurden erzielt, während die außergewöhnliche Manövrierfähigkeit des Schiffes die Bewunderung sämtlicher Fahrteilnehmer erregte.«[214]

Die technischen Angaben nach dem »Journal« sind: [Bau-]Nr.: 344 / Antrieb: 2 Schrauben / Aufbauten: Deckshäuser / Doppelboden: durchlaufend / Klasse: Germ. Lloyd / Baujahr u. Bauzeit: 1912–1913 / La: 88,42 m / Lp: 83,82 m / B. a. Spt.: 11,78 m, über Wallschiene 12,35 m / H: 7,15 m bis Hauptdeck / R. T.: 6,475 m bis Hauptdeck / Tfg., beladen: 3,129 m / Freibord, beladen: 1,50 m / Kielhöhe : 0,026 m / Depl., beladen: 1.846 cbm / D. w. beladen all told: 305 t / L x B: 987,4 / L x B x H u. L x B x CT: 7.059,9 / Lp : B: 7,115 / Lp : H: 11,723 / H : B: 0,607 / BRTs: 2.163,06 t = 6.127,2 cbm / NRT: 948,21 t = 2.686,1 cbm / Raumgeh. unter Deck: 4.531,95 cbm / Passagiere: 1.850 / Mannschaft: 86 Mann / Gewicht d. Schiffskörpers: 1.170 t / Gewicht d. Walzstahls: 710 t / Gewicht d. Masch.-Anlage: 371 T t / Schiffskörper L x B x H: 165,72 kg / V beladen: 20 Knoten / PSe: 5.400 WPS.

Die zum 1.7.1913 vorgesehene Ablieferung hatte sich verzögert, »teils wegen der Streiks, teils weil bei den Probefahrten nicht alles glatt ging und diese mehrmals wiederholt werden mußten.« Die Indienststellung des ersten mit hydraulischen »Föttinger Transformatoren« ausgerüsteten größeren Schiffes erfolgte dann am 4.10.1913 mit einer Fahrt nach Cuxhaven. Von dort begann die erste Fahrt nach Helgoland am Sonntag dem 5. d. M., morgens um 8 Uhr. »Trotzdem er gegen schwere See und Regenböen anzukämpfen hatte, legte er die Strecke Cuxhaven–Helgoland in 2 Stunden und 10 Minuten zurück. Die Landungsbrücke und die

Boote [...] hatten Flaggenschmuck angelegt.«[215] Die günstigen Ergebnisse der ausgedehnten Probefahrten wurden auf den Reisen, die das Schiff den Winter über im Mittelmeer ausführte, vollauf bestätigt. Es stellte sich heraus, dass der Gesamtkohlenverbrauch bei ungefähr gleicher Leistung, um etwa 43% bei *KÖNIGIN LUISE* (2) geringer war, als bei dem älteren Turbinenschiff KAISER. Der Stoppweg bei voller Fahrt voraus war sehr klein und betrug nur 1 1/2 Schiffslängen, die Zeit, um das Schiff von voller Fahrt vorwärts auf Rückwärtsgang zu bringen betrug 1 Minute und 2 Sekunden. [...]«[216] Der Einsatz im Ersten Weltkrieg und Verbleib s. Bd. 3.

Am 27.5.1913 lief auf der Stettiner Werft der für »Det Forenede Dampskibsselskap« in Kopenhagen gebaute Passagier- und Frachtdampfer *FREDERIK VIII* vom Stapel. Die Maschinenanlage war eine Dreifach-Expansionsmaschine mit einer Gesamtleistung je 5.426 PSi bei 86 Umdrehungen pro Minute. Den Dampf erzeugten 8 Wasserrohrkessel System Vulcan-Yarrow mit künstlichem Zug, 280 qm Heizfläche und 15 atü Überdruck. Die Geschwindigkeit wird mit 17 Knoten angegeben.[217]

Das »Journal« enthält folgende Angaben: [Bau-] Nr.: 332 / Antrieb: 2 Schrauben à 4 Flügel / Anzahl durchl. Decks: 3 / Aufbauten: Poop, Brücke, Back / Doppelboden: durchlaufend / Klasse: Veritas, Br. Lloyd 100 AI / Baujahr u. Bauzeit: 1912–1913 / La: 165 m / Lp: 158,50 m / B. a. Spt.: 18,90 m / H: 12,65 m / H1 verteilte Aufbauten: 14.245 m / R. T.: 11,68 m / Tfg., beladen: 8,23 m / Freibord beladen: minimal = 3.100 mm / Kielhöhe: 0,05 m / Depl., beladen: 17.610 t / D. w. beladen all told: 7.435 t / L x B: 2.995,65 / L x B x H1: 42.680 / Lp : B: 8,386 / Lp : H: 12,529 / H : B: 0,669 / BRTs: 11.849,61 t = 33.534,39 cbm / NRT: 7.555,39 t = 21.381,75 cbm/ Raumgh. unter Deck: 7.013,33 t = 19.847,72 cbm / Passagiere: 121 1. Kl., 108 1. oder 2. Kl., 147 2. Kl., 169 3. Kl., 696 4. Kl. / Besatzung: 237 / Gewicht d. Schiffskörpers: 8.575 t / Gewicht d. Walzstahls: 5.725 t inkl. Nieten / Gewicht d. Masch.-Anlage: 1.600 t / Schiffskörper L x B x H: 226,25 kg / Walzstahl L x B x H: 151 kg / Maschine pro PSi: 150 kg / V beladen: 16 3/4 kontraktlich / PSi: 10.853.

Ein Dampfer mit zwei wesentlichen Neuheiten, dessen Kapitän Kommodore wird

Der Passagier- und Frachtdampfer *CAP TRAFALGAR*, ein Bauauftrag an die Hamburger Werft von der Hamburg-Südamerikanischen Dampfschifffahrts-Gesellschaft, der zweitgrößten Hamburger Reederei, hatte nach dem »Journal« die [Bau-]Nr. 334 [Hbg. 5] erhalten, als Bauzeit wird 1913 angegeben. Als besondere Neuerung war neben 2 Kolbenmaschinen vom Typ vierzylindrige dreifach-Expansion, 1 Abdampfturbine für die Mittelwelle eingebaut worden. Eine weitere technische Neuheit war das Logg. Es handelte sich um eine Einrichtung die selbstständig die Geschwindigkeit des Schiffes und dessen durchlaufene Entfernung angibt. Das bisher gebräuchliche am Heck befindliche und vom Schiff mitgezogene Patentlogg war auf D. mit hoher Geschwindigkeit nicht mehr brauchbar, das Handlogg als sicherer Fahrtmesser zu umständlich. Das neue Logg, von Professor Forbes konstruiert, war von der durch ihren Kreiselkompass allgemein bekannt gewordenen Firma Anschütz & Co. in Kiel hergestellt und im *CAP TRAFALGER* als erstem deutschen Handelsschiff eingebaut worden. »Der Apparat gibt genau die durch das Wasser zurückgelegten Entfernungen wieder und zeigt die jeweilige Geschwindigkeit in Seemeilen in der Stunde an. Die entsprechenden Anzeigeräte befinden sich auf der Brücke, der sie elektrisch betätigende Apparat unter dem Schiffsboden und besteht in der Hauptsache aus einer Turbine, die durch das in Fahrt befindliche Schiff in Umlauf gesetzt wird.«[218]

Die vierkurbeligen Maschinen waren nach dem System Schlick ausbalanciert. Aus den Kolbenmaschinen strömte der Dampf in die auf der Mittelwelle angeordnete direkt wirkende Abdampfturbine, bei einem Überdruck von 16 atü. Beim Manövrieren wurde nur mit den Kolbenmaschinen gearbeitet, da die Turbine nicht umsteuerbar eingerichtet war. Die Gesamtleistung der Anlage entsprach etwa 16.200 PSi, wobei die beiden Kolbenmaschinen zusammen 10.160 PSi, die Turbine bei einem Anfangsdruck von 0,7 atü 5.650 PSe leistete. Die Turbine war als reine Trommelturbine ausgeführt worden.[219] Die beiden dreiflügeligen Schrauben hatten einen Durchmesser von 5,80 m, den Dampf lieferten 14 Wasserrohrkessel Vulcan-Yarrow. Die Bunker fassten 5.100 t Kohle, ausreichend für eine Strecke von 7.100 Seemeilen bei 15 Knoten.[220] Der D. mit einem Deplacement von 23.000 Tons war für den La Plata-Dienst bestimmt und nicht nur das bisher größte, sondern auch das erste Dreischraubenschiff der Reederei. Die Hauptabmessungen waren: Länge über alles 186,27 m / Länge zwischen den Loten: 179,92 m / Breite auf Spanten: 21,95 m / Seitenhöhe bis 1. Deck: 13,33 m / Tiefgang beladen: 8,54 m / Tragfähigkeit 9.000 t / Vermessung: 18.805 BRT / Geschwindigkeit 18,2 Knoten. Das Schiff war nach den neuesten Vorschriften des Germ. Lloyd für dessen höchste Klasse, aus bestem deutschem Siemens-Martin-Schiffbaustahl erbaut, besaß einen geraden

Turbinen-Schnelldampfer *TIRPITZ* [Foto: Max Dreblow, Archiv DSM]

Vordersteven, ein elliptisches Heck und Flachkiel nebst Schutzkiel sowie Schlingerkiele. Der Doppelboden erstreckte sich fast über die ganze Schiffslänge. 11 teils bis zum 1. teils bis zum 2. Deck reichende wasserdichte Querschotten, teilten das Schiff in 12 wasserdichte Abteilungen. Es waren Frahmsche Schlingertanks eingebaut. Die beiden Masten dienten nicht nur Ladezwecken und trugen die Antennen der drahtlosen Telegrafieanlage, durch sie wurde auch der Küchendunst abgeleitet. Ferner waren 12 Ladebäume und 9 Dampfladewinden vorhanden. Zur Gepäckübernahme standen 2 elektrische Kräne zur Verfügung.

An Passagieren konnten aufgenommen werden: 1. Kl. 400, 2. Kl. 140, 2a. Kl. 145, 3. Kl. als früheres Zwischendeck 928. Die 1. Kl. Passagiere waren in Kammern für 1 und 2 Personen untergebracht, von denen 26 mit Badezimmern ausgestattet waren. Außerdem gab es 9 sehr geräumige, elegante Luxuszimmer und ebenfalls mit Bad versehen, die in Planung und Entwurf von dem Hamburger Architekten Emil R. Janda stammten. Erwähnt als eine weitere kleine Neuheit auf diesem Schiff seien noch die Kleiderschränke in der 1. Klasse, deren Innenbeleuchtung sich einschaltete, sobald die Türen geöffnet wurden. Für diese Klasse gab es 1 Speisesaal, 1 für Raucher und Nichtraucher geteilter Wintergarten, 1 Rauchsalon, 1 Veranda-Café, 1 Grillraum, 1 Damenzimmer, 1 Schreibzimmer, 1 Turnhalle, 1 elektrisches Lichtbad und 1 Schwimmbad auf Oberdeck, dessen Glasdach mit Wasser überrieselt wurde, um die Kraft der Sonnenstrahlen zu brechen. Die sanitären Einrichtungen lieferten die Tritonwerke Ferd. Müller, Hamburg, die Positionslaternen die Firma J. H. Peters & Bey, Hamburg 9. Für die 2. Kl. waren je 1 Speisesaal, Rauch- und Gesellschaftssalon vorhanden, die im Vorschiff untergebrachte 2a Kl. hatte 1 Speiseraum in einem Deckshaus. Es gab ferner 1 Gärtnerei, bestehend aus je einem Kalthaus, Warmhaus und Kühlraum, große Kühlanlagen für Proviant und Ladung, Personen-, Gepäck- und Proviantaufzüge sowie 1 Wäscherei mit 2 Waschmaschinen und 2 Dampfmangeln, an denen 8 Plätterinnen tätig waren. Für die spanischen Reisenden war 1 eigene Küche vorhanden, wie sich auch neben dem deutschen noch 1 spanischer Arzt und 1 spanische Apotheke an Bord befanden. Es gab Unterwasserschall-Höranlagen und 1 Desinfektionsapparat. Die in allen Schiffsräumen angebrachten 4.300 elektrischen Lampen, erhielten den Strom von 4 Turbo-Dynamos à 150 kW. Auf dem Bootsdeck befand sich außerdem 1 Benzin-Dynamo für die Notbeleuchtung, an den auch die drahtlose Telegrafiestation sowie alle elektrischen Kommandoeinrichtungen angeschlossen waren. Für die ausreichend vorhandenen Rettungsboote für Passagiere und Mannschaft, waren Welins Patentdavits neuesten Modells vorhanden. Die Gesamtbesatzung wird mit 450 Personen angegeben.

Der Stapellauf fand am Nachmittag des 31.7.1913 statt. Auch wenn von einer besonderen Feierlichkeit abgesehen wurde, hatten sich neben einer größeren Anzahl geladener Gäste doch zahlreiche Schaulustige eingefunden, die dem Vorgang mit Interesse folgten. Die Taufe war mit wenigen Worten durch Frau Bürgermeister Dr. B. Burchardt, geb. Poelschau vollzogen worden. »Unter den Hochrufen der Anwesenden glitt, nachdem eine Flasche deutschen Schaumweines am Bug des Schiffes zerschellt war, dieses ins Wasser.«[221]

Ohne Unfälle ging es auch bei diesem Schiffbau nicht ab. So verunglückte der Bohrer Fischer, wohnhaft Tornquiststraße 66, Haus. 2, III. Etage, am Mittwoch, dem 8.5.1913. »Er stürzte beim Transportieren von Luftschläuchen vom Kesselschacht auf das zirka 2 1/2 Meter tiefer liegende Deck, und trug innere Verletzungen davon, weshalb ein Transport ins Hafenkrankenhaus notwendig wurde.«[222] Am Sonntagmorgen, es war der 23.10.1913, »war der Schiffbauer-Schirrmeister Werr [...] mit dem Löcheranzeigen beschäftigt, als er plötzlich von der Stellage stürzte, aus einer Höhe von etwa 8 m. Der Verunglückte, der anscheinend eine schwere Rückgratverletzung erlitten hat, wurde bewußtlos vom Platze getragen.«[223] Auch über einen Streik im Zusammenhang mit dem Stapellauf wird von der Arbeiterzeitung berichtet. »Der Stapellauf sollte am 26.7.[1913] erfolgen. Da nun die Werftarbeiter in Streik getreten sind, kann das Schiff nicht fertiggestellt werden und deshalb ist der Stapellauf auf unbestimmte verschoben worden.« [224]

Zu der zweitägigen Probefahrt am 1. und 2.3.1914 hatte ein Sonderzug annähernd 200 Gäste nach Cuxhaven gebracht. Neben den technischen Sachverständigen der behördlichen Abnahmekommissionen waren auch einige höhere Ingenieure der Marine an Bord gekommen. Als weitere Teilnehmer werden in einem Bericht namentlich erwähnt, der Maschinenbaudirektor der Vulcanwerke, Geh. Baurat Dr.-Ing. h.c. Justus Flohr, Konteradmiral z. D. Meurer, Marinedirektor Marxen, Generalmajor Fabarius, Direktor Amsinck, Arnold Amsinck, Johs. S. Amsinck, Adolf Binder, Dr. Reinhardt Crasemann; von der HAL Dr. E. Foerster, J. Thomann und Ernst A. Warnholtz, ferner Baurat Hartmann, Richard C. Krogmann, Oberlandesgerichtsrat Dr. Niemeyer, Guido Wolff, Direktor Schauseil von der Seeberufsgenossenschaft, Oberhafeninspektor Siegmund und der Cuxhavener Lotsenkommandeur Zemlin. Die Schiffsführung hatte Kapitän Langerhans, der am Schluss des zweiten Tages von Oscar Ruperti, dem 78-jährigen Aufsichtsratsvorsitzenden der Reederei, zum Kommodore ernannt wurde.

Die eigentliche Probefahrt, begann mit einer forcierten Fahrt von 6 Stunden in der Nacht von Sonnabend zu Sonntag auf hoher See, kurz nach Passieren des Weser-Feuerschiffs, und erstreckte sich bis zur holländischen Küste, wo beim Haaks-Feuerschiff gewendet und die Rückfahrt zur Elbe angetreten wurde. Während der Fahrt entwickelten die Maschinen etwa 19.000 PS bei über 80 Umdrehungen der Kolbenmaschinen und über 200 der Turbine. Die dabei erreichte Geschwindigkeit betrug über 18 Knoten. Hierbei wurde mehrfach die Manövrierfähigkeit des Schiffes erprobt. »Bereits zwischen dem 4. und 3. Feuerschiff, als die Herren Krause und Wallis von der Deutschen Seewarte mit dem Regulieren der Kompasse beschäftigt waren, zeigten sich die vorzüglichen Eigenschaften des Kolosses, der wie auf einem Teller drehte. Am nächsten Morgen stieg zur Bestätigung der in aller Stille und ohne sonderlich viel Aufhebens erfolgten Übergabe des Schiffes von der Werft an die Reederei, die Kontorflagge am Großmast hoch.«[225] Der Einsatz im Ersten Weltkrieg und Verbleib s. Bd. 3.

Über Reparaturaufträge für die Hamburger Werft im Jahre 1913 unterrichtet uns das *Hamburger Echo* mit entsprechenden Nachrichten von Januar bis Dezember: 30. Januar: Der dänische D. BORGLUM hatte durch schweres Wetter bedeutende Decksschäden erlitten, auch die Verschanzung und die Reling waren beschädigt. »Das Schiff ist nach der Entlöschung nach der Vulcanwerft zur Besichtigung und Reparatur verholt worden.« 6. u. 8. Februar: Der deutsche D. ROSTOCK war vor der Elbmündung gestrandet und hatte bedeutende Bodenschäden erlitten. Nach Löschen der Ladung in Altona, »ist er zur Besichtigung und Reparatur ins Dock [...] gesetzt worden. Die Besichtigung ergab, daß u.a. 22 Bodenplatten und eine Anzahl Spanten erneuert werden müssen.«

9. März: »Die Deutsch-Amerikanische Petroleum-Gesellschaft geht dazu über ihre sämtlichen Schiffe, soweit sie noch nicht zu alt sind, für Ölfeuerung einrichten zu lassen. Es sind bereits einige Kessel für diese Feuerung umgebaut worden. Jetzt ist der D. HESPERUS nach der Vulcanwerft verholt worden, wo auch dieser für Ölfeuerung umgebaut wird.«

21. Mai: Das neue Motorschiff *HAGEN* der Deutsch-Amerikanischen-Petroleum-Gesellschaft hatte auf der Probefahrt einen Defekt des Motorlagers erlitten. Das Lager war auf der Werft verstärkt worden. »Das Schiff ist jetzt fertig und hat

seine Ausreise nach New York angetreten.« 24. Mai: Der von der Hamburg-Südamerikanischen-Dampfschiffahrts-Gesellschaft gecharterte Hamburger D. EMMI ARP hatte auf der Reise von Rosario nach Hamburg durch Grundberührung einen Bodenschaden erhalten. »Der D. ist [...] sofort ins Dock [...] gesetzt, wo die Besichtigung und Reparatur erfolgen soll.« 30. Mai: »Der [...] D. GRACTIA der Hamburg-Amerika-Linie ist mit Maschinenschaden nach hier zurückgekommen. Es ist zur Reparatur nach der Vulcanwerft verholt worden.«

26. Juni: Der D. AEGINA der Deutschen Levante-Linie hatte durch eine Kollision Schäden an der Steuerbordseite erhalten, mehre Platten waren eingedrückt worden. »Hier angekommen, ist der D. gleich nach der Entlöschung nach der Vulcanwerft zur Reparatur verholt worden.« 8. u. 10. Juli: Bei einer schweren Schiffskollision im Hamburger Hafen, beteiligt waren der englische D. TRELYON und das deutsche Schulschiff HERZOGIN SOPHIE CHARLOTTE, waren beide stark beschädigt worden. Der Engländer hatte einen zur Hälfte eingedrückten Schornstein, eine schwer demolierte Kommandobrücke, umgerissene Davits und zertrümmerte Boote, die Reling war zum Teil fortgerissen und einige Platten eingedrückt. Der Schaden war an der Steuerbordseite. Angerichtet hatte diese Schäden das Schulschiff mit seinem Klüverbaum und Bugsprit. Es war zur Vulcanwerft verholt worden, wo der gebrochene Klüverbaum und das abgerissene Vordergeschirr repariert werden sollen. Auch der D. befand sich hier zur Reparatur.

7. August: »Der englische D. INO hat Schaden am Ruder erlitten und ist zur Reparatur ins Dock der Vulcanwerft genommen werden.« 27. August: Der Hamburger D. WORMS der Deutsch-Australischen Dampfschiffahrts-Gesellschaft hatte durch zweimalige Grundberührung einen bedeutenden Bodenschaden erlitten, der nach Löschung der Ladung bei der Vulcanwerft repariert wurde. 24. August: »Der Hamburger D. HANS LEONHARDT der Reederei Leonhardt & Blumberg, hat auf seiner letzten Reise Feuer im Raum gehabt, welches in St. Petersburg gelöscht wurde. »Der D. ist hier eingetroffen und nach der Vulcanwerft zur Reparatur verholt worden.« Die Kommandobrücke war vollständig vernichtet worden, die Reling und die Verschanzung an der Backbordseite waren total verbogen und teils zerrissen, auch das Deck und die verschiedenen Kammern hatten gelitten. 29. August: »Der deutsche D. ETHA RICKMERS, der vor einigen Tagen aufkommend gegen eine Pfahlgruppe rannte und dann mit einem Kran havarierte, hat selbst Schäden erlitten. Er ist nach der Vulcanwerft zur Reparatur gekommen.«

30. September u. 1. Oktober: Nach einer schweren Kollision auf der Unterelbe am 27. September, musste der Hamburger D. MARTHA RUSS der Reederei Ernst Russ, um nicht zu sinken, bei Osterriff-Feuerschiff auf Strand gesetzt werden. Das Schiff mit einer Ladung Stückgut und Eisen von Middlesbrough kommend, dampfte Elbe aufwärts, als der überholende D. CAP ORTEGA der Hamburg-Südamerikanischen Dampfschiffahrts-Gesellschaft, von Buenos Aires kommend, bei einem Ausweichmanöver wegen eines Ewers »und durch den Sog des niedrigen Wasserstandes« mit dem Hinterschiff gegen den anderen D. kam. Die ziemlich hoch aus dem Wasser arbeitende Schraube, machte mehrere Schläge gegen die Platten und verursachte ein großes Loch bis unterhalb der Wasserlinie. Der herbeigeholte Taucher Harmstorf dichtete das Leck provisorisch ab und vier Schlepper zogen den Havaristen zur Vulcanwerft. Als man feststellte, dass die Abdichtung hielt, wurde er zunächst zum Entladen zum Hansahafen geschleppt. Die CAP ORTEGA hatte an der Backbordseite am Hinterschiff sechs gebrochene Spanten, zwei gebrochene Platten und eine beschädigte Schraube. Die Schäden des anderen D. waren bedeutender. Das Loch an der Backbordseite bei Raum zwei war etwa vier Fuß im Quadrat groß, zwei Scherplatten waren gebrochen, die Verschanzung war auf etwa 20 Fuß eingedrückt, die Reling dort weggerissen und das Deck hatte dort auch etwas abbekommen. Schiffsleute sind nicht verletzt worden. Vermutlich sind beide Schiffe bei der Vulcanwerft repariert worden.

26. November: Der österreichische D. ARTMETERA ist auf der Reise nach Hamburg mit einem anderen D. kollidiert. »Hier ist er jetzt nach der Entlöschung nach der Vulcanwerft zur Besichtigung und Reparatur verholt worden.«

17. Dezember: Auf der Unterelbe war der D. LLANBERING gestrandet und von mehreren Schleppern abgebracht worden. Er hatte ziemlich bedeutende Bodenschäden erhalten. Im Schlepptau zweier Schlepper war er nach der Vulkanwerft gebracht worden. Beim Einschleppen geriet er im Vorhafen des Kuhwärderhafens mit dem Hamburger D. ADELINE HUGO STINNES III in Kollision, wobei das Heck eingedrückt und die Verschanzung durchstoßen wurde. Dem Hamburger D. waren einige Platten durchstoßen und die Reling beschädigt worden. 30. Dezember: »Kollisionsschäden erlitten hat der Hamburger D. EMIR, der auf der Unterelbe den Bremer D. VULKAN in Grund rammte. Er ist nach der Vulcanwerft zur Reparatur gebracht worden. Dort muß eine Anzahl Bugplatten erneuert werden.«

TIRPITZ, ein Turbinendampfer mit Föttinger Transformator

Vermutlich im April 1912[226] hatte die HAL einen bemerkenswerten Dampfer bestellt. Das 25.350 t große Schiff sollte nämlich durch Dampfturbinen in Verbindung mit Föttinger–Transformatoren angetrieben werden. Die Anlage war auf dem Versuchsstand der Werft als Bedingung der Reederei sehr schweren Versuchen unter voller Belastung unterzogen worden. So musste der Transformator 14 Tage lang ununterbrochen bei voller Leistung auf Vorwärtsgang arbeiten, er wurde dann umgesteuert und einer 24-stündigen Erprobung für Rückwärtsgang bei 80% der Vorwärtsleistung unterworfen. Ferner sind Umsteuerungen unter den schwierigsten Umständen vorgenommen worden. Alle Versuche verliefen im Beisein anerkannter Fachleute in jeder Weise zufriedenstellend. Um das Fehlen jeglicher Vibrationen und Erschütterungen zu demonstrieren, war, nach einer unverbürgten Erzählung, 1 Zweimarkstück hochkant auf das Transformatorgehäuse gestellt worden, das selbst beim Umsteuern von Vollvorwärts auf Vollrückwärts nicht umgefallen sein soll.[227] Vom Stapel lief das Passagier- und Frachtschiff in Stettin am 20.12.1913. Die Taufe auf den Namen *GROß-ADMIRAL VON TIRPITZ* hatte die Tochter des Staatssekretärs, Fräulein von Tirpitz, vollzogen, während Konteradmiral Dähnhardt die Taufrede hielt. Die Größe des Schiffes war umso bemerkenswerter, als es nicht für die New Yorker Route, sondern bis zur Eröffnung des Panamakanals in der Fahrt zwischen Hamburg und Südamerika beschäftigt werden sollte.[228]

Die technischen Hauptangaben sind: Länge über alles: 187,40 m / Länge zwischen den Loten: 179,22 m / Breite auf Spanten: 22,86 m / Seitenhöhe: 14,09 m / Tragfähigkeit: 7.600 ts / Vermessung: 21.500 BRT / Maschine: Dampfturbinen, 14.500 WPS / Geschwindigkeit: 17 1/2 Knoten / Fahrgäste: 402 I. Kl., 188 II. Kl., 416 III. Kl., 1.000 Zwischendeck / Besatzung: 449. Die Messfahrt war 1921 an der Clide-Meile durchgeführt worden.[229] Die Kesselanlage bestand aus 14 Wasserrohrkesseln mit eingebauten Überhitzern von zusammen 3.920 qm Heizfläche. Als Passagierdampfer war das Schiff in 4 Klassen auf das allermodernste eingerichtet. Dazu gehörten u.a. 1 großer Wintergarten, 1 Damensalon, 1 Rauchzimmer, 1 großes Marmorschwimmbad, 1 Turnsaal. Für den Aufenthalt und die Unterbringung der Kinder waren besondere Räume vorhanden. Für die Ladung als Frachtdampfer waren 2 Pfahlmasten mit je 6 Ladebäumen vorhanden. Zur Dämpfung der seitlichen Schlingerbewegungen waren 2 große Frahmsche Schlingertanks eingebaut. Der D. war mit Rettungsmitteln wie Rettungsbooten, Funkanlage und allen sonst in Betracht kommenden Sicherheitseinrichtungen versehen.[230]

Das »Journal« enthält folgende Angaben: [Bau-]Nr.: 333 / Anzahl durchl. Decks: 4 / BRTs: 23.200 t beladen 25.500 t / PSe: 14.600. 1914 war der Name auf *TIRPITZ* verkürzt worden. Bei Ausbruch des Ersten Weltkrieges waren die Arbeiten an dem nahezu fertiggestellten Schiff eingestellt, aber 1916 wieder aufgenommen worden, um gemäß einer Order des Kaisers, den Passagierdampfer als kaiserliche Yacht einzurichten.

Wie es mit dem Schiff nach dem Ersten Weltkrieg weiterging, entnehmen wir zunächst einer Zeitungsmeldung aus dem Jahre 1921. »Stettin, 12. Jan. (Eig. Drahtm.) In den nächsten Tagen wird, wie wir erfahren, der Dampfer ›Tirpitz‹ an die Entente abgeliefert werden. Der Dampfer wird am 18. Januar zur Probefahrt nach Swinemünde abgehen und dann nach kurzer Fahrt auf See der Entente übergeben werden. Der Dampfer ist wohl das größte zur Zeit noch in Deutschland befindliche Schiff und ist allen Ostseebäderbesuchern, die über Stettin fahren, bekannt. [...] Der Dampfer [...] war seinerzeit [...] im Auftrage der Hapag als Spezialschiff für den Panamakanal erbaut worden. [...] Durch das jahrlange, dem Wind und Wetter ausgesetzte Stillliegen, hatte das Schiff viel Schaden gelitten und mußte auf Wunsch der Entente erst wieder völlig in Stand gesetzt werden. So mussten fast sämtliche Rettungsboote durch neue ersetzt werden ebenso die Inneneinrichtung.«[231]

Über das Reparationskonto kam das Schiff in die Flotte der Canadian Pacific Railways Company, die es 1921 übernahm und den Namen *EMPRESS OF CHINA* an Bug und Heck schrieb. Eigenartigerweise lief auch der ebenfalls abgelieferte Dampfer PRINZ FRIEDRICH WILHELM unter diesem Namen. 1922 setzte die englische Reederei ihre Kriegsbeute für 4 Jahre im Pazifik-Dienst zwischen Vancouver und Hongkong unter dem neuen Namen *EMPRESS OF AUSTRALIA* ein. Als 1923 das große Erdbeben Japan schüttelte, lag das Schiff zum Ablegen bereit mit 2.000 Passagieren an der Mole in Yokohama. »In 30 Sekunden bot die Stadt ein infernalisches Durcheinander. Im Hafen kollidierten Frachter und Tanker, das Wasser ›brannte‹, dazwischen drehte die ›Empress of Australia‹ und Captain Robinson und seine Crew retteten, was in diesem Chaos überhaupt zu retten war. Sie ernteten dafür Dank des japanischen Volkes und Auszeichnungen aus der Hand des Tennos.« Nach einem Umbau und Generalüberholung setzte die

Canadian Facific das Schiff im Passageverkehr zwischen Southampton und Quebeck ein. Auf dieser Route pendelte bereits die *EMPRESS OF SCOTLAND*, die frühere *KAISERIN AUGUSTE VICTORIA* der HAL. Während der Wintermonate, wenn Eis den St.Lorenz-Strom bedeckte, ging die *EMPRESS OF AUSTRALIA* auf Cruising-Trips.

1939, nach Kriegsbeginn, verkündete das englische Unterhaus, dass das Schiff auserwählt sei, König Georg VI. die Königin und die beiden Töchter nach Kanada zu bringen. »Die Reise auf diesem Schiff war eines unserer schönsten Erlebnisse, schrieb der König an die Reederei.« Den Zweiten Weltkrieg überstand das Schiff als Truppentransporter. Nach 1945 brachte es, mit maximal 5.000 Mann an Bord, Internierte, Kriegsgefangene und wieder Truppen nach dem Mittleren und Fernen Osten. Im Juni 1952, die frühere *TIRPITZ* hatte noch vor wenigen Wochen die Meere durchpflügt, war sie auf dem Schiffsfriedhof im schottischen Gareloch gelandet. Sie war der letzte der drei »Windhunde«, so nannte man an den Küsten diese Serie von Hapag-Schiffen, zu denen noch die bereits seit längerem von den Meeren verschwundenen BÜRGERMEISTER OSWALD und die WILLIAM J. H. BURCHARD gehörten, als Kriegsbeute mit den Namen RELIANCE und RESSOLUTE. Die englische Fachzeitschrift *Sea Breezes* schrieb folgenden Nachruf über *EMPRESS OF AUSTRALIA* ex *TIRPITZ*: »Obwohl sie kein Kind britischer Werften ist, machte sie jedoch 70 gute Reisen unter britischer Flagge und hält damit einen Rekord, der den Vergleich mit den besten Schiffen standhält, die jemals von englischen Helgen liefen.« [232]

Das Jahr 1913 endete mit einer für den Vulcan erfreulichen Mitteilung im Dezember aus dem Ausland: »Der Rat der unter dem Protektorat des russischen Kaisers stehenden Gesellschaft der Kriegs-Marine- und Landwirtschaftsgesellschaft hat beschlossen, den Vulcanwerken Hamburg und Stettin AG, ein Diplom auf die große goldene Medaille für nützliche Arbeiten in Anbetracht der der Technik erwiesenen ausgezeichneten Dienste durch die Ausführung der musterhaften Maschinenanlage des Torpedojägers NOVIK, des schnellsten Schiffes der Welt, zuzuerkennen.«[233]

Zu den Geschäftsverlusten trugen auch Streiks bei

Der im Mai 1914[234] veröffentlichte Geschäftsbericht über 1913 beweist deutlich, unter welch ungünstigen Verhältnissen allgemeiner und spezieller Natur das Unternehmen im abgelaufenen Geschäftsjahr gearbeitet hat. »Es ergibt sich, daß die Reserven zur Tilgung der Betriebsverluste und Deckung der Abschreibungen mit 4.714.451 Mk. in Anspruch genommen werden müssen wodurch sie sich auf 2,9 Mill. Mk. verringern. Außerdem sind noch 50.000 Mk. dem Unterstützungsfonds zu entnehmen, allerdings im Wesentlichen nur zum Zwecke einer Umbuchung. Der Betriebsverlust beläuft sich nämlich ohne Berücksichtigung des Gewinnvortrages vom Vorjahr einerseits und den Rückstellungen für Pensionskasse, Talonsteuer sowie der Dotationen usw. andererseits auf 2.035.718 Mk., wobei der Verlust auf Fabrikationskonto mit 1.625.476 Mk. eingesetzt ist. Hierzu treten die Abschreibungen, die mit 2.616.597 Mk. vorgeschlagen werden, sodaß sich insgesamt ein Verlust von 4.652.315 Mk. ergibt.« In dem Bericht wird bei der Besprechung des Abschlusses betont, dass es sich bei diesem Verlust nicht lediglich um einen solchen aus dem Jahre 1913 handelt, sondern dass man auch bereits mögliche Verluste, die 1914 und 1915 zu erwarten sind, in Betracht gezogen hat. Im Bericht wird besonders hervorgehoben, dass die Gesellschaft nach Möglichkeit reinen Tisch gemacht habe, um so früher in der Lage zu sein, das Unternehmen wieder einer Rentabilität entgegenzuführen. Weiter heißt es in den Berichten zu diesem Thema nach einem Hinweis auf die früheren Mitteilungen der Verwaltung über den Abschluss: »Die Bilanz, welche wir unseren Aktionären für [...] 1913 vorlegen zeigt einen Betriebsverlust von 2.147.853 Mk. wobei Verluste, welche aus einzelnen Ablieferungen [...] 1914 und 1915 zu erwarten sind, Berücksichtigung fanden.

Zu diesem Verlust haben wiederholte und langwierige, den Großschiffbau betreffende Arbeiterstreiks mit allen ihren Konsequenzen sehr wesentlich beigetragen. Der Fehlbetrag wird aus dem Reservefonds zu entnehmen sein. Wir haben nicht geglaubt, die kommenden Jahre, von welchen wir die Rückkehr zu normalen Erwerbsverhältnissen gewärtigen dürfen, irgendwie dadurch belasten zu sollen, daß wir einzelne Verlustgeschäfte, wie sie im laufenden und im kommenden Jahr noch zur Abrechnung gelangen werden, in Verrechnung mit den zu erwartenden Überschüssen den nächsten Jahren überlassen. Wir sind vielmehr darauf bedacht gewesen, unter übersichtlichen Verhältnissen ins neue Geschäftsjahr einzutreten.« Im Abschluss erscheinen u.a. folgende Angaben: 39.758 Mk. Bruttoeinnahmen, 450.000 Mk. Obl.-Zinsen, 2.616.597 Mk. Abschreibungen, Reingewinn 0 Mk. Reingewinn, 29.886 Mk. Vortrag vom Vorjahr, 142.001 Mk. verfügbar. Verteilung: 0 Mk. Dividende, 40.500 Mk. Effektenkonto, Rückstellungen 82.500 Mk., Dotationskonto 34.501 Mk., Ausstellungs- u. Versuchskonto 25.000 Mk., Vortrag

0 Mk. In der Bilanz erscheinen u.a.: 7.562 Mk. Kassakonto, 40.500 Mk. Effektenkonto, 2.290.480 Mk. Beteiligungskonto, 9.200.867 Mk. Debitoren, 0 Mk. Bankguthaben, 6.013.178 Mk. 35.693.851 Mk. Materialvorräte, fertige und in Arbeit befindliche Gegenstände, 2.499.509 Mk. Kreditoren, 49.770.935 Mk. Anzahlungen.

»Der Besitz der Föttinger-Transformatoren-Patente hat sich auch weiterhin als wertvoll erwiesen. Die Inbetriebnahme des [...] Passagier-Küstendampfers *KÖNIGIN LUISE* [2] hat Gelegenheit geboten zu zeigen, welch große Vorteile die Verwendung dieser Erfindung dem Reeder bringt. Die dem Laien sinnfälligsten Vorzüge [...], leichte Umsteuerbarkeit und damit unerreicht dastehende Manövrierbarkeit, sowie Reduzierung der so gefährlichen Turbinenhavarien auf ein Minimum haben die Aufmerksamkeit aller Kriegsmarinen auf den ›Föttinger Transformator‹ gelenkt. Diese Verhältnisse haben zum Abschluß von Lizenzverträgen in fast allen Großstaaten geführt. Die aus der Verwertung erzielten Einnahmen sind nicht unwesentlich. Wir haben die Absicht, sie ausschließlich zur Auffüllung der in erheblicher Weise herangezogenen Reserven zu verwenden. Das an der [...] Wasserturbinenfabrik [...] in Gotha seit dem 1.1.1913 genommene Interesse haben wir dem Beteiligungskonto zugerechnet, die auf uns gefallene Rente des letzten Geschäftsjahres hat unseren Erwartungen entsprochen. Der Dock- und Reparaturbetrieb in Hamburg hat bei erheblich gestiegenen Umsätzen gleich befriedigend wie im Vorjahr gearbeitet. [...].

Wir müssen anerkennen, daß die Zügellosigkeit in den Offerten, welche die Reichsmarine von den Werften erhielt, in letzter Zeit einer besonneren Auffassung den Platz geräumt hat. Indessen stellen die Anforderungen, welche im Interesse der Landesverteidigung die Kriegsmarine bezüglich technischer Hochwertigkeit der Büros und bezüglich sorgfältiger Arbeitsausführung im Werkstattbetrieb zu fordern gezwungen ist, Lasten dar, die nur getragen werden können, wenn eine einigermaßen gleichmäßige Beschäftigung den Werften sicher ist und auskömmliche Preise erzielbar sind. Die 1913 abgelieferten Erzeugnisse sind zur Befriedigung der Besteller ausgefallen. Dies betraf insbesondere den ›Riesendampfer *Imperator*‹ › welcher 1913 sämtliche Fahrten glücklich und gut zurückgelegt hat. Es gelang der HAL auf der ersten Reise 1914, mit dem Schiff den deutschen Rekord ihrer Flagge zurückzugewinnen. An größeren Objekten sind 1913 bzw. inzwischen fertiggestellt und abgeliefert worden: 2 Hochseetorpedoboote für die deutsche Marine, 6 Torpedoboote für die griechische Marine; 1 Seebäderdampfer und 1 Passagier- und Frachtdampfer für die Hamburg-Amerika Linie, 2 Passagierdampfer für den NDL, 1 Passagierdampfer für die Hamburg-Süd, 1 Passagierdampfer für eine schwedische Reederei, 1 Eisbrecher für russische Rechnung.« Zur Ablieferung gelangten 1913 Erzeugnisse im Gesamtwert von 64.719.768 Mk. Die höchste Arbeiterzahl betrug in Stettin 7.439, in Hamburg 7.591, die niedrigste, ohne Berücksichtigung der Streiks, in Stettin 6.634, in Hamburg 5.070; an Arbeitslöhnen wurden insgesamt 18.801.561 Mark gezahlt.

In Arbeit befindlich waren noch geblieben bzw. kamen neu hinzu: 1 Linienschiff, 1 kleiner Kreuzer, die Kaiserliche Yacht *HOHENZOLLERN* [1] und 12 Hochseetorpedoboote für die deutsche Marine, davon der Kreuzer, die Yacht und 3 Torpedoboote mit »Föttinger Transformatoren«, 1 Panzerkreuzer für Griechenland, 4 Torpedoboote für die Niederlande, der Passagierdampfer *TIRPITZ* mit »Föttinger Transformator«, der inzwischen abgelieferte Passagier- und Frachtdampfer *CAP TRAFALGER*, der ebenfalls inzwischen abgelieferte Eisbrecher für das russische Handelsministerium; Schiffsturbinen und Maschinenanlagen für 15 Torpedoboote und einen Kreuzer der russischen Marine; 6 »Föttinger Transformatoren« für 3 chinesische Kreuzer, 4 Föttinger Transformatoren für 2 japanische Torpedobootszerstörer, 6 stationäre Dampfturbinenanlagen, 6 Lichtturbinen, 29 Torsionsindikatoren, diverse Pumpen und Werkzeugmaschinen, außerdem zahlreiche Lokomotiven.[235]

Die Generalversammlung 1914 fand am 27. Juni in Stettin statt. Eine Dividende war in diesem Jahre nicht verteilt worden, weil die Hamburger Werft mit großem Defizit gearbeitet hatte, wodurch der Gewinn, welcher in der Niederlassung Stettin erzielt worden ist, mit verschlungen wurde. Der Vorsitzende des Aufsichtsrats, Bankier Carl Fürstenberg, trat dem Gerücht entgegen, »daß die Niederlassung in Stettin-Bredow von Hamburg abgetrennt und eine neue Aktiengesellschaft gegründet werden soll. Eine Erhöhung des Aktienkapitals, um neue Betriebsmittel flüssig zu machen, ist noch nicht nötig, das nächste Jahr soll sogar günstige Aussichten für einen Gewinn bieten.«[236]

Der Eisbrecher *ZAR MICHAEL FJEODOROWITSCH* war in Stettin am 10.1.1914 vom Stapel gelaufen[237] und mit der Baunummer 345 für das russische Handelsministerium erbaut worden. Die technischen Angaben sind: Bauzeit: 1913–1914 / BRT: 2.560 / Länge i. d. W.: 72,90 m / gr. Breite a. Sp.: 17,40 m / Tfg.: 5,72 m / Maschinenanlage: 3 dreizylindrige Dreifach-Expansionsmaschinen, 4.500 PSi / 1 Bug-, 2 Heckschrauben / 13,5 Knoten.[238] Die Ausschreibung hatte Hansa im Februar 1912 mit folgender Notiz mitgeteilt: »Bauauftrag. Das Departement für Handelsschiffahrt beim russischen Verkehrsministerium erläßt ein Konkurrenz-Ausschreiben für den Bau eines großen Eisbrechers der in den Ostsee-Häfen Verwendung finden soll. [...] An der Konkurrenz können russische sowie ausländische Werften teilnehmen. Näheres über die Bedingungen erteilt das obengenannte Departement in St. Petersburg.«[239] Der Einsatz im Ersten Weltkrieg und Verbleib s. Bd. 3.

Dass bei der Flensburger Schiffbaugesellschaft für die Hamburger Werft ein großes zweiteiliges Schwimmdock bestellt worden ist, wurde von der Weser-Zeitung im Januar 1912 mitgeteilt. Dessen erste Sektion war nach einer Zeitungsmeldung vom 12.4.1913 am Sonnabend glücklich vom Stapel gelaufen,[240] während der zweite Teil am 10.1.1914 zu Wasser gebracht wurde. Das ganze Dock besaß folgende Abmessungen: Größte Länge: 605' 3" / Ponton-Länge: 585' 3 5/8" / Ponton-Breite: 118' 05/8" / ganze Seitenhöhe des Docks: 54' 6 5/8". Die Hebekraft betrug 20.000 t. Das komplette Dock war im April 1914 im Schlepptau von 4 Schleppern durch den Nordostseekanal nach Hamburg gebracht und dort zunächst im alten Kohlenhafen festgelegt worden, da der endgültige Platz an der Werft noch nicht fertiggestellt war, Während der Fahrt durch den Kanal, war es am 16. d. M. bei dem Steinwehr zu einer Kollision mit einem dort tätigen Saugbagger gekommen, bei der die Saugvorrichtung abgerissen wurde, das Dock selbst aber nahezu unbeschädigt blieb. Am 19. Mai war das Dock an seinem Platz. »Man hat auch bereits eine Probedockung vorgenommen. Es ist ein großer D. des Norddeutschen Lloyd in den Dockkasten eingeholt worden, der in 1 1/2 Stunden trocken gelegt war. [...].« Die Hamburger Werft war mit diesem neuen Dock im Besitz von 4 Docks, deren Tragfähigkeit 6.000, 11.000, 20.000 und 27.000 t betrug. Durch Kombinationen mehrerer Dockkästen konnten die größten Schiffe gedockt werden. Alle Docks waren jeweils neuester Konstruktion.[241]

Die Hamburger Schiffbau-Versuchsanstalt G.m.b.H., im Juni 1913 gegründet, zählte zu ihren Gründungsmitgliedern neben weiteren 14 Werften und Reedereien selbstverständlich auch die Vulcanwerke. Der Zweck der Gesellschaft bestand in der Errichtung und dem Betrieb einer Anstalt für die Untersuchung von Schiffsmodellen, insbesondere hinsichtlich des zur Fortbewegung erforderlichen Kraftbedarfs. Die große Bedeutung von Schleppversuchen war von allen schifffahrt- und schiffbautreibenden Nationen durch den Bau entsprechend großer Anstalten gewürdigt worden. »Da die vom Norddeutschen Lloyd in Bremerhaven errichtete Anstalt im nächsten Jahre eingehen wird [das Gelände war in den Bau der Kaiserschleuse einbezogen worden], während sonst in Deutschland keine genügend großen Anstalten existieren, haben sich die genannten Interessenten zur Gründung einer Gesellschaft [...] zusammengeschlossen.« Die vorgesehenen Aufgaben konnten allerdings nicht ohne staatliche Unterstützung durchgeführt werden. Bereits unmittelbar nach der Gründung hatte der Senat Hamburgs der Bürgerschaft vorgeschlagen, der Gesellschaft einen Platz zur Errichtung der Anstalt unentgeltlich zur Verfügung zu stellen, ferner für die Erbauung eine Subvention von 1.250.000 Mark zu gewähren und schließlich für die ersten sechs Betriebsjahre eine Betriebs-Ausfall-Garantie bis zu 25.000 Mk. jährlich zu leisten.« Ein Teil dieser Subvention war bereits durch ein Vermächtnis des Konsuls Dr.-Ing. Otto Schlick gedeckt, der besonders als Direktor des Germanischen Lloyd stets ein überaus großes Interesse an der Errichtung einer Schiffbauversuchsanstalt in Hamburg gezeigt hatte. Die Gesellschaft selbst war nicht als Erwerbsgesellschaft gedacht, da der 4 % Dividende übersteigende Reingewinn an den Staat fallen soll.[242]

Für die Betriebsleitung hatte man den bisherigen Leiter der Versuchsanstalt in Bremerhaven, Dipl.-Ing. Bruckhoff, gewinnen können. Dem Bau der Anlage waren die Entwürfe von Dr.-Ing. E. Foerster von der HAL zu Grunde gelegt worden, welche bereits 1910 der Handelskammer mit einer Denkschrift vorgelegen hatten. Noch um 1922 war die Hamburger Einrichtung die weltweit größte ihrer Art. Im März d. J. erging ein Aufruf zur Gründung einer Gesellschaft der Freunde und Förderer der Schiffbauversuchsanstalt, zu deren Mitunterzeichnern neben Prof. C. Pagel, Direktor d. Germ. Lloyd, Dr.-Ing. e. h. August Thyssen, Mühlheim/Ruhr, V. Nawatzki, Generaldirektor des Bremer Vulkan und Vorsitzender des Wirtschafts-Ausschusses der Deutschen Werften, Geh. Ob.-Reg.-Rat Stimming, Direktor d. NDL sowie Dr. phil. G. Bauer als Direktor der Vulcanwerke gehörte. Dieser Aufruf hatte folgenden finanziellen Hintergrund: Die vorhandenen Mittel für die naturgroßen Versuche auf Hauptströmen und Industriekanälen und die parallel laufenden Modell- und Schraubenversuche reichten nicht mehr aus, auch wenn der Hamburger Staat erst kurz zuvor den Barzuschuss verdreifacht hatte, was etwa einem Zehntel des notwendigen Betriebsetats entsprach und weitere 1,8 Mill. in Einzelbeiträgen bereits gezeichnet waren. »Die Anstalt hatte in der kurzen Zeit ihres Bestehens vor dem Ersten Weltkrieg bereits ganz wesentlich zu den Erfolgen des deutschen Schiffbaues beigetragen, es sei nur an die Modellversuche der VATERLAND erinnert, die zur Ersparnis von einigen tausend PS führten.« Auch

Anfang der zwanziger Jahre ist sie trotz aller damaligen Einschränkungen erfolgreich tätig gewesen. So bei der Entwicklung vereinfachter ökonomischer Flussschiffsformen, von denen um 1922 eine große Anzahl am Rhein im Bau waren.[243]

Dass der Beschäftigungsgrad auf den deutschen Werften Mitte des Jahres 1914 als fast gut bezeichnet werden konnte, lesen wir im Juli d. Js. im *Berliner Börsen-Courier*, der hierzu weiter mitteilt: »In den Hamburger Betrieben sind im Juni nennenswerte Neueinstellungen erfolgt, da die Arbeitsgelegenheiten zugenommen haben. Nicht ganz so gut, aber doch noch befriedigend, ist der Geschäftsgang auf den Stettiner Werften. [...] Der gute Beschäftigungsgrad [...] wird darauf zurückgeführt, daß, obwohl die Schiffahrtskonjunktur zurückgeht, noch langfristige Aufträge aus der guten Geschäftszeit vorliegen.«

Es gab natürlich auch Neubauaufträge für den Hamburger Vulcan. Für die Kieler Dockgesellschaft wurde bei der Werft ein *SCHIMMDOCK* mit der Baunummer 364 in Arbeit genommen, welches 1915 fertiggestellt war. Im Juli 1914 erhielt die Werft von der Schiffswerft H. C. Stülcken Sohn in Hamburg-Steinwerder den Auftrag auf ein *SCHIMMDOCK* von ca. 4.000 t Tragfähigkeit, es hatte die Baunummer 365. Das Dock sollte sowohl selbstständig als auch mit anderen vorhandenen Sektionen gemeinsam arbeiten. Die entsprechenden Baupläne hatte die Dockkonstruktionsfirma von Klitzing erarbeitet.[244]

Über Reparaturaufträge für 1914 gab es nur sehr wenige Informationen. Am 23. Januar wird berichtet, dass der französische D. SAPHORA WORMS wegen Eisgang auf der Unterelbe dem Land zu nahe kam und Grundberührung hatte. Hierbei war der Schraubenschaft abgeschlagen worden und die Schraube verloren gegangen. Schlepper konnten ihn abbringen und zur Reparatur zur Vulcanwerft schleppen.[245] Vermutlich am 20. März war der Hamburger D. ALBENGA der Dampfschiffs-Reederei A.G. Union mit bedeutenden Sturmschäden an Deck sowie eingeschlagenen Platten zur Werft gebracht worden.[246] »Der Hamburger D. HELENE BLUMENFELDT, der von England kommend hier eintraf, ist auf der Reise mit dem englischen D. DAVEBTRY in Kollision gewesen, wobei beide Schiffe bedeutende Schäden erlitten. Der Hamburger D. ist am Mittwoch Morgen [10. Juni] nach der Vulcanwerft zur Reparatur gebracht worden.«[247] Nach einer Kollision der D. *KÖNIGIN LUISE* [2] mit *COBRA* im Juni, befanden beide Schiffe sich noch am 25. d. M. in Docks, Ersteres beim Vulcan, Letzteres im Schwimmdock von Blohm & Voss.[248]

Unfälle im Jahre 1914 im Werk Hamburg

Im Hamburger Werk verunglückte am 6.1.1914 der Schmied Michalowitz. »Infolge der erheblichen Lohnabzüge und Antreiberei wird jetzt in einer Weise gearbeitet, das Leben und Gesundheit der Arbeiter sehr oft gefährdet sind. Der Schmied [...] wollte ein Gesenk unter den Lufthammer legen, der Hammer war aber noch nicht richtig eingestellt, er haute herunter und das Gesenk flog ihm vor die Brust, so daß er zusammenbrach. Er konnte sich aber nach einiger Zeit selbst in ärztliche Behandlung begeben.«[249] Der Kesselschmied Eduard Müller verunglückte am 30. d. M. beim Kesselmantelbiegen in der Kesselschmiede. »Ihm flog an der hydraulischen Presse ein Stück Flacheisen an den Kopft, so daß er von der Leiter fiel, beide Arme verstauchte und auch die Beine verletzte, infolgedessen er ins Hafenkrankenhaus gebracht werden mußte.«[250]

Ein tödlicher Unfall im März 1914 war im Oktober vor dem Landgericht Hamburg verhandelt worden und endete mit einem Freispruch für den angeklagten Vorarbeiter. In der Werkzeugschmiede der mechanischen Werkstatt sollte die Decke geweißt und darunter ein Drahtgewebe angebracht werden. Am 8. März brachte ein Monteur der Firma Eggers & Co., sie hatte das Gewebe auszuführen, die erforderliche Stellage an. Die mit dem Weißen beauftragten Vulcan-Maurer Ramm, Dröge, Buß und Morgenstern stürzten mit der Stellage, nach dem Umfallen einer von Ramm angebrachten Stütze, aus 3 1/2 m Höhe zu Boden. Ramm erlitt einen tödlichen Schädelbruch, die anderen leichtere Verletzungen. Der Vorarbeiter B., der in Vertretung des zuständigen Werkmeisters die Arbeiten zu überwachen hatte, stand am 6. Oktober d. Js. wegen fahrlässiger Tötung und fahrlässiger Körperverletzung vor Gericht. Nach längerer Beweisaufnahme, in der auch ein Sachverständiger gehört wurde, beantragte sowohl der Staatsanwalt wie auch der Verteidiger, Rechtsanwalt Paetz, die kostenlose Freisprechung, dem das Gericht in seinem Urteilsspruch folgte.[251]

Am Morgen des 1. Mai geriet der Meister W. Müller 11 mit der rechten Hand in die Schleifmaschine (Schmirgelstein). »Der eine Finger muß wohl abgenommen werden.« »Mittags gegen 1 1/2 Uhr fuhr die Lokomotive Nr. 3 auf dem Hofe in der Nähe der elektrischen Werkstatt gegen einen von Transportarbeitern geschobenen Wagen. Dem Arbeiter Meyer wurde dabei der Arm erheblich gequetscht. An den außerdem erlittenen inneren Verletzungen ist er, wie am 5. Mai mitgeteilt wird, verstorben.[252] »In den Schmirgelstein gekommen ist am Montagmorgen (4.Mai.) der Arbeiter Gustav Lange. Er verletzte sich die Hand so schlimm, daß ihm jedenfalls ein Glied vom Daumen und zwei Glieder des Mittel- und Zeigefingers abgenommen werden müssen.« Und am Mittwoch, dem 1. Juli, wird berichtet, dass dem Gußputzer Baurat am Montagnachmittag ein bedauerliches Missgeschick widerfuhr. »Beim Gießen wurde ihm ein Auge verbrannt. Er kam sofort in ärztliche Behandlung.« Ebenfalls an diesem Nachmittag verunglückten wegen Bruchs eines Stellagenbrettes die beiden Schlosser Hübenthal und E. Wawrinowski. Ersterer erlitt so schwere Verletzungen, dass er nach dem Krankenhaus gebracht werden musste während Wawrinowski nach seiner Wohnung geschafft werden konnte.[253]

Der Handelsschiffbau und das Reparaturgeschäft sind seit Kriegsausbruch stillgelegt

Hierzu war Anfang Dezember 1914 dem *Berliner Börsen-Courier* von der Verwaltung des Vulcan auf Anfrage betreffs Dividendenschätzung folgende Antwort zugegangen: »Der Handelsschiffbau und das Reparaturgeschäft sind seit Ausbruch des Krieges vollkommen stillgelegt; das gleiche gilt vom Lokomotiv-Exportgeschäft. Im inländischen Bedarf haben die Bestellungen der Staatsbahn-Verwaltungen erhebliche Einbußen erfahren. Überdies ist es nicht möglich, die durch die Kriegslage wesentlich gestiegenen Fabrikationskosten bei der Preisbewilligung voll auszugleichen. Ob und inwieweit wir für die Kaiserlich Deutsche Marine zur Zeit beschäftigt sind, fällt in das Gebiet der Landesverteidigung; jede mündliche oder schriftliche Auslassung darüber muß unterbleiben. Wir sind der Auffassung, daß nach siegreicher Beendigung des großen Völkerringens der Schiffbau eine vorteilhafte Belebung erfahren dürfte. Eine Beantwortung der Frage nach dem Bilanz-Ausfall 1914 bitten wir uns zu erlassen, nicht nur, da wir Schätzungen grundsätzlich nicht vornehmen, sondern auch angesichts der politischen Lage keine Unvorsichtigkeit begehen möchten; im übrigen verweisen wir auf das in unserem Geschäftsbericht für 1913 Gesagte.« Zu Letzterem siehe die am 30.12.1913 veröffentlichte Erklärung.

Am 12.8.1914, also wenige Tage nach dem Beginn des Ersten Weltkrieges, gab die Direktion der Vulcanwerke folgenden Beschluss bekannt: »Von dem Wunsche geleitet, unseren zum Kriegsdienst einberufenen Beamten und Diätaren die Not der Zeit lindern zu helfen, geben wir hiermit bekannt daß wir den Einberufenen bis auf weiteres folgende Unterstützung gewähren: für den Einberufungsmonat [August] das volle Monatsgehalt, zahlbar zu Monatsschluß; angesichts der vollständigen Unübersehbarkeit der Verhältnisse zunächst noch ultimo September den Ehefrauen der Einberufenen 50% des Monatsgehalts des Mannes zuzüglich jedes Kind unter 16 Jahren je 5 % des Gehalts. Die Auszahlung erfolgt nur gegen Vorlage einer behördlichen Bescheinigung, daß der Ehemann zum Kriegsdienst einberufen ist; die Zahl der Kinder unter 16 Jahren muß gleichfalls darauf verzeichnet sein.«[254]

Über die Tätigkeiten auf den Werften, den Maschinenfabriken und der Lokomotivabteilung in Hamburg und Stettin während der Kriegsjahre sind verständlicherweise keine Einzelheiten veröffentlicht worden. Von einigen Ausnahmen abgesehen kann diese Zeit daher nur über die knapp gehaltenen Geschäftsberichte behandelt werden. Zu den Ausnahmen zählen Unfälle, wie beispielsweise die beiden, über welche am 18. und 22.10.1914 aus Stettin berichtet wird. Der Erstere ereignete sich am Sonnabend, dem 17. Oktober, als einige Arbeiter eine über 200 Zentner schwere Eisenplatte auf einem Wagen zu transportieren hatten. Diese rutschte plötzlich ab und traf den Arbeiter Otto Krüger, Ludwigstraße 3 wohnhaft. »Dem Mann wurde die Bauchdecke aufgerissen und beide Beine gequetscht. Der Unglückliche wurde ins Krankenhaus gebracht, wo er jedoch gleich nach der Einlieferung starb.«[255]

Am 22. berichtet der *Volksbote*: »Ein bedauerlicher Unfall ereignete sich in der Großdreherei [...]. Beim Abstechen eines Hochdruckgehäuses fiel der Abstich auf den Dreher Wichmann und verletzte selbigen derartig, daß sich die Überführung nach dem Krankenhaus notwendig machte. Der linke Oberschenkel ist stark gequetscht; es ist leider zu befürchten, daß er auch gebrochen ist.«

Und aus Hamburg wird am 1. November über einen schweren Unfall berichtet, der sich »am vorigen Sonnabend in der Abteilung Mechanische Werkstatt« ereignete. »Beim Auseinandernehmen einer großen Wasserbremse sollte in einer Höhe von 8 m ein Schaufelrad von der Welle gepreßt werden. Zu diesem Zwecke hatte man eine Druckpumpe angesetzt und dazu eiserne Prallstücke benutzt, die am Ende nicht gerade waren. Als das Rad sich zu lösen begann, stürzte der Maschinenbauer Maßphuhl, der sich an einem der Prallstücke festhielt, mit demselben [...] ab und zog sich erhebliche Verletzungen zu.« Weiter wird mitgeteilt, dass sich der Unfall hätte vermeiden lassen, wenn der Meister

Streese die Forderung der Arbeiter eine Stellage zu errichten, nicht abgelehnt hätte: »Ach was, das dauert zu lange, da werden ein paar Böcke hingestellt und fertig.« Nach dem Unfall und der Arbeitsverweigerung der Arbeiter, wurde dann eine Stellage gebaut, da am Sonntag weiter gearbeitet werden sollte. »Bemerkt sei noch, daß nicht einmal ein Heildiener anwesend war, um den Schwerverwundeten zu verbinden, dies besorgte notdürftig der Portier und erst im Hafenkrankenhaus konnte er sachgemäß verbunden werden.«

Über die Jahresrechnung 1914 der Vulcanwerke Hamburg und Stettin A.G. enthält ein »Privattelegramm« aus Berlin einige Angaben. Es ist datiert 30.3.1915, veröffentlicht von der *Weser-Zeitung* und teilt mit, dass der verteilbare Reingewinn 2.251.557 Mk. beträgt. »Es wird der auf den 15.5.1915 nach Stettin einzuberufenden ordentlichen Generalversammlung vorgeschlagen werden, dem gesetzlichen Reservefonds 1.100.000 Mk. zu überweisen, 6% an die Aktionäre zur Verteilung zu bringen und nach der üblichen Dotierung einiger Fonds 68.152 Mk. auf neue Rechnung vorzutragen. Die Abschreibungen betragen 2.825.040 Mk. Dem Föttinger Transformator-Patent-Konto sind die Lizenzeinnahmen des abgelaufenen Jahres mit 296.427 Mk. gutgebracht, so daß es nur noch mit 31.551 Mk. zu Buche stehen wird.«

Die im April 1915 veröffentlichten Angaben aus dem Geschäftsbericht über 1914 machen deutlich, dass sich die Voraussage, mit dem Beginn des Jahres 1914 sei die Rückkehr zu normaler Rentabilität mit ziemlicher Sicherheit zu erwarten, bewahrheitet hat. Die Verwaltung glaubte, wie sie im Geschäftsbericht schrieb, heute auch sagen zukönnen, dass für das begonnene Geschäftsjahr eine fortschreitende Prosperität zu erwarten sein wird. Im Folgenden die wichtigsten Abschlusszahlen: 5.525.743 Mark Bruttoeinnahmen, 2.825.041 Mk. Abschreibungen, 2.251.558 Mk. Reingewinn, 2.251.058 Mk. verfügbarer Vortrag vom Vorjahr. Die Verteilung war wie folgt vorgesehen: 900.000 Mark Dividende, 1.182.500 Mk. Rückstellungen, 35.000 Mk. Dotationskonto, 40.906 Mk. Tantiemen, 25.000 Mk. Ausstellungs- u. Versuchs-Konto, 68.152 Mk. Vortrag. In der Bilanz erschienen : 20.019 Mark Kassakonto, 7.325 Mk. Effektenkonto, 2.047.949 Mk. Beteiligungskonto, 12.617.307 Mk. Debitoren, 6.453.897 Materialbestände, 33.616.004 Mk. fertige und in Arbeit befindliche Gegenstände, 11.704.583 Mk. Kreditoren, 52.290.921 Mk. Anzahlungen. Die Anlagen in Hamburg und Stettin standen in der Bilanz mit 31,2 bzw. 8,8 Mill. Mark.

»Mit Rücksicht auf die Kriegsverhältnisse halten wir uns für verpflichtet, uns über die Ablieferungen des verflossenen Jahres wie über den Auftragsbestand an dieser Stelle nicht mit der gewohnten Ausführlichkeit auszulassen, jedoch können wir erklären, daß unsere Werke in Hamburg und Stettin gut gearbeitet haben und für das begonnne Jahr und die kommende Zeit stark beschäftigt sind. Bis zum Kriegsausbruch hat auch das Reparaturgeschäft eine steigende und zufriedenstellende Entwicklung gezeigt.« [256]

Die Generalversammlung am 5.5.1915 in Stettin, in welcher ein Aktienkapital von 5.089.600 Mk. vertreten war, setzte ohne Erörterung durch Zuruf die im Geschäftsbericht vorgeschlagene Dividende fest und erteilte Entlastung. Die statutenmäßig ausscheidenden Aufsichtsratsmitglieder Geh. Kommerzienrat Rudolf Abel sowie Richard C. Krogmann, sind einstimmig wiedergewählt worden. Ausgezahlt wurde die Dividende ab dem 6. Mai d. Js. von den Bankhäusern: Berliner Handels-Gesellschaft, Berlin, S. Bleichröder, Berlin, Delbrück, Schickler & Co., Berlin, Wm. Schlutow, Stettin.[257]

Kriegsfürsorge der Vulcanwerke

Hierüber teilt der *Stettiner Volksbote* in seiner Ausgabe vom 5.11.1915 Folgendes mit: »Nachdem bereits früher die Direction der Vulcanwerke ihren festbesoldeten Angestellten, deren Verhältnisse durch die Kriegslage ungünstig beeinflußt werden, besondere Zuwendungen gemacht hat, werden neuerdings diese Zuwendungen auch den übrigen verheirateten Werksangehörigen zuteil. Nach den Hamburger ›Korrespondenten‹ erhält jeder im Lohnverhältnis stehende verheiratete Werksangehörige: a) Arbeiter ohne Kinder 24 Mk., Arbeiter mit 1 oder 2 Kindern 40 Mk., Arbeiter mit 3 oder 4 Kindern 50 Mk., mit mehr als 4 Kindern 60 Mk.; b) Arbeiterinnen ohne Kinder 16 Mk., mit 1 oder 2 Kindern 30 Mk., mit 3 oder 4 Kindern 50 Mk.; c) auswärtige Facharbeiter, die Familienunterstützung beziehen, 14 Mk. Die Auszahlung findet statt in 2 gleichen Raten am 13. und am 18.11.1915. Voraussetzung für die Empfangsberechtigung einer Rate ist ein ununterbrochenes Arbeitsverhältnis seit mindestens 1. Oktober 1915 bis zum Zahlungstermin. Für die Berechnung in Betracht kommen alle im elterlichen Haushalt befindlichen Kinder, die am 31. Dezember noch nicht 15 Jahre alt sind. Für Kinder, die bis zum 30. Juni 1916 geboren werden, wird der etwa in Frage kommende höhere Unterstützungsbetrag nachgezahlt, sofern bis zu der Geburt das Arbeitsverhältnis ein ununterbrochenes gewesen ist. Die Unterstützung für auswärtige Facharbeiter, die Familienunterstützung beziehen, wird zusammen mit der Familienunterstützung Ende November und Ende Dezember 1915 direkt an die Ehefrauen ausbezahlt.«

Dem Geschäftsbericht über 1915, veröffentlicht im April 1916, ist u.a. zu entnehmen, dass auf der am 10. Mai stattfindenden Generalversammlung eine Dividende von 8% vorgeschlagen wird. Die im Abschluss ausgewiesenen Zahlen sind: 7.181.622 Mk. Bruttoeinnahmen, 449.978 Mk. Ohl.-Zinsen, 5.283.126 Mk. Abschreibungen, 1.452.518 Mk. Reingewinn, 0 Mk. Verlust, 0 Mk. Übertrag aus den Reserven, 0 Mk. Vortrag vom Vorjahr, 1.452.518 Mk. verteilbarer Vorschuss. Die Verteilung war wie folgt vorgesehen: 1.200.000 Mk. Dividende, 129.348 Mk. Rückstellungen, 56.504 Mk. Dotationen [enthält 5.000 Mk. für die Kirche zu Bredow], 66.667 Mk. Tantiemen, 0 Mk. Ausstellungs- u. Versuchskonto, 0 Mk. Vortrag. Der Vortrag auf neue Rechnung der Jahresbilanz 1914 von 68.152 Mk. war im verflossenen Geschäftsjahr dem Dispositionsfonds zugeführt worden. In der Bilanz erschienen u.a.: 11.640 Mk. Kassakonto, 7.325 Mk. Effektenkonto, 0 Mk. Beteiligungskonto, 17.345.909 Mk. Debitoren, 62.312.367 Mk. Materialvorräte, fertige und in Arbeit befindliche Gegenstände, 88.514.398 Mk., Kreditoren u. Anzahlungen. Die Anlagen standen in Hamburg mit 32,1 Mill. Mk., in Stettin-Bredow mit 8,2 Mill. Mk. zu Buche. Über die Aussichten sagt der Bericht: »Hinsichtlich des laufenden Geschäftsjahres dürfen wir die gleiche Zuversicht hegen wie für das Vorjahr.«[258]

Die zum vorgesehenen Termin am 10.5.1916 in Stettin durchgeführte Generalversammlung setzte die Dividende wie vorgeschlagen auf 8% fest. Nach Erledigung der Regularien hielt der Aufsichtsratsvorsitzende, Bankier Carl Fürstenberg, in einem längeren Beitrag Rückschau, indem er einiges zur Geschichte des Hamburger Werkes erwähnte. Ferner wies er darauf hin, dass die Bedenken bezüglich eines Geschäftsrückganges in Stettin nicht eingetroffen seien, wie von der Verwaltung immer geäußert. Da gerade hier in der letzten Zeit viele Neu- und Umbauten vorgenommen worden sind, haben in Stettin nicht nur während der letzten Geschäftsperioden erhebliche Ergänzungsbauten stattgefunden, sondern es ist auch noch in jüngster Zeit durch größeren Zukauf eine Geländeausbreitung [...] bewirkt worden. Da Hamburg noch immer nicht völlig ausgebaut sei, werden für die in Gang befindlichen Ergänzungsbauten noch einige Mill. Mk. erforderlich sein. Hiernach stehen den freundlichen Ausblicken auch nennenswerte Verpflichtungen gegenüber, ganz abgesehen von den durch die Gegenwart gegebenen, sehr verteuerten Herstellungskosten. »Unsere Gesellschaft ist für längere Zeit gut beschäftigt, und wir nehmen an, daß weitere Aufträge hereingebracht werden können. Aber wir glauben es bekannt geben zu müssen, daß die Übernahme großer Objekte zu Bedingungen abgeschlossen wurden, welche uns zwar einen sicheren, aber immerhin bescheidenen Gewinn erbringen werden. Diesem begrenzten Nutzen sind gegenüberzustellen die weitgehenden Garantien, welche die Vulcanwerke für die Beschaffenheit der Schiffe, wie Schnelligkeit, Tiefgang, Kohlenverbrauch, Haltbarkeit der Maschine usw., zu übernehmen haben.«[259]

Der *Berliner Börsen-Courier* brachte am 21.5.1916 einen längeren Artikel des englischen Blattes *Daily Expreß*, der einige interessante Anmerkungen zum eigenen und dem deutschen Schiffbau enthält. U.a. heißt es dort: »Wie wird es mit der deutschen Handelsflotte nach dem Kriege stehen? Sicher geborgen warten die schwimmenden Paläste Deutschlands darauf, die Früchte – nicht des Sieges – sondern der Niederlage einzuheimsen. Die LUSITANIA und viele andere britische Schiffe liegen auf dem Meeresgrund, wird England nun den im Versteck gehaltenen deutschen Schiffen gestatten, die Sahne von dem Welt-Passagierverkehr abzuschöpfen? Die Schiffbauanstalten Deutschlands sind sozusagen alle in den Händen von 20 Firmen, die in normalen Zeiten 70.000 Arbeiter beschäftigen, darunter als größte der Hamburg-Stettiner Vulcan, Blohm & Voss und die Germania-Werft.« Dann wird die Befürchtung ausgesprochen, dass England auch im Schiffbau ins Hintertreffen gelangen könnte, wenn es nicht gelingen sollte, die Ausführung von Schiffbauaufträgen in England zu fördern.

In einem späteren eigenen Beitrag des *BBC* wird festgestellt, dass die englischen Stimmen zum Nachdenken anregen sollten. »Es ist Tatsache, dass der starke Bedarf der deutschen Reederei an Schiffen zum Teil im Ausland gedeckt wurde. Man wurde u.a. von England vielfach schneller und billiger bedient. Ob die Qualität den Anforderungen entsprach, kam weniger in Frage. Der Wettbewerb wirkte aber auch nachteilig auf den deutschen Schiffbau ein, denn um Aufträge zu erhalten, mussten die deutschen Werften trotz technischer Überlegenheit die Aufträge zu Preisen annehmen, die nur einem bescheidenen oder überhaupt keinen Nutzen ließen.«

Zum Beweis folgt ein Vergleich der Dividenden der Jahre 1910 bis 1913 von je 6 Reedereien und Werften, der für den Schiffbau rückläufige und für die Reedereien steigende Zahlen zeigt. Die Schuld für diese Ergebnisse sieht man im fehlerhaften System und vor allen Dingen in der deutschen Zoll-

Über wachsende Friedensaufträge für die Maschinenindustrie berichtet das Wirtschaftsblatt am 17.8.1916. Daraus geht hervor, dass in einer Anzahl vorliegender Geschäftsberichte übereinstimmend auf die allmählich bereits vollzogene Umstellung im Auftragsbestand hingewiesen wird. Während im Vorjahr noch bei weitem die Kriegsaufträge überwogen, findet man gegenwärtig bereits 3/4 der Aufträge auf die Friedenswirtschaft eingestellt. »Das ist ein deutlicher Beweis dafür, daß unsere Maschinenindustrie, die ja auf die Ausschläge des Wirtschaftsbarometers mehr wie jeder andere Industriezweig reagieren muß, die Entwicklung vorausnimmt, die die unlängst gegründete Reichsstelle für Übergangswirtschaft für die gesamte wirtschaftliche Lage vorzubereiten sucht. Auffallend zeigt sich dies besonders bei landwirtschaftlichen Maschinen. Während früher diese Fabriken auf die Herstellung von Schlitten und Kriegsfahrzeugen aller Art ihren Betrieb eingestellt hatten, zwingt sie heute der große Bedarf an landwirtschaftlichen Maschinen dazu, nicht nur ihren früheren Betrieb voll aufzunehmen, sondern ihn noch durch Neubauten zu erweitern. Ähnlich verhält es sich in der Werkzeugmaschinen-Industrie, in der gleichfalls große Aufträge für den Friedensbedarf heute bereits getätigt worden sind.« Dass diese Vorgehensweise nach Kriegsende beispielsweise auch im Schiffbau zu Überkapazitäten führen würde, konnte zu diesem Zeitpunkt natürlich niemand ahnen. Die Gründung der Stettiner Ostsee-Werft im Jahre 1917 ist so ein Beispiel.

Aufsichtsratsmitglied Generaldirektor Albert Ballin [aus: Ballin, Leben und Werk eines deutschen Reeders, 1926]

praxis und der Preispolitik der Verbände, welche den ausländischen Wettbewerb begünstigten. England bekam vor dem Krieg das deutsche Schiffbaumaterial aus Deutschland billiger als die deutschen Werften. »Hier wird in Zukunft der Hebel anzusetzen sein. [...] Der Anfang ist gemacht. Der Reichstag hat der deutschen Schiffahrt seine Unterstützung für den Wiederaufbau bereitwilligst zugesagt. [...] Die Anbahnung engerer Beziehungen zwischen der rheinisch-westfälischen Großindustrie und den großen Schiffahrtsgesellschaften, die mit dem Eintritt von Hugo Stinnes und Dr. Wilhelm Hirsch vom Zentralverband Deutscher Industrieller in die Verwaltung der Woermann-Linie und der Deutschen Ostafrika-Linie zu Tage tritt, eröffnet einen erfreulichen Ausblick. [...]«

Der Krieg bewahrte das Unternehmen vor weiteren finanziellen Rückschlägen

In der am 15.5.1917 in Stettin durchgeführten Generalversammlung war ein Kapital von 3,451 Mill. Mk. vertreten. Die im Geschäftsbericht vorgeschlagene Dividende von 8% war genehmigt worden, ebenso der Abschluss und die Bilanz. Die turnusmäßig ausscheidenden Aufsichtsratsmitglieder Konsul Wilhelm Kunstmann und Dr. Paul von Schwabach wurden wiedergewählt. Generaldirektor Albert Ballin stellte sich allerdings nicht mehr zur Wiederwahl, mit der Begründung, er sei an einer anderen Werft beteiligt. Seine Stelle blieb unbesetzt, sodass der Aufsichtsrat künftig nur noch aus 7 Mitgliedern bestand.

Auf Anfrage eines Aktionärs, ob für die nächste Zukunft eine Erhöhung der Dividende zu erwarten sei, verwies der Vorsitzende auf die Schwierigkeiten, mit denen die Werft im Verein mit anderen gleichartigen Werften während der letzten Jahre vor dem Kriege zu kämpfen gehabt habe, und auf die Verluste, die aus den Reserven gedeckt werden mussten, und betonte, »dass nur der Krieg mit den der Werft zugeflossenen großen Heeresaufträgen sie vor weiteren Rückschlägen bewahrt habe. Würde man jetzt die Erhöhung der Dividende vornehmen, so müsste dies durchaus irreführen. Die Gegenwart müsse über die Vergangenheit hinweghelfen, denn es sei mancherlei, was in dem Vorjahre ohne Verschulden der Verwaltung versäumt werden musste, nachzuholen. Hierzu seien nicht zuletzt ungenügende oder knappe Abschreibungen zu rechnen. Aber auch für die Zukunft müsse gesorgt werden. Das Reparaturgeschäft, das die Werft neben dem Neubau von Schiffen möglichst stark zu betreiben beabsichtigt, mache Erweiterungen der Dockanlagen in Hamburg und Stettin notwendig. Da die Erweiterungsbauten so schnell wie irgend angängig zu bewirken seien, dürfte auch der jetzt dafür zu zahlende Preis, der den in normalen Zeiten um das Vier- oder auch Fünffache übertrifft, die Verwaltung nicht zurückschrecken.«[260]

Der Abschluss wies folgende Zahlen aus: 7.236.955 Mk. Bruttoüberschuss, 5.753.074 Mk. Abschreibungen, 1,2 Mill. Mk. Dividende, 44.714 Mk. Dotationen [enthält 5.000 Mk. für die Kirche zu Bredow], 66.667 Mk. Tantiemen, 0 Mk. Ausstellungs- u. Versuchskonto, 0 Mk. Vortrag. In der Bilanz erschienen u.a.: 11.502 Mk. Kassa, 27.506 Mk. Effekten, 0 Mk. Beteiligungen, 19.308.445 Mk. Debitoren, 48.041.373 Mk. Materialvorräte, fertige u. in Arbeit befindliche Gegenstände, 99.035.502 Mk. Kreditoren u. Anzahlungen, 25.050.006 Mk. Anlagen in Hamburg und 6.070.009 Mk. in Stettin-Bredow. Andererseits betrugen bei unverändert 15 Mill. Mk. Aktienkapital und 9.931.260 Mk. Obligationen, die gesamten Reserven 4 1/2 Mill. Mk. Wie im Geschäftsbericht betont wird, hatte das verflossene Jahr gleich dem Vorjahr der Gesellschaft eine weitere Festigung gebracht. »Wir erwarten das gleiche für 1917«. Der Zinsendienst der Obligationen erforderte 438.577 Mk. »Unsere Hamburger Werft steht auf gepachtetem Staatsgrund, welcher, da aufgespülter Marschboden, für die Bebauung beträchtlicher Fundierungsaufwendungen bedurfte. Diese Ausgaben waren bisher bilanzmäßig auf Gebäude und Hellinganlagen gesammelt worden, in der vorliegenden Bilanz sind diese Beträge in einer besonderen Position ›Fundierungs-Aufwendungen im gepachteten Staatsgrund‹ zusammengefasst.«[261]

Nach dem Geschäftsbericht über 1917 erzielte das Unternehmen 7.120.708 Mk. Überschuss. Nach Abzug der Abschreibungen mit 5.621.551 Mk. verblieb ein Reingewinn von 1.499.157 Mk., woraus wieder 8% Dividende verteilt wurde, sowie 150.000 Mk. der Beamten-Pensionskasse, 50.000 Mk. dem Unterstützungsfonds und 57.490 Mk. dem Dotationskonto überwiesen sowie 66.667 Mk. Tantiemen vergütet werden konnten. Nach der Bilanz standen u.a. zu Buche: 14.012 Mk. Kassa, 20.681 Mk. Wertpapiere, 54.011.914 Mk. Debitoren, 1.054.384.491 Mk. fertige und in Arbeit befindliche Gegenstände einschließlich Materialvorräte, 2.090.641 Mk. Kautionseffekten, mit 21.850.006 Mk. die Anlagen und Inventarien in Hamburg, mit 6.070.012 Mk. in Stettin-Bredow. Bei unveränderten 15 Mill. Mk. Aktienkapital und 9.931.260 Mk. Obligationen, betrugen die gesamten Reserven wie im Vorjahr 4 1/2 Mill. Mk. und die Anzahlungen einschließlich laufender Kreditoren 157.734.758 Mk. Darüber hinaus stellte der Geschäftsbericht lediglich fest, dass sich die im vorjährigen Bericht ausgesprochenen Erwartungen erfüllt haben. Im laufenden Geschäftsjahr sei die Entwicklung nicht minder befriedigend.[262]

Lohnbewegungen der Vulcan-Angestellten in Stettin und Hamburg

In einer in Stettin im großen Börsensaal abgehaltenen Versammlung der Angestellten am 28.5.1918 war folgende Entschließung einstimmig angenommen worden: »Die [...] über 600 Angestellten [...] erklären, daß sie bei der fortgesetzten Steigerung der Preise für alle Lebenserfordernisse nicht mehr in der Lage sind, mit dem zurzeit gewährten Einkommen hauszuhalten. Sie halten daher eine sofortige angemessene Erhöhung des Grundgehaltes

Anzeige in *Hansa* 1917

für dringend erforderlich. Außerdem verlangen sie neben der Fortgewährung der jährlichen Leistungszulagen eine Erhöhung der Teuerungszulagen mit rückwirkender Kraft vom 1. April dieses Jahres ab. Da die Firma leider nicht bereit war, die Forderung der Angestellten zu erfüllen, wird der Angestelltenausschuß aufgefordert, den Schlichtungsausschuß anzurufen.«[263] Da auch dieser Schritt offensichtlich erfolglos war, fand in der Woche zwischen Montag, dem 8. und Sonnabend, dem 13. Juli, wieder eine stark besuchte Betriebsversammlung der kaufmännischen und technischen Angestellten statt. In dieser war einstimmig beschlossen worden: »Die vor Jahresfrist festgesetzte Höhe der Kriegsnotzulage, die um nur 25% am 1.8.1918 erhöht werden soll, steht in keinem Verhältnis zu den Anforderungen, die an die Beamten hinsichtlich Befriedigung der allernotwendigsten Lebensbedürfnisse gestellt werden, zumal die an sich unzureichenden Gehälter seit Januar 1917 keine Aufbesserung erfahren haben. Die Aufrechterhaltung der uns unbegreiflicherweise entzogenen Gehaltszulagen betrachten wir als selbstverständlich und stellen uns nach wie vor auf den Standpunkt, daß der Ausfall derselben durch die Wiederbewilligung keinesfalls ausgeglichen ist. Es ist daher eine Erhöhung der Gehälter mit rückwirkender Kraft zum Ausgleich dieses Ausfalles unbedingt erforderlich, zur Abwehr der immer mehr um sich greifenden Notlage der schlecht bezahlten Angestellten.« Gleichzeitig wurde der Angestelltenausschuss beauftragt, die erforderlichen weiteren Schritte in die Wege zu leiten.[264]

In Hamburg hatten sich die Angestellten des Vulcan am 16.7.1918 versammelt. Die von annähernd 1.000 Personen besuchte Zusammenkunft der kaufmännischen und technischen Büroangestellten sowie der Werkmeister hielt die Erhöhung der Kriegsnotzulagen um das Doppelte sowie die Gewährung der üblichen Gehaltszulagen, wie vom Angestelltenausschuss in seiner Sitzung am 28.6.1918 vorgeschlagen, für unbedingt und dringend erforderlich. »Dabei ist die weibliche der männlichen gleich zu bewerten.« Der Angestelltenausschuss wurde beauftragt nochmals mit der Direktion zu verhandeln und erforderlichenfalls die durch das Hilfsdienstgesetz gegebenen Wege zu beschreiten. Die Versammlung ersuchte die Berufsverbände, sich für die gestellten Forderungen einzusetzen und für die Verwirklichung alle geeigneten Mittel einzusetzen.[265] Ob die Angestellten Erfolg hatten, konnte nicht ermittelt werden. Dagegen liegt über erfolgreiche Verhandlungen der Arbeiter folgende Mitteilung vom Juli 1918 vor: »Nach längeren Verhandlungen zwischen Unternehmern und Arbeitern im Schiffbaugewerbe ist mit Gültigkeit in der ersten Lohnwoche im August eine Erhöhung des Einstellungs- und Stundenlohns aller männlichen Arbeiter um 6 Pfennige und aller weiblichen um 3 Pfennige vereinbart worden.[266]

Am 7. April d. Js. gab das Stettiner Lebensmittelamt per Zeitungsanzeigen bekannt, welche Lebensmittel wann, wo, auf welchen Marken und zu welchen Preisen abgegeben werden. Daraus in Auszügen: »Ausgegeben werden am 8. und 9. April innerhalb der ganzen Woche b) Marmelade auf März-April-Greifenmarken Nr. 17 aller Brotklassen je Marke ein halbes Pfund, Pfundpreis 92 Pf.: c) Suppen [lose oder in 250-Gr.-Packungen] oder Suppenwürfel, lose Suppen Pfundpreise: Kartoffelsuppe 80 Pf., Erbsensuppe 90 Pf., Röstsuppe 60 Pf., Hülsenfruchtsuppe 86 Pf., Kriegssuppe 86 Pf. d) Weichkäse oder buttergewürztes Molkeneiweiß je Marke ein halbes Pfund, Pfundpreise: Weichkäse 1,34 Mark, Molkeneiweiß 1,60 Mk. Frische Eier auf abgestempelten Bezugsabschnitte je Marke 2 Eier, Stückpreis 32 Pf. Nach Angaben des Königl. Preuß. Statistischen Landesamtes kosteten im Mai 1918 im Kleinhandel in Stettin: 1 kg Kartoffeln 0,16 Mk. / 1917 0,13 Mk., Butter 6,16 Mk. / ein Liter Vollmilch 0,42 Mk. / 1 Hühnerei 0,37 Mk. / 1 kg Roggenbrot 0,45 Mk.

Laut Bekanntmachung der Preiskommission der Provinzialgemüsestelle vom 27.6.1918 galten ab 1. Juli in Stettin folgende Kleinhandelspreise je Pfund: Suppen- u. Bruchspargel 0,45 Mark, Spinat ohne Wurzeln 0,35 Mk., Frühzwiebeln ohne Kraut 0,50 Mk., Möhren u. längliche Karotten 0,34 Mk., Spitzkohl 0,40 Mk., Puffbohnen 0,40 M., Busch- u. Stangenbohnen 0,75 M., je ein Kopf Blumenkohl 1. Sorte 0,80 M., 3. Sorte (Suppen) 0,25 Mk., saure Kirschen 1. Ware 0,90 Mk., 2. Ware 0,50 Mk., Süßkirschen 1. Ware 0,80 Mk., 2. Ware 0,50 Mk., Erdbeeren 2. Ware 1,25 Mk., Blaubeeren 0,80 Mk. Das Kaufhaus Rudolpf Karstadt bot im Juli 1918 für die Ferien u.a. an: Bluse aus weißem Waschbatist mit reicher Stickerei 33,00 Mk., Rock aus Waschbatist, fesche Form 44,00 Mk., Kleid aus praktisch gemustertem Waschstoff 89,00 Mk., Mädchenkleid aus weißem Waschbatist, Gr. 45 12,50 Mk., Knaben-Anzug: hellblaues Höschen mit weißer Bluse, Gr. 1 42,75 MK. Anfang September wurde von Karstadt u.a. angeboten: Nussbaumfarbig gestrichene Spinde, 2türig 150 MK., Bettstellen 80 MK., Stühle mit Brettsitz 25 MK., komplette Schlafzimmer von 600 MK. an aufwärts.

Die Möbelfabrik Max Borchardt, Königstraße 1, bot »in unerreichter und nicht zu übertreffender Preiswürdigkeit« Wohn- und Esszimmer für 1.310, Schlafzimmer für 1380 und Speisezimmer für 1.058 Mark an, eine Küche, bestehend aus 1 Büfett, 1 Tisch, 1 Handtuchhalter und 2 Stühlen sollte 295 Mk. kosten. An Wirtschaftswaren bot das Kaufhaus Gebr. Karger im September u.a. an: Untertassen für 15 Pfg., Tassen mit Untertassen für 39 Pfg., 2 Liter Kaffeekannen für 3,75 Mark, Weiden-Ausklopfer für 95 Pfg., Schrubber für 2,75 Mk., Ascheimer für 2,25 Mk., 1 Liter Emaille-Essenträger für 1,45 Mk., Emaille-Kehrschaufel für 1,45 Mk., Schwed. Streichhölzer, 2 Schachteln für 15 Pf., 25 cm Königskuchenformen für 95 Pf. Bei Naumann Rosenbaum bezahlte man in November 1918 für tiefe Speiseteller 75 Pfennige das Stück, für Stullenteller 48 Pf., für ein Kaffeeservice für 6 Personen 11,75 Mk., für einen großen Satz Schüsseln 4,50 Mk., für ein Nachtgeschirr/Nachttopf 1,75 Mk., für ein Porzellan-Tee-Ei mit Kette 98 Pf. Ebenfalls im November bot Aronheim & Cohn an: Stoff-Stiefel mit Holzsohle und schmalem Lederbesatz für 11,90 Mk., Kinder-Schnürstiefel mit Holzsohle, Gr. 28–32 für 11 Mk., Burschen-Schnürstiefel mit Holzsohle und Ledersohlenschoner Gr. 37–40 für 16,45 Mk. Gebr. Karger hatte am 30.11.1918 »Für die heimkehrenden Krieger« u.a. im Angebot: Arbeits-Hosen und -Jacken aus haltbarem blauen Ersatzstoff in guter Verarbeitung für je 12,75 Mk., Spazierstöcke, gelbes Bambusrohr für 95 Pfg., Herren-Selbstbinder in großer Auswahl für 4,50 Mk., Herren-Winter-Mützen aus blauem Ersatzstoff für 3,90 Mk.,Herren-Hüte,schwarze Steifform in allen Größen für 9,75Mk.[267]

»Auf traurige Weise ihr Leben eingebüßt hat eine auf der Vulcan-Werft [Stettin] beschäftigt gewesene Kranführerin. Sie machte beim Besteigen des Kranhäuschens einen Fehltritt und suchte Halt an einer Starkstromleitung. Dabei erlitt sie so schwere Brandwunden, daß sie nach einigen Augenblicken verstarb.« Dies berichtet der *Volksbote* in der Ausgabe vom Sonnabend, dem 27.7.1918.

Und am 20. September d. Js. ist dem Blatt zu entnehmen: »Die Vulcan-Werke wollen neuerdings eine weitere Vergrößerung ihrer Anlagen auf dem Oberhof vornehmen. Aus diesem Grunde müssen neue Verhandlungen gepflogen werden, mit denen die Kommission, die früher zu diesem Zwecke tätig war, betraut werden soll. Hinzugewählt wird Genosse Schauer und die Herren Vorreihr und Dr. Köhler.

Die Revolution begann in Stettin am 8. November 1918

Die Vorgänge trafen die Stettiner Arbeiterschaft nicht unvorbereitet, wie Mitteilungen des *Volksboten* zu entnehmen ist. Am 8.11.1918 hatte im Neuen Kasino eine von 3.000 Personen besuchte Volksversammlung stattgefunden, in welcher der Redakteur Hoffmann des *Stettiner Volksboten* über »Das neue Deutschland« sprach und auf die bereits vollzogenen und noch zu erwartenden politischen Umwälzungen hinwies. In richtiger Voraussicht, dass sich in den nächsten Tagen Taten ereignen werden, die ein sofortiges Eingreifen der organisierten Arbeiterschaft notwendig machen, traten nach Ende der Veranstaltung eine Anzahl Funktionäre und Vertrauensleute der SPD und Gewerkschaften zusammen und wählten eine Aktionsausschuss. Am Sonntag, dem 10.11.1918 traf eine Gruppe Marineangehöriger aus Kiel ein und besetzte den Bahnhof. Im Volkshaus trat sofort der am Freitag gewählte Ausschuss zusammen und noch am Vormittag sind in den Kasernen Soldatenräte gebildet worden. »Den ganzen Tag über herrschte auf den Straßen eine ungeheure Massenbewegung. Soldaten befreiten die Offiziere von den Rangabzeichen und Waffen, was sich diese gutwillig, aber viele von ihnen mit tiefem Ingrimm gefallen ließen«, wie das Arbeiterblatt in einer längeren Rückschau schrieb.

Am Montag hisste man auf dem Vulcan die rote Fahne, desgleichen am Generalkommando, auf dem Rathaus wehte eine rote Fahne neben der Stadtflagge. Auch in Züllchow ist auf dem Rathaus eine rote Fahne gehisst worden. Der vom Arbeiterrat, dem 24 Genossen und eine Genossin angehörten, am Sonntag beschlossene Generalstreik begann am Montag auf dem Vulcan mit der Arbeitseinstellung um 8 Uhr, um sich gemeinsam mit den anderen Stettiner Großbetrieben zum Sportplatz an der Behr-Negendank-Straße zu begeben, »wo eine Riesen-Demonstration stattfand. Solche Menschenmassen sind dort noch nicht versammelt gewesen.« Mehrere Redner gaben eine Übersicht der letzten Ereignisse, schilderten die Lage, in welche der Krieg Deutschland gebracht hat, feierten den Triumph der sozialistischen Ideen und teilten mit, dass am Dienstag die Arbeit wieder aufgenommen wird. Dann wurden in 13 Punkten die Forderungen des Arbeiter- und Soldatenrats von den Versammelten beschlossen. Der Weg des anschließenden Demonstrationszuges führte zunächst zum Polizeipräsidium, dann zum Schloss, zum Generalkommando und zuletzt zum Rathaus. Der Polizeipräsident von Boetticher, der Oberpräsident Dr. Michaelis, der stellvertretende kommandierende General von Borris und Oberbürgermeister Dr. Ackermann, erklärten sich auf befragen bereit, im Sinne der neuen sozialistischen Regierung die Geschäfte weiter zu führen. Dann zogen die Demonstranten durch verschiedene Straßen zum Kaiser-Wilhelm-Denkmal, wo der Zug sich auflöste. Am Dienstag wurde die Arbeit in allen Betrieben wieder aufgenommen.

Otto Böhme

Arnold Harich

Martin Fettig

Fritz Hentschel

Johannes Rahn

Rudolf Marnitz

Die Ehrentafel der STG 1914 – 1918 nennt folgende Namen von Vulcan-Beschäftigten:

Als Gefallene:

Böhme, Otto, *11.9.1885, Magdeburg, Ingenieur im Motorenbau Stettin, erhielt als Offizier-Stellvertreter das EK II., gefallen als Lt. d. Res. im Westen am 8.11.1915.

Fettig, Martin, *10.11.1885, Klötze, Kr. Gardelegen, Maschinenbau-Ing., gefallen als Reserveoffizier im 32. Inf.-Reg. im Dezember 1914 bei Lodz.

Harich, Arnold, *31.7.1879, Liebstadt/Ostpr., Dipl.-Ing. Schiffsmaschinenbau, als Lt. d. Landwehr nach schwerer Verwundung in einem Feldlazarett in Ostpreußen am 1.9.1914 verstorben.

Hentschel, Fritz, *8.6.1887, Magdeburg, Dipl.-Ing. Schiffbau, erhielt als Lt. d. Res. an der Westfront das EK II.; während eines längeren Urlaubs zur Wiederherstellung seiner Gesundheit, stellte H. sich den Vulcanwerken am 26.5.1917 zur Verfügung. Er erlag seinen Leiden, »die er sich vor dem Feinde zugezogen hatte, am 8.8.1917.«

Klatte, Hinrich, *11.9.1885, Arsten b. Bremen, Dipl.-Ing. Maschinenbau, Res.-Offizier, EK II. als Jagdflieger, Flieger-Abt. IV, gefallen im Luftkampf bei Tulkerim in der Nähe Jerusalems am 7.11.1917.

Marnitz, Rudolf, *24.7.1885, Berlin, Dipl.-Ing. Schiffbau, gefallen als Lt.d.Res. am 15.5.1916 an der Westfront,EK II.

Rahn, Johannes, *14.4.1881, Greifenhagen/Pom., Schiff- u. Schiffsmaschinenbau-Ing., fand als Hauptmann bei einem Dienstflug von Braunschweig nach Berlin am 17.11.1918 bei einem Absturz den Tod.

Schwarzer, Alfred, *27.7.1880, Berlin, Dipl.-Ing. Schiffbau, verstarb als Vizewachtmeister am 19.8.1915 in der Heilstätte Obornik.

Thiele, Hans, *6.1.1889, Bodenach, Maschinenbau-Ing., genügte seiner Militärpflicht ab 1.10.1913 als Einjährig-Freiwilliger bei dem Pi.-Bat. 22 in Riesa, wurde im Nov. 1914 zum Lt. d. Res. Befördert, gefallen am 26.10.1915 in Vimy / Frankreich. Die Beerdigung in Leipzig erfolgte am 6.11.1915 unter Teilnahme eines Unteroffiziers und 8 Pionieren seiner Einheit.

Im aktiven Dienst standen:

Avé-Lallement, Hans, Prokurist, Stettin, Leutnant d. Res., Dragoner-Rgt. Nr. 8, EK I

Behn, Theodor, Dipl.-Ing., Hamburg, Hauptmann u. Batterieführer, Feld-Art.-Regt. Nr. 241, EK I

Boeck, Carl, Dipl.-Ing., Stettin, Oberleutant z. S., d. Res. SM. ROON, EK
Haack, Otto, Schiffbau-Ing. Stettin, Oberleutnant u. Kompanieführer, Inf.-Regt. Nr. 351, EK
Kemenater, Heinz, Dipl.-Ing., Stettin, Hauptmann d. Landw., Füs.-Regt. Nr. 34, EK I
Kühn, Dipl-Ing., Stettin, Oberleutnant d. Res. d. Matr.-Art.
Matthiesen, Paul, Oberingenieur, Hamburg, Hauptmann d. Res., Etappen-Inspektion I, EK
Voges, Hans, Betriebsingenieur, Stettin, Marine-Oberingenieuer d. Res., EK

Im Heimatdienst wurden ausgezeichnet:

Ackermann, Max, Oberingenieur, Hamburg, V.K.= Verdienstkreuz für Kriegshilfe, als Bürochef
Bauer, Gustav, Dr. phil., Dr.-Ing. h.c., Stettin, E.K.w. = Eisernes Kreuz am weiß-schwarzen Band, als Direktor der Vulcan-Werke
Beeck, Otto, Ingenieur, Stettin, V.K. als Vorst. des Büros für Kriegsmasch.-Bau
Boie, Harry, Ingenieur, Hamburg, V.K. als Konstruktions-Ing.
Ehrlich, Alexander, Schiffbau-Ing., Stettin, V.K. als Bürochef f. Schiffbau
Flohr, Justus, Dr.-Ing., Geh. Baurat, Hamburg, E.K.w. als Direktor der Vulcan-Werke
Fregin, Fritz, Dipl.-Ing., Stettin, V.K. als Bürovorsteher im Kriegsschiffbau
Gottschalk, Arthur, Dipl.-Ing. Schiffbau, Hamburg, V.K. als Ingenieur im U-Bootbau
Gronwald, Otto, Schiffbautechniker, Hamburg, V.K. für Leistungen im U-Bootbau
Hein, Paul, Ingenieur, Hamburg, V.K. als Vorstand d. Konstr.-Büros f. U-Bootbau
Heitmann, Ludwig, Ingenieur, Stettin, V.K. als Betriebschef der Vulcan-Werke
Jacob, Oskar, Ingenieur, Stettin, V.K. als Betriebschef im Kriegsschiffbau
Jappe, Friedrich, Schiffbau-Ing., Hamburg, V.K. als Bürochef d. Kriegsschiffbau-Abt.
Jochmann, Ernst, Oberingenieur, Stettin, V.K. als Abt.-Chef d. Landturbinenbaus
Kasten, Max, Ingenieur, Hamburg, V.K. als Chef d. Kriegsschiffbau-Abt.
Kell, W., Schiffsmaschinenbau-Ing., Stettin, V.K. als Chef d. Konstr.-Büros f. Torpedoboots-Masch.-Bau
Kiel, Carl, Ingenieur, Hamburg, V. K. als Konstr.-Ing. f. U-Boot-Maschinenbau
Kuschel, W., Oberingenieur, Stettin, V.K. als Schiffbau-Abteilungsvorstand
Linder, Ernst, Dipl.-Ing., Direktor, Stettin, Leiter der Maschinenbau-Abt., V.K. als Direktor

Zwei Fliegerkameraden, links Hinrich Klatte aus Arsten bei Bremen
[Foto: Arbeitskreis Arster Geschichte(n), Jb. d. STG, 20. Bd. 1919]

Lippold, Friedrich, Oberingenieur, Blankenese, V.K. als Oberingenieur in Hamburg
Loeffler, Hans, Dipl.-Ing., Hamburg, V.K. als Schiffbau-Ing.
Ludwig, Oberingenieur, Stettin, V.K. als Chef d. Maschinenbau-Abt.
Menke, Hermann, Ingenieur, Hamburg, V.K. als Chef d. Maschinenbaus
Möller, W., Oberingenieur, Stettin, V.K. als Oberingenieur im Reparaturbetrieb
Potyka, Ernst, Schiffbau-Ing., Stettin, V.K. als Ingenieur in der Reparaturabteilung
Schneider, Dipl.-Ing., Stettin, V.K. als Bürochef im Handelsschiff-Maschinenbau

Schulz, Carl, Schiffbau-Ing., Hamburg, V.K. als Konstrukteur im U-Bootbau

Schwartz, Louis, Ingenieur, Stettin, E.K.w. als Direktor d. Schiffbauabteilung im Februar 1917

Simon, Otto, Dipl.-Ing., Hamburg, V.K. als Chef der Abt. f. Schiffshilfsmaschinen

Spannhake, Wilhelm, Dipl.-Ing., Stettin, V.K. als Chef d. Abt. Schiffsturbinenbau

Täge, Adolf, Schiffbau-Oberingenieur, Stettin, V.K. als Oberingenieur [268]

Während des Ersten Weltkrieges sandten die Vulcan-Werke den Dipl.-Ing. Felix Schirokauer als ihren Vertreter zum Germanischen Lloyd, wo dieser an der Ausarbeitung der Schottkurven für die dem Vulcan in Auftrag gegebenen Schiffe mitzuwirken hatte. Schirokauer war um 1910 in die Dienste des Vulcan getreten und arbeitete zunächst in Stettin, später in Hamburg. Er wurde 1916 vom Germ. Lloyd übernommen und führte in der Schiffssicherheitsabteilung die Freibord-, Schotten- und Stabilitätsberechnungen aus und hatte alle Arbeiten zu erledigen, welche die Theorie des Schiffes betreffen.[269] Den Dipl.-Ing. Richard Kühn, der Anfang 1914 als Oberingenieur von Tecklenborg in Geestemünde kommend, in dieser Stellung in Stettin eingetreten war, musste der Vulcan bei Ausbruch des Krieges an eine Schiffsbesichtigungskommission abgeben.[270]

Der achtstündige Arbeitstag für gewerbliche Arbeitnehmer war durch eine Regierungsverordnung vom 23.11.1918 eingeführt worden. Danach durfte die regelmäßige tägliche Arbeitszeit der Arbeiter die Dauer von 8 Stunden ausschließlich der Pausen nicht überschreiten. Diese Regelung galt auch für Lehrlinge, Arbeiterinnen und jugendlichen Arbeitern waren bei einer Beschäftigung von 6 bis zu 8 Stunden eine halbstündige oder 2 viertelstündige Pausen zu gewähren. Für den Fall, dass an den Sonnabenden die Arbeitszeit weniger als 8 Stunden beträgt, war es gestattet, die an diesen Tagen ausfallende Arbeitszeit auf die übrigen Werktage zu verteilen. Ausnahmen waren nur in Notfällen und insbesondere im öffentlichen Interesse zulässig, im Allgemeinen aber nur mit Genehmigung des zuständigen Gewerbeinspektors oder des Regierungspräsidenten. Auch die durch Tarifvertrag vereinbarten Ausnahmen bedurften dieser Genehmigung. Die Arbeitszeit der Angestellten war in der Verordnung vom 18.3.1919 geregelt. Die Vorschriften über die Dauer der Arbeitszeit waren den für Fabriken und Werkstätten erlassenen ähnlich. Ausnahmen waren zulässig bei Arbeiten, die in Notfällen, im öffentlichen Interesse, zur Verhütung des Verderbens von Waren oder des Misslingens von Arbeitserzeugnissen unverzüglich vorgenommen werden müssen, ferner an 20, der Bestimmung des Arbeitgebers überlassenen Tagen im Jahr. Wollte der Arbeitgeber von diesen Ausnahmemöglichkeiten Gebrauch machen, so musste er ein Überarbeitsverzeichnis bzw. eine Kalendertafel führen. Außerdem konnten in bestimmten Fällen Ausnahmen durch den zuständigen Gewerbeinspektor oder den Regierungspräsidenten bewilligt werden.[271]

Der Abschluss des Geschäftsjahres 1918, mitgeteilt am 2.6.1919, der eine Dividende von 8% vorsah, stellte sich wie folgt: 6.352.769 Mk. Bruttoüberschuss, 5.014.323 Mk. Abschreibungen, 1.338.467 Mk. Reingewinn, 1, 2 Mill. Mk. Dividende, 0 Mk. Rückstellungen, 71.800 Mk. Zuwendungen, 66.667 Mk. Tantiemen. In der Bilanz erschienen u.a.: 165.212 Mk. Kassa, 20.681 Mk. Effekten, 104.837.239 Mk. Debitoren, 172.887.639 Mk. Vorräte und in Arbeit befindliche Gegenstände, 271.887.639 Mk. Kredite und Anzahlungen. Der Geschäftsbericht teilt dann u.a. weiter mit: »Die Überführung unserer Betriebe in die Friedenswirtschaft ist von uns mit allen Mitteln betrieben worden. Aufträge auf Frachtdampfer für die Handelsmarine liegen in hinreichendem Maße vor, die Inangriffnahme der Bauten hat sich aber von Monat zu Monat hinausgezögert, da die Erz- wie Kohlenschwierigkeiten im rheinisch-westfälischen Industriebezirk die Herstellung der Baustoffe praktisch unmöglich machen.« [272]

Ohne Friedensvertrag kein Schiffbau, auch die Arbeiterschaft protestiert gegen den Versailler Vertrag

Durch den am 3.2.1919 wegen Kohlenmangel bedingten Arbeitsausfall im Hamburger Werk konnte der Betrieb bereits am nächsten Tag zum größten Teil wieder aufgenommen werden. Ein Teil der Arbeiter gelangte allerdings wegen schweren Eisganges auf der Elbe nicht zum Werk.[273] Auch wenn die Kohlenknappheit das ganze Jahr über andauerte, konnte man ihrer doch einigermaßen Herr werden. Anders lag die Sache bei der Lieferung von Schiffbaumaterial. Zum Jahresende 1919 wird darüber berichtet, dass die Werften nur einen Bruchteil des bei ihnen für einen ordnungsgemäßen Betrieb erforderlichen Materials erhalten und andererseits im Schiffbaustahlkontor die unerledigten Bestellungen zu Bergen anwuchsen. Für eine der großen Werften sollen z.B. außer 25.000 t bereits an Hüttenwerke vergebenes, aber noch nicht geliefertes

Material annähernd 50.000 t Material unerledigt im Schiffbaustahlkontor liegen. Da die Werften keine Mittel hatten, diese Verhältnisse zu ändern, gingen sie andere Wege, um an Schiffbaumaterial zu kommen. Einige waren bereits während des Krieges dazu übergegangen, mit Hüttenwerken engere Fühlung zu nehmen, soweit sie nicht überhaupt, wie z.B. die Deutsche Werft, Tochtergesellschaften solcher Werke waren. Eine solche Verbindung sicherte immerhin eine gewisse Bevorzugung in der Belieferung. Ein Erfolg war damit aber keineswegs verbunden, da die Leistungsfähigkeit der Walzindustrie durch die Kohlenkontingentierung und die Unterbindung der schwedischen Erzzufuhr erheblich gelitten hatte. Auch spielten die Transportschwierigkeiten wegen fehlender Wagenkapazitäten der Eisenbahn, eine nicht unerhebliche Rolle.

Ein zweites Mittel zu dem gleichen Zweck war die Gegenlieferung von Schrott. Besonders die größeren Werften waren daher bestrebt, durch abwracken von älteren oder im Bau unvollendeter Kriegsschiffe, in den Besitz größerer Schrottmengen zu gelangen. Diesen Weg ging z.B. auch der Vulcan in Hamburg und Stettin. Der dritte Weg war das Bestellen von bereits bei den Hüttenwerken gelochten bzw. gebohrten und beschnittenen Platten. Da die Hütten zum Teil selbst Eisenbaufirmen waren, wie z.B. Krupp, konnten sie diese Arbeitsgänge ohne Schwierigkeiten ausführen. Ob der Vulcan ebenfalls solches vorgefertigte Material bezog, ließ sich nicht ermitteln. Im September 1920 wird berichtet, dass deutsche Schiffswerften vom Schiffahrtsamt der USA 9.000 t Stahl, hauptsächlich Schiffsplatten und Formen, gekauft haben. »Außerdem hat ihnen die United Staates Steel Corporation 6.000 t Schiffsstahl zur Verfügung gestellt und durch eine weitere an der Ausfuhr beteiligte Firma ist ein Auftrag von weiteren 16.000 t untergebracht worden. 1919 fanden Verhandlungen mit den deutschen Schiffswerften über den Verkauf weiterer 34.000 t statt. Der Preis für Schiffsplatten stand zu dieser Zeit auf etwa 3 1/2 c. für ein Pfund ab Pittsburg.«[274]

Seit Ende 1920 war in der Rohstoffversorgung und insbesondere bei der Eisenversorgung eine wesentliche Verbesserung eingetreten. Gleichzeitig waren die Eisenpreise ständig gesunken, da die Nachfrage hinter der Erzeugung zurückgeblieben war.[275] Das erste Jahr nach dem Waffenstillstand wird als das schwärzeste des deutschen Schiffbaues bezeichnet und die Zukunft dieses Industriezweiges mit seinen zu Beginn des Krieges etwa 130.000 Arbeitern einschließlich der Hilfsindustrien war mehr als ungewiss. Der Hauptgrund ist darin zu sehen, dass unter stets neuen Vorwänden der Siegermächte die Ratifizierung des sogenannten Friedensvertrages sich immer wieder verzögerte. Im Vertrag war festgelegt, dass von den »im Bau« befindlichen Schiffen zwischen 1.000 und 1.600 BRT die Hälfte, von den größeren Schiffen alle auszuliefern sind. Da unklar war, ob das »im Bau« befindlich, in Auftrag gegeben, in der Konstruktion, in Angriff genommen oder auf Stapel gelegt heißen sollte, konnte kein Reeder Aufträge erteilen oder an bereits erteilten weiter arbeiten lassen. Die meisten Besteller beschränkten sich deshalb darauf, die vorbereitenden Arbeiten in den Werkstätten in Angriff nehmen zu lassen. Der Beschäftigungszustand der Werften wuchs damit allmählich in eine Krise hinein, denn die wenigen vorhandenen Reparaturaufträge und Lokomomotivarbeiten waren nur ein kümmerlicher Ersatz. Insgesamt waren 1919 in Deutschland nur ganze 7 Schiffe mit insgesamt 3.117 BRT gebaut worden, deren Zahl allerdings ein Jahr später bereits 76 mit 204.041 BRT betrug.[276]

Den Reichskanzler hatten am 25.11.1919 Arbeiter der Vulcanwerft, der Germaniawerft und der Reichswerft in Kiel, der Howaldt-Werft, der Tecklenborg-Werft in Geestemünde u.a. aufgesucht, um eine Resolution folgenden Inhalts zu überreichen: »Die am 23. November 1919 in Hamburg tagende Konferenz von Vertretern aller an den deutschen Seeschiffswerften beschäftigten Arbeiter erheben Protest gegen die Ablieferung der von der Entente geforderten

400.000 t Docks, Hebezeuge und schwimmende Fahrzeuge. Die Konferenz betrachtet die Durchführung der Ententeforderung als eine schwere Schädigung der wirtschaftlichen Interessen der in den deutschen Schiffswerften beschäftigten Arbeiter und ersucht die Reichsregierung, alles daran zu setzen, diese schwere Schädigung der Werftarbeiter abzuwenden.«[277] Der bereits im Juni 1919 von der deutschen Regierung unterzeichnete Diktatfrieden war am 10.1.1920 endlich in Kraft getreten. Danach hatte Deutschland u.a. so gut wie seine gesamte Handelsflotte auszuliefern. Eine Bestimmung, die den Wiederaufbau des Reedereiwesens aus dem Nichts bedeutete.

Die wirtschaftlichen Sanktionen des Diktatfriedens und ihre Auswirkungen

Welche verheerende Folgen der sogenannte Friedensvertrag auf Schifffahrt und Schiffbau hatte soll zumindest andeutungsweise am Beispiel des NDL geschildert werden.[278] Die bis zum Beginn des Ersten Weltkrieges ein weltweit umspannendes Liniennetz betreibende Bremer Reederei besaß nach dem Jahrbuch von 1913/14 einen Schiffsbestand von 494 Fahrzeugen. Diese hatten ein Gesamtraumgehalt von 982.952 BRT, verteilt auf 135 Seedampfer einschließlich der im Bau befindlichen, ein Segelschulschiff, 358 Schlepper, Flussdampfer, Barkassen und Hilfsfahrzeuge. Von der angegebenen Gesamttonnage befanden sich bei Kriegsausbruch 706.996 BRT in Fahrt. Im Laufe des Krieges gingen 5 D. unter, 13 wurden von englischen Kriegsschiffen gekapert bzw. beschlagnahmt, 5 erklärte Italien zu Priesen, 4 beschlagnahmte Portugal, 6 Brasilien, 12 Siam, 3 China und 1 Peru. Die USA internierten 2 Schnelldampfer als Hilfskreuzer und beschlagnahmten weitere 27 D. Hinzu kamen weltweit eine Reihe kleinerer Fahrzeuge wie Leichter, Barkassen, Hulks usw. Die Gesamtverluste während des Krieges beliefen sich auf 485.366 BRT. Hinzuzurechnen sind dann noch 318.000 BRT der nach 1918 erfolgten Ablieferungen auf Grund des Versailler Vertrages, sodass dem NDL nur insgesamt 57.611 BRT blieben. Dieser klägliche Rest setzte sich ausschließlich aus kleinen Fahrzeugen wie Schlepper, Barkassen und Leichtern zusammen. Damit war die einstige Großreederei zu einem kleinen Schleppschifffahrtsunternehmen geworden, dessen größtes Fahrzeug der D. GRÜßGOTT war, ein Seebäderdampfer von 781 BRT.

Außer den schwimmenden Werten hatte der NDL weitere Verluste in Millionenhöhe erlitten. Als Beispiel seien hier nur die USA genannt. Bekanntlich waren die Vereinigten Staaten das Hauptziel der Auswandererbewegung, wobei die Linie Bremen–New York gewissermaßen das Rückgrat der Überseeverbindung war. Schon früh hatte die Reederei sich daher dort eine eigene Anlage geschaffen, die North German Lloyd Docks in Hoboken. Bei Kriegsausbruch mit den USA wurden sie, die einen Wert von 7 Mill. Dollar darstellten, vom amerikanischen Staat konfisziert. Hinzu kamen Ausrüstungsgegenstände und Forderungen von insgesamt 3 Mill. Dollar.

Die in der Südsee und Ostasien eingebüßten Vermögensobjekte hatten einen Wert von etwa 44 Mill. Mk. Zu diesen finanziellen Verlusten kamen Schwierigkeiten, die es vor dem Krieg für die deutschen Reedereien nicht gab. Zum Beispiel waren bis 1914 allein die deutschen Unternehmen für den Auswandererverkehr konzessioniert. Jetzt musste das Deutsche Reich auch den ausländischen Reedereien Konzessionen erteilen. Früher war es ein Unding, dass ausländische Passagierreedereien deutsche Häfen anliefen, um von hier aus Passagiere zu befördern. Nach dem Krieg dagegen – auch dieses eine Folge des Versailler Diktats – war die ausländische Flagge weit häufiger vertreten als die deutsche, was zu einer erheblichen Einnahmeminderung führte.

Der Wiederaufbau eines Unternehmens ist neben der Organisation vor allen Dingen eine Frage der Finanzen, um die es bei allen Reedereien nicht sehr gut bestellt war. Hier sollte das bereits im November 1917 erlassene »Gesetz über die Wiederherstellung der deutschen Handelsflotte« – also der Staat – helfen. Das Gesetz galt für die Ersatzbeschaffung von Schiffen. Für Passagierdampfer allerdings nur dann, wenn mit diesen zugleich eine erhebliche Güterbeförderung möglich war. Eine weitere staatliche Finanzquelle war das sogenannte »Überteuerungsabkommen« vom 27.2.1919, welches allerdings mehr als »produktive Erwerbslosenunterstützung« gedacht war. Und eine dritte Quelle, aus der die Reedereien finanzielle Rechtsansprüche ableiteten, war das »Enteignungsgesetz« vom 31.8.1919. Zusammengefasst waren diese staatlichen Unterstützungsbereiche im »Reedereiabfindungsvertrag«. Die aus diesem Vertrag sich ergebenden Verpflichtungen und Befugnisse zwischen der »Reederei-Treuhand-Gesellschaft mbH« und dem Deutschen Reich übernahm die zu diesem Zweck gegründete »Schiffbau-Treuhand-Bank GmbH«.

Die auf der Grundlage der genannten 3 Reichsgesetze geschaffene Lastenverteilung sah für den Staat 80,5 % und für die Reedereien 19,5 % der Neubaukosten vor. Hierauf basierend hatte der NDL ein Bauprogramm entwickelt, welches 47 Schiffe mit einem Gesamtvolumen von etwa 420.000 BRT vorsah, verteilt auf 6 deutsche Werften. Die Bremer A.G. »Weser« erhielt 9 Schiffe mit 76.577 BRT, die Flensburger Schiffbaugesellschaft 4 Schiffe mit 38.073 BRT, die Kieler Howaldtwerke 4 Schiffe mit 30.000 BRT und die Danziger F. Schichau-Werft baute den bereits vor Kriegsbeginn in Arbeit genommenen Passagier- und Frachtdampfer KOLUMBUS mit 32.500 BRT fertig, während der Vulcan 21 Schiffe mit 162.361 BRT erhielt, mit den Bau-Nr. 648 = *MINDEN*, 649 = *PORTA*, 651 = *NIENBURG*, 652 = *EISENACH*, 653 = *ERFURT*, 654, 655, 660, 662, 663, 664, 665, 666 = *SIERRA NEVADA* [2], 667, 668, 669 = *MÜNCHEN*, 670 = *STUTTGART*, 671, 672, 673 und 674. Ein durchaus zufriedenstellendes Auftragsvolumen, zumal 1919 bzw. 1920 weitere Bauaufträge aus Hamburg über 8 Schiffe mit insgesamt 55.800 BRT vorlagen. Eine Vollbeschäftigung war allerdings wegen der sehr großen Produktionskapazitäten und durch den weggefallenen Kriegsschiffbau nicht zu erreichen.

Sehr bald stellte sich heraus, dass zum Beispiel der NDL sein Bauprogramm im vorgesehenen

Umfang gar nicht beibehalten konnte und die vorstehend angegebenen Baunummern ohne Schiffsname aus der Auftragserteilung zurückzog. Bei einer normalen Entwicklung, d. h. unter Zugrundelegung der bisherigen Geldentwertung als Maßstab für die Bauperiode, konnten Werften und Reedereien davon ausgehen, dass Entschädigungen, Kredite und Eigenkapital für die Baufinanzierung im vorgesehenen Umfang ausreichen würden. Was vor allem weniger Arbeitslose bei den Werftarbeitern, den Stahlkochern und Handwerkern der Zulieferbetriebe sowie letztlich auch den Seeleuten bedeutete. Daneben war auch der Staat über mehr Steuereinnahmen am Neubauprogramm beteiligt.

Die Entwicklung ging aber auch hier einen anderen Gang, als man hätte voraussehen können. Statt eines gleichbleibenden, allmählichen Verfalls – die Hoffnung auf eine Konsolidierung der Währungsverhältnisse wäre offen geblieben – kam es zu einem immer schnelleren Abgleiten in eine immer größer werdende Entwertung, wodurch die Entschädigungsraten, die ursprünglich die Ausgaben eines ganzen Jahres decken sollten, nicht einmal mehr für die Monatsanforderungen der Werften ausreichten. Hinzu kam, dass die Entwertung der Mark an sich schon einen zahlenmäßig immer größeren Kapitalbedarf erforderte. Außerdem hielten die Baukosten sich nicht im Rahmen der Geldentwertung. Sie begannen vielmehr diese zu überholen, wobei die Materalpreise sogar den Weltmarktstand überstiegen. Dabei handelte es sich bei den Werftverträgen um sogenannte »Normalwerkverträge«, durch die nur ein geringer Verdienst möglich war. Man war richtigerweise davon ausgegangen, dass eine günstige Auftragslage, die aus einer Notlage entstanden war, nicht zu größeren Verdiensten ausgenutzt werden sollte.

Die Materialpreise hatten sich während des Krieges bis zur Revolution im November 1918 im Mittel wie folgt entwickelt: je 1.000 kg Walzeisen von 115 Mark auf 330 Mk. für 1.000 kg, Schiffsnieten von 160 Mk. auf 600 Mk., Gusseisen von 200 Mk. auf 700 Mk., Stahlguss von 750 Mk. auf 3.000 Mk., 100 kg Rotguss von 180 Mk. auf 500 Mk. und ein cbm Föhrenholz von 45 auf 180 Mk., was einer durchschnittlichen Steigerung von etwa 200 % entsprach. Nach der Revolution erfolgte mit Ausnahme von Stahlguss ein weiterer Preisanstieg, der im Februar 1919 folgenden Preisspiegel ergab: Walzeisen 430 Mark, Schiffsnieten 980 Mk., Gusseisen 1.000 Mk., Rotguss 750 Mk., Föhrenholz 210 Mk.

Auch der Kostenfaktor Lohn hatte sich gegenüber der Vorkriegszeit erheblich verteuert. In Hamburg erhielten vor dem Krieg an durchschnittlichem Stundenlohn: Eisenschiffbauer und Nieter 55 Pfennige, Helfer 45 Pf., Schiffszimmerleute 60 Pf., Tischler 48 Pf., Schlosser und Dreher 50 Pf., Monteure 70 Pf. Da die meisten im Akkord arbeiteten, kommen indessen die reinen Stundenlöhne weniger in Betracht, als die wirklich ausgezahlten Löhne, die durchschnittlich für die Stunde etwa betrugen: für Eisenschiffbauer 90 Pf., Nieter 100 Pf., Helfer 80 Pf., Schiffszimmerleute 75 Pf., Tischler 70 Pf., Schlosser und Dreher 90 Pf., Monteure 100 Pf. Der durchschnittliche Stundenlohn aller Gruppen stellte sich danach auf etwa 85 Pf.

Nimmt man an, dass die Arbeiter von den 305 Jahresarbeitstagen durchschnittlich 15 aus verschiedenen Gründen fehlten, dass also 290 Arbeitstage in Betracht kommen, so wird der jährliche Durchschnittsverdienst aller Werftarbeiter bei neunstündiger Arbeitszeit 2.200 Mark betragen haben, der durch Überstunden auf etwa 2.500 Mk. angewachsen sein wird. Während des Krieges änderten sich die Lohnverhältnisse allmählich derart, dass sowohl der Stundenlohn, als auch der Gesamtverdienst sich vor der Revolution höher stellte als vor dem Krieg. Danach wird man den damaligen Durchschnittsverdienst auf etwa 3.250 Mk. anzusetzen haben.

Durch die Revolution waren die Lohnsätze zunächst auf eine völlig neue Grundlage gestellt worden. Der Unterschied zwischen den Lohnsätzen der verschiedenen Kategorien der Arbeiter war aufgehoben worden und die folgenden Stundenlohnsätze bei einer Arbeitszeitbeschränkung auf 8 Stunden und unter Aufhebung der Akkordarbeit eingeführt: Gelernte Arbeiter 2,40 Mk., angelernte Arbeiter 2,20 Mk., ungelernte Arbeiter 2,10 Mk., Arbeiter unter 18 Jahren 2,00 Mk., Lehrlinge 0,75 bis 2,00 Mk. Wie oben umgerechnet, bedeuteten diese Zahlen einen mittleren Jahresverdienst von 5.050 M. für die Gesamtheit der Arbeiter in der Schiffbauindustrie, Stand Januar 1919. Die Aufhebung der Akkordarbeit war zum Jahresende 1919 in Verbindung mit der Einführung der 48-stündigen Wochenarbeitszeit allerdings wieder beendet worden. Wenn zunächst auch nur durch einen abgeschlossenen neuen Vertrag mit einer Laufzeit vom 23.9.1919 bis 31.3.1920 über Lohn- und Arbeitsbedingungen zwischen den Kommissionen der Arbeitnehmer und den Gewerkschaften, dem die Arbeiter in geheimen Abstimmungen erst noch zustimmen mussten.[279]

Diese Zustimmung erfolgte dann mit solchen Mehrheiten, dass sich »M.H.R.« in einem Beitrag in der *Hansa* vom 12.12.1919 verlasst sah, die Frage zu stellen, »welches Wunder denn die Arbeiter in den letzten zwei Wochen so gründlich bekehrt hat. Vielleicht ist es die wachsende Erkenntnis der Trostlosigkeit unserer wirtschaftlichen Lage, vielleicht die Entschlossenheit, mit der die Leitung des Hamburger Vulcan endlich dem Unwesen der Linksradikalen in ihrem Betriebe ein Ende machte, vielleicht Kampfmüdigkeit. Wahrscheinlich alles zusammen. [...]« Zu dem Unwesen der Linksradikalen äußerte sich *Hansa* am 6.12.1919 in einem entsprechenden Beitrag abschließend: »[...] Erfreulicherweise hat der gesunde Sinn der Mehrheit der Werftarbeiterschaft auch hier den Sieg davon getragen. Als Ergebnis mehrerer Besprechungen zwischen der Werftleitung, dem Angestellten- und Arbeiterrat des großen Werkes konnte 2 Tage nach der Schließung bekannt gegeben werden, daß die Angestellten und Beamten schon am 5. Dezember ihre Plätze wieder einnehmen und daß die Arbeiterschaft vom 10. Dezember ab ebenfalls wieder zur Stelle sein wird.«

Mit zunehmend geringer werdender Kaufkraft der Mark stellte sich heraus, dass das Bauprogramm nicht im geplanten Umfang realisierbar war. Die Unterstützung durch das Reich mit der ursprünglichen Kostenübernahme war nicht mehr ausreichend. Weitere Unterstützungseinbußen entstanden durch die verringerte Gesamtentschädigung auf der Grundlage des »Reederei-Abfindungs-Vertrages« mit jetzt nur noch 12 Mill.arden Goldmark und die Kürzung der Wiederaufbauunterstützung der Handelsflotte auf nur noch ein Drittel statt der bisherigen 90 % der verlorenen Tonnage. Alles direkte Folgen, des sogenannten Versailler Friedensvertrages, der in Wirklichkeit als ein Programm zur Vernichtung der deutschen Wirtschaftskraft anzusehen ist und wohl auch gedacht war. Aus kaufmännischen Überlegungen sah sich der NDL daher nicht mehr in der Lage, die fehlenden Millionen über weitere Kredite zu beschaffen und kürzte das Bauprogramm um fast die Hälfte. Nunmehr waren nur noch insgesamt 30 Neubauten mit etwa 257.000 BRT und einem Auftragswert von etwa 139 Mill. Goldmark vorgesehen. Wobei bei einem Zahlenvergleich auffällt, dass der Vulcan jetzt nur noch mit einem Drittel des ursprünglichen Volumens berücksichtigt ist. Dagegen blieb der Werftstandort Bremen bei 17 Schiffen und hatte bei der Tonnage nur eine geringe Einbuße von 12.000 BRT. Möglicherweise ein erster Hinweis darauf, die jetzt als bedrohlich empfundenen Konkurrenzunternehmen nach und nach auszuschalten.

Im Rahmen der seit längerem schwebenden Verhandlungen über den Abschluss eines Reichstarifs für die Angestellten der deutschen Seeschiffswerften fand am 7.10.1919 im Schütting zu Bremen die Hauptverhandlung statt, die allerdings zu keinem Ergebnis kam, »da die Werften keine Zugeständnisse machen wollten«, wie der *Volksbote* schreibt. Die Verhandlungen wurden abgebrochen und die Vertreter der Angestellten [die Arbeitsgemeinschaft freier Angestelltenverbände, der Gewerkschaftsbund kaufmännischer Angestelltenverbände und der Gesamtausschuss der Angestellten der deutschen Seeschiffswerften] erklärten daher, sich alle Schritte vorbehalten zu müssen. »Die hiermit in ein kritisches Stadium eingetretene Bewegung erstreckt sich auf alle deutschen Seeschiffswerften.«[280] Einer späteren Mitteilung ist zu entnehmen, dass die Verhandlungen auch noch Mitte November geführt worden sind.[281] Der inzwischen gegründete »Zentralverband der Angestellten / ZdA«, hervorgegangen aus dem »Zentralverband der Handlungsgehilfen«, dem »Verband der Bureauangestellten« und dem »Verband der deutschen Versicherungsbeamten«, hielt seine erste Generalversammlung am 14.10.1919 im Stettiner Volkshaus ab. Zum Leiter der Fachgruppe Werftangestellte war der Vulcanangestellte Iben gewählt worden.[282]

Eine Resolution gegen das Akkordsystem war bereits im Juni 1919 in Hamburg von den Werftarbeitern des Vulcan und Blohm & Voss angenommen worden. Sie hatten den »Industrierat« beauftragt, gemeinsam mit den Betriebsräten Schritte zu unternehmen, um die Forderungen zu einem günstigen Abschluss zu bringen. Zur Unterstützung ist beschlossen worden, die Miet- und Steuerzahlungen so lange zu verweigern, bis die gestellten Forderungen erfüllt sind. Ein in dieser Angelegenheit erfolgter Schiedsspruch war in den meisten Werftstandorten abgelehnt worden. Von den in Hamburg abgegebenen Stimmen waren 4.974 für und 6.818 gegen die Annahme des Schiedsspruchs.[283] Am 3.6.1919 wurde darüber berichtet, dass die zweitägigen Verhandlungen im Berliner Reichsarbeitsministerium zwischen den Vertretern der Seeschiffswerften und der Werftarbeiterschaft ergebnislos blieben. Verhandlungsgrundlage war die Forderung der Arbeiter, allen gelernten Arbeitern an allen Werftstandorten eine einheitliche Lohnerhöhung von 3 Mk. je Stunde zu gewähren. Die Arbeitgeberseite machte den Gegenvorschlag, im Wege der Wiedereinführung des abgeschafften Stücklohnsystems eine Möglichkeit der Verbesserung des Verdienstes zu schaffen und gleichzeitig die zurückgegangenen Arbeitsleistungen wieder zu heben, was die Arbeiterseite ablehnte. Sie forderte, dass eine Erhöhung der gegenwärtigen Stundenlöhne jeder Erörterung des Lohnsystems voranzugehen habe. Die Arbeitgeber machten demgegenüber geltend, dass die finanzielle Lage der Werften eine weitere Lohnerhöhung nicht zulasse und auch die Finanzlage des Reiches die Übernahme einer Lohnerhöhung in Gestalt von reichsseitig zu gewährenden Überteuerungszuschlägen an die Auftraggeber der Werften ausschließen dürften. Einig waren sich beide Seiten darüber, dass die wirksamste Abhilfe für die bestehende Notlage durch eine kräftige Aktion der Reichsregierung zur Verbesserung der notwendigen Lebensbedürfnisse geschaffen würde. [284]

Der im Geschäftsbericht über 1919 mitgeteilte Abschluss, im April bzw. Mai 1920 veröffentlicht, sah eine Ausschüttung von 8% Dividende vor und stellte sich wie folgt: 6.318.951 Mk. Bruttoüberschuss, 4.973.670 Mk. Abschreibungen, 1.345.282 Mk. Reingewinn, 1, 2 Mill. Mk. Dividende, 0 Mk. Rückstellungen, 78.615 Mk. Zuwendungen, darunter 5.000 M. für die Kirche in Stettin-Bredow, 150.000 Mk. an die Beamten-Pensions-, Witwen- und Waisenkasse, 66.667 Mk. Tantiemen. In der Bilanz erschienen u.a.: 125.446 Mk. Kassa, 20.641 Mk. Effekten, 73.704.894 Mk. Debitoren, 240.123.824 Mk. in Arbeit befindliche Gegenstände einschl. Materialvorräte, 33.959.000 Mk. Kredite und Anzahlungen, 13,2 Mill. Mk. Anlagen und Inventarien in Hamburg, 5.380.000 Mk. in Stettin-Bredow. Weiter entnehmen wir dem Bericht: »Der Versailler Friedensvertrag mit seiner Vernichtung der deutschen Handelsflotte und der verzögerten Ratifizierung desselben hat die Werftindustrie an der Aufnahme des Friedensgeschäftes gehindert. Zudem zögern jetzt die Reeder angesichts der uferlosen Preisentwicklung von Material, Lohn und Unkosten ihre Zustimmung zur Inangriffnahme der kontrahierten Frachtdampferbauten zu geben. Weiter besteht die nicht minder bedeutsame Schwierigkeit, von der deutschen Eisen- und Stahlindustrie Baustoffe geliefert zu erhalten. Daß daneben die innenpolitischen Verhältnisse für einen geordneten Fabrikationsbetrieb Hemmungen der verschiedensten Art bieten, liegt auf der Hand. Wenn wir trotzdem ein als befriedigend anzusprechendes Geschäftsergebnis ausweisen können und nicht ohne Vertrauen in die Zukunft blicken, so danken wir dies in nicht unerheblichem Maße der günstigen Entwicklung unseres Dock- und Reparaturgeschäftes. Erfreulicherweise konnten wir in den letzten Wochen auch die Kiele von zwei Handelsfrachtdampfern strecken, sowie drei kleinere Fahrzeuge in Bau nehmen.«[285]

In der Generalversammlung am 11.5.1920 im Verwaltungsgebäude des Stettiner Vulcan war die vorgeschlagene Dividende genehmigt und außerdem beschlossen worden, das Aktienkapital um 5 auf 20 Mill. Mk. zu erhöhen durch Ausgabe von 5.000 Stück Vorzugsaktien mit doppeltem Stimmrecht und 6% Vorzugsdividende. Vom 31.12.1926 ab sollte die Einziehung der Vorzugsaktien zum Kurs von 115% gestattet sein. Der Ausgabekurs der Aktien wurde auf den Nennwert festgesetzt. Ein Übernahmeanerbieten, das die von der Versammlung beschlossenen Bedingungen erfüllte, lag von einer der Verwaltung befreundeten Seite bereits vor.[286] Entscheidend für diesen Ausbau der Betriebsmittel war die außerordentliche Steigerung der Kosten der Betriebshaltung, der Materialien, Anlagen, Löhne usw., welche auch die übrigen 25 großen deutschen Seeschiffswerften zwang, ihr Kapital zu erhöhen. Im Übrigen waren die oben genannten Schwierigkeiten auch für das Dock- und Reparaturgeschäft inzwischen in nicht unerheblichem Maß eingetreten. Man rechnete damit, dass auch diese Einnahme, die bisher die Bilanz günstig beeinflusst hatte, wegfiel. Über fertiggestellte Gegenstände in 1920 liegen nur wenige Informationen vor. So über 2 Kessel für ein in Holland gebautes Schiff der Reederei Johannes Thode in Altona und über den vermutlich im Juli abgeschlossenen Umbau des D. HILDE der Ippen-Linie Reederei AG Hamburg.[287]

Die Angestellten fordern Gehaltsaufbesserungen

Auch im Laufe des Jahres 1920 war es wieder zu Arbeitsniederlegungen und Aussperrungen gekommen. So stellte die Belegschaft des Hamburger Vulcanwerks als letzte der dortigen großen Werften am 18. Mai d. Js. die Arbeit ein. Auslöser waren ergebnislose Verhandlungen über Gehaltsaufbesserungen der Werftangestellten seit dem 6. März, in die zuletzt auch der Hamburger Bürgermeister Dr. Diestel sowie Senator Hegemann eingeschaltet waren. Dass die Situation inzwischen dramatisch war, ist daran erkennbar, dass der Hamburger Senat seinen Gesandten in Berlin beauftragt hatte, den Reichsarbeitsminister zum Eingreifen in den Konflikt zu veranlassen. Woraufhin am 20. Mai Geheimrat Dr. Weigert vom Reichswirtschaftsministerium eintraf, um sofort neue Verhandlungen aufzunehmen. Die Angestellten der Stettiner Seeschiffswerften hatten am 3. Mai in einer öffentlichen Versammlung Stellung zu dem in den Reichstarifverhandlungen am 30. April vom Schlichtungsausschuss in Hamburg gefällten Schiedsspruch genommen, der in seinen wesentlichen Teilen dem vom 23. April entsprochen haben wird: Lehrlinge im 1. Jahr 125 Mk., im 2. Jahr 175 Mk., im 3. Jahr 225 Mk.; Angestellte mit einfacher Tätigkeit im Alter von 17 und 18 Jahren

450 Mk., 19 u. 20 Jahren 500 Mk., sodann 5 Jahre je 40 Mk. und 5 Jahre je 30 Mk. monatliche Zulage, so dass im Alter von 30 Jahren der tarifliche Höchstsatz von 850 Mk. pro Monat erreicht ist. Angestellte mit selbständiger Tätigkeit wie Buchhalter usw.: bis zum Alter von 30 Jahren 600 Mark, sodann 5 Jahre steigend um 50 Mk. bis 850 Mk., ferner 5 Jahre steigend um 40 Mk. bis 1.050 Mk. Angestellte mit gehobener selbstständiger Tätigkeit wie Abteilungsleiter, 1. Buchhalter usw.: bis zum Alter von 20 Jahren 800 Mk., sodann 10 Jahre steigend um 50 Mk. bis 1.300 Mk. In der Versammlung wurde der Schiedsspruch noch abgelehnt, in der am nächsten Tag durchgeführten geheimen Abstimmung dann aber doch angenommen.[288] Eine weitere Gehaltsaufbesserung als Teuerungszulagen erhielten die kaufmännischen, technischen und Betriebsangestellten in Industrie und Großhandel ab dem 1.11.1920. Verheiratete und ihnen gleichgestellte Angestellte bekamen 200 Mark, ledige Angestellte über 21 Jahre 100 Mk., unter 21 Jahre 75 Mk. und Lehrlinge 50 Mk.[289]

Anfang Dezember 1920 hatten auch die Werftarbeiter durch ihre Verhandlungskommission den Versuch gemacht, ihre finanzielle Situation durch eine Lohnaufbesserung zu verändern. Die Arbeitgeber hatten dabei versucht, den in langen und mühsamen Verhandlungen geschaffenen Tarifvertrag zu verschlechtern. Nach dem Scheitern der Verhandlungen war von den Arbeitervertretern der Reichsarbeitsminister zur Entscheidung angerufen worden. Der von diesem eingesetzte Schlichtungsausschuss fällte am 6. Dezember einen Schiedsspruch, der folgende Stundenlöhne vorsah: Klasse 1: Gelernte über 20 Jahre 5 Mk., Ausgelernte bis zum vollendeten 20. Jahr 4,90 Mk., Klasse 3: Ungelernte über 20 Jahre 4,70 Mk., Klasse 4: Jugendliche unter 15 Jahren 1 Mk, bis zum vollendeten 16. Jahr 1,80 Mk., bis zum vollendeten 17. Jahr 2,50 Mk., bis zum vollendeten 18. Jahr 3 Mk., bis zum vollendeten 19. Jahr 3,40 Mk., bis zum vollendeten 20. Jahr 3,70 Mk. Dieser Schiedsspruch wurde in einer Urabstimmung durch die Werftarbeiter angenommen, von den Arbeitgebern aber abgelehnt. Die daraufhin von der Zentralwerftkommission beim Arbeitsministerium beantragte Verbindlichkeitserklärung war erfolgt und der in Hamburg am 6. Dezember gefällte Schiedsspruch für verbindlich erklärt worden.[290] Diese Auseinandersetzungen über Lohn- und Gehaltsfragen zwischen den Werftarbeitern und den Arbeitgebern setzten sich auch in den folgenden Jahren fort.

Zum Vergleich einige Angaben aus der amtlichen Teuerungsstatistik für 1920. Als Grundlage zur Berechnung der Teuerungsverhältnisse in den verschiedenen Gemeinden des Reiches hatte das Statistische Reichsamt den Verbrauch einer Familie von 5 Köpfen – die Kinder im Alter von 12, 7 und 1 1/2 Jahren – für 4 Wochen angenommen und für diese Zeit folgende Mengen angesetzt: 47.000 Gramm Roggenbrot, 15.000 Gramm Nährmittel, 70.000 Gramm Kartoffeln, 30.000 Gramm Gemüse, 3.000 Gramm Fleisch, 1.500 Gramm Speck, 4.000 Gramm Fett, 1.500 Gramm Salzhering, 4.000 Gramm Brotaufstrich, 8.000 Gramm Kochäpfel, 3.500 Gramm Zucker, 10 Eier, 28 Liter Vollmilch. An Brennstoffen: 3 Zentner Steinkohlen oder 5 Zentner Braunkohlen oder 6 Zentner Torf oder 5 Zentner Brennholz oder 40 cbm Kochgas. An Leuchtstoffen: 15 cbm Leuchtgas oder 5 Kilowattstunden Elektrizität oder 1.000 Gramm Kerzen oder 4.000 Gramm Karbid oder 7 Liter Petroleum. Der monatliche Mietpreis für eine Wohnung mit zwei Zimmern und Küche, ohne Nennung der Summe. Nach dieser amtlichen Berechnung betrugen die Lebenshaltungskosten für eine fünfköpfige Familie im Dezember 1.919.440 Mark, im Februar 1.920.573,34 Mk., im März 634,73 Mk. und im April 719,36 Mk., was einer Teuerung von Februar bis April von 25,4 % entsprach. Bei den einzelnen Artikeln muss berücksichtigt werden, das diese in den angegebenen Mengen zum Teil gar nicht erhältlich waren, und wenn sie vorhanden gewesen wären, hätten sie die meisten Familien nicht erwerben können, weil ihnen die finanziellen Mittel dafür fehlten. Auch sind in den Lebenshaltungskosten keine Beträge für Bekleidung, Wäsche usw. enthalten. Rechnen wir diese noch hinzu, dann ergibt das eine Summe von mindestens 1.000 Mark monatlich, über welche keine Arbeiter- oder Angestelltenfamilie verfügte.[291]

Zum direkten Vergleich nachstehend noch einige Preise Stettiner Firmen aus dem Lebensmittel- und Bekleidungsbereich im November und Dezember 1919. Bei Grünbaum, Breitestr. 69: Warme Damen-Untertaillen, gestrickt, mit langem Ärmel 9.50 Mark, Winter-Herren-Normal-Unterhosen Paar 17,50 Mk., Winter-Herren-Normal-Hemden, Stück 27,50 Mk., Reinwollene Damen-Strümpfe, Paar 8,50 Mk.[292] Bei Aronheim & Cohn: Sardinen in Öl, Dose 2,95 Mark, Fetteringe in Öl, gr. Dose 10,50 Mk., Heringe in Öl, Dose 4,50 Mk, Hildebrands Kakao-Pulver, 3/4 Pfd. Packung 7,50 Mk., Preetzer Grützwurst, Dose 3,00 Mk., Oelkers Backpulver, Päckch. 25 Pfennige., Milch-Eiweiß-Pulver, Päckch. 60 Pf.[293] Bei Paul Muth, Papenstr. 11: 1a gebrannter Kaffee per Pfund 14 Mark, Kakao per Pfund 15 Mk.[292] Beim Kaufhaus Siegfried Gormanns, Stettin-Grabow, Gießereistr. 23 u. 23a, Stolzenhagen-Kratzwieck,

Steinstraße 7: Schwere Männer-Faust-Handschuhe, Paar 1,00 Mark, gestrickte Herren-Socken, Paar 3,05 Mk., Männer-Barchent-Hemd aus gutem Stoff 27,75 Mk., haltbare Männer-Unterhose 21,00 Mk., blaue Männer-Arbeitsbluse 19,75 Mk, weiße reinleinene Handtücher 2,25 Mk., weiße Batist-Taschentücher 0,95 Mk., eleganter Tuch-Unterrock 25,00 Mk., gestreifter Unterrock 8,75 Mk., eleganter blauer Kostüm-Rock, modern gearbeitet 32,00 Mk., sehr schöne Wiener Schürze 13,75 Mk., Schuhsenkel, Stück 5 Pf.[294] Bei Dannemann in Züllchow u. Stettin-Bredow: Warme Kinderstrümpfe Gr. 1=3,25 / 2=3,75 / 3=4,25 / 4=4,60 / 5=4,90 / 6=5,25 / 7=5,50 / 8=5,75 Mark, Männer-Strickwesten u. Strickjacken nur gegen Berechtigungsschein des Stadtbekleidungsamts, 4,55 Mk., Knaben-Stoff-Anzüge Gr. 3–6=28 Mk., Gr. 7–11=35,50 Mk., dicke Herren-Ulster, einreihig, 112 Mk., zweireihig 145 Mk., Herren-Joppen 86 Mk.[295] Das Kaufhaus Gebr. Karger hatte in der Schuhwarenabteilung u.a. im Angebot: Damen-Spangenschuhe mit Ledersohle 9,90 Mark, Damen-Halbschuhe 64,75 Mk., Damen-Stiefel mit hohem Schaft 125,00 Mk., Herren-Stiefel in verschiedenen Ledersorten 98,50–105,00 M., Kinder-Lederstiefel mit Ledersohlen 25,25 Mk.[295]

Die wirtschaftliche Situation der deutschen Werften der Jahre 1919/20 entsprach der allgemeinen Lage der deutschen Industrie und hier insbesondere der Maschinenfabriken bzw. der Maschinenbauabteilungen der Werften. Hemmungen und Beengungen in den Arbeiterverhältnissen und bei der Geschäftsentwicklung sowie Mangel auf allen Gebieten ist die beste Kennzeichnung. Tüchtige zuverlässige ältere Arbeitskräfte wurden überall gesucht. Vielfach sind Facharbeiter in und nach dem Krieg ihrem Handwerk untreu geworden und betrieben allerlei Geschäfte auf eigene Rechnung. Die Arbeitslust, die durch die Ernährungsschwierigkeiten und politischen Vorgänge gesunken war, hatte sich wenigstens bei den älteren Leuten wieder gehoben. Dagegen ließ die Arbeitswilligkeit der Jüngeren noch sehr zu wünschen übrig. Überstunden wurden zumeist abgelehnt oder nur gegen besondere Lebensmittelzulagen geleistet. Akkordarbeit wurde in einzelnen Gegenden nur widerstrebend verrichtet. Bei einigen Firmen war sie allerdings überhaupt nicht aufgegeben, bei anderen nach vorübergehender Abschaffung wieder eingeführt worden. Die Arbeitsleistungen waren erheblich, zum Teil bis auf 50 bis 60% der Friedensleistung zurückgegangen. Allgemeine Lohnerhöhungen, oft rückwirkend, wurden trotz abgeschlossener Tarife alle paar Wochen oder Monate wegen der Verteuerung der Lebenshaltung verlangt.

Besonders zu leiden hatten die Betriebsführungen unter dem Brennstoff- und Baustoffmangel. Um Lieferzeiten einzuhalten, musste das Notwendigste unter der Hand zu Wucher- oder Überpreisen beim freien Handel beschafft werden, da die Hüttenwerke neue Aufträge ablehnten oder nur für langfristige Lieferung ohne Preisbindung annahmen. Der Kohlenpreis stellte sich vor dem Krieg auf etwa 13 Mark je t, Anfang 1920 betrug er bereits 150 Mk., der Kokspreis war von 20 Mk. auf 230 Mk. gestiegen. Wie dramatisch die Situation war, ist daran erkennbar, dass die Regierung sich veranlasst sah, durch den Minister für Handel und Gewerbe die Einrichtung von reichsweit 13 Kohlenwirtschaftsstellen im November 1919 bekanntzugeben. Eine davon hatte ihren Sitz in Stettin mit einer Nebenstelle in Schneidemühl. Bei den Baustoffen ließ die Güte zum Teil sehr zu wünschen übrig. Die Ausschussmengen waren gegenüber der Friedenszeit erheblich. Hilfsstoffe wie Leim, Leder, Treiböl usw. waren schwer zu beschaffen und die Preise außerordentlich gestiegen. So kosteten z.B. 100 kg Schmieröl vor dem Krieg 40 Mark und Mitte 1920 1.700 Mk. Erst um diese Zeit, nach der Besserung der Mark, wurden Baustoffe und Altmetall, die anscheinend zurückgehalten worden sind, wieder in größeren Mengen angeboten. Von einer Produktivität der Betriebe konnte im Allgemeinen keine Rede sein. Infolge der andauernden Rohstoffknappheit musste die Arbeit vielfach gestreckt werden. Auch Arbeitsunlust, häufige Unruhen und Streiks sowie verkürzte Arbeitszeit hemmten die volle Ausnutzung der Werkstätten. Betriebsstörungen und Feierschichten kamen häufig vor.[296]

Erst ein Jahr später, Mitte 1921, lesen wir im *Berliner Börsen-Courier*, »daß die deutschen Werften im letzten Geschäftsjahr Ergebnisse erzielten, die zum Teil erheblich über die der beiden vorhergehenden Jahre hinausgehen. In einzelnen Fällen standen die zur Verteilung gebrachten Dividenden um 50–60% höher als im Vorjahr. Sicher hat der deutsche Schiffbau auch heute noch mit Schwierigkeiten zu kämpfen, unter denen die Kohlenbelieferung wohl keine der geringsten ist. Aber die betriebshemmenden Folgeerscheinungen des Krieges können heute im allgemeinen als überwunden gelten. Durch die Wiedereinführung der Akkordarbeit hat sich die nach den revolutionären Vorgängen vom November 1918 stark verminderte Arbeitsleistung wieder gehoben. Auch in der Belieferung von Baumaterialien von Seiten der deutschen Eisen- und Stahlindustrie hatten sich die Verhältnisse in letzter Zeit wesentliche gebessert. Litt bis zum Mai 1920 die Arbeit des deutschen Schiffbaues noch stark unter der Ungewissheit über das

Schicksal der deutschen Neubauten, so brachte die Londoner Konferenz im Mai d. Js. auch in dieser Frage wenigstens insoweit Klarheit, als hier gewisse Grenzlinien gezogen wurden zwischen den damals im Bau befindlichen Schiffen, die an die Entente abgeliefert [245.000 t] und denen, die in Deutschland belassen werden sollten [ca. 100.000 t].«[297]

Die Einführung des Betriebsrätegesetzes am 4.2.1920 war für die deutsche Arbeiterschaft zweifellos das wichtigste Ereignis des Jahres, auch wenn das Gesetz zunächst nur für die sozialen und personellen Fragen die Mitbestimmung, für die wirtschaftlichen Fragen aber nur die Mitberatung brachte. Von dem größeren Teil der Arbeitgeber dagegen wurde insbesondere bei den vorangegangenen Beratungen im Reichstag das Gesetz entschieden abgelehnt, das in jedem Fall ein Stück Demokratisierung des Wirtschaftslebens bedeutete. Mit diesem Gesetz hatten die alten Arbeiter- und Angestelltenausschüsse ausgedient, an deren Stelle nunmehr der einheitliche Betriebsrat stand, der sich aus einer Arbeiter- und Angestelltengruppe zusammensetzte. Die Gruppen waren entsprechend dem Zahlenverhältnis und nach den Grundsätzen der Verhältniswahl zu wählen. Die einjährige Amtsdauer begann jeweils mit Abschluss der Wahl in dem betreffenden Betrieb. Ein fester Wahltermin bestand nicht. Infolgedessen konnten die Wahlen während des ganzen Jahres stattfinden. Das war auch immer dann der Fall, wenn die Amtsniederlegung eine Neuwahl nötig machte. Die Gewerkschaften hatten aber wegen der Zusammenarbeit mit den Betriebsräten ein Interesse an einheitlichen Neuwahlen und haben deshalb von Anfang an Sorge dafür getragen, dass die Neuwahlen alljährlich in den Monaten Februar/März erfolgten. Nach Abschluss der Wahlen konnte dann die organisatorische Eingliederung in den Funktionärskörper der Gewerkschaften vorgenommen werden.[298]

Bis 1921 zehn Schiffe abgeliefert

Dass sich 1920 die Auftragslage im Schiffbau auch für den Vulcan wesentlich gebessert hatte, war daran erkennbar, dass in den Werken Stettin und Hamburg ein Dutzend Schiffe in Auftrag gegeben bzw. im Bau waren, von denen 10 bis 1921 abgeliefert worden sind. Im Werk Hamburg war am 8.8.1920 ein für große Küstenfahrt klassifizierter Seeschlepper mit der Baunummer 679 (Hbg. 198), als *ADANA* zu Wasser gebracht und im November an die Deutsche Levante-Linie in Hamburg abgeliefert worden. Die Konstruktionsdaten sind: Klasse: Germ. Lloyd / Länge: 38,71 m / Breite: 8,15 m / Tiefgang: 3,85 m / Wasserverdrängung: 580 t / BRT: 341 t / NRT: 20 t / Schraube: 1 mit 4 Flügeln und 3,60 m Durchmesser / Geschwindigkeit: 11 Knoten / Maschine: eine stehende einzylindrige Dreifachexpansions-Kolbenmaschine, überhitzter Dampf, 13 atü / PSi: 700 / 1 Einender-Zylinderkessel mit Kohlefeuerung, 198 qm Heizfläche. Der Bunkervorrat von 170 t war ausreichend für 3.830 Seemeilen bei 11 Knoten Fahrt / Schiffbaumaterial: Flusseisen. Das Eindeckschiff mit 2 Masten hatte 5 wasserdichte Schotten bis zum Hauptdeck, Wasserballast im Doppelboden und 2 Piektanks, Unterwasserschall-Hörapparat, drahtlose Telegrafie, Funkpeilgerät und war mit Zement belegt. Im November 1927 erfolgte eine Umbenennung in SIMSON und ab März 1930 gehörte der Schlepp- und Bergungsdampfer zur Bugsier-, Reederei- u. Bergungs-AG, Hamburg.[299] Der Einsatz im Zweiten Weltkrieg und Verbleib s. Bd. 3.

Der Frachtdampfer mit der Baunummer 680 [Hbg. 199] ebenfalls für die Deutsche Levante-Linie gebaut, lief in Hamburg Mitte Oktober 1920 als *CAIRO* vom Stapel. Die Konstruktionsdaten sind: Klasse: Germ. Lloyd / Länge: 69,00 m / Breite: 10,45 m / Tiefgang: 4,39 m / Seitenhöhe: 6,80 m / Wasserverdrängung: 2.475 t / BRT: 987 t / NRT: 530 t / Schraube: 1, 4 Flügel, 3,80 m Durchmesser / Geschwindigkeit: 9,53 Knoten / Maschine: 1 Dreifachexpansionsmaschine, überhitzter Dampf, 13 atü Überdruck / PSi: 600 / Ort d. Messfahrt: 3. Reise Mittelmeer / 2 Einender-Zylinderkessel mit Kohlenfeuerung, / Schiffbaumaterial: Flusseisen. Das Zweideckschiff mit 2 Masten hatte 4 wasserdichte Schotten bis zum Hauptdeck, Wasserballast im Doppelboden und in 2 Piektanks, Unterwasserschall-Hörapparate, drahtlose Telegrafie und war mit Asphalt belegt. Der D. wird am 30.5.1925 als von der Hamburg-Amerika Linie verkauft gemeldet. Er wird später mit dem Namen HOLSTENAU und um 1939/40 als ALGERINO mit dem Heimathafen Triest geführt.[300]

Der 3. Frachtdampfer, wie die beiden Vorgänger ebenfalls für die Deutsche Levante-Linie gebaut, hatte die Baunummer 681 [Hbg. 200] und war als *ALEPPO* im Dezember 1920 zu Wasser gebracht worden. Die zufriedenstellenden Probefahrten wurden im März 1921 absolviert. Die Maschinen- und Kesselanlage und die sonstigen technischen Angaben entsprechen, bis auf die BRT mit 976 t und die Tragfähigkeit mit 1.500 t, denen des Schwesterschiffes *CAIRO*.[301]

Der Fracht- und Passagierdampfer mit der Baunummer 682 und Einrichtungen für 40 Passagiere, lief am 20.11.1920 als *HELA* in Stettin vom Stapel und wurde im Januar 1921 fertiggestellt bzw. an den Auftraggeber, die Neue Dampfer-Compagnie Stettin / NDC abgeliefert. Die Konstruktionsdaten sind: Klasse: Germ. Lloyd / Länge: 56,03 m / Breite: 8,89 m / Tiefgang: 3,50 m / Seitenhöhe: 4,12 m / BRT: 748 t / NRT: 3.188 t / Tragfähigkeit: 925 t / Maschine: eine Dreifachexpansionsmaschine, 470 PSi / E.-Anlage: 5 kW, 110 V / Kessel: zwei Einender-Zylinderkessel mit 13 atü / Schraube: 1 / Knoten: 11. Das Eindeckschiff mit 2 Masten hatte 4 wasserdichte Schotten bis zum Hauptdeck, Wasserballast im Doppelboden und 2 Piektanks, drahtlose Telegrafie, Leitflächenruder und war mit Asphalt belegt. 1926 erfolgte eine Namensänderung in *NÜRNBERG*.[302] Die Schiffsglocke befindet sich heute im »Haus Stettin« in Lübeck.[303]

Am 26.2.1921 waren die Stettiner Vulcanwerke geschlossen worden. Als Grund wird mitgeteilt, »weil sich die im Metallarbeiter-Verband organisierten Arbeiter geweigert haben, einen aus den Reihen der Hirsch-Dunkerschen Arbeiter ernannten Vorarbeiter als solchen anzuerkennen.« Die bis zum 3. März stattgefundenen 3 Verhandlungen waren ohne Ergebnis abgebrochen worden. Auch der Oberpräsident von Pommern – er sollte im Auftrag des Reichsarbeitsministers unter allen Umständen eine Einigung herbeiführen – hatte keinen Erfolg, die Direktion hatte seinen Vorschlag, einen Schlichtungsausschuss einzusetzen, abgelehnt. Beendet war die Aussperrung am Mittwoch, dem 9. März. Die entsprechende Mitteilung des *Volksboten* dieses Tages lautet: »Die Widereinstellung der ›Vulcan‹- Arbeiter, hat heute morgen nach den gestern von der Direktion veröffentlichten Grundsätzen begonnen und ist, wie uns mitgeteilt wird, ohne Störungen verlaufen.« Die im damaligen Sprachgebrauch »Hirsch-Dunkersche« genannten Arbeiter gehörten einer Gewerkschaft an, die 1868 im Auftrag der Deutschen Fortschrittspartei von Dr. Max Hirsch und Franz Duncker als »Gewerkverein« gegründet wurde. Dem Liberalismus nahestehend, spielte er später in der Deutschen Gewerkschaftsbewegung eine Rolle. Am Jahresende 1922 hatte der »Verband der Gewerkvereine« [Hirsch-Dunker] 231.000 Mitglieder, der ADGB über 7,8 Millionen.

Neben den »Freien Gewerkschaften« waren 2 weitere Gewerkschaften in der Arbeiterschaft des Vulcan vertreten und bereits genannt, die sogenannten »gelben« und die »Christlichen«. Erstere waren in den Jahren vor 1913 von den Arbeitgebern gegründete Betriebs- und Werkvereine, die sich 1913 zu einem »Hauptauschuß nationaler Arbeiter- und Berufsverbände« zusammengeschlossen hatten. Sie waren zwar als Gegengewicht zu den Gewerkschaften gedacht, arbeiteten in die-

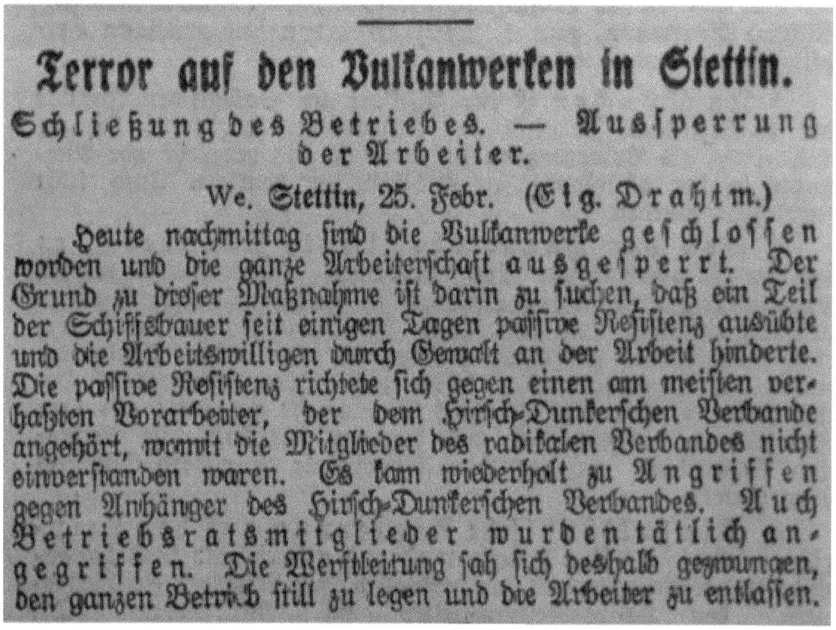

Terror auf den Vulkanwerken in Stettin.

Schließung des Betriebes. — Aussperrung der Arbeiter.

We. Stettin, 25. Febr. (Eig. Drahtm.)

Heute nachmittag sind die Vulkanwerke geschlossen worden und die ganze Arbeiterschaft ausgesperrt. Der Grund zu dieser Maßnahme ist darin zu suchen, daß ein Teil der Schiffsbauer seit einigen Tagen passive Resistenz ausübte und die Arbeitswilligen durch Gewalt an der Arbeit hinderte. Die passive Resistenz richtete sich gegen einen am meisten verhaßten Vorarbeiter, der dem Hirsch-Dunkerschen Verbande angehört, womit die Mitglieder des radikalen Verbandes nicht einverstanden waren. Es kam wiederholt zu Angriffen gegen Anhänger des Hirsch-Dunkerschen Verbandes. Auch Betriebsratsmitglieder wurden tätlich angegriffen. Die Werftleitung sah sich deshalb gezwungen, den ganzen Betrieb still zu legen und die Arbeiter zu entlassen.

Eine Mitteilung der *Weser-Zeitung* vom 26.2.1921

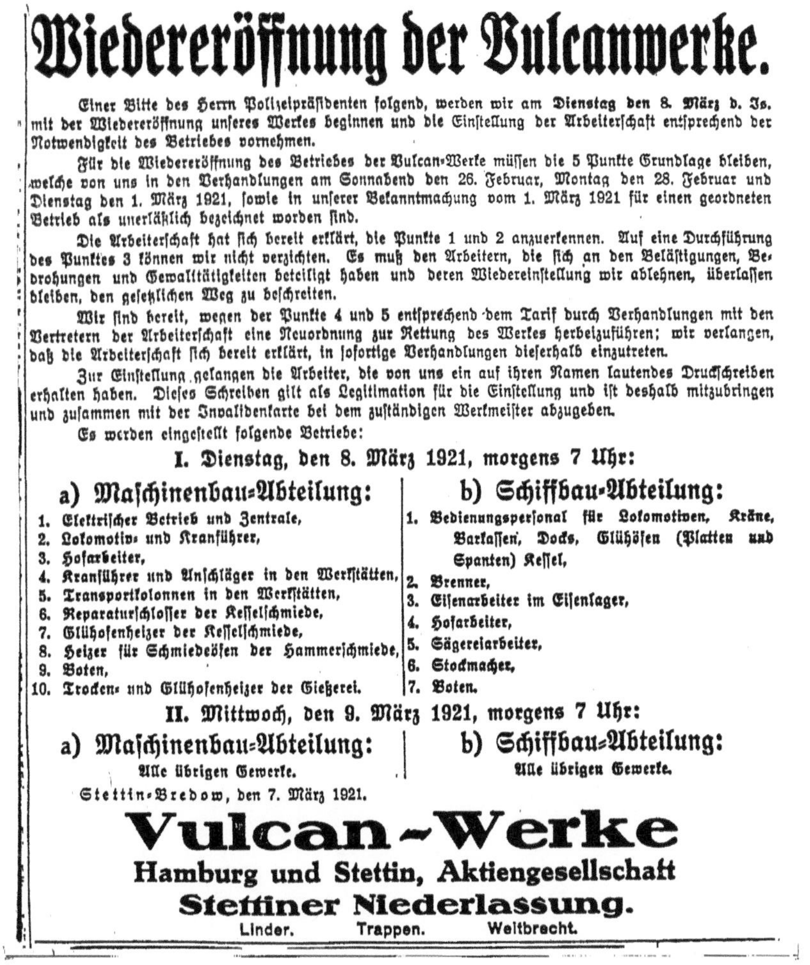

Wiedereröffnung der Vulcanwerke.

Einer Bitte des Herrn Polizeipräsidenten folgend, werden wir am **Dienstag den 8. März d. Js.** mit der Wiedereröffnung unseres Werkes beginnen und die Einstellung der Arbeiterschaft entsprechend der Notwendigkeit des Betriebes vornehmen.

Für die Wiedereröffnung des Betriebes der Vulcan-Werke müssen die 5 Punkte Grundlage bleiben, welche von uns in den Verhandlungen am Sonnabend den 26. Februar, Montag den 28. Februar und Dienstag den 1. März 1921, sowie in unserer Bekanntmachung vom 1. März 1921 für einen geordneten Betrieb als unerläßlich bezeichnet worden sind.

Die Arbeiterschaft hat sich bereit erklärt, die Punkte 1 und 2 anzuerkennen. Auf eine Durchführung des Punktes 3 können wir nicht verzichten. Es muß den Arbeitern, die sich an den Belästigungen, Bedrohungen und Gewalttätigkeiten beteiligt haben und deren Wiedereinstellung wir ablehnen, überlassen bleiben, den gesetzlichen Weg zu beschreiten.

Wir sind bereit, wegen der Punkte 4 und 5 entsprechend dem Tarif durch Verhandlungen mit den Vertretern der Arbeiterschaft eine Neuordnung zur Rettung des Werkes herbeizuführen; wir verlangen, daß die Arbeiterschaft sich bereit erklärt, in sofortige Verhandlungen dieserhalb einzutreten.

Zur Einstellung gelangen die Arbeiter, die von uns ein auf ihren Namen lautendes Druckschreiben erhalten haben. Dieses Schreiben gilt als Legitimation für die Einstellung und ist deshalb mitzubringen und zusammen mit der Invalidenkarte bei dem zuständigen Werkmeister abzugeben.

Es werden eingestellt folgende Betriebe:

I. Dienstag, den 8. März 1921, morgens 7 Uhr:

a) Maschinenbau-Abteilung:

1. Elektrischer Betrieb und Zentrale,
2. Lokomotiv- und Kranführer,
3. Hofarbeiter,
4. Kranführer und Anschläger in den Werkstätten,
5. Transportkolonnen in den Werkstätten,
6. Reparaturschlosser der Kesselschmiede,
7. Glühofenheizer der Kesselschmiede,
8. Heizer für Schmiedeöfen der Hammerschmiede,
9. Boten,
10. Trocken- und Glühofenheizer der Gießerei.

b) Schiffbau-Abteilung:

1. Bedienungspersonal für Lokomotiven, Kräne, Barkassen, Docks, Glühöfen (Platten und Spanten) Kessel,
2. Brenner,
3. Eisenarbeiter im Eisenlager,
4. Hofarbeiter,
5. Sägereiarbeiter,
6. Stockmacher,
7. Boten.

II. Mittwoch, den 9. März 1921, morgens 7 Uhr:

a) Maschinenbau-Abteilung:

Alle übrigen Gewerke.

b) Schiffbau-Abteilung:

Alle übrigen Gewerke.

Stettin-Bredow, den 7. März 1921.

Vulcan-Werke
Hamburg und Stettin, Aktiengesellschaft
Stettiner Niederlassung.

Linder. Trappen. Weltbrecht.

Die Direktion informiert im *Stettiner Volksboten* am 8.3.1921

ser Richtung aber ohne Erfolg, trotz Pensionsbegünstigungen, Entlassungsschutz usw. Im genannten Jahr verfügten sie über 930 Ortsvereine mit 134.000 Mitgliedern. Der Beginn der »Christlichen Gewerkschaften« ist im Wesentlichen auf das Jahr 1894 zurückzuführen mit der Verkündung der Leitsätze für die Errichtung von Fachabteilungen der Christlichen Gewerkschaften. Das auch sie, zumindest anfänglich, im Gegensatz zu den sozialdemokratisch eingestellten »Freien Gewerkschaften/ADGB« standen, ist dem Abschnitt 2 der »Leitsätze« zu entnehmen: »Die besonderen Berufsvereine [Gewerk- und Fachvereine] stehen fast ausnahmslos unter sozialdemokratischem und liberalem Einfluß, sind so eine bedrohliche Gefahr für die christlichen Arbeiter.« Diese Leitsätze nahmen in der gleichen Form und Fassung auch die Evangelischen Arbeitervereine an. Der 1. Kongreß der Christlichen Gewerkschaften fand 1899 in Mainz statt. Es wurden eine Reihe von Leitsätzen angenommen, deren erster und zugleich grundsätzlicher bestimmt: »Die Gewerkschaften sollen interkonfessionell sein, d. h. Mitglieder beider Konfessionen umfassen und auf dem Boden des Christentums stehen [...]« Ende 1922 hatten die Christlichen 1,033 Mill. Mitglieder.[304]

Den Stapellauf des Frachtdampfers *HAGEN* teilte Hansa am 26.2.1921 mit. Das Schiff war in Hamburg mit der Baunummer 636 [Hbg. 187] für die Deutsch-Australische Dampfschiffs-Gesellschaft Hamburg gebaut worden. Die technischen Daten sind: Klasse: Germ. Lloyd / Länge: 137,16 m / Breite: 17,76 m / Tiefgang: 3,87 m / Seitenhöhe: 9 m / BRT: 5.988 t / NRT: 3.685 t / Maschine: eine dreizylindrige Dreifachexpansionsmaschine für Heißdampf, 4.400 PSi Konstruktionsleistung, mit Abdampfturbine, System Bauer-Wach, 5.400 PSi / Kesselanlage: 4 Einenderkessel mit künstlichem Zug, 14,5 atü, 1.112 qm Heizfläche / E.-Anlage: 20 kW, 110 V / Schraube: 1 / Geschwindigkeit: 14 Knoten / Schiffbaumaterial: Flusseisen. Das Zweideckschiff mit 2 Masten hatte 8 wasserdichte Schotten bis zum Hauptdeck, Wasserballast im Doppelboden und in 2 Piektanks, Wasserschall-Hörapparate, drahtlose Telegrafie, Peilfunkanlage und war mit Asphalt belegt. Die CO_2-Kühlanlage für den 41cbm Proviantraum war von Georg Niemeyer, Harburg, geliefert worden.[305]

Frachtdampfer *HAGEN* der Deutsch-Austral-Linie [HAL] [aus: Werbeschrift der Deschimag, 1930]

Ein weiteres im Werk Hamburg 1921 fertiggestelltes Schiff war der Frachtdampfer *EDMUND SIEMERS*, der im April vom Stapel lief. Er war mit der Baunummer 641 [Hbg. 191] für G.J.H. Siemers & Co., Hamburg, gebaut worden. Die technischen Daten sind: Klasse: Germ. Lloyd / Länge: 137,16 m / Breite: 17,76 m / Tiefgang: 8,17 m / Seitenhöhe: 9 m / BRT: 5.986 t / NRT: 3.693 t / Maschine: eine Dreifachexpansionsmaschine, Konstruktionsleistung 4.400 PSi / 4 Kessel, 14,5 atü / Schraube: 1 / Schiffbaumaterial: Flusseisen. Das Zweideckschiff mit 2 Masten hatte 9 wasserdichte Schotten bis zum Hauptdeck, Wasserballast im Doppelboden und 2 Piektanks, Wasserschall-Hörapparate, drahtlose Telegrafie und war mit Zement belegt. Nach dem Übergang an die Hamburg-Südamerikanische Dampfschiff-Gesellschaft erfolgte die Namensänderung in *PARANA*.[306]

Der für die Bremer Roland-Linie bestimmte Frachtdampfer mit der Baunummer 647 lief am 23.7.1921 in Stettin als *ALDA* vom Stapel. Zu Probefahrten ging der D. am 28. Oktober d. Js. von der Werft nach Swinemünde, um anschließend, wenn diese zur Zufriedenheit ausgefallen waren, abgeliefert zu werden.[307] Die technischen Daten sind: Klasse: Germ. Lloyd / Länge: 109,95 m / Breite: 15,55 m / Tiefgang: 7,92 m / Seitenhöhe: 8,68 m / BRT: 4.177 t / NRT: 2.588 t / Maschine: 1 Dreifachexpansionsmaschine, 1.800 PSi / 3 Kessel, 14,5 atü / E.-Anlage: 10 Kw, 115 V / Schraube: 1 / Geschwindigkeit: 11 Knoten / Schiffbaumaterial: Flusseisen / Das Zweideckschiff mit 2 Masten hatte 6 wasserdichte Schotten bis zum Hauptdeck, Wasserballast im Doppelboden, in je 2 Deck- und Piektanks, Wasserschall-Hörapparate, drahtlose Telegrafie, Blitzableiter und war mit Zement und Asphalt belegt.[308] Für 1928 wird die Gesamtbesatzung mit 41 angegeben: Kapitän, 3 Offiziere und 11 Mann seemännisches Personal, 4 Offiziere und 13 Mann Maschinenpersonal, 1 Offizier und 8 Personen sonstiges Personal.[309] Das Schiff kam 1926 nach Fusion zum NDL, der 1936 den Namen in *EISENACH* änderte. Die Maschinen- und Kesselanlage ist 1939 umgebaut worden, die Getriebe-Turbine

Frachtdampfer *MINDEN* [Foto: Hans Hartz, Archiv © DSM]

Wagner-Deschimag leistete 4.800 PSw. Die beiden Hochdruck-Wasserrohrkessel für Kohlefeuerung hatten eine Gesamtheizfläche von 362 qm, der Druck betrug 50 atü, die Geschwindigkeit wird mit 13,5 Knoten angegeben. Der D. wurde im Zweiten Weltkrieg am 31.3.1941 in Punta Arenas versenkt, um der Beschlagnahme zu entgehen, im November gehoben und als *OCEANICA* in Dienst gestellt. Er lief ab 1943 mit dem Namen *ULTRAMARINA*, kam 1951 in den Besitz des NDL, hieß nunmehr *TRAUNSTEIN* und ist 1960 in Wilhelmshaven abgebrochen worden.[310]

Der Stapellauf des Schwesterschiffes *ROLAND,* Baunummer 646, fand in Stettin ebenfalls am Sonnabend, dem 23.7.1921 gegen Mittag statt, im Beisein einer großen Anzahl Zuschauer, wie der *Volksbote* am 26. d. M. zu berichten weiß. Über die zur Zufriedenheit erledigten Probefahrten, informiert das Blatt am 15.10.1921. Die Angaben betreffend Bauzeit, Klasse, Abmessungen, Tonnengehalt, Maschinen- sowie Kesselanlage usw. entsprechen denen des Schwesterschiffes bis auf: NRT: 2.588 t und Leitflächen-Ruder. Die Kühlanlage für den 28 cbm Proviantraum lieferte C. Haubold, Chemnitz.[311] Vermutlich gab es auch auf der *ROLAND* eine solche Kühlanlage.

»Die *MINDEN* vom Stapel gelaufen« titelt der *Volksbote* in seiner Ausgabe vom Dienstag, dem 4.10.1921 und berichtet: »Auf der Vulcanwerft lief am Sonnabendvormittag ein für den Norddeutschen Lloyd in Bremen erbauter Frachtdampfer unter den üblichen Festlichkeiten vom Stapel. Dr. Becker, Oberbürgermeister der Stadt Minden, nahm die Taufe vor. Der Dampfer ist 110 m lang, 15,50 m breit, Tragfähigkeit 6.000 To. Die Stundengeschwindigkeit beträgt 10 Meilen, Maschinenleistung gleich 1.800 PS. Das Schiff trug beim Stapellauf die schwarz-rot-goldene Fahne. Diese Tatsache nahm die *Pommersche Tagespost* zum Anlass folgende Zeilen zu ›verbrechen‹: ›Das Traurige an der Sache ist, daß dieser Vorgang sicher nicht dazu beitragen wird, unser Ansehen im Auslande zu stärken.‹ Das Blatt kannte scheinbar die Reichsverfassung nicht, sonst müßte es wissen, daß die schwarz-rot-goldene Flagge unser Staatszeichen ist. Wie sich nun ein ausländischer Staat wundern kann, wenn bei derartigen Anlässen das Wahrzeichen der Republik gehißt wird und warum wir dadurch im Auslande an Ansehen verlieren, bleibt das Geheimnis der *Pommerschen Tagespost.* Ihre vorgeschobene Sorge um unser Ansehen im Auslande sollte sie aber bei den nationalistischen Ausschreitungen ihrer Anhänger nicht vergessen.«

Am Dienstag, dem 8.11.1921, wird vom *Volksboten* mitgeteilt, dass sich am Freitag ein schwerer Unfall ereignete: »Der Nietenprobierer Johann

Frachtdampfer *BOCHUM* [Sammlung: Arnold Kludas, Archiv © DSM]

Frachtdampfer *PORTA* [Foto: Hans Hartz, Archiv © DSM]

Borchardt stürzte in dem im Bau befindlichen Bremer Dampfer ›Minden‹ aus einer Höhe von 6–7 m ab und zog sich mehrere Rippenbrüche sowie innere Verletzungen zu, die seine Überführung in das Stettiner Krankenhaus notwendig machten.« Weitere Angaben technischer Art zur Baunummer 648 sind: Klasse: Germ. Lloyd / Länge: 109,95 m / Breite: 15,55 m / Tiefgang: 7,92 m / Seitenhöhe: 8,68 m / BRT: 4.195 t / NRT: 2.547 t / Maschine: 1 Dreifachexpansionsmaschine, 1.800 PSi / 3 Kessel, künstlicher Zug, 444 qm Heizfläche, 14,5 atü / E.-Anlage: 20 kW, 125 V / Schraube: 1 / Schiffbaumaterial: Flusseisen. Das Schiff hatte 6 wasserdichte Schotten bis zum Hauptdeck, Wasserballast im Doppelboden und 2 Piektanks, Wasserschallhör-Apparate und drahtlose Telegrafie, es war mit Zement und Asphalt belegt. Die CO_2-Kühlanlage für den 29 cbm Proviantraum lieferte C. Haubold, Chemnitz. Es gab Einrichtungen für 12 Passagiere.[312] Zur Erhöhung der Geschwindigkeit, sind Umbauten vorgenommen worden, die im Frühjahr 1939 abgeschlossen waren. Das Schiff ging Anfang des Zweiten Weltkriegs durch Selbstversenkung am 24.9.1939 verloren.[313]

Ein weiteres am 15.10.1921 zu Wasser gelassenes Schiff hatte den Namen *BOCHUM* erhalten.[314] Der in Hamburg mit der Baunummer 637 [Hbg. 188] für die Deutsch-Australische Dampfschiffahrts-Gesellschaft Hamburg gebaute Frachter war im Februar 1922 abgeliefert worden. Die technischen Angaben sind: Klasse: Germ. Lloyd / Länge: 137,16 m / Breite: 17,76 m / Tiefgang: 8,17 m / Seitenhöhe: 9 m / BRT: 6.121 t / NRT: 3.772 t / Tragfähigkeit: 8.245 t / Maschine: 1 Dreifach-Expansionsmaschine, ab Februar 1928 mit Abdampfturbine, 5.400 PSi / 4 Kessel mit künstlichem Zug und 1.112 qm Heizfläche, 14,5 atü / E.-Anlage: 40 Kw, 110 V / Schraube: 1 / Geschwindigket: 13 Knoten. Das Zweideckschiff mit 2 Masten hatte 8 wasserdichte Schotten bis zum Hauptdeck, Wasserballast im Doppelboden und 2 Piektanks, Wasserschall-Hörapparate, drahtlose Telegrafie, ein Funkpeilgerät, es war mit Zement und Asphalt belegt. Die CO_2-Kühlanlage für den 47,5 cbm Proviantraum lieferte Georg Niemeyer, Harburg. Der D. kam 1926 an die Hamburg-Amerika Linie.[315]

Fracht- u. Passagierdampfer *ANTONIO DELFINO* [aus: Die Schiffahrt im Wandel der Zeiten, 1925]

Der Einsatz im Zweiten Weltkrieg und Verbleib s. Bd. 3.

»Stapellauf auf der Vulcanwerft in Stettin. Mittwoch mittag [30.11.1921] 11¼ Uhr lief der Doppelschrauben-Frachtdampfer *PORTA* für den Norddeutschen Lloyd [...] glücklich vom Stapel. [...].« Das Schiff mit der Baunummer 649 hatte Einrichtungen für 12 Passagiere und eine Ladefähigkeit von 6.500 t.[316] Weitere technische Angaben sind: Klasse: Germ. Lloyd / Länge, Breite, Tiefgang und Seitenhöhe wie *MINDEN* Wasserverdrängung: 9.630 t / BRT: 4.162 t / NRT: 2.545 t / Tragfähigkeit: 5.900 t / Maschine: 1 Turbine mit Rädergetriebe, 1.660 WPS / Kesselanlage: 3 Einender-Zylinderkessel, später Wasserrohrkessel mit Kohlebefeuerung / Geschwindigkeit: 10,4 Knoten. Schotten und weitere Angaben einschl. Kühlanlage wie *MINDEN*.[317] Für Januar 1928 wird die Besatzung mit 48 angegeben: Kapitän, 4 Offiziere und 13 Mann seemännisches Personal, 4 Offiziere und 16 Mann Maschinenpersonal, 1 Offizier und 9 Personen sonstiges Personal.[318] Nach dem Ersten Weltkrieg hatte der NDL im März 1922 den Dienst auf seinen früheren Linien nach Philadelphia und Baltimore wieder aufgenommen. Als erstes Schiff dieser Linie begann *PORTA* am 7. d. M. von Bremen aus seine Reise. 1939 erfolgte ein Umbau. Nach Ende des Zweiten Weltkriegs musste der Frachter an die Niederlande abgeliefert werden.[319]

Der ÖLTANKLEICHTER II war für die Hamburg-Amerika Linie 1921 in Stettin auf Motorantrieb umgebaut worden. Das Tankschiff war 63,51 m lang, 8,36 m breit, hatte eine Seitenhöhe von 4,79 m, 686 BRT und 582 NRT, die Zahl der Decks wird mit 1 angegeben.[320]

Mit der *ANTONIO DELFINO* lief am 10.11.1921 im Werk Hamburg der dritte Neubau nach dem Ersten Weltkrieg für die Hamburg-Südamerikanische Dampfschiffahrts-Gesellschaft vom Stapel. Der Passagier- und Frachtdampfer hatte die Baunummer 631 (Hbg. 185) und wurde am 16.3.1922 an die Reederei abgeliefert. Die technischen Daten sind: Klasse: Germ. Lloyd / Länge: 152,25 m / Breite: 19,51 m / Seitenhöhe: 12,80 m / Seitenhöhe: 12,80 m / Länge d. Maschinenraumes: 44 m / Wasserverdrängung: 18.800 t / BRT: 13.589 t

Turbinenanlage mit doppeltem Übersetzungsgetriebe des Frachtdampfers *PORTA* [aus: Der Schiffsmaschinenbau, Bd. 2, 1927]

/ NRT: 8.013 t / Maschine: 2 Dreifach-Expansionskolbenmaschinen und 2 Abdampf-Turbinen, 7.800 PSi / Kesselanlage: 5 Einender-Zylinderkessel, 1.360 qm Heizfläche, 14,5 atü / Ölfeuerung / Tankkapazität: 2.900 t / Schrauben: 2, mit 5,40 m Durchmesser, vierflügelig / Geschwindigkeit: 14,35 Knoten bei der Messfahrt Vigo–Berlinga / Schiffbaumaterial: Flusseisen. Das Schiff mit 4 Aufbau-Decks, 2 Masten und Kreuzerheck hatte 9 wasserdichte Schotten bis zum Hauptdeck, Wasserballast im Doppelboden und 2 Piektanks, Unterwasserschall-Hörapparate, drahtlose Telegrafie und war mit Asphalt belegt. Es gab einen Clayton-Apparat zur Feuerbekämpfung durch Gas, die CO_2-Kühlanlage für den Proviantraum mit 465 cbm hatte die Hamburger Firma Georg Niemeyer geliefert.[321] Für 1926 wird die Gesamtbesatzung mit 216 angegeben: Kapitän, 5 Offiziere und 32 Mann seemännisches Personal, 5 Offiziere und 30 Mann Maschinenpersonal, 3 Offiziere und 140 Personen sonstiges Personal. Die Jungfernreise fand im März 1922 statt.[322]

Anlässlich der Hauptversammlung der STG am 24.11.1921 in Berlin referierte der Oberingenieur Müller über »Ölfeuerungsanlagen für Schiffskessel. Er ging vor allem auf die praktische Erfahrung ein, die mit den [...] erbauten neuesten Fracht- und Passagierdampfern ›Antonio Delfino‹ und ›Cap Norte‹ gemacht worden seien. Als wichtigsten Vorteil einer Kesselanlage mit Ölfeuerung gegenüber einer solchen mit Kohlefeuerung, bezeichnete der Vortragende die Verringerung des Heizerpersonals. Besonders erfreulich sei, daß es der deutschen Industrie gelungen ist Ölfeuerungsarten zu schaffen, die den besten ausländischen Bauarten gleich seien. Die Anerkennung dieser Tatsache sei darin zu erblicken, daß die deutschen Systeme kürzlich auch in eine Anzahl englischer und amerikanischer Passagierdampfer eingebaut worden seien.«[323]

Nicht nur für Hamburger dürfte von Interesse sein, dass das erste Hamburger Hafenkonzert von diesem Schiff gesendet wurde, auch die 1.902te Sendung stand in direktem Zusammenhang mit dem Schiffsnamen. Diese Sonntagssendung kam nämlich aus der Agentur der Hamburg-Süd in Buenos Aires, mit der die Reederei seit 1894 zusammenarbeitete. Einer der Gesprächspartner: Antonio Delfino, ein Urenkel des Gründers der argentinischen Firma.[324] Im Zweiten Weltkrieg war die *ANTONIO DELFINO* zunächst Wohnschiff der Marine und wurde später bei der Evakuierung der deutschen Ostgebiete eingesetzt. Nach Kriegsende beschlagnahmte Großbritannien das Schiff und baute es zum Truppentransporter *EMPIRE HALLADALE* um, der bis 1955 seinen Dienst in der Royal Navy versah. Ein Jahr später ist das Schiff verschrottet worden.[324]

Das Schwesterschiff mit der Baunummer 632 [Hbg. 186] kam als *CAP NORTE* in Hamburg am 8.5.1922 zu Wasser.[325] Über die zur Zufriedenheit ausgefallenen Probefahrten berichtet Hansa am 2. September d. Js., sodass der D. etwa um diese Zeit zur Ablieferung an die Hamburg-Süd gekommen sein wird. Die technischen Daten und sonstigen Angaben entsprechen denen der *ANTONIO DELFINO*, bis auf: BRT: 13.615 t / NRT: 8.027 t / Tragfähigkeit: 9.215 t / 1 Kessel für Kohlenstaubfeuerung. Die Kühlanlage wurde von den Atlas-Werken AG Bremen, geliefert. Mit dem Stand 1.1.1928 wird die Gesamtbesatzung mit 232 angegeben: Kapitän, 5 Offiziere und 32 Mann seemännisches Personal, 6 Offiziere und 24 Mann Maschinenpersonal, 3 Offiziere und 161 Personen sonstiges Personal.[326] Eine Schiffsbeschreibung in *Hansa* vom 19.8.1922 informiert uns über folgende Einzelheiten: »[...] In der ersten Klasse finden 187 Personen glänzende Unterkunft. Die zweite Klasse fällt [...] fort. Dafür aber hat man der 3. Klasse größere Beachtung geschenkt. Hier können in Kammern mit 2 und 4 Betten insgesamt 296 Personen würdig untergebracht werden. Das Wohndeck bietet 1.100 Personen Platz. Alle Räume [...] erhalten reichliche Zufuhr frischer Luft durch eine zweckmäßige Anlage und durch praktisch erprobte Ventilation. Elektrische Absaugevorrichtungen sorgen für die restlose Entfernung der Gerüche aus Küchen, Betriebsräumen und Toiletten. Die großen Kühlräume sind mit den neuesten Errungenschaften der Kältetechnik versehen. Eine moderne Doppel-Kühlmaschine leistet stündlich 100.000 W.E. Zur Bequemlichkeit der Passagiere befinden sich ferner an Bord eine leistungsfähige Wäscherei, komfortable Herren- und Damenfrisierstuben, eine Schiffsdruckerei u.s.w. *CAP NORTE* vermittelt mit den anderen Cap-Dampfern der Reederei die schnellste Verbindung mit Brasilien, Uruguay, Argentinien und auch Chile unter Benutzung der Andenbahn. Die deutsche Schiffahrt ist damit wieder auf eine leistungsfähige Höhe gelangt, die selbst im Ausland die gebührende Würdigung gefunden hat.« Das Schiff wird bei Erich Gröner im »Taschenbuch der Handels-Flotten 1940« als britische Prise geführt. Es war am 9.10.1939 im Raum Island durch ein Kriegsschiff gekapert worden.

Außer den 1921 abgelieferten bzw. fertiggestellten Schiffen war in diesem Jahr eine Maschinen- und Kesselanlage für den in Memel gebauten D. CATTARO der Hamburg-Amerika Linie geliefert worden. Während die Dreifach-Expansionsmaschine mit 600 PSi im Hamburger Werk gefer-

Fracht- u. Passagierdampfer *CAP NORTE* [aus: Werbeschrift der Deschimag, 1930]

tigt wurde, kam die Kesselanlage vom Werk Stettin, bestehend aus 2 Kesseln mit künstlichem Zug und einer Gesamtheizfläche von 180 qm.[327]

Auch ist über 1921 zu berichten, dass im Februar eine Kontrollkommission der Entente die Stettiner Vulcanwerke erfolglos nach Kriegsmaterial durchsucht hatte. Anschließend besichtigte sie in Stettin die Werft Gebr. Beermann und fand Turbinen, die käuflich erworben waren und zur Gewinnung von Material abmontiert werden sollten. Die Kommission beschlagnahmte 10 der Turbinen. Hiergegen wehrte sich die Firma mit aller Entschiedenheit, »so daß die Beschlagnahme vorläufig zurückgezogen sein soll.« Auf der Grundlage des sogenannten »Versailler Vertrages« waren u.a. auch Interalliierte Überwachungsausschüsse eingerichtet worden. Diese hatten den Auftrag, die Ausführung der auf Kosten Deutschlands vorzunehmenden Ablieferung bzw. Unbrauchbarmachung des zu Kriegszwecken anwendbaren deutschen Materials zu überwachen.[328]

Der im April 1921 in Teilen veröffentlichte Geschäftsbericht über 1920 enthält folgende Angaben: 15 Mill. Mk. Aktienkapital, 1,250 Mill. Mk. Vorzugsaktien, 12.627.800 Mk. Überschuss, 4,556 Mill. Mk. Abschreibungen, 2.071.200 Mk. Reingewinn, 500.969.900 Mk. in Arbeit befindliche Gegenstände, 9,750 Mill. Mk. in Hamburg befindliche Anlagen und Inventarien, 5,8 Mill. Mk. in Stettin-Bredow. Die Bilanz verzeichnete u.a. 158.792.054 Mk. Debitoren, 539.721.754 Mk. Anzahlungen einschließlich laufender Kreditoren sowie für 402.177.828 Mk. fertige und in Arbeit befindliche Gegenstände einschließlich Materialvorräte. Weiter teilte die Verwaltung mit: »Das Geschäftsergebnis ist günstig beeinflußt worden durch das im Berichtsjahr lebhaft gewesene Dock- und Reparaturgeschäft, sowohl am Hamburger wie am Stettiner Platz. Die Beschäftigung im Schiffsneubau ist bei uns auch heute noch schleppend und leidet die Auftrags-Akquisition unter der ungünstigen Beurteilung, die der Arbeitswille und die Arbeitsdisziplin der Vulcan-Belegschaft im Kreise unserer Besteller findet.« Eine Beurteilung, die in den beiden Arbeiterblättern *Hamburger Echo* und *Stettiner Volksbote* dadurch ihre Bestätigung findet, das sie entgegen sonstiger Geflogenheiten nicht entsprechend kommentiert wird.[329] In der Hauptversammlung am 4.5.1921 in Stettin »wurden die Regularien glatt erledigt. Neu in den Aufsichtsrat gewählt wurde der Geheime Baurat Dr. Julius Flohr. Der Antrag eines Aktionärs, das Erneuerungskonto von 6 auf 4 Mill. Mk. herabzusetzen und statt 12% Dividende, 20% zur Verteilung zu bringen, war mit großer Mehrheit abgelehnt worden. Es kamen je 12% Dividende auf Vorzugs- und Stammaktien zur Verteilung.«[330]

Ziemlich genau 4 Wochen später, am Freitag, dem 3.6.1921, ist einer Meldung des *Volksboten* zu entnehmen, dass der Vulcan trotz der wirtschaftlich schlechten Zeit sich noch immer als großzügiger Spender zeigte. »Von einem Motorboot angefahren und schwer beschädigt wurde am Dienstag abend der Gigachter ›Vulcan‹ des Rudervereins Sport-

Rechts:
Inserat in der *Weser-Zeitung* am 22.7 1921

Links:
Stellenangebot in der *Weser-Zeitung* am 21.8.1921

Germania, der von einer Uebungsfahrt heimkehrend, im Begriff war, von dem Dunzig in die Oder einzubiegen. Das Motorboot kam vollbesetzt von Waldowshof. Die Rennmannschaft wurde gerettet. Der Gigachter war ein erst in diesem Jahr gemachtes Geschenk der hiesigen Vulcan-Werke. Der Schaden wird auf etwa 20.000 Mk. geschätzt.«

Der achttägige Sommerurlaub des Jahres 1921 begann am Montag, dem 4.7.1921, für die gesamte Belegschaft der Stettiner Vulcanwerke. »Der Betrieb der Werke ruht deshalb vollständig.«[331] Knapp 4 Wochen später, ab Montag dem 1. August, ist in einigen Abteilungen des Stettiner Werkes eine Streckung der Arbeit in der Weise durchgeführt worden, dass in der Schiffsmaschinenmontage, Modelltischlerei und Putzerei je 4 Tage, in der Dreherei, Gießerei und Bordmontage je 5 Tage in der Woche gearbeitet wurde. In den übrigen Abteilungen des Betriebes betrug die volle Arbeitszeit weiterhin 48 Stunden. Als Grund für die Einschränkung wird die Zahlungsregelung der Regierungszuschüsse gemäß den Bestimmungen des Reedereiabfindungsvertrages angegeben, »die zu einer Streckung des Bauprogramms nötigt.«[332] Was dazu führte, dass der NDL, wie bereits berichtet, das Auftragsvolumen für den Vulcan entsprechend kürzte. Die noch verbleibenden Schiffbauaufträge sind bis 1924 abgearbeitet worden.

Der vom Reich am 23.2.1921 mit der Reederei-Treuhand-Gesellschaft mbH in Hamburg abgeschlossene Vertrag war nach längeren Verhandlungen im Reichstag, in namentlicher Abstimmung mit 237 gegen 58 Stimmen am 14.3.1921 in Kraft getreten. Nach diesem Vertrag zahlte das Deutsche Reich der Gesellschaft 4,7 Mill.arden Mk. als einmalige Abfindung für alle Rechte, Ansprüche und Anwartschaften der Eigentümer deutscher Handelsschiffe und Schiffsbauten. Die Gesamtabfindung musste zum Bau und Kauf von Ersatzschiffen verwendet werden, mindestens 90% davon für Ersatzbauten auf deutschen Werften; ferner war aus diesen Mitteln mindestens ein Drittel der Schiffsverluste innerhalb von 10 Jahren vom 10.1.1920 ab wieder aufzubauen.[333]

In Sachen Lohnerhöhung gab es am 27.9.1921 einen Schiedsspruch für die Hamburger und Stettiner Werften. Danach erhielten gelernte Handwerker einen Stundenlohn von 5,60–5,80 Mark, verheiratete einen Zuschlag von 50 Pfennige und je Kind 10 Pf, der Zuschlag wurde auch an Ledige über 25 Jahre gezahlt. Die prozentuale Erhöhung betrug bei Verheirateten mit zwei Kindern 24,4 bis 45%. Das dieses Ergebnis auch für die Stettiner Werften gültig war, geht aus einer kurzen Zeitungsmeldung hervor, wonach die Abstimmung über den Schiedsspruch für die Seeschiffswerften auf den Stettiner Werften folgendes Ergebnis hatte: »Abgegebene Stimmen: 7.138, davon mit ja 4.543, mit nein 2.525, ungültig waren 70 Stimmen.«[334] Aus der Gesamtstimmenzahl lässt sich übrigens in etwa auf die Zahl der Arbeiter auf den 4 größeren Werften in Stettin schließen.

Der Geschäftsbericht über 1921 enthält folgende Angaben: 8,450 Mill. Mk. Betriebsüberschuss, 4,980 Mill. Mk. Abschreibungen, 3.467.200 Mk. Reingewinn. Als Dividende werden 20% auf Stammaktien und 6% auf Vorzugsaktien vorgeschlagen. Weiter wird mitgeteilt: »Wir sind im verflossenen Jahr sowohl in Hamburg wie in Stettin voll beschäftigt gewesen, der schlechte Stand der Mark bot uns wiederholt Gelegenheit zu Lieferungen für ausländische Rechnung. Können wir somit auch den Herren Aktionären ein freundliches Bilanzbild vorweisen, so darf doch nicht verkannt werden, daß Werkserhaltung und Werksmodernisierung heute fast unerschwingliche Mittel erfordern. Diesen Verhältnissen Rechnung tragend, haben wir vor Aufstellung der Bilanz den Werkerneuerungsfonds auf 25 Mill. Mk. erhöht. Die Generalversammlung findet am 19.5.1922 statt.«[335]

Nach einem Umbau auf der Stettiner Vulcanwerft kam Ende Januar 1922 das norwegische MS SCOTISH GLENS von etwa 3.500 t Tragfähigkeit durch das Stettiner Amtsgericht zur Versteigerung, da der Auftraggeber nicht zahlen konnte. Man fing mit einem Mindestgebot von 5 Mill. Mk. an. Der Zuschlag war der Dampfschifffahrtsgesellschaft Rasmussen in Haugesund in Norwegen bei 8,4 Mill. Mk. erteilt worden.[336]

»Züllchow. Arbeiterschicksal. Am Donnerstag verunglückte bei den Erdarbeiten auf dem Gelände des Vulcan der 66 Jahre alte Arbeiter Christian Lehmann von hier, indem er durch eine beladene Lore überfahren wurde. Der Tod trat wenige Minuten später ein.« Der Unglückstag war der 18.5.1922, die Meldung des *Volksboten* datiert vom 24. d. M.

Im Juli 1922 erledigte eine zufriedenstellende Probefahrt ein ehemaliges Minenflachboot, welches auf der Hamburger Werft für Aug. Bolten, Wm. Mill.rs Nfl. Hamburg, zu dem Frachtdampfer PIONIER umgebaut worden war.[337] Über eine Probefahrt in Stettin berichtet *Hansa* in der Ausgabe vom 28. August d. Js. »Auf Veranlassung der Stettiner Reederei Kunstmann« war der D. GERDA KUNSTMANN in einen Kabeldampfer umgebaut worden.

»Dampfer ›General Belgrano‹, ein Passagierdampfer der A.G. Hugo Stinnes, Hamburg, unternahm am 14. September [1922] eine Probefahrt von Hamburg bis Elbe III Feuerschiff und zurück. Er erzielte bei 70 Umdrehungen auf bestimmter abgemessener Strecke eine Fahrtgeschwindigkeit von gut 13 1/2 Sm. Eine ausgezeichnete Leistung. ›General Belgrano‹, früher ›Bahia Castillo‹ der Hamburg Süd, im Kriege als englischer Transportdampfer benutzt, laut Versailler Vertrag geraubt, später von den Stinnes-Linien angekauft und nach sehr, sehr gründlicher Reinigung von der Vulcan Werft, Hamburg, gemäß den Plänen der Reederei innerhalb weniger Wochen zu einem Passagierschiff umgebaut, das 120 Personen in I., 260 in II. Klasse und rund 1.000 Personen im Zwischendeck Aufnahme zu gewähren vermag. Was den Passagieren III. Klasse heute an Bequemlichkeiten geboten wird, und auf diesem Schiff augenfällig in und angenehm in Erscheinung tritt, das weicht wenig von den Annehmlichkeiten ab, wie sie vor noch nicht allzu langer Zeit Kajütpassagieren geboten und von diesen dankbar entgegengenommen wurden. Der verhältnismäßig geringe Passagepreis in allen 3 Klassen, dazu ein gutes Seeschiff, große und bequeme Räume, das sind Anziehungspunkte genug, um den Weg nach Argentinien an Bord des Dampfers ›General Belgrano‹ einzuschlagen.« Die Abmessungen werden angegeben mit: 149,85 X 18,09 X 10,85 m, 9.949 Brutto und 6.278 Netto-R.-T.[338]

Ebenfalls 1922 lieferte die Abt. für Landturbinenbau in Stettin an das Großkraftwerk Stettin eine Turbine in zweifacher Ausfertigung, mit einer Leistung von je 12.800 kW mit 3.000 U./min. Jede Turbine war für den Antrieb eines Drehstromgenerators vorgesehen.[339]

Das Schiff 666 und der verhinderte Stapellauf

Als der D. in Stettin soweit fertiggebaut war, um auf den Namen *SIERRA NEVADA* [2] getauft und zu Wasser gelassen zu werden, waren für die erforderlichen Vorarbeiten keine Schiffszimmerleute da, denn ab Montag, dem 1. Mai 1922, war die gesamte Arbeiterschaft von der Direktion entlassen worden. Als Begründung hatte sie angegeben, dass die Schiffszimmerleute ohne Einhaltung des gesetzlich vorgeschriebenen Verhandlungsweges und unter Umgehung des Betriebsrates die Arbeit verlassen haben und die Schiffbauer sich weigerten, den Neubau »S 666«, ebenso wie schon bei anderen Schiffen, zum Stapellauf aufzukeilen. Nach anderer Lesart lagen die Dinge folgendermaßen: Es bestanden seit längerer Zeit Differenzen zwischen den Schiffszimmerleuten und der Direktion wegen der

Obermeister Reinhold Thiel anlässlich seines 25jährigen Dienstjubiläums im April 1922 [Famlienarchiv Reinhold Thiel]

Heranziehung von ungelernten Arbeitern zu solchen Tätigkeiten, die nach Meinung der Zimmerleute von Fachleuten ausgeführt werden müssen. Diese Differenzen führten am Freitag zur Arbeitsniederlegung der Schiffszimmerleute. Um den D. nun wie vorgesehen am Sonnabend vom Stapel laufen zu lassen, sollten Schiffsbauer die Vorarbeiten übernehmen. Diese weigerten sich aber, die Arbeiten ohne die fachliche Unterstützung der Schiffszimmerer auszuführen. Das Einspringen einiger Meister wurde als ungenügend bezeichnet, da die Gefahr bestehe, dass es beim Stapellauf zu Unfällen kommen könnte. Diese Vorgänge boten der Direktion den Anlass, das gesamte Werk zu schließen.[340]

Der *Volksbote* nun vermutete hinter diesem Vorgehen der Direktion eine bestimmte Absicht, schreibt er doch: »Wahrscheinlich hält sie die Gelegenheit für günstig, zur Zeit des riesigen Metallarbeiterkampfes in Süddeutschland, auch hier zu einem Angriff auf die Arbeiterschaft vorzugehen und allerlei scharfmacherische Pläne durchsetzen zu können. [...] Erst Verhandlungen am 15. Mai unter Beteiligung des Regierungspräsidenten und dem Verzicht der Direktion auf die von ihr aufgestellten 9 Forderungen, schufen die Voraussetzungen zur baldigen Wiederaufnahme der Arbeit, die dann am 17. Mai erfolgte. Der bisher verhinderte Stapellauf fand am 2.5.1922 mit Hilfe von Werkmeistern, Vorarbeitern und der Betriebsfeuerwehr statt.[341]

Über die zur Zufriedenheit verlaufenen Probefahrten des Passagier- und Frachtdampfers, berichtet *Hansa* 1922 im 59. Jg. auf Seite 1127: »Es sind Einrichtungen für 112 Passagiere I, 82 II. und 1.129 III. Klasse vorhanden. Bestimmt ist das Schiff des NDL zunächst nach Nordamerika, ab November dann für den Südamerikadienst. Die technische Angaben sind: Klasse: Germ. Lloyd / mit Freibord 3,26 m / Länge: 133,96 m / Breite: 17,28 m / Tiefgang: 8,35 m / Seitenhöhe: 11,94 m / BRT: 8.753 t / NRT: 4.962 t / Tragfähigkeit: 8.300 t / Maschine: 2 stehende Dreifach-Expansionsmaschinen, 4.400 PSi / Kesselanlage: 4 Kessel mit 1.106 qm Gesamtheizfläche, 14,5 atü / Kohlenvorrat: 2.255 t / Schrauben: 2, vierflügelig / Geschwindigkeit: 13 Knoten / Schiffbaumaterial: Flusseisen. Der Dreidecker mit 2 Masten hatte 9 wasserdichte Schotten bis zum Oberdeck, Wasserballast im Doppelboden und 2 Piektanks, Wasserschall-Hörapparate, drahtlose Telegrafie, 1 Funkpeilgerät, 1 Clayton-Gerät zur Feuerbekämpfung. Er war mit Asphalt und Zement belegt, die CO_2-Kühlanlage für den 170 cbm Proviantraum war von der Atlas-Werke AG Bremen geliefert worden, die Tragfähigkeit wird mit 8.300 t angegeben. Der frühere 1. Klasse-Dampfer fuhr ab Oktober 1925 nach entsprechenden Umbauten als Mittelklassedampfer unter dem Namen *MADRID*. Im Rahmen einer organisatorischen Umbildung ist das Schiff 1934 an die Hamburg-Südamerikanische Dampfschiffahrts-Gesellschaft veräußert worden.[342] Der Einsatz im Zweiten Weltkrieg und Verbleib s. Bd. 3.

Zur Betriebsfeuerwehr noch folgende Anmerkungen. Im März 1921 war die bestehende Wehr völlig umorganisiert worden. Die alten und sicherlich auch bewährten Leute sind zum größten Teil aus der Wehr entfernt und durch neue Beamte ersetzt worden, die Leitung erhielt der früheren Artillerie-Hauptmann Korsch. Wie berichtet wird, ging man zwar mit militärischem Schneid und allerlei Schikanen gegen die Arbeiterschaft vor, versagte aber bei Bränden. Dafür wurde z.B. bei der Aussperrung vom 1. bis 17. Mai die Truppe außer beim Stapellauf zu den verschiedensten handwerklichen Arbeiten herangezogen und 11 Tage später zum Zementtransport: Am 26. Mai war der Wehrführer morgens um 3 Uhr 10 mit 20 seiner Leute auf der Werft erschienen. Sie bestiegen den Werftdampfer *BOX*, nahmen einen Prahm in Schlepp und fuhren nach [Stettin-]Finkenwalde zur dortigen Zementfabrik. Mit 1.400 Zentnern, bestimmt für die Stettiner Firma Lenz & Co., erschienen sie mittags um 1 Uhr wieder an der Werft. Außer dem Leiter werden folgende Feuerwehrbeamte als Beteiligte aufgeführt: Brandmeister Antrecht, Schiffsführer Rengel, Maschinist Behr, Wurl, Wenndorf, Krüger, Gumz, Leideke, Donner, Gärtner, Streckow, Pribnow, Volkmann, Schwirblatt, Harder, Schröder, Sanow und Voigt. Ein Einsatz, der im Zusammenhang mit dem Streik auf den Zementfabriken in Stettin und Umgebung zu sehen ist und im Bericht als Streikbrecherarbeit eingestuft wird.[343]

Im Februar 1922 war in Stettin die Baunummer 656 als *ATTO* für die Roland-Linie Bremen zu Wasser gelassen worden. Die technischen Daten sind: Klasse: Germ. Lloyd / Länge: 109,95 m / Breite: 15,55 m / Tiefgang: 7,92 m / Seitenhöhe: 8,68 m / BRT: 4.205 t / NRT: 2.597 t / Maschine: 1 Dreifach-Expansionsmaschine, 1.800 PSi / 3 Dampfkessel für Ölbetrieb mit 444 qm Gesamtheizfläche, künstlichem Zug, 14,5 atü / E.-Anlage: 15,2 kW, 115 V / 1 Schraube, 10,5 Knoten / Schiffbaumaterial: Flusseisen. Das Zweideckschiff hatte 2 Masten, 6 wasserdichte Schotten bis zum Hauptdeck, Wasserballast im Doppelboden, einem Decktank und in je einem Vor- und Achterpiektank, Unterwasserschall-Hörapparate, drahtlose Telegrafie, Blitzableiter und war mit Zement und Asphalt belegt. Die CO_2-Kühlanlage für den 65 cbm Proviantraum lieferte das Atlas-Werk Bremen. Das Frachtschiff mit Einrichtungen für 12 Passagiere kam im Januar 1926 durch Fusion an den NDL und wurde 1936 von der Deutschen Levante-Linie Hamburg in *ADANA* umbenannt. Für 1926 wird die Gesamtbesatzung mit 45 angegeben: Kapitän, 4 Offiziere und 12 Mann seemännisches Personal, 4 Offiziere und 15 Mann Maschinenpersonal, 1 Offizier und 8 Personen sonstiges Personal.[344] Der Einsatz im Zweiten Weltkrieg und Verbleib s. Bd. 3.

Das Frachtschiff mit der Baunummer 651 lief am 25. 3.1922 in Stettin ebenfalls für die Roland-Linie als *NIENBURG* vom Stapel[345], mit den technischen Daten wie *ATTO* bei folgenden Ausnahmen: BRT: 4.205 t / NRT: 2.537 t / kein Öl / ohne Decktanks / Leitflächenruder / kein Blitzableiter. Die CO_2-Kühlanlage für den 29 cbm Proviantraum lieferte C. Haubold, Chemnitz.[346] Für 1927 wird die Gesamtbesatzung mit 50 angegeben: Kapitän, 5 Offiziere und 14 Mann seemännisches Personal, 4 Offiziere und 16 Mann Maschinenpersonal, 1 Offizier und 9 Personen sonstiges Personal. Das Schiff kam ebenfalls 1925 im Rahmen der Fusion mit der Roland-Linie in den Besitz des NDL, wurde 1938 im Laufe des Jahres zwecks Erhöhung der Geschwindigkeit umgebaut und musste 1939 zwangsverkauft werden.[347]

Die Baunummer 652 war ein Frachtdampfer mit Kabinenplätzen für 12 Passagiere, der im Juli 1922 in Stettin für den NDL mit dem Namen *EISENACH* zu Wasser gebracht und im September an die Bestellerin abgeliefert wurde. Die technischen Daten sind: Klasse: Germ. Lloyd / Länge zw. d. Loten: 110 m / Breite a. Spanten: 15,5 m / Seitenhöhe: 8,68 m / Tiefgang: 7,14 m / BRT: 4.159 / NRT: 2.535,4 / Verdrängung: 9.680 t / Maschinenanlage: eine Deschimag-Wagner Getriebeturbine, 4.500 PSi / Kesselanlage: 2 Deschimag-Wagner Einender-Wasserrohrkessel mit automatischer Feuerung / 1 Schraube, 14 Knoten / Länge des Maschinenraumes: 15,6 m. Die Besatzungsstärke wird für 1926 angegeben mit: Kapitän, 5 Offiziere und 13 Mann seemännisches Personal, 4 Offiziere und 16 Mann Maschinenpersonal, 1 Offizier und 9 Personen sonstiges Personal.[348] Die Ausrüstung mit Funkentelegrafie erfolgte zwischen dem 1.12.1922 und dem 31.1.1923 von der Debeg, wie wir Hansa am 17.3.1923 entnehmen können. Der Kühlraum von 29 cbm war mit einer entsprechenden Anlage der Chemnitzer Firma C. Haubold ausgerüstet worden. Das Schiff hatte an Aufbauten: 1 Hütte von 9,72 m, ein von Bord zu Bord reichendes Brückenhaus von 29,90 m, für die Back werden 12,60 m angegeben und 2 durchlaufende Decks, 2 Masten, 6 wasserdichte Schotten bis zum Hauptdeck, 1 Doppelboden, 2 Piektanks, Unterwasserschall-Hörapparate, war aus Flusseisen gebaut, zementiert und asphaltiert. Die E.-Anlage hatte eine Leistung von 20 kW bei 115 Volt.[349] Nach einer Kollision im August 1935 mit einem englischen Kriegsschiff, es kam dabei zu erheblichen Schäden, verkaufte die Bremer Reederei das Schiff auf Veranlassung der Versicherung im Oktober nach Bulgarien, wie dem 4. Bd. der Geschichte des NDL zu entnehmen ist. Es erhielt von der Reederei »Soc. Comm. Bulgare« den Name *RODINA*, als Heimathafen wird von Erich Gröner im »Taschenbuch der Handelsflotten 1940« Varna angegeben.

Im Werk Hamburg nach dem Ausdocken gekentert war am 16.6.1922 das Passagier- und Frachtschiff AVARÉ. Der NDL-Dampfer war als SIERRA SALVADA im Ersten Weltkrieg in Rio de Janeiro nach dem Kriegseintritt Brasiliens am 1.6.1917 beschlagnahmt und dem Lloyd Brasiliano zugeordnet worden. Nach einer längeren Reise lag das Schiff wegen einer Grundreparatur seit dem 10.6.1922 im Dock 3 des Vulcan. Es sollte nach Abschluss der Arbeiten durch 4 Schleppdampfer an den Werkskai gelegt werden. Als das Dock soweit abgesenkt war, dass das Schiff vor dem Treiben war, legte es sich nach Backbord über, begann zu schwanken und war nach wenigen Minuten steuerbordseitig mit über der Hälfte des Schiffes unter Wasser geraten. Von den zahlreichen an Bord befindlichen Besatzungsangehörigen und Werftarbeitern konnte sich ein großer Teil durch Überbordspringen retten. Dieses gelang auch einigen unter Deck befindlichen Leuten. Motorboote begannen sofort mit den Rettungsarbeiten. Die für das Verholen bereitliegenden 4 tiefgehenden Schlepper konnten nicht eingreifen, weil sie Gefahr liefen, auf die im Wasser liegenden Masten, Ketten usw. zu geraten. Die sofort ausgerückte Hamburger Feuerwehr setzte Schneidbrenner ein, um die Eingeschlossenen auf diese Weise zu retten. Am 20. d. M. war das Schiff soweit aufgerichtet, dass es nur noch mit 25 Grad Schlagseite am Grund festlag. Bald danach wurden 3 Leichen geborgen. Die Besichtigung durch eine Senatskommission erfolgte am 22. Juni. Zu diesem Zeitpunkt wurden von der Besatzung noch 27 und von den Werftarbeitern 14 Mann vermisst. Bei der Seeamtsverhandlung war festgestellt worden, dass die Ursache des Unfalls ungenügende Stabilität war und der Unfall damit der Schiffsführung angelastet wurde. Das völlig leere Schiff war mit nur teilweise gefüllten Doppeltanks ausgedockt worden um in den Roßhafen verholt zu werden. Der Unfall kostete 39 Menschen das Leben.[350]

Der Fracht- und Passagierdampfer mit der Baunummer 650 [Hbg. Nr. 191] war in Hamburg im September 1922 mit dem Namen *DENDERAH* vom Stapel gelaufen. Das Schiff war für die Deutsche Dampfschiff-Gesellschaft Kosmos bestimmt, die technische Daten sind: Klasse: Germ. Lloyd / Länge: 109,95 m / Breite: 15,55 m / Tiefgang: 7,92 m / Seitenhöhe: 8,68 m / BRT: 4.243 t / NRT: 2.615 t / Tragfähigkeit: 6.500 t / Maschine: 1 Dreifach-Expansionsmaschine, 1.800 PSi / Kesselanlage: 3 Wasserrohrkessel mit künstlichem Zug, 444 qm Heizfläche, 14,5 atü / E.-Anlage: 17,5 kW, 115 V / Schraube: 1 / Geschwindigkeit: 10,4 Knoten / Schiffbaumaterial: Flusseisen. Das Zweideckschiff hatte 2 Masten, 6 wasserdichte Schotten bis zum Oberdeck, Wasserballast im Doppelboden und 2 Piektanks, Blitzableiter, drahtlose Telegrafie und war mit Asphalt belegt.[351] Mit dem Stand 1.1.1928 wird die Besatzung angegeben mit: Kapitän, 3 Schiffsoffiziere und 15 Mann seemännisches Personal, 3 Offiziere und 15 Mann Maschinenpersonal, 1 Offizier und 8 Personen sonstiges Personal.[352]

Am 21.10.1922 war zwischen dem Deutschen Reich und dem Hamburger Werk ein Vertrag auf Lieferung von 2 Motorschiffen geschlossen worden, welche als Reparationsleistung für Italien bestimmt waren. Mit diesen Aufträgen, sie erhielten die Baunummern 688 und 689, beschäftigten sich die Gerichte noch 1929. Zur Ausführung dieser Bauten hatte die Werft im Januar 1923 bei Krupp eine Anzahl Gussstahlteile bestellt, die das Werk mit einem Rechnungsbetrag von 156.500 Mk. im Oktober 1923 versandfertig hatte. Wenig später trat das Reich von dem Bauauftrag zurück. Zur Lösung aller daraus sich ergebenden Schwierigkeiten im finanziellen Bereich, verzichtete das Reich auf Rückzahlung der inzwischen geleisteten Vorschusszahlungen, wogegen die Vulcanwerft alle etwaigen Ansprüche von Unterlieferanten regeln sollte. Außerdem zahlte das Reich an die Werft 150.000 Mk. Krupp gegenüber verweigerte die Werft die Abnahme der bestellten Teile unter Berufung auf die inzwischen ergangene Verordnung vom 6.2.1924, die das Verhältnis zwischen Haupt- und Unterlieferant regelte. Später kam man überein, die Teile zu verschrotten, was einen Erlös von 8.750 Goldmark erbrachte. Um diesen Betrag kürzte Krupp seine Forderung und klagte gegen den Vulcan einen Restbetrag von ca. 140.000 Goldmark ein. Die Begründung war, es liege ein Ausnahmefall vor, die Verordnungen von 1923 und 1924 könnten nicht in Anwendung kommen und die Beklagte sei vom Reich ausreichend entschädigt worden. Während das Landgericht Hamburg Krupp einen Betrag von 89.000 GM. zusprach, erkannte das Oberlandesgericht Hamburg auf Abweisung der Klage. Die Verordnungen hätten zur Anwendung zu kommen, da der Vulcan selbst für 2 1/2 Millionen Mark Material verbaut und keine entsprechende Entschädigung vom Reich bekommen habe. Das Reichsgericht bestätigte das Urteil und wies die Revision der Firma Krupp mit Spruch vom 24.9.1929 zurück.[353]

Den Frachtdampfer mit der Baunummer 685 (Hbg. 203) brachte die Werft im Oktober 1922 als *WILHELM KUNSTMANN* zu Wasser. Auftraggeber war die Stettiner Reederei W. Kunstmann.[354] Die technischen Daten sind: Klasse: Germ.Lloyd / Länge: 96,49 m / Breite: 13,76 m / Tiefgang: 6,49 m / Seitenhöhe: 7,20 m / BRT: 2.936 t / NRT: 1.696 t / Tragfähigkeit: 4.600 t / Maschine: 1 Dreifach-Expansionsmaschine, 950 PSi / Kesselanlage: 2 Wasserrohrkessel, 280 qm Heizfläche, 12 atü / E.-Anlage: 10 Kw, 110 V / Schraube: 1 / Geschwindigkeit: 10 1/4 Knoten / Schiffbaumaterial: Flusseisen. Das Eindeckschiff hatte eine etwas ungewöhnliche Aufstellung der 4 Masten, die vorn und achtern jeweils zu zweit an Backbord und Steuerbord standen. Auch waren besondere Einrichtungen für die Erz-, Phosphat- und Kohlenfahrt vorhanden. Es gab 4 wasserdichte Schotten, Wasserballast im Doppelboden, in 2 Decktanks von 3,70 x 3,70 m, 2 Piektanks und drahtlose Telegrafie. Mit dem Stand 1.1.1928 wird die Gesamtbesatzung mit 21 angegeben: Kapitän, 2 Offiziere und 7 Mann seemännisches Personal, 3 Offiziere und 6 Mann Maschinenpersonal, 2 Personen sonstiges Personal.[355]

Wenig später, im November 1922, kam das Schwesterschiff mit der Baunummer 686 [Hbg. 204] als *LINA KUNSTMANN* ebenfalls für die vorgenannte Reederei vom Stapel. Die entsprechende Mitteilung machte Hansa am 18.11.1922. Die technischen Daten entsprechen bis auf wenige Ausnahmen denen des vorbeschriebenen Schwesterschiffes: NRT mit 1.685 t, die E.-Anlage hatte 5 kW, es gab nur 1 Decktank und besondere Ver-

Frachtdampfer *WILHELM KUNSTMANN* [aus: Werbeschrift der Deschimag, 1930]

stärkungen für die Erzfahrt sowie Selbsttrimmervorrichtungen. Die Gesamtbesatzung wird mit 24 angegeben: Kapitän, 2 Offiziere und 9 Mann seemännisches Personal, 3 Offiziere und 7 Mann Maschinenpersonal sowie 2 Personen sonstiges Personal. Die folgende Baunummer 687 [Hbg. 205] ist in einer Aufstellung als Barkasse mit 50 PS und für Rechnung der Dt. Erdöl-AG Hamburg verzeichnet[356], als Baujahr kann nur 1922 infrage kommen.

Für den NDL war in Stettin Ende November 1922 mit der Baunummer 669 das Passagier- und Frachtschiff MÜNCHEN vom Stapel gelassen worden.[357] Trotzdem in der Nacht vom 3. zum 4.3.1923 im Vorschiff ein Feuer ausbrach, wodurch der Innenraum völlig ausbrannte, hatte die Ablieferung keine Unterbrechung erfahren.[358] Über die erfolgreich verlaufenen Probefahrten mit gemessenen 15 Knoten berichtete Hansa am 16. Juni d. Js. Die Indienststellung am 20.6.1923 nahm die Reederei zum Anlass, Vertreter der Bremer Behörden, der Behörden der Unterweserorte und der Presse nach Bremerhaven einzuladen. » [...] Was die Herren Präsident Dr. Heineken und Generaldirektor Stimming an jenem Tage aussprachen – die Tagespresse hat es verbreitet – das zeugt von tiefempfundenem nationalen Denken. [...] und von kühnem hanseatischen Wagemut.«

Über das Schiff selbst wird u.a. berichtet, dass es 4 durchlaufende Decks und im Unterschiff ein teilweises fünftes Deck, sowie über dem obersten durchlaufenden 1 Brücken- oder Promenadendeck und 1 Bootsdeck besitzt. Über den Laderäumen des Hinterschiffs sind hauptsächlich die Einrichtungen für die Passagiere der II. Klasse angeordnet, mittschiffs über dem 2. Deck die der I. Klasse, während für die III. Klasse die vorderen 4., 3. und 2. Decks zur Verfügung stehen. In der I. Klasse können 170, in der II. Klasse 344 und in der III. Klasse 602 Personen in Kammern untergebracht werden. Die Gesellschaftsräume der I. Klasse sind nach künstlerischen Gesichtspunkten ausgestattet nach Entwürfen des Architekten des NDL, Prof. Paul Ludwig Troost in München. Die Ausführung der gesamten Innenausstattung des Schiffes war weitgehend dem Bremer Unternehmen Deutsche Holzkunstwerkstätten Johannes Andresen A. G. übertragen worden, wie die nautische Zeitschrift *Hansa* in der Ausgabe vom 2.3.1929 mitteilt. Die Räumlichkeiten der II. Klasse sind einfacher gehalten, aber trotzdem von außerordentlicher Behaglichkeit. Die Wohnkammern sind für 2 bis 4 Personen eingerichtet. An gemeinsamen Räumlichkeiten stehen ein Speisesaal mit 170 Plätzen sowie je 1 Rauch- und Damensalon zur Verfügung. Die Passagiere der III. Klasse sind in Kammern für 2–6 Personen untergebracht. An Rettungsbooten sind 2 Motorboote, 16 gewöhnliche Rettungsboote, 6 Halbklappboote und zwei Jollen vorhanden. Die Funkstation, System Telefunken, hat eine Reichweite, die eine dauernde Verbindung mit dem europäischen und amerikanischen Festland ermöglicht. Zu den weiteren Sicherheitseinrichtungen gehört die hydraulische Schottenschließvorrichtung und zur Brandbekämpfung eine Clayton-Anlage. Das Schiff hat 1 wasserdichtes Schott bis zum Hauptdeck und 11 weitere bis zum zweiten Deck, Wasserschall-Hörapparate, drahtlose Telegrafie, 1 Funkpeilgerät, es ist mit Zement und Asphalt belegt. Der Wasserballast wird mitgeführt im Doppelboden und Vor- und Achterpiektank.

Frachtdampfer *LINA KUNSTMANN*
[Foto: Max Dreblow, Archiv DSM]

Die technischen Angaben sind: Klasse: Germ. Lloyd / Länge zw. d. Loten: 168,6 m / Breite a. Spanten: 19,8 m / Seitenhöhe: 14,55 m / Raumgehalt: 9.800 BRT / Tragfähigkeit: 14.000 t / Wasserverdrängung: 20.360 t / Geschwindigkeit: 15 1/2 Knoten / Maschine: 2 Dreifach-Expansionskolbenmaschinen mit Abdampf-Turbine, 10.540 PSi / Kesselanlage: drei Doppelender- u. 1 Einender-Zylinderkessel, 14,5 atü, Ölfeuerung / Tankfassung: 3.300 t / E.-Anlage: 459 kW, 110 V / Schrauben: 2 / Schiffbaumaterial: Flusseisen.[359] Für 1927 wird die Gesamtbesatzung mit 356 angegeben: Kapitän, 7 Offiziere und 43 Mann seemännisches Personal, 7 Offiziere und 73 Mann Maschinenpersonal, 3 Offiziere und 223 Personen sonstiges Personal.[360]

Bedingt durch einen Brand am 11.2.1930 im New Yorker Hafen, war das Schiff nach einem umfangreichen Umbau bei der A.G. »Weser«, Anfang 1931 als GENERAL VON STEUBEN wieder in Fahrt gesetzt worden und lief ab 1938 als STEUBEN.[361] Der Einsatz im Zweiten Weltkrieg und Verbleib s. Bd. 3.

Die Preise steigen, Löhne und Gehälter nicht

Vor dem Hintergrund einer erheblichen Steigerung der Lebenshaltungskosten forderten die Werftarbeiter im März 1922 eine Stundenlohnzulage. Man wollte 2,50 Mk. für Gelernte und 3 Mk. für ungelernte Arbeiter haben, für letztere, weil deren letzte prozentuale Zulage »etwas benachteiligt war.« Beide Forderungen waren von der Arbeitgeberseite abgelehnt worden. Das dann durchgeführte Schiedsgerichtsverfahren in Hamburg ergab als Ergebnis einen Lohnzuschlag von 20% für alle Arbeiter, mit dem sich in Stettin zwei Werftarbeiterversammlungen am 8.4. beschäftigten. In der Aussprache ersuchte das KPD-Mitglied Ernst Rummel um Ablehnung, dem der Sozialdemokrat Arthur Rose entgegentrat. Die am nächsten Tag durchgeführte vorgeschriebene Urabstimmung ergab eine knappe Mehrheit für die Annahme des Schiedsspruchs.[362] Wenige Wochen später hatte es beim Stettiner Vulcan eine Aussperrung der gesamten Belegschaft vom 1. bis 16.5.1922 gegeben und das Reichsarbeitsministerium erneut einen Schiedsspruch gefällt. Für dessen Annahme stimmten bei den Seeschiffswerften 4.297 Arbeiter und 9.497 dagegen. Der Schiedsspruch galt als angenommen, da zur Arbeitsniederlegung die erforderliche Dreiviertel-Majorität nicht erreicht worden ist.

»Das Lohnabkommen wurde aber sofort wieder gekündigt, so daß innerhalb von 14 Tagen erneut mit den Werftbesitzern zwecks Festsetzung der Löhne für den Monat August in Verhandlungen getreten wird.«[363] Diese hatten einen erneuten Schiedsspruch am 25. Juli zum Ergebnis, wonach Löhne, gestaffelt nach Gelernten und Ungelernten und unterteilt in Altersgruppen von unter 15 Jahren bis 20 Jahre festgelegt waren. Sie betrugen je nach Ortsklasse zwischen 3,40 bzw. 3,60 Mk. für unter 15 Jahre und 19,50 bzw. 21,00 Mk. für Gelernte und waren ab dem 1. August gültig. Über die nächste Lohnrunde wird bereits wenig später Folgendes berichtet: »In Hamburg hat das Schiedsgericht getagt, das über die Löhne für die Zeit vom 28. August bis 16. September zu befinden hat. Es wurde ein Spruch gefällt, der folgendes vorschlägt: Für gelernte Arbeiter 33–34 Mk., angelernte Arbeiter 31–33 MK., ungelernte Arbeiter 29–30 Mk., ausgelernte Jugendliche 22,50 Mk., für Jugendliche 5 / 8,30 / 11,50 / 14 / 16,50 und 18 Mk. [...] Die vorgeschlagene Erhöhung beträgt etwa 60 %.« Da aus Zeitgründen die sonst übliche Einzelabstimmung nach Orten nicht erfolgen konnte, hatte die in Hamburg tagende Konferenz der Werftarbeiter ihr Mandat auch dahin aufgefasst, mit Rücksicht auf die Lage auch über Annahme oder Ablehnung des Schiedsspruches zu befinden. Die Konferenz entschied sich für die Annahme.[364] Mit Datum 30. September, unterrichtet uns der *Volksbote* über den nächsten Schiedsspruch mit erneut erhöhten Löhnen für Werftarbeiter: Gelernte 50–52 Mk., für Angelernte 47–49 Mk., für Ungelernte 43–45 Mk., ausgelernte Jugendliche erhalten 34 Mk., Jugendliche 7,50 / 12,00 / 17,00 / 20,50 / 24,50 und 27 Mk.

Welche Entwicklung die Löhne der Beschäftigten auf den Seeschiffswerften 1922 nahmen, macht folgende Übersicht deutlich. Im Januar verdiente ein volljähriger Metallarbeiter einen tariflich festgesetzten Stundenlohn von 13 Mk., im Juli 28 Mk. und im Dezember 294,45 Mk. Außerdem wurden noch sogenannte Sozialzulagen gezahlt, die auf den Seeschiffswerften und bei den Formern 15 Mk. pro Stunde für Frau und Kind betrugen. Will man einen Gradmesser anlegen, darf man nicht die nominellen Verdienste für sich allein betrachten, sondern muss ihren realen Wert, ihre Kaufkraft herausfinden. Erst ein Vergleich der Löhne mit der Teuerung des Jahres 1922 gibt Aufschluss darüber, inwieweit eine Zu- oder Abnahme des Verdienstes zu verzeichnen ist. Hierzu nehmen wir die, vom städtischen statistischen Amt Stettins errechneten Teuerungszahlen, die im Januar d. Js. 1519 betrug. Setzen wir diese gleich 1, so ergibt sich bis Juli mit der Zahl 4.456 eine Steigerung der Lebenshaltungskosten um das 2,93-fache und bis Dezember mit der Zahl 54.823 eine Steigerung der Verteuerung um das 36,09-fache. Mit diesen Steigerungen haben die Löhne nicht mitgehalten. Berechnet nach dem gleichen Modus, ergibt sich folgendes Bild: Januar bis 1. Juli 2,21, Dezember 22,65, was eine Teuerungszahl von Minus 14,44 für die Beschäftigten der Seeschiffswerften Stettins ergibt. Unter Einbeziehung der übrigen 12 Branchen in diese Berechnung, ergibt sich ein allgemeiner Rückgang des Reallohnes der Stettiner Metallarbeiter im Vergleich der Januar- und Dezemberlöhne von 5,90 oder 16,3 %.

Betrifft:
Arbeiterentlassungen auf den Vulcanwerken.
Nachgang zum Erlaß vom 20.11. d. Js.
Berichterstatter: Regierungs- und Gewerberat Schumacher

Auf meinen Bericht vom 10. November d. Js. Pr.t.I 11371, den ich Euer Exellenz unter dem 21. November d. Js. – Pr.t.I 11990 – in Abschrift vorgelegt habe, ist der Herr Minister für Handel und Gewerbe zwecks Zuweisung von Aufträgen an die Vulcanwerke mit den maßgebenden Stellen im Reiche und in Preußen in Verbindung getreten. Da die Vulcanwerke mir inzwischen angezeigt haben, daß sie frühestens Anfang Januar 1923 etwa 745 Arbeiter entlassen müssen, habe ich um tunlichste Förderung der eingeleiteten Verhandlungen gebeten, damit der Notwendigkeit der Entlassungen vorgebeugt oder mindestens das Ausmaß der Entlassungen niedriger gehalten werden könne.

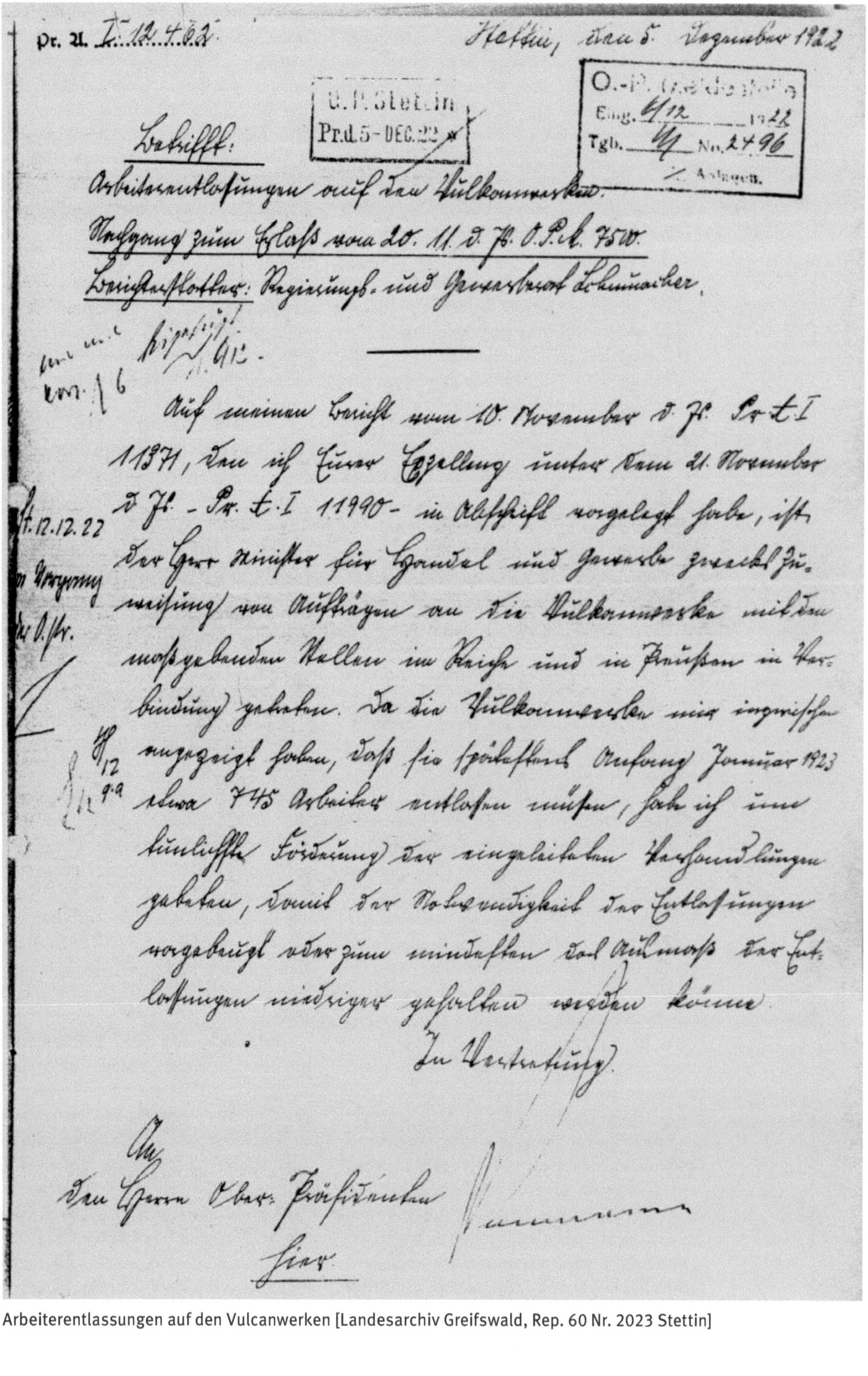

Pr. II. I 12.4.62 Stettin, den 5. Dezember 1922

O.P. Stettin
Prd. 5-DEC. 22

O.-P. …
Eing. 6/12 1922
Tgb. … No. 2496
Anlagen.

Betrifft:
Arbeiterentlassungen auf den Vulkanwerken.
Nachgang zum Erlass vom 20. 11. d. Js. O.P.I. 750.
Berichterstatter: Regierungs- und Gewerberat Schumacher.

Auf meinen Bericht vom 10. November d. Js. Pr. I. I 11371, den ich Euer Exzellenz unter dem 21. November d. Js. – Pr. I. I 11990 – in Abschrift vorgelegt habe, ist der Herr Minister für Handel und Gewerbe wegen Zuweisung von Aufträgen an die Vulkanwerke mit den massgebenden Stellen im Reich und in Preußen in Verbindung getreten. Da die Vulkanwerke mir inzwischen angezeigt haben, dass sie spätestens Anfang Januar 1923 etwa 745 Arbeiter entlassen müssen, habe ich um tunlichste Förderung der eingeleiteten Verhandlungen gebeten, damit der Notwendigkeit der Entlassungen vorgebeugt oder zum mindesten das Ausmass der Entlassungen niedriger gehalten werden könne.

In Vertretung

An
den Herrn Ober-Präsidenten
hier.

Arbeiterentlassungen auf den Vulcanwerken [Landesarchiv Greifswald, Rep. 60 Nr. 2023 Stettin]

Nach dem ersten Dezemberheft 1922 von Wirtschaft und Statistik, herausgegeben vom Statistischen Reichsamt, betrugen in der Metallbranche die durchschnittlichen Wochenlöhne gelernter lediger Arbeiter im April 772 Mk., verheirateter gelernter Arbeiter mit 2 Kindern unter 14 Jahren 853 Mk. und im November 7.938 bw. 8.457 Mk. Welche Beträge 1922 für Lebensmittel ausgeben werden mussten, können wir ebenfalls Angaben der Stadt Stettin entnehmen: Für ein 1.400-Gramm Brot hatte der Magistrat im April den Preis auf 10 Mk. festgesetzt. Nach dem Marktbericht vom 8. d. M. kostete ein Ei 3,80 bis 3,85 Mk. und im August bereits acht Mk., eine Apfelsine 3,50 bis 5 Mk., ein halbes Kilo Schweinefleisch bis 42 Mk. und Rindfleisch 36 Mk., die Landbutter das Kilo 66 bis 68 Mk., die Molkereibutter 70 bis 72 Mk. Der an Stettin grenzende Kreis Randow, in dem der überwiegende Teil der Werftarbeiter wohnte, hatte ebenfalls Preise festgesetzt, die am 14.4.1922 veröffentlicht worden sind. Danach betrugen auf Anordnung des Kreisausschusses die Höchstpreise für Brot ab dem 10. April für den Kleinhandel aus dem vom Kreisausschuss verausgabten Mehl hergestelltes Brot im Gewicht von 1.400 Gramm 10 Mark, mit 2.100 Gramm 15 Mk., für ein Krankenbrot [Weißbrot] mit 700 Gramm 5,85 Mk., Schrippen mit 75 Gramm 60 Pfennige, 100 Gramm gerösteter Zwieback oder 125 Gramm ungeröstet 1,40 Mk.[365]

Über Gehaltserhöhungen für die Angestellten war in Hamburg am 5.7.1922 ein Schiedsspruch gefällt worden. Die am 22. Juli erfolgte allgemeine Verbindlichkeitserklärung durch das Reichsarbeitsministerium war von der Arbeitgeberseite, der Norddeutschen Gruppe der Seeschiffswerften, abgelehnt worden. In einer »sehr gut« besuchten Versammlung am 1. August, fassten die Angestellten der Stettiner Werften folgenden Beschluss: »[...] Das Verhalten der Norddeutschen Gruppe ist unverständlich und unverantwortlich. Ihre so oft zum Ausdruck gebrachte Meinung, den Angestellten ohne Tarifvertrag eine bessere Bezahlung angedeihen zu lassen, hat die freiwillige Gehaltserhöhung Lügen gestraft. In diesen Tagen ist ein schwerer Kampf, der das Wirtschaftsleben des gesamten Reichs schwer erschüttert hat, zu Ende gegangen. Die Angestellten der Seeschiffswerften erwarten von der Norddeutschen Gruppe, daß sie nicht in denselben Fehler verfällt, wie es die Reeder getan haben, da sonst ein Kampf, der an Ausmaß in seinen Wirkungen nicht zu übersehen ist, unvermeidlich wird.«[366]

Auch im folgenden Jahr hatte sich an dieser Situation nichts geändert. Im März 1923 wird mitgeteilt, dass der Sprecher der Arbeitgeber, Direktor Glock von der Werft Blohm & Voss, erklärt hat, ein Tarifvertrag sei für die Angestellten schädlich, für die Arbeitgeber unerträglich und für beide Teile unerfreulich. Zu diesem Zeitpunkt ging es der Angestelltenseite darum, einen neuen Reichstarif abzuschließen, mit dem Inhalt, den Angestellten die Gehälter zu zahlen, die durch die von Monat zu Monat gefällten und für verbindlich erklärten Schiedssprüche den Angestellten zugesprochen wurden. Die Arbeitgeberseite dagegen hielt sich an die bisherige Praxis der individuellen Bezahlung, die um einiges niedriger war. Diese Situation änderte sich erstmals im Mai 1924, als die beiden Angestelltenverbände Afa-Bund und GDA, mit dem Verein der Industriellen Pommerns die Gehaltssätze für den Monat Mai vereinbarten, die seitens des Schlichters in Vorschlag gebracht waren.[367]

Eine Betriebsbeschreibung 1923

Der Grundstücksumfang des Stettiner Werkes hatte sich im Laufe der letzten Jahrzehnte durch Ankauf von Nachtbargrundstücken erheblich erweitert und war nach dem Stand von 1857 mit 2,6 ha, 1870 auf 8,0 ha, 1882 auf 14,0 ha, 1907 auf 28,5 ha und 1923 auf 103,7 ha angestiegen. Dazu gehörten auch die nach dem Ersten Weltkrieg angekauften Grundstücke der Bredower Zuckerfabrik AG und der Bredower Portland-Zement Fabrik AG.

Allerdings konnten diese nach Niederlegung der Baulichkeiten wegen der wirtschaftlichen Lage nur zu einem geringen Teil für die vorgesehenen Zwecke genutzt werden, es kam lediglich zum Bau einer großen Maschinenhalle. Die Wasserfront am linken Oderufer hatte eine Länge von 850 m, wovon ein großer Teil durch Hellingausläufe beansprucht wurde, sodass für die Schiffsausrüstung nur eine Kailänge von 225 m zur Verfügung stand. Für eine Erweiterung der Werftanlagen nach Westen war die erhebliche Geländeerhöhung ein Hindernis, beginnend ungefähr bei der alten Vulcanstraße .

Trotzdem musste dieser Weg beschritten werden, denn der bisherige Materialtransport zu den Haupthelligen I–IV war auf die Dauer zu unwirtschaftlich. So entstand in den letzten Jahren hinter den Helligen die neue Schiffbauhalle mit einer Grundfläche von 15.400 qm, hinter der das neue Platten- und Winkellager noch einzurichten war. Das Schiffbaumaterial hat dann einen kurzen und geraden Weg vom Lager durch die Werkstatt bis zur Helling zurückzulegen. Für spätere Hallenerweiterungen war Platz an beiden Flügeln vorgesehen. Die Halle war mit den modernsten Arbeitsmaschinen für Schiffbau reichlich ausgestattet und enthielt gleichzeitig eine Glühofenanlage mit Spantenplan. Die Hellinge I–IV, 1885 begonnen, waren zunächst nur in Holzramming aufgeführt. Später wurden sie mit Eisenbetonsohlen versehen und mit eisernem Krangerüst überbaut, welches 1901 fertig wurde. Die weiter stromabwärts, ziemlich senkrecht zur Oder gerichteten Hellinge V–VII besaßen nur Holzramming und keine Krangerüste.

Die Hellinge I–IV verfügten über Kräne mit einer Fahrlänge von 186, 150, 150 und 186 m, die Anzahl und Tragkraft wird angegeben mit jeweils 2 x 4 t; die Krangerüste der Hellinge I bis IV waren 39 m hoch, ihre Eisenkonstruktion hatte ein Gewicht von etwa 3.600 t. Es waren übrigens die ersten ihrer Art in Deutschland.

An Werkstätten für den Schiffbau waren vorhanden: Der *Schnürboden*, hier wurden die Schiffslinien in natürlicher Größe »abgeschnürt« und die Schablonen zum Anzeichnen der Platten und Formstahle angefertigt. In der *Schiffsschmiede* wurden die im Feuer zu bearbeitenden Bauteile geschmiedet. Der *Anreißplan* diente zum Anzeichnen der Bauteile. Der *Spantenplan* vereinigt mit dem Glühofen diente zum Biegen der Spanten. In der *Panzerwerkstatt* wurden die Panzerplatten von Kriegsschiffen und sonstige schwere Platten für Schiffbauzwecke bearbeitet. Die *Zimmerwerkstatt* mit *Sägerei* diente der Rohbearbeitung der Tischlerhölzer und war der Arbeitsplatz der Zimmerleute. In der *Tischlerwerkstatt* wurden die auf Handelsschiffen benötigten Möbel, Wegerungen und Verschalungen der Wohnräume hergestellt. Die *Schlosserwerkstatt* diente der Herstellung von Blechmöbeln für Kriegsschiffe und den leichten Eisenarbeiten einschließlich derjenigen für maschinelle Einrichtungen und Rohrarbeiten. In der *Verzinkerei* wurden Rohren, Bleche und Formeisen verzinkt, soweit sie eines besonders wirksamen Rostschutzes bedurften. In der *Malerwerkstatt* lagerten Öle, Farben, Lack und Kitt für die beim Schiffbau vorkommenden umfangreichen Anstriche und wurden hier auch ausgegeben. In der *Taklerei* gingen Takler und Segelmacher ihrer Arbeit nach. Die *Werkzeugmacherei*, das *Magazin* und die *Elektrische Zentrale* vervollständigten die Anlage.

Viele von diesen Werkstätten waren mehrfach vorhanden, da durch die allmähliche Erweiterung des Werkes alte und neue Werkstätten nebeneinander in Betrieb waren. Zahlreiche Arbeitsmaschinen standen außerhalb geschlossener Räume im Freien oder unter einfachen Schutzdächern. Durch Gleise und Kräne war überall für ausreichende Transportmöglichkeit gesorgt. Bis das neue Platten- und Winkellager in Betrieb genommen werden konnte, lagerte das Walzmaterial hauptsächlich auf dem Platz vor dem

Die Abmessungen waren:

Helling	I	mit einer nutzbaren Länge von	217	und einer nutzbaren Breite von	27	Metern
"	II	"	180	"	21	"
"	III	"	180	"	27	"
"	IV	"	217	"	21	"
"	V	"	120	"	21	"
"	VI	"	120	"	25	"
"	VII	"	160	"	30	"

Holzschuppen. Für die Ausrüstung der Schiffe nach dem Stapellauf war der nördlich der Helling VII gelegene Ausrüstungskai mit einem über 225 m Länge fahrbaren Turmdrehkran versehen, dessen Tragkraft bis zu 40 t betrug. Für die schwersten Einbaugewichte wie Kessel, Turbinen und Geschütze waren außerdem noch Schwimmkräne in einfacher Scherenbauart vorhanden, mit 30 und 150 t Tragkraft.

Sehr umfangreich waren auch die Anlagen für Druckwassermaschinen, wie Pressen und Nietmaschinen, ferner die Druckluftanlagen für die zahlreichen beim Bau benötigten Pressluftwerkzeuge sowie die Apparate für autogenes Schneiden und Schweißen, ohne welche schon damals kein Schiffbaubetrieb rationell arbeiten konnte. Für Reparatur- und Instandsetzungsarbeiten an Schiffen waren dann noch – in der Oder verankert – drei Schwimmdocks vorhanden, mit denen Schiffe bis zu 5.000 t Eigengewicht, entsprechend etwa 15.000 t Tragfähigkeit, gedockt werden konnten. Mit 1.000, 1.500 und 5.000 t Tragkraft wurden sie den Anforderungen der Ostseeschiffe und des Stettiner Hafens vollauf gerecht.

Die beschriebenen Anlagen auf dem »Unterhof« waren durch die Vulcanstraße von denen des »Oberhofs« getrennt. In letzterem finden wir die gesamten Werkstätten für den *Maschinenbaubetrieb* vereinigt. Es sind dies in der Hauptsache: Der *Gießereibetrieb*, getrennt in Eisen-, Stahl- und Bronzegießerei; hierzu gehörte einerseits die *Modelltischlerei*, in der die Gussmodelle angefertigt wurden, andererseits die *Putzerei*, in welcher die fertigen Abgüsse vom Formsand gereinigt und abgegratet wurden; das etwa 170 m lange Gießereigebäude enthielt alle modernen technischen Einrichtungen für das Gießen der schwersten Schiffs- und Maschinenteile; die *mechanische Werkstatt*, enthaltend die *Dreherei* mit sämtlichen im Maschinenbau üblichen Werkzeugmaschinen, wo die aus der Gießerei oder Hammerschmiede kommenden Maschinenteile fertig bearbeitet wurden, sowie die *Montagehalle*, in der die einzelnen Teile zur Maschine zusammengebaut wurden. Die Anzahl der in der riesigen Dreherei aufgestellten Arbeitsmaschinen betrug etwa 450, in der Halle konnten gleichzeitig

9 große Schiffsmaschinen montiert werden, 5 Laufkräne von je 15–20 t Hebekraft bedienten diese Halle der ganzen Länge nach; die *Kesselschmiede*, zur Herstellung der Schiffskessel vom Zylinder- wie vom Wasserrohrtyp, war in mehrere große Hallen unterteilt, die ebenfalls mit großen Deckenkränen bis zu 65 t Tragkraft und einer umfangreichen hydraulischen Anlage ausgerüstet waren; letztere dienten zum Betrieb von Pressen, Nietmaschinen und anderen hydraulischen Werkzeugen.

Der Kesselschmiede angegliedert war die Halle für *Lokomotivkesselbau*; die *Kupferschmiede*, räumlich mit der Kesselschmiede vereinigt, diente zur Bearbeitung der großen Kupferrohre, Kondensatormäntel usw. für den Schiffbau, Schiffsmaschinenbau und Lokomotivbau. Neben der Kesselschmiede lag die *Werkstatt für Blecharbeiten* des Maschinenbaues, wie z.B. Schornsteinmäntel, Rauchfänge, Leitern, Grätings und dergleichen; die *Lokomotivbau-Werkstatt*, unmittelbar an die Dreherei anschließend, enthielt alle für den Lokomotivbau nötigen Einrichtungen, außer denjenigen, die in der Gießerei, Kessel- und Kupferschmiede mit denen des Schiffsmaschinenbaues vereinigt waren. Die Leistungsfähigkeit der Lokomotivfabrik war in den letzten Jahren auf 300 Lokomotiven pro Jahr gesteigert worden, das heißt, an jedem Arbeitstag konnte eine Lokomotive fertiggestellt werden. Westlich der Lokomotivfabrik war die *Hammerschmiede* untergebracht, in der alle für den Maschinenbau erforderlichen Schmiedestücke bearbeitet wurden. Sämtliche Werkstätten des Ober- und Unterhofes waren mit Kran- und Gleisanlagen reichlich ausgerüstet. Für den Transport der Werkstücke war im Anschluss an die Staatseisenbahn ein umfangreiches normalspuriges *Gleisnetz* zwischen den einzelnen Werkstätten und den Helligen bzw. dem Ausrüstungskai vorhanden, auf welchen Werftlokomotiven, Dampfkräne und Tarnsportwagen zur Materialbeförderung dienten. Zu Wasser eintreffendes Material konnte von den Uferkränen übernommen werden, außerdem diente ein *Holzhafen* am Nordende der Werft zur Übernahme von geflößtem Holz oder zum Anlegen von Kähnen. Schließlich war noch eine Anlegestelle für Trajektdampfer vorhanden, mittels deren Güterwagen vom Ostufer der Oder zur Werft überführt werden konnten.

Das damalige Arbeitsgebiet des Werkes umfasste folgende Hauptabteilungen:

Schiffbau: Schnelldampfer, Frachtdampfer, Fahrgastschiffe, Motorschiffe, Tankschiffe, Fährschiffe, Eisbrecher und Schlepper, Sonderschiffe, Pontons, Schwimmdocks und Tanks, Docken von Schiffen.

Maschinenbau: Kolbenmaschinen, Turbinen, Ölmaschinen, Hydraulische Getriebe, Zahnrädergetriebe, Wasserrohrkessel, Ölfeuerungsanlagen, Schiffsschrauben, Hilfsmaschinen, Apparate, Reparaturarbeiten an Schiffen und Maschinen.

Lokomotivbau: Normalspur, Schmalspur, Tender, Kesselbau; *Eisenbahnbau*: Brücken, Weichen und Drehscheiben.

Hebezeugbau: Kräne, Winden, Flaschenzüge.

Eisenbau / Gießerei: Eiserne Dächer, Dachverbände, Fenster, Türen, Tore, Kuppeln, Säulen, Gitter, Balkone, Treppen, Geländer.[368]

Das Jahr 1923 begann im Werk Stettin mit einem Brand, über den der *Volksbote* am 13. Januar in einer Sonnabendausgabe berichtete: »Feuer im Vulcan. Am 10. Januar gegen 8 1/2 Uhr vorm., brach in der Taklerwerkstatt der Vulcanwerke infolge Kurzschlusses ein Brand aus. Die Feuerwache 3 griff ein und löschte den Brand in etwa einer Stunde. Es sind hauptsächlich Tauwerk, Hanf und Korkplatten verbrannt. Der Schaden beträgt 10 Millionen Mark. Personen sind nicht zu Schaden gekommen.«

10 Tage später wird über »Verbindlichkeiten von Tarifverträgen« berichtet. Eine Information, die im Zusammenhang mit den in diesen Jahren sehr häufigen Auseinandersetzungen über Löhne und Gehälter nicht ohne Interesse ist. Der Reichstag hatte am 16. Januar ein Gesetz über die Erklärung der allgemeinen Verbindlichkeit von Tarifverträgen in dritter Lesung angenommen. Nunmehr konnte unter bestimmten Bedingungen die allgemeine Verbindlichkeit von Tarifverträgen erfolgen, ohne vorherige Bekanntmachung und Setzung einer Einspruchsfrist.

Nach einer Mitteilung vom 14.4.1923 hatte der Aufsichtsrat beschlossen, der zum 3. Mai einzuberufenden Generalversammlung die Verteilung einer Golddividende von ca. $1^1/100$ % auf die Stammaktien = 50% und von 6% auf die Vorzugsaktien in Vorschlag zu bringen.[369] Wenig später, am 28. April, informiert *Hansa* darüber, dass der Vulcan sämtliche noch im Umlauf befindlichen 4 1/2% Teilschuldverschreibungen von 1909 und 1912 zur Rückzahlung zum 1.11.1923 gekündigt hat.

Der Geschäftsbericht über 1922 enthält folgende Angaben: 15 Mill. Mk. Aktienkapital in Stammaktien und Vorzugsaktien, 17,660 Mill. Mk. Abschreibungen, 8,510 Mill. Mk. Reingewinn, 6.580.040.000 Mk. in Arbeit befindliche Gegenstände. »Aus dem Verwaltungsbericht: Das vorige Jahr hat zwar infolge der Markentwertung zahlenmäßig höhere Umsätze und auch ein als befriedigend anzusprechendes Bilanzbild gezeitigt, jedoch hat die Entwicklung des deutschen Markkurses dazu geführt, daß unsere großen heimischen Reedereien im Hinblick auf die Unübersehbarkeit der Gestehungskosten bei langfristigen Lieferungsobjekten noch nicht dazu übergehen konnten, Neubauaufträge auf hochwertige Passagierdampfer, die vor dem Kriege neben den Kriegsschiffen im besonderen Maße Arbeitsobjekte unserer Firma gebildet haben, zu vergeben; in dieser Hinsicht haben sich die Aussichten im neuen Geschäftsjahr noch nicht freundlicher gestaltet.

In stetig wachsendem Maße tritt in der Schiffahrt die Ölfeuerung an die Stelle der Kohlenfeuerung, sowie der Ölmotor an die Stelle der Dampfmaschine. Auf dem Gebiete der Ölfeuerung haben wir ein für Schiffe wie für Landzwecke gleich vorzügliches eigenes System auf den Markt gebracht, ein Fabrikationsgebiet, welches uns im abgelaufenen Geschäftsjahr große Aufträge aus dem In- und Auslande zugeführt hat. Die Fabrikation von Dieselmotoren haben wir bereits seit langem im größten Stil aufgenommen, sodaß wir auch auf diesem technischen Gebiet zu den führenden Firmen gezählt werden. Es ist uns gelungen, durch Entwicklung eines uns gehörenden Kupplungssystems die Verwendung von Dieselmotoren auch für die größte Leistung zu ermöglichen, so daß wir heute in der Lage sind, auch die größten Passagierschnelldampfer mit diesem unvergleichlich ökonomischen Antriebssystem auszurüsten.

Unsere Lokomotivfabrik hat befriedigend gearbeitet, auch hat unser Dock- und Reparaturgeschäft in Hamburg und Stettin uns angemessene Beschäftigung geboten. Neu aufgenommen wurde die Fabrikation von großen Tankanlagen für die chemische Industrie. Um bei der Flaute im Schiffsneubau das Halten des notwendigen Arbeiterstammes zu ermöglichen, haben wir von der Reichsbahn erhebliche Aufträge auf Reparatur von Lokomotiven und Eisenbahnwagen übernommen. Wir werden für die nahe Zukunft im besonderen Maße auf eine solche Arbeitsgelegenheit angewiesen sein. Auf der Tagesordnung für die nächste o. G. V. haben wir eine Beschlußfassung vorgesehen, wonach der Vorstand ermächtigt wird, zwecks Prämienersparnis von einer Deckung der Feuer- usw. Risiken abzusehen.«[370]

Die Ölfeuerung System »Vulcan«

Die Verwendung von Heizöl an Stelle der Kohle hatte sich Anfang der Zwanziger Jahre in der Schifffahrt durchgesetzt. Maßgebend hierfür waren wesentliche Vorteile für den Betrieb, unter denen der höhere Kesselwirkungsgrad, die Verminderung des Bunkerraumes sowie das gleichmäßige und saubere Arbeiten der Feuerung an erster Stelle zu nennen sind. Der zuerst genannte Vorteil setzt allerdings ein Feuerungssystem voraus, welches für jedes auf dem Markt befindliche Heizöl eine vollständige und rauchlose Verbrennung gewährleistet. Dies war der Fall bei diesem System, das nach jahrelangen Versuchen zu einer einwandfreien Feuerung entwickelt wurde und alle Forderungen erfüllte, welche hinsichtlich Einfachheit und Betriebssicherheit gestellt werden konnten.

»Das Öl wird in einem Vorwärmer auf eine Temperatur vom 1.000 gebracht, die es gestattet, den Ölstrahl in einer Düse zu feinstem Nebel zu zerstäuben. Die Ölmenge wird durch eine kleine Simplexpumpe reguliert, die über einen Filter und einen Windkessel das Heizöl den Brennern zupumpt. Durch ein einfaches Schnellschlußventil kann die Ölzufuhr sofort unterbrochen werden. Zur Luftregulierung dient ein zylindrischer Schieber, der durch einen einzigen Hebel betätigt wird und bei jeder Belastung die vollständige Verbrennung sofort einstellt. Der eigentliche Brenner besteht aus einem kurzen Rohrstück mit Handgriff, welches vor der Inbetriebsetzung in ein zentrales Mantelrohr des Geschränkes gesteckt und mittels eines Knebels gegen die Ölzuführungsleitung gedrückt wird. Nur durch Lösen dieses Knebels kann eine Düse in wenigen Augenblicken nach Abschalten der Ölzufuhr ausgewechselt werden. Eine Verblockung sichert den Heizer vor Fehlgriffen in der Handhabung. Genau wie eine Düse kann auch während des Betriebes ein ganzes Geschränk welches sinngemäß als Feuertür ausgebildet ist, herausgeklappt und gereinigt werden, falls durch Verkokung des Öles der dem Feuer zunächst liegende kreisförmige Staurost, welcher für eine gleichmäßige und leicht wirbelnde Luftzufuhr dient, verschlacken sollte. Im allgemeinen ist die Konstruktion [...] so durchgeführt, daß das Geschränk aus einfachen Teilen zusammengesetzt ist welche eine leichtes Auswechseln bei handlichen Reserveteilen ermöglichen. Die Grenzen für die Anwendung des Systems sind sehr weit gesteckt. Für Fracht- und Fahrgastschiffe aller Größen und Typen, bei Zylinder- und Wasserrohrkesseln, im Landbetrieb und an Bord bietet die ›Vulcan‹-Ölfeuerung bei hoher Wirtschaftlichkeit und Betriebssicherheit größte Vorteile.«[371]

In der ordentlichen Generalversammlung am 3.5.1923 im Stettiner Verwaltungsgebäude des Vulcan waren 8.055.600 Mk. Aktienkapital vertreten, mit einem Stimmrecht von einer Stimme je 200 Mk. Stammaktien und 30 Stimmen je 1.000 Mk. Vor-

Links:
Ölfeuerungsgeschränk
1= Geschränktür,
2= Zündloch u. Schauloch,
3= Ölabsperrventil,
4= Stange mit Handgriff zur Betätigung des Luftschiebers,
5= Schauloch
[aus: Werbeschrift der Deschimag, 1930]

Rechts:
Geschränk mit geöffneter Feuertür
6= Luftschieber,
7= Staurost mit schrägen Rippen,
8= Untersatz
[aus: Werbeschrift der Deschimag, 1930]

zugsaktien. Den Bericht des Vorstandes und des Aufsichtsrats über das 66. Geschäftsjahr genehmigte die Versammlung und erteilte Entlastung. Die auf 50% festgesetzte Dividende war von einigen Aktionären als zu niedrig bemängelt worden. In seiner Erwiderung wies der Vorsitzende darauf hin, dass dem Aufsichtsrat und Vorstand vor allem daran liege, die Substanz zu erhalten, was bei den gegenwärtigen wirtschaftlichen Schwierigkeiten keine leichte Aufgabe sei, es geschehe alles, um Arbeit für die Belegschaften zu sichern. Ein Antrag auf Verteilung eines Bonus von 450 % neben der Dividende wurde abgelehnt. Der Vorstand nahm von den Wünschen hinsichtlich einer höheren Dividende Kenntnis. Auf Anfrage erklärte der Vorsitzende, das keine Erhöhung des Aktienkapitals beabsichtigt sei.[372]

Drei Monate später, anlässlich einer außerordentlichen Generalversammlung am 30.7.1923, fand genau dieses statt. Die Versammlung beschloss nämlich die Erhöhung des Aktienkapitals von 15 auf 55 Mill. Mk. sowie den Vorzugsaktien ein sechsfaches Stimmrecht einzuräumen. Von den neuen Aktien wurden 5 Mill. Mk. zum Kurs von 10.000 % den Aktionären in der Weise angeboten, dass auf je 3 alte Aktien eine junge entfällt. Den Rest erhielt ein Bankenkonsortium zu 1.000%, welches die Aktien im Interesse der Gesellschaft verwerten soll. Als Begründung für die Kapitalerhöhung wurden neben der notwendig gewordenen der Geldentwertung entsprechenden Stärkung der Betriebsmittel, Ergänzungen der Werksanlagen angeführt. Außerdem war bereits im letzten Jahresbericht auf die Wichtigkeit, der dem Unternehmen geschützten Vulcankupplung hingewiesen worden. »Es ist dies eine feine hydraulische Kupplung nach den Prinzipien des ›Föttinger Transformators‹, eingeschaltet zwischen Dieselmotor und Zahnradgetriebe. Die Verwertung verlangt den Bau eines größeren Demonstrationsschiffes für eigene Rechnung, wofür die Mittel zu beschaffen sind.«[373]

Das erste Frachtschiff mit Dieselantrieb

Das erste Dieselmotorschiff lief in Stettin im März 1923 mit der Baunummer 653 als *ERFURT* vom Stapel. Bestimmt für die Flotte des NDL erfolgte die erste amtliche Eintragung im Juni 1923. Die technischen Angaben und Daten sind: Klasse: Germ. Lloyd / Länge: 109,95 m / Breite: 15,55 m / Tiefgang: 7,92 m / Seitenhöhe: 8,68 m / Verdrängung: 9.630 t / BRT: 4.201 t / NRT: 2.554 t / Tragfähigkeit: 6.300 t / Maschine: ein einfachwirkender sechszylindriger Viertakt-Dieselmotor, Vulcan-MAN, direkter Antrieb / Antriebsleistung: 1.800 PSe / Kesselanlage: 5 Einender-Zylinderkessel, Kohlefeuerung / E.-Anlage 180 kW, 220 V u. 5 kW, 110 V / 1 Hilfskessel: 6,5 atü, 12,5 qm Heizfläche / Schraube: 1 / Geschwindigkeit: 10,4 Knoten nach Konstruktion / Schiffbaumaterial: Flusseisen. Das Zweideckschiff mit 2 Masten hatte keinen Schornstein, die Abgase wurden über 2 Abgaspfosten abgeführt. Es gab 6 wasserdichte Schotten, Wasserballast im Doppelboden, in je 1 Piektank vorn und achtern, 2 Decktanks für Öl, Unterwasserschall-Hörapparate und drahtlose Telegrafie. Die CO_2-Kühlanlage für den 28 cbm Proviantraum lieferte C. Haubold, Chemnitz. Es gab Kabinenplätze für 12 Passagiere.[374] Der Einsatz im Zweiten Weltkrieg und Verbleib s. Bd. 3.

Der Stettiner D. INDUSTRIA hatte im März 1923 auf der Reise von Stettin nach Hull im Kaiser-Wilhelm-Kanal Maschinenschaden erlitten und »ist von zwei Schleppern nach Hamburg geschleppt worden, wo das Schiff auf der Vulcan-Werft repariert wird.«[375] Und am 31.5.1923 meldete der *Volksbote*: »Saßnitz. Fährschiffsverkehr. Gestern wechselten die deutschen Fährschiffe mit ihren Güter- und Personenfahrten. Es übernimmt die ›Deutschland‹ die regelmäßigen Fahrten der ›Preußen‹. Letztere ist früh 3 Uhr zur Vulcanwerft nach Stettin abgefahren, um dort Ausbesserungsarbeiten, wie Erneuerung der Bodenanstriche und kleinere Umbauten vornehmen zu lassen. Der Verkehr von und nach Schweden ist zur Zeit ein mittelmäßiger. Erholung suchende Schweden suchen in geringer Zahl fast ausschließlich süddeutsche Kurorte auf.«[376]

Aus der Abteilung Turbinenbau war 1923 eine Turbine an die Hamburger E.-Werke geliefert worden, bestimmt für das Kraftwerk Tiefstak, deren Normalleistung von 22.500 kW durch Überlastung auf 30.000 kW gesteigert werden konnte. Das Gesamtgewicht wird mit 150.000 kg angegeben.[377]

Der Passagier- und Frachtdampfer *STUTTGART*, Baunummer 670, war in Stettin am Dienstagvormittag, dem 6.8.1923, seinem nassen Element übergeben worden. Die Taufrede hatte der Stuttgarter Oberbürgermeister Lautenschläger gehalten. Der Doppelschraubendampfer, ein Schwesterschiff der *MÜNCHEN*, war ebenfalls für den NDL bestimmt und stellte gemeinsam mit 2 weiteren Schiffen einen über den Vorkriegsstand hinausgehenden neuen Typ in der Flotte des NDL dar. Der Dampfer war für die höchste Klasse mit Eisverstärkung gebaut und hatte einen über die ganze Schiffslänge reichenden Doppelboden zur Aufnahme von Speise-, Trink- und Ballastwasser. Es gab 4 durchlaufende Decks, im Vor und Hinterschiff ein Raumdeck. Ferner waren 1 Promenadendeck und 1 Bootsdeck mit Kommandobrücke vorhanden. An Fahrgästen konnten untergebracht werden: 170 in der I. Klasse, 373 in der II. Klasse und 983 in der III. Klasse. Die Maschinenanlage des Schiffes bestand aus 2 Dreifach-Expansionsmaschinen von zusammen 8.500 PSi, ausreichend für eine Geschwindigkeit von 15 Knoten bei voller Zuladung. Zur Kesselanlage gehörten 3 Doppelender- und 1 Einender-Zylinderkessel von insgesamt 2.170 qm Heizfläche und 14,5 atü Überdruck. Abweichend von *MÜNCHEN*, deren Kessel mit Kohlen geheizt wurden, war es bei diesem Schiff Öl.[378]

Weitere technische Angaben sind: Klasse: Germ. Lloyd / Länge: 160,60 m / Breite: 19,80 m / Tiefgang: 10,59 m / Seitenhöhe: 14,55 m / BRT: 13.387 t / NRT: 7.796 t / Tragfähigkeit: 4.470 t / E.-Anlage: 309 kW, 115 V / Schiffbaumaterial: Flusseisen. Das Schiff hatte 2 Masten, 1 wasserdichtes Schott bis zum Hauptdeck, 11 weitere bis zum zweiten Deck, Wasserballast in 2 Piektanks und einem Tieftank, Unterwasserschall-Hörapparate, drahtlose Telegrafie, Funkpeilgerät und war mit Zement und Asphalt belegt. An der Innenausstattung weitgehend beteiligt war das zu damaliger Zeit in Bremen ansässige Unternehmen Deutsche Holzkunstwerkstätten Johannes Andresen A.G, wie einer Werbeseite in *Hansa*, datiert 2.3.1929, zu entnehmen ist.[379] Die Gesamtbesatzung einschließlich Kapitän wird mit Stand 1.1.1928 mit 200 angegeben: 6 Offiziere und 47 Mann seemännisches Personal, 7 Offiziere und 39 Mann Maschinenpersonal, 3 Offiziere und 97 Personen sonstiges Personal.[380] Die Probefahrt am 5.1.1924 fand als Überführungsfahrt nach Bremerhafen statt.[381] Der Einsatz im Zweiten Weltkrieg und Verbleib s. Bd. 3.

Im Sommer 1923 war die Auftragslage des Vulcan so prekär geworden, dass sich die Direktion veranlasst sah, den Stettiner Regierungspräsidenten einzuschalten. In dessen Auftrag richtete der Regierungs- und Gewerberat Dr. Schürmann am 5.9.1923 an das Reichsverkehrsministerium über den Minister für Handel und Gewerbe in Berlin folgendes Schreiben: »Die Direktion der Vulcanwerke Hamburg und Stettin A.G. hat mir mitgeteilt, daß durch die starke finanzielle Inanspruchnahme der Gesellschaft und den Mangel an Aufträgen die Schließung des Stettiner Werkes in den Bereich naher Möglichkeit gerückt ist. In dem genannten Betriebe werden zur Zeit über 6.000 Arbeiter beschäftigt. Die Schließung dieses größten Stettiner Werkes würde für den hiesigen Arbeitsmarkt, der durch die sich mehrenden Betriebsstilllegungen und Betriebseinschränkungen ohnehin in einen Zustand bedenklicher Erschütterung geraten ist, von schwerwiegender Bedeutung sein und auf die allgemeine Stimmung besonders niederdrückend wirken. Es erscheint daher dringend notwendig, daß alle nur irgend möglichen Maßnahmen getroffen werden, um größere Arbeiterentlassungen gerade auf den Vulcanwerken zu vermeiden. Gemäß Ziffer 2c der Ausführungsbestimmungen zur Verordnung betreffend Betriebsabbrüchen und Stillegungen vom 8. November 1920 [Reichsgesetzblatt S. 1901] gebe ich hiervon Kenntnis mit der Bitte, dem Werke in möglichst weitgehendem Maße Lokomotiv-Reparaturen und Waggon-Instandsetzungsarbeiten beschleunigt zuzuweisen. Ich bitte um recht baldigen Bescheid, ob meinem Antrage entsprochen werden dürfte.«[382]

Nach dem Inhalt eines weiteren Schreibens des Regierungspräsidenten vom 17.11.1923 waren

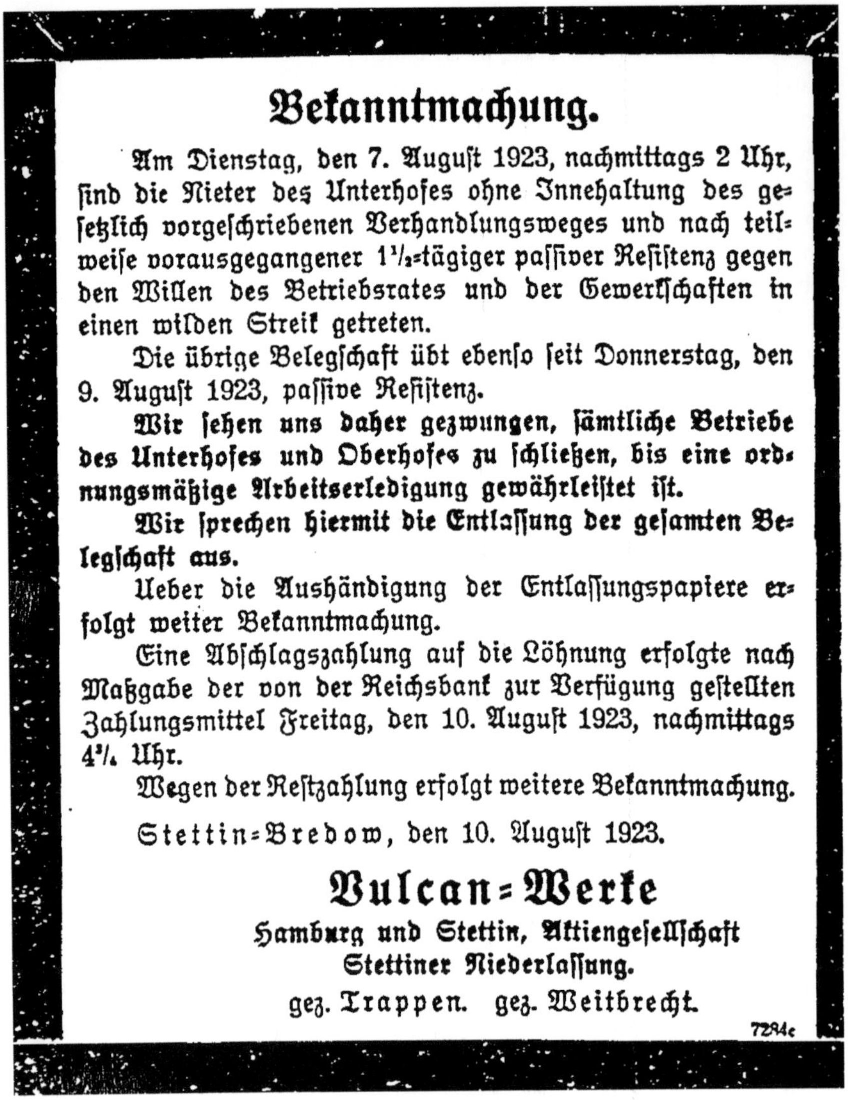

Bekanntmachung.

Am Dienstag, den 7. August 1923, nachmittags 2 Uhr, sind die Nieter des Unterhofes ohne Innehaltung des gesetzlich vorgeschriebenen Verhandlungsweges und nach teilweise vorausgegangener 1½-tägiger passiver Resistenz gegen den Willen des Betriebsrates und der Gewerkschaften in einen wilden Streik getreten.

Die übrige Belegschaft übt ebenso seit Donnerstag, den 9. August 1923, passive Resistenz.

Wir sehen uns daher gezwungen, sämtliche Betriebe des Unterhofes und Oberhofes zu schließen, bis eine ordnungsmäßige Arbeitserledigung gewährleistet ist.

Wir sprechen hiermit die Entlassung der gesamten Belegschaft aus.

Ueber die Aushändigung der Entlassungspapiere erfolgt weiter Bekanntmachung.

Eine Abschlagszahlung auf die Löhnung erfolgte nach Maßgabe der von der Reichsbank zur Verfügung gestellten Zahlungsmittel Freitag, den 10. August 1923, nachmittags 4¼ Uhr.

Wegen der Restzahlung erfolgt weitere Bekanntmachung.

Stettin-Bredow, den 10. August 1923.

Vulcan-Werke

Hamburg und Stettin, Aktiengesellschaft
Stettiner Niederlassung.

gez. Trappen. gez. Weitbrecht.

7284c

Direktionsmitteilung im *Stettiner Volksboten*, 12.8.1923

die erbetenen Reparaturaufträge bisher nicht erteilt worden: »Die Vulcanwerke [...] haben mir mitgeteilt, daß wegen Ausbleibens der Tubantia-Bestellung und der Unmöglichkeit anderweitiger Arbeitsbeschaffung die Schließung und damit die Entlassung der gesamten Belegschaft Ende Dezember d. Js., dem Termin der Fertigstellung des letzten Schiffes [*STUTTGART*] eintreten muß. Ich bemerke, daß die Schließung dieses größten industriellen Unternehmens Stettins katastrophal auf den hiesigen Arbeitsmarkt einwirken [die Stadt hatte am 1. Dez. d. Js. 20.581 Arbeitslose gemeldet] und das eine derartige Maßnahme wahrscheinlich ernstliche Unruhen zur Folge haben würde. Wie mir die Direktion [...] gleichzeitig mitteilt, war seitens der zuständigen Ressorts in Aussicht genommen, dem Stettiner Werke den Bau eines 11.000 t Hansa-Dampfers zuzuweisen und damit die Arbeitslosigkeit im kommenden Winter abzuwenden. Bis heute ist aber dem Werke ein derartiger Auftrag noch nicht erteilt. Ich bitte dringend die Vulcanwerke bei den Tubantia-Ersatzbauten so rechtzeitig zu berücksichtigen, daß die Schließung des Betriebes mit ihren verhängnisvollen Folgen unter allen Umständen vermieden wird.« Adressiert war das Schreiben an die Reichsminister für Wiederaufbau, für Handel und Gewerbe, für Wohlfahrt und den Minister für Arbeit.[383] Das die erwähnten ernstlichen Unruhen nicht ohne Grund angeführt wurden, hatte ziemlich sicher etwas mit dem erheblichen Rückhalt zu tun, den die KPD in der Belegschaft hatte.

In diesem Zusammenhang ist die Betriebsratswahl am 18.4.1922 zu sehen, bei der die Liste 1 der Kommunisten 1.801 Stimmen und 7 Sitze erhielt, die der SPD hingegen erheblich weniger mit 1.095 Stimmen und lediglich 4 Sitzen.[384] Zu diesem Ergebnis beigetragen hatte sicher auch, dass es bereits Anfang des Jahres den Kommunisten gelungen war, in Stettin die Leitung der Ortsverwaltung des Metallarbeiterverbandes zu übernehmen. Die am 26.6.1922 stattgefundenen erneuten Wahlen ergaben dann allerdings die von den Sozialdemokraten angestrebte Änderung. Die SPD-Liste Quandt-Vollack hatte von 15.565 abgegebenen Stimmen 10.015, die KPD-Liste Engelke-Drews 5.065 erhalten. »Damit wird der Deutsche Metallarbeiterverband Stettin wieder ein freies Feld zu positiver Gewerkschaftsarbeit haben. Das kommunistische Experiment hat hoffentlich für alle Zeiten geschreckt«, kommentierte der *Volksbote* in der Ausgabe vom 27.6.1922.

Eine nicht unerhebliche Stärkung der Betriebsräte gegenüber den Leitungen der Unternehmen bildete die erstmalige Entsendung von Betriebsratsmitgliedern in die Aufsichtsräte im Jahre 1922. Die Wahlordnung zum Gesetz vom 1.2.1922 war im Reichsgesetzblatt Nr. 27 veröffentlicht worden. »Die Wahlen sind bis zum 1. Mai einzuleiten.«[385] Damit verfügten die Arbeitervertretungen zwar über wesentlich mehr an Informationen, mussten aber weiterhin um jeden noch so kleinen Erfolg hart ringen, wie die in der Folgezeit stattfindenden Auseinandersetzungen zeigen. So deutete bereits im Februar 1923 alles auf einen Streik hin. Verhandlungen über eine Neuregelung der Werftarbeiterlöhne waren gescheitert, trotz Tätigkeit des Schlichterausschusses. Die Löhne sollten den ständig steigenden Lebenshaltungskosten angeglichen werden.[386]

Auch Gehaltsverhandlungen der Angestellten der Werften im März waren zunächst ohne Ergebnis geblieben. Erst Klagen der Organisationen vor den Kaufmanns- bzw. Gewerbegerichten mit Urteilen zu Gunsten der Angestellten führten zu Teilerfolgen. Um weitere Klagen zu vermeiden waren die Arbeitgeber nunmehr bereit, zum mindesten die Gehälter der Schiedssprüche zu zahlen. Einem Tarifvertrag wollten sie allerdings nur zustimmen, wenn in diesem festgeschrieben sei, dass die Regelung der Gehälter nach wie vor auf individueller Grundlage erfolge. Ein Ansinnen, dem die Organisationsvertreter [zusammengeschlossen im Afa-Bund: Bund der techn. Angest. und Beamten, Dt. Werkmeister-Verband und der Zentralverb. der Angest.] nicht zustimmen konnten.[387]

Ende Juli 1923 ist dem *Volksboten* zu entnehmen, dass eine Straßenbahnfahrt 4.000 Mk. kostete. »Die Direktion der Straßenbahngesellschaft legt Wert auf die Feststellung, daß dieser Preis höchstens bis Ende des Monats gelten kann.« Ebenfalls zu dieser Zeit hatte der Steuerausschuss des Reichstages einen sozialdemokratischen Antrag angenommen, der eine Vervierfachung der von der Lohnsteuer abzuziehenden Ermäßigungssätze vorsah. Danach betrugen ab dem 1. August die monatlichen Abzüge für ein Ehepaar mit 4 Kindern bei einem Existenzminimum von 48.000 Mark: Kinder 640.000 Mk., Werbungskosten 200.000 Mk., steuerfreies Einkommen 8,88 Mill. Mk.

Im August 1923 streikten in Hamburg, Lübeck und Stettin die Werftarbeiter. Es ging erneut um die steigende Teuerung besonders der Lebensmittel. Auch waren bestimmte Nahrungsmittel, wie beispielsweise Zucker, nur auf Marken erhältlich. Eine in Stettin am Sonntag, dem 12. August, »stark besuchte Betriebsrätevollversammlung«, sie tagte im »Reichsgarten«, nahm zu der Wirtschaftslage Stellung. Im Wesentlichen ging es darum, »die Existenz der Arbeiterschaft sicherzustellen.« Eine mehrstündige Diskussion hatte ergeben, »daß sofort auch in Stettin Maßnahmen in die Wege geleitet werden müssen, um die Arbeiterschaft mit Lebensmitteln zu versehen.« Ein von den Kommunisten geforderter Generalstreik wurde abgelehnt, »da er keine Lebensmittel herbeiführen kann und lediglich zu politischen Zwecken mißbraucht würde.« Den zuvor von den Berliner Betriebsräten aufgestellten Forderungen wurde von der Stettiner Vollversammlung vollinhaltlich zugestimmt. Man hatte beispielsweise den sofortigen Rücktritt des Reichskanzlers Cuno gefordert – der noch im August zurücktrat – Beschlagnahme der Lebensmittel, Festsetzung eines Minimallohnes von 60 Pfennigen pro Stunde, Aufhebung des Demonstrationsverbotes und der Ausnahmegesetze, Aufruf aller Arbeiterorganisationen zur sofortigen Bildung einer Arbeiterregierung usw.[388]

Vermutlich als eine erste Reaktion, hatte der Oberpräsident der Provinz am 14.8.1923 eine Verordnung herausgegeben, »wonach der Kleinhandelspreis für Milch nicht höher als 40.000 Mark für ein Liter Milch sein darf.«

Und der Stettiner Polizeipräsident ließ in einer Zeitungsveröffentlichung u.a. mitteilen, dass wegen der außerordentlich geringen Zufuhr an Schlachtvieh und den wichtigsten Lebensmitteln und um zu verhindern, dass Nahrungsmittel zurückgehalten und nicht Wucherpreise verlangt werden, Kontrollen »unter Hinzuziehung von Personen aus den Verbraucherkreisen« stattfinden werden.[389]

Die Generalversammlung des Vulcan am 6.7.1924 beschloss den Rückerwerb der in der Generalversammlung am 11.5.1920 geschaffenen Vorzugsaktien im Nennbetrag von 5 Mill. Mk. Eine Dividende kam nicht zur Verteilung. Nach der Bilanz am 31.12.1923 betrug der Wert der fertigen und in Arbeit befindlichen Gegenstände einschließlich Materialvorräte 14.743.493,39 Billionen Mk.; die Abschreibungen, das Dotationskonto sowie der Betriebsüberschuss werden mit 2.393,22 Bill. Mk., 62,53 Bill. Mk. und 2.455 Bill. Mk. genannt. Die Gewinn- und Verlustrechnung wurde genehmigt. Nach dem Stimmrecht hatten 200 Mk. Stammaktien 1 Stimme, 1.000 Mk. Vorzugsaktien 30 Stimmen. An Stelle des durch Tod ausgeschiedenen Dr. Manasse war der Kaufmann und Fabrikbesitzer G. Quandt, Neubabelsberg, neu in den Aufsichtsrat gewählt worden, dem außerdem angehörten: Vorsitzender Bankier Carl Fürstenberg, Stellvertreter Bankier Dr. Paul v. Schwabach, Geh. Kommerzienrat und Baurat Franz Lenz, alle Berlin; Präsident Richard C. Krogmann, Hamburg; Konsul Wilhelm Kunstmann, Unterstaatssekretär a.D. Dr. H. Toepffer, beide Stettin; Geh. Baurat Dr.-Ing. h.c. Justus Flohr, Bad Pyrmont; Generaldirektor M. Böger, Hamburg; Bankier Hans Fürstenberg, Berlin; Kommerzienrat Dr.-Ing. h.c. H. J. Stahl, Düs-

Anordnung.

Mit Rücksicht auf die ungeklärte Wirtschaftslage weiter Kreise der Bevölkerung wird auf Grund der Verordnung gegen Preistreiberei vom 8. 5. 1918 R.-G.-Bl. S. 395 in Verbindung mit der Bekanntmachung betr. Höchstpreise vom 4. 8. und 28. 10. 1914 (R.-G.-Bl. S. 339 und 458) und Artikel I des Geldstrafengesetzes vom 27. 4. 1923 (R.-G.-Bl. S. 254) sowie der Verordnung über den Verkehr mit Milch vom 30. 4. 1921 (R.-G.-Bl. S. 498) für das Wirtschaftsgebiet Stettin umfassend die Stadt Stettin und den Kreis Randow der Kleinhandelshöchstpreis für Vollmilch bis auf weiteres auf 40 000 M. festgesetzt.

Zuwiderhandlungen werden mit Gefängnis und mit Geldstrafe bis zu 10 Millionen M. oder mit einer dieser Strafen bestraft. (7299

Diese Anordnung tritt mit dem heutigen Tage in Kraft.

Stettin, den 13. August 1923.

Der Oberpräsident.

Lippmann.

Anordnung des Oberpräsidenten der Prov. Pommern im *Stettiner Volksboten*, 14.8.1923

seldorf. Die Direktion in Hamburg bildeten: Kaufmann Paul Stahl, Dr.-Ing. h.c. L. Schwartz, Dr.-Ing. h.c. et Dr. phil. G. Bauer, Kaufmann Franz Wallwitz; in Stettin: Ing. Ernst Linder, Kaufmann Karl Trappan, Dr.-Ing. Martin Weitbrecht. Zahlstellen waren in Berlin: Berliner Handelsgesellschaft, Samuel Bleichröder, Delbrück, Schickler & Co.; in Stettin: Wilhelm Schlutow; in Hamburg: Norddeutsche Bank, Johann Beerenberg & Co. Die Goldmark-Bilanz des Vulcan am 1.1.1924 wies aus: Aktiva: Kassa: 27.113 Gmk. Kassa, 97.12 Gmk. Effekten und Beteiligungen, 4.324.614 Gmk. Debit, 2.206.739 Gmk. Materialvorräte, 5.705.219 Gmk. fertige und in Arbeit befindliche Gegenstände, 13.050.000 Gmk. Werksanlagen u. Einrichtungen. Passiva: 10.100.000 Gmk. A.-K., 1.083.956 Gm. R.-F., 802.950 Gmk. Obligationen, 13.336.493 Gmk. Kredite.

»Die a. o. Generalversammlung am 28.11.1924 beschloß eine Umstellung der Stammaktien 5 : 1 auf 10 Mill. Gmk. Das Vorzugsaktienkapital wird von 5 Mill. auf 100.000 Gmk. umgestellt. Dem Reservefonds werden 1.839.956 Gmk. zugeführt.« Über die Aussichten wurde mitgeteilt, daß das laufende Geschäftsjahr vollständig im Zeichen des Überganges der Konjunkturen gestanden habe. Die Hamburger Werke seien im vergangenen Geschäftsjahr noch gut mit Reparaturarbeiten beschäftigt gewesen, sodaß zu hoffen sei, daß das laufende Jahr wenigstens nicht mit einem Verlust abschließen werde. Die Schiffbaupreise in Deutschland seien verlustbringend. Lokomotivbestellungen der Reichsbahnen fehlen gänzlich. Die Vulcanwerke seien auf hochwertige Passagierdampfer und Kriegsschiffe eingestellt. Auch hier fehle es an Aufträgen, sodaß umfangreiche Stillegungen erfolgen müssten. Es bleibe nur noch die Hoffnung, daß die deutsche Regierung für die deutsche Schiffbauindustrie Erleichterungen schaffe.«[390]

Ein blutiger Zusammenstoß in Bredow, ein Toter, mehrere Verletzte

Laut Stettiner Polizeibericht waren am 12. und 13.2.1924 in Stettin Flugblätter verteilt worden, in denen zu einer Demonstration am Nachmittag des 13. Februar aufgerufen wurde, die mit KPD unterzeichnet waren. Einen der Flugblattverteiler hatte man vor der Nüscke-Werft festgenommen. »Als am Nachmittag um 5 Uhr, bei Arbeitsschluß auf der Vulcanwerft, die Arbeiter das Werk verließen, sammelten sich auf der Straße etwa 400–500 meist junge Leute und marschierten geschlossen unter Absingen der ›Internationale‹ stadteinwärts. Unterwegs entfalteten sie eine rote Fahne. An der Ecke der Vulcan- und Wolfstraße ist die dort gezogene Sperrlinie der Schutzpolizei, 1 Offizier und 9 Wachtmeister, aus der Menge und aus mehreren Häusern lebhaft beschossen worden. Der Polizeioberwachtmeister Krause wurde durch einen Schuß am Kopft verletzt und brach besinnungslos zusammen. Die Polizeibeamten erwiderten das Feuer, worauf die Menge panikartig auseinander rannte. 1 Toter und 6 oder 7 Verwundete blieben auf dem Platze. [...] Die Ruhe und Ordnung ist wiederhergestellt.«

Der *Volksbote* fügte dem u.a. hinzu: »[...] Wie uns vom Betriebsrat des Vulcan mitgeteilt wird ist eine Demonstration von der Vulcanbelegschaft nicht beabsichtigt gewesen. Es haben sich vielmehr etwa 100 Mann ... bei Arbeitsschluß vor der Werft versammelt, die nicht zur Belegschaft gehörten und die Absicht hatten, eine Demonstration zu improvisieren, indem sie sich unter singen und lärmen an die Spitze der aus dem Werke der Stadt zuströmenden Arbeitern setzten. [...] auf diese Weise glaubten die Kommunisten eine wirkungsvolle Demonstration für ihre Partei zu machen. [...] Wie uns inzwischen mitgeteilt wurde, ist der Erschossene, der in der Kesselschmiede des Vulcan beschäftigt gewesene 30jährige Arbeiter Gottfried Grützmacher, wohnhaft Wiekenberg 17. [...] es steht fest, daß dieser Mann mit den Demonstranten nichts gemein hatte. Auch die Verletzten, unter denen sich einige Lehrlinge des Vulcan befinden, sind an der Demonstration nicht aktiv beteiligt gewesen.« Nach einer Mitteilung des Polizeipräsidiums war der Vulcanarbeiter durch einen Lungenschuss getötet worden. »Die Namen der verwundeten Personen sind: Werner Habök, Bredower Straße 19, Lothar Gründer, Heinrichstr. 17, Walther Struck, Züllchow, Bachstr. 1, Erich Thel, Züllchow, Kirchenstr. 15, Richard Aßmuß, Preußische Straße 18, Oswald Karper, Feldstr. 28 und Karl Bagel, Züllchow, Kirchenstr. 2.

Gegen sämtliche beteiligten Personen ist die strafrechtliche Verfolgung wegen Aufruhrs eingeleitet. Durch die sofortigen polizeilichen Ermittlungen konnten bereits 10 Personen als Rädelsführer festgenommen werden. Weitere Festnahmen und Haussuchungen sind im Gange.« Mit diesem Vorfall befasste sich das große Schöffengericht in Stettin am 28.7.1924. Angeklagt wegen Teilnahme am Aufruhr waren der Arbeiter Erwin Drews als Flugblattverteiler, als Rädelsführer die Arbeiter Friedrich Geffken, Karl Graf, Reinhold Wolf, Hans Dittmann und Robert Brandt. Alle befanden sich seit dem 14. Februar in Untersuchungshaft. Die Verhandlung ergab, dass die Angeklagten bis zur Auflösung der KPD Mitglieder der Partei gewesen waren. Sie stellten eine Beteiligung im Sinne der Anklage und eine Beteiligung überhaupt entschieden in Abrede. Verurteilt wurde Geffken wegen Aufruhrs zu 9 Monaten Gefängnis und Drews wegen verbotener Flugblattverteilung, die Untersuchungshaft war angerechnet worden. Die übrigen Angeklagten sind freigesprochen worden. Die Rädelsführerschaft hatte der Staatsanwalt verneint.[391]

Am 20.5.1924 fand ein Arbeitskampf sein Ende, der in Kiel in die 16., in Hamburg und anderen Werftorten in die 13. und in Stettin bis in die 12. Woche lief. Alles hatte damit begonnen, dass die Werften sich seit November 1923 weigerten, Löhne nach dem bis zum 31.3.1924 geltenden Tarifvertrag zu zahlen. Diese Löhne waren im November 1923 durch Schiedsspruch des Reichsarbeitsministeriums festgesetzt worden. Die Stundenlöhne betrugen z.B. in Stettin für Gelernte 30–41 Pf., Ungelernte 35–37 Pf. und Angelernte 31–33 Pf. Die Werften dagegen brachten Löhne zur Auszahlung, die durchschnittlich 5–6 Pf. unter den durch Schiedsspruch festgesetzten lagen. Hinzu kam noch, dass bei nicht festgestellten Akkordarbeiten nur drei Viertel der Löhne als Abschlagszahlung zur Auszahlung gebracht wurden. Die bisher nicht erfolgte Verbindlichkeitserklärung erfolgte sehr spät zum Jahresende und mit Wirkung ab dem 2.1.1924. Dagegen klagten die Werften vor dem Landgericht Hamburg, wurden aber abgewiesen. Woraufhin die Norddeutsche Gruppe des Gesamtverbandes deutscher Metallindustrieller, Abteilung Seeschiffswerften, in einem Schreiben vom 7.2.1924 an die Bezirksverwaltung Hamburg des Metallarbeiterverbandes verlangte, »daß ohne Verzug eine Neuregelung der Arbeitszeit dahin Platz greift, daß diese bis zur Friedensarbeitszeit verlängert wird.« Also Einführung des Neunstundentages. Die Verhandlungen darüber sollten bereits am 8. Februar beginnen. In der Einladung war u.a. mitgeteilt worden, »daß sämtliche Betriebe der norddeutschen Gruppe geschlossen werden müssen, wenn nicht innerhalb 14 Tagen eine den wirtschaftlichen Bedürfnissen der Betriebe gerecht werdende Regelung der Arbeitszeit erfolgt.«

Ein erneuter Schiedsspruch des Reichsarbeitsministeriums vom 19.2.1924 legte den von den Werften gewünschten Neunstundentag fest und nahm gleichzeitig Lohnkürzungen vor, auch erfolgte sofort die Verbindlichkeitserklärung. Als die Werftarbeiter diesen Schiedsspruch ablehnten, wurde ausgesperrt, in Stettin am 3. März. Der *Hansa*-Ausgabe vom 8. März ist zu entnehmen, dass die Betriebseinstellung vollständig war und sich auch auf einen Teil der Flussschiffswerften erstreckte. Eine Beendigung des Arbeitskampfes konnte auch durch das persönliche Eingreifen des Reichsarbeitsministers Dr Brauns nicht erreicht werden. Der Minister hatte zum Sonnabend, den 29. März, die Parteien nach Hamburg zu einer Besprechung geladen, um sich zu informieren und zu versuchen, wenn irgend möglich, die Aussperrung zu beenden. Die erste Unterredung hatte Dr. Brauns um 9 Uhr mit den Werftvertretern, der um 10 1/2 Uhr eine solche mit den Vertretern der Arbeiterschaft folgte, welche klarstellten, dass 1. am Achtstundentag festgehalten werden muss, 2. der am 2. Januar für verbindlich erklärte Schiedsspruch für die zurückliegende Zeit in der Lohnfrage zu gelten hat, 3. für die Zukunft eine zeitgemäße Erhöhung der Löhne und Regelung der Akkordfrage zu erfolgen hat mit einer Verringerung der Lohnspannen in den einzelnen Lohngruppen [Gelernte, Angelernte, Ungelernte] und 4. da der Rahmentarifvertrag mit dem 31.3.1924 endet, ein neuer abgeschlossen bzw. der alte verlängert werden muss. Um diese 4 Hauptpunkte drehten sich die Verhandlungen. Dass diese Forderungen aus der Sicht der Arbeiterschaft ihre volle Berechtigung hatten, begründet sich auch aus der Tatsache, dass sie ohne Abstriche auch von den beiden beteiligten Gewerkschaften der Hirsch-Dunkerschen und Christlichen mitgetragen wurden. Hatten die Werften bisher stets erklärt, höhere Löhne (in Stettin 35 Pfennig Spitzenlohn) als die von ihnen festgesetzten aus wirtschaftlichen Gründen nicht zahlen zu können, so machten sie jetzt u.a. genau dieses Angebot. Gestaffelt nach 5 Ortsklassen sollten Spitzenlöhne für Gelernte zwischen 42 und 52 Pf. gezahlt werden. Gegenüber dem letzten Schiedsspruch wären das 12 % Erhöhung. Dieses Angebot lehnten die Arbeitnehmer ab, weil aus tarifvertraglich vorgesehenen 2 Ortsklassen 5 gemacht [Stettin würde auf die 2. Klasse herabgestuft] und zum anderen die Lohnspannen, die nur 3 Pf. betrugen, jetzt bis auf 7 Pf. gesteigert werden sollten.

Der Verlängerung des Tarifvertrages um 1 Jahr stimmten die Arbeitgeber zu, unter der Bedingung, dass der Neunstundentag darin festgeschrieben wird. Darüber hinaus wollten sie das Recht erhalten, Mehrarbeit ohne Zustimmung der Betriebsräte anordnen zu können. Für die ersten beiden Überstunden über den Neunstundentag hinaus sollten 20 %, für die übrigen danach 40 % Aufschlag gelten. Auch dazu konnte eine Zustimmung nicht erfolgen. Gegen Sonntag früh 4 Uhr waren die Verhandlungen nach 19 Stunden gescheitert. »Selbst der Reichsarbeitsminister [...] – der sich persönlich die größte Mühe gegeben hatte, um den Konflikt beizulegen – erklärte zum Schluß, daß nach der Behandlung, die ihm die Unternehmer hatten zuteil werden lassen, es ihm seine Autorität nicht mehr gestattet, den

Unternehmern noch irgend welche Vorschläge zu machen.«

Um den ausgesperrten verheirateten Werftarbeitern eine Hilfe in Form von Geldbeträgen zu bieten, hatte die Gemeinde [Stettin-]Zülchow im März eine Anleihe aufgenommen, ermöglicht durch einen Beschluss des Vorortverbandes. Die Empfänger mussten sich allerdings verpflichten, das Geld nach einer Arbeitsaufnahme wieder zurückzuzahlen.

Die am 17.5.1924 erneut begonnenen Verhandlungen endeten dann mit einem Ergebnis, mit dem beide Seiten leben konnten. In Sachen Arbeitszeit war vereinbart worden, dass die normalerweise tägliche Arbeitszeit von 8 Stunden zunächst bis zum 31.1.1925 auf 54 wöchentlich festgesetzt wird. Für die festgelegte tägliche Mehrstunde erhöhte sich der Tariflohn um 1 Pf., also täglich 9 Pf., Überstunden waren nur mit Zustimmung des Betriebsrates möglich, mit dem auch die entsprechenden Zuschläge zu vereinbaren waren. Die Lohnfrage wurde dahingehend geregelt, dass die Löhne in Stettin unter Einschluss des 1 Pf. Mehrstundenzuschlag, für Gelernte 47 bis 51 Pf., für Angelernte 44 bis 48 Pf. und für Ungelernte 30 bis 42 Pf. pro Stunde betragen sollen.[392]

Zum Vergleich einige Marktpreise für Gemüse vom 25. Mai 1924: »Für Salat werden immer noch 25–30 Pf. pro Kopf verlangt, Spinat wurde mit 25 Pf. für 2 Pfund verkauft, Spargel stand auf 70–85 Pf. für beste und 45–50 Pf. für minder gute Sorten, Rhabarber kostete 20 Pf. das Pfund. Die ersten Kirschen wurden meist viertelpfundweise verkauft und zwar für 20 Pf.« Die Indexziffer für die Lebenshaltungskosten (Ernährung, Wohnung, Heizung, Beleuchtung) belief sich in Stettin nach den Feststellungen des städtischen Statistischen Amtes auf das 1.035,3-Milliardenfache der Vorkriegszeit. Die Steigerung gegenüber der Vorwoche (1.030,1) betrug 0,5%. Am 23.12.1924 hatte die Teuerungszahl 104,62 erreicht, die Steigerung gegenüber der Vorwoche belief sich damit auf 0,8 %.[393]

Die Urabstimmungen über das Verhandlungsergebnis ergaben in allen Werftstandorten keine Mehrheiten für eine Weiterführung des Arbeitskampfes. Seitens der Arbeitnehmerorganisationen ist er daher als abgebrochen erklärt worden. Wieder eingestellt wurden beim Vulcan in Stettin allerdings nur 3.700 Mann. Als Begründung hatte die Direktion darauf hingewiesen, dass der Auftragsbestand nicht mehr dem vor der Aussperrung entsprach. Was allerdings damit zusammenhing, dass nach der Stilllegung zahlreiche Reparaturen und sonstige Aufträge ins Ausland gingen, auch sollen nicht wenige Aufträge storniert worden sein. Vermutlich waren beim Hamburger Vulcan auch die Reparaturarbeiten an dem Hapagdampfer HANSA eingestellt worden, über den am 17. März berichtet wird, dass er als Wohnschiff für Arbeitswillige eingerichtet werden soll. Nach weiteren Entlassungen beschäftigte der Vulcan Mitte Juli 1924 in Stettin nur noch 3.400 Mann, bei einer Arbeitszeit von unter 8 Stunden. 1921 waren es noch rund 7.000 gewesen.

Bei den anderen Stettiner Werften war die Situation noch schlechter. Die entlassenen Vulcanarbeiter konnten also innerhalb ihres näheren Wohnumfeldes nicht in einen anderen Betrieb wechseln. Als geradezu katastrophal wird die Beschäftigungslage bei Nüscke & Co. geschildert. Die frühere Belegschaft war von 700 auf 200 reduziert worden, die täglich nur 5 1/2 Stunden arbeiten konnten. In Anbetracht der ganz ungewissen Arbeitslage hatten sich die Betriebsräte der Stettiner Werften am 9. Juli zum Regierungspräsidenten begeben, um über etwaige Hilfsaktionen hinsichtlich von Arbeitsaufträgen usw. Rücksprache zu nehmen. Ein positives Ergebnis hat die Besprechung nicht gehabt. Zugesagt wurde aber dafür zu sorgen, dass reparaturbedürftige Schiffe, die den Hafen verlassen wollen, mehr als bisher kontrolliert werden sollen. Vom Regierungspräsidenten war noch geäußert worden, dass die Arbeitslosigkeit auch mit der außenpolitischen Lage in Verbindung zu bringen sei. Es wurde die Hoffnung ausgesprochen, dass die Krise in sechs bis acht Wochen behoben sein werde. Aufträge vom Staat könnten in nächster Zeit nicht erwartet werden, da das Geld dafür fehle.[394] Schon aus diesen Angaben geht deutlich hervor, wie traurig die Lage für Hunderte von Familien ehemaliger Werftarbeiter gewesen ist und wie sehr sich diese Arbeitslosigkeit auf das gesamte Stettiner Geschäftsleben auswirken musste bei einer Zahl von 5.000 Arbeitslosen.

Einen hierzu passenden Bericht eines Dr. P. veröffentlichte am 29.8.1924 der *Volksbote*: »Wer kennt nicht den ehemaligen Vorort Bredow. Seit 1900 ist Bredow eingemeindet und der nördlichste Vorort von Stettin geworden. Bredow ist in der ganzen Welt bekannt als Geburtsort der größten Schiffe der Welt, die den Ruhm der deutschen Schiffsbautechnik über den Erdball getragen haben. Wenn man sich in die Zeiten von 1910 zurückversetzt, ein Höhepunkt der Schiffsbautechnik des Vulcan, so wird man kaum begreifen können, wie das größte Schiffbauunternehmen Deutschlands so in der Produktion zurückgegangen ist. Heute sind die Verhältnisse anders geworden; die glänzenden Zeiten sind vorbei. Wer hat die wirtschaftlichen Folgen zu tragen? In erster Linie derjenige, der auf der untersten sozialen Leiter, auf der letzten Sprosse steht. Also der Arbeiter.

Wenn man heute einen Gang durch den Stadtteil Bredow macht, so fällt einem weiter nichts auf. Die Fabriken rauchen wie einst, der Betrieb auf dem Vulcan offenbart sich dem Zuschauer wie einst. Die Straßenbahn fährt wie sonst und die Ölmühle und die Zementfabrik im benachbarten Züllchow haben wie sonst ihre Tore geöffnet. Und doch, welch ein Unterschied zwischen einst und jetzt. Entlassungen über Entlassungen sind in den letzten Wochen erfolgt. Seht, dort stehen Leute auf der Straße, die die Lage besprechen. Leute, die wer weiß wie lange ihre Arbeit hatten und die nun schon seit Wochen brotlos geworden sind. Es betrifft sie nicht allein; hinter jedem stehen durchschnittlich drei bis vier lebende Menschen, d. h. die Frau und zwei oder drei Kinder. Dann geht es zur Arbeitsvermittlung. Warten, Warten und abermals Warten ist hier die erste Erfordernis. Dann kommen die ganzen Formalitäten des Bürokratismus und endlich ist der Familienvater richtig registriert und nun kann er seine Unterstützung beziehen. Und nun? Ja, was wird denn nun? Ich ging vor einigen Tagen zu Fuß bis nach Frauendorf. Es war ein sehr schöner Morgen. Hell und freundlich strahlte die Sonne vom Himmel. Als ich den Bredower Berg hinaufging, sah ich ein weinendes Mädchen, das langsam auf und ab ging und etwas auf der Erde zu suchen schien. Ich fragte das Kind, ob es etwas verloren hätte. Weinend antwortete mir die Kleine, dass sie zwanzig Pfennig verloren habe, die für Milch bestimmt waren. ›Und nun‹, so sagte sie, ›gibt es Schläge, denn die Milch ist für unsern kleinen Ernst bestimmt und zweimal kann Mutter kein Geld geben. Vater ist vom Vulcan entlassen und kriegt bloß Arbeitslosenunterstützung, und essen tun wir bloß immer Pellkartoffeln.‹ Ich habe ihr geholfen, und freudig ging sie dem Milchwagen entgegen.«

Am 5.5.1924 schreibt der *Volksbote* in einem längeren Beitrag unter der Überschrift »Die Lehren des Werftarbeiterkampfes« u.a.: ›[...] Sie haben einem mächtigen Gegner einen Kampf geliefert, dessen Früchte sich noch in späteren Zeiten auswirken werden. Sie haben beim Abbruch auch keineswegs das Gefühl gehabt, daß sie als Geschlagene in die Betriebe zurückkehren, sondern wissen, daß sie bei richtiger Nutzanwendung der Lehren, die sich aus den Begleiterscheinungen dieses Kampfes ergeben, sehr bald die Scharten wieder auswetzen können, die ihnen geschlagen worden sind. Die Kommunisten freilich sind anderer Auffassung. Gemäß ihrem Grundsatz, daß alles das, was von den verhaßten Gewerkschaften geleistet wird, in Grund und Boden zu verdammen ist, faseln sie in ihrem hiesigen Ableger der *Roten Fahne* – *Volksruf* –, von einem ›Verrat an den Werftarbeitern‹, der die Niederlage verschuldet hat. Dieser Kampf ist ein Musterbeispiel für den vollkommenen Bankrott der Amsterdamer Gewerkschaftstaktik.‹ Weiter findet Erwähnung, ›daß die Werftarbeiterschaft, besonders die des Vulcan, jahrelang als Versuchsobjekt für die kommunistische Weltrevolution hat dienen müssen. Als Erfolg dieser Methoden sind in Stettin von insgesamt 7.088 Werftarbeitern 5.966 von der Aussperrung betroffen gewesen. Bei der entscheidenden Urabstimmung vor der Aussperrung hatten von der Arbeiterschaft des Vulcan mehr als 1.000 für die Annahme des Schiedsspruchs gestimmt, waren also den kommunistischen Parolen gefolgt. Nur durch das geschlossene Auftreten der Arbeiterschaft der anderen Stettiner Werften konnte überhaupt noch die notwendige Mehrheit gegen den Spruch und für die gewerkschaftliche Position aufgebracht werden. Die Kommunisten hatten während der gesamten Zeit der Aussperrung gegen die freien Gewerkschaften einen ganzen Wust von Verleumdungen und Beschimpfungen durch Flugblätter, Versammlungsreden und Gerüchte verbreitet. Als das erste Flugblatt auftauchte und den in der Streikleitung sitzenden KPD-Leuten die Frage gestellt wurde, ob sie die Beschimpfungen und das Vorgehen der KPD billigen, antwortete einer von ihnen ganz gelassen: Selbstverständlich, mir ist jedes Mittel und jedes Argument recht, um die Führer schonungslos bloßzustellen.‹

Auch die Haltung der Stettiner bürgerlichen Presse findet Erwähnung. ›*Tagespost, Ostsee-Zeitung, Abendpost* und der *Generalanzeiger* haben sich die erdenklichste Mühe gegeben, um in der Öffentlichkeit den Kampf der Werftarbeiter herabzuwürdigen. Nicht ein einziges Mal haben sie sich bemüßigt gesehen, objektiv den Ursachen des Kampfes nachzuforschen; immer aber haben sie mit Genugtuung die unternehmerfreundlichen Zuschriften zum Abdruck gebracht. Nicht nur hinein in die Gewerkschaften, sondern werdet auch Leser des *Volksboten* und Mitglied in der VSPD, die als politische Interessenvertretung euren wirtschaftlichen Bestrebungen beredten Ausdruck geben wird.«

Betriebsrätewahlen und kommunistische Einflussnahme 1924

Aus verschiedenen Betrieben hatte man dem Deutschen Metallarbeiterverband mitgeteilt, dass bei den diesjährigen Betriebsrätewahlen im Juni die Kommunisten mit gesonderten Listen vorgehen wollen. Das war nach den Beschlüssen des Kasseler Verbandstages unstatthaft. Dort ist ganz unzweideutig zum Ausdruck gebracht worden, dass alle Mitglieder, die sich bei derartigen Anlässen nicht auf streng gewerkschaftlichen Boden stellen, mit den Folgen ihres Vorgehens zu rechnen haben. Der entsprechende Beschluss lautet: »Für jedes Mitglied gelten die Bestimmungen unseres Statuts und die Verbandsbeschlüsse. In diesem Rahmen hat jedes Verbandsmitglied das Recht, für seine Überzeugung zu wirken. Die Organisation wird jedoch aufs schwerste geschädigt und zur Ohnmacht verurteilt, wenn eine Zerreißung der gewerkschaftlichen Kräfte erfolgt und eine Zersetzung des Verbandes eintritt. Die in den letzten Jahren von den Körperschaften unserer Organisation gefaßten Beschlüsse erneut bestätigend, weist der Verbandstag alle Mitglieder insbesondere darauf hin:

a) die Wahl der Betriebsräte muß nach einheitlicher freigewerkschaftlicher Kandidatenliste erfolgen;
b) eine Organisation innerhalb der Organisation ist unzulässig und mit den Verbandsinteressen unvereinbar;
c) kein Mitglied darf im Verband eine Tätigkeit ausüben,nach Anweisungen von Stellen, die außerhalb der Organisation stehen;
d) für die Einberufung von Gewerkschaftsversammlungen und Kongressen, Betriebskonferenzen, Ortsausschüssen des ADGB usw. sind zuständig die in den Statuten der Gewerkschaften vorgesehenen Organe. Jedes Mitglied ist verpflichtet, die Beschlüsse zu beachten und danach zu handeln. Wer gegen die vorstehenden Richtlinien verstößt und die von den Verbandstagen, dem Vorstand oder Beirat gefaßten Beschlüsse mißachtet, muß damit rechnen, daß die statuarischen Bestimmungen gegenüber seinen Handlungen Anwendung finden. Wir sehen uns genötigt, dies den Mitgliedern zur Kenntnis zu bringen, da auch Bestrebungen im Gange sind, die gegen die gewerkschaftlichen Richtlinien einen Reichsarbeiterkongreß der sogenannten oppositionellen Gewerkschaften und revolutionären Betriebsräte die Wege ebnen wollen. Es dürfte für die Mitglieder des Deutschen Metallarbeiterverbandes kein Zweifel darüber bestehen, daß gegen sie mit den statuarischen Mitteln vorgegangen wird, sobald sie sich gegen den obigen Beschluß vergehen.«[395]

Die Betriebsrätewahlen auf dem Stettiner Vulcan hatten am 20.6.1924 stattgefunden. Von den 4 Listen erhielt die Liste 1 der Freie Gewerkschaften 1.147 Stimmen = 6 Sitze, die Liste 2 des Landbundes 299 Stimmen = 1 Sitz, die Liste 3 der Kommunisten 1.065 Stimmen = 6 Sitze, die Liste 4 des Hirsch-Dunker'schen Gewerkvereins 613 Stimmen = 3 Sitze. Insgesamt entfielen wegen einer Verringerung der Belegschaft, auf den Betrieb 3 Mandate weniger als bei der letzten Wahl. Das Wahlergebnis kommentierte der *Volksbote* mit folgenden Ausführungen: »Die freigewerkschaftliche Liste errang trotz der Anstürme von rechts (gemeint ist der Landbund) und links die größte Stimmenzahl. Es gelang den kommunistischen Gewerkschaftszerstörern, die bei der letzten Wahl noch auf der freigewerkschaftlichen Liste vertreten waren, nicht, die meisten Stimmen zu erhalten. Trotz der Mithilfe der Unorganisierten und aller Moskauer Befehle. Liste 1 und 3 haben ungefähr das gleiche Resultat ihrer gemeinsamen Liste bei der vorigen Wahl. Die Hirsch-Dunkerschen haben 3 Sitze verloren. Neu ist das von den Großagrariern ausgehaltene Grüppchen vom Landbund mit 1 Sitz. Aber auch das wird eine vorübergehende Erscheinung sein, ebenso die kommunistische Verwirrung. Wir haben begründete Hoffnung, daß der Gesundungsprozeß der Arbeiterschaft weitere Fortschritte machen wird. Rußlands außenpolitische Interessen und die Interessen der pommerschen Junker sind nicht die Interessen der Arbeiterschaft. [...]«[396]

Über einen Unfall auf dem Vulcan in Stettin wird im *Volksboten* am 22.7.1924 folgendes berichtet: »Ein bedauerlicher Unglücksfall, dem unser Kollege Pliquett aus Bredow zum Opfer fiel, ereignete sich Ende voriger Woche [...] Beim Kohlenverladen auf der Wiesenseite, versagte die Bremsvorrichtung des Krans und eine mit etwa 1 1/2 t Kohle beladene Kipplore stürzte herunter, den Unglücklichen unter sich begrabend. Er starb auf dem Transport zur Unfall(hilfs)stelle im Werk. Der Verunglückte hinterläßt eine Familie mit 6 schulpflichtigen Kindern. Er war ein allezeit rühriger Parteigenosse. Ehre seinem Andenken!«

Nicht zuletzt wegen der vom NDL zurückgezogenen Neubauaufträge waren beim Vulcan Mitte 1924 in Hamburg nur noch zwei Motortankschiffe in Arbeit, in Stettin nur ein als Eisbrecher entworfenes kleines Passagier- und Frachtschiff. Die schwierigen Eisbrecherverhältnisse in der Ostsee im Winter 1923 hatten die Reederei Stettin-Rigaer Dampfschiff-Gesellschaft Th. Gribel Kom.-Ges. a. A. Stettin veranlasst, den Dampfer NORDLAND als Eisbrecher bauen zu lassen. Man war so in der Lage, den Winter-Passagier-Dienst zwischen Stettin und Finnland auch bei Eisschwierigkeiten mühelos zu versehen. Die Passagiereinrichtungen waren für 103 I. Klasse, 8 II. Klasse und 20 Passagiere der III. Klasse berechnet und auf das

Modernste ausgestattet.[397] Den Stapellauf der Baunummer 675 teilt Hansa am 27.9.1924 mit, die Probefahrten des Passagier- und Frachtdampfers am 20. Dezember. Die technischen Daten sind: Klasse: Germ. Lloyd / Länge: 75,54 m / Breite: 11,25 m / Tiefgang: 6,91 m / Seitenhöhe: 7,60 m / BRT: 1.873 t / NRT: 1.072 t / Tragfähigkeit: 1.460 t / Maschine: 1 dreizylindrige Dreifach-Expansionsmaschine mit Abdampfturbine / 3 Zylinderkessel, 14,5 atü, 377 qm Heizfläche / E.-Anlage: 30 kW, 115 V / Schraube: 1 / Geschwindigkeit: 12 Knoten / Bunkerkapazität: 180 t / Schiffbaumaterial: Flusseisen. Das Zweideckschiff mit Kreuzerheck hatte 2 Masten, 1 wasserdichtes Schott bis zum Hauptdeck, 4 weitere bis zu 2. Deck, Wasserballast im Doppelboden und je 1 Piektank vorn und achtern, drahtlose Telegrafie und war mit Zement belegt. Die CO_2-Kühlanlage für den 900 cbm Laderaum lieferten die Atlas Werke AG Bremen.[398] »Die erste Fahrt der ›Nordland‹. Der auf der Vulcanwerft gebaute Eisbrech- und Passagierdampfer [...] hat am Sonnabendmittag 1 Uhr, unter Führung von Kapitän Delfs seine erste Ausreise nach Finnland angetreten. Das Schiff, das ganz den Anforderungen der Neuzeit entspricht, ging mit voller Fracht und 100 Passagieren in See. Der Bestimmungshafen ist Helsingfors, wo es am Montagmittag eintrifft.«[399] Der Einsatz im Zweiten Weltkrieg und Verbleib s. Bd. 3.

Das neue Vulcan-Getriebe für Motorschiffe

Bei diesem neuen Antriebstyp handelte es sich um eine hydraulische Kupplung nach den Prinzipien des «Föttinger Transformator«, eingeschaltet zwischen Dieselmotor und Zahnradgetriebe. Der einzige grundlegende Unterschied zum Transformator war, dass in ihm keinerlei Übersetzung erfolgte. Für Rückwärtsfahrt war ein besonderes Getriebe vorhanden, welches dem Antriebsmotor die Aufgabe des Umsteuerns der Schraube abnahm. Ein Vorgang, der gerade für schnelllaufende Dieselmotoren einige Bedeutung hat, denn es war dann nicht mehr nötig, in die heißen Zylinder plötzlich zum Umsteuern kalte Umsteuerluft einzulassen. Durch den plötzlichen Temperaturwechsel waren die Zylinderwandungen gefährdet und die Lebensdauer ungünstig beeinflusst worden. Ein weiterer Vorteil wurde darin gesehen, dass die Wellenleitung mit einer größeren Anzahl von Motoren gekuppelt werden konnte, von denen eine beliebige Zahl in Betrieb gehalten und die stehenden nach Bedarf an- und abgeschaltet werden konnten. Damit konnte der Wellenleitung je nach Situation eine unterschiedlich große Maschinenleistung zugeführt werden. Außerdem war es möglich, ohne Gesamtabschaltung der Maschinenanlage, Reparatur- oder Wartungsarbeiten auszuführen. Im Einzelnen war das Getriebe wie folgt ausgebildet: Von der Maschine aus ging eine Antriebswelle durch die Rückwärtskupplung, dann durch das hohle Antriebsritzel und dann durch die Vorwärtskupplung. Das Ritzel war mit den beiden getriebenen Teilen der Kupplungen verbunden. War die Vorwärtskupplung gefüllt, lief das Ritzel mit der Vorwärtskupplung, war dagegen die Rückwärtskupplung gefüllt, lief es mit der Rückwärtskupplung. Beim Umsteuern wurde eine Kupplung geleert und die andere gleichzeitig gefüllt. Dabei ließ die Wirksamkeit der einen nach, sie begann zu gleiten, während gleichzeitig die andere, zuerst langsam, dann immer stärker auf das Ritzel einwirkte und es schließlich ganz fest packte und mitnahm. Als Füllungsmittel diente Öl bzw. Wasser, daher hydromechanisch. An den eingehenden Versuchen auf dem Versuchsstand im Werk Hamburg war Professor Pröll von der technischen Hochschule Hannover maßgeblich beteiligt.[400]

Das erste Motorschiff mit einem Vulcan-Getriebe, das im Bericht über die a. o. Generalversammlung am 30.7.1923 erwähnte Demonstrationsschiff mit einem hydromechanischen Getriebe, war in Hamburg im Februar 1924 mit der Baunummer 683 [Hbg. 201], als VULCAN [9] vom Stapel gelaufen. Die Probefahrten fanden vom 20.5.–4.6.1924 auf der Elbe statt, bei denen Schiff und Maschinenanlage Fachleuten und Vertretern der interessierten Werften vorgeführt wurden. Die Indienststellung erfolgte Mitte des Jahres 1924. Das Schiff war ein gewöhnlicher Frachtdampfer von 2.000 t Tragfähigkeit und wies, abgesehen

Eisbrech-Passagierdampfer *NORDLAND* [Foto: Hansa, 3.1.1925]

Versuchs- u. Frachtmotorschiff *VULCAN* [9] [aus: Die Schiffahrt im Wandel der Zeiten, 1925]

von der Maschinenanlage, keine besonderen Einzelheiten auf. Die Maschinenanlage bestand aus zwei U-Boot-Dieselmotoren, die durch hydraulische Kupplungen mit einem Zahnradgetriebe verbunden waren das seinerseits die Schraubenwelle antrieb. Für Vorwärts- und Rückwärtsfahrt waren getrennte Kupplungen vorhanden. Die Umsteuerung wurde mit Hilfe des hydraulischen Getriebes vorgenommen.[401]

Dieser neue Antriebstyp war den interessierten Reedereien und Fachleuten bereits im Januar 1924 auf dem Versuchsstand des Werkes unter Belastung vorgeführt worden. Daneben hatte die Konstruktionsabteilung bereits die Pläne eines Zweischraubenschiffes von 28.000 PS ausgearbeitet, welches durch 8 Dieselmotoren von je 3.500 PS mit 250 U./min. angetrieben wird. Bei den Motoren wird eine Kostenersparnis von etwa 22% und eine Gewichtsersparnis von 400 t angegeben. Bei den Vorführungsfahrten wurde eine große Zahl aufeinanderfolgender Maschinenmanöver gezeigt, ungefähr 30 Manöver waren in etwa 10 Minuten ausgeführt worden. Die Umsteuerung von voll vorwärts auf voll rückwärts, erforderte 18 bis 20 Sekunden, von halber Leistung vorwärts auf volle Kraft rückwärts wurde sie in rund 13 bis 15 Sekunden ausgeführt. Während der verschiedenen Manöver waren keinerlei außergewöhnliche Geräusche im Maschinenraum noch Stöße oder Erschütterungen bemerkbar. Ebenso an Deck, obwohl das Schiff sehr schnell auf Änderungen und Wechsel der Gangart ansprach. Ein sehr bemerkenswertes Manöver bestand darin, dass eine der beiden Antriebsmaschinen stillgesetzt wurde, indem man der zugehörigen Kupplung das Getriebeöl entzog. Die andere Maschine trieb dann die Schraubenwelle allein weiter. Man konnte also, ohne die Fahrt zu unterbrechen, Untersuchungen oder Reparaturen an der stillgelegten Maschine vornehmen. Diese wird anschließend über das Flüssigkeitsgetriebe wieder angelassen.

Einige technische und wirtschaftliche Einzelheiten waren während der Fahrten in einem Vortrag von Baurat Mohr mitgeteilt worden: Die Motoren laufen bei normaler Fahrt mit 300 U./min. Hinter den hydraulischen Kupplungen, die mit Schmieröl gefüllt sind, macht die Welle des Zahnradritzels 293 U./min, das gleitende Zurückbleiben dieser Welle beträgt also 2 1/3 %, dem entspricht ein gleich großer Kraftverlust. Dieses Ergebnis ist noch eine Kleinigkeit besser als nach den Erprobungen auf dem Versuchsstand zu erwarten war. Im Zahnradgetriebe tritt ein weiterer Verlust von etwa 1% auf, womit sich der Wirkungsgrad des Vulcangetriebes insgesamt auf 96 2/3% stellt. Dem steht als wirtschaftlicher Vorteil gegenüber, dass das Getriebe erst die Möglichkeit einer gleichzeitigen Verwendung schnelllaufender wirtschaftlicher Dieselmotoren und langsamlaufender wirtschaftlicher Schrauben ermöglicht hat. Bisher war es bei unmittelbarem Antrieb erforderlich gewesen, zwecks Übereinstimmung der Umdrehungszahlen einen Kompromiss zu schaffen, wobei beträchtliche Opfer an Wirtschaftlichkeit gebracht werden mussten.

Ein normales Motorschiff von der Größe des VULCAN (9) würde eine Maschine mit etwa 130 bis 140 U./min. erhalten haben, die zugehörige Schraube hätte im Vergleich zu derjenigen der VULCAN (9) mit 85 U./min. ein Mehr an Maschinenleistung erforderlich gemacht, das auf etwa 8 bis 19% zu schätzen ist. Im Vergleich beider Schiffe erfordert also VULCAN (9) bei gleicher Geschwindigkeit trotz des Verlustes im Getriebe etwa 4 1/2% weniger Maschinenleistung und Brennstoff. Wesentlich günstiger liegen diese Verhältnisse, wenn wegen großer Maschinenleistung 2 Maschinen und damit 2 Schrauben erforderlich sind. Bei Verwendung eines Getriebes würde man nur 1 Schraube brauchen und dadurch einen bedeutend günstigeren Schiffsantrieb erhalten, denn die Einzelschraube nutzt das hinterher geschleppte Wasser, den sogenannten Nachstrom, viel besser aus. Auch wenn der sich so ergebende Vorteil sehr von der Schiffsform abhängt, beträgt er immerhin im Durchschnitt geschätzte 7 bis 9%. Insgesamt unter Einrechnung des Verlustes im Getriebe stellt sich der Antrieb eines Einschraubenschiffes mit langsamlaufender Schraube etwa 11 bis 15% günstiger als der eines Doppelschraubenschiffes mit schneller laufenden Schrauben, wenn die genannten Drehzahlen zugrunde gelegt werden. Ein so bedeutender Unterschied, dass er bei der Wahl einer Maschinenanlage nicht übersehen werden darf.

Von entscheidender Bedeutung ist außerdem die Gewichtsfrage. Gegenüber einem normalen Motorschiff mit 130 bis 140 U./min. ist die Maschinenanlage der *VULCAN* (9) etwa 30 t oder 20% leichter. Schätz man die Kosten der Maschinen nach Gewicht auf 1.600 Goldmark pro Tonne, so ergibt sich eine Baukostenersparnis von ca. 48.000 Gmk., deren Verzinsung, Versicherung und Abschreibung recht beträchtliche Summen erfordern würde. Im Vergleich hierzu spielen selbst einige Hundertteile Mehr- oder Minderverbrauch an Brennstoff keine wesentliche Rolle, denn für 1% des Brennstoffes sind alljährlich etwa 400 bis 500 Gmk. aufzuwenden. Auch in dieser Hinsicht liegt die Frage bei größeren Schiffen, wo das Getriebe einen Übergang vom Zweischrauben- zum Einschraubenschiff ermöglicht, noch günstiger. In diesem Fall ist mit etwa 40% Gewichtersparnis und entsprechender Baukostenersparnis zu rechnen.

In Erkenntnis dieser Vorteile hatten zwei deutsche Reedereien noch vor Abschluss der Probefahrten je ein 10.000 t tragendes Frachtschiff mit Vulcan-Getriebe und MAN-Motoren bestellt. Die Bestellung der *DUISBURG* und der *ALTENFELS* war vor allem deshalb bemerkenswert, weil zu dieser Zeit ein deutscher Schiffbau praktisch nicht stattfand. Konstruktiv einfach war die Maschinenanlage nach Dr. Gustav Bauer nicht. Das Getriebe mit seinen vielen Lagern, Kupplungen und Pumpen war sogar ziemlich verwickelt. Allerdings handelte es sich bei allen Bauteilen um solche, die technisch gesehen, keine Neuerung darstellten. Daraus ergab sich trotz allem eine hervorragende Betriebssicherheit, die durch die mögliche Stilllegung einzelner Anlagenteile noch verbessert wurde. »In technischer und wirtschaftlicher Hinsicht stellt die Lösung der Schwierigkeiten des motorischen Antriebes von Schiffen durch das Vulcan-Getriebe eine außerordentlich anerkennenswerte Leistung dar.«[402] Die technischen Angaben des Demonstrationsschiffes sind: Klasse: Germ. Lloyd / Länge: 70,37 m / Breite: 11 m / Tiefgang: 4,54 m / Seitenhöhe: 5,20 m / BRT: 1.314 t / NRT: 681 t / Maschine: 2 einfachwirkende nicht umsteuerbare sechszylindrige Viertakt-Diesel mit 300 Umdr., 600 PSe / Heizmaterial: Rohöl / E.-Anlage: 80 kW, 220 V / Schraube: 1 / Geschwindigkeit, beladen: 9,5 Knoten / Schiffbaumaterial: Flusseisen. Das Eindeckschiff hatte 2 Masten, 4 wasserdichte Schotten bis zum Hauptdeck, Wasserballast im Doppelboden und je 1 Piektank vorn und achtern, drahtlose Telegrafie und war mit Zement belegt.[403] Im November 1925 war *VULCAN* [9] an die Hamburger Reederei Leonhardt & Blumberg verkauft worden »welche dem Schiff den Namen *HANS LEONHARDT* geben wird.«[404] Die Besatzungsstärke der *HANS LEONHARDT* ist mit dem Stand 1.1.1928 mit 19 Mann angegeben: Kapitän, 2 Offiziere und 6 Mann seemännisches Personal, 3 Offiziere und 4 Mann Maschinenpersonal, 3 Personen sonstiges Personal.[405]

Eine ausführliche Beurteilung des Vulcan-Getriebes vom seemännischen Standpunkt aus hatte der Kapitän der *ALTENFELS* abgefasst, nachdem er das Schiff 1 1/2 Jahre geführt hatte. Er sah u.a. einen Hauptvorteil darin, dass die »beorderten Manöver mit größter Präzision und Schnelligkeit ausgeführt werden können. Die sogenannten ›Versager‹ beim Manövrieren gibt es bei diesem System nicht.« Als einen weiteren Vorzug betrachtet er 2 Motoren auf 1 Schraube arbeitend bei Reparaturen auf hoher See. »So machte *ALTENFELS* bei gutem Wetter immer seine 9 Sm. stündlich mit 1 Motor, gegen 12 Sm. mit beiden.«[406]

Das erste Vulcan-Getriebe für das Ausland bauten die Vulcanwerke Stettin im Januar 1925 für einen beim Bremer Vulkan im Bau befindlichen Motorschlepper von 500 PS. Zwei weitere Anlagen von je 3.000 PSw waren zu diesem Zeitpunkt in Auftrag gegeben worden, bestimmt für die beim Bremer Vulkan und der A.G. »Weser« im Bau befindlichen beiden 11.000 t Schiffe der Firma Hugo Stinnes. Der erste Auftrag für ausländische Rechnung kam von der englischen Firma William Beadmore & Co. Es handelte sich um den Umbau des 6.500 t Frachtschiffes WULSTY CASTLE in ein Motorschiff. Zum Einbau kam das neue System mit

Frachtmotorschiff *DUISBURG* [aus: Werbeschrift der Deschimag, 1930]

doppelwirkenden Viertaktmotoren. Die Anlage, im Oktober 1925 in Hamburg im Bau, bestand aus 2 dreizylindrigen Motoren unter Zwischenschaltung eines nicht umsteuerbaren hydromechanischen Getriebes mit einer Gesamtleistung von 2.050 PSe bei 210 U./min. Der Viertaktmotor zeichnete sich durch eine geringe Bauhöhe aus, wodurch der Nutzraum des Schiffes vergrößert wurde und sich die Herstellungskosten senkten. Im Oktober 1925 bauten die Werke in Stettin und Hamburg außer Zweitaktmotoren und einfachwirkenden Viertaktmotoren auch verhältnismäßig raschlaufende doppeltwirkende Viertaktmotore mit hydraulischem Vulcangetriebe. In diesem Zusammenhang dürfte von Interesse sein, dass die beiden einfachwirkenden Viertakt-Dieselmotoren der Bauart Weser/MAN des bekannten »Rotorschiffes« BARBARA vermittels eines »Vulcangetriebes« auf die Schraubenwelle wirkten.[407]

Das bereits erwähnte Motorfrachtschiff *DUISBURG* war das erste große Schiff, welches mit einem Vulcan-Getriebe ausgerüstet worden ist. Es stand Anfang 1925 in Hamburg auf den Helgen, der Stapellauf wurde von *Hansa* am 14.5.1925 mitgeteilt. Die Baunummer 638 [Hbg. 189] war für die Deutsch-Australische Dampfschiffs-Gesellschaft bestimmt und absolvierte die Probefahrten um den 3.7.1925. Zur ersten Reise nach Sumatra, Java und Celebes war das Schiff am 8.7.1925 ausgelaufen, von welcher es am 30.10.1925 zurückgekehrt ist. Es hatte sich auf der Reise »vorzüglich bewehrt«, besonders hervorgehoben wird der »überraschend niedrige Ölverbrauch.«[408] Die Maschinenanlage bestand aus 2 einfachwirkenden achtzylindrigen Viertakt-Dieselmotoren, System Vulcan-MAN, die sich mit der Konstruktionsleistung von 215 U./min. drehten. Bei den Antrieben der beiden Motoren über das Übersetzungsgetriebe wurde die Drehzahl auf 80 U./min. herabgesetzt. Die Motorenleistung wird mit 4.100 PSe angegeben. Die technischen Schiffsdaten sind: Klasse: Germ. Lloyd / Länge: 137,26 m / Breite: 17,76 m / Tiefgang: 8,12 m / Seitenhöhe: 9 m / BRT: 6.530 t / NRT: 3.958 t / Tragfähigkeit: 9.500 t / E.-Anlage: 300 kW, 220 V, 30 kW, 110 V / Geschwindigkeit, kontraktlich: 13 Knoten bei 3.500 PSe / Schiffbaumaterial: Flusseisen. Das Zweideckschiff mit 2 Masten und Kreuzerheck hatte 8 wasserdichte Schotten, Wasserballast in je einem Piektank vorn und achtern, Unterwasserschallhör-Apparate, drahtlose Telegrafie, Funkpeilanlage und war teilweise mit Zement und Asphalt belegt. Die Kühlanlage für den 193 cbm Proviantraum war von der Maschinenfabrik »Germania« in Chemnitz geliefert worden.[409] Die Besatzungsstärke wird mit dem Stand 1.1.1928 mit 49 angegeben: neben dem Kapitän, 4 Offiziere und 15 Mann seemännisches Personal, 6 Offiziere und 12 Mann Maschinenpersonal, 1 Offizier und 10 Personen sonstiges Personal. Das Schiff lief später unter dem Namen *HEIDELBERG*.[410]

Das Frachtmotorschiff *ALTENFELS* war in Hamburg im Februar 1924 von der Deutschen Dampfschiffahrts-Gesellschaft Hansa, Bremen, bestellt[411] und mit der Baunummer 684 [Hbg. 202] Mitte Mai 1925 vom Stapel gelaufen.[412] Die technischen Daten sind: Klasse: Germ. Lloyd / Länge: 142,98 m / Breite: 18,42 m / Tiefgang: 9,90 m / Seitenhöhe: 10,65 m / BRT: 8.132 t / NRT: 5.041 t / Tragfähigkeit: 10.790 t / E.-Anlage: 300 kW – 220 V, 9 kW – 110 V / Schraube: 1 / Schiffbaumaterial: Flusseisen. Das Zweideckschiff mit 2 Masten und Kreuzerheck hatte 1 wasserdichtes Schott bis zum 2. Deck, 7 weitere bis zum Hauptdeck, Wasserballast im Doppelboden, in je einem Vor- und Achterpiektank und einem Decktank [10,70 + 15,12], Unterwasserschall-Hörapparate, drahtlose Telegrafie, eine CO_2-Anlage zur Feuererstickung durch Gase und war mit Asphalt belegt. Die Kühlanlage für den 50 cbm Proviantraum lieferte Georg Niemeyer, Harburg. Das Schiff kam nach sehr befriedigenden Probefahrten auf der Elbe, am 8.9.1925 zur Ablieferung und trat 11 Tage später seine erste Reise nach Ostindien an. Dabei wurde von Antwerpen nach Port Said die kontraktliche Geschwindigkeit von 12 Knoten um 0,2 überschritten, obwohl die Maschinenleistung statt der für 12 Knoten errechneten 3.800 effektiven PS nur 3.560 PSe betrug. Die bei den Probefahrten der *DUISBURG* gewonnenen Erfahrungen konnten, da sie nur ganz unwesentliche Änderungen erforderten, bei *ALTENFELS* in vollem Umfange berücksichtig werden«, wie Dr. G. Bauer anlässlich eines Vortrages bei der STG mitteilte. Weiter ist dem Vortrag zu entnehmen, dass die Hauptmotoren und Getriebe identisch sind mit denen der DUISBURG, während die Hilfsmaschinenanlage etwas anders disponiert ist und die Abgasverwertung fehlt.[413] Die Gesamtbesatzung wird mit dem Stand 1.1.1928 mit 45 angegeben: Kapitän, 5 Offiziere und 15 Mann seemännisches Personal, 5 Offiziere und 12 Mann Maschinenpersonal, 7 Personen sonstiges Personal.[414] Das Motorschiff musste nach dem Ersten Weltkrieg am 24.3.1919 an England abgeliefert werden.[415] Im Zusammenhang mit dem Vortrag von Dr. Bauer dürfte ein Beitrag von Interesse sein, enthalten in *Hansa* unter der Überschrift »Deutsche Ölmotoren« und geschrieben von Dr.- Ing. Victor Rembold, Prof. a.D. Technischen Hochschule Danzig.

Für die Stettiner Werftindustrie war das 1. Halbjahr 1925 nicht besonders glücklich, wenn auch einige Dampfer vom Stapel gelassen werden konnten. Auf der Vulcanwerft war die Baunummer 676, ein Petroleumtanker, als *CLIO* Ende Mai 1925 zu Wasser gebracht worden. Das Motorschiff hatte Doppelschrauben und war für die Baltisch-Amerikanische Petrol-Import-Gesellschaft mbH in Zoppot bestimmt. Die Abmessungen werden angegeben mit 149,2 x 19,2 x 8 m.[416] Die Probefahrt teilte Hansa am 19.12.1925 mit, ebenso diese Angaben: »Die Maschinenanlage besteht aus 2 Vier-Zylinder-Zweitakt-Dieselmotoren, System MAN-Vulcan von 2.900 PS-Leistung, Geschwindigkeit = 11,5 Knoten. 2 Vertikal-Duplex-Pumpen ermöglichen ein völliges Beladen in 9 Std. und Entladen in 12 Stunden.« Weitere technische Angaben sind: Klasse: Germ. Lloyd / Tiefgang: 10,75 m / Seitenhöhe: 10,82 m / BRT: 8.940 t / NRT: 5.050 t / Tragfähigkeit: 12.660 t / E.-Anlage: 162 kW, 220 V, 10 kW–110 V / Das Zweideckschiff mit Kreuzerheck und 2 Masten war im Längstspanten-System gebaut, hatte 6 wasserdichte Schotten bis zum 2. Deck, 13 bis zum Hauptdeck, Öl-Tieftanks, Wasserballast teilweise im Doppelboden (24,84 m) und in den Piektanks vorn und achtern, es war teilweise mit Zement und Asphalt belegt.[417] Die Ausrüstung mit Funkentelegrafie von der Debeg erfolgte im Dezember 1925.[418]

Über den früheren Schnelldampfer *DEUTSCHLAND* (3) lesen wir am 25.5.1925 in der *Hansa* unter Schiffsverkäufe: »D. ›Hansa‹ ex ›Viktoria Luise‹ ex ›Deutschland‹. [...] 1900 auf der Werft der Aktiengesellschaft ›Vulcan, Stettin, erbaut, der seit dem 21.10.1924 im Kuhwärder Hafen [Hamburg] liegt, ist an die Fa. Schweitzer & Oppler in Berlin verkauft worden. Der Dampfer wird Ende Mai an die Vulcan Werft in Hamburg gebracht und dort abgewrackt werden.« Dieses Schiff dürfte besonders deshalb von einigem Interesse sein, weil es eines der berühmtesten nicht nur Deutschlands, sondern der Weltflotte überhaupt war. Erbaut um die Jahrhundertwende, in der Zeit, als die deutsche Schifffahrt einen mächtigen Aufschwung nahm, entsprach der Schnelldampfer den verwöhntesten Ansprüchen des internationalen Reisepublikums. Darüber hinaus hielt er 4 Jahre lang, von 1900–1904, den Schnelligkeitsrekord auf dem Atlantik. Das »Blaue Band« ging verloren, als die mit Regierungsunterstützung gebauten und wesentlich größeren englischen Dampfer LUSITANIA und MAURETANIA auf der Bühne erschienen. Als Schnelldampfer außer Dienst gesetzt, erfolgte 1912 in Stettin ein umfassender Umbau und die Indienststellung als Touristendampfer *VIKTORIA LUISE.* Noch als Schnelldampfer für den Einsatz als Hilfskreuzer geplant, wurde davon Abstand genommen wegen der als zu gering eingestuften Geschwindigkeit von 17,5 Knoten. Nach dem Ersten Weltkrieg, die Siegermächte hatten auf eine Auslieferung verzichtet, erfolgte ein erneuter Umbau zum Einheitsschiff für die Beförderung von Passagieren der 3. Klasse und die Indienststellung im Oktober 1921. Nach ziemlich genau 25-jähriger Dienstzeit begann das Zerstörungswerk. Übrig blieben geschätzte 10.000 Tonnen Eisen, Stahl und etwa 450 Tonnen Kupfer, Messing, Blei, Weißmetall usw. sowie gewaltige Holzmengen. In einem mächtigen Schuppen lagerte das gesamte Mobiliar des einstmaligen schwimmenden Hotels. Im Schiffsinnern waren die kostbaren Holzverschalungen und Schnitzereien von Fachleuten abgebaut worden. Sie wurden vielfach von Tischlern angekauft und zum Teil unverändert wieder verwertet. Soweit das *Hamburger Abendblatt* in der Ausgabe vom 1.8.1925: Slg. Staatsarchiv Hamburg, ZAS A941.

Die Steigerung der Schiffbauaufträge geht am Vulcan vorbei

Da im Stettiner Werk im April 1925 nur noch zwei Motortankschiffe im Bau waren, hatte die Werksleitung die Belegschaft allmählich auf rund 3.000 Mann verringern müssen. Wie *Hansa* am 11. April mitzuteilen wusste, soll der Aufsichtsrat auf der vor kurzem in Berlin abgehaltenen Sitzung dem Vernehmen nach den Beschluss gefasst haben, den Betrieb wegen fehlender Aufträge und flüssigem Kapital stillzulegen. »Inzwischen hat jedoch das Handelsministerium eingegriffen um die Weiterführung [...] zu ermöglichen und es steht zu hoffen, daß die zur Zeit schwebenden Verhandlungen die Stadt Stettin und die nördlichen Industrievororte vor den verhängnisvollen Wirkungen bewahren, die mit der Schließung der größten Werft am Platze unweigerlich eintreten würden.«

Der von der preußischen Regierung im Laufe des Jahres gewährte »umfangreiche Kredit zur Weiterführung des Betriebes«, den der Hamburger Dr. Erdmann in einem Beitrag in der *Hansa* am 1.1.1926 erwähnt, ist in diesem Zusammenhang zu sehen. Eine weitere finanzielle Unterstützung kam aus dem 50 Mill. Topf des Schiffsbaudarlehnsfonds. Für Seeschiffsneubauten, die rund 108 Mill. RM erforderten, waren 35 Mill. als Darlehn vergeben worden. Neben 6 weiteren Werften mit jeweils unterschiedlichen Summen entsprechend der Anzahl der Aufträge – Blohm & Voss z.B. erhielt mit 10 Mill. RM den größten Einzelbetrag – bekam der Vulcan 1 1/2 Mill. RM und hatte damit insgesamt 15 Mill. RM an Subventionskrediten erhalten, wie *Hansa* in zwei Ausgaben 1925 und im September des nächsten Jahres zu entnehmen ist. Insgesamt waren 1926 in Deutschland 60 Schiffe mit 180.548 t vom Stapel gelassen worden, was einer Bauauslastung von lediglich 25 % entsprach. Der Vulcan war daran in Hamburg mit 3 Einheiten von zusammen 7.108 BRT beteiligt und weiteren Aufträgen über 24.000 BRT sowie einem Dock von 25.000 t auf »Reparationskonto«; in Stettin mit 4 Einheiten von zusammen 22.297 BRT und Aufträgen über 11.000 BRT. Im Verhältnis zu den meisten anderen Werften ein erstaunlich geringer Anteil, der sich in der Folgezeit bis auf null fortsetzen sollte, trotzdem Hansa im Februar 1927 feststellen konnte: »Die bis zur Jahreswende bekannt gewordenen, in der Hansa auch fortlaufend veröffentlichten Bauaufträge deutscher Werften zeigen eine sehr erfreuliche starke Steigerung.«[419]

Nach einer Zusammenstellung der im Laufe der Monate Juli bis Oktober 1926 in Auftrag gegebenen Neubauten waren es im Juli zwar nur 6.000 BRT, im August aber bereits 10.000 BRT, im September dann 25.000 BRT und der Oktober schloss mit 87.000 BRT ab. Im November und Dezember sind dann vom NDL ein Frachtdampfer von 35.000 t und zwei Frachtdampfer von je 46.000 t und aus Norwegen ein Motorschiff von 17.000 t an Blohm & Voss und die inzwischen fusionierten Vulcanwerke Hamburg mit der A.G. »Weser« in Auftrag gegeben worden, ein deutlicher Hinweis auf eine weitere Steigerung der Bautätigkeit. Darüber hinaus standen weitere Auftragsverhandlungen vor dem Abschluss, allerdings nicht für den Stettiner Vulcan.

Wie sich für das einstmals im deutschen Schiffbau führende Unternehmen, die damalige geschäftliche Lage darstellte, teilt uns ein Beitrag in der *Hansa* am 30.10.1926 mit, dem die Redaktion die Einleitung vorangestellt hatte: »Zur Lage der deutschen Werftindustrie äußern sich aus besonderem Anlaß die Vulcan-Werke in Hamburg und Stettin folgendermaßen: Die Werftindustrie in Deutschland ist durch das Verbot des Kriegsschiffsbaues auf deutschen Privatwerften im Wege des Versailler Vertrages, durch die starke Einschränkung, welche der hochwertige Passagierdampferbau erfahren hat, und durch die Notlage des Lokomotivbaues, alles drei Spezialitäten des Vulcan vor dem Kriege, außerordentlich notleidend. Die Werften in Bremen und Hamburg sind spielend in der Lage, was diese beiden Schiffszentren in absehbarer Zeit zu bestellen vermögen, am Platze selbst herzustellen. Über die derzeitige Beschäftigung ist zu sagen: In Stettin befinden sich noch 5 Lokomotiven für die Reichsbahn und 3 Torpedo-Turbinenanlagen für die Reichsmarine, in Hamburg ein 25.000 Tonnen-Schwimmdock für Reparationslieferungen an Frankreich im Bau«.

Über Unfälle auf dem Werk Stettin wird vom *Volksboten* im März, April und November 1925 berichtet. Am 24. April.: »Schwerer Unfall auf den Vulcan-Werken. Heute Morgen kurz vor 7 Uhr verunglückte der 52jährige Arbeiter Hofmann, Gießereistraße 40a, indem er zwischen die Puffer zweier Eisenbahnwagen geriet. Der Schwerverletzte wurde in das städtische Krankenhaus überführt. Sein Zustand ist hoffnungslos. Schuld an dem Unfall dürften, wie uns mitgeteilt wird, die berüchtigten Sparmaßnahmen tragen. Bisher waren jeder Lokomotive 2 Begleitmänner zugeteilt von denen einer beobachtete was vor und hinter der Lokomotive passierte. Jetzt ist der zweite Begleitmann eingezogen und so konnte sich das Unglück ereignen, daß die Maschine mit der Rückseite an eine Wagenreihe stieß in der sich der Verunglückte befand, ohne daß der Maschinenführer hätte gewarnt werden können.«

Am 3. Mai.: »Ein unaufgeklärter Unfall auf dem Vulcan. Der 72 Jahre alte, über 50 Jahre auf dem Vulcan beschäftigte Dreher Hellmuth Knappe, Lange Straße 9 wohnhaft, wurde gestern 11 1/2 Uhr vormittags im Keller an einer Drehbank mit Schädelbruch, gebrochenem rechtem Arm und anderen Verletzungen tot aufgefunden. Es hat niemand von den Kollegen […] von dem Unfall etwas bemerkt.« Und am 12. November: »Heute morgen kurz vor 7 Uhr, fiel plötzlich der 59 Jahre alte Arbeiter A. Bechler, Züllchow, Anstaltstraße 15 wohnhaft, und seit 1894 bei den Vulcan-Werken tätig, tot um. Ob Herz- oder Gehirnschlag den Tod herbeigeführt hat steht noch nicht fest.« Gegen 10 Uhr verunglückte in der Dreherei der Werft der Arbeiter

Gratzky, Metzstraße 12 wohnhaft. Er stürzte auf schwere Eisenteile und erlitt erhebliche Verletzungen. [...] Eine Untersuchung ist eingeleitet.«

Anfang September 1925 brachte die Hamburger Werft mit der Baunummer 639 [Hbg. 190] die RENDSBURG zu Wasser, ein Motorschiff mit Einrichtungen für 12 Passagiere. Die erste amtliche Eintragung erfolgte im Januar 1926 und ebenfalls in diesem Monat die Beendigung der Probefahrten. Auch die Ablieferung an die Hamburger Deutsch-Australische Dampfschiffahrtsgesellschaft Ende Januar teilt *Hansa* mit. Die technischen Daten sind: Klasse: Germ. Lloyd / Länge: 137,30 m / Breite: 17,76 m / Tiefgang: 7,52 m / Seitenhöhe: 9 m / BRT: 6.200 t / NRT: 3.716 t / Tragfähigkeit: 7.635 t. Maschine: 2 einfachwirkende achtzylindrige Viertakt-Dieselmotoren Vulcan-M.A.N. u. Vulcangetriebe, 4.320 PSe Gesamtleistung, 1 Schraube, 12 Knoten / E.-Anlage: 300 kW, 220 V, 10 kW, 110 V / Tankkapazität: 1.695 t. Das Zweideckschiff mit 2 Masten und Kreuzerheck hatte 8 wasserdichte Schotten bis zum Hauptdeck, Wasserballast im Doppelboden und je 1 Piektank vorn und achtern, Unterwasserschall-Hörapparate, drahtlose Telegrafie, Funkpeilanlage und war mit Zement belegt.[420] Der Einsatz im Zweiten Weltkrieg und Verbleib s. Bd. 3.

In der letzten Augustwoche 1925 lief in Stettin die Baunummer 677 als *REGINOLITE* vom Stapel. Auftraggeber des Doppelschraubenschiffs war die Imperial Oil Ltd. [W. B. Elsworth] Toronto, Kanada.[421] Die Durchführung der Probefahrten des Motortankschiffes teilt *Hansa* am 6.3.1926 mit. Die technischen Daten sind: Klasse: Germ. Lloyd / Länge: 143,01 m / Breite: 19,23 m / Tiefgang: 10,55 m / Seitenhöhe: 10,82 m /BRT: 9.069 t / NRT: 4.430 t / Tragfähigkeit: 12.495 t / Maschinenanlage im Hinterschiff: 2 vierzylindrige Zweitakt-Dieselmotoren Vulcan-M.A.N., 3.000 PSw Gesamtleistung, 2 Schrauben, 11 Knoten / E.-Anlage: 262 kW, 220 V, 25 kW, 110 V. Das Zweideckschiff mit Heimathafen Montreal hatte 2 Masten, Kreuzerheck und war im Längsspantensystem gebaut. Es hatte 13 wasserdichte Schotten bis zum Hauptdeck und 6 weitere bis zum 2. Deck, Wasserballast teilweise im 24,84 m langen Doppelboden und in 2 Piektanks, einen Tieftank für Öl, Wasserschall-Hörapparate, drahtlose Telegrafie und war teilweise mit Zement und Asphalt belegt.[422]

Die Generalversammlung [jeweils im II. Quartal in Hamburg oder Stettin] des Jahres 1925 hatte der Aufsichtsrat zum 10. Juni in Stettin einberufen. Das er beschlossen hatte, eine Dividende nicht vorzuschlagen und den Überschuss von 752.609 RM. zu Rückstellungen zu verwenden, war *Hansa* am 2.5. d. Js. zu entnehmen. Die Mitteilungen über die Generalversammlung in *Hansa* ist datiert, 14.7.1925. Der Abschluss für 1924 wurde genehmigt, dem Aufsichtsrat Entlastung erteilt und der Rechtsanwalt Dr. Wilhelm Koeppel, Berlin, sowie der Landrat a.D. Carl Tewaag, Mitinhaber des Stettiner Bankhauses Wilhelm Schlutow, neu in den Aufsichtsrat gewählt. Nach Abschreibungen von 752.609 Mk. gestattete der Reingewinn von 767.210 Mk. eine Dividende von 6 % auf die Vorzugsaktien. Im Übrigen war inzwischen bekannt geworden, dass das Unternehmen im Laufe des Jahres von der preußischen Regierung einen umfangreichen Kredit zur Weiterführung des Betriebes erbitten musste. Eine sehr knapp gehaltene Mitteilung in der *Weser-Zeitung* vom 22.5.1925 teilt über den Geschäftsbericht lediglich mit: »Wenngleich die Schiffsreparatur-Abteilung in Hamburg befriedigend gearbeitet hat, so haben die wirtschaftlichen Verhältnisse im deutschen Schiffbau und Lokomotivbau es doch nicht ermöglicht, die Werkstätten in Hamburg und Stettin mit für die Betriebsanlagen ausreichenden Aufträgen zu auskömmlichen Preisen zu versorgen.«

Auch der Bericht über das Geschäftsjahr 1925 enthält keinerlei Hinweise auf eine positive Entwicklung der Geschäfte. Im Gegenteil. Der Überschuss hatte sich mit dem Betrag von 88.700 RM gegenüber der Vorjahressumme erheblich verringert und die Abschreibungen werden nur noch mit 56.100 RM. gegenüber einem Vorjahresbetrag von 762.600 RM. angegeben. Auf die Vorzugsaktien in Höhe Höhe von 100.000 RM. kam eine Dividende von 6 % zur Verteilung, das Stammaktienkapital blieb ohne Dividendenzahlung. Dieser Zustand hatte sich im Jahre 1925 noch weiter verschlechtert. Die Reichsbahn hatte auch in diesem Jahr daran festgehalten, Neubestellungen an Lokomotiven nicht zu vergeben, und beabsichtigte auch noch im Jahre 1926 an dieser Praxis festzuhalten.

Im deutschen Schiffbau verschärfte sich die Absatzkrise weiter. Durch den Versailler Vertrag waren Deutschlands Kriegsschiffbau-Möglichkeiten auf ein bedeutungsloses Maß herabgedrückt. Die Entwicklung der Handelsschifffahrt und der Handelsbeziehungen in andere Länder hatte den deutschen Werften die Möglichkeit zu schiffbaulichen Aufgaben ähnlich der Vorkriegszeit beschnitten. Hieraus ergab sich, in Verbindung mit den während des Krieges notwendig gewesenen Werfterweiterungen und den nach dem Kriege erfolgten Werftneugründungen in Deutschland, für den Schiffbau die Tatsache, dass seine Leistungsfähigkeit für die Handelsmarine zweieinhalb- bis dreimal größer war als die Absatzmöglichkeiten. Bei nahezu sämtlichen deutschen Werften waren mindestens zwei Drittel der Bauhellinge unbesetzt. Der deutsche Schiffbau hatte in viel höherem Maße als irgendein anderes Glied der deutschen Wirtschaft unter den Folgen des Krieges zu leiden. Nach Auffassung der Verwaltung der Gesellschaft war eine Konsolidierung der Verhältnisse, vor allem aber die Verhütung eines Niederganges der Schiffbaukunst in Deutschland nur von einer Verschmelzung der Werften und ihrer Interessen zu erhoffen. An Anregungen dieser Art hatte es [...] 1925 nicht gefehlt, es zeigte sich aber, dass gegen einen freiwilligen Zusammenschluss noch eine zu starke Gegnerschaft bestand. Außerdem wurde mitgeteilt, dass das Hamburger Werk sämtliche Anteile der Neuhofer Wohnstätten GmbH in Besitz hat, bestehend aus 87 Wohnhäusern, die in unmittelbarer Nähe des Werkes lagen.[423]

Zu den Gegnern eines Trust gehörte n.a. in Stettin die 1917 gegründete Ostsee-Werft und insbesondere der Hamburger Reeder Hermann Blohm. Die Stettiner Werft schrieb 1926 hierzu in ihrem Geschäftsbericht über 1925 u.a.: »Für diese Ablehnung ist nicht etwa persönliche Abneigung gegen einen Zusammenschluß, sondern die Erkenntnis maßgebend, daß ein derartiger Trust in der Schiffbauindustrie der besonderen Verhältnisse wegen undurchführbar und schädlich ist. Unserer Ansicht nach muß die natürliche Auslese entscheiden, welche Werften lebensfähig sind und welche nicht. [...]« Und Hermann Blohm hatte anlässlich der im Juni 1926 stattgefundenen Mitgliederversammlung des Vereins Deutscher Eisen- und Stahlindustrieller hierzu ausgeführt: »Man kann Schiffe nicht wie Massenprodukte Kohle oder Eisen herstellen oder verkaufen und daher ist auch der im vorigen Jahre aufgetauchte Gedanke einer Dachgesellschaft der deutschen Schiffswerften abwegig. [...] Der Gedanke einer Dachgesellschaft [...] ist gerade im Schiffbau am allerwenigsten durchführbar und sollte daher trotz der Befürwortung durch sozialistische Zeitungen nicht weiter verfolgt werden; [...] Der Trust bedeutet in jeder Industrie eine starke Ausschaltung des individuellen Moments, des persönlichen Kontakts und damit eine Annäherung an Staatswirtschaft und Sozialismus. [...]«[424]

Zwar nicht ganz in diese Richtung, aber doch mögliche Veränderungen in den Zuständigkeiten der Werke in Hamburg und Stettin enthaltend, ist ein Beitrag im *Volksboten* in der Ausgabe vom 11.11.1925 abgefasst. »Die ›Frankfurter Zeitung‹ schreibt: ›Bei den Vulcan-Werken Hamburg und Stettin war eine Zeitlang die Frage akut, ob nicht eine Konzentrierung auf den Stettiner Betrieb der Sachlage entspreche. Die Entscheidung darüber ist zunächst durch die Hereinholung eines umfangreichen Dockbauauftrages für Bordeaux (über Reparationskonte) vertagt worden. Außerdem scheinen Verhandlungen über einen weiteren Auftrag dieser Art günstig zu verlaufen. Das schließt nicht aus, daß eine Beschränkung der Gesamtanlagen auf den Bau hochwertiger Passagier- und Handelsschiffe sowie Schiffsmaschinen in der Stettiner Abteilung und auf das Reparatur- und Serienbaugeschäft in der Hamburger Abteilung für die Zukunft nicht zu umgehen sein wird. Wie der *Generalanzeiger* aus Hamburg erfährt, sind derartige Pläne tatsächlich erwogen worden; zur Zeit läßt sich aber etwas Bestimmtes noch gar nicht sagen, da alle Entschließungen von der Entwicklung des Schiffbaues in der nächsten Zeit abhängig sein werden.«

Vermutlich im Juni 1925 hatte die HAL bei dem Hamburger Werk einen D. vom Typ der zu Anfang des Ersten Weltkrieges verloren gegangenen *KÖNIGIN LUISE* [1] bestellt. »Das Schiff wird für die Beförderung von 1.850 Personen über See konzessioniert sein und in der Bequemlichkeit seiner Inneneinrichtung noch den beliebten Seebäderdampfer *KAISER* übertreffen. Die Konstruktionsgeschwindigkeit von 17 Knoten sollte es ermöglichen, selbst bei ungünstigen Wetterbedingungen, bei sonntäglichen Fahrten nach Helgoland und zurück, den Aufenthalt der Passagiere auf der Insel auf 4–5 Stunden zu bemessen.« Der Beginn der Fahrten war für Pfingsten 1926 vorgesehen.[425]

Das Seebäderschiff lief mit der Baunummer 657 [Hbg. 194] am 14.1.1926 als *COBRA* vom Stapel. Die technischen Daten sind: Länge: 82 m / Breite: 12,20 m / Tiefgang: 2,97 m / Seitenhöhe: 6,20 m / Wasserverdrängung: 2.760 t / BRT: 2.132 t / Antrieb: je 2 Hoch- u. Niederdruckturbinen mit Zahnradgetriebe, 3.600 WPS Gesamtleistung, 2 Schrauben, 17 Knoten / Kesselanlage: 2 Wasserrohrkessel Vulcan-Schulz, Ölfeuerung, 14 atü / Bunkerkapazität:

192 t. Das Passagierschiff hatte 2 Decks, 1 Schornstein und 9 wasserdichte Abteilungen. Die Kühlanlage für den 30 cbm Proviantraum war von Georg Niemeyer, Harburg, geliefert worden. Die Gesamtbesatzung wird mit 87 angegeben: Kapitän, 2 Offiziere und 13 Mann seemännisches Personal, 4 Offiziere und 10 Mann Maschinenpersonal, 55 Personen sonstiges Personal.[426] Die Überführung nach Hamburg durch den Nord-Ostsee Kanal, gleichzeitig die Probefahrt, war für den 1.5.1926 geplant, ebenso die erste Ausreise am 5. d. M. nach Helgoland mit geladenen Gästen und die regelmäßigen Reisen nach Cuxhaven, Helgoland und Sylt. Das die Helgolandfahrt nicht stattfinden kann, war am 4. Mai dem *Hamburger Anzeiger* zu entnehmen.

Schweres Schiffsunglück auf der Oder

Sieben Personen leicht, drei schwer verletzt, titelte der Stettiner *Volksbote* am 30.4.1926. Und weiter lesen wir: »Ein schwerer Unglücksfall trug sich heute nacht gegen 3 Uhr auf der Oder zu. Bei der Rückkehr des Seebäderdampfers ›*Cobra*‹ von der Werftprobefahrt rammte das Schiff gegen den vordersten Ponton des großen Schwimmdocks der Vulcanwerke, welches auf der Westseite festgemacht war. Das Dock, in dem das der Reichsbahn gehörige Fährschiff ›Preußen‹ stand, wurde leck. Trotz des sofortigen Versuches, es durch Gegenfluten gerade zu halten, erhielt das Schiff Schlagseite gegen Land zu, so daß die Seitenstützen zwischen Dock und Fährschiff nachgaben und das Fährschiff sich gegen die nach Land zu liegende Dockseite legte. Die im Innern des Schiffes sich aufhaltende Besatzung verließ fluchtartig das Schiff. Von herabstürzenden Gegenständen wurden auf dem Weg ins Freie zehn Personen verletzt. Drei mußten sofort ins Krankenhaus überführt werden. Die ›Preußen‹ vermittelte den Verkehr zwischen Saßnitz und Trelleborg und lag schon längere Zeit im Dock [...] Unter den Schwerverletzten befindet sich der Kapitän. Das Fährschiff steht noch auf den Kielpallen mit etwa 10 Grad Neigung gegen das Dock. [...] Um 12 Uhr mittags [30. April] wird uns gemeldet: Das Trajektschiff [...] ist im Sinken. Es liegt jetzt mit etwa 45 Grad Schlagseite im Wasser. Da das Schiff der Landseite zu liegt, ist der Verkehr nicht behindert. Am 4. Mai kann die Zeitung dann mitteilen: Fährschiff ›Preußen‹ aufgerichtet. [...] Schleppdampfer zogen das Dock in tiefes Wasser, wo sich das Fährschiff von selbst aufrichtete, so daß es herausgeschleppt werden konnte.«

Bereits am 9. Mai konnte der *Volksbote* in einer Sonntagsausgabe über die zweieinhalbstündige Verhandlung des Stettiner Seeamtes informieren, welche am Freitag stattgefunden hatte. »Kapitän Hartung, der Führer der ›Cobra‹, berichtete, daß er am 29. April gegen 3 Uhr früh von der ersten Probefahrt zurückkehrte und bereits an der Swantespitze die Maschinen nicht mehr arbeiten ließ. Der Ankerplatz am Vulcan lag stromaufwärts hinter dem Motorschiff ›Hansestadt Danzig‹, jedoch vor dem Dock. In Höhe der ›Hansestadt Danzig‹ hatte die ›Cobra‹ nur noch geringe Fahrt, fast hatte es den Anschein, als ob die ›Cobra‹ die vorgesehene Liegestelle nicht erreichen würde. Nach passieren der ›Danzig‹ gab Kapitän Hartung das Maschinensignal: ›Backbordmaschine halb rückwärts!‹, damit die ›Cobra‹ zum völligen Stillstand käme. In einer Entfernung von etwa 30 Metern vor dem Dock kam das Schiff wieder in Fahrt. Die Signale: ›Stopp‹, ›Volle Kraft rückwärts‹ wurden mehrmals in den Maschinenraum gegeben, Leinen wurden zum festmachen an Land geworfen, alles, um den Zusammenstoß zu verhindern, der aber dennoch eintrat und dem Dock ein Leck zufügte. Der Maschinist bekundete, sämtliche Befehle richtig befolgt zu haben. Nach der Ansicht des Reichskommissars kann dies aber nicht stimmen, die Maschine muß rückwärts gegangen sein. Das Seeamt schloß sich dieser Ansicht an, es fällte folgenden Spruch. Der Unfall des Dampfers ... am 29. April kann nur auf einen unrichtig ausgeführten Befehl durch den Maschinisten zurückgeführt werden. Die Schiffsleitung trifft hierbei kein Verschulden.« Für 1939 war die *COBRA* von der Seefahrtenabteilung der NSG »Kraft durch Freude / KdF« gechartert worden, »um damit in diesem Sommer billige KdF-Reisen nach Helgoland durchführen zu können.« Als Fahrpreis für Hin- und Rückfahrt werden 7,50 RM angegeben.[427] Der Einsatz im Zweiten Weltkrieg und Verbleib s. Bd. 3.

»Bauaufträge: Die A.G. Ems in Emden vergab an die Vulcan-Werke Hamburg und Stettin einen Auftrag zum Bau eines neuen Bäderdampfers für den Verkehr mit den ost- und nordfriesischen Inseln.« Eine Information, die im Oktober 1925 erfolgte.[428] Zu Wasser gebracht wurde die Baunummer 658 [Hbg.195?] mit dem Namen *RHEINLAND* [2] am 16.3.1926. Dem Stapellauf in Hamburg wohnten der Oberpräsident der Rheinprovinz sowie zahlreiche geladene Gäste bei. Das Schiff war für den Dienst Emden–Borkum–Helgoland bestimmt. Über dem von vorn bis achtern durchlaufenden Hauptdeck befand sich ein über zwei Drittel der Schiffslänge erstreckendes sehr geräumiges Promenadendeck. Auf dem Hauptdeck vor dem Kesselschacht gab es einen Rauchsalon und auf dem Achterdeck einen 54 Personen fassenden Speisesaal, ferner auf dem hinteren Raumdeck einen Nichtrauchersalon und dahinter einen kleineren Damensalon. »Der Antrieb des Schiffes erfolgt durch 2 Dreifach-Expansions-Heißdampfmaschinen mit Oberflächenkondensation die auf 2 Schrauben wirken. Die Gesamtleistung beträgt 800 PS ind. die dem Schiff eine Geschwindigkeit von 12 1/2 Knoten verleihen. Der Dampf wird in 2 mit Überhitzern versehenen Einfach-Zylinderkesseln in Kohlenfeuerung erzeugt, die mit einem Kesselüberdruck von 14,5 Atmosphären arbeiten.[429] Weitere technischen Daten sind: Klasse: Germ. Lloyd / Länge: 56,91 m / Breite: 8,65 m / Tiefgang: 3,72 m / Seitenhöhe: 3,99 m / BRT: 668 t / NRT: 266 t / Tragfähigkeit: 165 t. Die Heizfläche beträgt 240 qm, es gibt eine E.-Anlage mit 8 Kw, 115 V. Die Maschinen-, Kessel- und E.-Anlage war im Stettiner Werk gebaut worden. Das Schiff mit 2 Masten hatte 5

Verkehrsdampfer *COURIER* [2] [Foto: Kohlmorgen, Archiv © DSM]

wasserdichte Schotten bis zum Hauptdeck, Wasserballast im 1,68 m Hochtank, je einem Vor- und Achterpiektank und war mit Asphalt belegt.[430]

Der Fluß-Passagierdampfer *COURIER* [2] absolvierte seine Probefahrten im April 1926. Das Schiff war mit der Baunummer 655 [Hbg. 193], für die Hamburg-Harburger Dampfschiffahrtsgesellschaft Wachsmuth & Grogmann gebaut worden und für den Seebäderdienst zwischen Hamburg und Cuxhaven bestimmt. Die Maschinenanlage bestand aus 2 Zweifach-Expansionsmaschinen.[431] Ebenfalls 1926 wurden für die Hamburger Kosmos-Linie 2 Tankleichter mit den Baunummern 659, 660 [Hbg. 196,197] mit einem Deplacement von je 335 t gebaut.[432]

Der »Seedienst Ostpreußen«, bei Bedarf ein täglicher Verkehr mit zwei Schiffen

Nach dem Ende des Ersten Weltkrieges war die Landverbindung Deutschlands mit seiner Provinz Ostpreußen und nach Danzig durch den polnischen »Korridor« abgeschnitten, dessen Zoll- und Passkontrollen als sehr hinderlich empfunden wurden. So entwickelten das Deutsche Reich und der Freistaat Preußen einen Plan, mit Hilfe einiger Reedereien eine Seeverbindung einzurichten, die es in Friedenszeiten so nie gegeben hat. Erste Überlegungen in dieser Richtung waren von der alteingesessenen Königsberger Firma Robert Meyerhoefer in Zusammenarbeit mit der Hamburg-Amerika Linie bereits nach Abschluss des Waffenstillstandes angestellt worden. Als erstes Schiff dieser Seeverbindung trat der kleine Dampfer HÖRNUM der HAL seine erste Fahrt am 27.1.1920 ab Swinemünde an. Aus verschiedenen Gründen waren das Reich und Preußen Ende 1924 in der Situation, eigene Schiffe zu beschaffen. Da man keine Staatsreederei wollte, verhandelte das Reichsverkehrsministerium über einen Dienstvertrag mit dem NDL, der HAL und der Stettiner Reederei J. F. Braeunlich. Abgeschlossen wurde dann mit dem Norddeutschen Lloyd und Braeunlich als Korrespondenzreedereien über je ein Schiff.

Bei der Planung der Schiffsbauten hatte das Reichsverkehrsministerium als federführende Behörde sehr vieles zu berücksichtigen, man musste gewissermaßen kleine Wunderwerke schaffen. So durfte die Länge von 80 m in der Wasserlinie nicht überschritten werden, da man sonst in dem engen Fahrwasser der Hafeneinfahrten von Neufahrwasser und Pillau Schlepperhilfe benötigt hätte. Der Tiefgang war auf 4 m begrenzt, um an der Seebrücke in Zoppot anlegen zu können. Die Geschwindigkeit musste solche Reserven enthalten, dass im Falle einer Korridorsperre die Schiffe in einer Nacht die Hin- und Rückfahrt durchführen konnten, bei einer Entfernung von 210 Seemeilen Swinemünde–Pillau. So sollte mit 2 Schiffen bei Bedarf ein täglicher Verkehr gesichert sein. An Passagieren war ein Fassungsvermögen von 1.000 Personen

Motorschiff *HANSESTADT DANZIG*
[SLG. Th. S. Siersdorfer, Staatsarchiv Hamburg, Rep. 1006 Nr.1061]

vorgesehen, denen in 60 bequemen Kabinen 120 Betten zur Verfügung standen. Direkt zuständig für die entsprechenden Schiffs- und Maschinenbaufragen war das Wasserstraßenmaschinenbauamt in Stettin-Bredow, unterstellt der Wasserstraßendirektion Stettin.

Auf der Grundlage der genannten Bedingungen sowie weiterer Einzelheiten wurden 4 Angebote eingereicht. Der noch bei weitem am besten gelungene Entwurf kam von den Stettiner Oderwerken. Erfahren im Bau von Schiffen gerade dieser Größe hatten die Konstrukteure es verstanden, die Deckgrundrisse den Bedürfnissen eines stoßweisen Massenverkehrs so anzupassen, dass er schnell und reibungslos abgewickelt werden konnte. Die örtlich Lage des Küchenbetriebes war gegenüber dem Fahrgastverkehr störungsfrei geplant, die Unterbringung der Kabinengäste am besten gelöst usw. Allerdings konnte man bei den Oderwerken die geforderten Verbrennungsmotoren mit entsprechender Stärke und Bauart damals noch nicht bauen. Diesen Auftrag erhielt der Stettiner Vulcan. So kam es zur Auftragsvergabe des einen Schiffes an die Oderwerke und des anderen an den Vulcan sowie der Maschinenanlagen für beide, der sich aber im Schiffbau nach den Entwürfen der anderen Werft richten musste. Zusammen kosteten beide Schiffe rund 5 Mill. RM. Über die erfolgte Auftragsvergabe berichtete *Hansa* am 9.5.1925 mit wenigen Worten: »Zwei für die Verbindung Swinemünde–Danzig–Pillau bestimmte Motorschiffe wurden bei den Oderwerken und dem Vulcan in Auftrag gegeben.«

Der fast gleichzeitige Stapellauf[433] am 17.3.1926 – der PREUSSEN auf den Oderwerken um 10.30 Uhr und der *HANSESTADT DANZIG* mit der Baunummer 678 auf dem Vulcan um 12 Uhr – war damals ein großes politisches Ereignis. »Ein Bekenntnis Deutscher zu Deutschen trotz der Grenzen von Versailles«, wie es der Danziger Senatspräsident Dr. Sahm in seiner Taufrede aussprach. Der Name HANSESTADT DANZIG war gewählt worden, weil 1919/20 die Botschafterkonferenz aus dem deutschen Entwurf der Danziger Verfassung als »Freie« Stadt das Wort »Hanse« als Merkwort deutscher Art gestrichen hatte. Die Wahl des Namens war somit ein trotziges »Dennoch!« Heimathafen beider Schiffe war Swinemünde.

Die technischen Daten sind: Klasse: Gem. Lloyd / Länge: 80,27 m / Breite: 11,68 m / Tiefgang: 5,87 m / Seitenhöhe: 6,87 m / BRT: 2.225 t / NRT: 922 t / Wasserverdrängung: 2.431 t / Maschine: 2 einfachwirkende Viertakt-Kreuzkopfmaschinen mit Lufteinspritzung, Blücho-Aufladung und Direktantrieb, Bauart Vulcan-MAN, jede Maschine leistete normal ohne Aufladung 1.700 PSe bei 270 U./min., mit Aufladung 3.200 PSe bei 320 U./min, sie waren als Zehnzylindermaschinen gebaut, die Höchstgeschwindigkeit betrug 15 bzw. 20 Knoten / E.-Anlage: 200 kW/220 V, 5 kW/110 V / Schrauben: 2 mit 2,50 m im Durchmesser. Das Schiff mit 2 Masten, 2 Decks und Kreuzerheck, hatte 5 wasserdichte Schotten bis zum Hauptdeck, 2 weitere bis zum zweiten Deck, Wasserballast im Doppelboden und in 2 Piektanks, Unterwasserschall-Hörapparate, drahtlose

Das für Bordeaux bestimmte Schwimmdock am 24.7.1927 als Schleppzug auf der Elbe [SLG. HAK]

Telegrafie, Funkpeilanlage und war mit Zement belegt. Die Kühlanlage für den 20 cbm Proviantraum lieferten die Atlas-Werke AG Bremen.[434] An der Herstellung der wertvollen Inneneinrichtung war weitgehend die Bremer Firma Deutsche Holzkunstwerkstätten Johannes Andresen AG beteiligt.[435]

Die Gesamtbesatzung mit Stand 1.1.1928 wird mit 68 Personen angegeben: Kapitän, 2 Offiziere und 13 Mann seemännisches Personal, 4 Offiziere und 10 Mann Maschinenpersonal, 38 Personen sonstiges Personal.[436] Deren Wohnräume, ebenso die Wirtschaftsräume, befanden sich auf dem untersten Deck. Ein Deck darüber war das Wohndeck für die Fahrgäste, das in 2 Blocks im Vor- und Achterschiff 60 Zweibett- und einige Luxuskabinen enthielt. Auf dem Hauptdeck, hier betrat man das Schiff, befanden sich die Gepäckausgabe, die Zollräume und Barbierstuben sowie der Speisesaal mit seinen zahlreichen kleinen Tischen, elegant, behaglich und mit Blumen geschmückt. Das Promenadendeck, ebenso wie das Hauptdeck durch Türen verschließbar und zu beheizen, enthielt u.a. den Rauchsalon und eine freundliche Halle. Eine Treppe höher schließlich war das Bootsdeck mit der Kommandobrücke.

Das Schiff mit nur einer Klasse wurde von Kapitän Heinrich Zuppe geführt, bisher 1. Offizier des Lloyddampfers *STUTTGART*. Die Fahrt Swinemünde–Zoppot kostete 15 RM, bei sofortiger Rückfahrt zahlte man auch nur diesen Betrag. Ein Schlosser des Vulcan hatte zu dieser Zeit einen Stundenlohn von 0,66 Mark, er hätte also für etwa einen halben Wochenlohn per Schiff nach Ostpreußen reisen können. Wer keine Kabine hatte, man zahlte pro Bett 6 Mark, fand auf Liegestühlen, Sofas und Bänken reichlich Schlafgelegenheiten. »Ein Raum für Wandervögel bot diesen ein schönes Plätzchen zu verbilligtem Preis, wo sie auch übernachten konnten.« In den zahlreichen zweckmäßig eingerichteten Waschräumen konnte man sich am Morgen frisch machen. Alle Räume waren elegant und gediegen ausgestattet. »Die Bewirtung schließlich ist, wie auf allen Lloyddampfern bekannt, sehr gut und durchaus nicht teuer.« Die erste Reise von Swinemünde nach Zoppot und der vierstündigen Weiterfahrt nach Pillau, begann am Sonnabend, dem 18.7.1926 pünktlich um 19.30 Uhr. Die Rückfahrt von Pillau begann ebenso fahrplanmäßig am Montag um 11.45 Uhr und war mit dem Eintreffen in Swinemünde am Dienstag früh um 5.45 Uhr beendet.[437] Der Einsatz im Zweiten Weltkrieg und Verbleib s. Bd. 3.

Einen nicht unerheblichen Teil der Sachlieferungen, die nach dem verlorenen Ersten Weltkrieg das Deutsche Reich fortlaufend an seine ehemaligen Feinde zu leisten hatte, stellten die Neubauten dar, die an deutsche Werften auf Reparationskonto in Auftrag gegeben wurden. Das Hamburger Werk des Vulcan war daran beteiligt mit einem 500 T. Werkstattschiff und zwei Schwimmdocks für Frankreich. Eines der Docks war bestimmt

Das für Bordeaux bestimmte Schwimmdock am 24.7.1927 als Schleppzug auf der Elbe [SLG. HAK]

für den französischen Hafen Bordeaux. Über den Stapellauf informierte *Hansa* in der Ausgabe vom 17.7.1926, auch einige technische und sonstige Angaben sind enthalten: Länge ü. a.: 220 m, über Ponton: 206 m / Breite zwischen den Seitenkästen, oben 36 m, unten 34 m / Außenbreite: 42,40 m / Höhe des Bodenpontons: 4,73 m / Tiefgang des zu dockenden Schiffes: 8,80 m / Maximalhebekraft: 25.000 t. Das Dock, Baunummer 654 [Hbg. 192], erhielt 6 von E.-Motoren angetriebene Kreiselpumpen, deren Leistung so bemessen war, dass ein Schiff in 120 Minuten gedockt werden konnte. Besonders anzumerken ist, dass der Bau bis zum Stapellauf in der Rekordzeit von 94 Tagen vorgenommen wurde. Der am 24.7.1927 abends von Cuxhaven in See gegangene Schleppzug war nach einer Reise von etwa 1.000 Seemeilen am 4. August wohlbehalten auf der Gironde angekommen. Der Schlepptransport erfolgte durch die großen Hochseeschlepper SEEFALKE, HEROS und *ADANA* der Bugsier-, Reederei- und Bergungs-AG, Hamburg.[438] Über das zweite Dock und das Werkstattschiff wird noch zu berichten sein.

Wie einer Mitteilung im *Volksboten* vom 22.3.1927 zu entnehmen ist, hatten am 15. September des Vorjahres Verhandlungen über die Kündigung der Lohntarife auf den Seeschiffswerften stattgefunden. Sie dauerten unter dem Vorsitz des Hamburger Schlichters Dr. Stenzel bis in die späten Abendstunden und hatten zu einem, allerdings von den Arbeitervertretern noch nicht rundweg abgelehnten Beschluss geführt. Mit der Stimme des Vorsitzenden wurde in der Schlichterkammer ein Spruch gefällt, nach dem der Tarifvertrag sowie auch das Arbeitszeitabkommen bis zum 1.10.1927 in Kraft blieben. »Das Lohnabkommen behält Gültigkeit bis zum 1.4.1927 und kann, wenn dafür in Betracht kommende wesentliche wirtschaftliche Veränderungen eintreten, ab 1. Februar einer Nachprüfung unterzogen werden. Die Vertreter der Werftarbeiter haben sich die Abgabe einer Erklärung bis zum 25. September vorbehalten.« Eine Information vom 25. d. M. in *Hansa*. Offensichtlich ist der Beschluss von den Werftarbeitern abgelehnt worden, denn es wurde eine Verbindlichkeitserklärung ausgesprochen, womit obiger Beschluss in Kraft trat, wie einem Bericht im *Volksboten* vom 22.3.1927 zu entnehmen ist.

Im September 1926 hatte »der estländische Verkehrsminister dem Chef der Hauptverwaltung für Seewesen den Auftrag erteilt, bei der Vulcanwerft in Stettin, 6 neue Kessel für den großen Eisbrecher ›Suur Töll‹ [ex *ZAR MICHAEL FEODOROWITSCH*] zu bestellen. Von den Angeboten, die aus dem In- und Auslande gemacht wurden, ist das der genannten Werft das billigste; die örtlichen Maschinenfabriken waren in ihrem Preis um 25% teurer als die Vulcanwerke, die sich verpflichten würden, die Kessel in sieben Monaten fertigzustellen. Der Preis der Kessel, deren Montierung von örtli-

Hanseatische Jute-Spinnerei und Weberei
Delmenhorst.

Telegramm-Adresse: „Jutespinnerei".
Fernsprecher Nr. 2 u. 82 Delmenhorst.
GIRO-KONTO
bei der
Reichsbank-Hauptstelle in Bremen.
Nationalbank für Deutschland, Bremen.
Oldenburgische Spar- & Leih-Bank
Filiale Delmenhorst.

Delmenhorst, den 24. Nov. 1926

Der Monteur R i c h a r d S c h r a m m der Vulkan - Werke Stettin montierte selbständig bei uns den Dampftechnischen Teil eines Turbo - Dynamo Satzes von 1850 K.W. einschliesslich Oberflächenkondensation und die dazu gehörigen Rohrleitungen und Pumpen

Die Turbine, für 14 Atm. Druck und 3 1/2 Atm. Anzap ist eine Erstausführung in dieser Grösse mit Räderübersetzung 6000 auf 3000 Umdrehungen.

Schramm führte seine Arbeiten mit grösster Gewisshaftigkeit, Sachkenntnis und unermüdlichen Arbeitsfreukeit zu unserer vollsten Zufriedenheit aus.

Sein persönliches, ruhiges Auftreten und Betragen hat angenehm berührt und wurde die Montage in ungetrüb Verhältnis zwischen den beiden Parteien durchgeführt.

Hanseatische Jute-Spinnerei und Weberei

[SLG Eckhard Wendt]

chen Fabriken ausgeführt werden soll, wird 17 bis 18 Millionen Emk. [etwa 180.000 RM] betragen.«[439]

Ebenfalls zu dieser Zeit war von der Stettiner Abteilung Maschinenbau ein Auftrag der Hanseatischen Jute-Spinnerei und Weberei Delmenhorst bereits abgeliefert worden. Entsprechende Montagearbeiten führte im November 1926 der Stettiner Monteur Richard Schramm [geb.19.10.1898 Stettin, gest. 1969 Delmenhorst] aus, wie oben stehendes Schreiben (s. Abbildung) ausweist.[440]

Nach einer Maschinentaxe für die Feuerversicherung des Unternehmens, datiert vom 19.6.1930, hatte der Entnahme-Turbo-Generator ein Gewicht von 52.000 kg, einen Neuwert von 196.500 RM und das Anschaffungsjahr 1925. Die gesamte Anlage umfasste 1 Dampfturbine, 1 Oberflächenkondensator mit 1 Pumpengruppe, gebildet aus 1 Kühlwasserpumpe mit 11 m Förderhöhe, 1 Wasserstrahlluftpumpe mit Schleuderpumpe, 1 Kondensationsschleuderpumpe von 5 m Förderhöhe, direkt gekuppelt mit 1 Drehstrommotor. Womit sich der finanzielle Wert der vom Vulcan gelieferten Anlagenteile, auf 342.100 RM erhöht hatte. Insgesamt stellte die Anlage, aufgestellt im Turbinenhaus der »Jute«, einen Anschaffungswert von 362.290 RM dar.[441] Der Norddeutsche Lloyd hatte Richard Schramm 1929 mit einer Medaille ausgezeichnet; von seinem späteren Arbeitgeber, der Deschimag, Werk Act. Ges. »Weser«, erhielt er als Obermonteur für drei Verbesserungsvorschläge Geldprämien.

Das Hamburger Werk für 4,8 Millionen RM nach Bremen verkauft

Betrachten wir die allgemeine Wirtschaftssituation des Jahres 1926, so ist festzuhalten, dass im August die Gesamtzahl der Erwerbslosen reichsweit immer noch bei 2 1/2 Millionen lag. Infolge der allerdings nur kurzen deutschen Konjunktur war die Zahl bis zur Jahresmitte 1927 auf 355.000 zurückgegangen. Die Ausfuhr mit über 10 Mill. RM hatte 1926 wieder den Stand von 1913 erreicht. Die Werftindustrie im Bereich Neubau und Reparatur sowie für Turbinen- und Kesselbau verzeichnete einen lebhafteren Bedarf, der sich dann allerdings nur als vorrübergehend herausstellte. Im November d. Js. wurde der augenblickliche Auftragsbestand der deutschen Werften auf rund 100 Mill. RM geschätzt, womit etwa ein Fünftel des Jahresumsatzes von 1913 erreicht worden ist. Betrug 1913 der Anteil für die Lieferung von Halb- und Fertigfabrikaten etwa 200 Mill. Mark und rund 120 Mill. Mark jener an Löhnen und Gehältern, lediglich für die in der Werftindustrie direkt Beschäftigten, so sind diese Zahlen um 1926 40 Mill. RM für Lieferungen der Schwer- und Hilfsindustrie und 20 Mill. RM für Löhne und Gehälter. Die Schiffbauindustrie, der Lokomotivbau und der sonstige Maschinenbau, überhaupt die gesamte eisenverarbeitende Industrie befand sich in einer sehr ungünstigen Lage. Die vorhandene Arbeitsmenge reichte gerade einmal für eine Auslastung von einem Drittel der deutschen Werke nach Friedensmaßstab. Damit hatten die Werften einen Tiefstand erreicht, der den Vorsitzenden des Bremer Vulkan, Generaldirektor Nawatzki, veranlasste, anlässlich der Generalversammlung im November 1926 zu erklären, daß 50 % der Werften zu viel seien, die sich nicht würden halten können. Im Geschäftsbericht war die schlechte Geschäftslage der Werften mit Kreditmangel erklärt worden. Abschließend noch einige Notierungen von Werften an der Berliner Börse vom 6.11.1926 in Prozenten: Bremer Vulcan mit 112, A.G. »Weser« mit 85, Flensburger Schiffbau Schiffbau Gesellschaft mit 50, Tecklenborg mit 28 und Stettiner Vulcan mit 85,25 %. Also ganz entgegengesetzt als zuvor geschildert beurteilte die Börse die Lage der Werften.

Im Zusammenhang mit der Verteilung von Schiffbauaufträgen dürfte von Interesse sein, dass der Norddeutsche Lloyd im August oder September 1926 den Auftrag zum Bau eines 2.500-Tonnen-Frachters an die Rostocker Neptun-Werft vergeben hatte und ein zweites Schiff dieser Größe an eine Weser-Werft. Beide waren für Fahrten in der Ostsee vorgesehen und erhielten daher entsprechende Eisverstärkungen. In früheren Zeiten, als noch intakte Geschäftsverbindungen zwischen dem Vulcan und dem NDL bestanden, hätte die Stettiner Werft zumindest einen Bauauftrag erhalten. Das der Vulcan bereits seit längerem, was die Auftragslage betraf, erhebliche Schwierigkeiten hatte, ist bereits im Zusammenhang mit dem Geschäftsjahr 1925 geschildert worden.

Welche Folgen sich daraus ergaben, macht der Verlauf der am 18.12.1926 durchgeführten Generalversammlung des Vulcan deutlich, in deren Mittelpunkt die Information der Aktionäre stand über Einzelheiten des Vertrages, mit dem die Hamburger Filiale verkauft worden ist. Das Reich und Preußen als Hypothekengläubiger hatten bereits vorher zugestimmt, die Generalversammlung der A.G. »Weser« genehmigte den Vertrag am 28.12.1926, verbunden mit dem Beschluss, die Firma in »Deutsche Schiff- und Maschinenbau Aktien-Gesellschaft Bremen«, Deschimag, umzubenennen. Die A.G. »Weser« hatte das Vulcanwerk mit sämtlichen Anlagen und allem Zubehör übernommen, sich aber das Recht ausbedungen, die Niederlassung zunächst als Werk Vulcan Hamburg, weiterzuführen. Der Kaufpreis betrug 1,5 Mill. RM in bar und 3,3 Mill. RM von der A.G. »Weser« auszugebenden Stammaktien, die an der Börse verwandt werden sollten. Sämtliche Patente und Schutzrechte gingen auf den Käufer über, deren Verwertung sich der Stettiner Vulcan allerdings vorbehalten hatte. Die Werksübernahme war für den 30.12.1926 vereinbart worden, einige noch im Bau befindliche Schiffe sollten aber noch mit eigenen Leuten im Hamburger Vulcanwerk fertiggestellt werden.

Entsprechend dem Beschluss der Generalversammlung, das Unternehmen in Stettin weiterzuführen, firmierte man in Zukunft als »Stettiner Maschinenbau A.G. Vulcan Stettin«, deren Verwaltung 3 Sitze im Aufsichtsrat der A.G. »Weser« erhalten hatte. Delegiert wurden der Bankier Dr. Paul von Schwabach, in Firma Samuel Bleichröder, Bankier Hans Fürstenberg, Geschäftsinhaber der Berliner Handels-Gesellschaft, und Direktor Paul Stahl. Um das Grundkapital auf 6,7 Mill. RM zu reduzieren ermächtigte die Generalversammlung des Vulcan den Vorstand, 3,4 Mill. dividendenfreie Stammaktien durch Ankauf einzuziehen. In der Versammlung waren 6.110.760 RM Stammaktien und 100.000 RM Vorzugsaktien vertreten. Soweit ein Bericht in *Hansa* am 25.12.1926.

Eine vor Abschluss der Verkaufsverhandlungen erfolgte sehr wichtige finanzielle Entscheidung fand im Geschäftsbericht des Vulcan keine Erwähnung, nämlich die Befreiung der Hamburger Niederlassung von der anteiligen Schuldhaftung der Subventionskredite in einer Gesamthöhe von 15 Mill. RM und deren Übertragung allein auf den Stettiner Besitz der Vulcanwerke. Ohne diese Entschuldung hätte es vermutlich keine Übernahme durch die Bremer gegeben, möglicherweise aber auch nicht die später eintretenden Folgen für das Stettiner Unternehmen. Die durch den Verkauf der Hamburger Niederlassung entstandene neue Geschäftsgrundlage wurde den Geschäftspartnern des Stettiner Vulcan mit obigem Schreiben[442] mitgeteilt (s. Abbildung):

Einige Vorgänge in den Monaten vor der Generalversammlung sind mehr oder weniger direkt im Zusammenhang mit den Fusionsbestrebungen von Bremen aus zu sehen. Beispielsweise enthalten in einer Mitteilung der *Weser-Zeitung* vom 5.10.1926:

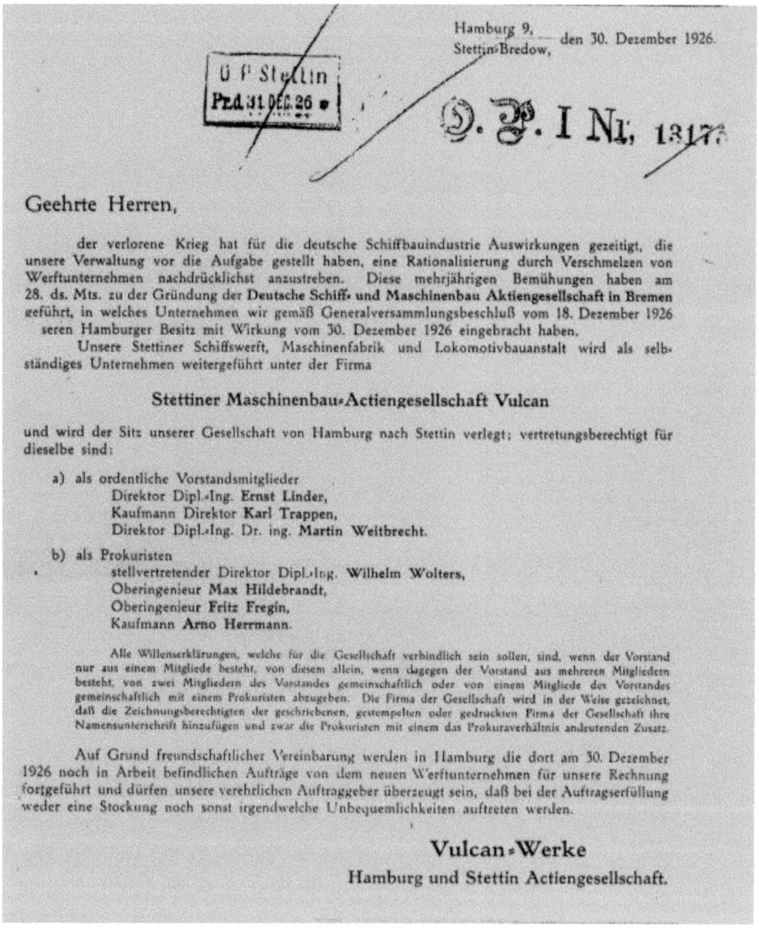

Hamburg 9, Stettin-Bredow, den 30. Dezember 1926.

U P Stettin Prd. 31 DEC. 26

D. P. I Nr. 13177

Geehrte Herren,

der verlorene Krieg hat für die deutsche Schiffbauindustrie Auswirkungen gezeitigt, die unsere Verwaltung vor die Aufgabe gestellt haben, eine Rationalisierung durch Verschmelzen von Werftunternehmen nachdrücklichst anzustreben. Diese mehrjährigen Bemühungen haben am 28. ds. Mts. zu der Gründung der **Deutsche Schiff- und Maschinenbau Aktiengesellschaft in Bremen** geführt, in welches Unternehmen wir gemäß Generalversammlungsbeschluß vom 18. Dezember 1926 seren Hamburger Besitz mit Wirkung vom 30. Dezember 1926 eingebracht haben.

Unsere Stettiner Schiffswerft, Maschinenfabrik und Lokomotivbauanstalt wird als selbständiges Unternehmen weitergeführt unter der Firma

Stettiner Maschinenbau-Actiengesellschaft Vulcan

und wird der Sitz unserer Gesellschaft von Hamburg nach Stettin verlegt; vertretungsberechtigt für dieselbe sind:

a) als ordentliche Vorstandsmitglieder
Direktor Dipl.-Ing. **Ernst Linder**,
Kaufmann Direktor **Karl Trappen**,
Direktor Dipl.-Ing. Dr. ing. **Martin Weitbrecht**.

b) als Prokuristen
stellvertretender Direktor Dipl.-Ing. **Wilhelm Wolters**,
Oberingenieur **Max Hildebrandt**,
Oberingenieur **Fritz Fregin**,
Kaufmann **Arno Herrmann**.

Alle Willenserklärungen, welche für die Gesellschaft verbindlich sein sollen, sind, wenn der Vorstand nur aus einem Mitgliede besteht, von diesem allein, wenn dagegen der Vorstand aus mehreren Mitgliedern besteht, von zwei Mitgliedern des Vorstandes gemeinschaftlich oder von einem Mitgliede des Vorstandes gemeinschaftlich mit einem Prokuristen abzugeben. Die Firma der Gesellschaft wird in der Weise gezeichnet, daß die Zeichnungsberechtigten der geschriebenen, gestempelten oder gedruckten Firma der Gesellschaft ihre Namensunterschrift hinzufügen und zwar die Prokuristen mit einem das Prokuraverhältnis andeutenden Zusatz.

Auf Grund freundschaftlicher Vereinbarung werden in Hamburg die dort am 30. Dezember 1926 noch in Arbeit befindlichen Aufträge von dem neuen Werftunternehmen für unsere Rechnung fortgeführt und dürfen unsere verehrlichen Auftraggeber überzeugt sein, daß bei der Auftragserfüllung weder eine Stockung noch sonst irgendwelche Unbequemlichkeiten auftreten werden.

Vulcan-Werke
Hamburg und Stettin Actiengesellschaft.

[Landesarchiv Greifswald, Rep. 60 Nr. 2030 Stettin]

Frachtdampfer *ODER*
[Foto: Hans Engelmeyer, Archiv © DSM]

»Aus Hamburg wird uns gemeldet: Bezüglich einer Meldung über Kündigungen von Angestellten und Arbeitern der Vulcanwerft hat sich die Direktion wie folgt geäußert: ›Die Nachricht bedeutet nicht, daß eine Stillegung der Betriebe für einen bestimmten Termin oder überhaupt ins Auge gefaßt worden ist. Daß die Lage der Schiffbauindustrie wie des Lokomotivbaues und des sonstige Maschinenbaues, überhaupt der gesamten eisenverarbeitenden Industrie sehr ungünstig ist – die vorhandene Arbeitsmenge würde vielleicht einem Drittel der deutschen Werke ausreichende Beschäftigung nach Friedensmaßstab bieten – ist bekannt. Es handelt sich bei der Kündigung der Angestelltenverträge lediglich um eine Verwaltungsmaßnahme, zu der das neue Reichsgesetz über die Kündigungsfristen zwingt, um frei disponieren zu können. Die Vulcanbetriebe haben unter ihren 700 Angestellten eine große Zahl von Herren unter Kontrakt mit mehrmonatigen Kündigungsfristen. Diese Kontrakte sind gekündigt worden, nicht zum Zwecke der Entlassung, sondern um sämtliche Angestellten vom 1. April 1927 auf gleiche Kündigungsfristen zu bringen. Das ist notwendig für die rationelle Umgestaltung der verschiedenen Büros den veränderten Betriebsverhältnissen entsprechend. Einschränkungen der Betriebe und Verringerung der Arbeiterzahl haben ebenfalls von Zeit zu Zeit erfolgen müssen, je nach dem Bestand an Aufträgen. Aber die Leitung der Vulcanwerke denkt nicht daran, die Flinte ins Korn zu werfen solange noch irgendeine Aussicht ist, Arbeit heranzuschaffen.«

Einige Wochen später war diese Aussicht anscheinend nicht mehr vorhanden, denn zu dieser Zeit waren in Stettin Tonnen von Schiffbaumaterial bereits verkauft worden, wie wir folgendem Vermerk, datiert 12.11.1926, entnehmen können: »Präsident Dr. Toepffer teilt mit, daß nach Auskunft des Direktors Preuß, der Stettiner Vulcan durch Vermittlung des Kapitäns Waldmann an die Firma Kietzmann & Waldmann 1232 t Bleche und Eisen, zum größten Teil normales Schiffbaumaterial, verkauft habe. Ein Teil hiervon [700 t] sei an die Schlesische Montanindustrie weiter veräußert und nach Schlesien verfrachtet. 250 t hat die Schlesische Dampferkompagnie übernommen. Bezahlt ist ein Preis von 110,- pro t ab Vulcan. Die Normalpreise sind 153 Mark pro t für Profile, 163 M. für Mittelbleche und 180 M. pro t für Feinbleche.«[443]

Auch ein Schreiben des Berliner Rechtsanwalts und Notars Dr. Hermann Fischer vom 9.10.1926, in dem dieser den Oberpräsidenten von Pommern, Lippmann, um eine Unterredung bittet, enthält einige interessante Informationen: »[...] Von Seiten der Berliner Handels-Gesellschaft bin ich mit Fragen betraut, die sich auf die Bildung des neuen Nordsee-Trust's und damit auf die Vulcanwerft beziehen. Nach den mir gewordenen Mitteilungen, sind Sie naturgemäß an diesen Verhandlungen stark interessiert, und, wie ich heute erfahre, sind Sie zu diesem Zwecke Anfang nächster Woche in Berlin. Wenn dies der Fall ist, würde ich Sie bitten, mir Gelegenheit zu einer kurzen Aussprache zu geben. [...]«[444]

Frachtdampfer *ALSTER* [Foto: Hapag-Lloyd AG, Archiv DSM]

Natürlich beschäftigte sich auch die Presse mit diesem Thema in ausführlichen Erörterungen, wie beispielsweise die folgenden beiden Beiträge einer Novemberausgabe des Jahres 1926: Einer der Hauptgründe dieser Einigungsbestrebungen waren, wie bereits festgestellt wurde, zu viele Werften und ein zu geringer Auftragsbestand. Es gab 1924/26 zahlreiche Schiffbaubetriebe, die kein oder fast kein Schiff im Bau hatten. Diese Jahre werden mit einer im Bau befindlichen Tonnage, die ungefähr den Stand der 1880er Jahre erreichte, als außerordentlich trostlos bezeichnet. Im ersten Quartal 1926 beispielsweise war der im Bau befindliche Auftragsbestand in langsamen Abfall auf 31% zurückgegangen, die Stapelläufe auf 27% und die in Bau genommene Tonnage im dritten Quartal sogar auf 9 %. Damit einhergehend hatte sich die finanzielle Situation der Werften derart verschlechtert, dass bei den größeren Schiffbauunternehmen Sanierungsmaßnahmen durchgeführt werden mussten. So konnte beispielsweise durch Verkauf der alten und angesehenen Hamburger Reiherstieg-Werft deren Auflösung verhindert werden. Bei anderen wurden durch Zusammenlegung, Reduzierung und anschließender Kapitalerhöhung bessere finanzielle Verhältnisse geschaffen.[445]

Als letzte bedeutende Maßnahme dieser Art, ist die Anfang Dezember 1926 durchgeführte Sanierung der Vulcanwerke Hamburg und Stettin zu nennen. Ein Vorgang, der in direktem Zusammenhang mit den Konzentrationsbestrebungen zu sehen ist. Hier kam es nicht mehr nur auf eine Sanierung wegen Kapitalverlust an, sondern die Transaktion mit der A.G. »Weser« erforderte, den schlecht rentierenden und mit Neubauten überhaupt nicht beschäftigten Hamburger Betrieb durch Anlehnung an eine Werft mit Reedereibeziehungen für die Neubautätigkeit wieder zugänglich zu machen. In diesem Zusammenhang dürfte von Interesse sein, das der Hamburger Vulcan ebenso wie die Deutsche Werft, mit der Hamburger Schifffahrt nie in ein gutes Verhältnis gekommen ist, trotz der kleinen Beteiligung der HAL bei letzterem Unternehmen. Das lag zum großen Teil an der Wirtschaft der Stadt, die sowohl den Vulcan wie die Deutsche Werft als preußischen Fremdkörper fühlte. Das dieser Gesichtspunkt für die Beurteilung der Dinge von Wichtigkeit ist, ergibt sich daraus, dass die über einen großen internationalen Ruf verfügende Werft von Blohm & Voss als reines Hamburger Unternehmen bei Schiffsbestellungen der ansässigen Großreederein stets bevorzugt wurde. Dadurch hatte diese Werft fast als einzige in Deutschland die schwere Existenzkrise der letzten Jahre bei weitem nicht so stark zu spüren bekommen wie die anderen Schiffbaubetriebe. Auch das Geschäftsjahr 1926/27 brachte als einzige Großwerft dem Unternehmen einen befriedigenden Abschluß mit 2 1/2 % für die Vorzugsanteile und 5 % für die Stammaktien, wie *Hansa* in der Januarausgabe des 65. Jahrgangs mitteilte.

Diese auf Hamburg bezogenen wirtschaftlichen Überlegungen waren es denn auch, auf denen sich die von Bremen aus forcierte Konzentration des Schiffbaues an Weser und Elbe aufbaute. Man wollte gerade die Hamburger Werften in den Zusammenschluss einbeziehen, die bei den dortigen Reedereien keinen Rückhalt hatten, also den Vulcan und die Deutsche Werft. Der A.G. »Weser« fiel dabei die Rolle zu, wegen der in der Anfangsphase teilweise noch auseinandergehenden Interessen als Vermittler aufzutreten und später die übernehmende Gesellschaft zu sein. Anschließend sollte sie mit weiteren noch zu übernehmenden Werften in eine neu zu bildende Gesellschaft, nämlich die Deschimag, eingebracht werden.

Interessanterweise war das Thema »Verschmelzung der Werften« aus der Gruppe der führenden deutschen Schiffbauunternehmen erstmals vom Vulcan ins Gespräch gebracht worden, wie im Geschäftsbericht des Unternehmens über 1925 am 3.4.1926 in *Hansa* nachzulesen ist. Die treibende Kraft allerdings war dann ein Bremer Bankier, Johann Friedrich Schröder, einer der 3 persönlich haftenden Gesellschafter der Bremer Schröderbank, die sich zum Finanzierungsinstitut einer Reihe wichtiger Industrie-Unternehmen entwickelt hatte, die sie mittels Aktienbesitz und Kredite kontrollierte. Wie der Bankier Schröder zu dieser Zeit in Bremen gesehen wurde, ist einem Beitrag in *Hansa* vom 15.12.1927 zu entnehmen, verfasst von Hermann Hildebrandt, Schiffbaudirektor a.D., Bremen: »[...] man mag zu dem Fusionsgedanken stehen wie man will – unter den gegebenen Verhältnissen ist die Bremische Wirtschaft seinem Bürger J. F. Schröder zu größtem Dank verpflichtet, der es als Finanzmann unternahm, den Zusammenschluß der ›Deutschen Schiff- und Maschinenbau-A.G.‹ durchzuführen.«

Im Zusammenhang mit der Übernahme der Hamburger Niederlassung findet in dem Beitrag auch der Vulcan Erwähnung: »Damit freilich hat jene Werft, die als Geburtstätte des deutschen Großschiffbaues zu gelten hat und immer gelten wird, ihre in Bezug auf Größe der Bauten führende Stellung zwar abtreten müssen. Es entbehrt dieser Schluß nicht einer gewissen Tragik, denn die Erfolge der Stettiner Maschinenbau-A.G. Vulcan waren in der Geschichte der Werftindustrie aller Nationen beispiellos. Ihr Auswandern von Stettin 1905/06 entsprang nicht der Majorität der damaligen Besitzer; ein starker Druck auch seitens der Krone machte sich geltend; nach 20 Jahren ist nun eingetreten, was grollende Stettiner Bürger dem scheidenden Direktorium nachriefen: Ihr kommt einst wieder, hoffentlich aber nicht flügellahm.«

Einige Jahre später, der Vulcan in Stettin und Hamburg war bereits Geschichte, lesen wir im *Berliner Tageblatt* vom 7.8.1931 in einem Artikel des Hamburger Korrespondenten Dr. Alfred Frankenfeld zu diesem Thema: »Soweit die Bremer Gruppe Schröder–Stapelfeld von der Idee ausgegangen war, eine straffe Konzentration im Schiffbau durchzuführen um unrentable Betriebe stillzulegen, war diese Politik bei der damals herrschenden Werft-›Inflation‹, der Überzahl leistungsunfähiger Produktionsstätten, im Kern zweifellos gesund. Allein schon bei dem Erwerb der Hamburger und Stettiner Vulcan-Gruppe, der rigorosen Stilllegung und teilweisen Verschrottung des Hamburger Betriebes dieser Werft durch die Deschimag, waren Zweifel berechtigt, ob rein wirtschaftliche Gesichtspunkte oder auch ein gewisses Machtprestige diesen Beweis bremischer Aktivität regierten.« An anderer Stelle schreibt der Korrespondent: »Senatsmitglieder bewiesen bei den verzweifelten Versuchen, der notleidenden lokalen Werftindustrie durch Zuwendung von Reichssubventionen zu helfen.«

1926, das erste Geschäftsjahr des neu gebildeten Unternehmens Deschimag, sah dann unter diesem Dach neben der Führungsfirma A.G. »Weser« und dem Hamburger Vulcanwerk, auch die Joh. C. Tecklenborg AG Schiffswerft und Maschinenfabrik, Bremerhaven-Wesermünde. Bei der Deutschen Werft war der Übernahmeversuch gescheitert, weil der Versuch der Deschimag, das Aktienpaket des Großaktionärs Gute Hoffnungshütte zu übernehmen, nicht gelang und weil eine Sanierung und Kapitalerhöhung auf breiter Hamburger Grundlage durchgeführt wurde, um den modernen Betrieb der Hamburger Wirtschaft zu erhalten. Man hatte so eine weitere Einflussnahme Bremer Kapitals in Hamburg verhindert. Der mittlerweile in Werftkreisen bekannte Plan aus Bremen, die Rationalisierung durch einheitliche Verwaltung aller deutschen Schiffbaubetriebe als Kostensenkungsmaßnahme, hatte bisher zum Zusammenschluss von drei Werftbetrieben zur Deschimag geführt; kontrolliert von Bremen aus wurden die Neptun-Werft, die Nüscke-Werft, die Seebeck-A.G., die Oderwerft und die Frerichs-Werft.

Der Standpunkt der Leitung von Blohm & Voss hatte sich auch zu dieser Zeit noch nicht wesentlich geändert. Man missbilligte nach wie vor einen Zusammenschluss, der den freien Wettbewerb unterbinden würde, man missbilligte vor allen Dingen eine Konzentration, die nicht durch Verhandlungen der Werftleiter untereinander geschaffen, sondern von Bankiers und durch Aktienpakete in die Wege geleitet werden sollte. Allerdings hielt man die bisherige Tätigkeit der Deschimag inzwischen für nützlich und verdienstvoll, weil sie zur Stilllegung lebensunfähiger Betriebe führte, wollte aber im Übrigen die leistungsfähigen Unternehmen den Kampf um ihre Existenzberechtigungen untereinander ausfechten lassen. Soweit die *Berliner Börsen-Zeitung* in ihrer Ausgabe vom 6.12.1926. Von sozialdemokratischer Seite wurde bezüglich Blohm & Voss vermutet, dass die Firma »jetzt unter dem Druck der Verhältnisse und um zu verhindern, daß Bremen die Führung an sich reißt, offenbar ihren Standpunkt revidiert hat.«

Um ein Bild über die Verhältnisse der Hamburger Werften untereinander zu schaffen, dürften einige vergleichende Angaben mit dem Stand Jahresanfang 1927 hilfreich sein. Es bestanden die sechs Seeschiffswerften Blohm & Voss, Vulcan-Werke, Deutsche Werft, Reiherstiegwerft Wetzel & Freytag, H. C. Stülcken Sohn, Schiffswerft und Maschinenfabrik [vormals Schmilinsky] und die Norderwerft A.G. Von diesen war die Reiherstiegwerft die weitaus älteste und Blohm & Voss die weitaus größte und leistungsfähigste Schiffbauanstalt. Bis zum Kriegsausbruch 1914 schien es eine Zeitlang, als ob die Hamburger Filiale des Vulcan Blohm & Voss den Rang ablaufen wolle und könne. Beide Werften haben es vor dem Ersten Weltkrieg zeitweilig auf einen Arbeiterbestand von nahezu 10.000 Leuten gebracht. Beiden entstand dann nach dem Krieg in der inzwischen aufgelösten Hamburger Werft A.G. hervorgegangenen Deutschen Werft A.G., die von der Gutehoffnungshütte, der HAL und der AEG gestützt und gefördert wurde, ein ernstzunehmender Konkurrent. Während der alten Reiherstiegwerft ebenso wie der Werft von H. C. Stülcken Sohn die Möglichkeit fehlte, sich räumlich wesentlich auszudehnen, gelang es zu dieser Zeit der Werft von Janssen & Schmilinsky, sich aus recht unbedeutender Stellung zu einer Werft mittlerer Größe zu entwickeln. Sie konnte aber weder die Reiherstiegwerft noch H. C. Stülcken Sohn überflügeln, ganz zu schweigen von den drei größten Werften. Einen beachtlichen Aufschwung nahm dann noch durch die sehr enge Verbindung mit der Bugsier-Reederei und Bergungs-Aktiengesellschaft die bis dahin recht unbedeutende Norderwerft A.G.

Weit zurückgeworfen wurden später auch hier alle Betriebe durch die sehr schlechte allgemeine Wirtschaftslage, von der besonders auch die Schiffbauindustrie betroffen war. Alle Werften befanden sich auf der Südseite der Elbe. Hier lagen am günstigsten im Zentrum des Hafens die Reiherstiegwerft auf dem Kleinen Grasbrook, H. C. Stülcken Sohn und Blohm & Voss auf Steinwerder. Die Vulcan-Werke hatten ihren Platz weiter draußen und ziemlich abgelegen auf der Insel Neuhof, Janssen & Schmilinsky und die Reparaturabteilung der Deutschen Werft noch weiter draußen, der Stadt Altona gegenüber auf der kleinen Insel Tollerort, und deren Hauptbetrieb lag besonders weit ab vom Stadtgebiet auf der dem Altonaer Vorort Othmarschen gegenüberliegenden Insel Finkenwerder, etwa eine halbe Stunde Dampferfahrt ab Hamburg. Als ungefährer Maßstab über die Bedeutung der Werften untereinander sollen die folgenden Angaben über die vorhandenen Docks dienen. Es verfügten: Blohm & Voss über 6 mit insgesamt 121.000 t, der Vulcan über 4 mit 62.000 t, die Reiherstiegwerft über 4 mit 27.500 t, H. J. Stülcken Sohn über 4 mit 13.300 t, Janssen & Schmilinsky über 1 mit 1.650 t und die Norderwerft über 1 mit 1.200 t. Abschließend sei noch angemerkt, dass die Deutsche Werft zu dieser Zeit besonders auf Neubauten eingestellt war und hierin ihre Hauptstärke lag.

Zum Valutaabschluss beim Stettiner Vulcan ist einem Zeitungsbericht[446] folgendes zu entnehmen: »Das Geschäftsjahr 1926 schließt [...] mit einem Verlustsaldo von 3.299.673 RM, nachdem vorher schon der gesamte Reservefonds von 1.083.956 RM. aufgelöst werden mußte [i. V. Ueberschuß 88.735 RM.]. Die Gewinn- und Verlustrechnung ist außerordentlich dürftig, ebenso der Geschäftsbericht. Die Verwaltung hält es nicht für nötig, auch nur mit einem Wort auf die Transaktion mit der Weser-Werft einzugehen, durch die immerhin eine wesentliche Aenderung im Aufbau des Unternehmens eintrat. Der Vorstand teilt lediglich mit, daß sich die wirtschaftlichen Verhältnisse im deutschen Schiffbau und Lokomotivbau 1926 weiterhin verschlechterten und die Werkstätten in Stettin und Hamburg nicht mit ausreichenden Aufträgen versorgt werden konnten. Es sei nicht gelungen, dem Stettiner Werk Arbeit mit Hilfe des Seeschiffahrts-Erneuerungsfonds zuzuführen. Infolgedessen konnte der zur Erhaltung der Stettiner Vulcan-Werft gewährte Staatskredit von 15 Mill. RM. die Lage für die Gesellschaft nicht freundlicher gestalten. In der Bilanz erscheinen Debitoren mit 4.024.282 RM. [i. V. 4.473.387 RM.], Restkaufgeld aus dem Verkauf des Hamburger Werkes mit 1,5 Mill. RM., Effekten und Beteiligungen mit 3.335.000 RM., darunter 3,3 Mill. Aktien der Deutschen Schiffs- und Maschinenbau-A.G., Bremen. Andererseits hat sich das Aktienkapital durch Einziehung von 3,4 Mill. RM. Vorratsaktien auf 6,6 Mill. RM. vermindert. Kreditoren beanspruchten am Jahresende 18.834.588 [22.757.637 = i. Vorj.] RM.« Und am 16.6.1927 wird darüber informiert, dass die Generalversammlung den Abschluß für 1926 genehmigt und der Verwaltung Entlastung erteilt hat. Ferner wurde dem Sanierungsplan der Reichsregierung zugestimmt, nach dem u.a. das Grundkapital von 6,6 auf 2,2 Mill. RM. herabgesetzt und dann durch Neuemission von Aktien auf 5 Mill. RM. aufgefüllt wird. Den entsprechenden Satzungsänderungen ist ebenfalls zugestimmt worden. Fertiggestellt hatte die Stettiner Werft vier Einheiten von 22.297/12.236 RT, im Auftrag: 11.000 BRT sowie eine Anzahl von Lokomotiven als Neuaufträge im Laufe des Jahres 1927; die Hamburger Werft hatte 3 Einheiten von 7.108/3.477 RT fertiggestellt, noch im

Auftrag 24.000 BRT und 1 Dock [auf Reparationskonte für Frankreich] von 25.000 t.[447]

Der bereits geschilderte Tiefstand im Schiffbau war Anfang Dezember 1926 als überwunden anzusehen. Während im Juni lediglich etwa 6.000 BRT in Auftrag gegeben wurden, waren es im Dezember bereits 172.000 BRT. Die Schifffahrt hatte inzwischen gut verdient und davon ausgehend, dass dieser Trend anhält, waren bei einigen Großreedereien mehr oder weniger umfangreiche Neubauprogramme entwickelt worden. So verfügten Anfang Februar 1927 die deutschen Werften bereits wieder über einen Neubau-Auftragsbestand von etwa 600.000 BRT. Nach einer detaillierten Aufstellung der Auftragsverteilung im *Volksboten* vom 10.2.1927, hatte die Deschimag mit ca. 170.000 BRT, Blohm & Voss mit 131.000 BRT und F. Schichau mit 96.500 BRT die größten Brocken bekommen, der Stettiner Vulcan – immerhin ebenso groß und leistungsfähig wie die drei vorgenannten Werften – mit lediglich 8.000 BRT gewissermaßen nur einige Krümel vom großen Kuchen.

Die Bremer Schifffahrtsgesellschaft NDL hatte 1926 geplant, zunächst 1, dann 2 Schnelldampfer für die Nordamerikafahrt mit etwa 46.000 BRT bauen zu lassen, deren reine Herstellungskosten mit 41 Mill. RM veranschlagt waren. Neben diesen beiden Passagierschiffen enthielt das Bauprogramm 1 Seebäderdampfer, 12 Frachtdampfer und 2 Frachtmotorschiffe, mit insgesamt 115.150 BRT und war im Juni 1927 noch um 3 kleinere Frachtdampfer erweitert worden. Die Aufträge für die beiden erstgenannten Schnelldampfer BREMEN und EUROPA gingen an die A.G. »Weser« und an Blohm & Voss. Der Stettiner Vulcan hatte sich ergebnislos beworben, er sollte mit anderen Schiffen berücksichtigt werden. Tatsächlich hatte die Stettiner Werft an größeren Schiffen dann nur noch die 1928 abgelieferte *TRAVE* gebaut. Weitere bereits erteilte Bauaufträge sind wieder zurückgezogen worden. Offensichtlich war man an der Weser nicht bereit, dem auf das Modernste eingerichteten Werk an der Oder Aufträge zukommen zu lassen und damit die Konkurrenz zu stützen. Was natürlich nicht weiter verwundert, schließlich waren der in Bremen beheimatete NDL und die A.G. »Weser« bzw. die Deschimag über das Bremer Bankhaus Schröder sehr eng miteinander verbunden. Die Bank war also aus naheliegenden Gründen stark daran interessiert, Aufträge im Schiffbau gewissermaßen von den eigenen Firmen ausführen zu lassen. Auch ist die Überlegung nicht von der Hand zu weisen, dass diese Verhaltensweise des NDL – der, wie wir wissen, einstmals am Aufstieg des Stettiner Vulcan maßgeblich beteiligt war – bereits im Zusammenhang mit der späteren Übernahme der Schiffbaustätte an der Oder zu sehen ist.

Auch der Beschluss der Verwaltung des Norddeutschen Lloyd vom 11.12.1926[448], dem Hamburger Werk des Vulcan die beiden Frachtschiffe mit Passagiereinrichtung *ODER* und *ALSTER* zu übertragen, hatte etwas zu tun mit der zu diesem Zeitpunkt längst geplanten, lediglich formal noch nicht erfolgten Übernahme des Werkes durch die A.G. »Weser«, beide Aufträge blieben so gewissermaßen im eigenen Haus.

Den Stapellauf der *ODER* [2] Hbg. Bau-Nr. 210, teilte Hansa am 29.10.1927 mit. Die Ablieferung erfolgte 1927 als erstes Schiff der Deschimag, Werk Vulcan-Hamburg, es hatte Einrichtungen für 16 Passagiere. Die technischen Daten sind: Klasse: Germ. Lloyd / Länge: 155,46 m / Breite: 19,39 m / Tiefe: 9,87 m / Seitenhöhe: 10,26 m / Tiefgang bei voller Beladung: 8,45 m / Tragfähigkeit: 11.695 t / BRT: 8.516 t / NRT: 5.329 NRT / Maschine: eine dreizylindrige Dreifach-Expansionsmaschine mit Abdampfturbine, System Bauer-Wach, 6.500 PSi, 14 Knoten, 1 Schraube / 5 Wasserrohrkessel, 14,5 atü, 1.500 qm Heizfläche / E.-Anlage: 30 kW, 115 V / Passagiere: 16. Das Zweideckschiff mit 4 Masten (2 f. Schwergut) hatte Leitflächenruder, 7 wasserdichte Schotten, Wasserballast im Doppelboden und 2 Piektanks, 1 Tieftank 13 + 6,70 m, Unterwasserschall-Hörapparate, drahtlose Telegrafie, 1 Funkpeilgerät und war mit Asphalt belegt.[449] Mit dem Stand 1.1.1928 wird die Besatzungsstärke mit 56 angegeben: Kapitän, 4 Schiffsoffiziere und 17 Mann seemännisches Personal, 4 Offiziere und 21 Mann Maschinenpersonal, 1 Offizier und 8 Personen sonstiges Personal.[450] Das Schiff ging im Zweiten Weltkrieg am 24.3.1941 im Roten Meer durch Selbstversenkung verloren.[451]

Der zweite Bauauftrag hatte die Hbg. Bau-Nr. 211, war ebenfalls ein Frachtschiff mit Kabinen für 16 Passagiere und lief als *ALSTER* am 28.12.1927 vom Stapel. Die Indienststellung erfolgte im Februar 1928.[452] Die technischen Daten sind: Klasse: Germ. Lloyd / Länge: 155,42 m / Breite: 19,39 m / Tiefe: 9,43 m / Seitenhöhe: 10,26 m / Tragfähigkeit: 11.595 t / BRT: 8.514 t / NRT: 5.328 t / Maschine: 1 dreizylindrige Dreifach-Expansionsmaschine mit Abdampfturbine, System Bauer-Wach, 6.500 PSi, 14 Knoten, 1 Schraube / Kessel: 5 Wasserrohrkessel, 14,5 atü, 1.500 qm Heizfläche / E.-Anlage: 30 kW, 110 V. Das Zweideckschiff mit 4 Masten, davon 2 für Schwergut, hatte Leitflächenruder, 7 wasserdichte Schotten, Wasserballast im Doppelboden, 2 Piektanks und Ladetanks für Öl, Unterwasserschall-Hörapparate, drahtlose Telegrafie, 1 Funkpeilgerät und war mit Zement und Asphalt belegt.[453] Der Einsatz im Zweiten Weltkrieg und Verbleib s. Bd. 3

Im August 1927 befand sich der Dampfer ›España‹ der Hamburg-Südamerikanischen Dampfschiffahrtsgesellschaft in der Hamburger Werft zum Umbau der Befeuerungsanlage. »Die jetzige Ölfeuerung wird wieder in eine Kohlenfeuerung umgewandelt, außerdem soll der Dampfer eine neue Turbine nach dem System Bauer-Wach erhalten«, wie einer Kurzmitteilung in der *Hansa*-Ausgabe vom 27.8.1927 zu entnehmen ist.

Mit dem Datum Dezember 1927 wird im internationalen Register des Germanischen Lloyd 1930 für die Deschimag Werk Vulcan-Hamburg, 1 Tankschiff mit dem Namen SHELL II und folgenden Angaben geführt: Klasse: Germ. Lloyd / Länge: 45 m / Breite: 10 m / Tiefe: 3,83 m / Seitenhöhe: 4,15 m / BRT: 517 t / NRT: 484 t; registriert ist das Eindeckschiff für die Rhenania-Ossag Mineralölwerke AG in Düsseldorf, Heimathafen: Hamburg. Vermutlich handelte es sich um einen Umbau.

Die Abdampfturbine in geöffnetem Zustand [Werbeschrift der Deschimag, 1938, SLG Reinhold Thiel]

Die Bauer-Wach Abdampfturbine

Dieses System geht zurück auf das Jahr 1915, in dem Dr. Gustav Bauer begann, sich mit der Entwicklung neuer Antriebsmethoden für Kolbenmaschinen und Dieselmotoren zu beschäftigen. Betreffend der Kolbenmaschinen war als eines der Ergebnisse dieser Bemühungen gemeinsam mit Dr. Wach das Bauer-Wach-System entwickelt worden, d. h. den Antrieb durch Kolbenmaschinen mit nachgeschalteten Abdampfturbinen. Die Erfindung dieser Turbine beruht auf dem Gedanken, den Dampf, welcher in der Kolbendampfmaschine bereits Arbeit geleistet hat, aber dort nicht weiter genutzt werden kann, anschließend in eine Turbine zu schicken. Hier wird er weiter entspannt bis auf einen so niedrigen Druck im Kondensator, wie er sich praktisch ohne besondere Schwierigkeiten erzeugen lässt. Bereits in den Jahren 1907 bis 1914 war eine Anzahl von Passagierschiffen mit solchen Abdampfturbinen ausgerüstet worden. Allerdings erlaubte der damalige Stand der Technik es noch nicht, die gleichmäßig arbeitende Abdampfturbine mit der stoßweise arbeitenden Kolbendampfmaschine auf einer Welle arbeiten zu lassen. Daher war die Verwendung der Abdampfturbine zunächst nur für große Schiffe mit mehreren Antriebswellen möglich.

Um nun auch kleineren Schiffen mit nur 1 oder 2 Wellen die hohen wirtschaftlichen Vorteile der Abdampfturbine zugute kommen zu lassen, hatten Dr. Bauer und Dr. Wach 1926 entsprechende patentierte Spezialkonstruktionen entwickelt, durch

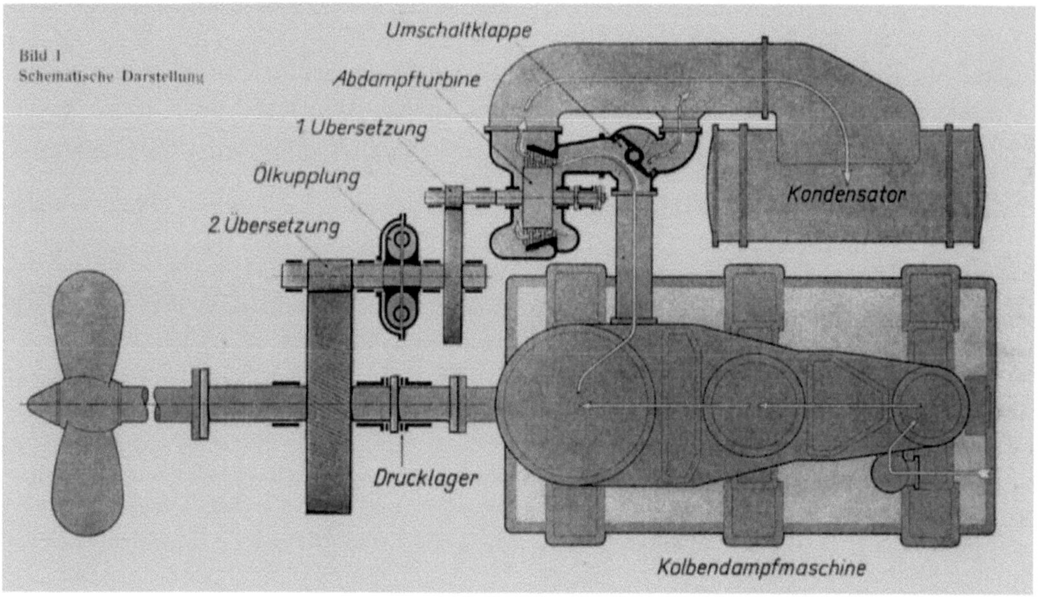

Schematische Darstellung der Abdampfturbine [Werbeschrift der Deschimag, 1938, Slg. Reinhold Thiel]

welche es machbar wurde, ein störungsfreies Zusammenwirken der beiden verschieden arbeitenden Maschinen zu ermöglichen. Vereinfacht dargestellt gibt die Abdampfturbine ihre Leistung an die Maschinenwelle über eine elastische Vulcan-Flüssigkeitskupplung ab. Dank der guten Erfahrungen schon mit den ersten Ausführungen dieses neuen Antriebssystems waren bis etwa 1941 nicht weniger als 800 damit ausgerüstet worden. Auf dem Gebiet des Dieselmotorenbaus hat Dr. Bauer das bekannte Vulcan-Getriebe-Kupplungssystem für Leistungsübertragung eingeführt, das um 1941 bereits für Leistungen von rund 3.000.000 WPS einschließlich mehrerer Einzelanlagen von 54.000 EPS für Kriegsschiffe angewendet wurde. Nachzulesen in: *Werft-Reederei-Hafen*, Ausgabe 1.12.1941.

Lohnforderungen wegen fortschreitender Preissteigerung

Die bereits geschilderte relativ gute Auftragslage der Werften, nach Gewerkschaftsangaben im Januar 1927 mit Auftragsbeständen von rund 160 Schiffen mit 600.000 t und der Neueinstellung von etwa 9.000 Werftarbeitern, hatte den Metallarbeiterverband veranlasst, Lohnerhöhungen zu fordern. »Die Unternehmer können sich [...] jetzt nicht mehr mit der schlechten Wirtschaftslage herausreden.« Diese Lohnforderungen hatten ihre Begründung nicht zuletzt auch darin, dass nicht nur ein erneuter Anstieg der Mieten um 10% zum 1.4.1927 ins Haus stand, sondern es inzwischen bereits zu einer fortschreitenden Preissteigerung bei den Lebensmitteln gekommen war. Das preußische statistische Landesamt hatte Mitte März die Kleinhandelspreise veröffentlicht, die im Februar für 35 verschiedene Lebensmittel in 51 preußischen Städten gezahlt werden mussten. Davon nachstehend acht: Roggenbrot, Weizenkleingebäck [Semmeln usw.], gelbe ungeschälte Erbsen, Linsen, inländisches Schweineschmalz, beste Molkereibutter, Vollmilch und Hühnereier. In der folgenden Zusammenstellung sind die Preise in Stettin vom Februar 1927 in Pfennigen angegeben und die vom Februar 1926 in Klammern beigefügt. Es kostete je ein Kilo Schwarzbrot 38, Semmeln 76 [73], Erbsen 80 [50], Linsen 80 [89], Schweineschmalz 280 [285], Molkereibutter 435 [450], ein Liter Vollmilch 27 [26] und ein Hühnerei 16 [15].[454]

Die Kündigung des Lohnabkommens für die Seeschiffswerften zum 31.3.1927 hatte der Deutsche Metallarbeiterverband in einer bereits im Januar stattgefundenen Zusammenkunft der Zentralwerft- und Verhandlungskommission der Arbeiter der Seeschiffswerften gefasst. Die bisher in Stettin gezahlten Stundenlöhne für Werftarbeiter betrugen für Gelernte 61–65 Pfennige, für Angelernte 55–59 Pf. und für Ungelernte 48–51 Pf.; dazu kamen 1 Pf. pro Stunde alt Abgeltung für die neunstündige Arbeitszeit.[455] Die aufgestellten Forderungen hatten 82 Pfennige für Gelernte, 76 Pf. für Angelernte, 70 Pf. für ungelernte und 72 Pf. für Ausgelernte zum Inhalt und sind »bei den Unternehmern auf gar kein Verständnis gestoßen. Sie versuchten, diese Forderungen als nicht ernsthaft, aussichtslos usw. hinzustellen [...] Daß bei dieser Stellungnahme [...] an eine Verständigung für eine freie Vereinbarung nicht zu denken war ist selbstverständlich.«

Die Verhandlungen am 15. März sind deshalb abgebrochen und am folgenden Tag ein »Sonderschlichtungsausschuß« eingesetzt worden, dessen Vorsitz vom Reichsarbeitsministerium dem Hamburger Schlichter Dr. Stenzel übertragen wurde. Als Beisitzer der Unternehmer fungierten Dr. Wallwitz und Direktor Glock aus Hamburg sowie Direktor Büsing, Stettin. Die Verhandlungskommission der Werftarbeiter vertraten die Kollegen Mett aus Hamburg, Leopold aus Kiel und Grune aus Stettin. Erst diese Verhandlungen, sie dauerten »von vormittags 10 Uhr bis gegen 12 Uhr nachts des 16. März«, führten zu einem Schiedsspruch, der Lohnerhöhungen in Pfennigbeträgen je Arbeitsstunde vorsah.

Für Gelernte 6 Pf., Angelernte und Ungelernte je 5 Pf., Jugendliche bis zu 16 Jahren 2 Pf., zwischen 16 und 18 Jahren 3 Pf., zwischen 18 und 20 Jahren 4 Pf., ausgelernte Jugendliche erhielten 5 Pf. Diese Lohnregelung gilt von Beginn der nach dem 1.4.1927 beginnenden Lohnwoche an. Von Beginn der auf den 1.10.1927 folgenden Lohnwoche an wird, um früheren Arbeitsschluss am Sonnabend zu ermöglichen, die wöchentliche Arbeitszeit auf 52 Stunden herabgesetzt. Zum Ausgleich des dadurch entstehenden Lohnausfalls werden die Stundenlöhne von diesem Zeitpunkt – 1. Oktober – an weitererhöht: für volljährige Arbeiter und ausgelernte Jugendliche um 3 Pf., Jugendliche unter 16 Jahren um 1 Pf., Jugendliche von 16 bis 20 Jahren um 2 Pf. Diese Lohnsätze gelten bis zum Schluss der Lohnwoche, in die der 31. März 1928 fällt. Der Rahmentarifvertrag gilt in der abgeänderten Fassung über die Arbeitszeit bis zum 30. September 1928. Die Parteien hatten eine Erklärungsfrist bis zum 25. März. An diesem Tag ist in einer Urabstimmung in Stettin das Verhandlungsergebnis »mit überwältigender Majorität abgelehnt worden.« Daraufhin hatten die Arbeitgeber einen Antrag auf Verbindlichkeitserklärung gestellt[456], der vom Reichsarbeitsministerium abgelehnt wurde, was zu neuen Verhandlungen in der ersten Aprilwoche führte.

Diese allerdings hatten als Ergebnis »zu einer gewissen Verständigung zwischen den Vertretern beider Parteien geführt. Der Abschluß bleibt einer Abstimmung vorbehalten, die in der nächsten Woche stattfindet.« Es wird weiter mitgeteilt, dass der abgelehnte Schiedsspruch bis 1. Oktober d. Js. gültig bleiben soll. Danach soll ohne Lohnkürzung eine noch zu vereinbarende Verkürzung der jetzigen neunstündigen Arbeitszeit eintreten. Die erforderliche Urabstimmung über das am 1. April gemachte Angebot der Arbeitgeber, fand am 6. April, einem Mittwoch statt, mit folgendem Ergebnis: Insgesamt abgegebene Stimmen 20.625, 6.174 für Annahme und 13.965 für Ablehnung, 126 Stimmen waren ungültig. Auf den Stettiner Seeschiffswerften hatten 268 für Annahme und 2.294 für Ablehnung gestimmt. »Da bei der Abstimmung die nach den Verbandssatzungen notwendige Dreiviertelmajorität für einen Streikbeschluß nicht erreicht wurde, gilt das Angebot der Unternehmer als angenommen.«[457]

Etwa zeitgleich hatten Gehaltsverhandlungen für die technischen Angestellten in der Industrie stattgefunden. Diese erfolgten »seit langer Zeit ohne Anrufung amtlicher Instanzen.« Die Vereinbarung, es wird darüber im *Volksboten* am 1.4.1927 berichtet, »bringt gegenüber den bisher geltenden Gehaltssätzen eine Erhöhung bis 10 Proz. Die festgelegten Gehälter werden noch vom Bund der technischen Angestellten und Beamten bekannt gegeben.« Im Übrigen rechnete es sich die Gewerkschaft als Erfolg an, »daß in den Jahren nach der Inflation trotz aller Schwierigkeiten bei den Gehaltsverhandlungen Erfolge erzielt werden konnten. Betrug das Anfangsgehalt in der Industrie 1924 noch 55 RM. und das Endgehalt 190 RM., war 1927 mit 85 bzw. 285 RM eine deutliche Steigerung eingetreten, wie dem Arbeiterblatt in der Ausgabe vom 1.1.1928 in einem Jahresrückblick zu entnehmen ist.

Interessant auch die Beurteilung der glänzenden Wirtschaftskonjunktur 1927, »wie wir sie in der Nachkriegszeit noch nicht erlebt haben.« Der Gesamtproduktionsindex, 1924 bis 1926 = 100 gesetzt, machte Anfang 1926 etwa 95 aus und erhöhte sich bis Jahresmitte auf 100. Damit setzte eine ständige Steigerung des Produktionsindex bis auf 125 gegen Ende des Jahres 1927 ein. Die Lohnsteuer erbrachte im ersten Quartal 1926 im Monatsdurchschnitt lediglich 88 Mill. Mark, 1927 hingegen über 120 Mill. Von den Mitgliedern der Arbeiterfachverbände waren zu Jahresanfang 1926 nur 70 % voll beschäftigt, Anfang 1927 bereits über 95 %. Insgesamt gesehen, kamen Hunderttausende von arbeitslos gewesene Arbeiter und Angestellte wieder zu Arbeit und Brot.

Werbeinserat in der *Weser-Zeitung* 1927

Kennzeichnend für die Konjunktur 1927 ist die Tatsache, dass die Kaufkraft des Einzelnen gestärkt worden ist, was man z.B. am Umsatz der Konsumvereine festmachen kann. Er betrug je Woche und Mitglied Anfang 1926 = 4,37 Mk., Anfang 1927 = 5,88 Mk. und stieg gegen Ende 1927 auf über 8 Mk. Nach Auffassung der Gewerkschaft stand fest, »daß die [...] 1927 erfolgten Lohn- und Gehaltserhöhungen die unternehmerliche Profitquote, also im Grunde [...] die Kapitalbildung in Deutschland, nicht beeinträchtigt haben, weil mit Hilfe der Rationalisierung die Leistung pro Kopf ganz bedeutend gesteigert und die Gestehungskosten in stärkstem Ausmaß gesenkt werden konnten. [...] Die gesteigerte Kaufkraft schaffte zu guter letzt doch erst die Grundlage, auf der sich der glänzende Wirtschaftsaufstieg [...] 1927 vollzog. In diesem Sinne beweist die Konjunkturentwicklung im verflossenen Jahre die Richtigkeit der gewerkschaftlichen Auffassung, daß eine Belebung der Wirtschaft nur [...] von [...] der Kaufkraft, von erhöhten Löhnen ausgehen kann.« Nachzulesen in der Sonntagsausgabe des *Volksboten* vom 15.1.1928.

Um auf den Schiffbau zurückzukommen und zum Vergleich mit dem Vorstehenden, einige Anmerkungen, entnommen einem Beitrag von Dr.-Ing. Carl Commentz, Hamburg, in der nautischen Zeitschrift *Hansa* vom 7.1.1928: »Das Schiffbaujahr 1927. [...] Die Lage der deutschen Schiffbauindustrie hat sich, soweit der Umfang an Beschäftigung in Frage steht, gegenüber dem Vorjahre grundlegend geändert; ihr tatsächlicher Umfang wird noch etwas größer sein, als [...] von dem Wirtschaftsausschuß der Deutschen Seeschiffswerften auf rund 650.000 BRT geschätzt. Diese außerordentliche Vergrößerung [...] ist aber nur eine relative Besserung, denn der Vorkriegsbauumfang war in den Jahren 1912–1914 etwa 1.300.000 bis 1.400.000 BRT. Tatsächlich haben die verhältnismäßig großen Aufträge, welche die deutschen Reeder im letzten Jahre erteilt haben, einer Anzahl größerer Werften mit eben ausreichender Beschäftigung versehen, doch mangelt es auf den meisten mittleren und kleinen Werften nach wie vor an Arbeit und von einer starken Beschäftigung kann auf keiner deutschen Werft die Rede sein. Auch einige Großwerften haben Beschäftigungsmangel. Die Baukosten [...] sind infolge von Lohnerhöhungen weiter gestiegen; [...] Nach wie vor stellen Steuern und soziale Lasten eine schwere Bürde für die deutschen Werften, die doch auf dem Weltmarkt konkurrieren sollen, dar. [...]«

Die Betriebsratswahl beim Vulcan am 7.5.1927 war die letzte in diesem Unternehmen und bedeutete nach dem Wahlergebnis eine Stärkung der freien Gewerkschaften. Sie hatten 1 Sitz hinzugewonnen und bildeten mit 10 Mitgliedern erneut die größte Gruppe, die Hirsch-Dunkerschen erhielten 2 Sitze, der Landbund war leer ausgegangen. »Der Angestelltenrat setzte sich aus 6 freigewerkschaftlichen Kollegen und 1 Angehörigen des deutschnationalen Handlungsgehilfenverbandes zusammen, so daß der Gesamtbetriebsrat ein erfreuliches Zeichen der gewerkschaftlichen Stärke auf den Vulcan-Werken offenbart.«[458]

Ein bezahlter Urlaub für die Beschäftigten der deutschen Seeschiffswerften wurde erstmals mit dem Manteltarifvertrag vom 3.3.1925 abgeschlossen und für 1926 sowie bis zum 30.9.1927 verlängert. Über diese Urlaubsgewährung ist folgendes festgelegt worden: »Jeder Arbeiter erhält für das Jahr 1925 (sinngemäß auch für 1926 und 1927) einen Urlaub von sechs Werktagen, vorausgesetzt, daß er bei Beginn des Urlaubs bei einer Werft in Beschäftigung steht und nach Beendigung des Urlaubs die Arbeit auf derselben Werft wieder aufnimmt. Für die Urlaubstage wird der Lohn vorausgezahlt.« Die Bezahlung hatte »unter Zugrundelegung der tarifvertraglich vereinbarten Wochenarbeitszeit von 54 Stunden zu erfolgen, ganz gleichgültig, ob in dem Betriebe zeitweise länger oder kürzer gearbeitet wird.« Eine Feststellung, getroffen in einem Schiedsgerichtsverfahren in Stettin am 20.12.1926 unter dem Vorsitzenden Regierungs- und Gewerberat Dr. Schürmann und deshalb von einiger Bedeutung, weil nach dem Tarifvertrag eine solche Entscheidung endgültig war.[459]

Nach dem Inkrafttreten der neuen Arbeitszeitverordnung hatten erstmals am 28.6.1927 für alle größeren Tarifgebiete der Industrie Verhandlungen über die ab 1. Juli zu zahlenden Vergütungen für die über 8 Stunden hinausgehende tägliche Arbeitszeit zwischen der Norddeutsche Gruppe des Gesamtverbandes deutscher Metallindustrieller, Abteilung Seeschiffswerften und den entsprechenden Arbeiterorganisationen stattgefunden. Da es kein Ergebnis gab, hatte das Reichsarbeitsministerium den Bremer Schlichter Dr. Voelkers mit der Erledigung dieser Streitsache beauftragt. Dieser lud die Parteien zum Montag, dem 11. Juli, nach Bremen zur mündlichen Verhandlung. Da auch diese ohne Resultat blieb, war der Schlichter gezwungen, auf Grund des § 6a der Arbeitszeitverordnung eine endgültige Entscheidung selbst zu treffen. Sie enthielt dann zwar alle erforderlichen Angaben wie Wochenarbeitszeiten, Prozentzuschläge und Laufzeiten, war aber in einigen Passagen nicht nur unklar formuliert, sondern enthielt auch einen gravierenden Fehler. Die Berechnung der Überstunden sollte nach der Wochenarbeitszeit und nicht nach der täglichen Arbeitszeit erfolgen. Auch die Unternehmerseite hatte in einer Zusammenkunft festgestellt, dass diese Entscheidung durch eine vernünftige Vereinbarung außer Kraft zu setzen sei. Sie wandten sich durch die Unternehmerorganisation an die Zentralwerftkommission und schlugen neue Verhandlungen vor. Diese führten in Hamburg zu einer Vereinbarung die im Wesentlichen Ergänzungen und Auslegungen der Entscheidung des Schlichters enthielt und diese grundsätzlich bestehen ließ, aber eine für die Unternehmer leichter durchzuführende Berechnung vorsah.

»Der Absatz 3 der Bestimmungen über die Arbeitszeit im Tarifvertrage erhält folgenden Wortlaut: Für die Leistung der festgesetzten Mehrstunde täglich erhöht sich der Tariflohn für die 9. Stunde um 20 %.« Ab der Lohnwoche nach dem 1. Juli 1927 bis zur Lohnwoche mit dem 31. März 1928 waren folgende Zusatz-Pauschalbeträge pro Woche zu zahlen: Für Lohnsätze von über 80 Pf. = 24 Pf., 71–80 Pf. = 18 Pf., 66–70 Pf. = 12 Pf., 61–65 Pf. = 6 Pf. Für die niedrigeren Lohnsätze gab es, da der 20-prozentige Zuschlag durch die bisherige Berechnung bereits erreicht oder überschritten war, keine Zusatzpauschale. »Für die über die 9. Stunde bzw. an Sonnabenden nach dem 1.10.1927 über die 7. Stunde hinaus geleisteten Ueberstunden werden folgende Aufschläge auf den Zeitlohn gezahlt: Für die beiden ersten Ueberstunden 25 Proz., für alle weiteren Ueberstunden 40 Proz.«

Der Vorteil, den das Arbeiterblatt *Volksbote* in der Vereinbarung sah, las sich folgendermaßen:

»Sie hat dafür den Vorteil, daß sie die für die unteren Lohngruppen bisher vorhandenen besseren Verhältnisse bestehen läßt und sieht, was das Erfreulichste ist, vor, daß bei der Berechnung der Zuschlagsleistung nicht, wie der Schlichter es wollte, die wöchentliche Gesamtarbeitszeit, sondern die tägliche Arbeitszeit maßgebend ist, Diese letztere Tatsache hat insbesondere die Vertreter der Arbeiterschaft veranlaßt, in eine andere Berechnungsformel für den Zuschlag einzuwilligen, obgleich dadurch die prinzipielle Bedeutung des prozentualen Zuschlags etwas verwischt wird. In der Auswirkung ist jedoch die jetzt vereinbarte Berechnung nicht nur ideell, sondern auch materiell günstiger als die Entscheidung des Schlichters.«[460]

Der Stettiner Vulcan gibt seine Selbstständigkeit auf

Am 1.1.1927 lesen wir in der *Hansa* in einem längeren Beitrag von Dr. Erdmann, Hamburg, u.a., »daß die geschäftliche Lage der Werften im vergangenen Jahr nach fast übereinstimmenden Berichten aller Unternehmungen nahezu trostlos« war. In der folgenden Aufzählung der Geschäftsergebnisse der größeren Betriebe, wird über den Vulcan mitgeteilt: »Die Vulcan-Werke [...], deren Hamburger Betrieb sich der Weserwerft anschloß, konnten einen Überschuß von 88.735 Mark erzielen. Ein Reingewinn wurde nicht verbucht. Dagegen konnten für Abschreibungen 56.059 Mark verwandt werden. Die Vorzugsaktionäre wurden wieder mit 6 % bedacht.« Der Beitrag über die A.G. »Weser« enthält die Feststellung: »In den letzten Wochen des Jahres stand die Weserwerft als Träger des Zusammenschlussgedankens in der Werftindustrie stark im Vordergrund.« Nach einer von der Verwaltung im Mai 1927 veröffentlichten Erklärung[461] betrug der Verlust des Unternehmens nicht weniger als 3,3 Mill. RM nach Auflösung des Reservefonds. Hinzu kamen nach der Bilanz vom 31.12.1925 noch 1.083.957 RM, sodass sich also ein tatsächlicher Gesamtverlust von 4,4 Mill. RM ergab, der sich aber nach dem Verkauf der Hamburger Anlagen an die A.G. »Weser« bzw. Deschimag hätte decken lassen. Schließlich hatte der Vulcan hierfür Aktien im Wert von 3,3 und 1,5 Mill. RM in bar erhalten. Die Lage hatte sich dann aber für die Gesellschaft dadurch radikal verändert, dass die Reichsregierung nicht nur neue Kredite ablehnte, sondern darüber hinaus auf Abdeckung der alten Kredite bis zum 30. Juni gedrängt hat. Diese abzudeckende Summe belief sich auf 10,3 Mill. RM. Es waren also Sanierungsmaßnahmen erforderlich, die unter Zustimmung der Hauptgläubiger und des Aufsichtsrats wie folgt vorgenommen worden sind: Durch die Abgabe der 3,3 Mill. RM AG-Weser-Aktien, Zahlung von einer Mill. RM in bar, den Gegenwert eines Teils des nicht zum eigentlichen Werftbetrieb gehörenden umfangreichen Terrains der Gesellschaft in Stettin, als Erweiterungsgelände angekauft, z. Zt. mit Wohngebäuden bebaut und durch Abführung des erzielten Aufgeldes bei der Sanierung. Die Kapitalzusammenführung selbst kam so zur Durchführung, dass das durch Einzug der 3,4 Mill. RM dividendenfreier Vorratsstammaktien durch Beschluss der letzten Generalversammlung vom 18.12.1926 schon auf 6,6 Mill. RM Stammaktien (außerdem bestanden 100.000 RM Vorzugsaktien) reduzierte Grundkapital im Verhältnis von 3 : 1 auf 2.2 Mill. RM zusammengelegt und um 2,8 auf 5 Mill. RM wieder erhöht wurde. Mit dieser Sanierung war das Unternehmen zwar ohne Reserven, aber zunächst schuldenfrei. »Da auf ausreichende Beschäftigung gehofft wird, erscheint die Lage fürs Erste wieder als ziemlich gesichert.«

Eine durchaus berechtigte Hoffnung, denn mit den Bestellungen von 175.000 BRT im Januar 1927 verfügten die deutschen Werften im Februar d. Js. über 600.000 BRT. Darunter waren hochwertige Schiffe mit 46.000 BRT [BREMEN und EUROPA] und Bauzeiten von bis zu 3 Jahren. Bei Blohm & Voss und der Deschimag rechnete man daher mit einer Beschäftigung bis Ende 1929. Die in beiden Schiffbaustandorten ansässigen Reedereien hatten hierbei eine ausschlaggebende Bedeutung. Nehmen wir beispielsweise Bremen, so fällt auf, dass der NDL, einer der früheren Großauftraggeber des Vulcan, den Schiffbaustandort Stettin bereits seit längerem ignorierte. Was allerdings nicht weiter verwundert, schließlich war die Bremer Schröder-Bank bereits seit 1925 Mehrheitsaktionär der A.G. »Weser«-Werft und Herr Schröder – im Aufsichtsrat der Werft und des NDL – und, wie wir wissen, die treibende Kraft, der zu dieser Zeit in voller Aktion befindlichen Fusionsbestrebungen in Sachen Schiffbau.

Von den genannten 600.000 BRT waren beim Stettiner Vulcan lediglich 33.297 BRT angekommen, von denen 4 Einheiten mit insgesamt 22.297 BRT im Februar fertiggestellt waren und der Rest mit weiteren 11.000 BRT als Aufträge in den Büchern standen, eine Mitteilung der *Hansa* im Februar 1927, in der Ausgabe 64. Jg., S. 277. Die sich nicht mehr bessernde Auftragslage war offensichtlich gewollt und zwang die Unternehmensleitung zum Handeln. Um zu retten, was zu retten ist, nämlich Aktien und die eigene, gut dotierte Stellung, wurde ein Zusammengehen mit der Deschimag – ein Konstrukt des Herrn Schröder – von Aufsichtsrat und Verwaltung des Vulcan angestrebt. Hierzu ist *Hansa* in der Ausgabe vom 20.8.1927 folgendes zu entnehmen: »Wie der Hamburger Tagespresse aus Bremen berichtet wird, sollen z. Zt. Verhandlungen im Gange sein [...] die die Uebernahme des Stettiner Vulcan durch die Deutsche Schiff- und Maschinenbau-A.G. Bremen zum Ziele haben. Anfang September sollen Aufsichtsratssitzungen der beiden Gesellschaften stattfinden, in denen die Angelegenheit beraten wird. Daß der Stettiner Vulcan eine Anlehnung an eine leistungsfähige Werftengruppe nötig hat, ist bekannt. Wenn die Bremer Werftkombination ihm diese Stütze bieten will, wird er sie kaum ablehnen. [...]«

In der Tat war es dann Anfang September 1927 soweit. Die Verwaltungsräte beider Firmen »sind auf Grund gemeinsamer Beratungen zu dem Entschluß gekommen, der Gesamtheit der Aufsichtsräte beider Gesellschaften die Fusion der beiden Werften zu empfehlen. Die Stellungnahme der Aufsichtsräte wird in den nächsten Tagen erfolgen. Die Zustimmung des Aufsichtsrates des Vulcan zur Fusion liegt bereits vor. Aufsichtsrat und Vorstand der Deutschen Schiffs- und Maschinenbau A.G. in Bremen werden zu dem genannten Termin ihrerseits ihr Einverständnis geben, worauf dann der Termin für die beiden außerordentlichen Generalversammlungen festgesetzt werden wird, die über die Durchführung der Fusion beschließen werden. Es ist ein Umtauschverhältnis der Vulcanaktien gegen die Aktien der Deutschen Schiffs- und Maschinenbau A.G. im Verhältnis von 1 : 1 vorgesehen.«[462]

Über das Zusammengehen des Stettiner Vulcan mit der Deschimag hatte sich der *Volksbote* erstmals am 24.9.1927 recht optimistisch in einem eigenen Bericht geäußert, der die sehr schlechte Situation der Stettiner Werften zum Inhalt hat: »[...] Wenn für Stettin eine Besserung eintreten sollte, dann nur durch die in Aussicht genommene Fusion des Vulcan mit der ›Deschimag‹. Diese wird das Werk mit allen seinen Einrichtungen nicht übernehmen, um es hinterher stillzulegen oder auch nur im Beschäftigungsstand noch weiter herabzudrücken. Viel eher ist damit zu rechnen, daß die Zahl der Beschäftigten auf dem Vulcan steigt, weil das Werk bei seiner Größe eben eine bessere Beschäftigung verlangt, wenn es einigermaßen rentabel arbeiten soll. Und das ist ja doch der Zweck aller kapitalistischen Unternehmungen. [...]« Eine Einschätzung, die von der Gewerkschaft bereits im November deutlich anders gesehen wurde. Anlässlich der Jahresgeneralversammlung der Metallarbeiter in Stettin am 12. November wurde die Sachlage so gesehen, wie sie sich dann leider entwickelt hat. Enthalten im Geschäftsbericht des Stettiner Bezirksverbandes wendet man sich dagegen, »daß, soweit die Werften in Frage kommen, z.B. mit der angeblich beabsichtigten Verschmelzung des ›Vulcan‹ mit der ›Deschimag‹ in der Oeffentlichkeit Hoffnungen erweckt werden, die nie in Erfüllung gehen können. Alle anderen größeren Werftorte haben eine gute Beschäftigung. Stettin ist, soweit die größeren Werftorte in Betracht kommen, am schlechtesten beschäftigt. Es steht in der Zahl seiner Schiffsbauaufträge an sechster Stelle.«[463]

»Berlin, 30. November 1927. [...] Die Stettiner Maschinenbau-A.G., Vulcan, Stettin, die bekanntlich im vorigen Jahr saniert werden mußte, und deren G.-V. die Fusion mit der Deutschen Schiff- und Maschinenbau-A.G., Bremen, vorgeschlagen wird, legt jetzt für das zur Durchführung dieser Fusion eingeschobene Zwischengeschäftsjahr vom 1. Januar bis 30. September 1927, einen Abschluß vor. Es konnte in diesem Zeitraum ein Ueberschuß von 155.329 RM. erzielt werden, aus dem nach Abzug von 18.207 RM. für Liquidationszinsen ein kleiner Reingewinn von 137.122 RM. verbleibt der vorgetragen werden soll [i. V. hatte die Gesellschaft bekanntlich einen Verlust von 4.364.436 RM. aufzuweisen, der durch Heranziehung des Reservefonds von 1.083.956 R.M. und durch Herabsetzung des Aktienkapitals von 6,6 auf 2,2 Millionen R.M. gedeckt wurde]. In dem sehr kurzen Bericht des Vorstandes werden als Gründe für den Zusammenschluß [...], die als unmittelbare Einwirkung des Versailler Vertrages sich darstellenden, zu geringen Beschäftigungsmöglichkeiten zu lohnenden Preisen angegeben. Ein selbständiges Fortbestehen der verschiedenen Großwerften sei unter diesen Umständen nicht möglich. In dem vorgelegten Abschluß habe man in Uebereinstimmung mit dem Beschluß der letzten G.-V. die Abstoßung aller für die Abdeckung des Staats- und Finanzkredits bestimmten Werte vorgenommen. Die Werksanlagen und Einrichtungen erscheinen in der Bilanz durch den Abgang von 1,1 Mill. RM vom Posten Grund und Boden und von 700.000 RM vom Posten Grund und Gebäude auf 5.900.001 RM [i. V. 7.700.701 RM.] ermäßigt. Von den Effekten und Beteiligungen werden nur noch verschiedene Wertpapiere mit 3.500 RM ausgewiesen. Die nominellen 3,3 Mill. RM der Deschimag, die in dieser Höhe bilanziert waren, erscheinen nicht mehr. Unter den Beteiligungen wird der Rest des Kaufgeldes aus dem Verkauf des Hamburger Werkes mit 500.000 [i. V. 1,5 Mill.] verzeichnet. Schuldner haben sich mit 2.571.549 RM (i. V. 2.524.202 RM.) wenig verändert. Fertige und in Arbeit befindliche Gegenstände haben sich von 6.019.426 RM auf 1.441.995 RM. und die Materialvorräte von 1.891.756 RM. auf 391.000 RM. erheblich ermäßigt. Das Aktienkapital erscheint nach der Zusammenlegung auf 5 Mill. RM [i. V. 6,7 Mill. RM.] wieder erhöht. Das Obligationseinlösungskonto wurde mit 595.050 RM ausgewiesen. Die Kreditoren einschließlich Anzahlungen konnten auf 964.149 RM (i. V. 18.934.588 RM.) ermäßigt werden.[464] Die Vulcanbilanz zeigte alle Merkmale des Abbaus. Die Gesellschaft hatte beträchtliche Teile ihrer Anlagen im Zusammenhang mit den Staatskrediten abstoßen müssen. Der Auftragsbestand war planmäßig auf weniger als ein Viertel verringert worden, die Vorräte auf etwa ein Fünftel der Vorjahreshöhe [s. 12.11.1926, Verkauf v. Schiffbaumaterial]. Die Liquidation der Staatskredite wurde bilanzmäßig aus einer entsprechenden Verringerung des Postens Gläubiger und Anzahlungen erkennbar.«[465]

Formal beschlossen wurde das Zusammengehen mit der Deschimag auf der außerordentlichen Generalversammlung in Stettin am Vormittag des 19.12.1927 im Saal des Verwaltungsgebäudes. Unter dem Vorsitz von Carl Fürstenberg hatten 14 Aktionäre mit einem vertretenen Kapital von 3.750.800 RM einstimmig und ohne jede Diskussion oder Opposition zugestimmt, sowie die Bilanz und die Gewinn- und Verlustrechnung mit einem Überschuss von 137.122 RM. genehmigt. Das gesamte Vermögen ging unter Ausschluss der Liquidation vom 1.10.1927 an die Deschimag. 7 aus formellen Gründen aus dem Aufsichtsrat ausscheidende Mitglieder wurden einstimmig wiedergewählt. Neu in den Aufsichtsrat kamen der Stettiner Reeder Konsul Arthur Kunstmann [als einziger Stettiner] und der Staatssekretär a.D. Direktor Dr. Otto Christian Fischer von der Reichskreditgesellschaft in Berlin.

Am Nachmittag desselben Tages fand in Bremen eine außerordentliche Generalversammlung der Deschimag statt, in der ein Aktienkapital von 16.974.220 RM mit 848.711 Stimmen vertreten war. Der Vorsitzende Carl Stapelfeldt teilte mit, dass die Frage der Fusion innerhalb der Verwaltung sehr sorgfältig geprüft worden sei und man einstimmig beschlossen habe, der Versammlung die Übernahme des Stettiner Vulcan vorzuschlagen. Nach Verlesung des Übernahmevertrages, wurde den Anträgen auf Fusion und Kapitalerhöhung zugestimmt, ebenso den erforderlichen Satzungsänderungen. Im Zusammenhang mit der Einstimmigkeit der Verwaltung dürfte von Interesse sein, dass neben C. Stapelfeldt, G. Clausen und H. Hein, die übrigen Mitglieder, Dr.-Ing. H. Wach, Prof. Dr. G. Bauer, F. Wallwitz, E. Linder und K. Trappen, langjährige Mitarbeiter des Vulcan in Hamburg und Stettin waren. Mit dieser Übernahme hatte sich die Deschimag nicht nur zum größten Schiffbauunternehmen Deutschlands, sondern auch Europas entwickelt.[466]

Der im Stettiner Wirtschaftsleben sehr bekannte und einflussreiche Konsul Arthur Kunstmann kommentierte diese Fusion in einem längeren Beitrag über »Die deutsche Ostseeschiffahrt 1927–1928« in der *Hansa*-Ausgabe vom 7.1.1928 ausgesprochen günstig: »Als bemerkenswertestes Ergebnis der Rationalisierung und Konsolidierung der Werft-Betriebe ist hier das Aufgehen des Stettiner Vulcan in die Deschimag zu nennen. Es mag ja für manche Stettiner schmerzliche Empfindungen auslösen, daß diese altrenomierte, in Stettin gegründete Werft nun von anderer Stelle aus geleitet werden soll, aber es darf ja nicht vergessen werden, daß die Generaldirektion der Vulcanwerke schon in den letzten 20 Jahren ihren Sitz in Hamburg hatte. Wichtiger als alle Sentiments ist ja aber auch schließlich die Tatsache, daß durch den Zusammenschluß unter der rührigen und erfolgreichen Leitung der Deschimag der Fortbestand des Vulcan in Stettin, der sonst sehr ernsthaft in Frage gestellt wäre überhaupt gesichert ist und dadurch Tausenden von Stettiner Arbeitern, die sonst wahrscheinlich brotlos geworden wären, Verdienstmöglichkeit gesichert ist.«

Der *Volksbote* hingegen beurteilte die Situation zwei Wochen später deutlich anders. Hatte das Arbeiterblatt im September des Vorjahres die Fusion noch als positiv für den Vulcan eingestuft, wird die Situation nunmehr als sehr ernst dargestellt. Man äußert sich dahingehend, »dass die wichtigste Frage sei, welche der übernommenen Betriebe nach Erledigung der vorliegenden Aufträge geschlossen werden sollen [...] denn die Gewaltigen der Deschimag haben zu verstehen gegeben, daß die endgültige Gesundung der deutschen Schiffbauindustrie erst dann eintreten wird, wenn schwache Werften von der Bildfläche verschwunden sind.« Weiter wird mitgeteilt, »daß man in Stettin sehr besorgt ist, vermutet man doch, daß unter den stillzulegenden Werften sich auch der Vulcan [...] befinden wird. [...] Der Vulcan wird im März seinen einzigen Schiffsbauauftrag, das MS. *TRAVE* abliefern. [...] Aufträge auf den Bau von neuen Schiffen sind im Januar bei keiner der vier Stettiner Werften hereingekommen [...]«

Aufschluss über einen Aufschwung – nicht für den Stettiner Vulcan – im Schiffbau um die Mitte des Jahres 1927 geben die Beschäftigtenzahlen der Seeschiffswerften, an deren Spitze die Deschimag mit 6.400 Ende Dezember 1926 und Mitte Juli 1927 mit 8.500 steht; davon bei der A.G. »Weser« 3.700 in 1926 und 4.900 in 1927, Tecklenborg 1.600 bzw. 1900, Vulcan Hamburg 1.600 bzw. 1.900; der Stettiner Vulcan beschäftigte noch 1.200 bzw. 1.700 Mann, während Anfang 1926 noch 4.200 tätig waren. Die Gesamtzahl der in Hamburg tätigen Werftarbeiter betrug 14.000, in Bremen sind es 9.000 und in Stettin lediglich 4.500.[467] Dieser Aufschwung im Schiffbau hatte zunächst und vor allem für den Ostseebereich seinen Ursprung im 1926 erfolgten Streik der Arbeiter im englischen Bergbau. Die dadurch entstandenen höheren Frachtraten beispielsweise deutscher Reedereien im Ostseebetrieb hielten sich allerdings nur kurze Zeit.

1927/28 gab es bei zahlreichen deutschen Werften Beschäftigungsmangel, insbesondere kleinen und mittleren Betriebe und sogar einigen Großbetrieben, wie beispielsweise dem Stettiner Vulcan. Einer der Gründe ist darin zu sehen, dass es nach Beendigung des Ersten Weltkrieges wesentlich mehr Schiffbaubetriebe gab als in den Vorkriegsjahren, die 1917 in Stettin gegründete Ostseewerft mag hier als Beispiel dienen. Ein weiterer Grund war das im Versailler Vertrag enthaltene Verbot des Kriegsschiffsbaus, der seine Wirkung besonders bei den Großbetrieben zeigte. Auch die Schwierigkeiten bei der Kreditbeschaffung gerade der kleinen und mittleren Werften müssen berücksichtigt werden. Ebenso spielten die gestiegenen Baukosten infolge von Lohnerhöhungen, Sozialabgaben und Steuern eine nicht unbedeutende Rolle, insbesondere auch deshalb, weil der deutsche Schiffbau nach Kriegsende auf dem Weltmarkt wieder neu Fuß fassen musste. Wenn es trotz dieser Umstände gelang, einige nicht unwesentliche Auslandsaufträge hereinzunehmen, so war das ein Beweis für die organisatorische und technische Leistungsfähigkeit der deutschen Werften. Bei Letzterem sei als Beispiel an die Abdampfturbinen des Systems Bauer-Wach erinnert. Eine Entwicklung übrigens, deren Nutzen der Vulcan nur in einem ganz kleinen Umfang hatte, das große Geschäft machte später die Deschimag.

Der folgende Vorgang ist im Zusammenhang mit dem Aufgehen des Vulcan in die Deschimag zu sehen. Die etwa 160 Mitglieder der Pensionskasse für die Beamten des Stettiner Vulcan sahen sich im August 1927 veranlasst, den preußischen Handelsminister schriftlich um Hilfe zu bitten. In dem Schreiben vom 27. d. M. wird zunächst mitgeteilt, dass die Kasse 1902 als Pensions-, Witwen- und Waisenkasse gegründet wurde, dessen Vermögen statutenmäßig eigenständig zu führen sei und nach den entsprechenden gesetzlichen Vorschriften mündelsicher anzulegen war, was die Verwaltung in den ersten Bestandsjahren auch tat. Nachdem es infolge fehlender Aufträge 1924 zu größeren Personalentlassungen gekommen war, sahen sich nicht wenige der Angestellten, die häufig jahrzehntelang dem Unternehmen treu gedient hatten, plötzlich auf der Straße stehen. Den Mitgliedern der Pensionskasse verweigerte man eine Unterstützung mit der Begründung, dass die Kasse nicht mehr besteht, da durch die Inflation das ganze Vermögen verloren sei. Allerdings zahlte die Deschimag einigen Beamten eine sogenannte freiwillige und jederzeit zu widerrufende Unterstützung in Beträgen von 20 bis 100 RM, die aber immer dann gekürzt wurde, wenn die Angestelltenversicherung eine Rente gewährte. Der Hinweis auf die Mittellosigkeit der Kasse wegen der Inflation wird als nicht zutreffend bezeichnet: »Die Pensionskasse besaß z.B. ca. 500.000 Mark Hypotheken und wurde der größte Teil davon bereits in der Inflationszeit anscheinend ohne Grund von der Hamburger Direktion veräußert. Diese Hypotheken würden heute bereits einen Wert von ca. 120.000 RM darstellen. Ferner ist den Jahresberichten der Pensionskasse zu entnehmen, dass der Vulcan mit Mitteln derselben in seinem Betriebe gearbeitet hat.« Es wird ferner darauf verwiesen, dass bei einigem guten Willen der Vulcan hätte helfen können. Er hätte nur mit einem Teil des von Preußen zur Verfügung gestellten Kredits die Pensionskasse auf Goldmarkbasis umzustellen brauchen, »anstatt das Geld zum Teil für unnütze Zwecke zu verausgaben«. Unter Hinweis auf die augenblicklich verhandelte Angliederung des Stettiner Werkes an die Deschimag, wird die Befürchtung geäußert, »daß bei der Übernahme die Pensionskasse wieder als nicht vorhanden betrachtet wird, unter Umständen sogar versucht wird, sich durch den Verkauf aller Verpflichtungen zu entledigen. Wir bitten daher Euer Hochwohlgeboren mit allen der Regierung zu Gebote stehenden Mitteln dafür Sorge tragen zu wollen, daß diese himmelschreiende Ungerechtigkeit nicht zustande kommt und der Fusion erst dann die Genehmigung erteilt wird, wenn die neue Gesellschaft alle Verpflichtungen gegenüber der Pensionskasse übernimmt […].« Unterzeichnet hatten J. Lange, Ingenieur, Stettin, Bugenhagenstraße 2, Julius Rosenfeldt, Ingenieur, Julius Teifke, Emil Waldmann.[468]

Dieses Schreiben führte zu einem Schriftwechsel zwischen dem preußischen Minister in Berlin und dem Oberpräsidenten in Stettin, der seinerseits den Vorgang an den Regierungspräsidenten in Stettin weitergegeben hatte. Das Schreiben des Ministers, datiert 1. September 1927, trägt den Zusatz Sofort! Es wird eingangs darum gebeten, durch persönliche Verhandlungen – »tunlichst noch vor der am 15. September 1927 stattfindenden Generalversammlung [...] für die Bezugsberechtigten [...] eine ausreichende Versorgung zu erwirken. Die stichprobenartigen Erhebungen über die Lage der Werkpensionskassen im Reichsgebiet haben nach Mitteilung der Herrn Reichswirtschaftsministers ergeben, daß fast ausnahmslos die Werke nach Maßgabe ihrer Leistungsfähigkeit für die Pensionäre [...] sorgen.« Als Beispiele werden die Unternehmen Phönix in Düsseldorf, Ilse-Bergbau AG und Moses Loew Beer in Sagan, Schlesien mit Leistungsangaben genannt. Es folgt der Hinweis: »Eine gütliche befriedigende Lösung ist auch im vorliegenden Falle umso mehr erwünscht, als der zuständige Reichstagsausschuß sich demnächst erneut mit der Angelegenheit beschäftigen wird und der Herr Reichswirtschaftsminister, insbesondere auch im Hinblick hierauf, sicherlich der Erfolg seiner auf gütliche Lösung gerichteten Bestrebungen sehr begrüßen würde. Ich ersuche um Mitteilung des Veranlaßten. Im nächsten Absatz wird erwähnt, dass bei den vorjährigen und gegenwärtigen Erhebungen über die Zusatzpensionskassen, die des Vulcan durch den Oberpräsidenten nicht nachgewiesen wurde. »Ich ersuche Sie, mir den Fragebogen über diese Kasse noch einzusenden oder anzuzeigen, aus welchem Grunde die Pensionskasse für die gegenwärtigen Erhebungen nicht in Frage kommt. [...]«

Im Antwortschreiben des Regierungspräsidenten vom 6.9.1927 teilt dieser mit, dass die Pensionskasse des Vulcan, nach dem in Abschrift beigefügten Schreiben des Reichsaufsichtsamtes nicht seiner Aufsicht untersteht. »Ich halte mich daher für Verhandlungen mit der AG Vulcan nicht für zuständig. Da ich s. Zt. meine Akten und Vorgänge an das Reichsaufsichtsamt für Privatversicherungen abgegeben habe, fehlen mir auch die Unterlagen für eine sachliche Verhandlung mit der AG Vulcan. [...]«[469]

Auch nach dem Ende des Vulcan ging die Auseinandersetzung um die Pensionskasse zwischen den ehemaligen Beamten des Vulcan und der Deschimag weiter. Letztere vertrat im September 1929 die Ansicht, dass ein Pensionsanspruch nicht gegeben ist, weil nach Einstellung des Betriebes auch die Pensionskasse nach § 37 der Auflösung verfiel. Der Treuhänder hatte der Deschimag daraufhin u.a. mitgeteilt, dass sie sich damit im Irrtum befinde. Wenn die Kasse der Auflösung verfallen wäre, hätte auch das Reichsaufsichtsamt für Privatversicherungen diese genehmigen müssen, was aber nicht geschehen sei. Es handele sich hier auch um die Aufwertung eines Anspruches auf Grund des Aufwertungsgesetzes. Zum Stichtag 14.2.1924 habe der Vulcan noch bestanden, so dass der § 37 nicht in Frage komme. In einer Versammlung von etwa 200 ehemaligen Vulcan-Beamten wurde schließlich beschlossen, gegen die Deschimag zu klagen, aber auch die Verhandlungen mit dem Unternehmen weiterzuführen.[470] Ob die Pensionäre noch zu ihrem Recht gekommen sind, war nicht zu ermitteln.

Das letzte Schiff läuft vom Stapel, das Deschimag-Werk Vulcan Stettin wird stillgelegt

Hierzu lesen wir zunächst in der *Hansa*-Ausgabe vom 31.3.1928: »Wie die *Wes.(er-)Ztg.* mitzuteilen weiß, ist ihr das seit einigen Tagen schwebende Gerücht [...] jetzt von maßgebender Seite bestätigt worden. Danach ist in einer Sitzung, die vor einigen Tagen stattgefunden hat und in der sich die Leiter der Deschimag mit den Angelegenheiten des [...] Vulcans beschäftigt haben, beschlossen worden, den [...] Betrieb noch im Laufe dieses Jahres stillzulegen und aufzulösen. Die Stillegung wird auch erfolgen, selbst wenn sich der preußische Staat bereit erklären sollte, weitere Mittel für den Betrieb zur Verfügung zu stellen. Es ist anzunehmen, dass sich durch diese Maßnahme zum mindesten indirekte Vorteile für die Stettiner Oderwerke und die Nüscke & Co. AG ergeben.«

Bereits am 29.3.1928 hatte der *Volksbote* darüber informiert, dass in der Sitzung des Verwaltungsrates zwar die vollständige Niederlegung und Auflösung des Vulcan angeregt, dann aber nur die Schließung der Schiffbauabteilung beschlossen wurde. »So weit als möglich, werden die [...] betroffenen Arbeiter in den anderen Abteilungen untergebracht. Überdies ist den Beamten und Facharbeitern Gelegenheit geboten, in den Konzernunternehmungen beschäftigt zu werden.« Die offizielle Bestätigung der Leitung der Deschimag zu Meldungen zur Stillegung des Vulcan enthält nach dem *Volksboten* u.a. auch die Mitteilung, dass der Schiffbaubetrieb in 4–6 Wochen, also Ende April bis Mitte Mai 1928 auslaufen soll. Für den Maschinenbaubetrieb sollen keine Aufträge mehr angenommen werden, die nicht vor dem 1. Oktober erledigt werden können. »Von gut unterrichteter Seite wird uns in diesem Zusammenhang noch mitgeteilt, daß die Deschimag das Stettiner Werk der tschechoslowakischen Regierung zum Kauf angeboten hat. Ein Unterhändler weilt bereits seit einigen Tagen in Prag. [...]«

Hierzu wurde dem Blatt am 31.3.1928 von »maßgebender Bremer Seite« Folgendes mitgeteilt: »Die Leitung der Deschimag in Stettin ist beauftragt worden, der Zentralleitung in Bremen im Ver-

Motorfrachtschiff *TRAVE* [Foto: Hans Engelmeyer, Archiv © DSM]

folg des Stillegungs- und Auflösungsbeschlusses Vorschläge für eine Verwertung der Stettiner Anlagen zu unterbreiten. Bisher liegen in Bremen noch keine Vorschläge vor. Es besteht nun die Möglichkeit, daß die tchechische Regierung, die bekanntlich auf Grund der Bestimmungen des Versailler Vertrages berechtigt ist, eine Umschlagstelle in Stettin zu errichten, für dieses Gelände des Stettiner Vulcan Interesse zeigt, jedoch liegen bis zur Stunde noch keine näheren Nachrichten in Bremen vor.« Auf Anfragen erklärte die Direktion des Vulcan, dass sie die Meldung weder bestätigen noch dementieren könne. Das heißt, man gibt die Richtigkeit der Meldung im Wesentlichen zu. Prag dagegen dementierte: »Die Verhandlungen mit Deutschland über die durch den Friedensvertrag der Tschechoslowakei zugestandenen Freihafengebiete hatten ergeben, daß von der Erwerbung eines solchen Gebietes in Stettin gänzlich Abstand genommen worden sei.« Der *Volksbote* stellte demgegenüber fest, dass der leitende Direktor der Vulcanwerke mehrere Tage zur Führung der Verhandlungen in Prag geweilt hat und morgen oder übermorgen zurückerwartet wird.«

Der Geschäftsbericht der Deschimag über 1927, veröffentlicht am 21.4.1928 und der Generalversammlung vorgelegt am 28. April, enthält zur Stilllegung eine klare Aussage, sowie einige interessante Einzelheiten zum Geschäftsstand. So wird eingangs festgestellt: »[...] In der Vermögens-Aufstellung sind die Werte des Stettiner Vulcan, den wir auf Grund seiner Bilanz vom 30.9.1927 übernommen haben, enthalten. [...] Das Berichtsjahr hat uns Aufträge in reichlichem Maße gebracht, jedoch waren infolge des im vorigen Berichtsjahr bereits erwähnten und weiter anhaltenden starken Wettbewerbs in der Werftindustrie die Preise nicht auskömmlich.« 1927 wurden 17 Schiffe und 1 Eimerbagger mit einer Gesamttonnage von 120.000 fertiggestellt. Im April 1928 befanden sich 18 Schiffe in Arbeit mit einer Gesamttragfähigkeit von 180.000 t. »Außerdem haben wir neuerdings eine Anzahl Neubauaufträge hereingenommen, sodaß wir für die nächste Zeit über eine gute Beschäftigung verfügen.«

Bezüglich des Erwerbs der Aktienmehrheit der Werften G. Seebeck AG, Wesermünde, Nüscke & Co., Stettin und der AG Neptun, Rostock, wird mitgeteilt, »daß die Verfügung über diese Unternehmungen notwendig ist in unserem Bestreben, ›bessere Verhältnisse in der Werftindustrie zu schaffen‹. Eine flotte Beschäftigung brachte uns in der zweiten Hälfte des Jahres unser Abdampfturbinen-Geschäft, System Bauer-Wach. Die mit Abdampfturbinen ausgerüsteten Schiffe, mit einer Gesamtleistung von bisher 153.000 PSi, haben sich voll bewährt und auch das Ausland zeigt erhebliches Interesse dafür, sodaß wir neuerdings in der Lage waren, Lizenzen dorthin abzuschließen. Von unseren Werften war vorzugsweise die A.G. »Weser« voll beschäftigt, sowohl mit Neubauten wie mit Reparaturen. Die Arbeiter- und Beamtenzahl stieg von 4.720 auf 6.300. Auch auf unserem Werk Hamburger Vulcan hat sich die Beschäftigung wesentlich gehoben. Die Arbeiter- und Beamtenzahl stieg von 1.863 auf 4.532.«[471]

Wie die Auftragslage in diesem Werk im Einzelnen war, können wir einer Meldung der *Hansa* vom 30.6.1928 entnehmen: »Die Deutsche Schiff- und Maschinenbau AG, Werk Hamburg, teilt mit: Der Auftragsbestand der Vulcan-Werft hat sich laufend erhöht, so daß dieses Werk jetzt bis Ende 1929 als gut beschäftigt betrachtet werden kann. Die Aufträge umfassen Schwimmdocks, große Bagger und 2 Frachtdampfer von je 12.000 t für den Norddeutschen Lloyd, ferner 1 großes Tankschiff für die Deutsch-Amerikanische Petroleum-Gesellschaft. Hierzu treten noch umfangreiche Bestellungen auf Abdampfturbinen, System Bauer-Wach, nicht nur für deutsche Reedereien, sondern auch in nennenswertem Umfange für das Ausland, und zwar in Frankreich, Holland, Schweden, namentlich aber Großbritannien. Die Fabrikation von hydraulischen Kupplungen, ein Spezialgebiet der Vulcanwerft, hat sich ebenfalls in den letzten Monaten stark belebt. Auch die Abteilung für Dieselmaschinenbau ist auf lange Zeit hinaus stark beschäftigt. Für das Ölwerk Rhenania in Harburg wird in Kürze eine große Tankanlage fertiggestellt werden.« Für das Stettiner Werk sah man die Situation allerdings als hoffnungslos an. »Bei Verteilung der zur Verfügung stehenden Auftragsmengen ist es kaum möglich, für diese Werft soviel abzusondern, um einen verlustbringenden Betrieb zu vermeiden, sodaß wir uns mit der Absicht beschäftigen, das Werk stillzulegen.« Ein Verhalten, welches nur damit zu erklären ist, die A.G. »Weser« auch in Zukunft »vorzugsweise voll zu beschäftigen«.

Über die TRAVE als letztes beim Stettiner Vulcan gebautes Schiff, es hatte die Baunummer 635 erhalten, wird in der Presse folgendes berichtet: »Anfang des Monats April ist auf den Hellingen [...] für den Norddeutschen Lloyd, Bremen, der Kiel zu einem Neubau gestreckt worden, der die nachstehenden Hauptabmessungen erhält: größte Länge 151 m, größte Breite 18,4 m, Seitenhöhe bis Oberdeck 12, 9 m, größter Tiefgang 8,6 m, Brutto-Raumgehalt 8.000 R.-To., Tragfähigkeit 11.500 To., Geschwindigkeit bei vollem Tiefgang 13 Seemeilen. Das Schiff wird aus Siemens-Martin-Flußeisen unter Aufsicht des Germanischen Lloyd sowie der Seeberufsgenossenschaft für die höchste Klasse mit Eisverstärkung gebaut und besitzt einen von vorn bis hinten durchlaufenden Doppelboden, welcher zur Aufnahme von Frischwasser, Trinkwasser, Ballastwasser und Treiböl bestimmt ist. 8 Schotten bilden 9 wasserdichte Abteilungen. Es sind 6 Laderäume vorhanden, von denen ein Teil als Kühl- und Proviantraum eingerichtet ist, beladen wird durch 8 Ladeluken. Das Schiff wird 4 Pfahlmasten haben, die mit zahlreichen Ladebäumen nach den neuesten Erkenntnissen ausgerüstet sind. Es sind 2 durchlau-

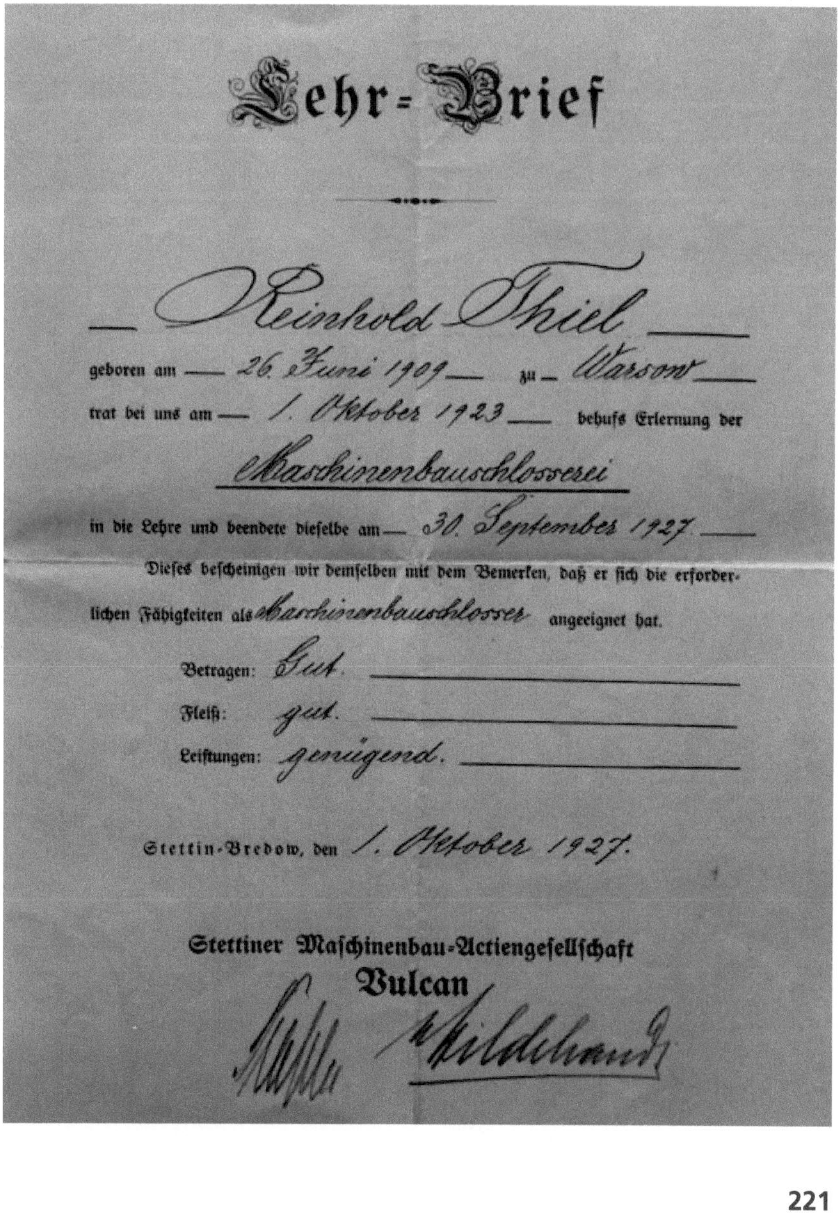

Lehr-Brief

Reinhold Thiel

geboren am 26. Juni 1909 zu Warsow

trat bei uns am 1. Oktober 1923 behufs Erlernung der

Maschinenbauschlosserei

in die Lehre und beendete dieselbe am 30. September 1927.

Dieses bescheinigen wir demselben mit dem Bemerken, daß er sich die erforderlichen Fähigkeiten als Maschinenbauschlosser angeeignet hat.

Betragen: Gut.

Fleiß: gut.

Leistungen: genügend.

Stettin-Bredow, den 1. Oktober 1927.

Stettiner Maschinenbau-Actiengesellschaft

Vulcan

Der Lehr-Brief eines Maschinenbauschlossers [Familienarchiv Reinhold Thiel]

fende Decks und außerdem kurze Raumdecks eingebaut. Das Schiff hat eine lange Back und 1 Bootsdeck mit Kommandobrücke und Einrichtung für eine beschränkte Zahl von Fahrgästen. Zum Antrieb [...] ist 1 sechszylindriger, direkt umsteuerbarer doppeltwirkender Zweitakt-Dieselmotor M.A.N., mit einer Leistung von 4.600 PS bei etwa 86 Umdrehungen in der Minute vorgesehen. Zum Betrieb dieser Hauptmaschine dient eine sehr reichliche Ausstattung an Kühlwasserpumpen, Schmierölpumpen, Luftgebläsen, Kompressoren, die alle elektrisch angetrieben werden. Zur Erzeugung der elektrischen Energie sind 3 [...] Diesel-Dynamos mit einer Leistung von je 200 Kilowatt vorgesehen. Aus der gleichen Stromquelle wird die Beleuchtung des Schiffes versorgt, jedoch unter Zwischenschaltung eines Motor-Generators. Besondere Rücksicht ist darauf genommen, daß ein großer Teil der Reisen [...] in den Tropen liegt, trotzdem ist für die Heizung der Wohnräume und für Hilfszwecke 1 mit Öl gefeuerter Kessel eingebaut. Der Brennstoffvorrat beträgt etwa 1.700 Tonnen und ist ausreichend für eine Fahrtzeit von 80 Tagen.«

Weitere Angaben über das Einschraubenschiff sind: Baujahr bzw. Bauzeit 1927/28, die Voltspannung wird mit 220 u. 9 kW angegeben, der Kessel für Hilfszwecke hatte eine Heizfläche von 25,3 qm und einen Dampfdruck von 4 atü. Es gab 1 Leitflächenruder, Unterwasserschall-Hörgeräte, drahtlose Telegrafie, 1 Funkpeilgerät, es war mit Zement und Asphalt belegt. Die Kühlanlagen für den entsprechenden Laderaum mit 2.064 cbm und den Proviantraum mit 46,6 cbm hatten die Firmen I. & E. Hall Ld., Dartford und Georg Niemeyer, Harburg geliefert. Der Stapellauf fand in der Mittagsstunde des 24.11.1927 statt. »Es war dies seit vielen Monaten das größte Schiff, was auf einer Stettiner Werft zu Wasser gelassen wurde und gleichzeitig der erste Stapellauf auf dem Vulcan seit 20 Monaten. Mit der Ablieferung [...] wird der Schiffsneubau auf dieser Werft wieder vollkommen ruhen, wenn nicht nach der erwähnten Fusion die neuen Besitzer für Beschäftigung sorgen.«[472] Nach einem Umbau 1938 hatte das nun den Namen *REGENSBURG* führende Motorschiff eine Maschinenanlage erhalten, bestehend aus 2 Vulcan-M.A.N. achtzylindrigen Zweitakt-Dieselmotoren mit Vulcan-Getriebe und 10.000 PSe, die Geschwindigkeit wird mit 16,5 Knoten angegeben, die Seeausdauer mit 19.628 Seemeilen bei 16 Knoten und 1.789 t Bunkeröl.[473]

Die Übergabe der *TRAVE* an den NDL hatte in der Nacht vom 9. zum 10.3.1928 gegen 1 1/2 Uhr nach gut verlaufener Probefahrt in der Ostsee in Höhe der Lübecker Bucht stattgefunden. »Dieses Ereignis bedeutet einen Markstein in der Geschichte der deutschen Seeschiffswerften insofern, weil durch diese Ablieferung das Programm des Stettiner Vulcan endgültig erledigt war. Wenn vorher nicht nur in den Kreisen der Gesamtbelegschaft, sondern auch bei der Leitung in Stettin die Hoffnung bestand, daß durch weitere Überweisungen von Neubauten an das Stettiner Werk der Deschimag [...] der Betrieb weiter geführt werden könnte, so konnten diejenigen, die dem Übernahmeakt beiwohnten und Augen hatten zum Sehen und Ohren zum Hören, erkennen, daß für den Stettiner Vulcan alle Hoffnung aufzugeben sei. [...]« Soweit u.a. die Zeitschrift *Unser Pommerland,* Heft 7, Juli 1828, mit dem Beitrag, »Das Ende des Stettiner Vulcan.« Der Einsatz als *REGENSBURG* im Zweiten Weltkrieg und Verbleib s. Band 3. Dem Chronisten bleibt abschließend zu diesem Thema nur die Feststellung: So wie der Norddeutsche Lloyd maßgeblich am Aufstieg des Stettiner Vulcan beteiligt war, ist diese Bremer Reederei mit im Boot derer gewesen, die für das Ende dieses einst in Deutschland und darüber hinaus führenden Schiffbauunternehmens an Oder und Elbe Verantwortung tragen.

Weitere im Werk Stettin 1927 bzw. 1928 fertiggestellte Wasserfahrzeuge waren 1927 mit der Baunummer 661 ein *MATERIALPRAHM* für das Wasserbauamt Stettin mit 23 BRT, 1928 je ein *SPÜLERPRAHM* mit den Baunummern 662, 663 und je 23 BRT, die Baunummer 664 für das Neubauamt Eberswalde als *FÄHRPRAHM* mit 53 BRT und für den Wasserbau Stralsund mit der Baunummer 644 der Schleppdampfer *GELLEN* mit 60 BRT und 230 PSi.[474] Nach Beendigung von Überholungsarbeiten legte als letztes großes Schiff, das Trajektschiff *DEUTSCHLAND* [4] vom Kai ihrer einstigen Geburtstätte ab.

Da die Stilllegung des Vulcan auch für die Stettiner Stadtverordneten von großem Interesse war, vor allem wegen der sehr hohen Arbeitslosenzahl in der Stadt und ihrer Randgemeinden, stand dieses Thema auch auf der Tagesordnung der Sitzung am 30.3.1928. Von der sozialdemokratischen Fraktion war folgende Anfrage eingebracht worden: »Vor einiger Zeit beschloß die Stadtverordnetenversammlung, den Magistrat zu veranlassen, geeignete Schritte zu unternehmen, um bei der drohenden Stillegung der Vulcanwerke die Weiterbeschäftigung der Vulcanarbeiter zu gewährleisten. Nach Zeitungsmeldungen wurde Oberbürgermeister Dr. Ackermann anlässlich einer Verhandlung zwischen gewerkschaftlichen, staatlichen und kommunalen Instanzen beauftragt, eine Denkschrift auszuarbeiten, die ebenfalls auf die Vermeidung der schweren wirtschaftlichen Schäden durch eine gänzliche Stillegung der Vulcanwerke hinzielen soll. Wir fragen den Magistrat, was er in dieser Angelegenheit unternommen hat und mit welchem Ergebnis. Oberbürgermeister Dr. Ackermann antwortet darauf, daß der Magistrat sowohl mit dem Aufsichtsrat als auch mit der Direktion der Vulcanwerke und der Leitung der Deschimag in Fühlung geblieben sei. Auf die Bestrebungen des Magistrats, die Betriebsstillegung der Vulcanwerke zu verhindern, ist uns die Antwort geworden, daß der Schiffbaubetrieb nicht mehr zu retten sei. Die großen Schiffbauaufträge seien bereits vergeben. Wenn die Aufträge von den anderen Werften erledigt seien, bestände für einige ebenfalls die Betriebsstillegung bevor. Es müsse alles getan werden, um wenigstens den Maschinenbaubetrieb aufrecht zu halten. Aber auch in dieser Hinsicht seien die Aussichten gering. Auf unsere Vorstellungen bei der Reichbahn um Bauaufträge für Lokomotiven ist uns erwidert worden, daß die Reichsbahn bis 1931 keine Lokomotiven bestellen könne.« Soweit im *Volksboten* der Sitzungsbericht betreffend Stettiner Vulcan, zu dem die Redaktion abschließend feststellt: »Auf die sozialdemokratische Anfrage gab der Oberbürgermeister eine völlig unbefriedigende Erklärung ab. Das Ende vom Lied war die Feststellung, daß wahrscheinlich nichts mehr zu retten ist.«

Die genannte Denkschrift war an die Reichsregierung, die preußische Staatsregierung und ihre einzelnen Minister sowie an den Chef der Marineleitung und die Reichsbahngesellschaft gegangen. »Die Denkschrift spricht die Ueberzeugung aus, daß es möglich sein werde, die Vulcanwerke für Stettin zu erhalten, wenn ein überlegener und fester Wille in das Spiel der örtlichen und privaten Interessen eingreife.« Die aufgestellten Forderungen waren: »Erstens, daß noch in letzter Stunden Schritte getan werden, um die Schiffbauanlagen der Stettiner Werke vor dem Abbruch zu bewahren, wenn nicht sofort, so doch in absehbarer Zeit. Zweitens, daß mit allen gegebenen Mitteln darauf hingewirkt wird, daß für die Maschinenanlagen [...] weitere Aufträge anzunehmen sind, wobei in Frage kommen: Bauaufträge der Reichsmarine auf Schiffsmaschinenbau, Aufträge der Reichsbahn auf Lokomotivenbau, andere Bauaufträge der öffentlichen Hand, soweit sie technische Unternehmungen betreibt oder an solchen maßgebend beteiligt ist, Bauaufträge auf Reparationskonto, soweit eine entsprechende Beeinflussung der Besteller auf diplomatischem Wege möglich ist und in allen diesen Fällen nötigenfalls Erleichterung der Uebernahme von Aufträgen durch Kreditgewährung.« Antworten der angesprochenen Stellen konnten nicht ermittelt werden.«

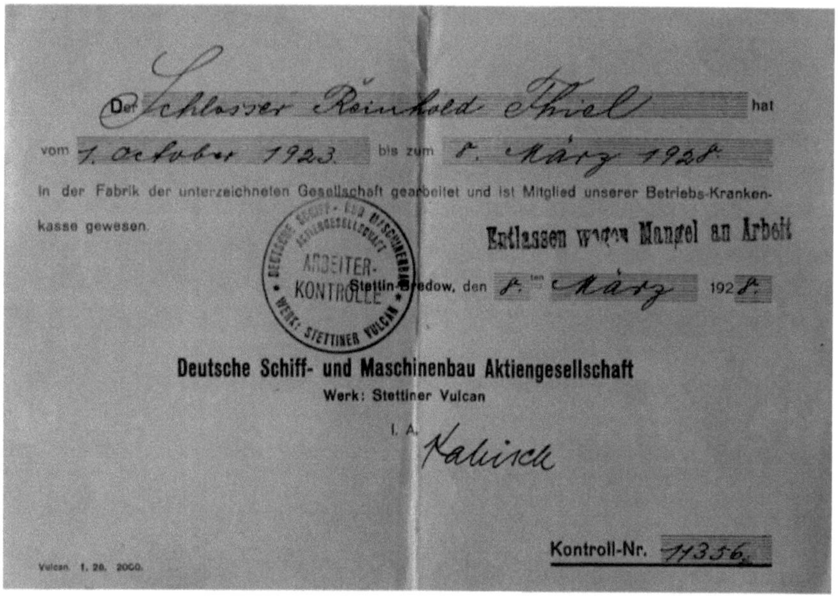
Der Schlosser Reinhold Thiel hat
vom 1. October 1923. bis zum 8. März 1928.
in der Fabrik der unterzeichneten Gesellschaft gearbeitet und ist Mitglied unserer Betriebs-Krankenkasse gewesen.
Entlassen wegen Mangel an Arbeit
Deutsche Schiff- und Maschinenbau Aktiengesellschaft Arbeiter-Kontrolle Werk: Stettiner Vulcan
Stettin-Bredow, den 8. ten März 1928.
Deutsche Schiff- und Maschinenbau Aktiengesellschaft
Werk: Stettiner Vulcan
I. A. Kalisch
Kontroll-Nr. 11356.
Vulcan 1. 28. 2000.

Entlassen wegen Mangel an Arbeit im März 1928 [Familienarchiv Reinhold Thiel]

Die im Stettiner Oberpräsidium am 24.5.1928 stattgefundenen Verhandlungen über Maßnahmen zur Förderung der Stettiner Wirtschaft, hatten auch die beabsichtigte Stilllegung des Vulcan auf der Tagesordnung. Unter der Leitung des Oberpräsidenten von Pommern, Lippmann, waren folgende Behörden und Institutionen beteiligt: Die preußischen Ministerien für Handel und Gewerbe, Inneres und Finanzen, das Reichswirtschaftsministerium und die Reichsanstalt für Arbeitsvermittlung und Arbeitslosenversicherung, das Stettiner Regierungspräsidium, der Landeshauptmann, die Wasserbaudirektion, der Stettiner Magistrat, die Stettiner Hafengemeinschaft, die Hafenbetriebsgesellschaft, das Landesarbeitsamt Pommern, die Industrie- und Handelskammer Stettin und der Allgemeine deutsche Gewerkschaftsbund mit zwei Stettiner Vertretern. Insgesamt nahmen 40 Personen teil. In seiner Begrüßungsansprache wies der Oberpräsident darauf hin, dass die heutige Beratung eine Fortsetzung der im Berliner Reichsministerium am 16 Mai d. Js. erfolgten Zusammenkunft sei. Behandelt wurden verkehrspolitische Maßnahmen, Förderung des Schiffsverkehrs, Hafen- und Eisenbahnbauten mit Arbeitslosen sowie über eine finanzielle Beteiligung von Reich und Freistaat am Bau einer vergrößerten Flugzeughalle und eines Verwaltungsgebäudes für den Stettiner Land- und Seeflughafen.

Mit dem Vulcan befasste sich Punkt 3 der Tagesordnung unter »Sonderwünsche für Industrie und Handel«. Erster Redner war Oberbürgermeister Dr. Ackermann: Er teilte mit, dass Bemühungen eingeleitet worden sind, »um wenigstens den Oberhof [...] als industriellen Betrieb für Stettin zu erhalten. Verhandlungen, die deshalb vor einiger Zeit mit der ›Deschimag‹ eingeleitet worden seien, hätten ergeben, daß die ›Deschimag‹ sich zwar zur Veräußerung des Unterhofes, des eigentlichen Werftbetriebes, nicht bereitfinde, daß sie dagegen einem Verkauf des Oberhofes mit den Anlagen für Maschinen- und Lokomotivbau, Gießerei usw. grundsätzlich nicht abgeneigt sei. Als Preis habe der Generaldirektor [...] 3,5 Mill. RM. genannt, die, wenn sich hierüber Einverständnis erzielen lasse, durch Hingabe des staatlichen Aktienbesitzes an Zahlungsstatt unter Anrechnung zu einem noch zu vereinbarenden Kurse gezahlt werden könnte. In Stettiner Wirtschaftskreisen sei Interesse dafür vorhanden, ein Finanzkonsortium zustande zu bringen, welches diesen Plan durchführen könnte. Voraussetzung würde jedoch sein, daß sich auf dem Oberhof ein leistungsfähiger Betrieb für Lokomotivbau mit den jetzt vorhandenen Einrichtungen unterhalten ließe, hierzu bedürfe es der Erteilung von laufenden und garantierten Aufträgen zum Lokomotivbau durch die Reichsbahn in genügender Höhe, damit dem Betriebe für längere Dauer die Beschäftigung gesichert sei. Verhandlungen über diese Frage müssten mit der Reichsbahn aufgenommen werden. Die Erhaltung des Oberhofes als industrieller Betrieb sei für Stettin von größter Wichtigkeit, weil sich auf diese Weise der Gefahr einer starken Vermehrung der Arbeitslosigkeit wenigstens bis zu einem gewissen Grade begegnen ließe.«

Als Entgegnung stellte der Vertreter des preußischen Finanzministeriums, Ministerialrat Metz fest, »daß die Veräußerung des staatlichen Aktienbesitzes für die Erwerbung des Vulcan-Oberhofes nur dann in Erwägung gezogen werden könne, wenn vorher mit Sicherheit festgestellt werden könne, daß ein leistungsfähiges Industrieunternehmen für die Übernahme des Betriebes vorhanden sei. Da gegenwärtig in dieser Richtung noch keine positive Grundlage gegeben sei, müßte diese ganze Frage erst im Verhandlungswege geklärt werden.« Daraufhin machte der Oberbürgermeister den Vorschlag, »daß die Fortführung eines industriellen Betriebes auf dem Oberhof, abgesehen von den Reichsbahnaufträgen für Lokomotivbau vielleicht auch in der Weise möglich wäre, daß eine Verbindung dieses Betriebes mit den Oderwerken und der Nüsckewerft erfolgen könne. Im übrigen bemerkt er, daß Stettin selbstverständlich auch ein Interesse daran habe, in wessen Hand der Unterhof überginge und die Deschimag nicht abgeneigt sei, der Stadt bezüglich dieses Geländes wenigstens ein Vorkaufsrecht einzuräumen.«[475]

Im Juli 1928 wurde über Verhandlungen der Deschimag mit einer Interessengruppe wegen der Weiterbetreibung der Maschinenbauabteilung berichtet, in die »der Stettiner Magistrat als Vermittler eingegriffen hat. Zur Zeit werden durch Sachverständige die Betriebsmöglichkeiten dieser Abteilung, die etwa 800 Arbeiter beschäftigt, geprüft. Man hofft, in etwa zwei Wochen zu einem Ergebnis zu kommen.«[476] Dass dieses Ergebnis dann nicht wie gewünscht ausfiel, ist einer Meldung der *Hansa* vom 20.10.1928 zu entnehmen. Der preußische Minister für Handel und Gewerbe hatte auf eine kleine Anfrage mehrerer Landtagsabgeordneter mitgeteilt: »Infolge Wegfalls des deutschen Kriegsschiffbaues, durch die Neuanlagen und Erweiterungen deutscher Werften in der Kriegs- und Nachkriegszeit und die Übersättigung der Weltschiffahrt mit Tonnage, ist die Leistungsfähigkeit der deutschen Werften im Verhältnis zu der Möglichkeit, Aufträge zu erhalten, zu groß geworden. Den hierdurch infolge Mangels an Aufträgen bei dem Stettiner Vulcan trotz der Kredithilfe von Reich und Preußen eingetretenen finanziellen Schwierigkeiten, hoffte man zunächst durch Zusammenlegung und Wiedererhöhung des Aktienkapitals und durch Bereinigung der Bilanz Herr zu werden. Das ist nicht gelungen. Da auch nach eingehenden Verhandlungen andere Wege zu einer Fortführung des Vulcanwerkes nicht zu finden waren, sahen sich Reich und Staat gezwungen, einer Veräußerung des Werkes zuzustimmen. Diese erfolgte durch die Fusion mit der Deschimag, die den nach Lage der Dinge erreichbaren Kaufpreis gezahlt hat. Die weitere Entwicklung hat gezeigt, daß die zunächst beabsichtigte Weiterführung des Werkes aus den genannten Gründen auch durch die Deschimag nicht möglich war.«

Das die Situation im Hamburger Vulcanwerk im Sommer 1928 einigermaßen zufriedenstellend war, ist bereits geschildert worden. Hierzu noch folgende Ergänzungen. »Die Hoffnungen, die wir im Jahre 1927 bei der Übernahme des Abdampfturbinen-Geschäftes System Bauer-Wach aussprachen, haben sich erfüllt. Sämtliche größeren Reedereien in allen Schiffahrt treibenden Ländern haben diesen neuzeitlichen Anlagen das regste Interesse entgegengebracht. [...] Im laufenden Jahr hat die günstige Entwicklung weiter angehalten«, wird 1928 im Geschäftsbericht mitgeteilt. Im folgenden Jahr war die Gesamtzahl der bisher gebauten und im Bau befindlichen Abdampfturbinen auf 155 Schiffe mit einer Gesamtleistung von 684.550 PSi gesteigert worden und für 1930 wird mitgeteilt, »daß sich die Zahl der mit dieser Anlage ausgerüsteten Schiffe auf 186 erhöht hat, mit einer Gesamtleistung von 796.370 PSi. Die Einführung einer weiteren Neuerung auf dem Gebiete des Schiffs-

Sprengung des Uhrturms 1930 durch die Abbruchfirma Schweizer & Löffler [aus: Stettiner Bürgerbrief 1981]

maschinenbaues, deren Patentrechte unsere Gesellschaft ebenfalls besitzt, des Vulcan-Getriebes [eine Kombination von Flüssigkeitsgetriebe mit mechanischem Getriebe] macht erfreulicherweise gute Fortschritte. Es wurden uns die Vulcan-Getriebe für das neuerdings in Bau gegebene Panzerschiff ›Ersatz Preußen‹ der deutschen Kriegsmarine in Auftrag gegeben.« Die Schließung des Stettiner Werkes am 1.10.1928 findet sich im Geschäftsbericht über dieses Jahr mit dem Satz: »Die im Vorjahr geäußerte Absicht der Stillegung unseres Stettiner Werkes Vulcan ist durchgeführt.« [477]

Über den Verkauf der Vulcan-Docks in Stettin ist lange verhandelt worden. Am 29.9.1928 ist als erstes das 2.900 Tons tragende Schwimmdock als an die Eckersberg-Werft in Stockholm verkauft gemeldet und »ist durch den schwedischen Dampfer FREY an seinen neuen Bestimmungsplatz überführt.«[478] Nachdem Stadt und Staat einen Kredit von je 150.000 Mark zugesagt hatten, waren im Mai 1929 auch die seit längerem schwebenden Verkaufsverhandlungen mit der Oderwerke A.G. abgeschlossen worden. Hierzu teilte die Ostseewerft mit, »daß auf Grund freundschaftlicher Vereinbarungen das [...] Dock von den Oderwerken übernommen wurde.« Das mitübernommene kleine Dock-Abteil mit 1.000 Tons Tragfähigkeit gehörte zu 4 Sektionen, von denen 3 bereits nach auswärts verkauft waren, trotzdem die Ostseewerft sie gerne übernommen hätte.[479] Mit dem Verbleib der großen Docks in Stettin hatte auch die Deutsche Reichsbahngesellschaft die Überholung ihrer großen Fährschiffe DEUTSCHLAND [4] und PREUSSEN [4] wiederum der Stettiner Werftindustrie übertragen. »PREUSSEN ist bereits bei den Oderwerken ins Dock gegangen, um für den einsetzenden Sommerverkehr gründlich überholt zu werden.«[480]

Vermutlich war die vorstehend erwähnte Kreditvergabe Preußens im Hauptausschuss des Preußischen Landtages anlässlich seiner Tagung im Frühjahr 1929 vorbereitet worden. Besonders eingesetzt für den Verbleib der Docks in Stettin hatte sich die Fraktion der SPD. Deren Mitglied Kunze führte hierzu u.a. aus, »daß die Erhaltung der Docks für Stettin von größter Bedeutung sei. Die Vertiefung der Wasserstraße Stettin–Swinemünde auf 9,6 m würde geradezu zwecklos sein, wenn nicht den diese Wasserstraße benutzenden Schiffen mit 8 bis 10.000 t Ladegewicht die Möglichkeit gegeben werde, in Bedarfsfällen im Stettiner Hafen docken zu können. Im vergangenen Winter – der Vulcan war bereits stillgelegt – habe sich gezeigt, daß den Stettiner Arbeitern viel Arbeitsgelegenheit dadurch entgangen sei, daß beschädigte Schiffe zur Dockung nach Kiel hätten geschafft werden müssen. Das Dock müsse Stettin unter allen Umständen erhalten bleiben, ebenso der Schwimmkran des Vulcan.«[481]

Fast alle im Zusammenhang mit der Stilllegung des Stettiner Werkes stehenden Aktivitäten, soweit diese die Verhinderung oder Abmilderung der Folgen zum Ziel hatten, sind vor dem Hintergrund einer extrem hohen Arbeitslosigkeit in Stettin zu sehen. Mit dem Stand 31.12.1928 hatte die Stadt mit 45,4 Arbeitslosen unter tausend Köpfen der Bevölkerung die höchste Arbeitslosigkeit unter allen deutschen Großstädten; erst in weitem Abstand folgten dann andere Städte mit 39 und 36 Arbeitslosen pro tausend Einwohner. Ihre Begründung hat diese sehr hohe Quote zu einem erheblichen Teil in wirtschaftlichen Schwierigkeiten, welche in der Abschnürung Stettins durch den »Korridor« von den traditionellen östlichen Verkehrsbeziehungen zu sehen sind und »vor allem die polnischen Maßnahmen, die Stettin einen Teil des ursprünglichen Hinterlandes genommen haben«, wie Ministerialdirektor Dr. Staudinger als Vertreter der preußischen Regierung u.a. in der oben genannten Ausschuss-Sitzung erklärte. Auch die steigende Bedeutung des polnischen Hafens Gdingen ebenso wie Danzig waren eine erhebliche Behinderung in der aufstrebenden Entwicklung der pommerschen Provinzhauptstadt als zentraler preußischer Ostseehafen und bedeutender Industrie- und Handelsplatz, welcher seit altersher auch immer der Vorhafen Berlins war.

Um die Mitte des Jahres 1929 zeigte sich Europas ehemals bedeutendstes Schiffbauunternehmen dem Beschauer als ein gewaltiger Schutthaufen. Die Deschimag hatte die Bauwerke an zwei Abwrackunternehmen abgegeben, die für sich das Beste herauszuholen versuchten. Die 4 gewaltigen Hellinge waren den Schneidbrennern bereits zum Opfer gefallen, das letzte Stück stürzte am 19.12.1928. Die Werkstattgebäude, die Gießerei und die elektrische Zentrale gingen ebenfalls diesen Weg. Über das dann frei gewordene Gelände war zu diesem Zeitpunkt noch nicht entschieden. Lediglich die während des Ersten Weltkrieges und in der Nachkriegszeit erworbenen oder neu erstandenen Wohnhäuser sind an die Vorpommersche Treuhandgesellschaft abgetreten worden, als teilweisen Ersatz für den Reichskredit.[482]

Auch den Hamburger Vulcan trifft das Schicksal der Stilllegung

Das Werk hatte 1928 und 1929 noch einige Aufträge abzuarbeiten, bevor auch für diesen Betrieb von der Bremer Konzernleitung die Betriebsstilllegung verfügt wurde. So waren im Mai 1928 u.a. die beiden deutschen D. *HAGEN* [Bauzeit 1920/21] und TENERIFA noch in der Ausrüstung mit den neuen Abdampfturbinen System Bauer-Wach begriffen. Bei dem ersteren »ist bereits mit den Maschinenproben begonnen worden.«[483] In England hatte die Probefahrt des ersten, mit Abdampfturbinen nach diesem System versehenen D. BONIFACE, im September 1928 stattgefunden, wie *Hansa* am 29. d. M. mitteilte. Nach diesem Bericht gab es zahlreiche sehr interessierte Teilnehmer aus Schiffahrtskreisen. »Wie bekannt, sind inzwischen einige weitere Schiffe in England in Bau genommen worden welche derartige Maschinenanlagen erhalten.« Am 12.11.1928 informierte *Hansa* über eine nicht ganz uninteressante Personalie bei der Deschimag: »Nach einer Eintragung in das Hamburger Handelsregister ist Dr. H. Wach aus dem Vorstand der Deutschen Schiff- und Maschinenbau-Aktiengesellschaft Bremen [Zweigniederlassung Hamburg] ausgetreten.«

Der Norddeutsche Lloyd in Bremen bestellte bei der Abt. Hamburg der Deschimag zwei Frachtdampfer als Schwesterschiffe von je 12.000 t Tragfähigkeit. Eine Information, welche uns die *Hansa*-Ausgabe vom 3.3.1928 liefert. Beide Schiffe fielen durch ihren ungewöhnlich geformten Bug auf. Von dieser sogenannten Maier-Form, – eine Erfindung des Wiener Ingenieurs Maier, deren Alleinlizenz für Deutschland die Deschimag erworben hatte – versprachen sich Reeder und Schiffbauer einige Vorteile bezüglich Kohlenverbrauch und Geschwindigkeit, die bei Versuchsfahrten mit Fischdampfern auch erreicht worden sind. Bei größeren Schiffsbauten dagegen stellten sich Nachteile im Seeverhalten heraus, was dazu führte, dass man später wieder davon abging. Der Frachtdampfer *ISAR* mit Einrichtungen für 16 Passagiere war das erste größere seegehende Schiff, welches nach dieser Form gebaut worden ist. Es lief beim Vulcan Hamburg mit der Baunummer 213 am 23.1.1929 vom Stapel, die Probefahrt fand mit gutem Ergebnis am 30. April d. Js. statt, die Indienststellung am 4.5.1929.[484]

Als technische Daten werden angegeben: Klasse: Germ. Lloyd / Länge: 153,80 m / Breite: 19,39 m / Tiefe: 9,49 m / Seitenhöhe: 10,26 m / Wasserverdrängung: 19.200 t / BRT: 9.026 t / NRT: 5.637 t / Maschine: 1 Dreifach-Expansions-Kolbenmaschine mit Abdampfturbine Bauer-Wach, 6.500 PSi / Kesselanlage: zunächst 5 Einender-Zylinderkessel für Kohlefeuerung, bei *DONAU* versuchsweise 1 Kessel mit Kohlenstaubfeuerung, die sich nicht bewährte, weshalb später alle Kessel auf Ölfeuerung umgestellt worden sind / 14,5 atü, 1.500 qm Heizfläche / E.-Anlage: 55 kW, 110 V / Schrauben: 2 / Geschwindigkeit: 14,5 Knoten. Die Zweideckschiffe mit 4 Masten, Schwergutbäumen bis 50 t und Kreuzerheck, hatten 8 wasserdichte Schotten, Wasserballast im Doppelboden und 2 Piektanks, 2 Spezialtanks für Süßöl, 1 Leitflächenruder, Unterwasserschall-Hörapparate, drahtlose Telegrafie, 1

Frachtdampfer *DONAU* [Foto: Hans Hartz, Archiv © DSM]

Funkpeilgerät und waren mit Asphalt belegt; die Kühlanlagen für Ladung und Proviant von je 1.187 bez. 47,7 cbm Raumgröße hatten die Atlas-Werke AG Bremen geliefert.[485]

Ebenso wie *ISAR* hatte auch das Schwesterschiff *DONAU* Kabinenplätzen für 16 Passagiere. Es war mit der Hbg. Baunummer 214 am 25.3.1929 vom Stapel gelaufen und im Juni d. Js. in Dienst gestellt worden.[486] Der Einsatz beider Schiffe im Zweiten Weltkrieg und Verbleib s. Bd. 3.

Das letzte beim Hamburger Werk fertiggestellte größere Schiff war das Tankmotorschiff *HANSEAT* für die Baltisch-Amerikanische Petroleum Import-GmbH in Zoppot. Heimathafen war Danzig, als Korrespondenz-Reederei wird genannt: Waried Tankschiff Rhederei G. m. b. H. in Hamburg. Der Bauauftrag war von *Hansa* in der Ausgabe 21.7.1928 in einer internationalen Neubauliste mitgeteilt worden. Das Schiff lief mit der Hbg. Baunummer 218 im September 1929 vom Stapel. Die technischen Daten sind: Klasse: Germ. Lloyd / Länge: 134,79 m / Breite: 19,56 m / Tiefe: 9,84 m / Seitenhöhe: 10,74 m / Tragfähigkeit: 12.000 t / BRT: 8.499 t / NRT: 4.769 t / Maschine im Achterschiff: ein einfachwirkender siebenzylindriger Zweitakt-Dieselmotor Vulcan-M.A.N., mit direktem Antrieb auf 1 Welle, 3.500 PSe, 11,5 Knoten / E-Anlage: 240 kW, 220 V. Der 1 1/2 Decker mit 2 Masten war nach dem Längstspantensystem mit Kreuzerheck gebaut. Er hatte 12 wasserdichte Schotten bis zum Hauptdeck, 1 weiteres bis zum 2. Deck, Wasserballast im Doppelboden und in 2 Piektanks, 10 Zylindertieftanks zum Öltransport, Leitflächenruder, Unterwasserschall-Hörapparate, drahtlose Telegrafie, Funkpeilanlage und war mit Asphalt belegt.[487] Die Durchführung der Probefahrt teilte Hansa am 7.12.1929 mit. Um 1940 wird als Reederei genannt: Panama Transport Corp. Balboa C. T., Heimathafen Panama.

Einige Fahrzeuge sind in Hamburg 1929/30 noch auf Reparationskonto für Frankreich gebaut worden. Am 22.6.1929 teilt Hansa den Stapellauf des mit der vermutlichen Hbg. Baunummer 215 bereits erwähnte *WERKSTATTSCHIFF* von 500 t mit. Die angegebenen Abmessungen betragen 45 x 18 x 2,5 m. Das Schiff erhielt Einrichtungen, um Schiffe aller Art und unabhängig von Werften zu reparieren. Im September 1929 waren auf der Werft die beiden D. PUERTO RICO und MARAKESCH der französischen Reederei Compagnie Generale Transatlantique noch im Umbau. »Beide Schiffe werden mit der erprobten Bauer-Wach Abdampfturbine ausgerüstet und auf Oelfeuerung umgebaut. [...]«[488]

Über weitere Reparationsleistungen wird im November und Dezember 1929 berichtet. Im November über den Stapellauf eines für den Hafen von Le Havre bestimmtes *SCHIMMDOCK* mit der vermutlichen Hbg. Baunummer 216 und den Maßen: Länge über alles 190 m, lichte Weite zwischen den Dockbänken 27,80 m, größter Tiefgang über Kielpallen 9 m, das Höchstgewicht der aufzunehmenden Schiffe wird mit 16.500 t angegeben, die Ein- und Ausdockzeit mit 90 Minuten, der

Antrieb der Pumpen und sämtlicher Hilfsmaschinen erfolgte elektrisch. Im Dezember 1929 kam ein *BAGGERFAHRZEUG* zu Wasser, mit der vermutlichen Baunummer 217, »weitere 3 gleiche Fahrzeuge befinden sich im Bau«, alle 4 auf Reparationskonto.[489] Sie werden für 1930 als fertiggestellt bezeichnet, ebenso das *Werkstattschiff*, lt. Informationen im Geschäftsbericht der Deschimag für 1930, datiert 27.2.1931. Über den Abdampfturbinenbau wird mitgeteilt, »daß wir weiterhin günstige Resultate erzielen. Die Gesamtzahl der mit unseren Abdampfturbinen [System Bauer-Wach] ausgerüsteten Schiffe erhöhte sich auf 186 mit einer Gesamtleistung von 796.370 PSi. Die Entwicklung des patentrechtlich geschützten Vulcan-Getriebes und der Flüssigkeitskupplung ist uns in besonderem Maße gelungen, so daß wir bereits einen erheblichen Eingang an Aufträgen feststellen konnten. Dieses Getriebe und die Kupplung erwerben sich immer weitere Anwendungsgebiete, so daß wir uns von diesem Fabrikationszweig einen guten Erfolg versprechen. Abgeliefert und im Bau befindliche Getriebe erreichten eine Gesamtleistung von 170.000 WPS.«[490] 1929 war dann noch für das Schiff CLEVELAND der Hamburg-Amerika Linie eine neu einzubauende Maschinenanlage mit Abdampfturbine und E.-Anlage gebaut worden.[491]

Im Zusammenhang mit der beabsichtigten Stilllegung des Deschimag Werkes Vulcan-Hamburg, hatten die *Hamburger Nachrichten* Anfang Mai 1929 im Handelsteil über die Vulcan-Docks berichtet. Danach war zwischen der Deschimag und Blohm & Voss ein Abkommen über eine zukünftige gemeinsame Bewirtschaftung der Docks unter dem Gesichtspunkt getroffen worden, daß die Deschimag den Betrieb der Vulcan-Werft zum Herbst des Jahres auflösen wird. Blohm & Voß hatte sich damit in den Dienst der Schifffahrt und des Hafens Hamburgs gestellt, die beide nicht auf die Dockgelegenheiten verzichten konnten. Die Deschimag hatte für ihre Bereitwilligkeit, den Pachtvertrag für das Vulcan-Gelände vorzeitig aufzugeben, eine Entschädigungssumme von etwa 2,3 Mill. Mark verlangt. Diese Angelegenheit ist allerdings nicht, wie man hätte erwarten können, vor Vertragsabschluß Blohm & Voss–Deschimag erledigt worden, sondern erst nachträglich, als auf Grund innerhamburgischen Meinungsverschiedenheiten von der Finanzdeputation Schwierigkeiten gemacht wurden. Rechtlich lagen die Dinge so, daß die Vulcanwerft auf Grund des Pachtvertrages verpflichtet war, einen Stamm von 2.500 Leuten auf der Werft regelmäßig zu beschäftigen. Blieb der Arbeiterbestand 2 Jahre unter dieser Zahl, konnte der Vertrag erst in weiteren 2 Jahren gelöst werden. Damit war festgelegt, falls die Werft zum Oktober 1929 wie beabsichtigt stillgelegt wird, dass der Staat Hamburg erst in frühestes viereinhalb Jahren das Gelände wieder zur Verfügung hätte. Bis dahin müsste also, wenn es keine vorzeitige Lösung des Vertrages gibt, der beabsichtigte Bau des Ballin-Kais hinausgeschoben werden. Um die Verhandlungen voranzubringen, hatte die Deschimag damit gedroht, die Werftauflösung auf unbestimmte Zeit zu verschieben.[492]

Ende Juli d. Js., wurde bekannt, dass die 3 Vulcan-Docks von 27.500, 12.000 und 6.000 T. verabredungsgemäß von Blohm & Voss übernommen worden sind, und zwar zu einem Preis von 4 Mill. RM., der in bar an die Deschimag zu entrichten war. »Ferner werde Blohm & Voss innerhalb der nächsten 2 Jahre [...] 2 Mill. RM. an die Deschimag entrichten. Das vierte Dock von 17.500 T. [...] wird von den Howaldts-Werken [...] übernommen. Außerdem übernehmen sie einen Teil des Vulcan-Geländes, da auf Hamburger Gebiet eine Werft aufgebaut werden soll.«[493] Dock II – das vierte Vulcan-Dock – »ist dieser Tage für 650.000 RM. an die Rotterdamsche Droogdock Miji. verkauft worden. Das etwa 20 Jahre alte Schwimmdock hat eine Tragfähigkeit von 8.500 Ton.«, wie *Hansa* in der Ausgabe vom 23.11.1929 mitteilte.

Die erforderliche Zustimmung des Hamburger Senats zur Verlegung der Docks war nach Klärung der Frage der Liegeplätze im September 1929 erfolgt, »so dass dieser Teil der [...] Abmachungen über die Verwertung der Anlagen des Hamburger Vulcan programmgemäß bis zum 1. Oktober [ein Dock ist bereits verholt worden] durchgeführt werden kann. Dagegen ist noch keine Entscheidung gefallen über die ungeklärten Fragen zwischen der Deschimag und dem hamburgischen Staat, soweit es sich um die Entschädigungsfrage für die Deschimag und Ueberlassung geeigneten Geländes für Hafenerweiterungszwecke handelt. Es scheint, dass die Differenzen sich hier noch nicht vermindert haben, so daß die Endregelung beim Hamburger Vulcan, der übrigens zur Zeit gut beschäftigt ist, noch immer nicht zu übersehen ist.«[494]

Erst im Oktober 1929 gelangten die Verhandlungen zum Abschluss. Darüber gab die staatliche Hamburger Pressestelle folgende offizielle Mitteilung heraus: »Die Verhandlungen, die in den letzten Tagen zwischen dem Hamburger Staat, Blohm & Voss, der Deutschen Schiffs- und Maschinenbau AG [Deschimag] als Inhaberin des Pachtvertrages über das Gelände der früheren Vulcanwerft und den Howaldtswerken geführt worden sind, haben folgendes Ergebnis gehabt: Die Deschimag wird aus dem mit der Finanzdeputation geschlossenen

Vertrag entlassen und stellt der Finanzdeputation diejenigen Teile des Werftgeländes, insbesondere am Roßhafen, die zum Bau von Kaischuppen benötigt werden, geräumt zu bestimmten Terminen zur Verfügung. Der letzte Ueberweisungstermin ist der 1.10.1931. Der nicht für die Herstellung von Kaianlagen in Frage kommende Teil des Werftgeländes, wird der Finanzdeputation zum 1.1.1930 zur Weitervermietung an die Howaldtswerke Kiel zum Betrieb einer Werft übergeben. Die auf diesem Teil befindlichen Anlagen werden zum größten Teil von der Deschimag auf Grund eines besonderen Abkommens den Howaldtswerken überlassen werden. Die Finanzdeputation hat mit den Howaldtswerken über den in Frage kommenden Platz einen Pachtvertrag abgeschlossen. [...] Hieraus ergibt sich, daß die Finanzdeputation trotz der Aufhebung des Betriebes der früheren Vulcanwerft, den größten Teil der Werft für einen Betrieb durch die Howaldtswerke und somit eine Arbeitsgelegenheit für 1.500 bis 2.000 Arbeiter erhalten hat. Der übrige Teil der Arbeiterschaft des Deschimag wird voraussichtlich zum größten Teil durch den Ankauf der Docks von Blohm & Voss bei letzterer Beschäftigung finden.«[495]

Der Riese stürzt [aus: *Hamburger Echo*, 14.8.1931, Staatsarchiv Hamburg, ZAS DK 435.15]

Als Erwiderung auf Presseartikel in Hamburger Blättern, die sich mit den Aktionen der Deschimag bezüglich der Vulcanwerft Hamburg befassten, veröffentlichte die Deschimag im Oktober 1929 folgender Erklärung: »Der Gedanke, mit den Zauberformeln der Demobilmachungsverordnung aus dem Inflations- und Rentenmark-Jahr 1923 heute ein Unternehmen, das Betriebe an mehreren Plätzen des Reiches hat zu zwingen, in Hamburg oder überhaupt an einem bestimmten Platze 4.000 Arbeiter weiter in Lohn zu halten, ohne ihm die fehlenden Beschäftigungsmöglichkeit für diese 4.000 Arbeiter zu geben, ist um so weniger ernst zu nehmen, als die monatelangen Versuche, die vorausgegangenen Werftbetriebsstillegungen in Wesermünde-Geestemünde zu vermeiden, auch erfolglos geblieben sind, weil niemand bestreiten kann, daß für die Beschäftigungsmöglichkeiten der deutschen Werften für heute und für absehbare Zukunft ein außerordentlich großes Zuviel an deutschen Werftbetrieben vorhanden ist. Das gleiche gilt von den Werftstillegungen in Stettin. Warum sollten im Hamburger Bezirk mit seinen vielen Werftbetrieben nicht auch Werftstillegungen durch Abbruch überflüssiger Werftbetriebe vorgenommen werden, wenn man doch in Hamburg so gut wie in Bremen in der Werftarbeiterschaft, in der Werftindustrie und im Senat einsieht, daß Werftbetriebsstillegungen und Abbruch überflüssiger Werftbetriebe erfolgen müssen um die deutsche Werftindustrie lebensfähig, konkurrenzfähig auch im Kampf mit der ausländischen Werftindustrie zu erhalten und nach Möglichkeit wieder rentabel zu machen. Mit Demobilmachungsparagrafen wird man auch in Hamburg die notwendig gewordene Sanierung der deutschen Werftindustrie nicht hindern können und sollte man sie auch nicht hindern wollen. Man mag über die Erfolgsmöglichkeiten der großzügigen Sanierungspläne des Deschimag-Konzerns bezüglich der deutschen Werftindustrie denken wie man will, daß mit jeder Deschimag-Stillegung der Deschimag-Konzern das Opfer einer Stillegung auf sich nimmt, das eigentlich auf den breiteren Buckel einer Vereinigung der gesamten deutschen Werftindustrie gelegt werden müßte, weiß man auch in Hamburg.«[496]

Mit einem weiteren Vertrag zwischen der Deschimag und den Howaldtswerken, der nach Zustimmung des Hamburger Senats in Kraft trat, war das Kapitel Stilllegung des Vulcanwerkes im

Wesentlichen abgeschlossen. Danach hatten die Howaldtswerke auch den südöstlichen Teil des Vulcangeländes für 2,9 Mill. RM gekauft, mit der Verpflichtung, diesen Teil für eigene Rechnung abzuwracken. Der Reingewinn, den die Deschimag aus der Auflösung des Vulcan zog, belief sich auf rund 7,3 Mill. RM. Für Erwerb und Ausbau des Vulcan waren seinerzeit etwa 5,3 Mill. RM aufgewandt worden, der Erlös aus dem Verkauf betrug insgesamt 12,6 Mill. RM. Der Verkauf der Docks brachte 5,5 Mill. RM, davon 3,9 Mill. durch Blohm & Voss, der Rest durch Howaldt. Diese zahlten außerdem für den westlichen und südöstlichen Teil des Vulcan zusammen 4,9 Mill. RM, zu dem später noch das Vulcanmagazin im Wert von 1,5 Mill. RM hinzu kam. Der Gewinn, den die Deschimag durch Abwracken erzielte, berechnete sich auf 700.000 RM.[497]

Zur Stilllegung des Hamburger Betriebes enthält der Geschäftsbericht der Deschimag über 1929 folgende Anmerkungen: »Unsere Bemühungen, die Lage der Werftindustrie durch Angliederung anderer Betriebe an den Hamburger Vulcan zu verbessern, scheiterten an dem Widerstand der beteiligten Kreise. Nachdem wir durch den Bau der ›Bremen‹ den Beweis erbracht haben, das unsere Werft an der Weser den größten schiffbaulichen Aufgaben gewachsen ist, haben wir uns entschlossen, uns von unserem Hamburger Werk zu trennen; wir haben einen Teil desselben verkauft und den restlichen Teil verschrottet.«[498] Als letztes Wahrzeichen des Hamburger Vulcan war am 13.8.1931 der Hauptschornstein niedergelegt worden.

Über dieses Ereignis berichtete das *Hamburger Fremdenblatt* einen Tag später in der Morgenausgabe: »Er raucht zum letzten Male. Auf dem Gelände der ehemaligen Vulcan–Werft, inmitten von Ruinen früherer Werkstätten und Trümmerhaufen von Alteisen, stand bis gestern noch als Zeuge einer glücklicheren Zeit der Hauptschornstein der Werft, ein stattlicher Bursche von 74 Meter Höhe, weithin sichtbar und als Wahrzeichen der Werft kenntlich an dem großen Wasserbehälter, der ihn in etwa 20 Meter Höhe umgab. Jetzt ist er seinem schon vor längerer Zeit niedergelegten kleineren Bruder gefolgt. [...]«[499]

Die Werbeschrift »Deutsche Schiff- und Maschinenbau Aktiengesellschaft (Deschimag)«, erschienen im November 1930, enthält eingangs einige aufschlussreiche Sätze zu den Stilllegungen: »Zweck und Ziel des Zusammenschlusses war die Konzentration der in den einzelnen Werken vorhandenen Leistungsmöglichkeiten. In folgerichtiger Ausführung der darauf hinzielenden Bestrebungen schreckte man daher auch nicht vor dem Gedanken zurück, einige der angegliederten Werften zur Stärkung der übrigen stillzulegen.« Dann wird mitgeteilt, dass die besten und modernsten Maschinen der stillgelegten Vulcan-Werke in Hamburg und Stettin und der Joh. C. Tecklenborg A.G. in Wesermünde von der A.G. »Weser« übernommen wurden. »[...] Es ist auf diese Weise ein Werk geschaffen worden, welches hinsichtlich Güte und Reichhaltigkeit seiner Einrichtungen in der Welt nur wenige seinesgleichen finden dürfte. [...] Aus dem Personal der stillgelegten Werke sind die tüchtigsten und erfahrensten Mitarbeiter in die Bremer Zentralverwaltung übernommen worden. [...] Die in dem Namen ›Vulcan‹ verkörperte Tradition auf schiffbaulichem und maschinenbaulichem Gebiet, und die in drei Viertel Jahrhunderten erfolgreicher Arbeit gesammelten Erfahrungen sind nunmehr auf die AG ›Weser‹ in Bremen übergegangen. [...]«

In einer Aufzählung der insgesamt beim Vulcan gebauten Schiffe werden 44 Kriegsschiffe mit einer Wasserverdrängung von 276.700 t und einer Maschinenstärke von 590.000 PS, 98 Torpedoboote und 50 Unterseeboote genannt; an Handelsschiffen 247 mit 786.000 BRT und 724.000 PS. »22.000 Arbeiter konnten die Vulcanwerke beschäftigen. 145 Hektar Bodenfläche bedeckten die beiden Anlagen in Stettin und Hamburg und nicht weniger als 26,5 Hektar waren von Gebäuden und Werkstätten eingenommen. Der Name ›Vulcan‹ ist in dem in Hamburg weitergeführten technischen Büro erhalten geblieben welchem die Aufgabe zugefallen ist, neben der Aufrechterhaltung gewisser Auslandsbeziehungen, im engsten Zusammenwirken mit der in Bremen zentralisierten technischen Leitung maschinenbautechnische Neuerungen, namentlich auf dem Gebiet der Abdampfturbine und des sogenannten Vulcan-Getriebes, weiter zu entwickeln.«[500]

Anhang

Anlagen

Anlage 1

Die Arbeitsordnung[501]

Landesarchiv Greifswald, Rep.77 Nr. 139 Stettin

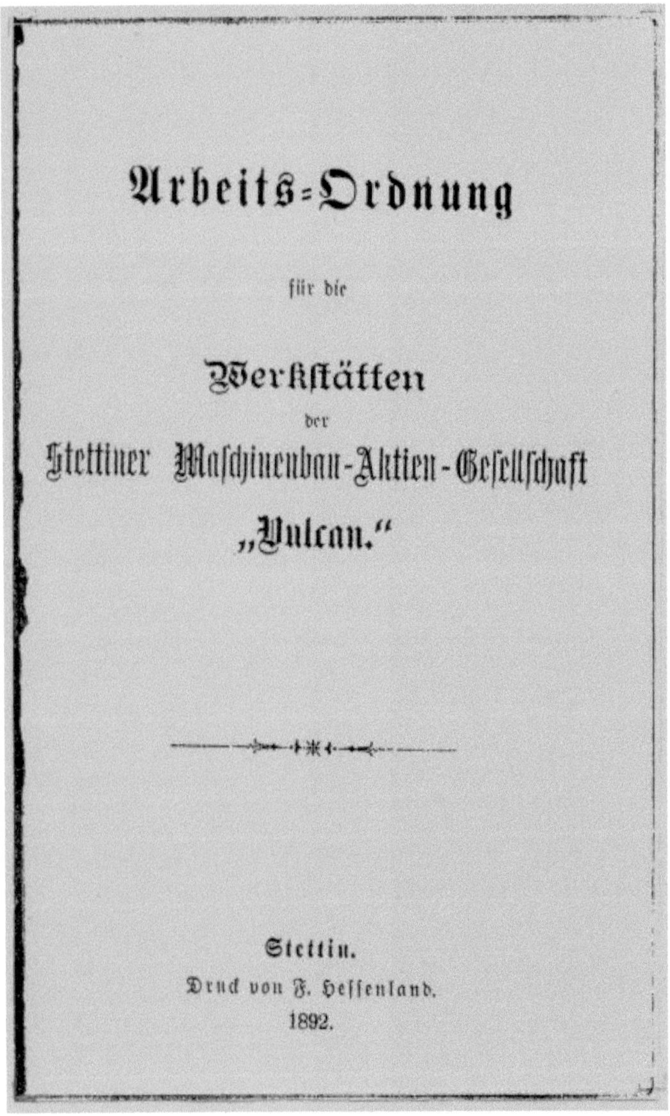

Arbeits-Ordnung

für die

Werkstätten

der

Stettiner Maschinenbau-Aktien-Gesellschaft

„Vulcan."

Stettin.

Druck von F. Hessenland.

1892.

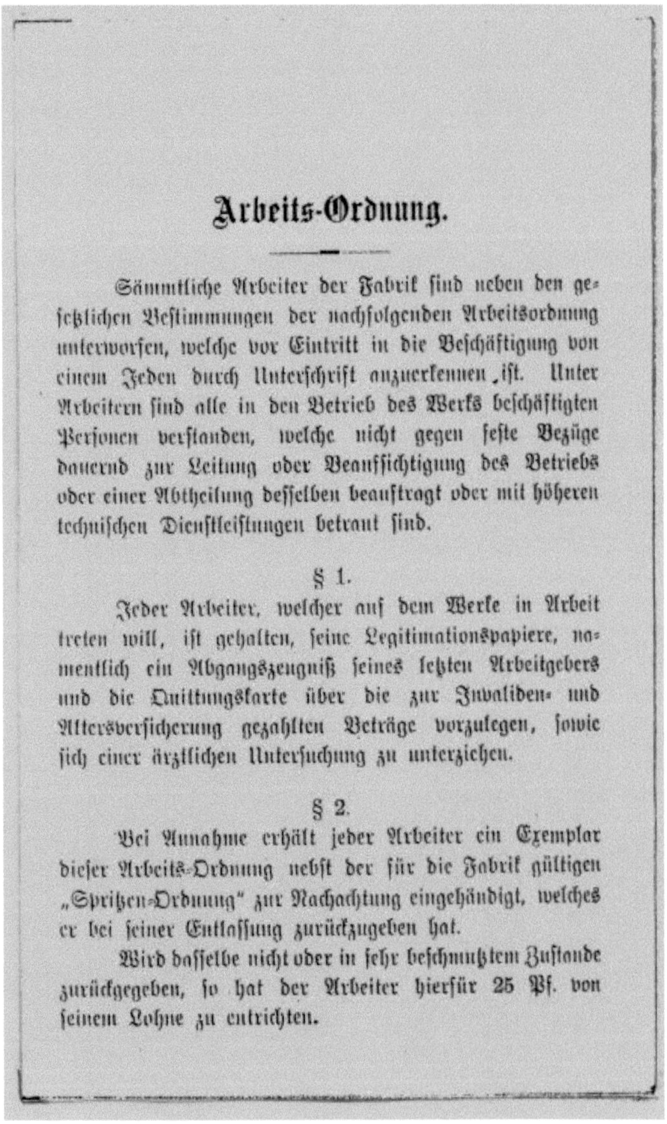

Arbeits-Ordnung.

Sämmtliche Arbeiter der Fabrik sind neben den gesetzlichen Bestimmungen der nachfolgenden Arbeitsordnung unterworfen, welche vor Eintritt in die Beschäftigung von einem Jeden durch Unterschrift anzuerkennen ist. Unter Arbeitern sind alle in den Betrieb des Werks beschäftigten Personen verstanden, welche nicht gegen feste Bezüge dauernd zur Leitung oder Beaufsichtigung des Betriebs oder einer Abtheilung desselben beauftragt oder mit höheren technischen Dienstleistungen betraut sind.

§ 1.

Jeder Arbeiter, welcher auf dem Werke in Arbeit treten will, ist gehalten, seine Legitimationspapiere, namentlich ein Abgangszeugniß seines letzten Arbeitgebers und die Quittungskarte über die zur Invaliden- und Altersversicherung gezahlten Beträge vorzulegen, sowie sich einer ärztlichen Untersuchung zu unterziehen.

§ 2.

Bei Annahme erhält jeder Arbeiter ein Exemplar dieser Arbeits-Ordnung nebst der für die Fabrik gültigen „Spritzen-Ordnung" zur Nachachtung eingehändigt, welches er bei seiner Entlassung zurückzugeben hat.

Wird dasselbe nicht oder in sehr beschmutztem Zustande zurückgegeben, so hat der Arbeiter hierfür 25 Pf. von seinem Lohne zu entrichten.

Anlage 2

Das Statut der Betriebs- (Krankenkasse-)Fabrikkasse[502]

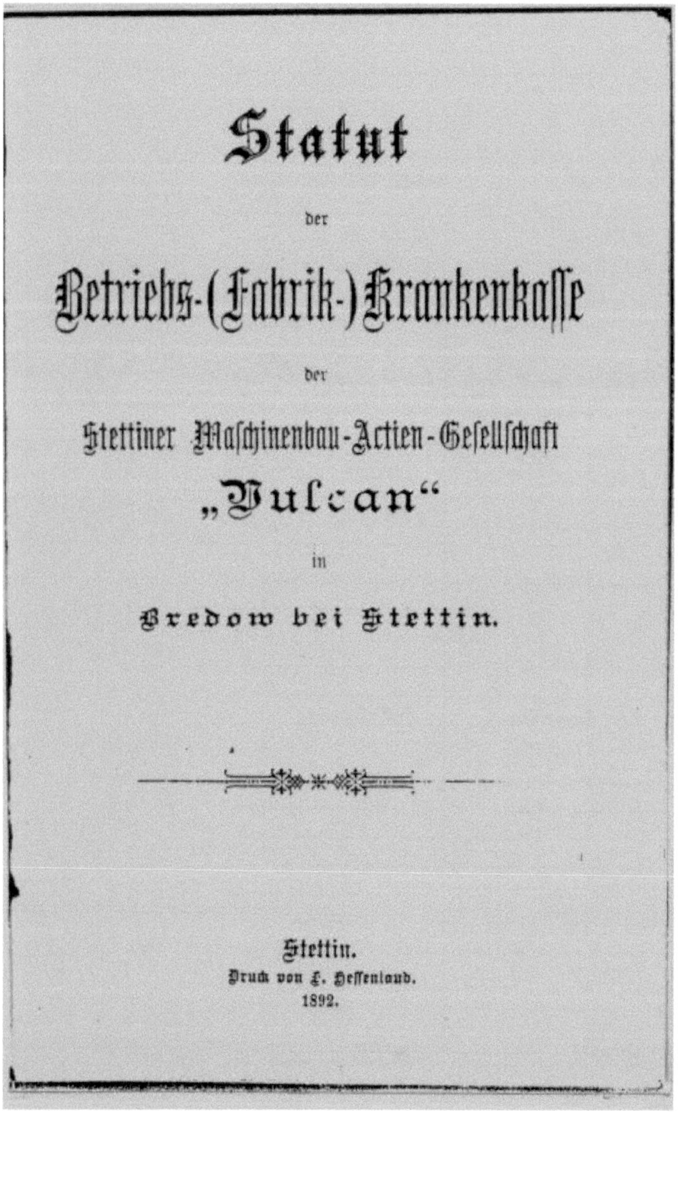

Statut

der

Betriebs-(Fabrik-)Krankenkasse

der

Stettiner Maschinenbau-Actien-Gesellschaft

„Vulcan“

in

Bredow bei Stettin.

Stettin.

Druck von F. Hessenland.

1892.

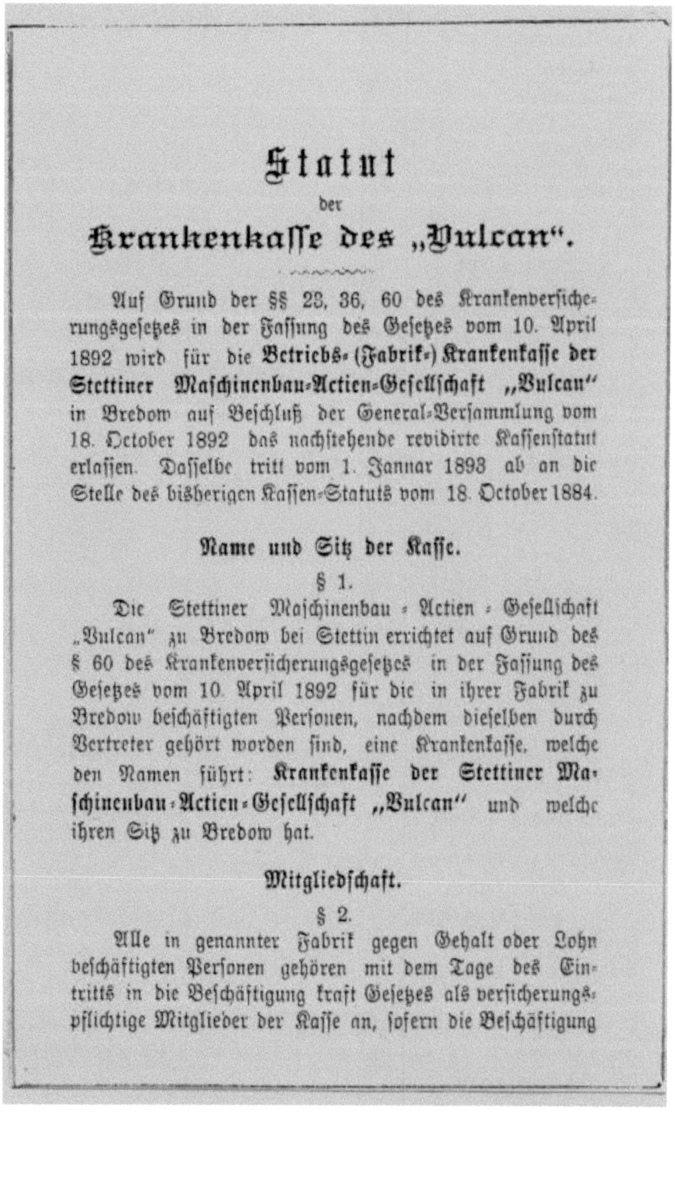

Statut

der

Krankenkasse des „Vulcan“.

Auf Grund der §§ 23, 36, 60 des Krankenversicherungsgesetzes in der Fassung des Gesetzes vom 10. April 1892 wird für die **Betriebs-(Fabrik-) Krankenkasse der Stettiner Maschinenbau-Actien-Gesellschaft „Vulcan“** in Bredow auf Beschluß der General-Versammlung vom 18. October 1892 das nachstehende revidirte Kassenstatut erlassen. Dasselbe tritt vom 1. Januar 1893 ab an die Stelle des bisherigen Kassen-Statuts vom 18. October 1884.

Name und Sitz der Kasse.

§ 1.

Die Stettiner Maschinenbau-Actien-Gesellschaft „Vulcan“ zu Bredow bei Stettin errichtet auf Grund des § 60 des Krankenversicherungsgesetzes in der Fassung des Gesetzes vom 10. April 1892 für die in ihrer Fabrik zu Bredow beschäftigten Personen, nachdem dieselben durch Vertreter gehört worden sind, eine Krankenkasse, welche den Namen führt: **Krankenkasse der Stettiner Maschinenbau-Actien-Gesellschaft „Vulcan“** und welche ihren Sitz zu Bredow hat.

Mitgliedschaft.

§ 2.

Alle in genannter Fabrik gegen Gehalt oder Lohn beschäftigten Personen gehören mit dem Tage des Eintritts in die Beschäftigung kraft Gesetzes als versicherungspflichtige Mitglieder der Kasse an, sofern die Beschäftigung

Anlage 3

Die erste Seite des Journals mit »Konstruktionsdaten

für gebaut und projectierte Handelsschiffe«[503]

Handelsschiffe.

Schiff	No. 1.	No. 2.	No. 3.	No. 4.
Name	[illegible] Dievenow	Communication	Fährboot I	Fährboot II
Besteller	J. F. Braunlich Stettin	Wajew - Riga	Wajew - Riga	Wajew - Riga
Art des Schiffes	Raddampfer m. Schonertakelung für Swinemünd. Fahrt	Raddampfer, Bugsir- und Fährboot	Raddampfer, Bugsir- Fährboot	Raddampfer, Bugsir- Fährboot
Antrieb	Rad mit 12 bewegl. Schaufeln	Rad mit 14 festen Schaufeln	Rad	Rad
Anzahl durchl. Decks	1	1	1	1
Aufbauten				
Doppelboden				
Klasse				
Baujahr u. Bauzeit	1852	1852	1853-54	1853-54
La	39.840 m			
Lp	34.997 m	24.275 m	18.83 m	18.83 m
B. a. Spt./B.a.Spt.	4.943 m	5.490 m	3.492 m	3.492 m
H	2.406 m	2.341 m		
H' verteilte Aufbauten				
R. T.				
Tfg., beladen	1.255 m mittl. Tiefg.	0.942 m mittl. Tiefgang	0.628 m mittl. Tiefg.	0.628 m mittl. Tiefgang
Freibord, beladen				
Kielhöhe				
Depl., beladen	110 Tonnen	45.30 Tonnen		
D. w. „ all told				
α β δ				
L × B				
L × B × H u. L×B×C.T	415.69	311.93		
L × B × H'				
Lp : B	7.396	4.419		
Lp : H				
H : B				
Raumgeh.: Brutto Reg.Ts.	104 Tonnen	80 Tonnen	195 Tonnen	195 Tonnen
„ Netto				
Raumgeh.: unter Deck				
Anz. d. Passag. u. Besatz.				
Gewicht d. Schiffskörpers	60.063 Tonnen			
„ d. Walzstahls				
„ d. Masch.-Anlage				
Schiffskörper L×B×H×				
Walzstahl L×B×H×				
Maschine pro PS_i				
V beladen	9 Knoten			
PS_i oder PS_e	200 PSi	160 PSi	48 PSi	48 PSi
PS_e Schleppversuch				
η bez auf PS_e oder PS_i				
η nach Middendorf				
C'				
M per t (Selbstk.)				
L „ t (Selbstk.)				
R „ t (Selbstk.)				
S „ t (Selbstk.)				
M „ PS_i (Selbstk.)				

Anlage 4

Die Entwicklung des Aktienkapitals und die gezahlten Dividenden von 1907 bis 1925[504]

* Stammaktien, ** Vorzugsaktien

Geschäfts-jahr	Aktienkapital Mark	Dividende %	Betrag Mark	Quelle
1907	10 000 000	14	1 400 000	BB-C, 27.04.1908
1908	10 000 000	12	1 200 000	Schiffbau, 26.05., 14.07.1909
1909	10 000 000	12	1 200 000	BB-C, 14.05.1910
1910	15 000 000	11	1 246 182	Hansa, 13.05.1911
1911	15 000 000	11	1 251 665	BB-C, 19.04.1912
1912	15 000 000	6	900 000	Weser-Ztg., 02.05.1913
1913	15 000 000	0	0	ebenda, 31.05.1914
1914	15 000 000	6	900 000	ebenda, 10.04.1915
1915	15 000 000	8	1 200 000	ebenda, 03.04.1916
1916	15 000 000	8	1 200 000	BB-C, 14.04.1917
1917	15 000 000	8	1 200 000	Weser-Ztg., 13.03.1918
1918	15 000 000	8	1 200 000	Volksbote, 29.05.1919
1919	15 000 000	8	1 200 000	ebenda, 13.05.1920
1920	15 000 000	12*	1 800 000	Weser-Ztg., 04.05.1921
	5 000 000	6**	37 000	ebenda
1921	15 000 000	20*		Hansa, 06.05.1922
	5 000 000	6**		ebenda
1922	15 000 000	50*		ebenda, 26.04.1923
	5 000 000	6**		ebenda
1923	15 000 000	0		Handb. d. Dt. Aktien-Ges., 1924/25
	5 000 000	0		ebenda
1924	55 000 000	0		ebenda, 1925
	100 000	6**		ebenda
1925	10 000 000	0		ebenda, 1926

Anlage 5

Die Verwaltungsratsmitglieder, gesetzlich ab 1884 Aufsichtsrat[505]

(in chronologischer Reihenfolge)

Gutike, Paul, Fabrikbesitzer, Stettin, Alterspräsident 1856–1857

Wellmann, Gustav, Fabrikbesitzer, Stettin, Vorsitzender 1856–Juli 1858

Hindersin, Ludwig, Bankdirektor, Stettin, stellv. Vorsitzender 1856–1858, †28.4.1877 Stettin

Brumm, Conrad Ferdinand, Reeder, Stettin, 1856–1885, stellv. Vorsitzender 1856–März 1858, Vorsitzender bis 16.5.1885, *16.12.1816 Stettin, †16.5.1885 Stettin

Euchel, August, Bankier, Stadtrat, Stettin, 1856–1857

Schlutow, Johann Wilhelm (Vater), Reeder, Stettin, 1856–27.4.1867, *1809, †8.10.1881 Stettin

Metzenthin, Carl Ludwig Friedrich, Fabrikbesitzer, Stettin, 1856–1876, †24.9.1876 Glyon, Schweiz

Siemens, Werner von, Dr., Fabrikant, Berlin, 1856–29.4.1865

Stolting, Heinrich, Kaufmann, Stettin, 1857–29.4.1865, *Stralsund 20.3.1814, †6.11.1884 Stettin

Karkutsch, Ferd. Aug. Ludwig, Kaufmann, Stettin, 1857–7.5. 862, †27.9.1891 Stettin

Schillow, Friedrich, Reeder, Stettin, stellv. Vorsitzender 1858–1864, *1794,†9.8.1864 Stettin

Grawitz, Adolph Heinrich Georg, Kaufmann, Stettin, 1858–1875

Rahm, Joh. Heinrich Emil, Geh. Kommerzienrat, Kaufmann, Stettin, stellv. Vorsitzender 1862,

Vorsitzender Juni 1868–1882, *1804, †20. 5. 1882 Stettin

Schneppe, August, Kaufmann, Stettin, 1864–1887

Delbrück, Hugo, Dr. phil., Fabrikdirektor, Stettin, 1865–1900, stellv. Vorsitzender 30.4.1886–1900, *1825, †Stettin 1900

Haker, Heinrich Friedrich, Kaufmann, Stettin, 1865–1908, stellv. Vorsitzender 1901–†1908 Stettin

Schlutow, Albert Heinr. Wilh., Dr. jur. h.c.,(Sohn), Geh. Kommerzienrat, Bankier, Stettin, 1868–1909, stellv. Vorsitzender 1883, Vorsitzender 1886–†1909, Mitglied d. Preuß. Herrenhauses seit 1897, *15.1.1838 Stettin, †18.9.1909 Stettin

Greffrath, Carl, Kaufmann, Stettin, 1875–1906

Gadebusch, Otto Ferdinand, Kaufmann, Stadtrat in Stettin, 1870–†1884, *1820, †10.8.1884 Stettin

Meister, Louis, Kaufmann, Stadtältester Stettin, 1883–†Stettin 10.5.1896

Kreich, Theodor, Kaufmann, Brauereibesitzer, langjähriger Stadtverordneter u. Schriftführer, Stettin, 1885–1890, *1818, †22.6.1890

Cuntz, Hermann, Kaufmann, Stettin, 1886–†Stettin 12.5.1893

Tresselt, Julius, Kaufmann, Stettin, 1887–1905

Lenz, Franz, Geh. Kommerzienrat, Kaufmann, Berlin, 1891–1925

Abel, Rudolf Oscar, Geh. Kommerzienrat, Bankier,

Stettin, 3.6.1893–12.6.1916, stellv. Vorsitzender 1907–1910, Vorsitzender 1913–†12.6.1916 Stettin

Fürstenberg, Carl (Vater), Bankier, Berlin, 1897–1927, stellv. Vorsitzender 1910, Vorsitzender 1913–1927

Rathenau, Emil, Dr. phil., Dr.-Ing. h.c., Generaldirektor der AEG, Berlin, 1901–1915

Delbrück, Victor, Dr. jur., Stettin, 1905–†1907 Stettin

Stahl, Hermann Josef, Dr.-Ing.h.c., Düsseldorf, 1906–†16.4.1927 Stettin

Ballin, Albert, Dr.-Ing. h.c., Generaldirektor, Hamburg, 1907–17.5.1917

Krogmann, Richard C., Kaufmann, Hamburg, 1908–1924

Schwabach, Paul von, Dr. phil., Bankier, Berlin, 1909–1927, stellv. Vorsitzender 1917–1927

Manasse, Georg, Dr. h.c., Kaufmann, Reeder, Stettin, 1910–†12.9. 923 Stettin

Hollmann, Friedrich von, Admiral, Staatssekretär a.D., Berlin, 1910–†31.1.1912

Kunstmann, Wilhelm, Reeder, Stettin, 1910–1926

Flohr, Justus Emil Friedrich, Geh. Baurat, Dr.-Ing. h.c., Bad Pyrmont, 1921–1925

Toepffer, H., Dr., Unterstaatssekretär a.D., Stettin, 1922–1923

Böger, M., Generaldirektor, Hamburg, 1922–1924

Quandt, G., Fabrikbesitzer, Neu-Babelsberg, 1924–1925

Fürstenberg, Hans (Sohn), Bankier, Berlin, 1923–1927

Koeppel, Wilhelm, Dr. jur., Berlin, 1924–1927

Tewaag, C., Dr., Bankdirektor, Stettin, 1924–1927

Hinz, K. Betriebsratsmitglied, Hamburg, 1925–1926

Steinweg, H., Betriebsratsmitglied, Stettin, 1925–1927

Deschimag 1926 bis 1930

Mit den Werken: A.G. »Weser« Bremen, Frerichswerft Einswarden, Werk Vulcan Hamburg, Werk Vulcan Stettin (in chronologischer Reihenfolge)

Schröder, Johann Friedrich, Bankier, Bremen, 1926–1930 Vorsitzender
Buff, C., Dr., Bürgermeister, Bremen, 1926–1930 stellv. Vorsitzender
Drawe, R., Prof. Dr.-Ing., Charlottenburg, 1926–1930
Dubbers, August, Konsul, Bremen, 1926–1930
Fürstenberg, Hans, Bankdirektor, Berlin, 1926–1930
Hartwig, C. G., Bankdirektor, Bremen, 1926–1927
Kautz, Georg, Präsident, Dr. jur., Berlin, 1926–1930
Hinke, Friedrich, Generalkonsul, Berlin, 1926–1928
Krogmann, Richard. C., Dr,-Ing., Hamburg, 1926–1929
Millington-Hermann, Paul, Dr., Bankdirektor, Berlin, 1926–1930
Petersen, Gustav, Dr., Hamburg, 1926–1930
Schmidt-Branden, Paul, Bankdirektor, Berlin, 1926–1930
Schwabach, Paul von, Bankier, Berlin, 1926–1929
Ehlers, A., Betriebsratsmitglied, Bremen, 1926–1928
Schwarz, O., Betriebsratsmitglied, Bremen, 1926–1928
Bock, Otto, Hamburg, 1926–1929
Fischer, Otto Christian, Dr., Direktor, Berlin, 1927–1930
Kunstmann, Arthur, Reeder, Stettin, 1927–1930
Stuck, Robert, Bankdirektor, Bremen, 1927–1930
Bodenheimer, Siegmund, Bankier, Berlin, 1927–1930
Bonte, Moritz, Bankdirektor, Berlin, 1928–1930
Jörger, Carl, Bankier, Berlin, 1928–1930
Dietze, Max, Betriebsratsmitglied, Bremen, 1928–1930
Goettke, Georg, Betriebsratsmitglied, Bremen, 1928–1929
Hübner, E., Betriebsratsmitglied, 1929–1930

Anlage 6

Die Mitglieder des Vorstandes bzw. der Direktion [506]

(in chronologischer Reihenfolge)

Früchtenicht, Franz Friedrich Dietrich, Schiffbaumeister, techn. Direktor ab 1857, *2. 2. 1821 Hamburg, †1864 Bredow b. Stettin

Brock, Franz Wilhelm, Schiffbaumeister, kaufm. Direktor 1857–1858

Hermsdorf, Franz Eduard› Ingenieur, kaufm. Direktor 1859–1872, *1826, †29.5.1872 Stettin

Koppen, Julius, Maschinenbau-Ing., Obering, techn. Direktor 1872–1876

Lippelt, Adolph, kaufm. Direktor 1872–1876

Huffnagel, Gustaf, Prokurist, stellv. kaufm. Direktor ab 1.9.1872 – ?

Oppelt, Robert, Prokurist, stellv. Direktor ab 1. 9. 1872 – ?

Haack, Rudolph Carl Otto (Vater), Schiffbaumeister, Kgl. Baurat, Eintritt 1856 bei *Füchtenicht & Brock,* Schiffbaudirektor 30.4.1874–1887; sein größter Verdienst liegt zweifellos darin begründet, dass er gegen alle Bedenken die Aufgabe übernahm, erstmals auf einer deutschen Werft ein Panzerschiff zu bauen und dieses 1976 zur vollen Zufriedenheit der Kaiserlichen Marine abzuliefern; ein Wendepunkt nicht nur in der Geschichte des Vulcan, sondern auch der deutschen Marine und der gesamten deutschen Industrie. In der Folgezeit wurden nicht nur für deutsche Kriegsschiffbauten die deutschen Werften bevorzugt, auch die deutschen Reedereien folgten allmählich diesem Beispiel. Die Ausführung dieser Neubauten aber lag zum großen Teil in den Händen von Rudolph Haack, welcher so den jungen deutschen Schiffbau der höchsten Vollendung entgegenführte. Außz.: EK 1870/71, Ehrenmitgliedschaft i. d. STG, *17.10.1833 Wolgast, †12.12.1909 Eberswalde

Wegner, Julius, Ingenieur, techn. Direktor 1877–1885

Stahl, Hermann Josef (Vater), Dipl.-Ing., Kgl. Preuß. Kommerzienrat, Dr.-Ing. h.c., kaufm. Direktor 1877–1905; führte den Vulcan aus sehr schwierigen finanziellen Verhältnissen zu einer glänzenden Entwicklung empor, musste 1884 ein sehr gutes Angebot der Hapagablehnen, der Aufsichtsrat des Vulcan hatte eine Vertragsauflösung nicht genehmigt, eine Drahtanfrage lautete: »Wenn Gehaltssumme auf 45.000 Mark festgesetzt würde, wäre dann Arrangement möglich oder stellen Sie Forderung«, Antwort am 12. März 1884: »dieser Übertritt hätte aber von mir in gewisser Weise erzwungen werden müssen. Gegen solche gewaltsame Trennung von Verhältnissen sträubt sich jedoch mein Charakter, weil ich davon durchdrungen bin, daß keine guten Früchte daraus erwachsen.« Ausscheiden unter Zahlung einer kontraktlichen Konventionalstrafe wäre möglich gewesen. Auch ein Versuch des Reeders Adolf Woermann blieb 1885 erfolglos. H. J. Stahl konnte am 27. Dezember 1926 seine fünfzigjährige Zugehörigkeit zum Vulcan begehen, davon 29 Jahre als Vorstandsmitglied und 21 Jahre als Aufsichtsratmitglied. *23.10.1839 Düsseldorf, †16.4.1927 Düsseldorf

Jüngermann, Carl war in England ausgebildet worden und erfreute sich in der technischen Welt eines bedeutenden Rufes als Ingenieur für Schiffsmaschinenbau, der bisherige Direktor der AG Germania in Gaarden bei Kiel trat als Nachfolger von Direktor *Wegner* 1885 ein, schied zum Jahresende 1897 aus, um als Vertreter des Vulcan in Berlin seinen Wohnsitz zu nehmen.

Zimmermann, Robert, Kgl. Baurat, Schiffbaudirektor in Stettin 15.7.1895–1909, Vorstandsvorsitzender in Hamburg ab Juli 1909–5.1.1912, hatte das Verdienst der neuzeitlichen Ausgestaltung des Stettiner Werkes, insbesondere die Anlage der neuen Hellinge, unter seiner Leitung wurden KAISER WILHELM DER GROSSE, DEUTSCHLAND (3) u. (4), KRONPRINZ WILHELM, KAIER WILHELM II. (2) u. KRONPRINZESSIN CÄCILIE gebaut, auch war Zimmermann an den grundlegenden Vorbereitungsarbeiten für das Hamburger Werk beteiligt,*1851 Hamm/Westf., †5.1.1912

Flohr, Justus Emil Friedrich, Kgl. Preuß. Baurat, Dr.-Ing. h.c., nach Absolvierung des Technikums Mittweida Eintritt als Schlosser im Februar 1878, im Zeichensaal ab Herbst d. J. bis 1880, nach einer zwischenzeitlichen dreijähriger Tätigkeit in Schottland, Erster Konstrukteur 1883, Obering. 1889, stellv. Maschinenbaudirektor 1892–Juni 1897, Maschinenbaudirektor 1.7.1898–1909, Vorsitzender des Direktoriums seit 1909–31.12.1920, Prof. Dr. Bauer hat in einem Nachruf F. Lebenswerk u.a. mit der Entwicklung der Dampfkolbenmaschine für den Schiffsantrieb bis zu den größten Abmessungen und zur höchsten Vollendung bezeichnet. KAISER WILHELM DER GROSSE begründete seinen Ruhm, es folgten eine Reihe von Schwesterschiffen die fast alle Träger des »Blauen Bandes« wurden, die Maschinen der deutschen und fast aller ausländischen Kriegsschiffe, vom Linienschiff bis zum Torpedoboot, trugen den Stempel seines großen Ingenieurkönnens.« *4.6.1855 Hamburg, †13.6.1933 Bad Pyrmont.

Bauer, Johann Nathanael Gustav Prof. Dr.-phil. Dr.-Ing. h.c., Eintritt auf Empfehlung von Dr. *Wiegand,* des Generaldirektors des NDL, am 1.12.1895, Oberingenieur, stellv. Maschinenbaudirektor mit Prokura 1902–1909, Vorstandsmitglied ab 1.1.1906, Maschinenbaudirektor in Hamburg ab Juli 1909–1926, Ltd. Maschinenbaudirektor der Deschimag und Vorstandsmitglied ab Ende 1926–1945, in der Zeit bis Ende 1941 bei den Vulcanwerken und der Deschimag war Prof. Dr. Bauer für den Entwurf und die Konstruktion von ca. 150 Dampfkolbenmaschinen von insgesamt 700.000 PSi, 160 Turbinenanlagen von 3.500.000 WPS und etwa 200 Dieselmaschinenanlagen von insgesamt 300.000 EPS verantwortlich. Hinzu kommen außerdem die Maschinenanlagen für nicht weniger als 400 Kriegsschiffe aller Klassen. An herausragenden Schiffen seien genannt: KRONPRINZESSIN CECILIE mit zwei 6 kurbeligen Kolbendampfmaschinen, IMPERATOR mit einer Turbinenanlage von 80.000 WPS und »wahrscheinlich wohl seine größte Leistung - der NDL-Vierschrauben-Turbinenschnelldampfer *Bremen* mit einer Maschinenleistung von 120.000 WPS«. *1.12.1871 München, †6.12.1953 Hamburg

Schwartz, Louis, Dr.-Ing. h.c. Schiffbau-Dipl.-Ing. 1879 mit Auszeichnung, erhielt ein Reisestipendium, ging nach England und Schottland, Eintritt 1880, nach sechs Monaten verantwortlicher Leiter des Konstruktionsbüros, Schiffbau-Obering. 1903, stellv. Schiffbaudirektor in Stettin 1905–1909, Vorstandsmitglied ab 1. Januar 1906, Schiffbaudirektor in Hamburg Juli 1909–1928, Sch. Konstruierte u.a. AUGUSTA VICTORIA, FÜRST BISMARK, KAISER WILHELM DER GROSSE, IMPERATOR, KRONPRINZESSIN CECILIE, *24.4.1857 Königsberg, Ostpr., †13.5.1938

Fliege, Gustav, stellv. Schiffbaudirektor u. Vorstandsmitglied ab 1.7.1906, Schiffbaudirektor in Hamburg 1910–1925?

Wallwitz, Franz, Eintritt 15.4.1888, Prokurist ab 18.11.1905, kaufm. Direktor u. Vorstandsmitglied ab 1.1.1909–1926 in Stettin u. Hamburg, von der Deschimag in dieser Funktion übernommen, Vorstandsmitglied u. kaufm. Direktor in Stettin 1909–1926

Kramer, Fritz, Maschinenbau-Ing., erste Tätigkeit als Maschinenbauvolontär 1898, Eintritt als Maschinenbaukonstrukteur 1903, dann selbstständiger Konstrukteur, Bürochef, Obering., stellv. Maschinenbaudirektor in Stettin u. Maschinenbaudirektor in Hamburg bis 1923, hatte im Ersten Weltkrieg u.a. im U-Bootbau wesentliche Verbesserungen in der Schiffsmaschinentechnik ersonnen, *20.10.1877 Hemmerich, Kr. Bonn, †11.11.1923 Hamburg

Paulus, Carl, Marineschiffbaumeister, Regierungsrat im Reichspatentamt, Eintritt als Oberingenieur und Vertreter des Schiffbaudirektors Anfang 1910 in Stettin, ordentliches Mitglied im Vorstand Oktober 1911, in gleicher Eigenschaft in Hamburg ab 1913; als einer der ersten Fachleute hatte P. sich mit den Beziehungen zwischen Fahrtiefe, Geschwindigkeit und Kraftbedarf der Schiffe beschäftigt und hierfür viele Versuchs- und Betriebsergebnisse beigebracht. *10.12.1868 Volkmarsen, †11.1.1920 an den Folgen eines Unfalls im Büro der Hamburger Werft.

Linder, Ernst, Dipl.-Ing., Eintritt als Assistent des Betriebsingenieurs der Mechanischen Werkstätten am 1. Oktober 1901, später Leiter dieser Abteilung mit Prokura, Oberingenieur und Vertreter des Maschinenbaudirektors in Stettin am 1. Januar 1910, wechselte im Herbst des Jahres in der Entwicklungsphase zur Hamburger Filiale mit dem Aufgabenbereich: Wahrnehmung der maschinenbaulichen Aufgaben, Maschinenbaudirektor, stellvertretendes Vorstandsmitglied und Leiter der Maschinenbauabteilung in Stettin ab 1. Januar 1912, vermutlich bis zur Stilllegung, war 1938 an der Neugründung des Vulkan beteiligt und Vorstandsmitglied. *9.1.1879 Magdeburg

Stahl, Paul (Sohn), Kaufmann, Prokurist d. kaufm. Abt. vor 1906, ab 1. Juli 1906 Vorstandsmitglied, kaufm. Direktor in Hamburg 1910, Vorsitzender d. Direktoriums ab 1924–1926; *1876, †1956

Böning, Otto, Betriebs-Ing. in Stettin ab 1897, Schiffbau-Obering. 1910, stellv. Maschinenbaudirektor in Hamburg 1910–1912, leitete den Bau des Linienschiffes FRIEDRICH DER GROSSE und des IMPERATOR *23.9.1872 Bremerhaven,†25.4.1939 Bremen.

Weitbrecht, Hans Martin, Dr.-Ing., Konstruktions-Ing. in Hamburg, Obering. in Stettin ab 1912, Schiffbaudirektor und Vorstandsmitglied in Stettin ab 1913–1928, † 2.12.1945

Feilcke, Fritz, Dipl.-Ing., 1918 Schiffbau-Obering. Stettin, in Hamburg ab 1922, Prokurist 1923, stellv. Schiffbaudirektor, Schiffbaudirektor in Hamburg 1925–1930, *3.12.1882, †12.10.1977

Anlage 7

Die Ingenieure und Kaufleute in Führungspositionen[507]

(in alphabetischer Reihenfolge)

Ackermann, Max, Ing., Eintritt 1907, Bürochef in Hamburg für den Großkriegsschiff-Maschinenbau Ausland, 1914–1918 verantwortlich für den Entwurf der Maschinenanlagen der T- u. U-Boote, nach dem Krieg Leitung der Maschinenbau-Direktionsbüros als verantwortlicher Assistent des Maschinenbaudirektors bis 1929, Betriebsführer der Deschimag-Niederlassung Hamburg, *1875, †2.8.1938 Bad Pyrmont

Avé-Lalement, Hans, Kaufmann, Eintritt als Prokurist in Stettin 1912, wechselte nach Hamburg 1913, dort tätig bis Ende 1922, †4. 5.1945

Bandtke, Hugo, Schiffbau-Dipl.-Ing., Betriebsingenieur in Stettin 1925–1928

Beeck, Otto, Ing., Konstrukteur, Vorsteher des Bürosfür Kriegsmaschinenbau in Stettin 1918–1924

Behn, Theodor, Dipl.-Ing., Abt.-Chef in Hamburg 1914

Blumenthal, Ernst, gelernter Schiffsmaschinenbauer, 1887–1888 Chef-Ing. der chinesischen Flotte, trat als Betriebs-Ing. 1888 ein, verantwortlich für den Einbau der maschinellen Einrichtungen an Bord der Kriegs- u. Handelsschiffe, wechselte 1893 zur Hapag als Leiter der maschinentechnischen Abt., *1855 Magdeburg, †17.4.1920

Brennhausen, Oscar, (Vater), Maschinenbau-Ing., Eintritt 1.11.1861, Obering. u. Leiter der Lokomotivbau-Abt. 1872–1910, Mitbegründer u. Ehrenmitglied des Pom. Bezirksvereins des VDI; *18.4.1839 Königsberg/Ostpr., †24.8.1910 Stettin.

Brose, Walter, Ing., Leiter des Konstruktionsbüros für Ölmasch. in Hamburg 1925–1928.

Bublitz, Gustav, Kaufmann, Prokurist der kaufm. Abteilung, 1852–31.3.1897

Burchard, H., Schiffsmaschinenbau-Ing., Eintritt 1872, Obering. vor 1906

Cornehls, Otto, Maschinenbau-Ing., Eintritt 1889 in das Konstruktionsbüro, von 1893–1895 Kaiserliche Werft Danzig als technischer Hilfsarbeiter in der Funktion eines Marinebaumeisters, Rückkehr zum Vulcan als Bürochef, als Obering. Leiter der Maschinenfabrik, hatte maßgeblichen Anteil an der maschinellen Ausgestaltung der Schnelldampfer, wie KAISER WILHELM DER GROSSE usw., wechselte 1902 als Direktor zur Reiherstieg-Werft in Hamburg; *28.5.1862 Hamburg, †2.4.1932

Dentler, Heiner, Ing., in Hamburg Bürochef Schiffsmaschinenbau 1914–1916?

Drossel, August, Schiffbaumeister, Eintritt als Leiter des Schnürbodens 1885, stellv. Büroleiter des Kalkulationsbüros 1889, Büroleiter bis zum Ruhestand 1.12.1912; * 1.7.1845 Zingst, †1.2.1917

Eggers, Dr.-Ing. h.c. Julius, technischer Leiter der Vulcanwerft 1895–1901, † 15.4.1929 Hamburg

Ehrlich, Alexander, Schiffbau-Ing., Bürochef in Stettin 1914–1918

Erler, L., Prokurist der kaufm. Abteilung, im Amt 1906– ?

Fregin, Fritz, Dipl-Ing., Prokurist, Bürovorsteher Kriegsschiffbau in Stettin 1914–1918

Föttinger, Hermann, Prof. Dr-Ing., Eintritt als Chefkonstrukteur 1904, Leiter der Turbinen- u. Versuchsabteilung, 1909–1924 Professor an der TH Danzig, lehrte ab 1924 an der TH Berlin, *9.2.1877 Nürnberg, †25.4.1945 Berlin

Gronwald, Otto, nach Schlosserlehre und Tätigkeit im Torpedodepot in Wilhelmshaven, Eintritt als Schiffbautechniker 1892, ging als Ingenieur 1897 zur A.G. »Weser«, wechselte nach kurzer Zeit zur Kaiserlichen Werft Wilhelmshaven zurück, 1899 von dort nach Berlin in das RMA als technischer Hilfsarbeiter abgeordnet, schied dort 1901 aus u. trat in das Konstruktionsbüro des Vulcan ein, wurde 1911 nach Hamburg versetzt, in die Stellung eines selbständigen Konstrukteurs und Gruppenführers, während des Ersten Weltkrieges im U-Bootbau tätig, *26.3.1859 Tauroschel/Ostpr., †12.7.1920 Sensburg/Ostpr.

Haack, Otto (Sohn), Schiffbau-Ing., Betriebsingenieur 1890–28.2.1900, wechselte als Inspektor zum Germ. Lloyd in Stettin; *1.11.1861 Stettin, †26.5.1934 Stettin

Hein, Paul, Schiffsmaschinenbau-Ing., Eintritt 1904, nach Hamburg versetzt, Leiter des umfangreichen Konstruktionsbüros für U-Bootsmaschinenbau 1914–1918, danach bis zu seinem Tod als Betriebsleiter tätig, *29.9.1878 Kiel, †12.6.1930

Heitmann, Ludwig, Ing., Betriebsing., Betriebschef in Stettin 1910–1918

Hildebrand, Max, Maschinenbau-Ing. in Stettin 1909, Obering. bis 1928

Hoffert, G., Obering. u. Leiter der Formerei in Stettin–1912

Holldorf, F., Eintritt 1863, Bürovorsteher 1903

Jacob, Oskar, Betriebsing. in Stettin 1914–1928?

Jappe, Friedrich, Schiffbau-Ing., Bürochef der Kriegsschiffbau-Abt. in Hamburg 1914–1918

Jochmann, Ernst, Maschinenbau-Ing., eingetreten in Stettin 1907, unter Dr. Föttingers Leitung Chefkontrukteur im Schiffsturbinenbau, wurde 1909 Nachfolger von Dr. Föttinger als Oberingenieur der Maschinenbau-Abt. der Werke Stettin u. Hamburg, ausgeschieden 1920, *29.8.1877 Görlitz, †28.8.1959

Kaegler, H., Maschinenbau-Ing., langjährig tätiger Obering. bis 1876

Kaerger, Alfred, Patentingenieur, trat um 1915 als Konstrukteur in Hamburg ein, Gruppenführer im Dampfmaschinen- u. Ölmaschinenbau, Leiter der Patentabteilung, in dieser Stellung 1927 von der Deschimag übernommen u. fünf Jahre nächster Mitarbeiter von Prof. Dr. G. Bauer, wechselte am 3.3.1932 in das Heereswaffenamt, *12.6.1884 Berlin, †22.2.1934 Charlottenburg

Kasten, Max, Schiffbau-Ing., Stettin 1910 ?, Chef d. Kriegsschiffbauabteilung in Hamburg 1914–1918

Kell, W., Schiffbau-Ing., 1910, Chef des Konstruktionsbüros für T-Bootsmaschinenbau in Stettin 1914–1918, 1928 ?

Keuffel, August, Schiffsmaschinenbau-Ing., Eintritt als Konstrukteur 1895, Chef des Konstruktionsbüros für Handelsschiffsmaschinen 1897, Entwarf die ersten Vierfach-Expansionsmaschinen für die Reichspostdampfer der Klasse FRIEDRICH DER GSOSSE, folgte 1899 einem Ruf der A.G. Weser, *17.2.1864 Braunschweig, †6.12.1926 Bremen

Koppen, Julius, Oberingenieur 1872

Kuschel, W. Schiffbau-Ing. 1910?, Obering., Schiffbau-Abteilungsvorstand in Stettin 1914–1918

Kühn, Richard, Schiffbau-Dipl.-Ing., Obering. u. Prokurist in Stettin 1915–1916

Lippold, Friedrich, Schiffbau-Ing., 1910?, Schiffbau-Obering. in Hamburg 1914–1928

Loeben, F. v., Maschinenbau-Ing., 1872, Obering. vor 1906

Mahnke, F, Prokurist d. kaufm. Abteilung vor 1906

Mainzer, Bruno, Betriebsing. in Hamburg 1913

Matthiessen, Paul, Schiffbau-Betriebsing. in Hamburg 1910

Meier, Bruno, Schiffbau-Ing., 1915, 1916, Schiffbau-Obering. in Hamburg 1925–? Verf. »Wie ein Ozeandampfer entsteht.

Meyer, Friedrich, Schiffbau-Ing., Eintritt als Techniker für ein Jahr 1895, erneuter Eintritt als Betriebsing 1898–9.12.1908, Außz.: Königl. Preuß. Kronenorden IV. Kl., *20.10.1870 Danzig, †19.12.1908

Möller, W., Hamburg 1910, Obering. im Reparaturbetrieb in Stettin 1914–1918

Offinsky, Bürochef in Hamburg um 1912

Paysen, Hans, Ing., Bürochef in Stettin 1923 –1928

Potyka, Ernst, Schiffbau-Ing., Praktikum vor Studiumbeginn beim Vulcan, Betriebsing. in Stettin ab Januar 1913, während des Krieges in der Reparaturabteilung

Kriegsschiffbau; *10.5.1866 Gleiwitz, †23.4.1918 Stettin

Rohte, Rudolf, Maschinenbau-Ing., erste Anstellung im Maschinenkonstruktionsbüro um 1888, wechselte 1890 für ein Jahr nach England zur Erweiterung seiner Fachkenntnisse, anschließend erneut ein Jahr beim Vulcan, ab 1892 Leiter der Maschinenfabrik

Shorten & Easton in Breslau, ab Januar 1897 Konstrukteur im maschinentechnischen Büro der A.G. »Weser«, erneuter Eintritt beim Vulcan 1899, später Vorsteher der Konstruktions-Abt. für Kriegsschiffsmaschinenbau in Stettin, in Hamburg ab September 1911, *21.2.1862 Leipzig, †11.9.1912

Schlüter, Christian, Betriebsing., Leiter des Büros für maschinelle Einrichtungen in Stettin 1899, wird noch 1911 erwähnt

Schneider, Rudolf, Dipl.-Ing., Bürochef im Handelsschiff-Maschinenbau 1914–1918, Betriebsingenieur in Stettin 1928

Schulz, R., Maschinenbau-Obering. vor 1906

Spannhake, Wilhelm, Dipl.-Ing. Maschinenbau, Eintritt als Konstrukteur 9.1.1905, dann Büro- u. Abt.- Chef, Obering. bis März 1921, *13.1.1881 Fulda.

Spetzler, F., Maschinenbau-Obering. vor 1906

Steck, Richard, Schiffbaumeister, Eintritt in das Konstruktionsbüro 1.9.1871, Obering. im Werftbetrieb, Prokura Mitte 1893, tätig bis 1905, Ausz.: Kronenorden IV. Kl., Roter Adlerorden IV. Kl., Ritterkreuz des Sächs. Albrechtsordens II.Kl., Rus. Stanislausorden III. Kl., Chinesischer Drachenorden III. Kl.; *28.3.1846 Demmin, †20.3.1905 Stettin

Stiller, F., Schiffbau-Obering. vor 1906

Süss, Peter Ludwig, Betriebsing. in Stettin 1920–1928

Täge, Adolf, Schiffbau-Ing., 1910, Oberingenieur in Stettin 1914–1918

Thiel, Reinhold, Eintritt als 14-jähriger Schiffbaulehrling 1897, Obermeister und Leiter des Schnürbodens in der Stellung eines Betriebsingenieurs, nach Stilllegung des Stettiner Werkes bei Schichau in Königsberg, später beim Hamburger Vulcan; *24.3.1883 Stettin, † November 1940 Bremen

Topp, Carl, Schiffbaumeister, Baurat, arbeitete einige Jahre bis 1871 im Eisenschiffbau auf mehreren Werften in Philadelphia, nach dem Besuch der Gewerbe-Akademie in Berlin bis 1873, Eintritt in den Vulcan, rückte bis zum Obering. auf, wurde Leiter der Maschinenfabrik, wechselte 1889 nach Danzig als Schiffbaudirektor zur neu aufzubauende Schichau-Werft, *3.4.1846 Demmin, †12.5.1928 Stralsund

Trappen, Carl, Prokurist in Stettin 1912–?

Trähndorf, Paul, Betriebsing., 1901–1906

Unger, F., Maschinenbau-Obering. vor 1906

Voges, Hans, Betriebsing. in Stettin 1910

Vollbett, O. D., Ing., Betriebschef des Reparaturbetriebes in Hamburg 1928

Wagner, Rudolf, Dr.-phil., Dr.-Ing. h.c., Eintritt als Konstrukteur 1900 nach Studienende in Zürich, war anfänglich überwiegend mit der Durchkonstruktion von Dampfmaschinen für Handelsschiffs- u. große Schnelldampferanlagen beauftragt, »entwickelte den nach ihm benannten Wagner-Contra-Propeller, Prokurist in Stettin 1912, schied Anfang des Ersten Weltkrieges aus, *23.2.1872 Kaiserslautern, †15.2. 935 Hamburg

Wälde, Rudolf, Dipl.-Ing., Prokurist Deschimag Werk Vulcan Hamburg 1925–1928

Werner, C., Obering. in der Maschinenbau-Abt. vor 1906

Anlage 8

Die Ingenieure, Meister, Beamten, Angestellten[508] und Werksärzte

(in alphabetischer Reihenfolge)

Abraham, Johannes, Schiffbau-Ing., zwischen 1880 u. 1888 u.a. auch beim Vulcan tätig, †24.5.1914
Ady, Beamter, 1858–1864
Baumann, Carl, Schiffbau-Ing. in Hamburg 1915,1916
Becker, Richard, Schiffsmaschinenbau-Ing. in Stettin 1927
Berendt, Max, Schiffsmaschinenbau-Ing, Konstrukteur 1876–1878,*16.9.1850 Danzig, † 20.11.1923 Hamburg.
Beetz, Meister in der Schmiede um 1906
Blümcke, Richard, Dr.-Ing. h.c., um 1875–1888, † 4.6.1926
Bodenmüller, Albert, Ingenieur, 1911
Brennhausen, Curt (Sohn), Dipl.-Ing., im Konstruktionsbüro f. Schiffs- u. Landturbinen in Stettin 1910–1914, *12.11.1880 Stettin, † 6.11.1929 Berlin
Dietze, Ernst, Schiffbau-Ing., Stettin 1915
Fimmen, Hermann, Schiffbau-Ing., Stettin 1913
Flach, Meister in d. Abt. Schiffbau in Stettin um 1912
Fuss, Robert, Schiffbau-Ing., Eintritt als Konstrukteur 1885, wechselte 1895 zur Germaniawerft in Kiel als Chef des Konstruktionsbüros; *10.6.1856 Lübben, †25.7.1902.
Gottschalk, Arthur, Dipl.-Ing., Eintritt in das Konstruktionsbüro f. Kriegsschiffbau in Stettin 1910, Abt. f. ausländischen Kriegsschiffbau in Hamburg 1.10.1911, mit Kriegsbeginn in der Abt. U-Bootbau 1914–1918; *15.3.1884 Forsthaus Schweizut, Kr. Labiau/Ostpr., †21.10.1918 Hamburg.
Gründer, Meister in der Schmiede um 1905
Hagans, Christian, Maschinenbaumeister, hatte bei Früchtenicht & Brock gearbeitet, vermutlich von 1851–1856.
Heberrer, Franz, Maschinenbau-Ing., Eintritt 1886, bis zu seinem Tod ununterbrochen als Konstrukteur in der Stettiner Maschinenbau-Abt. tätig, galt als erfahrener und gewandter Rohrplanbauer, *12.11.1852 Preußisch-Stargard, †5.10.1916.
Heinemann, Ing., Dockkonstrukteur in Hamburg um 1912
Heyn, Meister in der Schiffbauabteilung im Werk Hamburg 1913
Herzog, Formermeister, 1906
Hilges, Verwalter der Betriebskrankenkasse 1869
Jahn, Gottlieb, Dipl.-Ing. Maschinenbau, 1902 bis 1907
Kielgas, Meister in Stettin 1913
Kopp, Ingenieur in Hamburg 1911
Kreetz, Meister in Stettin 1913
Kroebel, Richard, ein praktisches Jahr vor Studienbeginn um 1887
Kucharski, Walter, Ingenieur, 1917–1926 Hamburg
Lange, J., Ingenieur in Stettin
Lau, Kupferschmiedemeister, um 1900
Lex, Karl, Schiffbau-Ing., 1899–1905
Leucke,. Otto, Dipl.-Ing., Dr. phil., Hamburg 1914–1915
Liencke, Barnim, Dipl.-Ing., Stettin 1917
Markwart, Theodor, Maschinenbau-Dipl.-Ing., kam von der Maschinenfabrik Hartmann in Chemnitz
Eintritt 1869, im Konstruktionsbüro f. Schiffsmaschinenbau bis Sept. 1878, † 6.6.1909 Stettin
Meyer, Josef Lambert, Schiffbaumeister, Eintritt nach Ausbildungsende als Schiffbau-Ing. am 25.1.1870, 1870 bis 21.3.1872 sowohl im Konstruktionsbüro wie auch im praktischen Schiffbau tätig, war in die Planungen des Panzerschiffs PREUSSEN eingebunden, nahm mehrfach an Besprechungen in Berlin mit dem RMA teil, gründete am 12.5. 1872 die bekannte Meyer-Werft in Papenburg als Eisenschiffswerft, Eisengießerei und Maschinenfabrik; *15.6.1846 Papenburg, †30.3.1920.
Merz, Ernst, Maschinenbau-Ing., Eintritt in das Konstruktionsbüro f. Schiffsmaschinenbau in Stettin 1.10.1908, bis 30.6.1910 im Konstruktionsbüro für Dampfturbinenbau, *30.9.1886 Dresden, †29.5.1912 Stettin ?
Milde, Fritz, Schiffbau-Ing., im technischen Büro 1895–1899, wechselte zur Schiffsvermessungsbehörde beim Kgl. Hauptzollamt Stettin; * 12.11.1866 Berlin, †14.1.1917 Stettin.
Moje, Meister in Hamburg um 1912
Müller, Meister in der Schmiede um 1905
Pagel, Carl, Schiffbau-Ing., der spätere Generaldirektor des Germ. Lloyd, Prof. Dr.-Ing. h.c., trat 1891 ein, wechselte 1901 als Obering. zu F. *Schichau,* Danzig, *3.4.1866 Althof b. Doberan, †8.11.1925.
Peuß, Carl Otto, Schiffbau-Ing., um 1890, †April 1909
Radmann, J., Ingenieur, praktische Ausbildung beim Vulcan während d. Studiums a.D. TH Berlin, war vorrübergehend beim Vulcan als Ing. tätig, *24.6.1867 Stettin, †18.3.1911 Hamburg
Rahn, F. W., Schiffbau-Ing., 1899
Rosenfeld, Julius, Ingenieur in Stettin
Rothe, Rud., Schiffsmaschinenbau-Ing., 1899
Saßmann, Friedrich, Schiffbau-Ing. in Stettin 1910
Schirokauer, Felix, Dipl.-Ing. Schiffbau, Eintritt um 1910 in Stettin, in Hamburg bis 1916, während des Ersten Weltkriegs von den Vulcanwerken abgeordnet zum Germ. Lloyd, hatte dort an der Ausarbeitung der Schottkurven für die dem Vulcan in Auftrag gegebenen Schiffe mitzuwirken, wechselte 1916 zum Germ. Lloyd, *24.1.1883 Köben, Kr. Steinau, †24.4.1954
Schlüter, Chr., Maschinenbau-Ing., in Stettin 1910
Smitt, Erik, Schiffbau-Ing., in Stettin 1910

Steiner, F., Schiffbau-Ing. in Stettin 1912

Steinike, Karl, Maschinen- u. Schiffbau-Ing., der spätere Schiffbaubaudirektor der Germaniawerft war beim Vulcan tätig ab dem 1.4.1882 bis Weihnachten 1884, *19.9.1859 Düsseldorf, †11.9.1929

Stellter, Friedrich, Schiffbau-Ing., im Büro u. Betrieb 1.1.1892–Jan.1899, *29.9.1866 Gr. Mischen bei Königsberg/Ostpr., †30.10.1935 Kiel

Stielau, Richard, Schiffsmaschinenbau-Ing. in Hamburg 1912

Stiller, Ingenieur, 1872

Stöwer, Willy, Ing., vermutlich Schiffbau, Marinemaler, um 1885; *22.5.1864 Wolgast, †31.5.1931 Berlin-Tegel

Strebel, Carlos, Schiffsmaschienbau-Ing., 1899

Walter, Hellmuth, Dipl.-Ing., Konstrukteur für Turbinen in Hamburg 1913–1930

Wuth, Carl, Ingenieur, 1872

Zenker, Oskar, Beamter, Oktober 1893

Ziem, Georg, Ingenieur, Stettin 1916

Zülsdorf, Meister in Hamburg um 1912

Werksärzte

Steinbrück, Friedrich Wilh. Emil, Sanitätsrat Dr. med., seit 1875 Arzt in Züllchow b. Stettin, leitender Arzt d. Johanniter-Krankenhauses in Züllchow 1883–1908, Mitgl. d. Ärztekammer Pommerns, Kriegsteilnehmer 1870/71, Roter Adlerorden IV. Kl., seit 1890 wohnh. in Bollinken b. Züllchow, in Stettin-Frauendorf um 1943 ein »Emil-Steinbrück-Weg« *11.5.1849 Brüsewitz b. Stargard i. Pom.[509]

Ivers, Dr. med., um 1900[510]

Schleich, Carl Ludwig, Dr. med., Augenarzt, *3.5.1823, †24.1.1907[511]

Die Ärzte sind bei Bedarf aus ihren Praxen in das Werk gerufen worden.

Anlage 9

Die Neubautenliste der Handelsschiffe mit den Bau-Nrn. 236–689 bzw. 210–218

Die sich wiederholenden Schiffsnamen sind in () gesetzt durchnummeriert, die nicht enthaltenen Bau-Nrn. sind Marine- bzw. Regierungsaufträgen zugeordnet. Ein f. hinter der Seitenzahl bedeutet weitere Informationen auf der Folgeseite, ff. steht für mehr als zwei Seiten in Folge. 1914 enden der Zivilbauten mit der Bau-Nr. 365 und beginnen erneut erst nach Beendigung des Ersten Weltkrieges mit der Bau-Nr. 631. Die Baunrn. 210–218 sind dem Hamburger Werk zuzuoerdnen. * Diese Bauten sind nur als Bau-Nr. bekannt.

Bau-Nr.	Name, Schiffsart	Bauzeit	Seite
263	Kaiser, Seebäderdampfer	1904/05	30 ff., 36
264	Kaiserin Auguste Victoria, Passagier- u. Frachtd.	1904/05	33 ff., 45, 47
265	Prinz Ludwig, Passagier- u. Frachtdampfer	1905/06	31, 44
266	Navarra, Fracht- u. Passagierdampfer	1905/06	31, 44
267	Kronprinzessin Cecilie, Schnelldampfer	1905/07	46, 55 ff., 63, 66 f
271	König Wilhelm II., Passagier- u. Frachtdampfer	1906/07	55 f., 67
286	George Washington, Passagier- u. Frachtdampfer	1907/09	55, 67 ff., 88, 222, 225
292	Deutschland [4], Trajektdampfer	1908/09	85 ff., 133, 199
293	Preußen [4], Trajektdampfer	1908/09	85 ff., 133, 199
294	Föttinger Transformator, Versuchsschiff und Werftbarkasse, AG Vulcan	1908/09	77 ff., 134
301	Box, Werftbarkasse, AG Vulcan	1909/10	94, 172
303	Mecklenburg, Kohlentransportdampfer	1909/10	88, 95
311	Randow, Fährdampfer	1909/10	95
313	Vulcan-Dock III, Werk Hamburg	1910/12	99, 112, 133
314	Imperator, Schnelldampfer	1910/13	88, 90, 93, 98, 104 f., 144 ff., 125 ff., 142
315	Vulcan [8], Seetransportdampfer, AG Vulcan	1909/10	88, 96, 99
316	Steiermark, Fracht- u. Passagierdampfer	1910/11	99 f.
324	Prinz Eitel Friedrich [2], Fracht- u. Passagierd.	1911/12	109
326	Fährschiff I, Trajekt für Fahrzeuge u. Personen	1911/12	110 f.
327	Fährschiff II, Trajekt für Fahrzeuge u. Personen	1911/12	110 f.
328	Sierra Nevada [1], Passagier- u. Frachtdampfer	1911/12	109
329	Sierra Cordobar, Passagier- u. Frachtdampfer	1911/12	109
330	Wilhelm Albert, Schleppdampfer	1911/12	111
331	Bleibtreu, Seeschlepper	1912	111
332	Frederik VIII., Passagier- u. Frachtdampfer	1912/13	135 f.
333	Großadmiral von Tirpitz, Passagier- u. Frachtd.	1912/21	137, 140 ff.
334	Cap Trafalgar, Passagier- u. Frachtdampfer	1912/13	136, 142
344	Königin Luise [2], Seebäderdampfer	1912/13	79, 134, 142, 144
345	Zar Michail Feodorowitsch, Eisbrechdampfer	1913/14	142, 203
364	Schwimmdock für Kieler Dockgesellschaft	1914/15	144
365	Schwimmdock für Stülcken-Hamburg	1914	144
631	Antonio Delfino, Passagier- u. Frachtdampfer	1921/22	167 f.
632	Cap Norte, Passagier- u. Frachtdampfer	1921/22	168 f.

Bau-Nr.	Name, Schiffsart	Bauzeit	Seite
633	Klappenprahm	1926/27	*
634	Klappenprahm	1926/27	*
635	Trave, Frachtmotorschiff	1927/28	210, 217, 220 ff.
636	Hagen, Frachtdampfer	1921	138, 164, 226
637	Bochum, Frachtdampfer	1921	166
638	Duisburg, Frachtdampfer	1924/25	193 f.
639	Rendsburg, Frachtdampfer	1925/26	197
640	Geräteprahm	1921	228
641	Edmund Siemers, Frachtdampfer	1921	164
642	Klappenprahm	1927	228
643	Klappenprahm	1927	228
644	Gellen, Schleppdampfer	1927/28	222
645	Prahm	1927	172
646	Roland, Frachtdampfer	1921	165
647	Alda, Frachtdampfer	1920/21	164
648	Minden, Frachtdampfer	1921	156, 165 ff.
649	Porta, Frachtdampfer	1920/21	156, 166 f.
650	Denderah, Frachtdampfer	1921/22	173
651	Nienburg, Frachtdampfer	1921/22	156, 173
652	Eisenach, Frachtdampfer	1921/22	156, 164, 173
653	Erfurt, Frachtmotorschiff	1922/23	156, 182
654	Schwimmdock, Reparation Frankreich	1925/26	196, 203, 227
655	Courier [2], Verkehrsdampfer	1925/26	200
656	Atto, Frachtdampfer	1921/22	172 f.
657	Cobra, Seebäderdampfer	1925/26	122, 144, 198 f.
658	Rheinland [2], Passagierdampfer	1925/26	199
659	Tankleichter	1926	200
660	Tankleichter	1926	200
661	Materialprahm	1927	222
662	Spülerprahm	1928	222
663	Spülerprahm	1928	222
664	Fährprahm	1928	222
665	NDL-Auftrag zurückgenommen		
666	Sierra Nevada, Passagier- u. Frachtdampfer	1921/22	108 f., 156
667	NDL-Auftrag zurückgenommen		
668	NDL-Auftrag zurückgenommen		
669	München, Passagier- u. Frachtdampfer	1922/23	156, 175, 183
670	Stuttgart, Passagier- u. Frachtdampfer	1922/23	156, 183 f. 202
671	NDL-Auftrag zurückgenommen		
672	NDL-Auftrag zurückgenommen		
673	NDL-Auftrag zurückgenommen		

Bau-Nr.	Name, Schiffsart	Bauzeit	Seite
674	NDL-Auftrag zurückgenommen		
675	Nordland, Passagier- u. Frachtdampfer	1924	190 f.
676	Clio, Tankmotorschiff	1924/25	195
677	Reginolite, Tankmotorschiff	1925/26	197
678	Hansestadt Danzig, Passagiermotorschiff	1925/26	199, 201
679	Adana, Hochseeschlepper	1920	162, 203
680	Cairo, Frachtdampfer	1920	162
681	Aleppo, Frachtdampfer	1910/21	162
682	Hela, Fracht- u. Passagierdampfer	1920/21	162
683	Vulcan [9], Demonstrations- u. Frachtmotorschiff	1923/24	191 ff.
684	Altenfels, Frachtmotorschiff	1924/25	193 f.
685	Wilhelm Kunstmann, Frachtmotorschiff	1922	175
686	Lina Kunstmann, Fracht- u. Passagierdampfer	1922/23	174 f.
687	Dampfbarkasse	1922	175
688 689	Reparationsauftrag für Italien über je ein Motorschiff, nach Baubeginn storniert		
210	Oder [2], Frachtdampfer	1922	206, 219
211	Alster, Frachtdampfer	1927/28	207, 210
213	Isar, Frachtdampfer	1929	226
214	Donau, Frachtdampfer	1929	226 f.
215	Werkstattschiff, Reparation Frankreich	1929	227
216	Schwimmdock, Reparation Frankreich	1930	196, 202 f.
217	Baggerfahrzeug, Reparation Frankreich	1930	228
218	Hanseat, Tankmotorschiff	1929	227

Das Personenregister

einschließlich Firmennamen, sofern es sich um Personennamen handelt. Ein f. hinter der Seitenzahl bedeutet weitere Informationen auf der Folgeseite, ff. steht für mehr als zwei Seiten in Folge.

A

Abel, Rudolf 90, 94, 115, 146, 236
Abbehusen & Blendermann 58
Abraham, Max 106
Abraham, Johannes 242
Ackermann, Max 153, 240
Ady 242
Albert, Peter 122
Alter 133
Allmich, Fritz 106
Amsinck, Arnold 138
Amsinck, Direktor 138
Johannes Andresen AG 202
Anschütz & Co. 118, 136
Antrecht 172
Aronheim & Cohn 151, 160
Asmuß 160
Asmuß, Richard 186
Auguste Victoria, dt. Kaiserin 18
Avé-Lalemant, Hans 152

B

Babira, Julius 85
Ballin, Albert, Dr.-Ing. h.c. 22 f., 115 f., 121, 125, 148, 236
Ballin, M. 117
Bargelmann 122
Bartens, Louis 122
Bartelt, Hans 115
Bandtke, Hugo 240
Barkhausen 57
Baumann, Carl 242
Gebr. Bauer 117
Bauer, Gustav, Prof. Dr. phil. Dr.-Ing. h.c. 12, 36, 74, 87, 93, 99, 115 f., 153, 186, 193 f., 211 f., 217, 238, 240
Baurat 145
Bechler, A. 196
Becker 242
Becker & Ulmann 72
Behn, Theodor 152
Behrs 101
Behr 151
Behtmann, Otto 133
Beier, Fritz 98
Bertuch, A. 72
Betrow 106
Beeck, Otto 153, 240
Beermann, Gebr. 169
Beetz 47, 242
Binder, Adolf 138
Bink, Fr. 97
Bleichröder, Samuel 186, 205
Blohm, Hermann 127, 198
Blohm & Voss 22, 42, 119, 123, 144, 147, 158, 178, 196, 207 ff., 215
Blumenthal, Ernst 240
Blümcke, Richardt, Dr.-Ing. h.c. 242
Bock, Otto 237
Bodenheimer, Siegmund 237
Bodenmüller, Albert 242
Boeck, Carl 153
Boetticher, von 151
Boie, Harry 153
Bollhagen, Otto 82
Bonte, Moritz 237
Borchardt, Max 150
Borris, von 151
Böe, Dr. jur. 106
Böger, M. 185
Böhme, Otto 152
Bölk, Walter 87
Böning, Otto 239
Bösch, W. 132
Braeunlich, J. F. 200
Brandt, Robert 186
Brauns, Dr. 187
Brennhausen, Curt 242
Brennhausen, Oscar 240
Brockhaus 104
Brose, Walter 240
Briegleb, Hansen & Co. 131
Bruckhoff 143
Brumm, Conrad Ferdinand 236
Bublitz, Gustav
Buggert, August 112
Burchardt, B., Dr. 135
Buß 144
Büttner 133
Bütow 132
Büsing 212

C

Clausen, G. 217
Comandika, Peter 122
Commentz, Carl, Dr.-Ing. 213
Cornehls, Otto 240
Cuno [Wilh.], Reichskanzler 185
Cuntz, Hermann 236

D

Daevel 42
Dannemann 161
Dähnhard, Konteradmiral 140
Delbrück, Hugo, Dr. phil. 236
Delbrück, Victor, Dr. jur. 19 f., 22, 24, 236
Delbrück, Schickler & Co. 146, 186
Delfs, Kapitän 191
Delfino, Antonio 186
Demuth, Karl 106
Denker, J. 104
Dentler, Heiner 240
Denzer 122
Dernburg, Ilse 118
Diestel, Dr. 159
Dietz, Wilhelm 97
Dietze, Ernst 242
Dietze, Max 237
Dittmann 129
Dittmann, Hans 186
Dittmer, Wilhelm 97
Dix, Arthur 121
Donner 172
Drews 184
Drews, Erwin 186 f.
Drossel, August 20
Dröge 144
Duchow 60
Dubbers, August 237
Dunker 163

E

C. Eeg & E. Runge 58
Eggers 123
Eggers, Julius, Dr.-Ing. h.c. 240
Eggers, & Co. 144
Ehlers, A. 237
Ehrlich, Alexander 153, 240
Ehrlich, Franz 106
Elsworth, W. B. 197
Engelke 184
Erdmann, Dr. 199, 215
Erler, Ludwig 75
Ernst, Otto 97
Euchel, August 236

F

Fabarius 138
Faber 22, 25
Feddermann, Carl 98
Feilcke, Fritz 239
Fettig, Martin 125
Fimmen, Hermann 242
Fischer 138
Fischer, Hermann, Dr. jur. 206
Fischer, Otto Christian, Dr. 217, 237
Fittje & Michaelis 118
Flach 101, 242
Flamm, Oswald, Prof. Dr. 107
Flasche, A. 97
Fliege, Gustav 74 f., 93, 99
Flohr, Justus Emil Friedrich, Dr.-Ing. h.c. 24, 61, 74, 90, 93, 99, 115, 138, 153, 169, 185, 236, 238
Foerster, E., Dr.-Ing. 138, 143
Forbes, Prof. 136
Föhring 106
Föttinger, Hermann, Prof. Dr. 12, 77, 79, 82
Frankenfeld, Alfred, Dr. 208
Fregin, Fritz 153, 240
Frerich 91
Friedel, August 97
Friese, Prof. 40
Früchtenicht, Franz Friedrich Dietric 12, 91, 238, 242
Fuss, Robert 242
Fürstenberg, Carl [Vater] 24, 31, 90, 125, 142, 147, 185, 217, 236
Fürstenberg, Hans [Sohn] 185, 205, 236

G

Gadebusch, Otto Ferdinand 236
Garbe 129
Garves 91
Gaukel, Prof. 57
Gärtner 172
Gätjens, J. 122
Gebauer 106
Geffken, Friedrich 186
Gehrke, Ernst 61
Georg VI., Kg. v. Großbrit. 141
Gerckens, H. G. 112
Gerson, Wollbrandt & Bauer 118
Glanz, Paul 47
Glock 178, 212
Goettke, Georg 237
Gormanns, Siegfried 160
Gottschalk, Arthur 153, 242
Graf, Karl 186
Gratzky 197
Grawitz, Adolph Heinrich Georg 236
Greffrath, Carl 31, 236
Gregor, Wilh., Kapitän 112
Greisert, Karl 122
Gribel, Theodor 190
Gronwald, Otto 153, 240
Groschkus, J. 82
Grune 212
Grünbaum 160
Gründer 26, 186, 242
Gründer, Lothar 186
Grützmacher, Gottfried 186
Gutike, Paul 236

H

Habermann, Wilh. 133
Habök, Werner 186
Haack, Otto [Sohn] 153, 240
Haack, Rudolf Carl Otto [Vater] 12, 34, 238
Hagans, Christian 242
Haker, Heinrich Friedrich 24, 67, 236
Hall, F. & C., Lt. 82, 222
Hamann, Friedrich 122
Handke 133
Harder 172
Harland & Wolff 34, 37
Harmstorf 139
Harich, Arnold 152
Hartleben 98
Hartmann 138
Hartmann, Richard 12
Hartung, Kapitän 199
Hasse 133
Haase 122
Haubold, C. 56, 65 f., 173, 182
Heberrer, Franz 242
Hegemann 159
Heilmann 102
Hein, H. 217
Hein, Paul 153, 240
Heineken, Philipp, Dr. 175
Heinemann 104, 242
Heise 104
Heitmann, Ludwig 153, 240
Hentschel, Fritz 152
Hermsdorf, Franz Eduard 12, 238
Herzog 47, 242
Heymann, J. D. 117 f.
Heyn 242
Hill, David Jayne, Dr. 82
Hildebrandt, Hermann 208
Hildebrand, Max 240
Hilges 242
Hindersin, Ludwig 236
Hinke, Friedrich 237
Hinz, K. 236
Hirsch, Wilhelm, Dr. 148
Hoeft, G. vom 75
Hofer, Prof. 40
Hofmann 196
Hoffmann 151
Hoffert, G. 27, 240
Holldorf, F. 240
Hollmann, Friedrich von 125
Howaldt 155, 230
Högemann, Dietrich, Kapitän 59 f.
Hörnke, Gustav 132
Hunger 62, 129
Huffnagel, Gustaf 238
Hübenthal 145
Hübner, Albert 238
Hübner, E. 61

I

Iben 158
Ivers, Dr. med. 243

J

Jacob, Oskar 153, 240
Jacobsen, Friedrich 82
Jahn, Gottlieb 242
Janda, Emil R. 137
Jappe, Friedrich 153, 240
Jochmann, Ernst 116, 153, 240
Joecks, Richard 104
Johansen 106 f.
Jordan, C., Kapitän 95
Jörger, Carl 237
Jungkesse 134
Just, Curt 78
Jüngermann, Carl 238

K

Kaegler, H. 240
Kaerger, Alfred 240
Kaitaiski, Alfred 97
Kant 26
Karkutsch, Ludwig 236
Karper, Oswald 186
Kasten, Max 153, 240
Karger, Gebr. 151
Karstadt, Rudolf, Kaufhaus 51, 150
Kautz, Georg, Dr. jur. 237
Kell, W. 153, 241
Kemenater, Heinz 153
Keuffel, August 241
Kiel, Carl 153, 241
Kietzmann & Waldmann 206
Klatte, Hinrich 152 f.
Klesy 133
Klitzing, von 144
Knappe, Hellmuth 146
Albert Koch & Co. 63, 118
Koch 102
Kojek, Wenzel 104
Koeppel, Wilhel, Dr. jur. 197, 236
Koll 97
Kolbe, P., Kapitän 110
Kolewsky, Joh. 96
Kopp 96, 242
Koppen, Julius 238, 241
Korsch 172
Köchsel, Franz 97
Ködderitsch 133
Köhler, Dr. 151
Köhncke & Co. GmbH 55
Kracht 97
Kramer, E. 97
Kramer, Fritz 116, 239
Krause 138
Krause, Friedrich 104
Krause, Polizeibeamter 186
Krause, Bruno, Prof. 117
Kreich, Theodor 236
Kroebel, Eichard 242
Krogmann, Richard C. 67, 94, 138, 146, 185, 236 f.
Krohnenwald 104
Krug 106 f.
Krupp 155, 174
Krüger 172
Krüger, F. A. O., Prof. 82
Krüger, Otto 145
Kucharski, Walter 242
Kunstmann, Arthur 217, 237
Kunstmann, Wilhelm 96, 125, 148, 171, 174, 185, 236
Kunz, J. 133
Kunze 225
Kuschel, W. 153
Kühn, Richard 153 f., 241
Kürbis 102 f.
Küsel, Joh. 122

L

Lange, Gustav 145
Lange, J. 20, 218, 242
Langerhans, Kapitän 138
Larson, Niels 97
Lau 242
Launert, Robert 133
Lehmann 104
Lehmann, Christian 171
Lehmann-Felskowski, G. 48
Leideke 172
Lemke 43
Lenz 24
Lenz, Franz 90, 185, 142, 236
Leonhardt & Blumberg 139, 193
Leopold 212
Leppmann, Rechtsanwalt 24
Leucke, Otto, Dr. Phil. 242
Leuwer, Franz 59
Lex, Karl 242
Liencke, Barnim 242
Linder, Ernst 99, 153, 186, 217, 239
Lippmann 206, 223
Lippelt, Adolph 238
Lippert 91
Lippold, Friedrich 153, 241
Littmann, Wilhelm 132
Lobel, Karl 94
Loeben, F. von 241
Loeffler, Hans 153
Louis XVI . franz. König 40
Lubzick, Roman 133
Ludwig 63, 153
Ludwig, Heinrich 106
Ludwig, XVI., franz. König 14
Luttroht, Prof. 40
Lührs, A. 121

M

Mahnke, F. 241
Mainzer, Bruno 241
Manasse, Georg, Dr. h.c. 19 f., 22, 24, 76, 185, 236
Mandelkow, Franz 42
Marie Antoinette, Gem. Ludwig XVI. 40
Markwart, Theodor 242
Marnitz, Rudolf 152
Marsand, Hugo 87
Maasch 111
Marxen 138
Maßphul 145
Mathiessen, Willi 98
Matthiessen, Paul 241
Mathieus, Gustav 122
Menck, Joh. A. 68, 70
Menke, Hermann 153
Meier, Bruno 241
Meister, Gustav 20, 31
Meister, Louis 233
Metzenthin, Carl Ludwig Friedrich 236
Mergel 130
Mertens, Walter 133
Mett 212
Meyer 144
Meyer, F., Kapitän 34, 100
Meyer, Friedrich 57, 82, 241
Meyer, Josef Lambert 242
Meyerhoefer, Robert 200
Merz, Ernst 242
Meurer, Konteradmiral z. D. 138
Mewes, Charles 40
Michaelis, Dr. 151
Michalowitz 144
Milde, Fritz 242
Millington-Hermann, Paul, Dr. 237
Moje 103, 132, 242
Morgenstern 144
Moses Loew Beer 219
Moßler, Dr. 22
Möller, Hafenkapitän 101
Möller, W. 153

Munson, Msr. Samuel L. 84
Muth, Paul 160
Müller, Obering. 114
Müller, Meister 26, 144, 242
Müller, Eduard 144
Müller, Ferd., Tritonwerke 137
Müller, Johannes 144
Müller, W. 144

N

Nagel, Johannes 98
Naumann Rosenbaum 151
Nawatzki, Victor 14, 143, 204
Niemeyer, Georg 164, 166, 168, 198, 222
Niemeyer, Dr. 138
Noske 121
Nüscke & Co. AG 188, 219

O

Olbrich, Josef 58
Offinsky 103
Oppelt, Robert 238

P

Paetz, Rechtsanwalt 144
Pagel, Carl, Prof. Dr.-Ing. h.c. 143, 242
Papula, Jako 98
Paul, Bruno, Prof. 82
Paulus, Carl 92 f., 99, 239
Paysen, Hans 241
Petermann, Wilhelm 111
Peters & Bey 137
Petersen, Gustav, Dr. 237
Peuß, Carl Otto 242
Pfaff, J. C. 40, 118
Philipp, J. 14
Plath, C. 118
Piquett 190
Poppe, Johann G. 59
Posaabe, Johann 106
Potyka, Ernst 153, 241
Prell, Emil 133
Pretzer, Otto 133
Pribnow 172
Pürrwitz, 25

Q

Quando 184
Quandt, G. 185, 236

R

Rabesen 133
Radmann, J. 242
Ramm 144

Rahm, Johann Heinrich Emil 236
Rahn, F. W. 242
Rahn, Johannes 152
Rathenau, Walter, Dr. phil. Dr.-Ing. h.c. 23 f., 67, 236
Reichardt & Jochims 41
Reichel 65 f., 70
Reimer 122
Rémon 40, 117
Rembold, Victor, Prof. 149, 195
Rengel 172
Retzlaff 25
Richter 133
Riemerschied, Richard 58
Ritz 34, 39 ff., 117, 131
Rietzler, Dr. 53
Rohrlack 65
Rohte, Rudolf 237
Rose, Arthur 176
Rosenfeld, Julius 242
Roosevelt 82
Rummel, Ernst 176
Runge & Scotland 53
Ruperti, Oscar 138
Russ, Ernst 139
Ruser, Hans, Kommodore 41
Ruser, H., Kapitän 118

S

Sanow 172
Sahm, Dr. 201
Saßmann, Friedrich 139
Scharf, Ernst 104
Schauer 157
Schausell 138
Schichau, Franz 210
Schillow, Friedrich 236
Schindler, Gustav 133
Schiering 20, 31
Schirokauer, Felix 154, 242
Schleich, Carl Ludwig, Dr. med. 243
Schlick, Otto, Dr.-Ing. 37, 45, 56 f., 84
Schlicke, A. 65, 129
Schlutow, Wilhelm, Bankhaus 146, 186, 197
Schlutow, Wilhelm Johann [Vater] 236
Schlutow, Albert Heinrich Wilh., Dr. jur. h.c. [Sohn] 19 f., 20, 22 ff., 34, 76, 146, 197, 236
Schlüter, Christian 98, 241 f.
Schmidt-Branden, Paul 237
Schmidt Söhne 41
Schmilinsky 209
Schnars-Alquist, Prof. 40
Schneider, Rudolf 153, 241
Schneider & Hanau AG 117
Schneppe, August 233
Schöning 132
Schramm, Richard 204
Schröder 107
Schröder, Werkfeuerwehr 172
Schröder sen., Ing., [Vater] 26
Schröder jun., Ing., [Sohn] 25 f.
Schröder, Johann Friedrich 208, 215 f., 237
Schröder, Rudolf Alexander 82
Schubert, Dietrich 121
Schürmann, Dr. 183, 214
Schütte, Franz Ernst 14
Schultz, Gewerkschafter 102
Schulz, Carl 154
Schultz, Otto 65
Schürmann, Dr. 183, 214
Schwenson, Oskar 97
Schwabach, Paul von, Dr. 76, 125, 148, 185, 205, 236
Schwartz, Louis 74, 93, 115, 186, 239
Schwarzer, Alfred 152
Schweizer & Oppler 195
Schwirblatt 172
Seebeck, G. AG 202, 208
Selahn, M. 106
Sennert 104
Siegmund 138
Siemens, Werner von, Dr. 236
Siemens & Schuckert 32, 86, 122 f., 136, 221
Slomann jun. Rob. M. 114
Smitt, Erik 242
Sormani & P. H. Rémon 40
Spannhake, Wilhelm 77, 154, 241
Spetzler, F. 241
Spielberg, Albert 30
Stahl, Hermann Josef, Dr.-Ing. h.c. [Vater] 238 f.
Stahl, Paul [Sohn] 239
Stahlberg, Walter 20, 31

Stapelfeld, Carl 217
Staudinger, Dr. 226
Steck, Richard 19, 25, 241
Steenevelt, Peter 104
Stenzel, Dr. 201, 212
Stein, Andreas 122
Steinbrück, Friedr. Wilh. Emil, Dr. med. 243
Steiner, F. 243
Steinike, Karl 243
Steinke, Otto 97
Steinweg, H. 236
Stellter, Friedrich 243
James Stevenson AG 95
Stielau, Richard 243
Stiller, F. 243 f.
Stimming, Carl Joachim 143, 175
Stinnes, Hugo 148
Stinnes AG 171, 193
Stolting, Heinrich 236
Stöwer, Willy 63
Strebel, Carlos 243
Streese 146
Streckow 172
Strobel 122
Struck, Henry 132
Struck, Walther 186
Stuck, Robert 237
Stülcken & Sohn 144, 209
Süss, Peter Ludwig 241
Swenson 106

T

Täge, Adolf 154, 241
John C. Tecklenborg AG 208
Teifke, Julius 218
Tewaag, Carl, Dr. 197, 236
Thel, Erich 186
Thele, Walter, Dr.-Ing. 110
Thiel, Reinhold [Vater] 171, 241
Thiel, Reinhold [Sohn] 221, 223
Thiele, Hans 152
Thielkow 70, 130
Tietz, Hermann 123
Tirpitz, Alfred von 23, 48, 79
Tirpitz, Fräulein von [Tochter] 140
Thode, Johannes 159
Thormann, J. 138
Thyssen, August, Dr.-Ing. h.c. 143
Toepffer, H., Dr. 185, 206, 236
Tonis 106
Topp, Carl 241
Trappen, Karl 75, 99, 217, 241
Tresselt, Julius 20, 236
Troost, Paul Ludwig, Prof. 175
Truch 122

U

Unger, F. 241

V

Voelkers, Dr. 214
Vogel 97
Voges, Hans 153, 241
Voigt 172
Vollbett, O. D. 241
Vollack 184
Volkmann 172
Vorreihr 151
Voss, Ernst 125
Voss & Sohn 58, 87, 100, 125

W

Wach, H., Dr.-Ing. h.c. 211, 217
Wachari 103
Wachsmuth & Grogmann 200
Wackerle 82
Wagner, Karl 122
Wagner, Rudolf, Dr. phil., Dr.-Ing. h.c. 99, 241
Wälde, Rudolf 241
Waldmann, Emil 218
Waldmann, Kapitän 206
Wallis 138
Walter, Hellmuth 243
Wallwitz, Dr. 212
Wallwitz, Franz 74, 93, 99, 217, 239
Warings & Sons 40
Warnholtz, Ernst A. 138
Warsany 43
Washington, George 82
Wawrinowski, E. 145
Wegner, Julius 238
Weigert, Dr. 159
Weiß, Oskar 97
Weise & Monski 41
Weitbrecht, Hans Martin 186, 239
Wellermann & Fröhlich 58
Wellmann, Gustav 236
Wenndorf 172
Werr 138
Werner, C. 241
Werner, Karl 97
Werner & Pfleiderer 41
Wetzel & Freytag 209
Wichmann 145
Wiegand, Heinrich, Dr. 14, 58, 238
Wiehr, Kapitän 56
Wiesenthal, Karl 122
Wilhelm II., dt. Kaiser 23, 34, 71, 85, 115
Wilsons & Pirrie 37
Woermann, Reederei 148
Woermann, Adolf 238
Wohlgehagen 98
Wolf, Edith 186
Wolf, Reinhold 186
Wolff, Guido 138
Wuth, Carl 243
Wulf 104
Wümke, W. 133
Württemberg, Albrecht Herzog von 56
Wurl 172

Z

Zemlin, Lotsenkommandeur 138
Zenker, Oskar 243
Ziem, Georg 243
Zieske, August 60
Zimmermann, Robert 23 f., 74 f., 85, 238
Zug/Zog? Gustav 133
Zuppe, Kapitän 202
Zülsdorf 107, 242

Das Sachregister

Ein f. hinter der Seitenzahl bedeutet weitere Informationen auf der Folgeseite, ff. steht für mehr als zwei Seiten in Folge.

A

Aktien 20, 75, 101, 182, 205, 215, 216
Aktienkapital 24, 76, 90, 124, 125, 146, 149, 159, 169, 180 f., 209, 217
Aktionäre 12, 15, 18 f., 20, 22, 24, 167, 90, 94, 124 f., 127, 146, 205, 217
Alters- u. Unfallrente 29 f.
Arbeiter-, Angestelltenausschuss, Betriebsrat 68, 90, 101, 150, 162, 184, 214
Arbeitsunfälle 36, 42, 60, 96, 97, 104, 132 f., 138, 144 f., 190, 196
Arbeitsordnung 68, 102
Arbeitszeit 26, 46, 62, 65, 90 f., 103, 127, 154, 161, 187, f., 212 ff.
Aufsichtsrat, Verwaltungsrat 14, 20, 23 f., 30, 67, 76, 148, 169, 180, 182, 185, 195, 179, 205, 215 ff., 223
Ausstellungen 71, 119

B

Betriebsbesichtigung, Betriebbeschreibungen 48, 75, 178
Betriebskrankenkasse, Krankengeld 29 f., 61, 134
Betriebsurlaub 68, 170, 214
Betriebsvergrößerung 178, 220, 223
Blaues Band 11, 195

D

Direktion, Verwaltung 14 f., 18 ff., 24 ff., 30 f., 46 ff., 53, 60 ff., 67 f., 70 f., 73 f., 77, 91, 93 f., 100 ff., 115,
115, 124 ff., 128, 141, 145 ff., 150, 159, 163, 169, 171 f., 183 f., 186, 198, 205 f., 208 ff., 215 ff.

E

Enteignungsgesetz 156
Erfindungen: Abdampfturbinen 164, 210, 164, 210 f., 218, 221, 224, 226 ff.
Föttinger Transformator 6, 77 ff., 94, 125, 131, 134, 140, 142, 146, 191
Ölfeuerung System Vulcan 123, 138, 168, 175, 181, 198, 211, 226
Vulcan-Getriebe 79, 191, 193 f., 212, 222, 225
Torsionsindikator 79

G

Generalversammlungen 14, 18 ff., 22 ff., 30 f., 67, 74, 76, 90, 94, 99, 125, 142, 146 ff., 159, 171, 180 ff., 191, 197, 205, 209, 215, 217, 220
Geschäftsberichte 12, 30, 33, 66, 73, 88, 93, 124, 130, 142, 145 ff., 154, 159, 169 f., 180, 197 f., 205, 208, 209
Gesetz über die Wiederherstellung der deutschen Handelsflotte 156
Gewerkschaftliche Aktivitäten, Streiks, Aussperrungen 23, 25, 61 ff., 67 f., 70 f., 75, 91, 101, 128 f., 130, ,134 f., 141 f., 151, 157, 161 f., 164, 172, 176, 187 ff., 214

H

Hellinge 11, 30, 48, 75, 131, 179, 226
Hilfskreuzer 45, 156, 195

L

Lebenshaltungskosten 30, 104, 130, 160 f., 176, 184, 188, 212
Lehrlingsausbildung 7, 53, 154, 157, 160, 186
Löhne, Gehälter 30, 47, 61, 66, 107, 110, 150, 157, 159, 176,178, 180, 184 f., 187 f., 204, 213
Lokomotiv- u. Eisenbahnbau 12, 28, 31, 52 ff., 67, 73 f., 88, 93 f., 99, 142, 180 f., 196 f., 209, 223

M

Maschinen- u. Kesselbau 11 f., 31, 53 ff., 65, 67, 71, 73 f., 88, 90, 94, 99, 131, 168, 180, 204, 221
Material- u. Schiffbaupreise 54, 62, 66, 157, 186
Marine-, Regierungsaufträge 14, 22 f., 30 f., 52, 55, 67 f., 73 f., 77, 88 f., 94, 99, 100, 142, 155, 179, 186, 212, 230
Mitarbeiterjubiläen 98, 171

R

Reedereiabfindungsvertrag 156
Reparationskonto 140, 196, 202, 223, 227 f.
Rettungsmittel 43, 45, 86, 107 f., 117, 134, 138, 140, 175
Reparaturgeschäft 73, 94, 131, 146, 149, 159, 169, 181

S

Schiffbaustahlkontor 154 f.
Schiffbau-Treuhand-Bank GmbH 156
Schiffsglocken 42, 58, 87, 100, 125
Schiffsreparaturen 14 f., 23 f., 52, 74, 183, 188, 192 f., 221
Schwimmdocks 30, 76, 90, 131, 179, 181, 199, 202, 221
Seeamtsverhandlung 173
Sozialeinrichtungen 50, 54

T

Tarifvertrag 154, 160, 178, 185, 187, 203, 214
Turbinenbau 76, 83, 124, 131, 142, 154, 171, 183, 191

U

Überteuerungsabkommen 156

W

Werkbahn 50, 52
Werksfeuerwehr 52, 172

Z

Zweigniederlassung, Werk Hamburg 12, 14, 18, 22, 75, 85, 96, 114, 144, 154, 162, 164, 167 f., 173 f., 191, 198, 202, 204, 210, 221, 226 f., 230, 238

Abkürzungsverzeichnis

Abt.	Abteilung
a.D.	außer Dienst
AEG	Allgemeine Elektrizitäts Gesellschaft
ADGB	Allgemeiner Deutscher Gewerkschaftsbund
AG	Actien- bzw. Aktiengesellschaft
AfA	Allgemeiner freier Angestelltenbund
a.o.	außerordentlich
atü	Atmosphären, Überdruck
B. a. Spt.	Breite auf Spanten
Bd.	Band
B. T.	Berliner Tageblatt
BRT	Bruttoregistertonne
bzw.	beziehungsweise
ca.	circa
Co.:	Consorten
CT	Trimmbeiwert
Ct., Ztn.	Centner bzw. Zentner
Cp. m.	
Obfl.-Kd	Compoundmaschine mit Oberflächenkondensation
CWL	Construktions- bzw. Konstruktions-Wasserlinie
3f. Exp.	dreifache Expansion
D.	Dampfer
Depl.	Deplacement
D. G.	Dampfer Gesellschaft
d. h.	das heißt
d. Js.	des Jahres
d. M.	des Monats
D. P.	Dampfprahm
Dr.	Doktor
Deschimag	Deutsche Schiff- und Maschinenbau Aktiengesellschaft
Dipl-Ing.	Diplom-Ingenieur
DSD.	Doppelschraubendampfer
DSG	Dampfschiff Gesellschaft
DSM	Deutsches Schiffahrtsmuseum
D. St. G. B.	Deutsches Strafgesetzbuch
engl.	englisch
etc.	et cetera
E	Eisen
EK I, EK II	Eisernes Kreuz I. u. II. Klasse
Emk.	Estlandmark
Füs.	Füsilier
Fl. fl.	Gulden
Gebr.	Gebrüder
GDA	Gewerkschaftsbund der Angestellten
Gem.	Gemalin
gez.	gezeichnet
GM.	Goldmark
G.-V.-B.	Generalversammlungsbeschluß
H	Seitenhöhe von Oberkante Kielplatte bis Hauptdeck
H1	Seitenhöhe von Oberkante Kielplatte bis Promenadendeck
Hapag	Hamburg Amerikanische Packetfahrt-Actiengesellschaft
HAL	Hamburg-Amerika Linie
Hb., Hbü.	Handbuch, Handbücher
Hbg.	Hamburg
H. B. H.	Hamburger Börsen-Halle
HK	Handelskammer
H. P.	Horsepower/PS
Hrsg.	Herausgeber
HTG.	Hafenbautechnische Gesellschaft
i bzw. ind.	indiziert
Ing.	Ingenieur
I. R.	Imperator Rex
Jb., Jbü.:	Jahrbuch, Jahrbücher
Jg.	Jahrgang
KdF	Kraft durch Freude, NS-Gesellschaft
Kgl.	Königlich
kl., Kl.	kleiner bez. Kleiner Kreuzer
Kn.	Knoten
Kom.-Ges.	Kommandit-Gesellschaft auf Aktien a. A.
Konstr.-Ing.	Konstruktions-Ingenieur
K. u. K.	Kaiserlich und Königlich, Österreich-Ungarn
KPD	Kommunistische Partei Deutschlands
kW	Kilowatt
L x B x H u.	Länge x Breite x Höhe und
L x B x CT	Länge x Breite x Trimmbeiwert
Landw.	Landwehr
La	Länge über Alles
Lp	Länge zwischen den Loten, Perpendikeln
Lt.	Leutnant
M. bzw. Mk.	Mark
Matr.-Art.	Matrosen-Artillerie
m/min.	Meter/Minuten
MS	Motorschiff
n.a.	neben anderen
NDL	Norddeutscher Lloyd
Nfl	Nachfolger
NL	Normallast
NRT	Nettoregistertonne
NSG	Nationalsozialistische Gesellschaft

o. G. V.	ordentliche Generalversammlung
o. Jz.	ohne Jahreszahl
Prof.	Professor
pCt.	Procent bzw. Prozent
Pfd.	Pfund
Pf.	Pfennig
Pi.-Bat.	Pionier-Bataillon
Prov.-Ztg.	Provinzial-Zeitung
PS	Pferdestärke
PSi	indizierte Pferdestärke
PSh	PS-Stunde
qm	Quadratmeter
RD.	Raddampfer
Red.	Redaktion
Reg.	Regiment
Res.	Reserve
Rsth.	Reichsthaler
rheinl.	rheinländisch
RM	RM
RMA	Reichs-Marine-Amt
S.,s.	siehe
Schbk.	Schubkurbel
SD	Schraubendampfer
selbstf.	selbstfahrend
Sgr.	Silbergroschen
SM.	Seine Majestät
Sm	Seemeile
SPD	Sozialdemokratische Partei Deutschlands
Tb.	Taschenbuch
STG, Stg.	Schiffbautechnische Gesellschaft, Stangen
s. Zt.	seiner Zeit
T, To, t	Tonne, Tons
T-Boot	Torpedoboot
techn.	technisch, technische
Tfg.	Tiefgang
Tlr., Th.	Taler, Thaler
u.a.	unter anderem
U/min.	Umdrehungsminuten
usw.	und so weiter
Verf.	Verfasser
VDI	Verein Deutscher Ingenieure
Vorst.	Vorsteher, Vorstand
Wm.	Wilhelm/William
Ww.	Witwe
ZAS	Zeitungsausschnitt-Sammlung
z.B.	zum Beispiel
z. D.	zur Disposition
z. Hd.	zu Händen
z. S.	zur See
z. T.	zum Teil
Ztg.	Zeitung
z. Zt., z. Z.	zur Zeit
zyl.	zylindrig
zwz	zweizylindrig
3' 3	Fuß
5" 5	Zoll

Anmerkungen

1 Weser-Zeitung, 9.9.1904
2 ebenda, 24.10.1904
3 Hansa, Deutsche Nautische Zeitschrift in Hamburg,13.5.1905, im Folgenden stets: Hansa und das jeweilige Datum
4 Archiv d. HK. Bremen
5 ebenda
6 Stettiner Volksbote, Organ für die Interessen der Arbeiter, 2.5.1905, im Folgenden stets: Volksbote u. das jeweilige Datum
7 Volksbote, 12.5.1905
8 Weser-Ztg., 30.4.1905
9 Volksbote, 22.5.1905; Berliner Börsen-Courier / BB-C 20.5., 21.5.1905
10 Volksbote, 22.5.1905
11 BB-C, 9.8., 10.8.1905
12 ebenda, 30.8.1905; s. a.: Hamburger Echo, 31.8.1905
13 BB-C
14 ebenda, 25.8.1905
15 ebenda, 5.10.1905; Hansa, 23.9.1905
16 2.7.1905
17 Volksbote, 25.3.1905
18 ebenda, 4.4.1905
19 Statistisches Jb. f. d. Preuß. Staat, 11. Jg., 1914
20 BB-C, 11.4.1906; s.a.: Gröner, Erich: Taschenbuch der Handelsflotten 1940, im Folgenden stets: Tb. d. Handelsflotten 1940
21 BB-C, 23.4.1906; Schiffbau, Zeitschrift für die gesamte Industrie auf schiffbautechnischen und verwandten Gebieten, 9.5.1906, im Folgenden stets: Schiffbau und das jeweilige Datum; s. a.: Bericht über Stettins Handel, Industrie und Schifffahrt im Jahre 1900, nebst einer Übersicht über ihre Wirksamkeit erstattet von den Vorstehern der Kaufmannschaft zu Stettin, im Folgenden stets: Bericht der Kaufmannschaft zu Stettin
22 BB-C, 12.5.1906
23 Germanischer Lloyd, Internationales Register 1930, im Folgenden stets: Germ. Lloyd und das jeweilige Jahr
24 Radunz, Karl: 100 Jahre Schiffbau 1807–1907, Rostock 1907, im Folgenden stets: 100 Jahre Schiffbau 1807–1907, 1907
25 Hansa, 15.4.1905
26 Germ. Lloyd 1930
27 Schiffbau, 26.4.1905; Tb. d. Handelsflotten 1940
28 Hansa, 2.9.1905; Hamburger Echo, 31.8.1905
29 Schiffbau Nr. 18, 7. Jg., 27.6.1906
30 Bauer, Prof. Dr. Gustav: Der Schiffsmaschinenbau, 1. Bd. 1923, im Folgenden stets: Der Schiffsmaschinenbau, der jeweilige Bd. und das Erscheinungsjahr
31 Schiffbau, 7. Jg., 27.6., 25.7.1906; Jahrbuch des Vereins Deutscher Ingenieure, 50. Bd., 7.7.1906; im Folgenden stets: Jb. d. VDI, der jeweilige Bd. und das Datum; Hamburger Beiträge, Zeitungskorrespondenz für Seeschiffahrt, Handel und Weltwirtschaft, 10.9., 2.11.1904, 12.7., 23.8.1905, 7.3., 14.3., 11.4.1906, 3.4.1907, im Folgenden stets: Hamburger Beiträge und das jeweilige Datum; Handbuch für die Deutsche Handelsmarine auf das Jahr 1913, im Folgenden stets: Hb. f. d. Dt. Handelsmarine und das jeweilige Jahr
32 Archiv Detlev Kirchner
33 Hamburger Beiträge, 25.4.1906
34 Schiffahrt-Jahrbuch 1921; s. a.: Tb. d. Handelsflotten 1940
35 Hansa, 12.5.1906
36 ebenda, 18.8.1906
37 Hb. f. d. Dt. Handelsmarine,1913
38 ebenda; Handbuch bzw. Verzeichnis für Deutsche Handels-Dampfer von 50 Brutto-Registertonnen und mehr, 1912, im Folgenden stets: Hb. f. Dt. Handels-D. v. 50 BRT u. m. und das jeweilige Jahr
39 Schiffahrts-Jahrbuch 1921
40 Gröner, Erich: Die deutschen Kriegsschiffe 1815–1945, 4. Band, 1986, im Folgenden stets: Die dt. Kriegsschiffe 1815–1945, der Bd. und das jeweilige Erscheinungsjahr; Hb. f. Dt. Handels-Dampfer v. 50 BRT u. mehr, 1912
41 BB-C, 16.3.1905
42 ebenda, 21.1.1907; Archiv d. HK Bremen
43 Schiffbau, 8. Jg., 13.2.1907
44 BB-C, 30.1.1907
45 6.3.1907
46 Jahrbuch der Schiffbautechnischen Gesellschaft, 8. Bd. 1907, im Folgenden stes: Jb. d. STG, der Bd. u. das jeweilige Jahr; 50 Jahre

Schiffbau 1857- 1907, Jubiläumsschrift d. Vulcan
47 BB-C, 4.5.1907; s. a.: Hansa, 8.5.1907
48 Weser-Ztg., 31.7.1906
49 ebenda, 18.9.1907; s. a.: Schiffbau, 14.3., 9.5.1906
50 Hansa, 30.3., 27.7.1907, 5.6.1909; Hamburger Beiträge, 10.7., 17.7.1907; Hb. f. d. Dt. Handelsmarine 1913; Jb. d. STG, 11. Bd. 1910
51 5.3.1905
52 Volksbote
53 Archiv Detlev Kirchner
54 Der Leuchtthurm, Korrespondenz des Vereins der Rheder des Unterwesergebiets, 12.4., 30.11., 14.12.1906, 12.1., 30.1., 4.4., 26.7., 21.8.1907, im folgenden stets: Der Leuchtthurm und das jeweilige Datum; Hansa, 8.12., 28.12.1906; Jb. d. STG, 11. Bd. 1910
55 Volksbote
56 Hansa, 3.8.1907
57 ebenda, 22.8.1907
58 ebenda
59 ebenda
60 Jb. d. NDL, 1917/18
61 Hansa, 7.7.1919, 7.8.1921, 17.3.1923; s. a.: Tb. d. Handelsflotten 1940
62 Volksbote, 30.11., 3.12.1907
63 ebenda, 27.3.1907
64 ebenda, 6.4.1908
65 ebenda, 8.4.1908
66 ebenda, 29.4.1908
67 ebenda, 2.5.1908
68 ebenda, 6.5.1908
69 ebenda, 7.5. 908
70 BB-C
71 ebenda, 27.4.1908; s. a.: Schiffbau, 9. Jg., 10.6.1908; Hb. d. Dt. Aktien-Gesellschaften
72 BB-C, 18.7.1908
73 ebenda, 28.7.1908
74 ebenda, 10.8.1908
75 ebenda, 17.8.1908
76 Hansa, 14.3.1908
77 ebenda, 14.3.1907, 21.3.1908
78 BB-C, 21.3.1909
79 Hansa, 11.5.1909, 15.5.1909; Schiffbau: 26.5.1909
80 BB-C, 29.5.1909; s. a.: Bericht der Kaufmannschaft Stettins, 1909
81 ebenda, 24.5.1909
82 Schiffbau, 14.7.1909; Adreßbuch Stettin und Umgebung 1909
83 Hansa, 20.10., 24.11.1909
84 Jb. d. STG, 11. Bd. 1910; s. a.: Hansa: 17.7.1909, 14.6.1919
85 Hansa, 26.6., 17.7.1909, 14.6.1919; Hamburger Echo, 3.7.1909
86 BB-C, 5.9.1908; s. a.: Volksbote, 23.9.1907
87 Jb. d. NDL, 1908, S. 275; s. a.: Hansa, Nov. 1908
88 Jb. d. NDL, 1908, S. 281
89 ebenda, 1909/10
90 Der Leuchtthurm, Nr. 181, 23.12.1908
91 ebenda, Nr. 186, 1.6.1909
92 Jb. d. NDL, 1908/09; s. a.: Hb. f. d. Dt. Handelsmarine 1913
93 Hansa, 28.6.1924
94 Hamburger Echo, 3.7.1909
95 Jb. d. VDI, 51. Bd., 14.2.1907; »Hundert Jahre deutsche Eisenbahnen«, o. Jz.; s. a.: Hansa, 11.10.1910
96 Hansa, 27.2.1909
97 Jb. d. VDI, 54. Bd., 1.1.1910
98 Hansa, 17.2.1909
99 Archiv Detlev Kirchner
100 Zeitschrift Pommern, 34. Jg., H. 2, 1996
101 Volksbote, 31.1.1912
102 Hansa, 21.8.1913
103 BB-C, 22.3.1910
104 ebenda, 29.1.1910
105 BB-C, 4.6.1910
106 Jb. d. STG, 20. Bd., 1919
107 Hamburger Echo, 12.8.,13.8.1910
108 ebenda, 7.10., 9.10., 11.10., 12.10.1910; Hansa, 9.8., 22.10.1910
109 ebenda, 24.4.1912
110 ebenda
111 Volksbote, 13.8.1911
112 Volksbote
113 Schiffbau, Jg. 12, 8.2.1911
114 BB-C
115 Hamburger Echo, 5.5., 12.5.1911
116 BB-C, 3.5.1911
117 Hansa, 16.4.1910
118 Hb. f. d. Dt. Handelsmarine 1913
119 Die dt. Kriegsschiffe 1815–1945, 4. Bd. 1986
120 Germ. Lloyd 1930; s. a.: Der Schiffsmaschinenbau, 1. Bd. 1923
121 Hb. f. d. Dt. Handelsmarine 1926;
122 Hamburger Echo
123 Jb. d. STG, 14. Bd., 1913
124 Hamburger Echo, 18.11., 2.12., 6.12.1911
125 BB-C, 16.4.1912; Hansa, 30.9.1911
126 Schiffbau, 14.8.1912
127 BB-C, 19.4.1912; Nauticus, 8.5.1912; Hansa, 27.4.1912, 4.1.1913
128 BB-C, 29.4.1912
129 Hamburger Echo
130 ebenda, 28.11.1911; Hansa, 28.9.1911
131 Hamburger Echo, 28.11.1911

132 Hb. f. Dt. Handels-Dampfer über 50 BRT und mehr, 1912
133 Archiv Detlev Kirchner
134 Volksbote, 2.3.1912
135 Hamburger Echo, 13.3.1912
136 ebenda, 11.5.1912
137 Hansa, 8.5., 11.5., 30.6.1912
138 4.5.1912
139 Hamburger Echo, 31.8.1912
140 ebenda, 19.7.1912
141 Volksbote, 8.9.1912
142 Statistisches Jb. f. d. Preuß. Staat, 11. Jg., 1914
143 Hamburger Echo, 7.9.1912
144 ebenda, 16.10., 10.12.1912
145 ebenda, 24.11.1912
146 Jbü. d. NDL 1911/12, 1912/13, s. a.: Geschäftsberichte d. NDL 1912, 1913
147 Der Schiffsmaschinenbau, 3.+ 4. Bd. 1941
148 Zeitschrift Pommern, H. 3, 1985; Tb. d. Handelsflotten 1940
149 Hb. f. Dt. Handels-Dampfer über 50 BRT u. mehr, 1913
150 Volksbote, 15.9.1912
151 Staatsarchiv Hamburg, ZAS A 941: Hamburger Echo, 25.4.1951, A143, Hamburger Abendblatt, 4.10., 10.10.1974, 27.9.1994, Die Welt, 11.8., 4.10.1974; s. a.: Die Hamburger Hafenbahn, 1991
152 Die dt. Kriegsschiffe 1815–1945, 6. Bd. 1989; Hb. f. d. Dt. Handelsmarine 1913; Germ. Lloyd 1930
153 Hamburger Echo, 28.7., 1.8.1912
154 Jb. d. STG, 15. Bd., 1914
155 Weser-Ztg., 21.2.1910
156 BB-C, 7.1.1913
157 Volksbote, 24.10.1913
158 Jb. d. VDI, 56. Bd., Nr. 22, 1.6.1912
159 Hamburger Echo, 22.4.1913
160 Hansa, 1.6.1912
161 Jb. d. VDI, 58. Bd., 20.6.1914
162 Der Schiffmaschinenbau, 2. Bd., 1927
163 Jb. d. STG, 53. Bd. 1959
164 Jb. d. STG, 26. Bd. 1925
165 Hamburger Echo, 7.1.1913
166 Hansa, 9.9.1911, s. a.: Nr. 25, 50. Jg., 21.6.1913
167 ebenda, 21.6.1913
168 Hamburger Echo, 1.5.1913
169 Hansa, 10.6.1911
170 Hamburger Echo, 22.8.1911
171 ebenda, 8.12.1911
172 ebenda, 1.4.1913
173 ebenda, 29.3., 4.4.1913
174 ebenda, 24.5.1912
175 ebenda, 11.6.1913
176 Hamburger Echo, 12.6.1913
177 Hansa, 5.4., 27.4.1913, 3.5., 17.5.1913
178 Hamburger Echo, 27.5.1913
179 ebenda, 3.7.1913
180 ebenda, 26.7.1913
181 ebenda, 14.1.1913
182 ebenda, 14.3.1913
183 ebenda, 6.3.1913
184 ebenda, 26.4., 1.5.1913
185 ebenda, 6.3.1913
186 ebenda, 19.5.1913, 27.1.1914
187 ebenda, 12.4., 12.6., 13.6.1913
188 ebenda, 20.6.1913; Hansa; 21.6., 28.6.1913
189 Hamburger Echo, 27.6.1913
190 ebenda, 9.9., 26.10.1913; Hamburger Beiträge,19.2.1914
191 Volksbote, 27.4.1919
192 Hansa, 1.10.1921, 3.1.1914: Dampfer IMPERATOR, das größte Schiff der Welt; s. a.: Ballin, Leben und Werk eines dt. Reeders, 1926
193 BB-C, 2.5.1913
194 Lieferliste im Firmenkatalog C. Voss & Sohn, Stettin ..., Slg. E. Wendt; s. a.: Stettiner Bürgerbrief Nr. 25, 1999: Beitrag v. Detlef Kirchner
195 Weser-Ztg., 23.5.1913
196 Hamburger Echo, 4.5.1913
197 Volksbote, 4.4.1913
198 ebenda, 25.5., 21.6., 8.7.1913
199 ebenda, 16.7., 19.7.1913
200 ebenda, 20.7., 22.7.1913
201 ebenda, 10.8., 14.8.1913
202 ebenda, 1.10.1913; Statistisches Jb. f. d. Preuß. Staat, 11. Jg. 1913, 1914
203 Volksbote, 21.8., 11.9.1913
204 ebenda, 3.6.1914
205 Weser-Ztg. 30.12.1913
206 Volksbote, 19.1.1913
207 ebenda, 3.7.1913
208 Hamburger Echo
209 ebenda, 5.5.1914
210 ebenda, 20.8., 31.8.1912
211 ebenda, 27.4.1913; Weser-Ztg., 10.5.1913
212 Hamburger Echo, 22.8.1913
213 Hansa, 30.8.1913; s. a.: Der Schiffsmaschinenbau, 1. Bd. 1923
214 Hamburger Echo, 30.9.1913
215 ebenda, 7.10.1913; Hansa, 11.10.1913
216 Hansa, 6.6.1914
217 ebenda, 7.6.1913; s. a.: Der Schiffsmaschinenbau, 1. Bd., 1923
218 Hamburger Staatsarchiv, ZAS, A491: Hamburger Nachrichten 2.3.1914
219 Der Schiffsmaschinenbau, 2. Bd. 1927

220 Die dt. Kriegsschiffe 1815–1945, 3. Bd., 1989
221 Staatsarchiv Hamburg, ZAS, A941: Hamburger Nachrichten, 31.7.1913, 19.2., 2.3.1914; Hamburger Fremdenblatt, 17.11.1912; Hamburger Correspondent, 2.3.1914
222 Hamburger Echo, 10.5.1913
223 ebenda, 23.10.1913
224 ebenda, 17.7.1913
225 Staatsarchiv Hamburg, ZAS, A941: Hamburger Correspondent, 2.3.1914
226 Jb. d. VDI, 56. Bd., Nr. 18, 4.5.1913
227 VDI-Zeitschrift, 51. Jg., 14.7.1914
228 Weser-Ztg., 18.12.1913; Hansa, 31.1.1914
229 Werbeschrift der Deschimag, 1930; Der Schiffsmaschinenbau, 1. Bd. 1923
230 Hansa, 14.7.1914; s. a.: Weser-Ztg., 13.1.1921
231 Weser-Ztg.
232 ebenda; Staatsarchiv Hamburg, ZAS A941:Hamburger Freie Presse, 25.6.1952; s. a.: VDI-Zeitschrift, Juni 1927, übernommen aus: Energineering, 24.6.1927
233 Hansa, 20.12.1913
234 BB-C, 30.5.1914; Weser-Ztg. 31.5.1914
235 Volksbote 3.6.1914; Hansa, 6.6.1914
236 Volksbote, 28.6.1914
237 Hansa, 14.1.1914
238 Werbeschrift der Deschimag, 1930
239 Hansa, 17.2.1912; s. a.: Tb. d. Handelsflotten 1940
240 Hansa, 19.4.1913
241 Hamburger Echo, 11.1., 12.2., 17.4.1914; Hansa, 19.4.193
242 Hamburger Echo, 22.6., 28.6.1913; Hansa, 30.8.1913
243 ebenda, 4.3.1922
244 Hamburger Echo, 1.8.1912, 24.7., 28.7., 31.7.1914; s. a.: Nauticus 1913, 1914
245 Hamburger Echo, 23.1.1914
246 ebenda, 21.3.1914
247 ebenda, 11.6.1914
248 ebenda, 25.6.1914
249 ebenda, 8.1.1914
250 ebenda, 31.1.1914
251 ebenda, 7.10.1914
252 ebenda, 3.5.1914
253 ebenda, 1.7.1914
254 ebenda, 12.8.1914
255 Volksbote
256 ebenda, 2.4.1915; BB-C, 9.4.1915; Weser-Ztg., 10.4.1915
257 BB-C., 5.5., 6.5.1915
258 Weser-Ztg., 3.4.1916; BB-C, 12.4.1916
259 BB-C, 10.5.1916
260 ebenda, 14.4.1917
261 Weser-Ztg., 16.4.1917
262 ebenda, 10.5.,11.5.,12.5.1916
263 Volksbote, 1.6.1918
264 ebenda, 15.7.1918
265 ebenda, 22.7.1918
266 Hansa, Juli 1918
267 Volksbote, 7.4.1918
268 Jb. d. STG, 20. Bd. 1919
269 ebenda
270 Jb. d. STG, 22. Bd. 1921
271 Volksbote, 4.1., 21.6.1919
272 BB-C., 2.6.1919
273 Hamburger Echo
274 Hansa, 6.12.1919; BB-C., 16.9.1920
275 BB-C, 8.6.1921
276 Hansa, 3.1.1920
277 ebenda, 29.11.1919
278 BB-C., 24.2.1921; s. a.: Jb. d. NDL 1922/23; Bericht u. Rechnungslegung der Hamburg-Amerika Linie, 1.4.1922
279 Hansa, 15.2.1919
280 Volksbote, 3.10.1919
281 ebenda, 15.11.1919
282 ebenda, 15.10.1919
283 ebenda, 7.6., 3.10.1919
284 ebenda,
285 BB-C., 21.4.1920; Hansa, 1.5.1920; s. a.: BB-C., 8.6.1920: Die wirtschaftliche Lage d. dt. Maschinenbaues
286 BB-C., 13.5.1920
287 Germ. Lloyd 1930
288 Volksbote, 3.12., 12.12., 28.12.1920
289 ebenda 16.9.1920
290 ebenda, 3.12.1919
291 ebenda, 4.12.1919
292 ebenda, 9.11.1919
293 ebenda, 9.11.1919
294 ebenda, 15.11.1919
295 ebenda, 23.11.1919
296 BB-C, 8.6.1920, 10.1.1921; Volksbote, 17.3.1920
297 ebenda, 10.6.1921
298 Volksbote, 15.1., 13.2., 18.2., 27.2., 29.2.,4.3., 18.4.1920
299 Germ. Lloyd, 1930; Der Schiffsmaschinenbau, 1. Bd. 1923, 3./4. Bd. 1941
300 Hansa, 16.10.1920, 30.5.1925; »Der Schiffsmaschinenbau«, 1. Bd. 1923, 3./4. Bd. 1941; Germ. Lloyd, 1930
301 Hansa, 11.12.1920, 26.3.1921; Der Schiffsmaschinenbau, 1. Bd., 1923
302 Volksbote, 23.11.1920; Hansa, 27.11.1920; Germ. Lloyd, 1930; Der Schiffsmaschinenbau,1. Bd.,1923
303 Stettiner Bürgerbrief, Nr. 25, 1999

304 Volksbote, 27.2., 1.3., 4.3., 5.3., 8.3., 9.3.1921; Herbig, Rudolf: Notizen a.D. Sozial-, Wirtschafts- u. Gewerkschaftsgeschichte v. 14. Jh. bis zur Gegenwart, 1976;
305 Hansa, 26.2.1921; Der Schiffsmaschinenbau, 1. Bd., 1923; Germ. Lloyd, 1930; Werbeschrift d. Deschimag 1930;
306 Hansa, 2.2.1921; Der Schiffsmaschinenbau, 1. Bd., 1923; Germ. Lloyd, 1930
307 Volksbote, 26.7., 28.10.1921
308 Bremer Adreßbuch 1933; Hb. f. d. Dt. Handelsmarine 1926
309 Hb. f. d. Dt. Handelsmarine 1928; Germ. Lloyd, 1930
310 Tb. d. Handelsflotten 1940; s. a.: Thiel, Reinhold: Die Geschichte d. NDL 1857–1970, IV. Bd. 2004
311 Germ. Lloyd, 1930; Bremer Adreßbuch 1933
312 Hansa, 8.10.1921; Volksbote, 30.11.1921
313 Verlustliste Zweiter Weltkrieg des NDL
314 Hansa, 21.10.1921
315 Germ. Lloyd, 1930; Tb. d. Handelsflotten 1940
316 Volksbote, 2.12.1921; Hansa, 30.11., 3.12.1921
317 Der Schiffsmaschinenbau, 2. Bd. 1927, 3./4. Bd. 1941; Germ. Lloyd, 1930
318 Hb. f. d. Dt. Handelsmarine, 1928
319 Verlustliste Zweiter Weltkrieg des NDL; s. a.: Thiel, Reinhold: Die Geschichte d. Norddeutschen Lloyd 1857–1970, IV. Bd., 2004
320 Germ. Lloyd, 1930
321 ebenda
322 Hb. f. d. Dt. Handelsmarine 1926; Der Schiffsmaschinenbau, 3./4. Bd. 1941; s. a.: Tb. d. Handelsflotten 1940
323 Hansa, 59. Jg., S. 1413
324 Staatsarchiv Hamburg, ZAS A941: Hamburger Abendblatt, 24.2.1986
325 Weser-Ztg., 10.5.1922
326 Hb. f. d. Dt. Handelsmarine, Std. 1.1.1928; Germ. Loyd, 1930; Werbeschrift der Deschimag, 1930; 1930; s. a.: Tb. d. Handelsflotten 1940; Der Schiffsmaschinenbau, 3./4. Bd.,1941
327 Germ. Lloyd, 1930
328 Volksbote, 1.3.1921
329 Hansa, 16.4.1921
330 Weser-Ztg.,4.5.1921
331 Volksbote, 6.7.1921
332 ebenda, 2.8.1921
333 Volksbote, 6.7.1921
334 ebenda, 4.10.1921; Hansa, 8.10., 3.12.1921
335 Weser-Ztg., 3.5.1922; Hansa, 6.5.1922
336 ebenda, 1.2.1922
337 Hansa, 2.7.1922
338 ebenda, 23.9.1922; Tb. d. Handelsflotten 1914
339 Der Schiffsmaschinenbau, 2. Bd., 1927
340 Volksbote, 3.5.1922
341 ebenda, 9.5., 12.5., 16.5., 22.5.1922
342 Der Schiffsmaschinenbau, 1. Bd., 1923; Germ Lloyd, 1930
343 Volksbote, 2.6.1922
344 Hb. f. d. Dt. Handelsflotte 1926; Germ. Lloyd,1930; Bremer Adreßbuch 1933; Tb. d. Handelsflotten 1940
345 Hansa, 1.4.1922;
346 Germ. Lloyd, 1930
347 Hb. f. d. Dt. Handelsmarine 1928; Bremer Adreßbuch 1933; Thiel, Reinhold: Die Geschichte d. NDL 1857–1970, IV. Bd., 2004; Tb. d. Handelsflotten 1940
348 Jb. d. VDI, 67. Bd., 3.3.1923; Der Maschinenbau, 3./4. Bd.1941; Hb. f. d. Dt. Handelsmarine 1926
349 Jb. d. VDI, 67. Bd., 3.3.1923; Germ. Lloyd 1930
350 Volksbote, 18.6., 22.6.1922, Jb. d. VDI, 67. Bd., 3.3.1923;
351 Germ. Lloyd, 1930; Hb. f. d. Dt. Handelsmarine 1926
352 Hb. f. d. Dt. Handelsmarine, Std. 1.1.1928
353 Hansa, 66. Jg., S. 1575
354 ebenda, 21.5., 2.12.1922
355 Werbeschrift der Deschimag, 1930; Hb. f. d. Dt. Handelsmarine, 1928
356 Archiv Pommersches Landesmuseum, Slg. Pittelkow
357 Hansa, 2.12.1922; Volksbote, 8.8.23
358 Volksbote, 6.3.1923
359 Hansa, 30.6.1923; Jb. d. VDI, 67. Bd., 3.3.1923
360 Hb. d. Dt. Handelsmarine, 1928
361 Germ. Lloyd, 1930; Tb. d. Handelsflotten 1940; Thiel, Reinhold: Geschichte des Norddeutschen Lloyd 1857–1970, 4. Bd., 2004; Der Schiffsmaschinenbau, 3./4. Bd. 1941
362 Volksbote, 6.4., 7.4., 11.4.1922
363 ebenda, 9.5., 11.5.1922
364 ebenda, 27.7.1922
365 ebenda, 14.4.1922
366 ebenda
367 ebenda, 22.3.1923
368 Jb. d. HTG, 5./6. Bd. 1922/23
369 Hansa
370 ebenda, 26.4.1923
371 Werbeschrift der Deschimag, 1930
372 Volksbote, 5.5.23
373 Hansa, 14.7., 4.8.1923

374 Der Schiffsmaschinenbau,1. Bd.1923, 3./4. Bd.1941; Germ. Lloyd, 1930; Adreßbuch Bremen, 1933
375 Volksbote, 23.3.1923
376 ebenda, 31.5.1923
377 Der Schiffsmaschinenbau, 2. Bd., 1927
378 Volksbote, 8.8.1923
379 Hansa, 2.3.1929; Germ. Lloyd 1930
380 Hbü. f. d. Dt. Handelsmarine, 1926, 1928
381 Volksbote, 5.1.1924
382 Landesarchiv Greifswald, Rep. 60 Nr. 2030 Stettin
383 ebenda
384 Volksbote, 20.4.1922
385 ebenda, 20.4.1922
386 ebenda, 20.4.1922
387 ebenda, 13.3., 22.3.1923
388 ebenda, 15.8.1923
389 ebenda, 14.8.1923
390 Hansa, 14.7., 6.12.1924
391 Volksbote, 15.2., 29.7., 30.7.1924
392 ebenda, 23.5.1924
393 ebenda, 25.5., 13.12.1924
394 ebenda, 11.7.1924
395 ebenda, 7.6.1924
396 ebenda, 21.6.1924
397 Hansa, 3.1.1925
398 Hansa, 20.12.1925; Germ. Lloyd,1930; s. a.: Tb, d. Handelsflotten 1940
399 Volksbote, 6.1.1926
400 Jb. d. VDI, 13.2.1924
401 Germ. Lloyd, 1930; Hansa, 3.1.1925; s. a.: Vortrag von Dr. G. Bauer, in: Jb. d. STG, 27. Bd. 1926
402 Jb. d. VDI, 68. Bd., Nr. 29, 19.7.1924; Weser-Ztg., 29.5.1924
403 Germ. Lloyd, 1930
404 Hansa, 31.10,1925
405 Hd. f. d. Dt. Handelsmarine, Std. 1.1.1928
406 Hansa, 5.3.1927
407 Vortrag von Dr. G. Bauer über schnelllaufende Ölmotoren u. hydromechanische Getriebe, in: Jb. d. STG, 27. Bd., 1926
408 ebenda; Hansa, 7. 1., 14.3., 4.7.1926
409 Hansa, 7.1.1926
410 Hb. f. d. Dt. Handelsmarine, 1928; Werbeschrift der Deschimag, 1930
411 Hansa, 1.3.1924
412 ebenda, 16.5.1925; Germ. Lloyd 1930
413 Vortrag von Dr. G. Bauer über schnelllaufende Ölmotoren u. hydromechanische Getriebe, in: Jb. d. STG, 27. Bd., 1926; s. a.: Hansa, 9.2.1924, Vortrag: Deutsche Schiffsölmotoren, Dr.-Ing. Victor Rembold, Prof. a.D. Technischen Hochschule Danzig
414 Hb. f. d. Dt. Handelsmarine, 1928
415 Schiffahrt-Jahrbuch 1921; s. a.: Bremer Adreßbuch, 1933
416 Hansa, 6.6.1925
417 Germ. Lloyd, 1930
418 Hansa, 2.1.1926
419 Hansa, 11.4.1925, 1.1., 4.9.1926
420 Germ. Lloyd, 1930; Der Schiffsmaschinenbau, 3./4. Bd. 1941; Hansa, 30.1., 4.9.1926; s. a.: Die dt. Kriegsschiffe 1815–1945, 4. Bd. 1998; Tb. d. Handelsflotten 1940
421 Hansa, 5.9.1925; Germ. Lloyd, 1930; Tb. der Handelsflotten 1940
422 Germ. Lloyd, 1930; Tb. d. Handelsflotten 1940
423 Hansa, 1.1., 3.4.1926; s. a.: Hb. d. dt. Aktien-Gesellschaften, II. Bd. 1925
424 Hansa, 23.6.1926
425 ebenda, 4.7.1925
426 Hansa, 23.1.1926; Tb. d. Handelsflotten 1940; Der Schiffsmaschinenbau, 2, Bd., 1927, 3./4. Bd. 1941; Germ. Lloyd, 1930; Hb. f. d. dt. Handelsmarine, Std. 1.1.1928;
427 Staatsarchiv Hamburg, ZAS A941: Hamburger Tageblatt, Nr. 80, 21.3.1939
428 Hansa, 17.10.1925
429 ebenda, 20.3.1926; Weser-Ztg., 17.3.1926
430 Germ. Lloyd, 1930
431 Hansa, 24.4.1926;
432 Archiv Pommersches Landesmuseum Greifswald: Slg. Pittelkow
433 Weser-Ztg., 17.3.1926; s. a.: Volksbote, 5.7.27: Geschichte und Entwicklungsziele des Seedienstes nach Ostpreußen
434 Germ. Lloyd, 1930; Der Schiffsmaschinenbau, 3./4. Bd., 1941; Tb. d. Handelsflotten 1940;
435 Hansa, 2.3.1929
436 Hb. f. d. Dt. Handelsmarine, Std. 1.1.1928
437 Pommersche Tagespost, 20.7.1926; Volksbote, 10.7., 20.7.1926, 1.4., 5.7.1927; Hansa, 10.7.1926
438 Hansa, 13.8.1927, 66. Jg. S. 1141
439 Hansa, 2.10.1926
440 Slg. Eckhard Wendt, Remagen
441 Slg. Peter Hannawald, Delmenhorst
442 Landesarchiv Greifswald, Rep. 60 Nr. 2030 Stettin
443 ebenda
444 ebenda
445 BB-C, 6.12.1926
446 Weser-Ztg., 30.5.1926
447 ebenda, 16.6.1926
448 Hansa, 18.12.1926

449 Germ. Lloyd, 1930; Bremer Adreßbuch 1933; Hansa, 7.1.1928; Tb. d. Handelsflotten 1940
450 Hb. f. d. Dt. Handelsmarine, 1928
451 Verlustliste Zweiter Weltkrieg des NDL
452 Hansa, 7.1.1928
453 Germ. Lloyd, 1930; Werbeschrift Deschimag, 1930; Bremer Adressbuch 1933; Tb. d. Handelsflotten 1940
454 Volksbote, 18.3., 18.3.1927
455 ebenda, 22.3.1927
456 ebenda, 29.3.1927
457 ebenda, 5.4.1927
458 ebenda, 8.5.1927
459 ebenda, 9.3.1927
460 ebenda, 22.7.1927
461 Weser-Ztg., 30.5., 16.6.1927; Hansa, 21.5.1927
462 Hansa, 10.9.1927
463 Volksbote, 13.11.1927
464 Weser-Ztg., 30.11.1927
465 Hansa, 3.12.1927
466 ebenda, 24.12.1927; Weser-Ztg., 19.12.1927
467 Volksbote, 12.7.1927
468 Landesarchiv Greifswald, Rep. 60 Nr. 2030 Stettin
469 ebenda
470 ebenda
471 Archiv der HK Bremen
472 Volksbote, 27.4., 23.11., 25.11., 14.12.1927; Hansa, 26.11.1928, 5.1.1929; Unser Pommerland, 14. Jg. Juli 1928, Heft 7; Germ. Lloyd, 1930; Adreßbuch Bremen 1933
473 Tb. d. Handelsflotten 1940; Die dt. Kriegsschiffe 1815–1945, 4. Bd.,1986; Der Schiffsmaschinenbau,3./4.Bd.,1941
474 31.3.1928; Hansa, 21.4.1928
475 Landesarchiv Greifswald, Rep. 60 Nr. 3173 Stettin
476 Hansa, 7.7.1928
477 ebenda, 21.4., 13.7.1928; Archiv d. HK Bremen
478 Hansa, 29.9.1928
479 ebenda, 16.2., 18.5.1929; Volksbote 9.5., 11.5.1929
480 Volksbote,14.5.1929
481 ebenda, 26.4.1929
482 Unser Pommerland, 14. Jg. 1929, Heft 7
483 Hansa 12.5.1928
484 ebenda, 2.2.1929
485 ebenda, 16.2.1929; Bremer Adreßbuch 1933, s. a.: Die dt. Kriegsschiffe 1815–1945, 7. Bd., 1998
486 Hansa, 20.4.1929; Der Schiffsmaschinenbau, Bd. 3./4, 1941; Germ Lloyd 1930
487 Hansa, 66. Jg., S. 1537, Sept. 1929; Der Schiffsmaschinenbau, 3./4. Bd. 1941; Germ. Lloyd, 1930; s. a.: Tb. d. Handelsflotten 1914
488 Hansa, 14.9.1929
489 ebenda, 29.11., 7.12.1929
490 Archiv d. HK Bremen, D III/13
491 Germ. Lloyd, 1930
492 Staatsarchiv Hamburg: ZAS A902
493 Hansa, 27.7.1929
494 ebenda, September 1929
495 ebenda, 19.9.1929
496 ebenda, Jg. 66, Oktober 1929
497 ebenda, 9.11.1929
498 Archiv d. HK Bremen
499 Staatsarchiv Hamburg, ZAS DK (435.15) 6272: 908
500 Werbeschrift der Deschimag, 1930
501 ebenda, 24.8.1889
502 Archiv f. Post u. Telegraphie Nr. 13, Juli 1903
503 Ostsee-Ztg., 2.11.1888
504 BB-C, 27.4.1908, 14.4.1910, 19.4.1912, 14.4.1917, 6.5.1921 Schiffbau, 16.5., 14.7.1909; Hansa, 13.5.1911, 6.5.1921, 1.1., 21.5.1927, Weser-Ztg., 2.5.1913, 31.5.1914, 10.4.1915, 3.4.1916, 13.4.1918; Volksbote, 29.5.1919, 13.5.1920; Hb. d. Dt. Aktien-Ges. 1924/25, 1925, 1926, 1928, 1929, 1930; Archiv d. HK Bremen, D III 3
505 Jbü. d. STG; diverse Berichte über Generalversammungen usw. des Vulcan in: Ostsee-Ztg., BB-C, Volksbote, Hamburger Echo, Hansa; 50 Jahre Schiffbau 1857–1907, Jubiläumsschrift des Vulcan
506 ebenda
507 ebenda
508 ebenda
509 Volksbote, 5.5.1884, 30.7.1889; Steinbrück, Emil und Georg: Stammtafeln und Stammlisten derer, die den Namen Steinbrück tragen, Stettin, 1912: Slg. E. Wendt; Stettiner Adreßbuch 1943; Telefonbuch Stettin 1940
510 Ivers, Dr. med., Stettiner Nachrichten Nr. 12., 1963
511 Schleich, Carl Ludwig, Dr. med.: Besonnte Vergangenheit, Berlin 1925
512 Ostsee-Ztg., 17.4.1857; 50 Jahre Schiffbau 1857–1907, Jubiläumsschrift des Vulcan; s. a.: Jahresberichte der Kaufmannschaft Stettins.

Quellenverzeichnis

Ungedruckte Quellen

a) Bundesarchiv / Militärarchiv Freiburg, Einzelheiten s. Anmerkungen

b) Landesarchiv Greifswald:

Arbeits-Ordnung, Statut d. Betriebs-Krankenkasse, diverser Schriftverkehr, Einzelheiten s. Anmerkungen

c) Stadtarchiv Stralsund:

Schriftverkehr betr. Städtisches Wasserwerk Stralsund, Einzelheiten s. Anmerkungen

d) Archiv der Handelskammer Bremen: Einige Dokumente, Einzelheiten s. Anmerkungen

e) Staatsarchiv Hamburg: ZAS, Einzelheiten s. Anmerkungen

f) Staatsarchiv Stade: Projekt einer Dampffähre für den Hamburger Hafen, Konstruktionszeichnung: Neu Nr. 1135, Rep. 1006 Nr. 1061

g) Sonstiges:

Betr.: Abbildungen, Zeichnungen, Pläne usw. aus folgenden Sammlungen:

Deutsches Schiffahrtsmuseum, Staatsarchiv Stade, Zeitschrift Pommern

Slg. Verfasser, Slg. R. Thiel, Slg. E. Wendt, Archiv D. Kirchner,

Einzelheiten s. Bildunterschriften

Gedruckte Quellen

a) Periodika, Zeitungen, Zeitschriften usw.:

Adreßbuch Bremen, 1933

Berichte über Stettins Handel, Industrie und Schiffahrt ... erstattet von den Vorstehern der

Kaufmannschaft zu Stettin

Berliner Börsen-Courier

Die Pommersche Zeitung

Der Leuchtthurm

Germanischer Lloyd, Internationales Schiffsregister

Hamburger Beiträge

Hamburger Echo

Handbuch der Deutschen Aktien-Gesellschaften, Jahrbuch der deutschen Börsen

Handbuch für die Deutsche Handelsmarine auf das Jahr ...,

Handbuch für Deutsche Handels-Dampfer von 50 Brutto-Registertonnen und mehr, 1912,

Hansa, Deutsche nautische Zeitschrift

Historisch-biographische Blätter, Industrie Handel und Gewerbe, »Die Provinz Pommern«

Ecksteins Biographischer Verlag Berlin, 1907

Jahrbuch der Hafenbautechnischen Gesellschaft

Jahrbuch der Reedereien und Schiffswerften für 1904

Jahrbuch der Schiffbautechnischen Gesellschaft

Lloyd-Zeitung

Ostsee-Zeitung und Börsen-Nachrichten der Ostsee, Stettin

Pommern, Zeitschrift für Kunst-Kultur-Volkstum

Pommersche Zeitung, Stettin

Schiffahrt-Jahrbuch 1921 des Seedienst

Schiffbau, Zeitschrift für die gesamte Industrie auf schiffbautechnischen und verwandten Gebieten

Statistisches Jahrbuch für den Preußischen Staat

Stettiner Bürgerbrief Nr. 25 (1999)

Stettiner Volksbote

Stralsundische Zeitung

Weser-Zeitung

b) Geschäftsberichte:

A.G. »Weser« / Deschimag

Hamburg-Amerikanische Packetfahrt-Actien-Gesellschaft / Hapag,

ab 1905: Hamburg-Amerika Linie / HAL;

Norddeutscher Lloyd / NDL; Vulcan

c) Fest- u. Werbeschriften:

Deschimag Bremen, 1930, 1938

Stettiner Vulcan, 1907

Literaturverzeichnis

Bauer, Gustav, Prof. Dr. Dr.: Der Schiffsmaschinenbau: 1. Bd. München u. Berlin 1923, 2. Bd. 1927, 3/4. Bd. 1941

Baasch, Ernst, Dr. (Hrsg.): Qellen zur Geschichte von Hamburgs Handel und Schiffahrt im 17., 18. und 19. Jahrhundert. Hamburg 1910

Berger, Alfred (Hrsg): Pommern-Jahrbuch 1928. Stettin, o.J.

Das Buch der alten Firmen der Stadt und des Handelskammerbezirks Stettin im Jahre 1931, Leipzig o.J.

Deutsche Hand & Haus-Bibliothek: Joachim Nettelbeck's Lebensgeschichte; Bd. 1 u. 2, Berlin/Stuttgart o.J.

Eilers, Rolf u. Kiedel, Klaus-Peter: Meyer Werft; Hrsg. Meyer-Werft, Papenburg 1988

Görz, M. u. Buchmeister, M.: Das Eisbrechwesen im Deutschen Reich. Berlin 1900

Grobecker, Kurt: Die Hamburger Hafenbahn. Hamburg 1991

Gröner, Erich: Die deutschen Kriegsschiffe 1815–1945, Bände 1–8/2, Koblenz o.J.

Gröner, Erich: Taschenbuch der Handelsflotten 1940. München/Berlin 1940

Herbig, Rudolf: Notizen aus der Sozial,- Wirtschafts- und Gewerkschaftsgeschichte vom 14. Jh. bis zur Gegenwart. Leinfelden-Echterdingen 2 1976

Kreisauschuß des Kreises Randow (Hrsg.): Randow. Ein Heimatbuch des Kreises. Magdeburg 1933

Kreisauschuß des Kreises Usedom-Wollin (Hrsg.): Die deutschen Bäder-Inseln Usedom-Wollin. Magdeburg 1934

Meier, Bruno: Wie ein Ozeandampfer entsteht. Leipzig o.J.

Mathies, Otto, Dr.: Hamburgs Reederei 1814–1914. Hamburg 1924

Mulach, G. A.: Die Schiffahrt im Wandel der Zeiten. Stuttgart 1925

Nautikus (Hrsg.): Jahrbuch für Deutschlands Seeinteressen. Berlin o.J.

Flamm, Oswald, Prof.: Sicherheitseinrichtungen der Seeschiffe. Berlin 1904

Radunz, Karl: 100 Jahre Dampfschiffahrt 1807–1907. Rostock 1907

Reuleaux, Prof. F., Hrsg.: Das Buch der Erfindungen und Industrien, 7. Bd.: Der Weltverkehr und seine Mittel. Leipzig 1892

Schwarz, Tjard und Halle, Ernst von, Prof. Dr. (Hrsg.): Die Schiffbauindustrie in Deutschland und im Auslande, 1. u. 2. Theil. Berlin 1902

Stubmann, Peter Franz: Ballin, Leben und Werk eines deutschen Reeders. Berlin 1926

Thieß, Karl, Prof.: Deutsche Schiffahrt und Schiffahrtspolitik der Gegenwart. Leipzig 1907

Thomas, Louis: Die Denkwürdigsten Erfindungen im neunzehnten Jahrhundert. Leipzig u. Berlin, 1883.

Bildnachweis

Die mangelnde Qualität einiger Abbildungen ist auf den schlechten Zustand der Originalvorlagen zurückzuführen.

Trotz größter Sorgfalt und intensiver Recherche konnten die Urheber des Bildmaterials in einigen, wenigen Fällen nicht ermittelt werden. Es wird gegebenenfalls um Nachricht an den Verlag oder die Herausgeber gebeten.

Umschlag vorn:
KAISERIN AUGUSTE VICTORIA [Postkarte, Slg. Verfasser]

Umschlag hinten:
CAP TRAFALGAR [Staatsarchiv Hamburg, ZAS A 941]

Abbildung auf dem Vorsatz:
vorn: Kaiserin Auguste Victoria [aus: Wie ein Ozeandampfer entsteht], Längsschnitt – oberes Promenadendeck – Bootsdeck – mittleres Promenadendeck [aus: Wie ein Ozeandampfer entsteht]
hinten: Eisbrecher ZAR MICHAEIL FEODOROWITSCH, mittlerer Grundriss: Aufstellung der Boote von Backbord nach Steuerbord, bzw. von oben nach unten: Hafenboot, Jolle, Seeboot, Rettungsboot; unterer Grundriss: Maschinenraum mit Tank- und Bunkerräumen an Back- und Steuerbord [aus: Werbeschrift der Deschimag, 1930]

Hinweise:
Bei den technischen Daten aus dem »Journal« [sämtliche gebauten Handelsschiffe von 1952 bis 1912, Bibliothek der Hochschule für Nautik in Bremen] wurden die Oritinaltexte wiedergegeben.
Die vom Vulcan gebauten Schiffe sind KURSIV und in GROSSBUCHSTABEN geschrieben.
Die Arbeits-Ordnung und das Statut der Betriebs-[Fabrik-] Krankenkasse sind komplett im Band III enthalten.

Der Autor

Der Autor Manfred H. Höft wurde 1935 in [Stettin-] Altdamm, Kreis Randow geboren. Seine schriftstellerische Tätigkeit begann Anfang der 1980er Jahre mit heimatkundlichen und zeitgeschichtlichen Beiträgen in der wöchentlich erscheinenden Zeitung *Die Pommersche Zeitung*. 1990 kam im Eigenverlag die Altdammer Stadtchronik *Zwischen Wald und See* heraus, im Umfang von 550 Seiten und 250 Abbildungen. 1998 begann der Autor mit der Materialsammlung über eine Werft, die am Ufer der Oder in Bredow bei Stettin1851 gegründet wurde. In etwa acht Jahren füllten sich achtzig Ordner. Daraus entstand in drei Bänden die Unternehmens-Monografie *Der Vulcan in Stettin und Hamburg*.

Die Spenderliste

der Mitglieder der Ortsgruppen Bremen und Bremerhaven
der Pommerschen Landsmannschaft, LV Bremen

Spender	Heimatort	Spender	Heimatort
Breger, Käthe	Unterfelde, Kr. Goldap	Roes, Thea	
Buttke, Helene		Rosenow, Christel	Lages, Kr. Regenwalde
Dachmann, Ilse	Stettin-Frauendorf	Schlawin, Hannelore	Brutzen, Kr. Regenwalde
Davidowski, Ursula		Schlawin, Herbert	Dünnow, Kr. Stolp
Dippold, Ilse	Penkun	Schneider, Ruth	
Greyer, Ingrid		Schreiber, Klara	
Höppken, Gerda	Dölitz, Kr. Pyritz	Schreiber, Willi	
Höppken, Heino	Bad Zwischenahn	Soleikis, Inge	
Jolitz, Christel	Naugard	Soleikis, John	
Köllner, Käthe	Neubuckow	Springer, Käthe	Stettin-Augustwalde
Kopischke, Erika		Springer, Alfred	Stettin-Augustwalde
Kopischke, Horst		Thiel, Reinhold	Stettin
Lopatecki, Margarete	Schloppe	Timm, Günter	Ziegenort, Kr. Ückermünde
Lösking, Helga		Venske, Frida	
Mundt, Elsbeth	Rummelsburg	Wilhelm, Gertrud	
Petereit, I.		Wilm, Karl-Heinz	Stettin-Augustwalde
Pufahl, Hertha	Schönberg	Wolf, Edith	Marsdorf, Kr. Naugard
Punzet, Kathrin	Stettin		

Impressum

1. Auflage 2015

Bgm.-Spitta-Allee 31, 38329 Bremen

produktsicherheit@edition-falkenberg.de

ISBN 978-3-95494-077-6
www.edition-falkenberg.de

Jetzt neu in der Reihe Cognoscere Historias

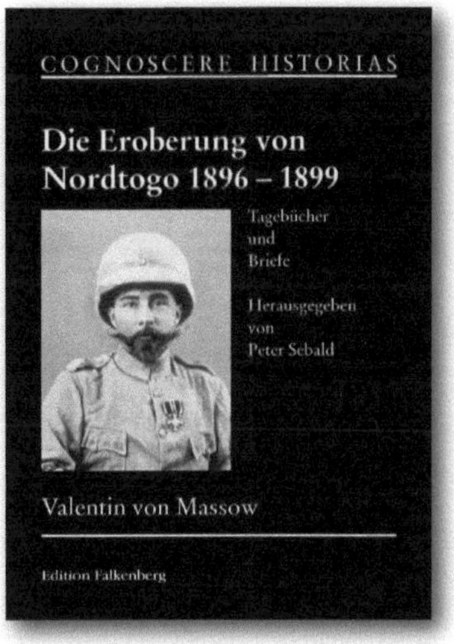

Band 21
Peter Sebald (Hrsg.)

Valentin Massow

Die Eroberung von Nordtogo 1896 – 1899

Tagebücher und Briefe

864 Seiten, 8 Abbildungen
Format 14,7 x 21 cm, Hardcover

84,00 Euro
ISBN 978-3-95494-042-4

Band 22
Ulrich van der Heyden (Hrsg.)

Heinrich Julius Oelke

Als Missionar in Ostafrika

Erinnerungen aus den Jahren 1905 – 1959

108 Seiten
Format 14,7 x 21 cm, Hardcover

22,90 Euro
ISBN 978-3-95494-050-9

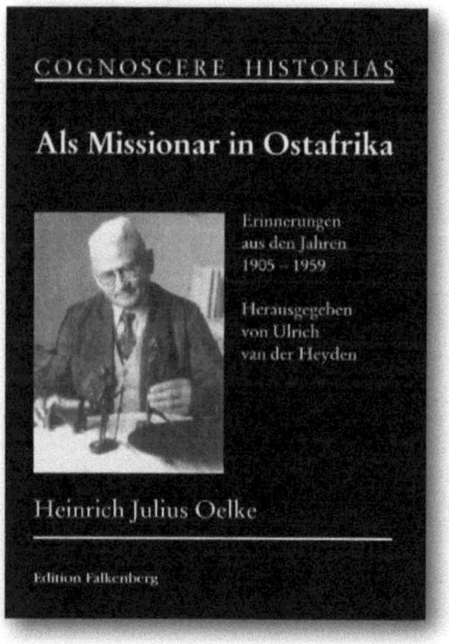

Band 23
Peter Sebald (Hrsg.)

Gottlob Adolf Krause

Tripolitanisches Kriegs-tagebuch

208 Seiten, 3 Abbildungen
Format 14,7 x 21 cm, Hardcover

32,00 Euro
ISBN 978-3-95494-049-3

Weitere Titel in Vorbereitung ...

Edition Falkenberg
www.edition-falkenberg.de

Hans-Jürgen Wolff

Mein Weg nach Westen

Von Alkoholschmugglern und Raufbolden
in der Handelsmarine

160 S., 98 s/w Abb.
Format 13,5 x 21 cm, Hardcover

ISBN 978-3-95494-041-7
14,90 Euro

Wolff erzählt aus seinen Lehrjahren in der Fremde und auf den Weltmeeren, wie er seinen »Gang durch den Scheuersack« meisterte. In der Maschine fuhr er auf Passagierschiffen der Schweizer Arosa-Reederei auf den Routen nach Kanada und in die USA, später auch auf mehreren Frachtschiffen der Bremer Reedereien Argo und Ivers & Arlt, wo er unter anderem mit Alkoholschmugglern und Raufbolden in der Handelsmarine in Kontakt kam.

Herausgekommen ist eine spannende Biografie, die den Leser nicht mehr loslässt

Werner Buschmann

Eine handbreit Stacheldraht unterm Kiel

Von den Weltmeeren in den australischen Busch
hrsg. von Ralf Täuber

216 S., 62 Abb.
Format 17 x 22 cm, Softcover

ISBN 978-3-95494-073-8
24,90 Euro

Ein bisher unbekanntes Stück Geschichte der D.D.G. »Hansa«!

Peter Roloff, Rolf Schmidt et al.

Aufbruch in die Utopie

Auf den Spuren einer
deutschen Republik in den USA

352 S., 233 farb. Abb.
Format 21 x 26 cm, Broschur
deutsch / englisch

ISBN 978-3-95494-595-5
19,90 Euro

Rolf Geffken

Arbeit & Arbeitskampf im Hafen

Zur Geschichte der Hafenarbeit
und der Hafenarbeitergewerkschaft

148 S., 42 s/w Abb.,
Format 17 x 22 cm, Broschur

ISBN 978-3-95494-053-0
29,90 Euro

Peter Pospiech

Hansekogge in Sicht

UBENA von Bremen zeigt Flagge

152 S., 133 Abb.
Format 17 x 22 cm, Broschur

ISBN 978-3-95494-056-1
25,90 Euro

Weitere maritime Titel in Vorbereitung ...

Maritime Editionen für Shiplover!

Edition Falkenberg
www.edition-falkenberg.de

Ein Muss für jeden maritim Interessierten!

Die Nordsee ist ein wichtiger Handelsweg und dient Mittel- und Nordeuropa als Passage zu den Weltmärkten. Die südliche Nordsee ist die am dichtesten befahrene Schifffahrtsregion der Welt. Unter dem Meeresboden befinden sich größere Erdöl- und Erdgasreserven, die seit den 1970er Jahren abgebaut werden. Kommerzielle Fischerei hat den Fischbestand des Meeres in den letzten Jahrzehnten vermindert.

Die wachsende Anzahl, Größe und Schnelligkeit der Schiffe führte zu einer stetigen Ausweitung des Schiffsverkehrs in den Meeresgebieten von Nord- und Ostsee. Einige werden durch Schifffahrtsstraßen zu den großen Häfen gekreuzt oder aufgrund der geografischen Gegebenheiten besonders stark genutzt. Rund 420.000 Schiffsbewegungen gibt es pro Jahr allein in der Deutschen Bucht, das sind durchschnittlich mehr als 400 am Tag. In engen oder besonders stark genutzten Meeresgebieten regeln Verkehrstrennungsgebiete mit genau vorgeschriebenen Fahrwasserbreiten für jede Fahrtrichtung den Verkehr.

Das vorliegende Buch informiert mit Insiderwissen über Schiffe und ihre Crews, die unsere Nordsee bewachen und schützen, aber auch über Schiffe und Menschen, die die Nordsee bewirtschaften. Umfassendes Bildmaterial gewährt dem Leser exklusive Einblicke in die Wasserfahrzeuge und das wichtige Thema Küstenschutz.

Peter Pospiech

Von Nutzern und Wächtern

Spezialschiffe in der Nordsee

144 S., 142 farb. Abb.
Format 16,5 x 23,5 cm
Hardcover

ISBN 978-3-95494-047-9
29,90 Euro

Hans Mehl

Schiffspropeller im Wandel der Zeiten

152 S., 231 farb. Abb.
Format 16,5 x 23,5 cm, Hardcover

ISBN 978-3-95494-051-6
39,90 Euro

Es gibt viele gute Bücher und Publikationen zur Schifffahrtsgeschichte, über die Schiffe berühmter Reedereien, über die Kriegsflotten wie auch zur Technikgeschichte des deutschen Schiffbaus und über Schiffsantriebe. In einigen dieser Veröffentlichungen wird auch die Geschichte der Schiffspropeller teilweise behandelt und sie ist in Fachkreisen weitestgehend bekannt. Ein Buch nur über Schiffspropeller mit einem reichhaltigen Informations- und Bildmaterial zur Geschichte der Propeller und zu ausgeführten Propellern für viele Schiffstypen und Klassen von den Anfängen bis heute wurde bislang jedoch nicht veröffentlicht.

Rund 5000 Jahre nutzten Menschen die Wind- und Muskelkraft für Fahrten mit ihren Schiffen, erst die Erfindung der Dampfmaschine versetzte Erfinder und Konstrukteure in die Lage, maschinengetriebene Vortriebsmittel für See- und Binnenschiffe zu entwickeln und schrittweise einzuführen.

In einer repräsentativen Auswahl stellt dieser Band die spannende Geschichte des Schiffsantriebes dar. Reichhaltige Informationen und seltenes Bildmaterial zur Geschichte der Propeller machen dieses Buch zu einer Fundgrube für technisch Interessierte, Shiplover wie Modellbauer – und natürlich auch Fachleute!

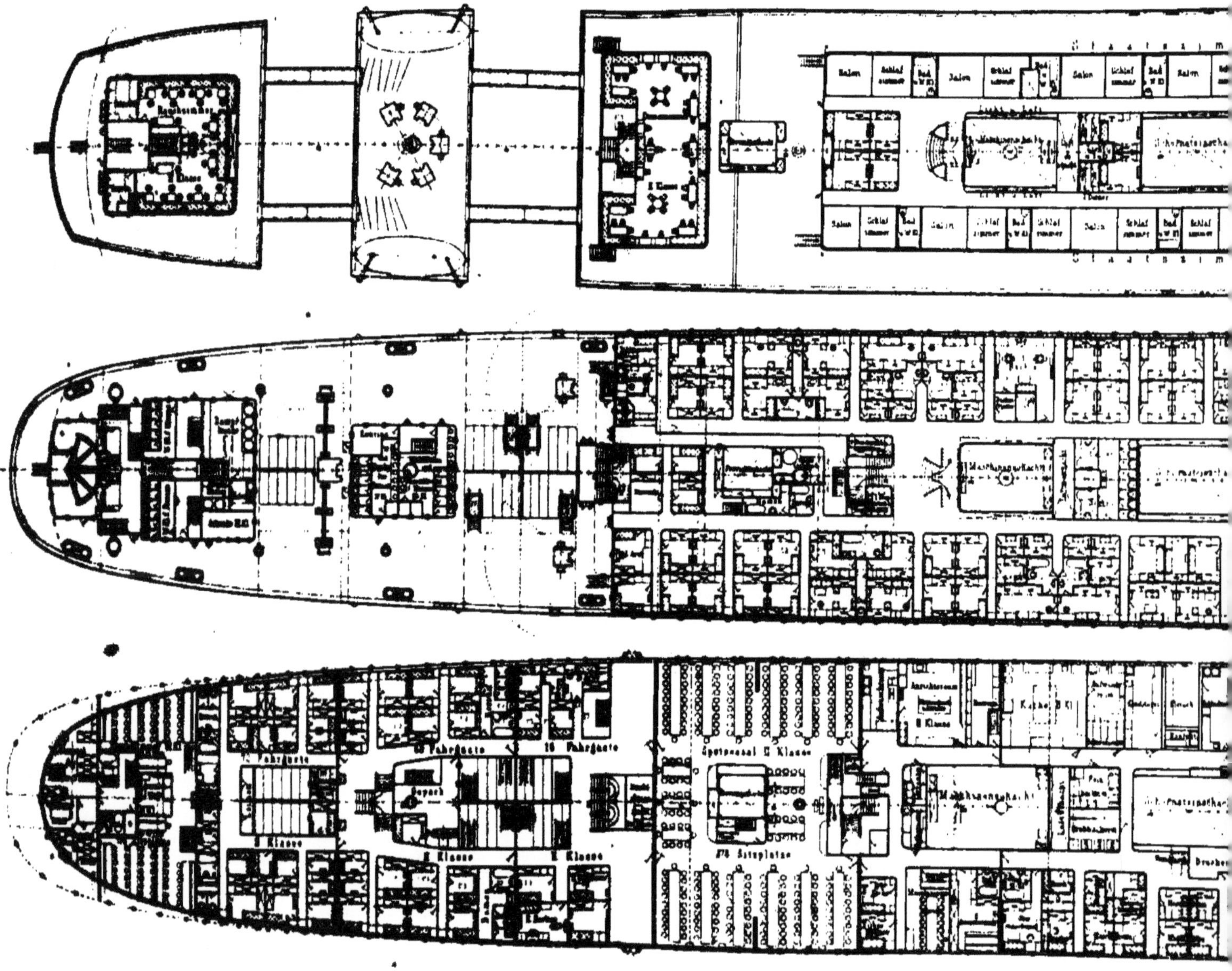

Doppelschraubendampfer „Kaiserin Auguste Victoria,"
erbaut von der Stettiner Maschinenbau-A: G. Vulcan in Stettin-Bredow.

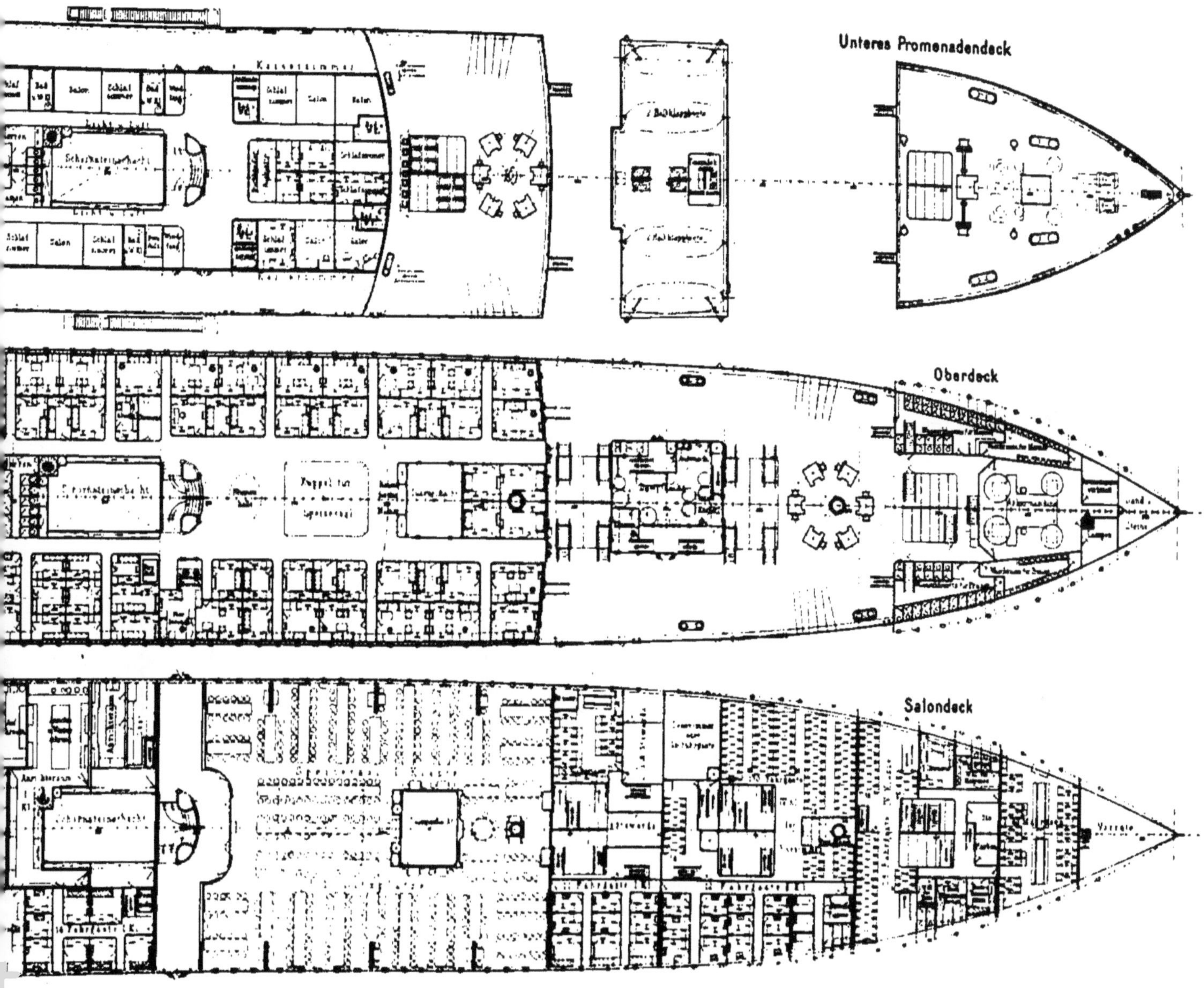

Eisbrecher „*ZAR MICHAIL FJEODOROWITSCH*“

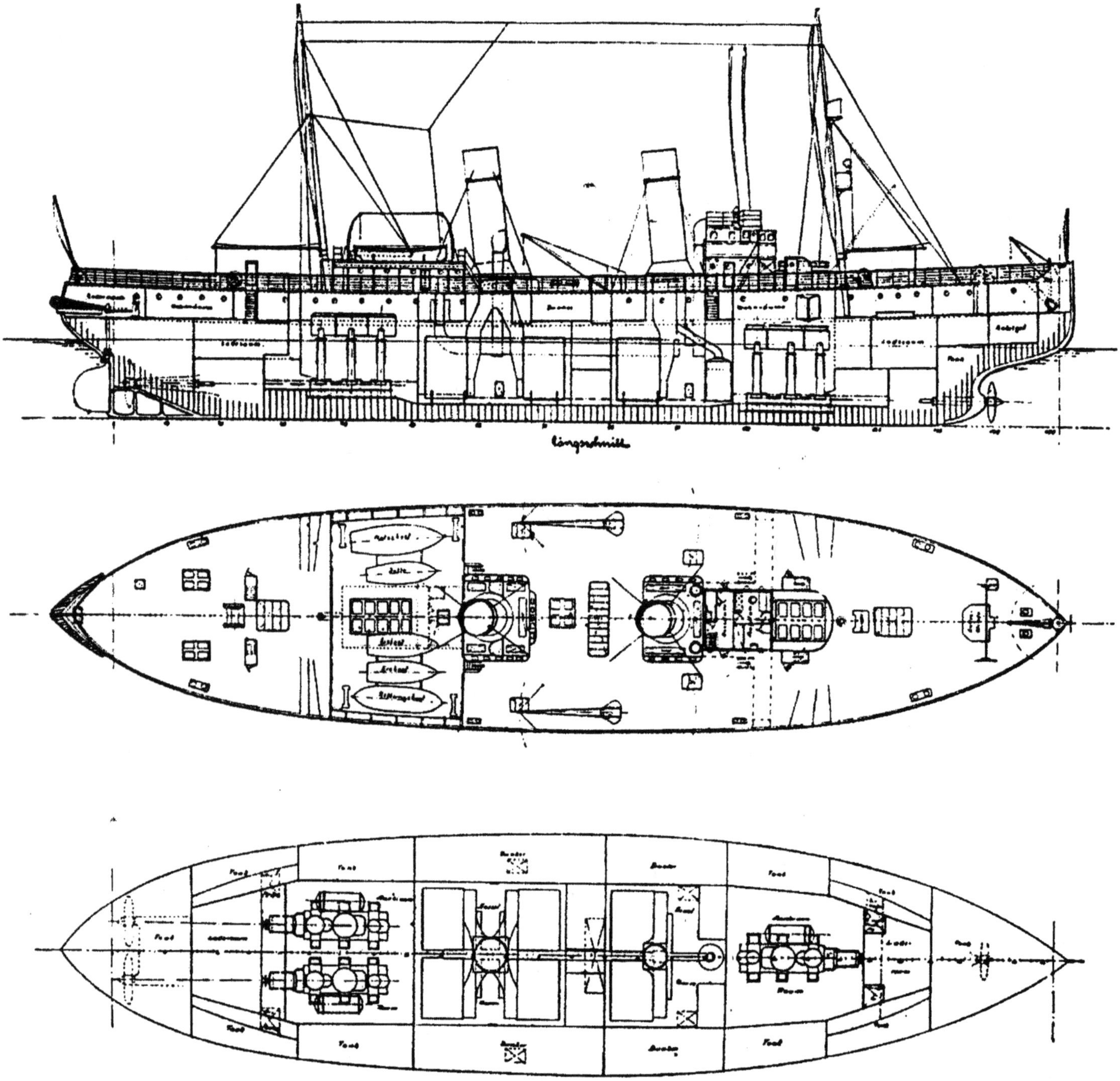